제 1차 세계대전, 1917 ~ 1918 유럽

1918년 동맹국
1918년 9월 연합국
1918년 연합 탈퇴국
중립국
1917년 전선
1918년 6월 동부/코카서스 전선
휴전시의 서부전선
군사작전
휴전시의 터키전선

영국의 항로 봉쇄
노르웨이
오슬로
핀란드
헬싱키
상트페테르부르크
스톡홀름
스웨덴
1918년 3월 ~ 4월
에스토니아
프스코프
러시아
1917년 11월 7일 러시아 혁명
1917년 12월 15일 ~ 1918년 2월 18일 휴전
1918년 적백내전 발발
모스크바
대영제국과 아일랜드
북해
덴마크
리가
라트비아
비텝스크
리버풀
킬
발트해
리투아니아
빌뉴스
민스크
런던
네덜란드
함부르크
베를린
보로네시
도버해협
바르샤바
1918년 7월 ~ 9월
벨기에
독일 제국
1918년 11월 9일 독일 혁명
1918년 11월 11일 휴전
폴란드
브레스트-리토프스크
1918년 3월 ~ 6월
콩피에뉴
룩셈부르크
키예프
하리코프
파리
1916년 2월 ~ 6월
프라하
우크라이나
아스트라한
로스토프
1918년 7월 ~ 9월
뮌헨
빈
프랑스
베사라비아
카스피해
제네바
스위스
오스트리아-헝가리 제국
1918년 10월 해체
1918년 11월 3일 휴전
1918년 11월 11일 카를 1세 폐위
아조프해
리옹
오데사
밀라노
자그레브
1918년 10월
세바스토폴
베오그라드
루마니아
부쿠레슈티
포티
1918년 9월 15일
바쿠
마르세유
사라예보
1918년 10월
흑해
바툼
아제르바이잔
스페인
아드리아해
세르비아
트라브존
이탈리아
몬테네그로
불가리아
소피아
로마
콘스탄티노플
에르주룸
알바니아
앙카라
나폴리
테살로니키
페르시아
오스만 제국
1918년 10월 30일 휴전
그리스
아즈미르
아테네
이스켄데룬
알레포
바그다드
1918년
타마스쿠스
지중해

출처 : Der grosse Ploetz-Atlas, S. 179; Putzger - Atlas und Chronik, S. 206.

Mythos und Wirklichkeit

Die Geschichte des operativen Denkens im

deutschen Heer von Moltke d. Ä. bis Heusinger

Gerhard P. Groß

Mythos und Wirklichkeit. Geschichte des operativen Denkens im deutschen Heer von Moltke d. Ä. bis Heusinger
by Gerhard P. Gross

독일군의 신화와 진실

헬무트 폰 몰트케부터 아돌프 호이징어까지 독일군 총참모부의 작전적 사고의 역사

게하르트 P. 그로스 저
진중근 역

길찾기

독일군의 신화와 진실 개정판
헬무트 폰 몰트케부터 아돌프 호이징어까지
독일군 총참모부의 작전적 사고의 역사

초판 1쇄 발행 2023년 6월 30일

지은이 게하르트 P. 그로스
옮긴이 진중근

편집 오세찬, 정성학
감수 주은식, 윤시원
마케팅 이수빈
펴낸이 원종우

펴낸곳 (주)블루픽
주소 13814 경기도 과천시 뒷골로 26, 2층
전화 02 6447 9000
팩스 02 6447 9009
이메일 edit@bluepic.kr

값 30,000원
ISBN 979-11-6769-083-8 03390

추천사

독일군의 전투효율성이 왜 강한지, 전투를 잘 하는 비결이라도 있었다면 그 본질이 과연 무엇인가에 대해 궁금하게 생각하는 사람들에게 해답을 해줄 수 있는 훌륭한 참고서가 마침내 우리 곁에 다가왔다. 독일군은 강한 군대를 양성하는데 전통적으로 무기체계보다 인간의 우월성과 사고의 유연성에 바탕을 둔 주도권에서 그해법을 찾아왔고 또 독일이 처한 지리적 특성상 양면전쟁을 항상 염려해 왔다.

미군은 일찍이 유럽의 지리적 중앙에 위치하면서 한정된 자원과 제한된 전투력으로 강대국들과 일전을 벌였던 독일군을 연구했다. 그 비결이 작전술과 우수한 장교교육체계 즉 장군참모교육에 있음을 밝혀낸 미군은 1983년 지휘참모대학에 전략과 작전술을 전문으로 연구하는 고등군사연구과정(SAMS)을 개설하였다. 미군 개혁의 모델이 된 독일군 작전술의 발달과정과 장교단 우수성의 신화와 현실을 독일의 입장에서 정리한 책자가 바로 본서이다.

그러나 정작 제2차 세계대전에서 패전한 독일군은 연합군에 의해 다시는 전쟁을 도발하지 못하도록 해체되었다. 전쟁을 기획하고 주도했던 총참모부를 비롯하여 장군참모들의 역할이 완전히 역사 속으로 사라졌다. 분단된 독일은 소련과 나토의 주전장이 되어 작전적 사고가 들어설 자리가 없어져 버렸지만 독일 통일은 다시 작전적 사고의 부활을 초래하였다. 독일 연방군의 작전가들은 핵시대에 독일본토가 주전장이 되는 것을 피하고, 적지로 전장을 확대하고자 절치부심하였다.

제2차 세계대전 후 독일군이 재탄생된 것은 한국전쟁의 결과와 부족한 전력을 확보하고자 했던 서방 연합군의 필요성 때문이었다. 독일군은 1955

년 11월 12일 재창설되었다. 서방 연합국들은 소련군의 침공을 저지하기 위해 나토의 일원으로 서독 연방군 창설을 승인했다. 이때도 합참의장의 명칭을 총참모장(Chef des Generalstabes, Chief of the General Staff)이 아닌 국방감찰감(Generalinspekteur)이라고 했는데 이는 군(軍)에 대한 민(民)의 감시관 역할을 위해, 문민통제를 확실히 하여 다시는 군국주의가 대두되지 않도록 한 노력이었다. 독일 의회는 엘리트 군대로 인한 과도한 군사우월주의의 폐해를 방지하고 군내 인권보호를 위해 연방하원 의장 다음 서열에 국회 국방관할관(Wehrbeauftragte des Bundestags)을 운용하고 있다.

제2차 세계대전 당시 독일군 총참모부 작전부장이었다가 독일 연방군 초대 합참의장이 된 호이징어 장군은 지휘참모대학 설립을 추진하였으며 이때 총참모대학(General Staff College)이 아닌 지휘대학(Führungsakademie)이라고 명명했다. 군에서 뿐만 아니라 사회에서도 지휘력 발휘가 가능하고 군과 민이 괴리되는 것을 방지하고자 그렇게 명명한 것이다.

호이징어 장군은 1957년 독일군 장군참모과정(Generalstabslehrgang) 입교 장교를 위한 연설에서, '우리는 핵무기를 보유하지 않지만 우수한 영관급 장교를 배출하면 그것이 핵무기에 버금가는 전쟁 억제력을 갖게 될 것이다'라고 언급했다. 즉, 우수한 장교단이 원자탄의 효력을 지니게 될 것이며 따라서 다른 그 무엇보다도 장교교육이 중요하다고 역설하였다.

본서는 몰트케, 슐리펜, 젝트, 만슈타인으로 이어지는 독일군의 전통과 작전적 사고의 근원을 밝히고 있다. 또한 슐리펜 계획의 문제점을 정확하게 도출하였고 심지어는 전후 슐리펜 계획의 실체를 놓고 벌어졌던 지적논쟁을 추적한다. 연합군이 가장 두려워했던 장군이며 독일군 작전술의 정수를 보여주었고 현재는 독일군 장교들이 모델로 삼고 있는 에리히 폰 만슈타인 장군의 역할도 조명한다. 역사상 가장 큰 규모의 실병 지휘관이었던 만슈타인은 독일 연방군 창설과정에서 2가지 면에서 중요한 역할을 했다. 기갑부대 편성과 독일군의무복무제도에 관한 것이었다.

만슈타인이 주창하였던 여단급 편성은 오늘날 미군이 추진하고 있는 군개혁의 방향과 정확하게 일치한다. 러시아군도 수년 전 군단과 사단을 없애고 군사령부 밑에 여단급 부대를 편성하였다가 최근에 사단을 다시 편성하고 있는 실정이다. 독일과 러시아군의 기동전 개념은 사실 유사한 점이 많은데 그것은 기동전이 근본적으로 시간의 술이고 음악에 대한 사랑이 다른 나라 국민보다 뛰어나며 제1차 세계대전 후의 서로의 필요에 의한 양국 장교단의 교류와 훈련장 조차(租借) 때문이었음은 주지의 사실이다.

독일군은 제1차 세계대전 이후 베르사유 조약의 제약 때문에 소련의 리페츠크와 카잔에서 비밀리에 전투부대를 훈련시켰다. 사상적으로 불구대천의 원수였던 볼셰비즘과 나치즘이었지만 독일에 나치즘이 대두한 것도 러시아 혁명에서 밀려난 백군의 잔당이 독일로 흘러들어가 국가사회주의의 토대를 만들었다고 주장하는 연구서(The Russian Roots of Nazism: White Émigrés and the Making of National Socialism, 1917-1945 by Michael Kellogg) 도 출간되었다.

통일 후 독일군의 구조개혁은 냉전 종식 이후 대규모 재래식 전쟁위협이 사라졌다는 전제하에 추진되었다. 독일이 1990년에 통일되었으나 1994년에 소련군이 동독에서 완전히 철수할 때까지 독일군 구조는 이전의 체제를 유지하였고 국방백서를 발간하여 군개혁 방향을 천명하였다. 1999년에 바이체커 전 대통령이 개혁위원장으로서 개혁을 추진한 것이 1차 개혁인데 이때 독일군은 예산 허용 범위 내에서 운용할 것과, 육군을 해외 평화 유지 작전 위주로 개편하되 병력규모는 37만에서 25만으로 유지한다는 방침을 정했다.

지금도 개혁이 계속되고 있지만 2004년 육군의 규모가 급격히 축소되고 전투장비 개발 및 획득이 지연되어 병력복무기간을 줄이면 신병교육 및 전투원 양성이 제한된다는 결론을 도출한 당시 게르트 구데라Gert Gudera 육군참모총장이 피터 슈트루크Peter Struck 국방장관에게 육군의 입장을 고려하여 개혁 속도 조절을 요구하다가 총장 자리를 던져버렸다. 신념을 위해 자리를 걸 수 있는 장군들이 독일군에 있다는 사실은 무엇을 말해주는가? 또한 군 통수권자였던 전직 대통령의 경험을 활용하는 모습도 우리가 눈여겨볼 부분이다.

독일군 개혁의 한 가지 특이한 점은 축소 지향의 개혁 중에도 연방군 언어학교는 오히려 확충하여 장교들에게 중국어, 일본어, 아랍어를 교육하며 장군참모과정에 입교하는 모든 장교는 사전에 6개월 이상 언어학교를 반드시 거쳐 외국어를 공부토록 하고 있다. 주요교범에는 연합작전을 위한 외국어의 중요성을 적시하고 있다. 또한 지휘참모대학에서는 소령급 장교 50명과 외국군 장교 20명을 혼합하여 2년간 교육시키는 방침을 그대로 유지하고 있다. 임무형 지휘와 전술 그리고 자유로운 작전적 사고 함양을 위하여 how to do 보다 what to do 에 주안을 두고 교육한다. 합리적이고 보편타당한 해답을 얻기 위해서는 질문 자체가 더 중요하다는 인식하에 전략, 작전, 전술상황을 구성하는 교육이 강조되고 있다. 그리고 지휘관으로 보직되는 요원은 내적지휘센터(Zentrum Innere Führung)에서 일정기간 교육 받는 시스템도 특기할 만한 사실이다.

그동안 독일군의 작전술과 작전적 사고의 연구에 논란이 있었던 가장 큰 이유는 제2차 대전 말 연합군이 드레스덴 문서보관소를 폭격하여 전쟁과 작전 관련 문서를 불태워 버렸기 때문이며 작전과 작전적 사고의 정의가 어려운 것도 2세기 동안 용어가 의미론적 변화를 겪었고 전쟁수행범주에서 '작전'에 대한 개념정리가 큰 문제를 야기한 탓이라고 저자는 정확히 분석하고 있다.

본서에서도 지적하고 있는 것처럼 독자들은 왜 20세기 들어와 30년 시차를 두고 독일에게 두 번씩이나 패배를 안겨준 군사교리를 다시 들추어내는가에 대한 의문이 들 것이다. 추론컨대 결국 전쟁은 의지의 대결이며 사람이 주도하는 것이고 정예화된 장교단이 필요하다는 점이 검토 결과 밝혀졌기 때문이고 다른 나라에서뿐만 아니라 독일 자체에서도 그렇게 판단했기 때문에 과거 장군참모장교들이 소홀히 다루었던 부분을 보완하고 작전의 중점 설정과 전투 및 전투지원 그리고 작전지속지원이 균형을 맞추어야 강한 군대를 양성할 수 있다는 판단 때문일 것이다.

그동안 독일군의 우수성에 대해서는 많은 연구가 시행되었고 임무형지휘와 전술을 우리 군에 도입하고자 몇 차례에 걸쳐 육군차원의 토의가 있었다. 제도를 정착시키기 위해서는 개념을 일치시키고 시행을 자율화해야 한다. 그러나 우리 군은 개념을 일치시키기 보다는 시행을 통제해왔다. 이것이 바로 임무형지휘를 정착시키지 못하고 있는 이유이다. 평시에 전쟁을 경험하지 못한 장교들의 성공적 전투수행의 사례연구로 역사에 기반을 둔 교육방법을 강조하고 있는 본서는 결국 우수한 장교양성을 위해 우리 군이 지향해야 할 방향을 정확히 지적하고 있다는 측면에서 매우 큰 의의를 지닌 책이라고 생각된다.

본서를 번역한 진중근 중령은 본인이 2003년 제20기계화보병사단 예하 기보여단장 시절 예하 전차 중대장이었던 전우이다. 그는 수년 전에 '전격전의 전설'을 번역하여 전격전의 진면목을 소개하였다. 독일군 지휘참모대학을 수료한 후 보다 성숙해진 장교로 우리에게 정예군을 양성하기 위해 어떻게 해야 되는지를 간접적으로 이야기하고 싶은 마음에서 근무 중 틈틈이 본서를 번역하여 소개하기 위해 노력하였다. 그가 본서를 번역한 것은 여러 가지 이유가 있겠지만 독일군 총참모부가 작전적 지휘만 중시하고 전략적 사항을 소홀히 또는 무시하였던 사실을 망각하지 말라는 뜻에서 '전략적 사고의 본질은 정치적 사고'라는 저자 그로스의 뜻에 공감하였기 때문이 아닌가 생각된다. 강한 군대를 양성하는 데 관심 있는 분들의 일독을 권한다.

2015년 12월 6일

한국전략문제연구소 부소장

예) 준장 **주 은 식**

추천사

독일군 총참모부는 역사적으로 두 차례의 세계대전을 일으키고, 제2차 세계대전 초기 6주 만의 짧은 기간에 프랑스를 굴복시킨 '전격전'의 신화로 그 명성이 유명하다.

독일군의 작전적 사고는 독일군 총참모장의 지휘 아래 특별한 교육훈련을 통해 양성된 정예의 장군참모장교(Generalstabsoffizier)들로부터 구상되었다. 그들을 초기에 승리로 이끌었던 작전계획은 작전적 사고의 직접적인 영향을 받게 되며, 이러한 독일군의 작전적 사고는 하루아침에 형성된 것이 아니다.

이 책의 저자는 "독일 육군의 작전적 사고의 역사는 양차 세계대전 시대의 전후를 모두 아우르는 대서사시(大敍事詩)이다"라고 표현하면서, 오늘날 독일군의 작전적 사고를 완성한 19C 대몰트케로부터 세계대전 이후 독일 연방군의 합참의장이었던 호이징어에 이르기까지 독일군 총참모부의 잠재의식을 지배해왔던 작전적 사고의 형성과 발전, 그리고 한계의 역사를 심도 있게 다루고 있다. 이 책을 통해 독일군의 작전적 승리에도 불구하고 전략적으로 실패하게 된 배경을 이해할 수 있는 귀중한 교훈을 얻을 수 있다.

저자는 '작전'과 '작전적'이라는 용어가 명확히 정의되지 않았던 점을 고려하여 전술-작전-전략의 정의를 먼저 제시하고, 전투의 3요소(시간, 공간, 전투력)가 독일군의 작전적 사고에 미친 영향을 분석하고 있다. 공간적으로 유럽의 중앙에 위치하여 양면전쟁의 위험이 상존하고, 내선에서의 전투로 인해 시간적으로 압박을 받게 되며, 전투력 면에서 잠재적 적국들에 비해 수적 열세를 기본전제로 해야 하는 상황이 독일군의 작전적 사고에 결정적인 영향을 주게 되었다는 것이다.

대몰트케는 분진합격과 철도와 전신의 이용, 임무형 지휘를 통해 신속한 섬멸회전을 성공시킨 작전적 사고의 선구자이며, 대몰트케 시대에 총참모부가 중앙의 작전적 계획수립 및 지도기관으로 급부상하였으며, 그가 강조한 기동, 공격, 신속성, 주도권, 중점, 포위, 기습, 섬멸은 지금까지 독일군 작전적 사고의 핵심이 되었다.

흥미롭게도 이제까지 잘 알려지지 않았던 세계대전 이후 서독과 동독군이 작전적 사고를 발전시키는 과정들이 소개되어 있다. 소련군의 영향으로 전통적인 독일군의 작전적 사고를 계승할 수 없었던 동독군의 입장과 핵무기 운용으로 인해 지상에서의 작전적 사고의 폭 확장을 제한받았던 서독군의 상황도 이해할 수 있다.

저자는 독일 연방군 군사사 연구소의 연구원이지만 독일 육군의 작전적 사고에 대한 역사에 관해 상당히 객관적인 입장에서 분석 및 평가하였다. 독일군의 작전적 사고는 경제적, 군사적, 정치적 기반이 불비한 상황에서 양면전쟁의 부담을 감수하면서 대륙의 패권을 획득하기 위한 군사적 시도를 감행하였으며, 이는 '빈곤한 자들이 전쟁을 수행하기 위한' 독트린이라고 최종 평가하고 있다.

이 책을 통해 스스로의 한계를 인식하고 환경의 변화를 인지하여 기존의 인식과 사고를 전환해야만 더 나은 작전적 사고의 발전을 기대할 수 있다는 점을 느끼게 될 것이다. 아울러 독일의 전격전 신화는 갑자기 태동한 것이 아니라 작전적 사고 발전의 산물 중 하나라는 사실도 이해하게 될 것이다. 다양한 사료를 바탕으로 객관적인 관점을 견지하며 작전적 사고라는 명확한 주제를 중심으로 통찰력 있게 기술한 것으로 판단된다.

이 책은 독일군 총참모부를 통해 독일군의 작전적 사고에 대해 통찰할 수 있는 교훈을 줄 뿐만 아니라 작전적 승리가 항상 전략적 성공을 가져오지 않는다는 귀한 교훈도 세계대전의 전사를 통해 역사적으로 고찰하였다.

따라서 이 책은 독일군의 탄넨베르크 회전, 전격전, 임무형 지휘, 작전적 사고 등에 관심을 가진 군사학도 뿐만 아니라 제1, 2차 세계대전, 전후 독일군의 역사에 관심을 가진 역사학도들에게도 객관적인 역사적 사실과 당시 논쟁의 결과 등 흥미로운 관점을 제공하며, 급변하는 세계정세 속에서 작전적 사고를 키우고 전략적 마인드를 겸비해야하는 CEO들에게도 일독을 권하는 귀한 역사서이다.

이 책을 번역한 진중근 중령은 육군사관학교를 졸업하고, 독일에서 고등군사반과 지휘참모대학 과정을 수료하고 국방어학원에서 독일어를 가르친 자타가 공인하는 독일전문가로서 일전에 '전격전의 전설'을 번역하는 등 독일군의 역사와 교리 관련 문헌을 깊이 연구하고 소개하고 있으며, 현대화된 기계화 부대 등에서 작전적 마인드를 갖고 훌륭하게 임무를 수행하고 있는 우수한 인재이다. 국토방위를 위해 불철주야로 노력하는 가운데 촌음을 아끼어 '독일군의 신화와 진실, 총참모부 작전술의 역사'를 번역한 역자의 노력에 박수를 보낸다.

제47대 수도기계화사단장

소장 **이 석 구**

추천사

임무형 지휘와 작전적 사고를 충족시킬 수 있는 책!

전쟁은 국가가 총력을 다하여 수행하는 정치 행위이다. 국가총력을 의미하는 DIME은 외교(Diplomacy), 정보(Information), 군사(Military), 경제(Economy) 등이 통합된 개념이다. 최근에는 여기에 금융(Financial), 첩보(Intelligence), 법 집행(Law Enforcement)을 추가하여 이른바 DIME+FIL을 국력의 기본요소로 확대하는 추세이다.

군대는 국가총력의 일부이며, 군 지휘부는 국가 전쟁지도본부의 일부분이다. 한 국가의 군사력은 전쟁수행의 주된 수단이며 이를 지휘하는 것은 군사지도자들이다. 따라서 군사지휘부의 능력은 전쟁의 승패를 좌우하는 역량이자 관건이 될 수 있다.

전쟁수행에 주도적 역할을 수행해온 독일군의 군사지휘부 즉, 총참모부를 고찰해 보는 것은 흥미롭다. 역사상 독일군의 총참모부는 제2, 3제국이 수행한 제1, 2차 세계대전을 거쳐 현대적인 독일 연방군에 이르는 전통과 명맥을 그대로 유지해오고 있기 때문이다. (독일 2제국 1871~1918 / 공화정 1918~33 / 3제국 1933~45)

이와 같은 맥락에서 이 책에서는 총참모부의 작전적 사고를 고찰할 수 있는 전쟁 역사의 관통이 있다. 대몰트케로부터 소몰트케를 거쳐 호이징어에 이르기까지 독일 육군이 지향했던 작전적 사고의 흐름을 읽을 수 있고 행간에서 성패의 요인과 오류까지도 간파할 수 있을 것이다.

독일군의 이른바 게네랄슈탑(Generalstab) 즉, 총참모부는 최정예 장군참모장교(Generalstabsoffizier)가 지휘관 및 참모로서 활약한 조직이다. 탄넨베르크 전투에서 임무형 지휘의 진면목을 발휘한 힌덴부르크 군사령관과 루덴도르프 참모장 그리고 호프만 작전참모와 같이 세계적으로 인정받는 명콤비를 탄생시킨 무대이기도 했다.

한편으로 그들은 정치지도자의 전쟁지도 성향에 따라 부침과 질곡을 뼈저리게 겪기도 했다. 작전의 성공과 실패, 장군의 생사조차도 영향을 받았음은 물론이다.

다른 한편으로 작전적 사고를 강조한 독일군이 전투에서는 승리한 반면, 정치적 환경과 정세에 대한 이해의 부족이 독일군의 전쟁 패배의 한 요인으로 작용했음도 간과할 수 없다. 즉, 월등히 우세한 적국을 상대로 승리하게 된 비결은 바로 독일군의 작전적 사고에 있었고, 작전적 수준의 사고만을 과도하게 중시하고 집착한 나머지 정치와 군수를 경시했다는 주장이 존재한다.

이러한 교훈을 바탕으로 독일 연방군은 지금도 장교 후보생 교육으로부터 연방군 지휘참모대학의 장군참모 교육 과정에 이르기까지 정치교육(Politische Bildung)을 체계적으로 실시하고 있다. 이를 통해 세계 안보정세와 현안, 국제관계에 대한 감각과 자유민주주의의 가치와 문민통치체제에 대해 철저하게 신념화시키고 있다. 정치군사적 균형감각을 갖춘 우수한 장교를 양성하기 위함이다.

이 책 속에는 군사작전지휘를 위해 요구되는 작전적 사고를 우리들의 내면에 형성하게 해주는 에너지가 있다. 모든 고급장교들이 그러한 전략적-작전적 사고 능력을 갖추었을 때 비로소 우리 군의 앞날에 밝은 미래가 있을 것으로 확신하는 바이다.

이 책을 번역한 진중근 중령은 독일 유학 중 세계대전의 현장 곳곳을 직접 발로 밟으며 답사하면서 작전적 사고를 키워온 전쟁사와 작전 전문가이다. 전쟁 역사의 현장에서 느낀 그의 통찰력과 군사적 전문성이 고스란히 배어 있기 때문에 더더욱 번역과 의미 전달의 가치가 높다.

군인들에게 진정으로 필요하고 미래지향적인 생각을 키울 수 있는 맛깔스러운 책을 찾기가 쉽지 않다. 국가총력전을 이해하고 있는가? 국가전쟁지도와 군사작전지휘의 역할과 조화를 제대로 인식하고 있는가? 이러한 문제에 대해 갈증을 느껴온 정치군사 문제 독자들에게 기꺼이 일독을 권하는 바이다.

육군 보병학교 교육여단장

준장 **신 현 기**

한국의 독자들에게

몇 개월 전이었던가. 어느 날 머나먼 대한민국의 한 육군 소령으로부터, 본인의 저서 '신화와 진실'Mythos und Wirklichkeit을 한국어로 번역했고 출간을 원한다는 메일을 받았다. 뜻밖의 소식에 매우 기쁘기도 했지만 한편으로는 너무나 놀라운 메시지였다. 지극히 극소수의 독일 역사가들에게만 있을 법한, 엄청난 영광이었다. 본인은 당연히 한국군 소령에게 필요한 모든 지원을 아끼지 않겠노라 약속했고 이제 그 결과물이 세상의 빛을 보게 되었다.

독일군에서 역사적으로 군사 작전Militärische Operationen이란 소위 지휘술의 영역이었다. 여러 세대를 거치면서 수많은 독일군 장군참모장교들은 독일만의 고유한 작전적 사고의 원칙 아래에서 양성되었으며 그들의 명령에 따라 수백만의 독일군 장병들은 북아프리카의 사막, 파리의 개선문, 광활한 러시아 벌판에서 혈투를 벌였고 목숨을 바쳐야 했다.

헬무트 폰 몰트케(대몰트케)를 비롯하여 알프레드 그라프 폰 슐리펜, 한스 폰 젝트, 에리히 폰 만슈타인, 그리고 연방군 초대 합참의장을 지낸 아돌프 호이징어는 독일 육군의 작전적 지휘의 기초와 틀을 마련하고 지켜온 핵심적인 인물들이다. 1866년 쾨니히그래츠, 1914년 탄넨베르크에서의 회전들과 1940년 서부전역에서의 지헬슈니트Sichelschnitt, 1941년 러시아에서의 대규모 포위회전들과 특히 만슈타인의 "적 배후를 타격하는 전법"Schlagen aus der Nachhand 등은 독일군의 작전적 지휘 및 작전수행 능력의 우수성을 보여주는 대표적인 사례이다. 오늘날까지도 이러한 전례들이 독일군뿐만 아니라 외국의 장교양성 과정에서 교육자료로 활용되고 있다는 사실은 그리 놀라운 일이 아니다. 일례로 1999년 독일 연방군 지휘참모대학의 '연합 및 합동작전' 연구팀이 프랑스 육군 군사사연구소와 공동으로 '400년 작전사를 통해 도출된 부대지휘의 기본 원칙'Grundsätze der Truppenführung im Lichte der Operationsgeschichte von vier Jahrhunderten을 발간한 바도 있다. 이 연구의 목적은 역사적 사례를 선별하여 시간을 초월한, 진정한 지휘술의 기본원칙을 전달하기 위함이었다. 특히 현실에 적용 가능한 원칙들을 도출하는 것이 이 연구의 핵심이었다.

이렇듯 실용적인 측면만 강조했기에 오늘날까지 독일군의 작전적 사고의 역사에 관한 과학적 연구는 존재하지 않았다. 따라서 본인은 독일군 군사사 연구소의 이름으로 그 틈을 메우고자 했다. 독일군의 작전적 사고의 발전과정을, 그 시초로부터 연방군 창설 단계까지 사회과학적인 관점에서 분석한 것은 사실상 이번이 처음이라고 할 수 있다. '신화와 진실. 대몰트케로부터 호이징어에 이르는 작전적 사고의 역사'라는 본서의 제목은 시대를 초월하는 작전적 사고의 논리적 흐름을 암시하고 있다. 본인은 5개 독일군에 대한 원근법, 통시적 고찰을 통해 독일군의 작전적 사고의 발전과정 속에서의 강점과 약점을 도출했다. 여러 참고문헌을 통해 한 세기 이상 독일군 총참모부와 장군단의 작전적 사고의 발전과 실패의 원인을 파헤쳤으며 그간 '신화'로 칭송받았던 작전사의 진실을 입증하기 위해 노력했다. 또한 19세기 중반부터 20세기에 이르기까지 실패를 거듭하면서도 변함없이 지속된 작전적 사고의 연속성과 동질성을 확인했다.

또한 군사문제는 정치적-사회적, 전략적, 그리고 국가의 총체적인 경제적, 다른 한편으로는 사상적, 인류적 측면에서 다뤄져야 한다. 그러한 차원에서 특히 독일군의 작전적 '신화'의 허구성과 독일이 20세기에 세계패권을 장악하기 위해 군사력을 사용했지만 결국 실패할 수밖에 없었던 논리적인 원인을 찾고자 했다.

끝으로 다시 한 번 진중근 소령에게 감사의 인사를 전한다. 대담하고도 용의주도하게 본인의 책을 옮긴 그에게 찬사를 보내는 바이다. 오로지 홀로 '시지

푸스의 굴레'와 같은 번역 작업을 해낸 그는 매우 훌륭한 능력을 지닌 한국군 장교라 생각한다. 본인에게는 더욱이 영문 번역본이 출간되기도 전에 한국어판이 나왔다는 사실도 그저 놀라울 따름이다.

한국의 독자들이 이 책을 기꺼이 일독해 주기를 희망한다. 특히 독일군의 작전적 사고의 역사에 대한 이해를 돕고, 연구에도 활용되었으면 한다. 현대 군사이론에 대한 관점에서 독일의 군사적 사고와 지휘의 진정한 의미를 깨닫기 바란다. 본서에 대한 찬성과 반대론자들이 토론의 장이 열린다면, 본인은 저자로서 더할 나위 없는, 최고의 보람을 느끼게 될 것이다.

역사학 박사, 육군 대령

게르하르트 P. 그로스

개정판을 내면서

어느덧 본서가 출간된 지 7년이 흘렀다. 다소 늦은 시기에 개정판을 내어 놓게 되었지만 2023년에 내게는 가장 기쁜 순간 중 하나이다. 서점의 많은 저작들이 초판 이후 절판되고 특히, 군사학 서적들은 시장이 매우 좁아서 더더욱 버티기 힘든 시기임에도 흔쾌히 개정판을 허락해 주신 도서출판 블루픽 원종우 사장님께 먼저 감사드린다.

초판의 역자 후기에서 언급했지만, 2007년 12월, 『전격전의 전설』(이하 『전격전』)을 끝으로 다시는 번역을 할 수 없을 것만 같았다. 6년 동안 한 권의 책만 붙잡고 있던 그 일을 다시는 하고 싶지 않았고, 무엇보다 번역이라는 작업의 진정한 고통을 몸소 느꼈기 때문이다. 당시 육군 대위로서 아마추어의 경험과 지식의 한계 때문에 그런 고통이 더 심했던 것 같다. 또한 그 후에는 영관장교가 되었지만 야전 부대의 일상 속에서 번역이라는 일은 감히 생각조차 할 수 없었다. 그렇게 7년을 보냈다.

2014년, 드디어 이 책을 만났고 내게는 그때가 인생의 전환점이었던 듯싶다. 2016년 4월 30일에 출간된 초판은 『전격전』만큼이나 내게 의미 있는 책이었다. "한국의 독자들에게"에서 저자가 말했듯 "영문 번역본이 출간되기도 전에"(2016년 9월에 The Myth and Reality로 번역, 출간) 나온 이 책 덕분에 주변의 지인들로부터 분에 넘치는 칭찬과 격려를 받았다. 최근에는 일면식도 없는 몇몇 후배가 이 책을 읽고 번역에 관심을 가지게 되었다는 반가운 소식을 전하기도 했다.

한편, 나는 번역을 통해 지적 영역이 더 넓어지고 깊어지고 있음을 느낄 수 있었고, 특히나 다시 번역에 매진할 수 있는 힘을 얻었다. 독일의 과거와 현재에 대해 허상을 갖고 있던 내게는 이 책의 내용이 『전격전』보다 더 충격적이었다. 나아가 독일군의 실상을 정확히 인식했으며 독일군에 대해 누구보다도 더 잘 설명할 수 있는 자신감을 갖게 되었다. 번역 측면에서도 자신감을 얻었다. 학술서적이 아닌 자서전은 2년 내에도 번역을 종결할 수 있었다. 한스 폰 루크의 『롬멜과 함께 전선에서』와 곧 출간될 오토 카리우스의『진흙 속의 호랑이』가 그랬다.

본서에 관해서 말하자면, 번역의 퀄리티를 내가 스스로 언급하는 것은 부적절하다. 아직도 100% 완벽하게 번역했다고 말하기에는 자신이 없다. 훌륭한 선후배나 독일어에 능통한 사람이 나타나 나의 오역을 바로잡아 주기를 간절히 바란다. 그 실수에 대한 책임은 전적으로 내게 있다.

반면, 그로스 박사가 쓴 본서의 내용적 가치는 실로 대단하다. 누군가 지적했듯이 현대의 독일연방군에 대해 자세히 다루지 않았다는 점을 제외하면, 1860년대의 독일군에서 1950년대의 독일군의 역사를 아우르고 있으며, 각각의 수뇌부들의 작전적 사고를 이보다 더 완벽하게 다룬 책은 없다고 본다. 오늘날의 우리 장교단에게, 오히려『전격전』보다 훨씬 더 시사하는 바가 많은 저작임을 자신한다. 나에게도 보잘것없는 번역 능력으로 작업한 책들 가운데 『전격전』에 버금가는 최고로 소중한 책이다.

하지만 초판이 출간된 이후 한국어판에 대해 다소 간의 아쉬움이 있었다. 본서를 접한 네티즌과 주변의 독자들의 평가는 그리 좋지 않았다. 번역의 질과 내용 면에서는 괜찮은 평가를 받았으나 글자 간격을 비롯한 편집과 종이질 개선을 요구하는 이들이 많았다. 사실상 미주와 참고문헌, 색인을 읽으려면 돋보기가 필요할 정도였다. 다음의 이야기는 실제로 있었던 일이다. 본인이 지인들에게 졸역서들을 선물할 때 하나를 선택하라고 권하면, 언제나 이 책은 뒤로 밀려났다. 대부분이 속지와 겉표지 디자인만 보고는 얼른 내려놓고 다른 책을 골랐다. 그때마다 나는, "이 책이 정말 좋은 책인데..."라고 말했지만 결과는 달라지지 않았다. 나는 그 어디서도 초판을 자신 있게 내어놓지 못했다. 그래서 내가 이번 개정판을 그 누구보다도 손꼽아 기다렸는지도 모른다.

2007년에 출간된 『전격전』은 여전히 독자들의 많은 사랑을 받고 있고 육군사관학교와 육군대학의 필독서로도 지정되어 있다. 그러나 이제는 『독일군의 신화와 진실』개정판을 자신 있게 내어놓고 싶다. 오히려 『전격전』보다 훨씬 더 가치 있는 책이라고 자신있게 말하고 싶다. 내가 한국군 장교들, 특히 고위급, 영관급 이상 장교들에게 정말로 필요한 책(그런 책은 무궁무진하겠지만)을, 나의 졸역서 중에 추천하라고 하면 이제는 자신있게 이 책을 추천하고 싶다. 그 정도로 『독일군의 신화와 진실』은 내게 소중한 책이며, 내 인생을 송두리째 바꾸어 놓은 책이다. 아무쪼록 이 책의 전성기를 기대한다. 마지막으로 개정판 작업을 직접 작업해 주신 블루픽 정성학 과장님과 편집부 가족분들께도 감사의 인사를 전한다.

자운대에서...

목차

◀▲ 게하르트 폰 샤른호르스트 중장. 프리드리히 버리, 캔버스 유화. 1813년 (akg-image)
◀ 카를 폰 클라우제비츠. 칼 빌헬름 바호 작. 1820년. (akg-image)
▲ 베르사유에서 집무중인 독일 원수 헬무트 폰 몰트케 백작. 안톤 폰 베르너, 캔버스 유화. 1872년 (bpk/Hamburger Kunsthalle/E. Walford)
▼ 1870/71년, 프러시아 육군의 장군참모들. 중앙에서 팔짱을 낀 인물이 헬무트 폰 몰트케 원수다. (bpk/Rud. Rogorsch)

1

도입

게르하르트 폰 샤른호르스트

Gerhard von Scharnhorst

1775-1813

✠

"독일군만의 전법(戰法)이 존재하는가?" 독일 출신 역사학자들은 이러한 질문에 답하기를 꺼려하거나 지난 수년간 세계대전을 대량학살의 섬멸전쟁으로 격하시키며 연구 가치를 스스로 경시했다. 영미권이나 이스라엘의 역사학자들은 제2차 세계대전이 종식된 지 수년이 흐른 뒤에도 여전히 자의적으로 세계대전 당시의 독일군의 전쟁지휘에 대해 열띤 논의와 토론을 하고 있다. 그들 중 일부는 학문적인 관심에서 독일군의 작전적 수준의 전쟁수행기법을 연구하려 했으며, 특히 독일군의 지상전 수행 방식에 주목했다. 공중전과 해전은 군사학자들 각자의 이유로 관심 밖에 놓이거나 부차적 주제로 다뤄진 반면, 독일 육군의 작전적 수준의 전쟁수행 능력은 전술적인 능력과 함께 크게 부각되었다. 독일 육군이 제2차 세계대전 초부터 공군과의 합동작전으로 세계 전쟁 역사상 유례를 찾기 힘든 큰 승리를 거두었기 때문이다. 하지만 제프리 P. 메거리Geoffrey P. Megaree[1]와 시몬 나베Shimon Naveh[2]같은 이들은 독일만의 고유한 지휘체계의 문제점들을 토대로 국방군의 작전적 능력을 비판했으며 특히 나베는 독일의 작전적 사고와 관련된 이론들의 오류를 증명하려고 했다.[3] 반대로 독일 육군의 작전적 능력의 우수성을 주장한 사람들도 있다. 트레버 N. 두푸이Trevor N. Dupuy는 19, 20세기의 독일 육군의 작전수행 능력을 높이 평가했고 독일군 총참모부를 '최고의 군사적 능력을 보유한 집단'이라 극찬했다.[4] 에드워드 N. 러트워크Edward N. Luttwak는 소련의 아프가니스탄 침공을 다음과 같이 묘사했다. "사실상 그 작전은 매우 훌륭하고, 지극히 모험적이었으며, 최대의 이익을 취할 수 있다는 점에서 독일군의 작전수행방식과 흡사했다."[5] 로버트 M. 시티노Robert M. Citino는 제2차 세계대전 이후 가장 성공적이었던 미군의 사막의 폭풍Desert

Storm 작전에 슐리펜 계획이 직접적인 영향을 미쳤다고 주장했다. 시티노는 성공의 열쇠가 심사숙고를 거쳐 치밀하게 계획된 기동전과 명확한 중점형성에 있었다고 언급했으며, 또한 독일군 장교에게는 이 같은 개념이 상식이라고 기술했다.[6] 이렇게 두 학자들은 시간을 초월한 독일군의 지휘기법을 높이 평가했다. 특히 미군과 소련군 장교들도 가장 중요한 요소 -중점형성, 위험감수, 신속성과 기동성- 를 중심으로 이러한 지휘기법을 받아들였다고 한다. 또한 슐리펜 계획이 모든 위험요소를 제거할 수 있는, 완벽한 승리의 해법이라는 논리가 마치 신화처럼 부각되고 있다. 그러나 슐리펜은 클라우제비츠가 전쟁의 본질이라 규정한 마찰요소들을 무시했다. 신속한 작전적 승리를 중시한 반면 전쟁수행의 전략적 관점, 예를 들어 경제전쟁 또는 심리전과 같은 요소들을 경시했다. 이러한 사고방식으로 정규 군사작전 이후의 사태에 대해서는 관심을 기울이지 않았고 그 결과 국민전쟁이나 게릴라전을 예측하는 데 실패했다. 그런 면에서 러트워크가 기술한 대로 소련의 아프가니스탄 전쟁이 시사하는 바는 대단히 크다. 아프가니스탄 전쟁 당시의 끊임없는 게릴라전 양상은 총체적인 전략적 개념이 부재한 전쟁에서는 공자가 아무리 신속한 기동전을 구사하더라도 승리를 보장받기는 커녕 오히려 패배를 면할 수 없다는 사실을 보여주었다.

대부분의 독일 군사(軍史)학자들은 단지 작전계획상의 청색과 적색의 전진축만을 분석하는 것은 의미가 없다고 주장한다. 아직까지도 작전사 연구에 몰두하는 것을 악평하는 이들도 있다. 이러한 세부적인 작전분석은 전쟁의 현상에만 치중한 총참모부와 제국 문서보관소Reichsarchiv 산하의 전쟁사 연구부의 비정치적인 접근법과 일맥상통한다. 그들은 소위 '전훈분석'lessons learned이라는 슬로건 아래 행동지향적인 경험에서 도출된 교훈을 향후 군에 활용하는 데 주안점을 두고 전쟁사례를 집중 분석했다. 이러한 경향은 결국 전쟁의 경제적, 사회적, 사회-문화적, 사회-정치적 성향을 배제하는 결과를 초래했다. 군부의 관심은 군사 작전계획수립과 장병의 교육훈련 등과 같이 현실에 적용 가능한 요소에 집중되었고, 종국에는 현역장교들로 하여금 획일적인 사고방식을 갖도록 만들었다. 1905년 슐리펜의 비망록에도 기술되어 있듯이 독일 육군의 '작전가'들은 통상적으로 군수분야를 경시하는 수준을 넘어 군수 문제를 철저히 배제했다. 비평가들 역시 군수문제는 그다지 중요하게 다루지 않았는데, 이들도 군사적 사건의 중간 과정에는 큰 관심을 두지 않았기 때문이다.

1990년대에 이르러 독일 육군 내에서는 고전적인 작전사 연구가 필요하다는 목소리가 높아졌다. 이에 대해 슈티히 푀르스터Stig Förster는, "장교들이 또다시 작전지휘에 편향, 집중하도록 조장하는 경향은 심각한 문제이며 특히 전쟁을 정치와 분리해 생각하는 것은 어불성설이다."[7]라고 경고했고 매우 타당한 지적이다. 그러나 이는 푀르스터가 말했듯 현대적인 작전사 연구를 단념하라는 의미가 아니다. 그리고 1990년대 말 과학적인 작전사의 논증에 관한 토론 과정에서 베른트 베그너Bernd Wegner는 당시의 문제점을 정확히 지적했다. 군사사의 연구 범주 가운데 작전사를 경시하는 것은 심각한 문제이며, 이로 말미암아 전쟁사를 역사적으로 분석할 수 없게 될 것이라고 언급했다. 현대적, 포괄적인 군사사는 역사적-비평적 작전사의 요소를 필요로 한다는 것이었다.[8] 우리는 작전사 그 자체를 입증하는 것으로 그치지 않고 작전사를 통해 더 광범위하고도 포괄적인 지식습득을 도모해야 한다. 이러한 관점에서 슈티히 푀르스터는 다음과 같이 기술했다.

> *"역사학자들이 이러한 특정 분야(작전사)에서 전문가들의 연구결과를 무시하는 것은 잘못된 일이다. 이는 전역의 역사를 광범위한 역사적 정황과 관계없이 이해하려는 것과 같다."*[9]

죈케 나이첼Sönke Neitzel은 전쟁을 군사사로 회귀시키는 것에 찬성하면서 정신적, 일상적, 문화역사적 문제를 '새로운' 군사사에 반드시 포함시켜야 한다고 주장했다.[10] 그는 정치사, 작전사 그리고 문화사의 연구결과를 모두 아우르는, 즉 방법적 다원론을 옹호했다. 미하엘 가이어Michael Geyer[11], 슈테판 펠렉크너Stefan Felleckner[12]와 함께 나이첼은 '전쟁의 본질', 죽음과 살해, 투쟁, 회전(會戰) 또는 전역[13]을 더욱더 심도 있게 연구해야 한다고 주장했다.

역사학자들로부터 별다른 관심을 받지 못했지만 1980년대 독일 육군에는 작전적 지휘사상의 르네상스가 도래했다. 당시의 육군참모총장 한스-헤닝 폰 잔트라르트Hans-Henning von Sandrart는 당시까지 육군의 지휘사상이 너무나 오랫동안 전방방위전략Vorneverteidigung의 개념에 머물러 있었다고 비판하면서 최초 회전에서는 유럽통합 방위계획(GDP, General Defense Plan)을 시행하고 두 번째 회전에서는 자주적인 작전적 지휘(freie operative Führung)와 연계된 포괄적인 방위 계획을 실행할 것을 요구했다. 또한 그는 '유연반응전략'과 '적 종심상 후속부대에 대한 공세'(FOFA, Follow-on Force Attack)[A] 전법의 시대에 부합하는 작전적 사고의 부활을 위해 독자적인 작전적 교훈을 유지, 계승해야한다고 주장했다.[14] 그 후 잔트라르트는 과거의 독일군 장군참모현지실습[B]을 재시행토록 지시했고 1987년 '중부유럽에서의 지상군의 작전적 지휘에 관한 가이드라인'을 발간했다.[15] 다음 단계로 1987년판 HDv 100/100[CD]에 이 지침을 수록했다.

일련의 과정에 대한 비판론자들도 있었다. 당시 연방군 지휘참모대학의

A 1980년대 NATO가 소련의 재래식 전력 우위를 극복하기 위해 개발한 전투방식. 소련군의 침공시 정밀타격능력을 바탕으로 육, 해, 공군의 폭격기, 중 장거리 미사일로 소련의 전략, 작전적 예비대를 'One Shot One Kill'함으로써 승리한다는 전법. (역자 주)

B Generalstabsreise를 장군참모여행으로 번역한 곳이 많으나, 여행보다는 전쟁연습을 위한 현지 전술토의가 주핵심이므로 장군참모현지실습으로 번역했다. (역자 주)

C 부대지휘, Truppenführung (역자 주)

D HDv, Heeresdienstvorschrift는 육군의 야전 교범을 지칭한다 (역자 주)

교관, 마르틴 쿠츠Martin Kutz는 작전적 지휘를 강조하는 이러한 개혁과정이 전통만을 중요시하는 가치판단을 부활시키려는 사상적인 선동일 뿐만 아니라 오로지 군사적인 추론만을 강조한 슐리펜식 사고의 부흥이라고 비판했다. 즉 이것을 행동원칙의 진리로 인식하는 것은 크나큰 오류라는 것이다. 동시에 지난 세기의 독일 군사사에 근거해 이러한 경제적, 사회적, 정치적 현실을 무시하고 대규모 공간에서의 작전적 공세만을 강조[16]했던 세계대전 당시 독일군 총참모부식의 작전적 사고로 복귀하는 것은 위험천만한 실책이라고 강도 높게 비판했다.

본 연구의 주제는 바로 세계대전 시대 독일 육군의 작전적 사고이다. 이는 육군이 당시의 독일 군사사상을 지배하며 전쟁수행의 결정적인 역할을 했다는 사실 때문이다. 군부는 정부 내 폐쇄적인 하부조직이었고 그 안에서 육군과 장군들, 그리고 장군참모장교[E]들이 다시 한 번 독자적인 하부조직을 만들었다. 세계대전 당시 육군 지도부는 대륙적인 사고방식에서 해군을 독자적인 조직으로 인정했다. 물론 해군은 전쟁에 부차적인 역할을 수행한다는 전제 하에서였다. 반면 공군을 보는 관점은 달랐다. 지상군을 공중 지원한다는 전술적 관점으로 인해 공군은 육군에 예속된 수단이었다. 그러나 해군과 공군은 육군과는 달리 자군의 상이한 특수성에 따라 그들만의 작전적 사고를 발전시켰다. 과학기술, 공간의 특수성 등과 연계된 고유의 용어와, 일부 개념적으로 육군과 중복되는 작전적 용어도 발전시켰다. 그러나 이것들은 본서의 주제가 아니기 때문에 육군의 관점에서 반드시 필요할 경우에만 부분적으로 다루었다.

연구의 시간적 범위를 세계대전 시대로 한정하지 않고 시대 흐름의 변화를 설명하기 위해 19세기 중반부터 독일 연방군 초기까지의 작전적 사고의

E 장군참모장교Generalstabsoffizier : 과거에는 일반참모장교로 번역되었으나 최근에는 장군참모장교로 번역되고 있다. 독일어 General에 일반이란 의미는 없다. (역자 주)

발전과정을 다루었다. 알프레드 그라프 폰 슐리펜Alfred Graf von Schlieffen 원수, 루트비히 베크Ludwig Beck 대장, 하인츠 구데리안Heinz Guderian 대장과 에리히 폰 만슈타인Erich von Manstein 원수의 작전적 사고는 19세기 말 헬무트 폰 몰트케d.Ä. Helmuth von Moltke d. Ä[F] 당시의 발전 과정을 알지 못하면 이해할 수 없다. 마찬가지로 초대 합참의장이었던 아돌프 호이징어Adolf Heusinger가 제2차 세계대전 당시 육군 총참모부 작전참모부장으로서 어떤 역할과 과업을 수행했는지 알지 못하면 독일 연방군의 창설과정부터 호이징어의 퇴임까지 그를 둘러싼 사건들에 대해 이해하기 어려울 것이다. '새로운 독일 연방군'의 수뇌부는 과거 국방군 육, 해, 공군의 작전참모부 출신이었고, 구조적, 개념적인 변화가 있다 하더라도 인적(人的) 연계성은 작전적 사고에도 영향을 미치는 만큼, 조직의 구조적인 특징뿐만 아니라 인물들의 성향도 함께 추적해야 할 필요가 있다. 따라서 오늘날까지 총참모부의 구조적인 특징과 더불어 대몰트케, 슐리펜 또는 만슈타인의 개별적인 성향과 연계한 작전적 사고의 발전과정을 면밀히 분석했다.

미국과 영국은 세계대전에서 작전의 범주 없이도 승리했지만 독일은 작전적 수준의 개념을 가지고 있었음에도 불구하고 전쟁에서 패배했다. 그러한 사실을 고려할 때 20세기 말, 독일 육군의 지휘부와 다수의 영미 군사학자들에게 그토록 많은 관심을 불러일으켰던, 최근 200년 동안의 독일 육군의 작전적 사고는 과연 무엇이었을까? 군사학자들이 항상 말하듯 두 차례의 세계대전에서 인적, 물적 열세에도 불구하고 혁신적인 전술 기법으로 수년간 성공적인 전투를 수행할 수 있었던 독일의 지휘철학은 과연 얼마나 우수한 것이었을까? 독일의 작전수행 사례를 통해 전술의 의미를 부각시킨, 독일군 전술의 발전에 관한 새로운 연구서들은 다수 존재한다.[17] 반

F 이하 대몰트케로 표기. Moltke d. J.은 소몰트케로 구분했다. (역자 주)

면 세계대전 당시 독일의 작전수행 능력과 그 발전, 그리고 그 배경이 되는 독일의 작전적 사고에 관한 충분한 해설서들은 부족하다. 통상 '전형적인 독일식'typical German이라고 불리는 지상전 수행 시 강점들은 무엇이며 어디에 그 위험요소들이 도사리고 있는 것일까? 독일군의 작전수행의 특성은 무엇이며 특히 그것의 근간을 이루는 작전적 사고의 특성은 무엇인가? 그렇다면 특별한 독일군만의 작전적 사고가 과연 존재하는가? 만일 존재한다면 왜 독일에서 시작되었고 어떤 과정을 통해 지난 2세기에 걸쳐 발전했을까? 이러한 독일의 작전적 사고는 정치적 시스템의 결과물 또는 뒤늦은 독일 민주화의 산물일까? 나아가 격렬하게 논란이 되었던 독일만의 특수한 상황을 극복하기 위한 방책이었을까? 또는 지리전략적으로 중간적 위치가 작전적 사고에 결정적인 영향을 미쳤을까? 그래서 결국은 어떠한 발전 과정을 거치게 되었는가?

일종의 메커니즘이라 할 수 있는 작전적 사고를 어떤 방식으로 실행에 옮길 수 있을까? 사고란 추상적이며 직접적인 계측이 불가능한 프로세스이지만 사고의 결과를 현실에서 형상화한다면 연구대상이 될 수도 있다. 즉 교범들, 문건들, 자서전이나 군사 전문서적들을 통해 전시에 군사 작전계획들이 실행에 옮겨진 사실들을 알 수 있듯이 작전적 사고는 이론적으로 또한 실제적으로 이해될 수 있는 것이다.

1970년대 초반 오스트리아의 만프리트 라우헨슈타이너Manfried Rauchensteiner[18]와 요제프 마르홀츠Josef Marholz[19]는 작전적 사고에 관한 수많은 저작물을 연이어 출간하며 연구에도 매진하였다. 또한 영국과 미국에서도 수십 년 전부터 현재까지 이러한 문제들에 관해 끊임없이 활발한 토론이 진행 중이다. 하지만 독일에서는 불과 수년 전부터 순수 군사적 측면에서만 작전적 사고를 연구하고 있다. 독일 군사이론의 전성기는 이미 1930년대에 막을 내렸다. 또한 디터 브란트Dieter Brand[20] 장군의 저서와 같이 극소수의 새로운 독일의 연구서들만이 전문적 군사 분야에서 그 명맥을 유지하고 있다. 오로지 쿠츠Kutz만이 전통적인 틀을 벗어나 이러한 상황을 신랄하게 비판했다. 젊은 장군참모장교들은 포트 리븐워스Fort Leavenworth의 미국 지휘참모대학이나 샌드허스트Sandhurst의 영국 육군사관학교에서 세계대전에서의 독일의 작전적 사고에 관해 훨씬 더 많이 배웠으며 정작 독일에서는 거의 배운 바가 없다고 강조한다. 혹자들은 최근 수년간 독일군이 작전적 수준의 전법보다는 전략적 문제에 더 많은 관심을 가지고 있다고 언급하기도 했다.[21]

참고문헌의 출처는 다양하다. 제국군과 국방군, 연방군 초기의 문건들은 대체로 양호한 상태였다. 하지만 제국/육군 문서보관소의 총참모부에 관한 문건들은 1945년 4월 영국군의 폭격으로 극소수의 단행본까지 소실되었다. 그러나 전쟁사 연구소의 문건들은 대부분 잘 보존되어 있고 슐리펜의 작전적 사고가 담긴 뵈티헤르Boetticher의 유작들 중 발견된 문건들을 참고하여 그의 생각과 계획들을 포괄적으로 재구성할 수 있었다. 물론 대몰트케 시대의 문건들은 모두 폐기되었다. 하지만 1914년 전쟁 발발 전까지 총참모부 전쟁사연구부에서 출간된 대몰트케의 논문 모음집 덕분에 그의 작전적 견해를 잘 이해할 수 있었다. 제1차 세계대전 이전까지 작전적 사고의 발전을 위한 중요한 선구자적 역할을 한 두 인물, 대몰트케와 슐리펜은 서로 상반되는 군사적 이론서를 발표했다. 대몰트케와는 달리 슐리펜은 그의 퇴임 후 정기간행물 형태로, 예를 들면 『칸나이』Cannae, 『오늘날의 전쟁』Krieg in der Gegenwart과 같은 서적을 출간하여 전쟁수행에 관한 자신의 논리를 기술했다.

19세기 중반에서부터 20세기 중반, 즉 프로이센군으로부터 독일 연방군에 이르는 시대의 작전적 사고에 관한 통시적, 다각도의 분석-작전적 사고와 모든 사회적 전쟁수행을 위한 조직 간에 상호의존성으로 결합된-은 현재까지 시행되지 못하고 있다. 본인은 이러한 연구를 통해 그 공백을 메우고자, 특히 경제적, 정치적 그리고 사회적 환경과 결합된 작전적 사고의 발전과정을 논할 것이다. 또한 세계대전 당시 독일 육군의 작전적 사고에 초점을 맞춘 군사 사상사(思想史)는 물론 군사적 사상의 연속성과 비연속성도 살펴볼 것이다.

따라서 독일 육군의 작전적 사고를 군사사적으로 분석 및 유추해석하는 방식만으로는 중요하거나 결정적인 모든 작전들을 다룰 수는 없다. 오히려 세계대전 시대의 독일 군사사를 배경으로 한 작전적 사고의 발전과정이 본서의 핵심이다. 독일제국과 국방군에서 늘 그래 왔던, 그리고 연방군에서도 항상 단서로 요구하는 적용 가능한 방법 또는 영미권에서의 전훈분석 등을 찾고자 하는 이들에게는 다소 실망감을 안겨 줄 수도 있을 것이다.

2
전술-작전-전략의 정의

"모든 이론의 가장 우선적 역할은 복잡하고 혼란스런 개념과 관념의 정의에 있다. 어떤 문제든 명칭과 개념이 합의되어야 독자와 동일한 관점의 논의를 기대할 수 있다."[1]

—

카를 폰 클라우제비츠

Carl von Clausewitz

1780-1831

✠

작전적 사고란 과연 무엇일까? 우리는 이 주제에 접근하기 위해서 우선 '작전'과 '작전적'이라는 용어의 개념을 정의하고 동시에 2000년대 초반부터 전 세계적으로 널리 사용된 전쟁 지휘의 세 영역-전략, 전술과 작전-을 명확히 해야 할 필요가 있다. 이 개념들의 활용가치를 평가해야 하는 이유는 다음과 같다. 첫 번째는, 이 개념이 인류의 다양한 일상생활에서도 사용되고 있고, 두 번째는, '작전'과 '작전적'이라는 군사용어가 때로는 혼란을 초래하며 이것을 오늘날까지 정확하게 사용하지 못하고 있기 때문이다.

게다가 이 개념은 국제적으로 다양한 환경에서 서로 다른 의미로 사용되고 있다. 그 원인은 세계 각국의 고유한 문화적 특수성과 언어적 차이에 있다. 더욱이 작전의 본질을 정확히 이해하지 못한 독일군 장교들 또한 지난 수십 년 동안 정확한 정의를 내리지 못한 채 작전이라는 용어를 분별없이 사용해 왔다. 통일된 용어정립은 모든 연구와 실무의 전제조건이므로 군사적 차원에서 개념 정의는 특히 중요하다. 그럼에도 명료한 용어정립이나 그에 대한 합의가 이루어지지 못하는 이유는 지휘 수준 간의 명확한 개념설정과 구분을 난제라고 인식하기 때문이다. 명확한 용어사용에 관해 정평이 나 있던 프로이센-독일 교범에조차 '작전'에 관한 정의가 누락되어 있다. 그러나 이는 그리 놀랄만한 일도 아니다. 대몰트케가 1869년 발표한 '대부대 지휘관을 위한 규정'Verordnungen für die höheren Truppenführer을 기초로 1910년에 발간된 팜플렛 제53호 '대부대 지휘를 위한 기본원칙'Grundzüge der höheren Truppenführung에서는 회전(會戰)을 위한 전투력의 통합이라는 주제를 다루고 있었는데 여기에서도 '작전'의 개념을 간략하게만 기술해 놓았다. 또한 젝트의 지시로 발간된 HDv 487 제병협동 지휘와 전투Führung und Gefecht der verbundenen

Waffen, F.u.G., 루트비히 베크와 칼-하인리히 폰 슈튈프나겔Carl-Heinrich von Stülpnagel 장군의 주관으로 작성된 1933년판 HDv 300 부대지휘Truppenführung에서는 작전이라는 용어를 표제어와 색인에서 누락시켰으며 단지 작전명령Operationsbefehl이라는 용어만 찾아볼 수 있을 뿐이다. 반면 1939년 4월 공군의 지상군 전술 편람Handbuch der Heerestaktik에서는 흥미롭게도 최초로 작전이라는 용어를 정의했다.[2] 또한 1962년판 연방군의 HDv 100/1 부대지휘에서도 작전을 정의하지 않았으며 '지휘개념'[3]을 다룬 어느 '장'의 제55항과 대부대 지휘를 기술한 부록 제1편에서만 작전에 대해 간략하게 언급하고 있다. 한편 연방군 교범 중에서는 1977년판 HDv 100/900 지휘개념Führungsbegriff에서 처음으로 작전을 '항상 특정한 목표를 지향하는 기동 및 전투행동과 기타 모든 종류의 조치를 포함하는 시공간적인 행동'으로 정의했다. 독일 연방군 창설 초기까지 작전적 그리고 전략적 수준을 주제로 한 교범이 없었던 이유는 바로 수십 년 동안 이 개념이 정립되지 못했기 때문이다. 그동안 독일 육군의 교범은 전술적 수준의 지휘를 중점적으로 다루었고 전쟁을 작전적, 전략적 차원에서 기술한 책자는 몇 차례 발간된 팜플렛 '대부대 지휘를 위한 기본원칙'이 유일했다. 그러나 1930년대 중반 '제병협동 지휘와 전투'의 출간을 끝으로 그러한 영역에 대한 연구는 중단되고 말았다.[4] 이것에 관해서는 또 다른 원인을 찾을 수 있는데 뒤에서 자세히 다루도록 하겠다.[5]

독일 연방군에서는 1970년대 말에 이르러 최초로 HDv에 작전의 개념을 정의했지만, 이 용어는 19세기 중반부터 군사관련 문헌에 이미 실려 있었다. 독일 군사이론의 거장들(대몰트케, 슐리히팅Schlichting, 폰 데어 골츠von der Goltz, 베른하르디Bernhardi와 슐리펜)도 이 용어의 개념을 연구했다. 시간이 흐르면서 작전이라는 용어는 특정한 범주에서만 사용되었다. 작전계획, 작전목표, 작전기지, 작전목적, 작전선, 작전적 지휘와 같은 개념들은 1세기 이상 존재했다. 반면 작전적 개념, 종심지역작전, 자주적인 작전freie Operation과 같은 용어들은 최근 십수 년 전에 비로소 생겨났다. 독일어권의 백과사전과 군사 교범에서는 그러한 용어가 다양한 의미로 구체화되었다. 당시의 장교들이 작성한 명령서와 개인적인 저서들을 보면 이들은 작전의 개념 정의를 기피했거나 명확히 정의할 능력이 없었던 것으로 보인다. 반면 각종 사전과 교범들은 매우 이른 시기부터 작전의 개념 및 작전과 관련된 용어를 수록하고 있었다. 특히 독일어권의 백과사전들과 지침서에서는 작전이란 용어가 다양한 의미로 구체화 되었다. 2세기 동안 이 개념의 변천사를 다음과 같은 문헌들을 통해 확인할 수 있었다. 1826년판 요한 휘프너 시사전문용어사전Johann Hübners Zeitungs-und Conversationslexikon만이 이례적으로 이 용어를 군사적인 의미로 해석했을 뿐 다른 모든 사전들은 수년 동안 이것을 의학 개념[A]의 표제어로 기술했다. 군사적 의미는 항상 맨 아래쪽에 기재되어 있었고, 1905년판 브록하우스의 전문용어소사전Brockhaus' Kleines Konversationslexikon[6]의 경우에는 오로지 의학적인 용어로만 기술했다. 1809년의 브록하우스 초판[7]에는 표제어로 작전이 누락되어 있지만 1820년 제4쇄 증보판에는 다음과 같이 기술되어 있다. '군사용어에서 작전Operation은 군사행동Unternehmung과 동의어이다. 작전계획은 전역에서의 군사행동에 대한 지침이자 잠정적인 기획안이다'[8] 이러한 짧은 설명에서 이미 1820년판 브록하우스는 작전과 작전적 사고의 이해를 위한 두 가지의 핵심을 짚어냈다. 하나는 작전이 능동적이며 목표지향적인 군사 행동이라는 것이며 다른 하나는 잠정적인 계획과의 관련성이다. 그와 달리 휘프너 시사전문용어사전은 다른 사전들이 수용하지 않는 독자적인 해석을 내 놓았는데, 작전을 단순히 적 요새진지에 대한 아군의 공격으로서 정의했다.[9] 한편 1839년판 브록하우스는 간단명료하게 다음과 같이 정의했다. '특히 군사부문에서 육군의 행동Unternehmungen이 바로 작전Operationen이

A 수술 등을 지칭한다 (역자 주)

며 그것을 실행하기 위한 기초안을 작전계획이라 일컫는다'[10] 보다 진일보한 1857년판 헤르더스 전문용어사전Herders Conversations-Lexikon은 전투에 초점을 둔 전술적 작전과 전역의 수준에 초점을 둔 전략적 작전을 구분했다.[11] 4년 후 피어러 대백과사전Pierer's Universal-Lexikon은 이 개념정의에 더 많은 공간을 할애했다. 이 사전에서는, 작전을 적의 주력을 지향하여 결전을 수행하는 전쟁에서의 행동으로 정의했다. 나아가 작전기지Operationsbasis, 작전선Operationslinie과 작전목표Operationsobjekt도 기술하고 있다.[12] 흥미롭게도 피어러 사전에는 이미 1866년 쾨니히그래츠Königgrätz 회전이 일어나기 이전에 이미 작전에 결전의 기능이 포함되어 있다고 기술했다. 1866년판 마이어의 신(新)전문용어사전Meyers Neues Konversations-Lexikon은 최초로 공격과 방어작전을 구분하고, 다소 설득력이 부족하지만 전술과 전략의 범주에서 작전을 분석했다.[13] 또한 그는 독자적으로 군사적 의미를 배제하고 실용적인 행위로서 '작전적'이라는 용어를 해석하기도 했다.

1908년판 마이어의 대백과사전Großes Konversations-Lexikon에서는 한층 더 구체적이고 확장된 의미로 군사작전을 육군의 기동, 특히 대부대의 군사행동이라 정의했고 거기에 행군과 회전, 전투를 포함시켰다. 작전은 내선과 외선에서 실시할 수 있는 것이며 궁극적인 결전, 즉 적의 섬멸까지 이르는 작전들의 총합이 하나의 전역을 형성한다고 기술했다.[14] 이렇듯 마이어 사전은 당시의 시대정신에 부합된 작전의 핵심적인 요소를 도입하여 군사작전을 정의했다. 즉 작전목표를 적 주력의 군사적 섬멸로 기술한 것이다. 작전이 대부대가 시행하는 것이라는 진술과 관련해서 이 사전은 전쟁수행 측면에서 작전이 전술보다 더 높은 수준임을 나타냈다.

뜻밖에도 제정시대의 군사용어사전들은 당시 출간된 백과사전들에 비해 작전에 관한 기술이 그다지 자세하지 않다. 1901년의 군사-사전Militär-Lexikon[15]은 매우 간략하게 작전을 '육군의 기동'으로 표현했으며, 1879년판 종합군사과학 용어사전Handwörterbuch der gesamten Militärwissenschaften[16]은 작전을 전략적 차원에 더 가까운, 결전을 목표로 하는 육군의 대부대급 기동으로 기술했다. 육군과 해군을 위한 지침서Handbuch für Heer und Flotte는 당시의 일반적인 문건들과는 그 내용이 다소 상이한데, 제정시대의 군사용어 중 작전의 개념 설명에 많은 공간을 할애하여 매우 장황하게 설명하고 있다. 이 지침서는 해군에서의 작전개념을 최초로 설명한 문건이기도 하다. 육군 부문의 저자 루트비히 프라이헤르 폰 팔켄하우젠Ludwig Freiherr von Falkenhausen 장군은 '작전은 정의할 수 없는 것'이라고 기술하며 자신의 신념에 따라 작전의 개념을 '육군의 대부대급 기동'으로 대체시키고자 했다. 이는 작전의 개념이 전략과 긴밀한 관계가 있다고 생각했기 때문이다.[17] 이러한 팔켄하우젠의 진술은 군사적 기준에서 볼 때 20세기 초반까지도 전술과 전략의 정확한 구분이 없었기 때문에 군사용어사용에서 작전의 정의 또한 명확하지 못했다는 것을 단적으로 보여준다.

바이마르의 브록하우스Weimarer Brockhaus[B]는 1932년 작전에 관해 새로운 정의를 내렸다. 이 사전은 제1차 세계대전까지 존재했던 지상전에 한정된 개념을 폐기하고 작전을 '군에서 특별한 목표달성과 밀접한 관련이 있는 전투행동들의 집합체'[18]라고 정의했다. 이와 유사하지만 시공간적인 한계를 지정하여 1936년판 최신(新) 국방과학 지침서Handbuch der neuzeitlichen Wehrwissenschaften는 작전을 '목표, 시간과 공간에 따라 한정된, 일반적으로 총체적인 육군의 기동과 관련된 대부대의 전투행동'[19]으로 기술했다. 전후 최초로 출간된 1955년판 브록하우스는 이 정의를 그대로 받아들였다. 제2차 세계대전의 경험이 반영되어 오로지 '총체적인 육군의 기동'을 '대규모 군부대'로 대체했을 뿐이다.[20]

B 독일의 일반 백과사전으로, 바이마르 시대에 출간된 판본을 뜻한다.(편집부)

브록하우스에서는 그 후 36년간 작전의 정의를 거의 바꾸지 않았다. 1991년과 1998년판에서도 근본적으로 그 개념을 고수했다.[21] 이 사전은 처음으로 형용사인 '작전적'이라는 용어를 1997년판 두덴 외래어사전 Fremdwörter-Duden[22]과 동일하게 '전략적'으로 정의했다. 그 전에 1955년판에서 '작전적'이라는 용어는 누락되어 있으며 1932년판에 '작전적'은 순수 의학적 용어로 기술하고 있다. 이렇듯 지난 2세기에 걸쳐 독일의 백과사전과 군사지침서에 기술된 작전과 '작전적'에 관한 짧은 예시적 개관은 오늘날까지 이 두 용어의 개념정립이 얼마나 불명확한지를 여실히 보여주고 있다.

그렇다면 '작전'과 '작전적'을 군사적으로 정의하기가 왜 이렇게 어려운 것일까? 그 원인은 바로 이 두 단어가 2세기를 거치는 동안 끊임없이 의미론적 변화를 겪어왔고 전쟁수행의 범주에서 작전이라는 개념을 정리하는 것이 공공연하게 매우 큰 문제를 일으켰기 때문이다. 이러한 맥락에서 전쟁수행과 관련된 전술과 전략을 간단히 정의할 필요가 있다.

전술 즉 그리스어로 taktiké(군의 대형과 배치에 관한 술)와 전략, 그리스어로 strategós(사령관)는 18세기 말기부터 20세기 중반까지 거의 군사 분야에서만 포괄적으로 사용되었다. 전술은 일반적으로 계획적, 계산적 또는 목표지향적, 단기 및 중기의 행동으로 이해되었던 반면, 전략은 장기적으로 구상된 목표달성 또는 유리한 상황조성 자체를 의미하는 단어였다. 이 두 용어는 원래부터 군사 분야에서 출발하여 일상적인 생활에서, 스포츠에서 그리고 경제와 정치 등 다양한 분야에서 사용되고 있다.

최초에는 오로지 전술만 존재했다. 고대부터 전술은 명확하게 정의된 군사적인 전문용어였다. 전술에는 행군과 진지구축, 군을 집결시키고 병력을 회전장에 배치하는 능력이 포함되었다. 유럽군대의 복잡한 발전과정에서 대대나 연대의 기동과 같은 단순한 전술과 대부대의 전술을 구분하고자 하는 관념들이 근대 초기에 최초로 등장했다.[23] 프랑스 대혁명과 나폴레옹 전쟁의 과정에서 발전한 대규모 육군으로 인해 18세기 말경 유럽의 군사사상은 전환점을 맞이했다. 게오르크 하인리히 베렌호르스트Georg Heinrich Berenhorst, 헨리 로이드Henry Lloyd, 하인리히 폰 뷜로브Heinrich von Bülow, 앙투안 드 조미니Antoine de Jomini와 카를 폰 클라우제비츠Karl von Clausewitz와 같은 당대의 군사학자들은 점점 더 복잡해지는 전쟁수행에 관해 연구하면서 군사학 전체를 포괄하는 전쟁이론을 발전시키기 위해 노력했다. 이러한 과정에서 전술과 전략은, 그것을 구분하는 명확한 기준이 없었지만 19세기 초부터 유럽의 전쟁수행을 구분하기 위한 잣대로 사용되었다.

일련의 발전 과정에서 최고 지휘관의 학문인 전략이 엄청난 진통을 겪으며 전술로부터 분리되었다. 하인리히 베렌호르스트는 '전략은 행군을 위한 기술이며 전술은 전투를 위한 기술이다'[24]라고 언급했다. 반면 게오르크 빌헬름 폰 발렌티니Georg Wilhelm von Valentini는 전술과 전략의 구분이 불필요하다고 주장했다. 이 둘은 서로 중첩되는 것으로 차이점이 매우 적다고 덧붙였다.[25] 이렇게 전쟁수행을 두 가지 차원으로 새롭게 구분하는 문제는 장기간에 걸친 논쟁을 유발했다. 뷜로브는 전술을 '전쟁에서 적을 직접적으로 상대하는 모든 행동방책'으로, 전략을 '목적을 달성하기 위해 간접적으로 적을 상대하는 모든 행동방책'[26]으로 이해하고 전략을 전술의 하위개념으로 인식했다. 클라우제비츠는 이와 반대로 전략을 전술의 상위개념으로 규정하고 자신의 저서 전쟁론에서 전술을 '전투에서 군사력 운용에 관련된 교리'로, 전략을 '전쟁의 목적달성을 위해 전투를 사용하는 교리'로 정의했다.[27] 또한 클라우제비츠는 전술과 전략 간의 목적-수단-관계뿐만 아니라 명확한 상호 의존성도 함께 제시했다. 그의 전략개념은 포괄적이며 총체적인 것을 지향했다. 또한 고유의 군사적 측면과 더불어 정치가 결정적인 역할을 한다고 주장했다. '정치'가 모든 것을 지배하고 전쟁의 모든 단계에서 그 수행방법을 결정하기 때문에 본질적으로 군은 정치가들의 정치적, 전략

적 계산에 따라야 한다고 언급했다.[28]

클라우제비츠만큼은 아니지만 조미니도 독일 군인들의 사고에 큰 영향을 미쳤다. 조미니는 클라우제비츠와는 달리 '전쟁이 무엇인가?'가 아닌 '전쟁을 어떻게 수행하는가?'에 초점을 맞추었다.[29]

그는 변화된 전쟁양상에서 올바른 군사적 지휘에 관한 근본적인 의구심을 품고서 철학적인 것은 배제하고 실질적인 것을 부각시켜 장군참모장교들에게 큰 호응을 얻었다. 클라우제비츠와는 달리 조미니는 학습 가능한 규칙들과 지도력을 갖추기 위한 일반적인 교육적 요소를 제시했기 때문이다. 그는 전략을 총체적인 전역의 상황을 파악한 상태에서 실시하는 '지도 위에서의 전쟁술'로 정의했다.[30] 그러나 조미니는 자신만의 원칙을 제시하면서 전쟁수행에서 사회, 정치적인 요인들을 배제했고 일단 전쟁이 시작되면 정치는 영향력을 행사할 수 없다고 주장했다.

클라우제비츠와 조미니의 생각은 제2차 세계대전이 끝날 때까지 독일의 군사적 사고에 본질적으로 영향을 미쳤고 전략적 측면에서 처음부터 치명적인 오류를 초래했다. 독일에서는 일종의 순수 군사적 관점에서 클라우제비츠의 전략개념이 확고한 위치를 차지했다. 그러나 단 한 가지, 정치 우위에 바탕을 둔 전략개념만은 배제되었다. 대몰트케가 바로 그 시초였다. 대몰트케는 정치가 전쟁 개시와 종결만 통제하고 그 외의 간섭을 해서는 안 된다고 강력하게 주장했다. 결국 대몰 트케와 그의 후임자들은 전쟁수행을 순수 군사적인, 비정치적인 행위로 이해했다. 그는 자신이 쓴 '전략에 관하여' 라는 제목의 비망록 서문에 이런 생각을 명확히 기술했다.

"정치는 그 목적을 달성하기 위해 전쟁을 이용한다. 정치는 전쟁의 시작과 종말에 결정적인 영향을 미친다. 정확히 말하자면 정치는 전쟁이 진행되는 동안 정치적 요구사항을 증대시킬지 또는 최소한의 승리

로 만족할지 그 조건을 정하게 된다. 이 조건이 정해지지 않는다면 전략은 끊임없이, 보유한 수단으로 달성할 수 있는 최대한의 목표를 지향하게 될 것이다. 전략은 정치를 위해 최선을 다해 그 소임을 다하고, 정치적 목표를 달성하기 위해 존재한다. 하지만 그 실행은 철저히 독립적이다."[31]

19세기 말엽과 20세기 초에 클라우제비츠의 전쟁론은 독일의 군사이론가들과 장교들에 의해 항상 회자되면서도 일종의 인기 있는 인용구 모음집으로 전락[32]했던 반면, 조미니의 작품은 독일 장교단 저변에 널리 영향을 미쳤다. 두 번의 세계대전에서 패배한 이후에야 비로소 독일에서도 '참된' 클라우제비츠의 관념을 이해하기 시작했다.[33] 지난 2세기 동안 클라우제비츠의 영향력이 과대평가되었다고 말하는 이들도 있다.[34] 하지만 그가 독일어권과 영미권에서 오늘날까지, 그리고 21세기에도 통용될 수 있는 전략 또는 군사전략의 원칙을 명확하게 제시한 것만은 사실이다. 클라우제비츠의 전략개념은 정치 우위의 대전제 아래 정치와 전쟁수행의 밀접한 관계를 부각시켰고 동시에 경제적, 문화적, 사회적 그리고 종교적 관점을 결합시켰다. 그 모두를 포괄하는 개념이 바로 정치적 개념이었다. 그러나 이미 수 세기 동안 그래 왔듯 정치적 개념 또한 명확하게 정의되지 않고 있다.[35] 그래서 오늘날까지 아직도 전략과 군사전략의 개념들이 자주 동의어로 사용되고 있다.[36] 하지만 군사전략은 순수하게 군사적인 의미만을 포함하고 있으며 대(大)전략의 하위개념이다. 전략은 전체적인 사회, 인간과 관련된 포괄적인 개념으로 인식될 수 있으며 전쟁수행의 관점에서는 인간의 모든 상호작용의 영역을 아우르는 개념이다. 따라서 전략은 대규모 전쟁수행에 국한되지 않는 군사적인 조치를 포함한 총체적인 활동이며 이로써 군사목표를 달성하는 데 기여한다.

이처럼 전략은 정치와 군사적 측면에서 야누스의 두 얼굴과 같은 문제점들을 내포한다. 하지만 우리는 이 문제를 클라우제비츠가 주장한, 서방세계에서 보편타당하게 수용하는 정치 우위의 논리로 해결해 왔다. 군사와 정치 간에는 항상 복잡한 이해관계로 인한 충돌이 항상 발생하며 최근의 군사사 연구에서 도출된 결과들에서 알 수 있듯 어떠한 경우에도 그러한 문제들은 반드시 해결되어야 한다. 에드워드 러트워크는 대전략을 '실질적인 그리고 발생 가능한 무력 분쟁에 관한 인간중심의 관계에 따른 규칙과 결과'[37]로, 군사전략은 '결전을 목표로 하나 또는 다수의 전역에서 단일국가 또는 연합군의 통합된 지휘'로 정의했다. 그러나 현대적 관점에서는 전략은 군사적 승리를 반드시 필요로 하지 않으며 오히려 분쟁해결을 위한 정치적 도구로 인식될 수 있다.

독일의 전략개념은 오랜 기간 동안 정치 우위의 원칙이 배제된 채 이어진 반면, 전술분야는 현대적인 무기체계와 통신수단을 지속적으로 도입한 덕분에 꾸준히 발전을 거듭했다. 클라우제비츠는 전술을 개별적인 전투들에 관련된, 군사력으로 전투에서 승리하는 방책으로 정의했다. 그리고 조미니는 전술을 전투에서 군을 기동시키거나 다양한 전투대형을 만드는 지휘요령이라 정의했다.[38] 이러한 정의들은 오늘날 전술 개념의 근간이 되고 있다. 전술이란 과거에도 오늘날과 같이 전투시 부대지휘에 관한 규칙이었으며 실제적인 행동방식으로 이해되었다.[39] 여기에는 공격, 방어와 같은 다양한 전투방식이 포함된다. 또한 무기체계의 혁신에 따라 항상 새로운 전술 개념이 등장했다. 제1차 세계대전의 돌파부대전술, 지역방어 전술과 현대적인 제병협동전투 등이 그러한 예에 해당한다. 현대적인 무기체계와 수송, 정찰수단이 발전하면서 수 세기 전 지휘관의 시야 내에서 행군하던 그리스의 팔랑스Phalanx에 비해 부대의 전개가 한층 더 복잡해졌고 따라 전술적 지휘와 연관된 고난도 문제들이 대두되었다. 다양한 병과들이 결합된 전술, 즉 제병협동 전술과 함께 개별 병과들의 전술도 등장했다. 전술을 구사할 때 극도로 상이한 기상과 지형조건까지도 고려되어야 했다. 오늘날에 이르러 독일 연방군의 해외 파병에 정치가 강력한 영향을 미치고 있다. 이러한 점에서 장차 전투를 초월한 확장된 전술의 개념을 고려해야 하고 새로운 과업의 스펙트럼을 연구할 필요가 있다. 뒤에서 논하겠지만 우리가 연구하고자 하는 시대의 전술은 시간과 공간에서의 군사력 운용 또는 공간, 시간, 전투력의 상호 작용이라고 정의할 수 있다.

전쟁수행의 3대 지휘영역(전략, 작전술, 전술) 중 가장 최근에 등장한 작전은 19세기 초에 비로소 군사적인 의미로 인식되었다. 원래 군사적 개념이었던 전술과 전략을 민간사회에서 수용했던 반면, 작전의 개념은 라틴어 operatio '집행, 업무'라는 비군사적 영역에서 도입되었으나 점점 군사적 전문용어로 자리 잡게 되었다. 이 개념은 첫째 능동적인 행위aktive Handlung로, 두 번째는 일종의 행동, 실행Unternehmung[C]으로 해석된다. 그래서 작전은 수학에서는 계산과정 또는 전산에서는 정보처리의 의미로, 의학에서는 수술로, 영미권에서 직접적인 행동으로 정의하고 있다. 이러한 이유로 항상 군사적인 관점에서 작전이라는 용어가 잘못 사용되고 있다고 할 수 있다. 작전의 군사적인 의미는 프랑스어 opération에서 유래했다. 프랑스 학술원사전Dictionnaire de l'académie française에는 다음과 같이 기술되어 있다. '특히 전쟁을 표현하는데 관련된, 기타 정치, 행정, 재무와 무역에 관련되어 효과를 달성하기 위한 힘을 발휘하는 행위 그리고 수행된, 향후 수행되어야할 의도, 기도, 계획 따위를 이르는 용어이다'[40]

독일에서는 대규모 육군의 출현과 함께 이미 18세기 말경부터 작전을 부대의 기동과 동일시했다. 따라서 1789년 프리드리히 마인네르트Friedrich Meinert

---

C 통상 작전으로 번역됨. 본문 문맥상 작전으로 번역시 부적절하여 사전적 의미로 기술함. (역자 주)

는, '전쟁에서의 작전은 적을 격파할 목적으로 폭력을 사용 또는 사용하지 않는 전쟁에서의 모든 행위이며 […] 그 핵심은 바로 기동술이다'[41]라고 기술했으며, 게오르크 벤투리니Georg Venturini는 작전이 기동술에 속하며 육군이 어떻게 기동해야 하는가를 규정하는 것[42]이라고 말했다. 뷜로브는 현대적인 작전의 개념 발전에 크게 기여했고 이것을 전략에 근접하게 해석했다.[43] 1799년에는 한 걸음 더 나아가 다음과 같이 기술했다. '반드시 적을 지향하는 직접적인 군의 모든 기동이 바로 작전이다. 그렇지 않으면 모든 부대 이동을 작전이라 일컬어야 하는 오류가 발생한다'[44] 뷜로브는 작전을 작전선Operationslinie, 작전기지Operationsbasis, 작전목표Operationsobjekt와 작전주체Operationssubjekt 등과 같이 계측할 수 있는 사고모델과 접목시켰다.

클라우제비츠는 뷜로브의 수학적 관념에 대해, 특히 작전의 수학적 해석에 대해 의문을 제기했다.[45] 클라우제비츠가 이해한 작전은 전략의 범위 내에서 결정된 계획에 따른 육군의 기동이었으므로 작전선의 선택은 전략의 영역이며 작전의 다른 모든 형태는 전술로 분류했다. 클라우제비츠는 특별히 집중된 적에 대한 작전들과 적 주력에 대한 주요작전Hauptoperation[D]들을 구분했다. 작전의 목표가 바로 그가 연구하고자 했던 본질이었다. 클라우제비츠는 주요작전을 수행하고 정치적 목적을 달성하기 위한 명확한 중점형성에 관해 찬성을 표명했다.

"적의 군주, 즉 심장부를 지향하는 일이야말로 천재적인 작전이라 할 수 있다. 국경지대만 두드리지 말고 국경에 틈을 만들어야 하며 그 공간을 이용하여 가능한 종심깊이 밀고 들어가 모든 전력을 집중해야 한다."[46]

이러한 진술에서 보듯 클라우제비츠는 뷜로브와 더불어 향후 2세기 동안 현대적인 작전적 사고의 발전을 위한 초석을 놓았다고 할 수 있다.

D Hauptoperation : 영어식으로는 Major Operation으로 사용함. (역자 주)

독일에서의 '작전'과 '작전적'의 개념은 교범에서도 알 수 있듯 제2차 세계대전이 종식된 시점까지도 해군과 공군은 물론 육군에서조차 명확하지 않았다.[E] 1977년 독일 연방군은 최초로 '지휘개념'Führungsbegriffe이라는 교범에서 작전의 개념을 정의했다.[47] 특히 세계대전 시대에는 이 두 개념이 복잡하게 설명되기도 했다. 형용사인 '작전적'은 이 시기에 '전략적'이라는 용어와 유사어로 빈번하게 사용되었고 한편으로는 '전술적'이라는 의미로도 사용되었다. 또한 사용자들에게 '작전'이라는 명사보다 한층 더 강력하게 각인되어 있었다. 그래서 독일어권에서는 '전략적', '전략', '전술적', '전술'보다도 '작전적'[48], '작전'이라는 용어와 관련된 더 많은 어구들이 존재했음[49]은 그리 놀랄만한 일이 아니다.

추가적인 연구 없이도 각종 교범들과 사전들의 기술들을 근거로 작전과 작전적이라는 용어의 개념을 어느 정도 이해할 수 있을 것이다. 이 용어들은 극도로 상이한 군사적 맥락에서 세계대전 전후 기간 동안에 사용되어 왔다. 그 개념은 계속 변화를 거듭했지만 부분적으로 명확하지 못한 점도 있었다. 사실상 우리는 이 개념의 정의를 회피하고 있는 것일지도 모른다. 그러나 작전과 작전적 수준을 전술과 전략 사이에 위치시킨 것만으로도 매우 의미 있는 일이었다. 하나의 작전은 항상 거대한 전체 영역에서 일부의 행위이다. 그러나 이러한 행위의 한계는 종종 불명확하고 유동적이다. 결국 어디서 전략적 수준이 종료되고 작전적 수준이 시작되는지 단정적으로 결정하기란 매우 어렵다. 또한 전술과 작전 사이의 구분도 매우 큰 문제로 대두된다. 왜냐하면 후자가 사실상 결전까지 영향을 미치기 때문이다. 그래서 종종 작전적-전술적 또는 작전적-전략적 수준으로 설명하곤 한다.

작전은 기동과 매우 긴밀한 관련을 맺고 있다. 즉 전개와 접적전진에서

E 흥미롭게도 오로지 공군만이 1939년 지상군 전술 편람에서 작전을 개념을 정의했다. (저자 주)

또는 회전에서의 기동을 의미한다. 수십 년 동안 작전과 작전적이라는 용어와 관련하여 기동전 수행의 관점들이 점점 더 강하게 부각되었다. 또한 세계대전 시대에는 공군이 지상군 작전의 지원세력으로 급부상했다. 군단급 이하가 수행하는 소규모 작전들과 육군의 주력 또는 전체적인 지상전력이 참가하는 대규모 작전들도 있었다. 일반적으로 대규모 작전은 공간적으로 1개 전역에서, 반면 전략은 전체 전구에서 시행된다고 말한다.

앞서 살펴본 역사적 근거를 토대로, 본 연구를 위한 가설로서 작전을 정의하면 다음과 같다. 작전이란 독립적인, 지리적으로 주어진 상황과 적의 움직임을 지향한, 세계 대전 시대에서는 통상 육, 해, 공군의 합동 하에 전략적인 목표 달성을 위해 최초에는 전략적 행동으로 개시되어 종국에는 전술적 행동으로 끝나는 것이었다. 또한 이러한 개념 설정의 한계는 다음과 같다. 전쟁 지도는 전략적 수준, 전투에서의 부대지휘는 전술적 수준, 단일 전역에서의 대부대 지휘는 작전적 수준으로 설정한다.

군사적인 실상에서 전략, 작전, 전술이 얼마나 심한 혼란을 야기했는지를 잘 알 수 있는 대표적인 사례로 1914년 독일의 전쟁계획을 들 수 있다. 1905년에 슐리펜이 쓴 비망록과 우리에게 슐리펜 계획이라고 알려져 있는 소몰트케가 수립한 작전계획을 분석해 보면, 전략적 차원에서는 동부에서 단 한 개의 야전군이 방어작전을 시행해야 했다. 반면 서부에서는 수 주 내에 주력을 이용해 프랑스를 섬멸, 승리를 달성한 후 부대를 재편성해 동부에서 러시아군을 제압해야 했다. 이러한 '군사전략' 하에 벨기에를 통과하여 실시된 대프랑스 공세는 탄넨베르크 회전과 마찬가지로 '작전'이었다. 물론 유사한 시간적 압박 속에서 상이한 병력과 다른 지형적 공간, 즉 분리된 전역에서 시행된 것이었다. 반면 전략적인 측면에서 네덜란드의 중립을 보장하기 위한 리에주Liege 요새 습격은 단순히 전술적 수준의 공격이었고, 그 결과는 독일의 작전에 지속적으로 큰 영향을 미쳤다. 동시에 극도의 위험을 감수하고 부대의 전개가 완료되기 이전에 실시된 기습공격은 독일제국의 대전략에 있어서도 치명적인 결과를 낳았다. 왜냐하면 그 공격으로 독일의 작전은 한층 더 심각한 시간적 압박을 받았으며 제국지도부가 전쟁을 정치적으로 해결할 수 있는 외교적 방책수립을 위한 귀중한 시간을 앗아가 버렸기 때문이다.

소몰트케 계획은 전략, 작전과 전술 간의 상호 간섭과 3개의 지휘범주 가운데 작전을 어디에 놓아야 할지 명확히 인식시켜줄 뿐만 아니라 특정한 요인과 상수들, 즉 공간 또는 시간이 작전적 구상에 영향을 미치고 나아가 작전적 구상을 결정짓는다는 사실을 여실히 보여준다.

그렇다면 작전적 사고란 무엇인가? '작전'과 '작전적'의 변화무쌍한 관념 때문에 궁극적, 포괄적인 정의는 불가하다. 그 개념은 전술과 전략 사이에서 혼동을 초래하고 있다. 그러나 가장 포괄적인 의미로 작전적 사고는 전략적 목표 달성을 위해 단일 전역에서의 대부대의 지휘와 전개에 관련된 시간, 공간과 전투력과 같은 특정한 요인 또는 상수에 대한 고찰 정도로 이해하면 되겠다.

3

동인(動因)과 상수(常數)
공간, 시간, 전투력

"독일이 유럽의 정중앙에 위치하고 있다는 것이 독일 역사에 엄청난 영향을 미쳤다. 지리적 위치가 독일의 운명을 결정했다고 해도 과언이 아니다."[1]

—

아우구스트 폰 그나이제나우

August von Gneisenau

1760–1831

✠

몇몇 문헌들에 따르면 독일군 장군참모장교들은 두 차례의 세계대전 동안 자신의 배낭 안에 지휘봉과 함께 클라우제비츠의 전쟁론을 넣었다고 한다. 대몰트케, 슐리펜, 베크, 구데리안이나 만슈타인과 같은 장교들의 작전적 사고는 틀림없이 과거나 동시대 군사이론가들의 연구서를 읽으며 형성되었을 것이다. 그러나 후세의 연구결과, 대다수 장군참모장교들에게 군사이론서들이 미친 영향은 몇 배로 과대평가되고 있음이 밝혀졌다. 독일 육군에서의 작전적 사고와 전술의 발전에 결정적인 영향을 미친 요소는 바로 공간, 시간, 그리고 전투력이었다. 이 세 요소들이 모든 작전의 근본조건을 형성하고, 넓은 의미에서 경제적, 사회적 변수를 통해 결정되는 작전적 사고의 중심에 있었다. 공간, 시간 그리고 전투력은 상호 간에 영향을 끼치며, 특히 시간과 공간은 전쟁 행위들이 그 안에서 벌어진다는 의미에서 더욱 긴밀한 관계를 맺고 있다. 이를테면 병력과 무기체계 및 최신의 정보와 통신체계 등은 모두 시간과 공간 안에서 운용되는 것이다. 따라서 군사작전들은 전술적 행동과 마찬가지로 항상 시공간과 밀접하게 연관되어 있다. 또한 작전적 사고과정에서 이 두 변수를 결정할 때는 통상 아군의 '의지'보다 적의 '행동의 자유'에 근거를 두곤 한다.[2]

공간과 시간

첫 번째 다룰 주제는 '시간'을 지배하는 '공간'이다.[A] 모든 지리적 공간은

A 원문에는 "시간이 의존하고 있는 '형상'이다." 라고 되어 있으나 '공간'으로 번역하였음. (역자 주)

시간뿐만 아니라 형체를 통해 구체화되고 시간의 흐름 속에서 존재한다. 따라서 군사지리적 조건은 작전계획과 실행의 결정적인 요인이다. 불과 수십 년 전까지 장군참모장교들은 공간을 단순히 자연과학적인 차원에서 이해했던 반면, 오늘날에는 인류지리학적 관념에서 종교적, 사상적인 환경을 포함한 인간생활의 총체적인 세계로 인식하고 있다.[3] 결국 작전적 수준의 공간과 전술적 수준의 지형 분석은 모든 군사적 상황평가의 출발점이다. 왜냐하면 산악, 평원, 바다와 같은 자연환경과 사회기반시설, 기상학적인 요인들은 전쟁수행에 결정적인 영향을 미치며 따라서 군사적 결심수립 과정의 필수불가결한 전제조건이기 때문이다. 상황평가 시 한 국가의 경제력, 인적자원의 능력에 따라 일시적으로 조정이 가능한 변수인 군비 문제와 달리 물리적-물질적인 전투공간의 형체는 진지구축이나 요새화 과정을 거치지 않는다면 변하지 않는 상수(常數)이다. 독일 육군의 지도부는 결심수립과 전쟁수행에 있어서 물리적-물질적 공간이라는 조건을 대단히 중요하게 생각했다. 총참모부 내에 총참모장 직속으로 존재한 대규모의 측량 담당 부서가 이 사실을 입증한다. 이 부서[4]의 실무자들은 독일군 총참모부의 작전적-전략적 계획을 위한 실질적인, 지리전략 조건들을 분석한 결과 '독일의 위치가 유럽 정중앙이라는 점이 독일의 전략에 매우 중요한 의미를 갖는다'는 결론을 도출해냈다.

이제는 한 국가의 지리전략 상황이 자연과학적인 공간으로만 정의되어서는 안 된다. 오히려 경제적, 사회적 또는 정치적 상황에 결정적인 영향을 미친다.[5] 공간은 영원불변한 요인이 아니다. 인간이 건축을 통해, 이익을 위해 변화시킬 수 있고 그 이익은 정치적 평가에 따라 달라질 수 있다. 따라서 유럽의 정중앙이라는 공간은 교통의 요지 또는 문화교류 차원에서는 긍정적이지만 군사적인 차원에서는 위협적이며 부정적일 수 있다. 총참모부는 오래 전부터 군사적 관점에서 공간을 평가한 결과, 양면 또는 다면전쟁의 가능성을 두려워하게 되었고 이를 회피하기 위해 지리적 패권을 추구했는데, 이는 독일이 유럽의 정중앙에 위치하고 있다는 현실을 기회라기보다는 잠재적인 위협으로 인식했기 때문이다. 여기서 짚고 넘어가야 할 문제는 바로 이러한 특수한 군사적 공간에 대한 인식이 군사적으로 '최악의 상황을 고려한' 결과물이었다는 것이다. 양면전쟁의 발발은 결국 지리적이라기보다는 정치적인 문제였기 때문에 이러한 사태를 방지하는 일은 바로 정치권의 책임이었다. 장교단 내부에서 자타가 공인하는 작전적 사고의 전문가들이라는 수많은 장군참모장교들은 양면전쟁을 피할 수 없는 운명처럼 여겼지만 그러한 양면전쟁은 실상 자연발생적인 문제가 아니었다. 오히려 인간의 행동으로, 즉 정치적 상황에 의해 야기되는 문제였다. 결국 장군참모장교들은 독일의 지리적 위치로 인해 조성된 전략적 전쟁수행의 기초이자 작전적 수준의 전쟁수행의 중요한 요인이 되는 내선의 강점을 만들어 냈고 이를 정확히 실행에 옮겼다.

1871년 독일제국의 통일 이후 독일에서는 군사적인 공간인식의 관점에서 유럽의 정중앙이라는 현실을 위협으로 간주했다. 5대 유럽 강대국 중 독일제국만이 다수의 국가들과 국경을 맞대고 있는 유일한 국가였기 때문이다. 동쪽에는 러시아, 남동쪽에는 오스트리아-헝가리 제국, 서쪽에는 프랑스, 즉 3개의 잠재적 경쟁국들이 국경을 맞대고 있었다. 영국은 국경을 접하고 있지는 않았지만 전시에는 독일의 국제해상 교통로를 봉쇄할 수 있는 막강한 국력을 지니고 있었다. 이러한 배경에서 독일의 많은 정치가와 군인들은 7년 전쟁 또는 30년 전쟁 시의 프로이센과 당시의 독일제국의 지리전략 상황을 비교했다. 제국 수상, 오토 폰 비스마르크Otto von Bismarck는 1888년 아프리카 전문가였던 오이겐 볼프Eugen Wolf에게 이 문제에 대해 다음과 같이 언급했다.

"당신의 아프리카 지도는 매우 아름답소. 그러나 나의 아프리카 지도는 유럽에 있다오. 여기에는 러시아도 있고 프랑스도 있소. 그리고 우리는 그 가운데 있소. 그 지도가 나의 아프리카 지도라오." [6]

이러한 상황평가에 기초해서 비스마르크와 그의 후임자들은 연합세력을 구축하여 양면 및 다면전쟁을 회피하기 위해 노력했다. 오스트리아-헝가리와의 양국동맹을 통해 일단 다면전쟁의 위협은 해소되었다. 하지만 다모클레스의 칼[B]처럼 독일 위에 걸려있는 러시아, 프랑스와의 양면전쟁의 가능성은 독일의 정치, 군사 엘리트들의 머릿속에 항상 골칫거리로 각인되어 있었다. 게다가 독일제국의 정치, 군사 엘리트들 사이에서는 적들에게 둘러싸여 있다는 공포심이 만연했고 독일이 유럽의 정중앙에 있다는 사실만으로도 이러한 감정은 더욱더 증폭되었다.[7]

제1차 세계대전에서 패배한 후 일부 영토를 상실했지만 지리전략적인 상황은 달라지지 않았다. 1918년 이후 유럽의 전후 처리 결과, 독일제국은 여전히 프랑스와 국경을 맞대었고 상당한 군사력을 보유한 신흥 세력으로 떠오른 두 국가 즉, 폴란드, 체코슬로바키아와 국경을 맞대었다. 이런 상황 속에서 군부는 독일의 위치 때문에 여전히 양면전쟁의 위협이 도사리고 있다고 판단했다. 따라서 1937년 군무청장Chef des Truppenamtes 베크도 지리적 위치에 기초한 위험요소를 독일 역사의 상수(常數)로 평가했다. 이는 과거의 총참모부가 가졌던 고전적인 공간에 관한 인식과 그 맥을 같이하는 것이었다. 이러한 분위기는 베르사유 조약으로 인한 영토 손실 때문에 한층 더 격앙되었다고 한다. "독일에게 있어 공간의 문제는 확실히 존재한다. 우선 과거로부터 항상 그래왔듯 유럽의 정중앙에 위치한다는 문제점이다. 두 번째는

B 풍전등화나 위기일발처럼 위태로운 상황을 의미. 한 올의 말총에 매달린 칼 아래에서 연회에 참석한 다모클레스의 일화에서 시작된 관용어 (역자 주)

베르사유 조약 때문이다."[8] 베크의 이러한 표현은 공간에 관한 군부의 인식을 단적으로 보여주고 있다.

1945년 독일의 패망은 유럽의 지리전략적인 상황을 근본적으로 바꾸어 놓았다. 포츠담 회담에서 연합국은 원칙적으로 폴란드의 서쪽 국경을 오데르강Oder 선으로 확장함과 동시에 과거의 커즌 선Curzon-Linie[9]을 러시아의 서부 국경으로 합의했다. 오데르-나이세Oder-Neiße 선은 사실상 독일의 동부 국경으로 굳혀졌다. 이 선을 기준으로 독일의 전체 동부 영토가 폴란드 또는 동프로이센 북부에 주둔한 소련의 관할 지역에 속했다. 독일 본토는 연합국에 의해 4개의 점령지역으로 분할되었다. 이제 유럽대륙의 한가운데에 독일이라는 강대국은 존재하지 않았다. 종전과 더불어 소련과 서방의 첨예한 대립은 독일에 직접적인 영향을 미쳤다. 북에서 남으로 두 진영의 경계선을 따라 두 국가로 분단된 것이다. 독일이라는 공간은 중심에서 변두리로 돌변했다. 소련의 점령지역 즉 훗날 동독 지역은 작전적-전략적 관점에서 바르샤바 조약기구의 전개공간이었으며, 서방국가들이 점령했던 서독은 NATO의 이른바 전초기지였다. 따라서 1950년대 말까지 독일인들은 독일이라는 공간 즉 자신들의 영토에 대한 영유권을 주장하지 못했고 독일영토는 과거의 전승국들이 지배하는 공간일 뿐이었다. 콘라트 아데나워Konrad Adenauer가 이끌었던 연방정부는 최소한 '서독'이라는 공간에서만큼은 부분적인 통제권을 쟁취하기 위해 군대를 재창설하고 NATO 내에서 자국의 이익을 위한 전방방위전략을 관철시키고자 노력했다.

앞서 언급한 사실을 근거로 1871년 독일제국 건국 이후 제2차 세계대전의 패망에 이르기까지 독일군 총참모부는 바로 이 문제를 가장 심각하게 고민했다. 양면전쟁에서 승리할 수 있을까? 만일 승리할 수 있다면 어떻게 전쟁을 수행해야 할 것인가?

독일 군부는 실패한 외교정책과 지리적 상황에서 야기된 딜레마의 해결책을 역설적이게도 매우 '비관적이었던 유럽의 정중앙'이라는 지리적 위치에서 찾아냈다. 슐리펜이 규명한 대로 이것이 전략적 이점을 제공했기 때문이다. "독일은 프랑스와 러시아 사이에 위치하고 이 두 동맹국이 서로 떨어져 있다는 이점을 가지고 있다."[10] 총참모부는 독일제국의 지리 전략적 위치를 토대로 내선을 최대한 이용하여 양면전쟁을 수행할 수 있는 가능성을 발견해냈다. 즉 시공간적으로 분리된 적들이 외선에서 집중적인 공세의 이점을 활용하기 전에, 적들을 각개격파하면 된다는 것이다. 작전적 수준에서뿐만 아니라 전략적 차원에서 이러한 방책을 실행하고 성공시키기 위한 기본전제는 영토 내에 충분한 종심이 있어야 한다는 점이었다. 만일 차례대로 적을 격파하기 위한 충분한 공간이 없다면 사실상 내선의 강점들은 사라지고 만다. 그다음으로 중요한 전제조건은 아군의 신속한 기동능력이다. 여기에는 기동성 있는 육군의 편성과 더불어 특히나 잘 발달된 교통망이 필수였다. 총참모부는 독일이 내선에서의 전쟁수행을 위한 모든 조건을 충족했다고 판단했다. 잘 발달된 국내의 철도망을 통해 적시에 한 전선에서 다른 전선으로 대규모 육군병력을 수송하기에 동-서간 독일 영토의 크기는 충분했다. 1918년의 패배에도 불구하고 군무청Truppenamt이라는 명칭으로 은폐된 곳에서 군사적 역량을 키웠던 총참모부에서는 자신들의 기본적인 신념을 재정립했다. 1938년 베크는 다음과 같이 주장했다.

"공간의 문제는 독일군이 중부유럽에서 내선작전을 수행하는데 있어 작전의 자유를 제한할 만큼 영향이 크지 않다는 사실이 입증되었다. 유럽의 중앙에 위치했기 때문에 광범위한, 상호 연계된 주요 전구(戰區, Hauptkriegstheater)들을 감당하는데 공간 그 자체는 우리에게 상당한 강점이며 4년 이상, 3개의 전선에서 지상전을 수행한다 해도 큰 무리가 없다고 판단된다." [11]

그러나 내선에서의 전쟁수행은 시간적 요인에서 매우 큰 위험부담을 내포하고 있다. 두 적국 중 어느 하나가 전장에 영향력을 행사하기 전까지 반드시 다른 하나를 속전속결로 격멸해야 한다는 전제조건을 충족해야 했다. 만일 조건을 충족하는데 실패한다면 곧바로 상황은 재앙으로 돌변할 수도 있기 때문이다.

이러한 사실은 공간과 시간의 밀접한 연관성과 이 둘을 별개로 판단해서는 안 된다는 이치를 단적으로 보여주는 것이다. 공간뿐만 아니라 시간도 모든 군사행동에 영향을 미친다. 공간과 시간이야말로 전술적, 작전적 또는 전략적 본질을 결정짓는 핵심요소다. 또한 군사적으로 시간 개념은 특수성을 내포하고 있다. 역사적으로 시간적인 개념상 전쟁이 촉발되기 이전의 과정은 동원기간과 최후 통첩의 순이었으며, 냉전 시대에는 이 과정들이 정치적 반응시간으로 축소되었다. 시간은 그밖에도 심리적, 물리적 전투력과 화기, 차량, 물자들의 사용 가능성을 제한한다. 대규모 공간의 횡단에는 더 많은 시간이 필요하다. 광대한 공간을 지향하는 작전적, 전략적 영역에 비해 제한된 공간, 즉 전술적 영역에서의 결심과 실행은 더 빠를 수밖에 없다. 따라서 작전적 행위들은 전술보다 더욱더 미래지향적이며 정보수집, 계획수립과 실행에 더 많은 시간이 필요하다. 일단 작전이 개시되면 투입된 대규모 부대는 심각한 문제가 아닌 한 작전 진행 중에는 절대 정지하거나 재조직, 재편성되어서는 안 된다. 그러한 실책은 만회되기도 어렵고 만회할 수도 없다. 따라서 군지휘관은 시공간적인 차원에서 멀리 내다보고 계획하며 부대와 전투에 대한 직접적인 간섭은 자제해야 한다. 또한 예하지휘관들이 자신의 의도에 부합되게 행동하는지에 대해 관심을 기울여야 한다. 이는 한편으로 의사소통수단의 발전으로도 가능하게 되었지만 다른 한편으로는 예하지휘관의 독단활용을 촉진하는 임무형 지휘를 통해서도 가능해졌다. 그러나 후자를 달성하기 위해서는 통일된 교육훈련과 상급

지휘부의 의도를 이해하는 차원에서 동일한 집단적 사고가 전제되어야 한다. 따라서 지휘의 분권화도 독일의 작전적 사고를 발전시키는 데 큰 영향을 미쳤다는 점에서 과소평가할 수 없는 요소이다.[12]

정보통신기술의 발전으로 시간이 갈수록 신속한 의사소통이 가능하게 되었다. 더구나 지상군의 현대적인 전투차량, 공중전 및 수중전 무기체계들의 등장은 동시다발적인 공간의 팽창과 더불어 전쟁수행 범위를 3차원으로 확장시켰다. 이러한 촉진으로 현대적인 무기체계에 대한 군수분야의 소모가 증대되었고 이로 인해 발생한 심각한 문제들은 군사결정권자들을 점점 더 강하게 압박하고 있다. 시간적인 압박 때문에 지휘과정에서 실수의 가능성이 높아졌다. 따라서 적을 끊임없이 시간적 압박에 몰아넣는 데 성공한다면 아군의 성공 가능성은 높아지고 상대방의 성공 가능성은 낮아지게 된다. 즉 군사적 행동을 위해 시간을 확보하거나 쟁취하는 일이야말로 작전적 성공의 열쇠였다. 시간이 부족하다면 공간의 점령이나 포기를 통해서 시간을 획득할 수 있다. 그러나 이 둘 모두 순수한 군사적 차원을 넘어서는 모험을 해서는 안 된다. 즉 내선에서 적에게 역포위되어 대규모의 민간인 집중지역, 경제적 산업 중심지역 또는 천연자원 채굴지역 등이 피해를 입어서는 안 된다. 따라서 사전에 전선지역, 후방지역과 핵심방어지역 등으로 공간을 분리해야 한다. 게다가 정치적 또는 문화적으로 중요한 지역을 포기하면 한 국가의 국내정치 안정성을 위협할 수 있다. 항상 내선에서 전투하는 쪽은 시간 부족과 그로 인해 야기되는 시간 획득의 필요성 때문에 압박을 받게 된다.

그와는 반대로 외선에서 전쟁을 수행하는 국가는 종종 공간의 종심 또는 해상을 이용하여 시간을 확보한다. 게다가 집중적이고 적시적인 공격을 통해 적을 엄청난 시간적 압박 속에 몰아넣을 수 있고 공간을 포기하거나 해상교통로를 봉쇄함으로써 시간을 획득할 수 있으며 그러면서도 작전적-전략적 전쟁수행을 위해 중요한 공간의 상실을 쉽게 극복할 수 있다. 더 큰, 전 세계 곳곳의 자원을 자유롭게 활용할 수 있기 때문이다. 또한 이 국가는 적국의 전쟁 및 생존에 긴요한 자원 확보를 차단할 수 있는 능력도 보유하고 있을 가능성이 높다. 왜냐하면 중심부에 위치한 국가, 즉 독일과 같이 부분적으로 또는 전적으로 자급자족할 수 없는 국가는 석탄, 석유, 식량 같은 전략적 자원들을 수입에 의존할 수밖에 없다. 이러한 국가는 자신들의 전략적 상황에 따라 오로지 단기전만 치를 수 있을 뿐이다. 따라서 외선에 위치한 국가들은 장기전을 감당할 수 있는 강점을 지닌 반면, 내선에서 전쟁을 수행해야 하는 국가는 적이 전투력을 최대한 활용할 수 있는 상황이 도래하기 전에 단기전, 즉 속전속결을 도모해야 한다.

따라서 시간은 내선과 외선에서 전쟁을 수행하는 쌍방에 결정적인 영향을 미치는 변수다. 특히 중앙에서 전쟁을 치러야 하는 국가는 더 심한 전략적, 작전적 시간적 압박에 시달린다.

사회의 현대화 촉진 과정에서 군대는 중요한 역할을 하게 되었다. 군대는 사회의 변화를 촉진시키기 때문이다. 정치권의 지지, 정보 및 인적, 물적인 신속한 공급[13]을 통해서 뿐만 아니라 현대적 무기체계, 작전적 계획수립과 전쟁수행 간의 상호 의존성을 통해서 사회의 변화를 선도했다.

군대는 1914년의 동원령 선포처럼 계속적으로 증폭되는 위기상황과 점점 더 급박하게 이루어지는 군사적 결심과정을 겪게 되었고, 과학과 사회, 정치에 영향력을 행사해야 한다는 압박 속에서 결국에는 승리를 위해 국가의 총력을 전쟁에 쏟아붓는 결과를 초래하고 말았다.

전투력

공간과 시간은 상호 결합해서 한 국가의 군사적 계획 수립, 인적 및 물적 군비와 외교, 안보정책에 가장 광범위하게 영향을 미친다. 그래서 프랑스, 독일과 같이 선전포고 후 즉각 개전으로 돌입하는 대륙 국가들은 시간적 요인 때문에 전쟁에 대비하기 위해서는 잘 훈련된 대규모의 육군을 필요로 했다. 반대로 영국 등의 해양 국가들은 전쟁 초기 단계에는 소규모의 신속히 투입이 가능한 상비군으로 대응할 수 있었다. 이들은 제해권 덕분에 대륙 국가들과는 달리 전시에도 군을 증설하고 훈련시킬 수 있는 충분한 시간이 있었기 때문이다. 따라서 독일과 같은 대륙국가들에서 의무복무제도는 민주주의의 합법적인 산물이라기보다는 오히려 필요에 의한 결과물이었다. 이른바 최정예 예비군을 포함하여, 최단시간 내에 잘 훈련된 대규모 전력을 평시에 보유하는 것은 전선 또는 후방에서 전쟁을 원활히 수행하기 위해서는 불가피한 선택이었다. 독일은 개전 초기 단계에서부터 적국에 비해 병력의 규모 면에서 열세에 있었으므로 군사지휘관이 결정한 특정한 전선에서 중점을 형성하여 일시적인 우세를 달성함으로써 병력의 열세를 극복할 수밖에 없었다. 대몰트케만이 병력의 우세 속에서 소위 '제국통일전쟁'을 수행했던 반면, 1871년 제국 창건 이후 대몰트케와 그의 후임자들은 수적 열세를 기본전제로 양면전쟁계획을 수립했다.

시간과 공간의 변수와 더불어 전투력은 작전적 사고에 있어 높은 가치를 지니고 있다. 그러나 시공간을 고려하지 않고 군사력을 투입하면 실패를 초래할 뿐이다. 따라서 모든 제대의 군지휘관들은 승리를 달성하기 위해 자신들의 전투력을 시공간과 잘 조화시켜야 하며, 이것이 바로 공간, 시간과 전투력이 상호 유기적으로 결합되어야만 하는 이유이다. 이러한 맥락에서 전쟁에 동원되는 병력과 장비의 수는 결정적인 역할을 한다. 대규모 육군일수록 공간에서 지휘 및 조정, 통제하기가 더 어렵다. 반면 소규모의 기동성과 현대적인 무장을 갖춘, 잘 훈련된 병사들과 부사관들을 보유한 군은 더 원활한 전쟁수행이 가능하다. 또한 소수 정예의 군이라면 기습적이고도 대담하게 결전을 도모하는 작전도 능히 해낼 수 있다. 결국 어느 정도까지는 질(質)로써 양(量), 즉 수적 열세를 감당할 수 있다. 게다가 대규모 병력을 보유하면 복잡한 보급의 문제도 야기된다. 특히 교통망을 갖추지 못한 채 원거리 보급을 해야 한다면 상황은 더욱더 심각하다. 거의 100년 만에 유럽의 지상군의 숫자는 크게 증가했다. 1757년 로이텐Leuthen, 1815년 워털루Waterloo, 1866년의 쾨니히그래츠 전투 당시 부대규모를 살펴보면 확실히 알 수 있다. 로이텐 전투 당시 프로이센군은 29,000명, 오스트리아군은 66,000명이었지만 워털루에서 프랑스군은 72,000명으로 115,000명의 영국군 및 프로이센군에 맞섰다. 전투원의 숫자가 60년 만에 거의 두 배로 증가했다. 쾨니히그래츠 회전에서는 오스트리아와 작센군 206,000명이 221,000명의 병력을 동원한 프로이센군을 상대했다. 따라서 1866년 대몰트케는 100여년 전 로이텐의 프리드리히 2세에 비해 10배 이상의 병력을 홀로 지휘했던 것이다. 19세기 말 경 부대의 숫자는 또 한 번 폭발적으로 증가했다. 백만 육군의 시대였던 1914년의 독일-오스트리아 동맹군은 370만, 연합군은 580만 명의 병력으로 전쟁에 돌입했다. 전체 전쟁 기간 중 순수하게 프랑스군만 850만, 독일군은 1,100만 명의 병력을 지상전 및 해전, 공중전에 투입했다. 이러한 대규모 군대를 서부의 베르됭Verdun으로부터 동부의 바쿠Baku[C]까지, 그리고 북해로부터 팔레스타인까지 이어지는 거대한 공간에서 지휘하고 기동시키고 보급하는 과정에서 발생하는 문제는 5년간의 전쟁 기간 중 참전국들의 군 수뇌부에게 있어서 커다란 도전이었다.

전투, 회전 그리고 전쟁에서 수적인 우세는 승리의 필수조건이다. 그러나 이러한 사실 때문에 대규모 육군의 지휘와 보급의 문제들이 무시되고 있다. 모든 군지휘관들은 결정적인 지점에 국지적인 전투력의 우세를 달성하

C 현재 아제르바이잔의 수도

고자 노력한다. 수적으로 열세한 쪽이 적의 우세를 상쇄시키기 위한 두 가지 방책이 있다. 양호한 진지를 구축하여 방어의 이점을 활용하거나 국지적인 아군의 수적 우세를 달성하여 적의 일부를 격멸하는 것이다. 이 두 방안은 중장기적으로 전투력의 균형을 달성할 수 있다. 하지만 전투방식 측면에서 수동적인 방어는 주도적인 공격에 비해 그러한 목표를 달성하는 데 더 긴 시간이 필요하다. 여기서 우리는 새로운 또 하나의 방책을 발견할 수 있다. 바로 월등히 우수한 교육훈련과 지휘능력을 통해 상대보다 질적 우위를 달성하는 방법이다. 즉 복잡한 작전들을 신속히 공세적으로 실시할 수 있는 능력을 갖추는 것이다. 물론 가장 효과적인 질적 증강도 현실(수의 법칙)적인 표준화된 힘을 상쇄시킬 수는 없다. "이른바 소수의 병력으로 승리를 달성하고자 하는 쪽도 […] 충분히 강력해야 한다. 적의 주력 일부를 완전히 격멸할 수 있는 수준에 도달해야 한다. 적의 전력을 제거한 결과에 따라 전투력의 균형이 달성되는 것이다."[14]

공간과 시간 요인은 세계대전 시대에 독일 군부의 작전적-전략적 계획수립과 인적, 물적 전쟁준비의 중심에 있었다. 이는 독일의 지리적인 위치 때문이었다. 전투력이라는 요인과 함께 이들은 1950년대 말까지 독일의 작전적 사고의 영역뿐만 아니라 결정적인 원칙을 형성했다. 독일이 유럽의 정중앙에 위치했기 때문에 독일의 장군참모장교들은 제2차 세계대전 종식까지 상호 불가분의 관계로 연결된 변수들을 상수로, 더욱이 특별한 경우에는 결정적 요소로 인식했다.[15] 장군참모장교들은 지리적 조건과 정치로 인해 초래된 이러한 요인들을 변경시킬 수도 없었고 영토 확장으로 현실을 바꾸는 것도 매우 제한적이라는 사실을 알고 있었다. 따라서 그들의 대안은 하나밖에 없었다. 비록 적국에 비해 열세에 있었지만 주어진 환경에서 인적, 물적으로 고도의 전투력을 보유한 군대로 예견된 양면전쟁에서 신속하고도 결정적인 승리를 거둘 수 있는 군사적인 방책을 발전시키는 일뿐이었다.

▲ 1906년 제국기동훈련. 헬무트 폰 몰트케 참모총장, 작센의 아우구스트 왕과 대담중인 황제. 오스카 텔그만 촬영. (akg-image)

◀◀ 총참모장 에리히 폰 팔켄하인. 촬영 시기를 알 수 없는 사진. (BArch/146-2004-0023)

◀ 알프레드 폰 슐리펜 원수. 1910년 (BArch/183-R18084)

1917년, 바트 크로이츠나흐에 설치된 육군 총사령부 작전과에서 촬영한 사진. 전열 왼쪽에 파울 폰 힌덴부르크, 오른쪽에 에리히 루덴도르프가 서 있다. (ullstin bild.)

4

시초: 계획 수립, 기동 그리고 임기응변의 시스템

헬무트 폰 몰트케

Helmuth von Moltke

1780-1831

✠

몰트케 - 혁명가가 아닌 실천가

독일의 작전적 사고는 몰트케[A]로부터 시작되었다! 이 문장만으로도 독일의 작전적 사고의 기원과 발전에 대한 몰트케의 영향력이 얼마나 대단한지 분명히 알 수 있다.[1] 그러나 총참모부 전쟁사연구부의 문건들이 증명하듯 작전적 사고는 몰트케가 아닌 육군으로부터 시작되었다. 작전적 사고는 프랑스 혁명에 따른 사회적 변화의 일부로서 발전되었고 그 과정에서 시민들의 참여와 전쟁지휘가 결합되었다. 따라서 작전적 사고는 군사적 현상의 범주에 속하지만 그 기원은 사회적 현상의 영향을 받았다고 할 수 있다.

그럼에도 불구하고 장기간 총참모장으로 집권했던 몰트케가 프로이센과 독일에서 작전적 사고를 시작했다 해도 과언이 아니다. 다만 몰트케는 클라우제비츠나 조미니와 같은 위대한 유럽 군사이론가들의 반열에는 오르지 못했으며, 클라우제비츠와 슐리펜의 간극을 메우는 인물로 보기도 어렵다. 몰트케는 체계적인 군사이론서를 남기지 않았으며[2] 어디까지나 실용주의자이자 이론의 실천가일 뿐이었다.

몰트케의 글 속에 담겨있는 특별한 작전적 사고가 무엇이었는지 알아보기 전에, 먼저 그의 작전적 사고를 나타내고 있다는 극소수의 단편적인 자료들이 과연 그만한 가치와 타당성이 있는지부터 살펴보아야 한다. 여기에 해당하는 기록들은 상당수가 업무상 지시문이거나 장군참모장교들의 보수교육과정에서 사용된 군사 교재들로서 일부는 총참모부에서 공동으로

A 본 장에서 몰트케는 모두 대몰트케를 지칭하여 이하 몰트케로 표기

작성되어 몰트케에 의해 최종 승인된 문건들이다. 안타깝게도 오늘날 이 문서들의 원본은 존재하지 않는다. 총참모부의 전쟁사연구부는 몰트케의 글들을 수집하여 몰트케 사후인 1892년부터 1912년까지 문건으로 발행했다. 장군참모장교들은 몰트케의 글에서 그가 생각한 작전의 개념, 그리고 장기간에 걸친 작전적 사고의 발전과정을 이해하고 장차전을 위한 작전의 의미도 파악할 수 있었다. 제국 문서보관소의 피폭으로 인한 문서소실로 진위를 확인할 수는 없게 되었지만, 몰트케의 글들 가운데 일부가 총참모부의 관점에서 재해석되거나 어쩌면 특정 부분이 편집되었을 가능성도 배제할 수 없다. 실제로 그와 유사한 사례가 있었기 때문이다. 그라프 프리드리히 빌헬름 브륄Graf Freidrich Wilhelm Brühl은 클라우제비츠의 전쟁론을 자의적으로 해석하여 정부와 군 지도부 간의 관계에서 군의 우위를 주장했는데, 1950년대에 비로소 베르너 할벡Werner Hahlweg이 그간의 전쟁론 해석이 잘못되었음을 밝혀냈다.[3] 슐리펜도 군에 대한 '정치의 우위'라는 진실이 자신의 구상과 일치하지 않았기 때문에 브륄의 그릇된 해석을 묵인하였다.[4]

몰트케는 작전의 개념을 대부분 전장에서 부대의 기동과 연관해 사용했다. 그의 글에서는 작전이 육군의 기동으로 정확히 대체될 수 있었다. 또한 작전계획, 작전선과 작전목표 등의 관련 용어들이 계속해서 등장했다. 몰트케는 작전목표를 때때로 전투목표와 동일하게 적 부대, 즉 싸워야 할 대상의 격멸로 인식했다.[5] 몰트케가 작전을 전술과 전략 사이의 독립적인 범주로서 이해하는 대신 작전을 전략의 범주에 포함시켰다는 점은 매우 흥미롭다. 그렇다면 수십 년 동안 혹자들이 문헌을 근거로 주장해온 몰트케의 작전적 사고를 파악하기 위해 먼저 전략에 관한 그의 개념을 살펴보도록 하자. 몰트케는 '전략에 대하여'Über Strategie[6]라는 글에서 전략과 작전을 상세히 논했다. 여기서 그는 클라우제비츠와 다른 견해를 제시하며 동시에 전술-작전-전략의 범주와 상호 관계에 대해 기술했다. 정치적인 목표를 달성하기 위해 최우선 과업, 즉 전략이 군사력을 준비하고 전개를 시작하는 것이라면, 그다음 과업 즉, '준비된 수단을 전쟁에서 사용하는 것이 바로 작전'[7]이라고 언급했다. 클라우제비츠가 전략을 정치의 일부로 보았던 반면, 몰트케는 전략을 전쟁 개시단계로부터 종결단계까지 최초부터 '정치로부터 완전히 독립된 행동'[8]으로 인식했다. 훗날 이러한 입장을 완화했지만 그는 1882년, 블루메Blume의 저서 '전략'Strategie의 추천사에 다음과 같이 기록했다. "전쟁을 수행하는 데 있어 특히나 군사적 요소가 가장 중요하다."[9]

훗날 이러한 견해가 점차 바뀌긴 했지만 몰트케는 전쟁을 정치적인 전쟁 개시와 종식단계 그리고 그사이에 존재하는 순수 군사적인 전쟁단계로 구분했고 작전은 후자에 포함시켰다. 즉 작전이란 통합된 전쟁행위, 전역으로서 총참모장이 계획하고 군사령관들에게 지침으로 하달되는 것을 의미했다.[10] 작전의 성공 여부는 전투의 수단인 전술이 결정했다. 전술뿐만 아니라 작전에서도 아군은 적의 독립적인 의지와 충돌하고 그것을 무너뜨려야 했다. 육군의 최초 전개는 작전과 불가분의 관계에 있었고 작전계획은 그러한 전개에 핵심적인 의미를 담고 있었다. 그러나 몰트케는 후임인 슐리펜과 달리, 개전 이후 전쟁을 치르는 과정에서 계획을 수립하는 데 반대하며 상황에 부합하는 작전지휘가 필요하다고 주장했다.

> *"적 주력과의 최초로 충돌한 이후에 명확한 작전계획이란 존재할 수 없다. 전쟁이 진행되는 동안, 사전에 세부적 사항까지 예측하여 최종단계까지 확정된 최초의 계획만 고집하는 것은 아마추어들이나 범하는 치명적 오류이다."* [11]

이러한 측면에서 몰트케는 전략을 임기응변의 시스템으로 이해하여 군지도부에게 최악의 조건하에서도 변화하는 상황에 따라 반응할 것을 요구했다. 즉 작전적 사고 차원에서 일반화된 교리들과 그로부터 도출된 규칙들은 실제 전쟁에서는 적용하기 어렵다는 논리였다. 따라서 군지휘관들은 이론적인 지식과 더불어 전쟁사를 배워서 얻은, 자신의 인생을 통한 군사적 소양과 경험을 갖추어야 하고 이를 '실제에서 자유롭게 응용하고 술(術)적으로 승화할 수 있는 능력'[12]을 배양해야 한다고 주장했다. 몰트케에게 작전적 지휘는 결국 부분적으로만 습득될 수 있는 일종의 술(術)이었다. 또한 몰트케에게 있어 작전적 수준의 지휘관의 필수조건은 정신적인 유연성, 신속한 상황파악능력 그리고 강인한 성격이었다. 몰트케는 분명히 작전의 범주를 상정하고 있었지만 어떠한 이론적인 작전적 사고모델을 도입하거나 명확한 이론을 제시하지는 않았다. 실용주의자였던 몰트케는 전략 또는 작전을 항상 변화하는 상황 속에서 '실전에 적용하는 지식' 정도로 이해했다.

1857년 10월 29일, 57번째 생일로부터 3일 후 몰트케는 육군 총참모장으로 취임했다. 그는 1822년 덴마크군에서 프로이센군으로 이적하여 1833년 이후 장군참모장교로서 복무했고 따라서 전임자들과는 달리 나폴레옹 해방전쟁의 경험이 없는 최초의 엘리트 장군참모장교 출신의 총참모장이었다. 이 당시 몰트케의 등용이 독일의 역사와 프로이센-독일의 군사 분야의 발전에 어떠한 영향을 미칠지에 대해 베를린의 어느 누구도 예상하지 못했다. 군사력 전개계획수립의 권한만을 위임받은 이 시기의 프로이센군 총참모부는 훗날처럼 막강한 전쟁계획수립 권한과 지휘권을 행사할 수 있는 조직이 아니었다. 오히려 프로이센 전쟁부 내에서의 위치는 독립적인 지휘권한도 보유하지 못한 순수 군사과학 분야의 '싱크 탱크'였을 뿐이다.[13]

몰트케는 대부대 지휘경험이 없었을 뿐만 아니라 대대나 연대도 지휘해 본 적이 없었다. 단지 젊은 시절 대위로서 오스만제국에서 전쟁을 경험했을 뿐이다. 그러나 각 제대별 참모부에서 연이어 성공적으로 보직을 마쳤고 수차례 왕세자의 부관으로서 재직하며 왕실과 돈독한 관계를 맺었다.

그러한 배경과는 별도로 몰트케는 총참모장으로 매우 적합한 인물이었다. 이 신임 총참모장은 엘리트 장교로서 보편적인 소양을 가지고 있었다. 저작활동 면에서는 군사이론 또는 전쟁사 분야뿐만 아니라 터키에서의 견문록으로도 두각을 나타냈다. 몰트케는 전쟁대학에서 지리학에 대해 매우 깊은 관심을 보였고, 여타의 모든 장군참모장교들과 마찬가지로 총참모부의 핵심 전문분야인 지형학에 심취했었다. 지형학 교관인 카를 리터Carl Ritter[14]는 몰트케뿐만 아니라 클라우제비츠, 그나이제나우Gneisenau, 샤른호르스트Scharnhorst에게도 지리를 물리적 공간보다 더 큰, 자연적, 문화지형적인 요소의 집합체로 이해해야 한다고 가르쳤다.[15] 몰트케의 교육기간 중 클라우제비츠는 전쟁대학의 학교장으로서 행정과 규율업무의 책임자였을 뿐 직접 학생들을 가르치지는 않았다. 몰트케는 자신의 전쟁사 교관이자 과거 클라우제비츠의 학생이었던 카를 에른스트 프라이헤르 폰 카니츠 운트 달비츠Karl Ernst Freiherr von Canitz und Dallwitz 소령에게서 많은 영향을 받았다고 술회했다. 카니츠는 클라우제비츠의 전쟁론에 바탕을 둔 섬멸전 사상을 가르쳤는데 이는 매우 중요한 의미를 내포하고 있었다. 그러나 클라우제비츠와는 달리 카니츠는 당시의 시대정신에 부합하는 방어에 대한 공세의 우위를 주장했다.[16] 리터와 카니츠의 사상이 몰트케의 작전적 사고에 얼마나 큰 영향을 미쳤는지 오늘날까지 규명된 바는 없다. 하지만 그가 이 두 사람을 가장 오랜 기간동안 자신에게 가르침을 주었던 스승으로 표현했다는 사실만으로도 이들의 사상이 몰트케의 세계관을 형성하는 데 큰 영향을 미쳤다는 결론을 내릴 수 있다.

몰트케는 젊은 시절 전쟁대학에서 수학하는 동안 프로이센군에 널리 퍼진, 나폴레옹 전쟁경험에서 정립된 보편적인 전쟁관을 얻을 수 있었다. 제1차 세계대전 이전 시대와는 달리 당시에도 결정적 회전이 여전히 중요했지만 절대적인 중요성을 부여하지는 않았다. 철저히 조미니의 관점에서 내선

의 이점들과 전투력 집중의 원칙들, 자유 기동의 필요성과 측방진지의 가치들이 중요시되었다.[17]

1857년 몰트케의 총참모장 취임은 군사적, 정치적 혁신의 시대를 여는 서막이었다. 즉 프로이센에서 독일의 역사로 새로이 넘어가는 과도기를 의미했다.

왕세자 빌헬름이 왕으로 등극하기 직전, 신임 총참모장은 1813~14년 혁명의 의미가 귀족 출신 장교들로 인해 대부분 퇴색되었고 따라서 혁명이 아닌 프로이센군의 개혁이 필요하다고 인식했다. 디에르크 발터Dierk Walter가 자신의 글에서 기술했듯이 왕실이 국가 통치의 정통성을 고수하고 혁명을 바라는 이들은 자신의 의사를 글로만 표현하는 동안 40년간의 개혁은 유명무실의 교착상태에 빠져 버렸다.[18] 나폴레옹 해방전쟁 이후 프로이센군에서 내부적인 개혁은 거의 이뤄지지 않았다. 따라서 군은 의회의 군으로 발전되지 않고 왕의 군대에 머물러 있었다. 반면 시민 정치의 현실과 거리가 먼 민병대로 변질되어 있던 지방군은 시간이 흘러 점차 상비군에 통합되면서 힘을 잃게 되었다. 일부 장교들은 상비군에 흡수된 민병대를 강하게 비판했다. 시민 계층으로 구성된 비군사적이며 비효율적이고, 동시에 잠재적 혁명세력인 지방군을 정치적 측면에서 신뢰할 수 없다는 이유에서였다. 장교단은 군이 해결해야 할 국내외의 정치적 과제를 해결하는 데 신뢰하기 어려운 지방군이 동참할 수 없다고 여겼으며, 한편으로는 독일군이 가장 중요시하던 지상 최고의 과업, 즉 호엔촐레른Hohenzollern 왕조의 수호를 민병대가 제대로 이행할 수 있을지 의구심을 품었다.

이러한 정치적인 이유와 더불어 군사적 측면에서도 개혁이 필요했던 중요한 이유가 있었다. 프로이센은 경제적으로 취약했음에도 중앙군과 지방군이라는 이중 병역제도를 통해 유럽에서 강대국의 지위를 유지할 수 있었다. 그러나 다른 유럽의 강대국들과는 달리 1,100만에서 1,800만 명으로 인구가 증가했음에도 육군의 병력은 증가하지 않았다. 오히려 1815년 이후 육군 병력을 약 15만 명 선으로 계속 유지했다. 이런 정책은 중대한 병역불평등-병역의무자의 1/3도 징집할 수 없었다-을 초래했을 뿐만 아니라 상대적인 군사력의 열세로 인해 19세기 중반의 유럽 강대국 간의 외교적인 협상에서도 문제를 일으켰다. 당시 프로이센군에 비해 프랑스군은 두 배, 러시아군은 거의 7배가 넘는 군사력을 보유하고 있었다. 빌헬름 왕세자는 이 문제를 바로잡기로 결심했고 비스마르크와 전쟁부 장관 알브레히트 그라프 폰 론Albrecht Graf von Roon과 함께 이른바 '론의 국방개혁'으로 불리는 군 현대화와 병력 증강을 추진하기에 이르렀다.[19]

군의 현대화를 위한 프로이센의 헌법개혁을 둘러싼 갈등과 독일의 역사에 그 갈등이 끼친 영향에 대해서는 여기서 논외로 하겠다. 우리가 주목해야 할 사항은, 중앙군이 약 15만 명에서 20만 명 정도로 증가했고 지방군의 임무는 후방근무와 주둔지 경계 위주로 축소되었으며 민병대는 더 이상 의미 없는 조직으로 전락했다는 점이다. 일부 부대는 새로이 편성되었고 속도는 여전히 느렸지만 현대화도 추진되었다. 일각에서는 수년 전부터 군의 전문성을 강화하는 작업도 진행되고 있었다. 그러나 이러한 개혁에도 불구하고 프로이센, 그리고 1871년 이후 독일제국의 상비군 조직은 근본적으로 원래의 모습을 유지했으며 제1차 세계대전까지 현상을 유지했다. 제1차 세계대전 이후에 일어났던 변화나 급격한 혁신은 없었다. 특히 왕의 독점적인 군통수권, 즉 프로이센 육군에 대한 지배권이 왕에게 있는 한 개혁은 거의 불가능했다.

"분진합격"

작전적 사고의 발전에 있어 가장 중대한 문제, 즉 양면 또는 다면전쟁이 발발했을 때 병력의 열세는 론의 개혁을 통해서도 해결할 수 없었다. 프로이센은 징병 비율을 급격히 증가시켰지만 훗날 독일제국이 그랬듯 정치적, 경제적인 취약성으로 인해 군사적 잠재력은 극히 낮은 수준을 벗어나지 못했다. 프로이센-독일의 군사적 잠재력을 총동원한다 해도 여러 강대국들의 연합에 대한 인적 열세는 극복할 수 없었다. 강대국들의 연합은 전시와 평시를 막론하고 독일에 비해 절대적으로 우세했으며, 론의 개혁 이후로도 유럽의 강대국 가운데 한 국가가 독일-프로이센의 군사력을 능가하곤 했다.

따라서 몇몇 문헌들에 기술된, 몰트케가 수적인 우세에서 전쟁을 지휘했다는 논리는 타당하지 않다. 프로이센군은 1866년에는 단 한 순간도 수적 우세를 점하지 못했고 독일-프랑스 전쟁기간 중에도 오로지 전쟁 발발 당시에만 우세했을 뿐이다.[20]

몰트케는 전임자들과 마찬가지로 처음부터 병력의 문제에 직면했다. 프로이센군은 개혁 이후에도 수적으로 적국들 가운데 하나를 겨우 상대할 수 있는 수준에 머물러 있었다. 다른 한편에서는 지속적으로 거대화되어 가는 육군을 어떻게 기동시키고 지휘할 것인가에 대해서도 고민해야 했다. 몰트케는 첫 번째 문제, 즉 병력 증강에 관한 문제는 비스마르크의 정치력에 희망을 걸었다. 그다음 문제는 총참모장 스스로 해결해야 했다. 몰트케는 대규모 육군을 일관된 의지에 따라 보급하거나 기동시키고, 작전에 투입하며 승리를 달성하기 위해 어떻게 지휘해야 할 것인가를 두고 문제 해결에 몰두했다. 전쟁수행에 중대한 영향을 미치는 인구 증가와 산업화 등에서 비롯된 이 문제는 몰트케 혼자만의 문제가 아닌 유럽 전체에 대두되던 난제였다. 그러나 몰트케는 유럽의 다른 군사지도자들과 달리 최고 수준의 논리적 사고과정을 거쳐 전술적, 전략적인 그리고 우리에게 특히 중요한 작전적 결론을 도출하고 이를 실행에 옮겼다.

신임 총참모장은 결전을 수행하는 데 있어 항상 강력하고 충분한 전력을 보유할 수 없음을 확신했다.[21] 따라서 회전에서 가능한 한 수적인 우세를 달성하는 것이 야전군 총사령관의 과업이라 생각했다. 10만 명의 병력을 보유한 거대한 야전군 전체가 회전이 벌어질 원거리의 장소까지 동시에 이동한다면 교통수단의 기술적인 문제와 함께 심각한 군수문제가 발생할 것이 명백했다. 몰트케는 대부대 지휘관을 위한 규정에서 이를 명확히 지적했다.

> *"대규모 부대가 한 지역에 집결하는 행위 그 자체가 재앙이다. 군이 한 지점에 집중되면 급식문제도 난해할 뿐만 아니라 숙영도 어렵다. 부대를 집중시키면 행군도 제한되며 작전은 더더욱 불가능하다. 나아가 장기간 한 지역에 주둔시키기는 더더욱 어렵다. 집중은 오로지 적을 칠 때만 필요하다."*[22]

그래서 몰트케는 회전이 벌어질 지역에서 군의 수적 우세를 보장할 뿐만 아니라 대규모 육군을 기동시키고 지휘하며 원활히 보급할 수 있는 수단과 방법을 찾으려 노력했다. 이러한 요소들의 결합이야말로 결정적인 승리를 보장해 줄 수 있다고 확신했기 때문이다.

몰트케가 찾아낸 해법, 즉 독일군 장교들의 전유물로 이어져 온 '분진합격, 즉 분산해서 기동하고 집중해서 적을 쳐라'라는 슬로건으로 대변할 수 있는 이 전법은 몰트케가 창조해 낸 혁신적인 산물이 아니었다. 그는 실용주의적 관점에서 당시에 주어진 상황에 부합하는 그러한 전투방식을 선택했을 뿐이다. 그 전법을 실행에 옮긴 곳이 바로 쾨니히그래츠와 스당Sedan이었다. 몰트케는 육군을 다수의 거대한 야전군으로 분할, 편성하고, 가능한 장기간에 걸쳐 다양한 통로로 이들을 분산, 기동시켜 회전이 벌어질 장소에서 적시에 결전을 위해 집중시키고자 했다. 또한 몰트케가 전투력, 공간, 시간의 결합과 계산의 중요성을 강조한 자신의 논문, '행군 종대에 관하여'Über Marschtiefen에서 증명했듯 야전군 편성은 결정적인 작전적 시간에서 강점을 제공했다. 왜냐하면 분산해서 전진하는 부대들은 고속의 기동속도를 낼 수 있기 때문이다.[23] 몰트케는 행군 간에는 군수와 교통의 문제로 시간이 소요되는 집중을 거부했지만 회전을 위해서는 반드시 집중해야 한다고 역설했다. 그러면서도 외선에서 집중적인 공격을 감행할 때 발생할 수 있는 위험을 결코 경시하지 않았다. 나폴레옹이 잘 보여주었듯, 분산해서 이동하는 아군이 집중하기 전에 민첩하고 노련한 적이 신속히 위치를 이동하여 아군을 각개격파할 가능성도 있었다. 하지만 몰트케는 전략적인 수준에서 내선작전의 강점을 인지하고 있었다. 따라서 독일제국 건국 이후 프랑스와 러시아와의 양면전쟁을 위한 계획은 내선작전의 개념에서 작성되었다.

몰트케의 생각은 조미니와 정반대였다. 19세기에 장기간 군사이론가들의 절대적 지지를 받아온 조미니는 원칙적으로 외선에서 분산하여 전진하는 것을 거부했다. 그는 내선에서 능동적인 기동전을 통해 적군의 집중적인 외선에서의 공세를 각개격파하여 매우 성공적으로 막아냈던 나폴레옹을 예로 들었다. 어쨌든 몰트케의 구상은 이미 앞서 언급했듯 새로운 것이 아니었다. 프리드리히 2세[B]가 예외적 상황에만 분진합격을 시도했던 반면[24] 전쟁수행에서 무조건적인 전투력 집중을 요구한 최초의 인물은 바로 샤른호르스트였다.

"전쟁에서는 항상 부대를 집중시켜야 하고 분산은 금물이라는 전쟁

B 통상 프리드리히 대제로 번역된다. (역자 주)

술의 원칙은 잘못된 논리이다. 오히려 노련한 자들에게는 신중하게 분산하고 또한 적이 분산하도록 강요한 다음 아군을 집중하여 적을 각개 격파하는 것이 보편적인 법칙이다. 전략의 기본원칙은 […] 절대로 부대를 집중한 상태로 멈춰서는 안 되며 반대로 적을 공격할 때는 집중해야 한다." [25]

샤른호르스트가 착안하고 그나이제나우도 동의했던 방책들은 1813년 나폴레옹을 상대했던 동맹전쟁과 라이프치히Leipzig 전투에 반영되었다.[26] 클라우제비츠는 전쟁에서 전투력 집중의 장, 단점을 분석, 비교했으며 1830년, 훗날 프로이센 국왕이자 독일의 황제에 오른 왕세자 빌헬름도 전쟁의 가장 중요한 원칙으로 '분산해서 행군하고 집중해서 적을 쳐라'를 꼽았다.[27] 몰트케의 전임자인 카를 폰 라이헤르Karl von Reyher 총참모장이 재임 중 왕세자를 위해 작성한 문건[28]에서 보여주듯 몰트케의 구상은 자신의 선배들의 군사적 구상들과 차별된 내용이 아니라 오히려 이미 오랫동안 총참모부에서 논의되었던 기존의 사상들에 기초된 것이라 보는 편이 타당하겠다. 게다가 이 구상은 완전히 새로운 교통수단 덕분에 새롭게 현실에 결합, 적용되어 큰 효과를 도출하게 되었던 것이다.

철도와 전신, 공간과 시간의 단축

철도의 군사적 활용은 일대 혁신이었다.[29] 다수의 프로이센 장교들이 이러한 혁신, 사실상 혁명적인 교통수단에 대해 회의적인 입장을 표시했으나 총참모부는 시간이 흐르면서 철도의 중요성을 인식했고 1856년 이후로는 부대수송을 위한 철도운행계획을 작성하기 시작했다. 몰트케의 전임자들은 단지 군수와 병력의 수송 등 단편적인 관점으로만 철도를 이해했다. 반면 몰트케는 1842년 한 소책자를 통해 철도가 전쟁에서 승리하기 위해 얼마나 중요한가를 역설했다.[30] 즉 철도의 작전적-전략적 잠재력을 정확히 인식했던 것이다. 핵심은 시간과 공간을 확장시키는 속도였다. 이 새로운 교통수단은 단시간 내에 거리를 극복할 수 있는 능력을 통해 군사력의 활동공간을 확대시켰다. 민간과 군사적 차원에서 수 세기 동안 존재했던 시간-공간의 제한이 사라진 것이다.

과거 전쟁에 군마가 도입되었을 때와 마찬가지로 '증기기관'이 발명된 순간부터 증기기관에 내재했던 잠재력은 당시로서는 상상 그 이상이었다. 이러한 질적 진보로 전쟁수행 방법은 한 차원 발전했고 그러한 장점을 활용하는 것은 매우 중요했다. 대부대의 지휘와 보급은 철도로 인해 원활해졌지만 부대 전개계획에 철도망의 연결을 집어넣는 일은 새로운 난제였다. 따라서 정확한 지점까지 대부대를 질서정연하게 수송하고 정확한 시점에 부대를 하차시키는 데는 고도의 치밀한 계획이 필요했다. 몰트케의 전임자들은 전시 철도와 전신의 중요성을 간파했지만 이 두 가지를 전쟁계획과 구체적으로 연결시키지는 못했다. 그러나 몰트케는 그 일을 해냈다. 1859년 최초로 정확한 날짜를 명시한 부대전개계획과 철도를 이용한 수송계획을 결합시키는데 성공했던 것이다.[31] 전쟁에 철도를 도입한 최초의 인물 중 한 사람으로, 마침내 이 신임 총참모장은 1869년 총참모부에 독립적인 철도부를 신설했다. 이 부서에서는 철도수송에 관한 시간계획을 작성했고 장차 동원계획의 기본조건이 되는 정보들을 처리했다. 게다가 몰트케는 부대훈련 또는 총참모부훈련의 일부로 수송훈련을 실시하기도 했다.(지도 1 참조)

대량수송수단으로 부상한 철도의 능력은 1870년 프로이센-독일의 부대전개 사례를 보면 명확히 알 수 있다. 단 13일 만에 약 51만의 병력과 약 16만 필의 군마, 1,400문의 야포가 화차에 실려 전개지역까지 이동했다. 새로운 수송수단을 통한 부대의 전개는 더 신속했고 정확했으며, 따라서 병

| 지도 1 |

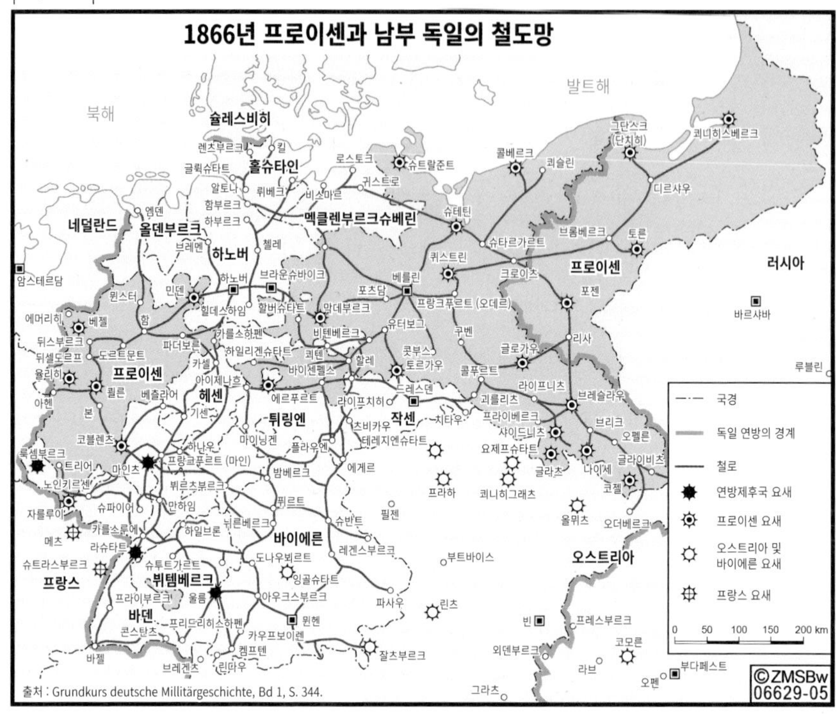

출처 : Grundkurs deutsche Millitärgeschichte, Bd 1, S. 344.

력을 단시간에 집중하여 국지적인 수적 우세를 달성함으로써 개전 즉시 신속한 선제타격이 가능해졌다. 한편으로는 계획 수립 시에 극도로 복잡다단한 문제들로 인해 참모부에서 관리해야 할 요구사항들이 대단히 증대했지만 동시에 반응시간은 매우 단축되었다. 이동 중에 치명적인 실수를 저지른다면 극히 난감한 상황에 놓이거나 수습 자체가 불가능한 위기를 겪을 수도 있었지만 그러한 위험은 감수하기로 했다.

독일군은 신속한 이동을 통해 획득된 시간을 1866년 독일-오스트리아 전쟁에서는 정치적으로, 1870-71년 독일-프랑스 전쟁에서는 작전적으로 사용했다. 훗날 1914년 제1차 세계대전 발발 당시, 철도를 이용한 부대이동은 정치 지도부가 외교적인 조치를 취할 수 있는 시간적 여유를 상실할 정도로 엄청난 속도를 보였는데 이는 19세기 중반까지 상상도 할 수 없던 일이었다. 한편 처음에는 철도를 신속한 수송수단으로서 내선에서의 방어

작전에 사용할 수 있다고 생각했지만, 시간이 갈수록 철도의 장점을 살릴 수 있다면 외선에서의 공격작전에서도 적합하리라는 논리들이 강하게 부각되기 시작했다.[32] 장군참모장교들은 철도를 이용한 물자보급보다는 병력수송을 통한 즉각적인 선제공격에 무게를 두었기 때문에 철도의 결정적인 강점은 신속한 병력수송이라고 인식했다. 이로써 공자는 시간을 획득할 수 있게 되었고 이러한 인식은 그 후 수십 년 동안 공세적 전쟁을 추구하는 기존의 성향을 강화시켰다.

프로이센에서 또 하나의 기술적 혁신인 전신(電信)이 전쟁수행과 결합되었다. 그러나 숙달된 인원과 장비, 시설의 부족 때문에 전신은 부대지휘를 위해 가장 필요한 곳, 즉 적 영토에서는 운용될 수 없었다.[33]

철도와 전신, 이 두 분야의 기술적 혁신은 시간, 공간과 밀접한 관계가 있었다. 그러나 단순히 아군이 지배했던 공간의 범위만 확대되었다. 왜냐하면 결국에는 자국 영토 내에서만 부대의 기동과 통신 속도가 가속되었기 때문이다. 군이 적의 영토에 발을 들여놓은 즉시 그러한 강점들은 사라진다. 적들은 자신들의 시설을 사용할 수 없도록 파괴할 것이고, 설사 남아있다 하더라도 아군의 시설과 호환이 되지 않았기 때문이다. 독일군은 1866년에도 1870/71년에도 적국이 파괴한 철도 시설을 신속히 복구하지 못했다. 그 결과 부대들은 나폴레옹 시대에서처럼 신속한 행군을 하기 위해서는 육로나 마차에 의한 보급에 의존할 수밖에 없었다. 한편 하역지점에는 보급물자들이 쌓여 있었다.[34] 따라서 제1차 세계대전까지의 공간의 확장과 시간의 단축은 마지막 하역지점에서 끝났다.

'지휘의 분권화'와 '지침에 의한 지휘'

육군을 다수의 야전군으로 분할, 편성하면서 새로운 부대 지휘 방식이 요구되기 시작했다. 특히 시공간적으로 흩어진 채로 총사령관이 직접 지휘하는 야전군의 경우 더욱 그러했다. 19세기의 통신 환경에서는 단 한 사람의 총사령관이 시공간적으로 멀리 떨어져 전진중인 야전군들을 현지에서 직접 지휘할 수 없었기 때문이다. 그래서 몰트케는 대부대급 지휘관들에게 그들의 임무 달성을 위한 폭넓은 독단 활용을 보장해 주기로 결심했다. 또한 총참모부에서 샤른호르스트와 그나이제나우 시대에서부터 발전된 임무수행 방식을 도입하고 새로운 현실에 맞게 적용시켰다.[35] 책임은 상급지휘부[36]에서 감수하는 동시에, 하급부대는 상급부대의 지침에 따라 행동하는 지휘개념, 즉 지휘의 분권화를 채택했다. 이후 수십 년 동안 독일 육군의 전 제대에 적용된 이른바 '임무형 지휘'였다. 몰트케는 개별적인 책임의식, 즉 책임의 분권화를 증대시켜서 수직적인 지휘구조와 지휘수준을 수평적으로 만들었다. 이것이야말로 본질적으로 작전적 사고의 발전에 지대한 영향을 미친 사건이었다. 왜냐하면 이제는 명령에 의해서가 아니라 전투에 관한 공동의 사고로 이어진 통찰에 의해 부대지휘가 이루어졌기 때문이다. 총참모장은 군사령관 이하 지휘관들의 세부적인 계획에 개입하지 않고 전체계획의 범위 내에서 그들이 달성해야 할 목표를 명시한 임무만 하달했다. 아래의 예문은 1866년 보헤미아(독일명 뵈멘Böhmen)로 진군하던 시기에 하달된 몰트케의 명령이다. 이 명령에서는 이러한 지휘 방식과 그와 연계된 야전군사령관들의 행동의 자유를 잘 알 수 있다:

> *"전 야전군은 적과 마주치는 순간부터 스스로의 판단과 상황에 따라 예하부대를 운용해야 한다. 이때 지속적으로 인접 야전군의 상황을 고려해야 한다. 상호 끊임없는 협력을 통해 서로를 지원할 수 있어야 한다."* [37]

이러한 방식으로 현지의 지휘관들은 불확실하고 우발적인 사태나 클라우제비츠가 말한 '마찰'이 발생하더라도 탄력적으로, 신속하게 대응할 수 있었다. 그러나 상급지휘관은 이행 가능하며 세부적인 사항에 관해서는 절제된 명령을 하달해야 한다는 전제조건도 있다. 많은 장점을 지닌 반면 위험요소도 내포하고 있다. 하급지휘관이 상급지휘관의 개념대로 행동하지 않거나 실수를 저지를 수도 있었다. 몰트케는 효율성에 더 큰 가치를 두고 그 정도의 위험은 감수하기로 했다. 그러한 지휘방식에는 두 가지 기본적인 전제조건이 존재했다. 하나는 하급자에 대한 신뢰였고 다른 하나는 바로 장교단의 일관성 있는 교육훈련이었다. 상황평가, 결심과 그 결심을 행동화하는 데 있어 개별적인 독단을 활용하기 위한 장군참모장교들의 통일된 교육훈련이 특히 중요했다. 즉 전쟁대학과 장군참모현지실습, 전쟁연습을 통한 일관성 있는 교육제도와 프로이센군의 장군참모제도는 임무형 지휘를 구현하기 위한 중요한 전제조건이었다. 이러한 교육훈련의 결과로 상하급 제대 장군참모장교들 간의 의사소통은 매우 원활했다. 그야말로 '이심전심'이었다. 이때부터 독일군의 명령지에는 '상급지휘관의 의도'가 일개 항으로 명시되었으며 이 항목은 오늘날까지도 작전명령에서 매우 중요한 부분이다.

몰트케에 의해 지속적으로 발전된 지휘방식은 역사적-비평적 현실주의에 기반을 두고 모든 이들이 자신의 영역에서 개성을 발휘하도록 허용했다.[38] 민간사회에서 천천히 퍼져 가고 있던 개인주의가 군에서도 번지고 있었다. 해가 갈수록 프리드리히 2세 시대 보병의 고전적인 방진대형은 서서히 자취를 감추었다.

몰트케는 예하 지휘관들에게 주도권 장악을 요구했다. 전쟁의 복잡성을 고려할 때 주도적인 행동은 그로 인한 실수의 가능성을 감수하더라도 불확실한 상황에서 맹종적인 명령의 수행이나 수수방관보다 훨씬 더 유용했다. 이에 따라 지휘관이 상급 지휘부의 의도 하에서 독단적으로 행동하라고 강력히 요구했다. "장교가 스스로의 판단으로 행동해야 하는 상황이 수차례 있을 것이다. 명령을 수령할 수 없는 순간에 명령을 기다리는 행동은 매우 어리석은 일이다."[39]라고 주장했다. 지침에 의한 지휘의 장점은 분산된 부대들이 상호 간에 대단히 원활한 협조관계를 유지할 수 있어서 내선에서 방어하는 적에게 각개격파당하는 위험을 최소화시킬 수 있다는 점이었다.

우리는 19세기 사회의 발전과 관련된 두 가지의 몰트케식 사고의 원칙을 도출해 냈다. 하나는 대규모 육군을 야전군 단위로 편성함으로써 독단적으로 행동할 수 있는 부대로 만들고 철도를 통해 신속한 기동과 군수보급을 가능토록 한 것이며 다른 하나는 지침을 통한 지휘로 분산된 대부대를 지휘할 수 있도록 한 것이었다. 결과적으로 이를 통해 공세적인 작전수행을 가능하게 만들었다. 외선에서의 집중적인 공격과 더불어 이 두 가지 요소는 몰트케의 작전적 사고의 골격을 형성했다.

화력과 기동

다음으로 앞에서 설명한 요소들과 밀접한 관계가 있는, 몰트케의 작전적 사고에서 또 하나의 중요한 항목인 적국의 군사력에 관한 그의 인식을 살펴보도록 하자. 몰트케는 수도를 포함하는 적의 영토를 '전략적인 전쟁목표'로, 적의 군사력을 '작전목표'로 생각했다. 따라서 '전쟁목표'를 보호하는 적군(敵軍)은 언제나 공격작전의 목표물이었다.[40] 몰트케는 적군을 격멸하기 위한 가장 효과적인 수단을 회전(會戰)으로 간주했다. 이 관점이 그가 생각하는 전쟁수행의 목표이자 실제적인 작전적 사고의 출발점이었다. 몰트케는 대부대 지휘관을 위한 지침에서 여기에 대해 명확하게 기술했다.

"군사력의 대결에서 승리는 전쟁에서 가장 중요한 순간이다. 승리만이 적의 의지를 무너뜨릴 수 있고 적을 굴복시켜 우리의 의지를 강요할 수 있다. 원칙적으로 결정적인 승리를 달성할 수 있는 방법은 적국 영토의 점령이 아닌 적군의 격멸이다." [41]

육군의 규모가 커지고 화력의 효과가 증대되면서 적군을 격멸하는 일은 큰 난제가 되었고 단순한 정면 공격은 실패할 가능성이 매우 높아졌다. 새로운 대안이 요구되자 몰트케는 기동에서 해답을 찾으려 했다. 정면공격이 어렵다는 전술적 추론을 도출한 몰트케는 다른 방법을 찾아냈다. 방어작전 간에는 역습에 의한 전술적 기동방어 효과를, 공격작전 간에는 정면공격과 동시에 측방으로의 기동을 통해 적을 포위해야 할 필요성을 인식하게 되었다. 몰트케는 이를 위해 아군의 분산 기동이 절대적으로 필요하다고 생각했다. 작전에 투입된 부대들이 보병 및 포병화기의 사거리 때문에 회전이 벌어지는 장소에서는 전술적 우회 기동을 할 수 없다고 생각했기 때문이다. 또한 그는 나폴레옹과 마찬가지로 적의 감제거리 및 사거리 내에서 회전 직전에 아군의 전투력을 집중하는 것은 절대 금물이라고 주장했다. 몰트케가 구상한 완벽한 작전은 바로 분산 기동한 아군 부대가 적의 정면과 측방을 동시에 집중적으로 타격하는 것이었다.

그러나 이렇듯 계획적인 '완벽한 회전'은 반드시 아군과 적의 상호작용이 필요하다. 즉 아군의 탁월한 작전지휘도 필요하지만 적 지휘관의 결정적인 실수도 반드시 필요한 법이다. 따라서 이것은 오히려 예외적인 상황에서만 가능한 것이지, 오늘날에도 그렇듯 절대적인 원칙이 될 수는 없었다. 대표적인 사례로 쾨니히그래츠에서는 독일과 오스트리아군 간에 모든 조건들이 맞아떨어졌기 때문에 전략과 작전에서 엄청난 성공을 거두게 되었다. 현실주의자인 몰트케도 쾨니히그래츠와 스당의 회전들을 일반적인 것으로 인식하기보다는 특별한 상황, 이례적인 경우로 보았던 것이다. 그는 1873년 한 전술토의에서 장교들에게 다음과 같이 언급했다.

"회전장에서 두 개 제대를 집중해서 적을 양면에서 공격하는 데 성공할 수 있다면 틀림없이 최대의 승리를 기대할 수 있다. 우리는 1866년에 쾨니히그래츠에서 양쪽에서 포위공격을 감행하여 승리를 달성했다. 그러나 누가 감히 사전에 이를 예측할 수 있겠는가? 아니다! 적은 철수하여 아군의 공격을 회피할 수도 있었으며 분산된 아군을 월등한 전력으로 타격하기 위해 역공을 감행할 수도 있었다."[42]

몰트케도 역시 필승의 확증이 없다는 것을 알고 있었다.

회전을 공세적으로 실시해야 하는가, 아니면 수세적으로 실시해야하는가에 대한 물음에 대해서는 화력효과의 증대로 단계적인 기동방어를 중시해야 한다고 답변했다. 1874년 몰트케는 독일-프랑스 전쟁 당시 큰 손실을 겪은 기억을 회상하며 다음과 같이 기술했다.

"나는, 화력의 증대로 전술적인 방어가 전술적인 공격에 비해 큰 장점을 내포하고 있다고 확신한다. 우리가 비록 1870년 전역에서 항상 공세적이었고 적의 가장 굳건한 진지들을 확보했지만 얼마나 큰 희생을 치렀는가!? 일단 수차례 적군의 공세를 물리친 다음 공세로 전환한다면 우리에게는 더 유리한 상황이 도래할 것이다."[43]

원칙적으로 몰트케가 생각한 성공적인 방어회전의 종결은 공세 이전(移轉)의 순간이었다. 몰트케는 화력의 증대를 고려해 전술적 수준에서는 방어를 선호했다. 반면 작전적 수준에서는 새로운 교통수단과 발전된 협조대

책을 통해 흩어진 부대를 집중하기 위한 통합적인 지휘가 가능했기 때문에 회전장에서 명확한 중점을 형성하여 신속한 공세적 기동전을 수행하는 것이 중요하다고 역설했다.

> *"목표를 달성하는 데 전술적 방어는 공격보다 더 강력한 (전투)형태이지만 전략적[작전적] 공세는 수세보다 더 효과적인 방법이다. […] 간단히 말하자면 전략적[작전적] 공세는 목표를 달성하는 직접적인 방법이고 전략적[작전적] 방어는 우회하는 길이다."* [44]

모든 구상의 배경에는 다음과 같은 몰트케의 확신이 있었다. 작전을 통해 본질적인 결전, 즉 회전에서 적을 신속하게 격멸시켜야 한다는 것이다. 몰트케는 '전쟁의 목적은 전투를 통해서만 완벽하게 달성할 수 있고, 전쟁의 주목표는 오로지 전장에서 적 부대를 격멸함으로써, 즉 회전을 통해서만 달성할 수 있다'[45]고 생각했다. 결국 속전속결을 이행하기 위해서라면 의도적으로 부차적인 전역을 경시하더라도 작전적 중점에서의 타격력을 높이기 위해 가능한 최고의 전투력을 집중해야 한다는 것이 몰트케의 주장이었다. 이러한 목표를 최우선시했기 때문에 다른 여타의 행위들은 배제되어야 했다. 그러나 나폴레옹식 전쟁수행과는 반대로 격퇴한 적을 추격작전으로 섬멸하는 것은 증가된 화력의 효과로 더 이상 불가능해졌기 때문에 몰트케는 가능한 회전 장소에서 완전한 승리, 즉 적군을 섬멸해야 한다고 강조했다.

작전의 목적: 신속한 섬멸 회전

몰트케는 철저히 클라우제비츠의 관점에서 '격멸'을 '완전한 섬멸', 오늘날 해석하듯 적 부대의 '물리적인 전멸'로 이해하지 않았다. 오히려 '적 부대를 더 이상 전쟁을 수행할 수 없는'[46] 상태로 만드는 것으로 이해했다. 몰트케는 인종 이데올로기적-국가사회주의적 관점에서 섬멸전을 주장하지 않았으며, 20세기에 등장한 특수한 전쟁수행 방식을 위한 기초를 세우지도 않았다. 그의 작전적 구상이 그러한 기초가 될 수도 없었다. 클라우제비츠와는 달리 몰트케의 전쟁목표는 오로지 적 지상군의 무력화였다. 그 이유는 바로 군의 대규모화, 전쟁으로 인한 무역과 산업의 중단, 동원의 속도, 그리고 유럽의 중앙에 자리 잡은 19세기 중반 프로이센-독일의 위치였다. 이를 고려할 때 전쟁을 가능한 신속히 시행하고 종결시켜야 한다는 인식이 있었다.[47] 이러한 원칙도 중요했지만 프랑스와 벌였던 국민전쟁의 경험은 장기전을 부정하고 단기전을 지향하는 신념을 한층 더 강화시켰다. 속전속결만이 지리한 대량학살과 국민전쟁으로의 극단화를 방지할 수 있다고 여겨졌다. 앞서 언급한 작전적인 이유와 별도로 통제가 불가능한 상황[C]을 막기 위해서는 전쟁을 가능한 신속히 종결시켜야 했다. 그러나 몰트케는 국민전쟁의 발생을 막을 수 없으며 이는 필연적 현상이라고 생각했다. 게다가 결정적 회전에서 적 육군의 섬멸을 절대적으로 주장하지는 않았다. 몰트케는 다소 완곡하게 다음과 같이 언급했다.

> *"전쟁에서 대규모 손실의 위험을 무릅쓰고, 원래 목표인 섬멸을 위해 거대한 회전을 감행하는 일이 옳은지 아니면 일련의 소규모의 결정적인 성공들을 통해 목표에 이르는 안전한 방책으로 나아가는 일이 옳은지는 근본적으로 정치적 상황에 따라 결정되어야 한다."* [48]

C 국민전쟁

정치 우위

몰트케는 앞서 살펴본 내용들로 인해 클라우제비츠의 후학으로서 절대 전쟁absoluten Krieg을 지향했고 19세기 중반 이래로 독일 전쟁수행의 전체주의화를 일으킨 주요한 책임자라고 비난[49]을 받아 왔는데 사실상 이런 주장은 어불성설이다.[50] 이미 설명했듯 몰트케는 클라우제비츠의 관점에서 정치 우위[51]를 이해하지 못했음이 분명하다. 그는 전쟁과 정치를 분리했다. 지속적으로 뭇사람들이 주장하듯 이러한 몰트케의 신념은 독일의 전통적인 군사적 사고에 반하는 생각이었다. 그래서 전쟁부 장관을 역임한 율리우스 폰 베르디 뒤 베르누아Julius von Verdy du Vernois 장군과 루돌프 폰 캠머러Rudolf von Caemerer 중장과 같은 고위급 독일군 장교들은 19세기 말엽, 자신들의 글에서 작전에 대한 정치의 영향력과 여기에 관한 몰트케의 관점에 대해 문제를 제기했다.

당시 전쟁부 장관은 전시 인적, 물적 보충에 대한 책임과 권한을 가지고 있었는데, 몰트케는 정치권이나 전쟁부 장관이 전시 자신의 고유한 '작전 지휘'를 침해하지 않으리라고 생각했다. 그런데도 몰트케는 전-평시[52]에 관계없이 프로이센 국왕이자 훗날 독일의 황제인 빌헬름 1세, 한 개인에 대한 정치 우위를 시종일관 수용했다. 반면 몰트케의 후임이었던 알프레드 그라프 폰 발더제Alfred Graf von Waldersee는 군주의 정치적 결정에 반대하다가 해임되기도 했다. 몰트케에게 있어 최고의 정치적 결정권자는 수상이 아니라 바로 군주인 황제였다. 이는 1879년 10월 10일 몰트케가 빌헬름 황제에게 상신한 '군사 정치적 상황에 관하여'라는 문건에 잘 나타나 있다. 몰트케는 다음과 같은 문장으로 결론을 맺고 있다. 몰트케에 대한 비판서들에는 이러한 문장이 의도적으로 누락되어 있는데, 그것은 그리 놀랄 만한 일은 아니다.

"끝으로 황제 폐하께서는 군사와 정치적 영역이 분리될 수 없다는 소신의 견해가 폐하의 어의(御意)와 다르다면 부디 용서해 주시기를 바라옵니다. 신의 소견에 대해 이 둘, 즉 정치와 군사의 위에 존재하시는 폐하께서 자애를 베풀어 주시기를 바랄 뿐입니다." [53]

몰트케의 이러한 진술은 한편으로는 군사와 정치적인 행위 간에 상호 의존성을 인식했다는 사실과 함께 다른 한편으로는 군주이자 통수권자인 황제가 자신의 최측근인 군사 및 정치 전문가들로부터 조언에 따라 결심을 내렸다는 사실도 보여준다. 작전지휘 분야만큼은 총참모장의 권한이라고 몰트케는 확신했다. 그러나 육군의 총사령관인 황제 또한 언제라도 여기에 개입할 수 있었다.[54]

총참모부Generalstab, 계획과 작전지휘의 본산

아리스토텔레스의 관점에서 동일한 시공간에서 한 명의 지휘관이 회전을 지휘할 수 있었던 시대는 19세기 중반에 종말을 고했다. 광대한 공간에서 멀리 이격, 분산된 대규모 육군을 지휘하기 위해서는 유능한 하급지휘관과 참모부가 필요했다. 19세기에 부대규모의 증가와 공업화로 촉진된 이러한 발전은 이미 나폴레옹 전쟁 때부터 시작되었다. 1866년 국왕은 작전지휘를 총참모장에게 위임했고 그해 6월 2일부로 몰트케는 총참모장으로서 자신의 지휘능력과 작전계획수립 능력을 향상시키기 위해 총참모부를 중앙의 상설 계획수립 및 전쟁지휘 기구로 확장시켰다.[55] 그러나 여기서 중요한 점은 작전지휘권을 위임받은 몰트케가 유럽에서 가장 탁월하게 훈련된 계획수립 및 지휘기구를 조직했고 또한 그 기초를 세웠다는 사실이다.

총참모부의 급부상은 시민사회와 군의 전문화 및 특수화가 한층 강화되던 시대 분위기와 맞아 떨어졌다. 이러한 과정에서 자율적인 영역들이 생겨났는데 그중에 하나가 바로 군사 분야였다. 이 영역들은 상호 부조화 속에서 성장하면서 대립각을 형성하였고 끊임없이 확대되는 분업화 과정과 복잡성으로 인해 군부가 기존의 사회로부터 떨어져 나와 독립적인 조직이 되는 결과를 초래했다. 이로써 사회 내부에 군이라는 하부조직이 생겨났다. 과거의 통치권자 및 전쟁지휘자였던 귀족들의 사회적 지위가 서서히 박탈되면서 이러한 과정이 더욱더 촉진되었다.[56] 수많은 프로이센의 귀족들이 특별한 사회 도덕적 통념과 황제에 대한 충성심으로 다시 군에 '복귀'했고 군은 제국통일전쟁에서의 승리를 통해 제국 내의 피라미드 권력구조에서 최상부를 차지하게 되었다.[57] 동시에 군이 비록 통치기구는 아니지만 전쟁수행 및 억제를 위한 전문 지식을 보유한 집단이라는 인식은 오늘날까지 지속되고 있다. 해가 바뀌면서 총참모부는 이러한 전문 지식의 보루로서 입지를 구축했다. 영미권에서는 오늘날까지도 총참모부를 과도하게 감성적으로 평가하고 있으며[58] 또한 독일의 특별한 운명이 총참모부에서 시작되었다고 표현하기도 한다.[59] 독일 역사학자들도 총참모부의 작전적 지휘능력을 긍정적으로 부각시켰다.[60] 그 대표적인 예가 보편적으로 사용되던 '그것은 총참모부식으로 조직화되어 있다'[D] 같은 표현들이다. 총참모부가 프로이센-독일에서 이상적인 조직으로 기술되는 것도 그리 놀랄만한 일이 아니다.

몰트케가 총참모부의 지휘권을 넘겨받았을 당시에 그 조직은 전쟁부의 한 부서였고 총참모장은 전쟁부 장관의 조언자였을 뿐 국왕의 조언자가 아니었다. 1883년부터 비로소 총참모장이 직접상신권[E]을 부여받았으나 총참

D 원문에는 es war generalstabsmäßig. organisiert.로 기재되어 있으며 오늘날 독일 연방군에서도 '총참모부식으로'라는 표현을 쓰기도 한다. (역자 주)

E 군주 앞에서 직접 의견을 개진할 수 있는 권한

모부는 1918년 전쟁 종식까지 전쟁부와 공식적으로 동등한 지위를 누리지 못했다. 그러나 몰트케의 지휘 하에서 이 조직은 군사내각과 전쟁부를 포함한 중앙의 권력기관과의 끊임없는 경쟁구도 속에서 핵심 기구로 급부상했다. 게다가 총참모부는 동원과 전개, 작전 및 전쟁수행을 위한 장기적인 계획을 단독으로 수립할 수 있는 능력을 갖췄다. 뒤에서 다시 살펴보겠지만 이러한 과정에서 동원은 그 자체의 의미를 상실해버렸고 전개의 범주에서 작전적 계획상의 행위로 의미가 바뀌었다.

그러나 우리에게 특별히 중요한 의미를 갖는 주제는 바로 장군참모장교들의 교육훈련이다. 그들은 오랜 기간 평시 전술적, 작전적 수준의 지휘에 관한 체계적인 이론 및 실습 교육체계 속에서 양성되었다. 장군참모장교들은 전시에 지휘관을 보좌하여 평시에 갖춘 능력들을 발휘해야 했다. 몰트케는 장군참모현지실습을 주된 교육방법으로 채택했고 정착시켰다. 이 교육방법은 특정한 전쟁 시나리오에 관한 모의훈련으로 특히 장군참모장교들의 전술적, 작전적인 교육훈련이자 시공간에서 작전적 차원의 지식의 매개체 역할을 했다. 즉 소수의 군사엘리트들에게 동질의 교육훈련을 통해 동일한 전술관을 가지게 하려는 의도에서 만들어진 교육훈련이었다. 이는 지휘의 통일성을 보장하기 위한 선택이었다. 이와 더불어 전쟁사 연구도 함께 다루었는데, 몰트케는 이미 샤른호르스트 시대에 시작된 군사 작전들에 대한 평가를 실시하고 이를 실제로 적용하는 것을 목표로 강도 높게 시행했다.

전쟁사에 관한 접근법에 관심을 둔 이유는 교육훈련 차원에서 평시에 전쟁을 경험하지 못한 장교들이 성공적인 전쟁수행의 사례를 연구하도록 하는 것이었다. 동시에 장차전의 전쟁수행을 위해 전쟁사적 교훈을 도출하려는 의도도 있었다. 앞서 언급했지만 일부 연구가들이 말했듯이[61] 몰트케가 이러한 방법을 최초로 도입한 것은 아니었다. 이러한 발전 과정은 나폴레옹 해방전쟁의 시대로 거슬러 올라가 샤른호르스트에게서도 찾아볼 수 있다. 샤른호르스트도 이미 그 당시에 혁명전쟁의 몇몇 전역을 연구하도록 지시한 사례가 있었다.[62]

수많은 선배들처럼 몰트케도 스스로 전쟁사에 관해 풍부한 지식을 갖추고 있었고 장군참모장교 교육에 강도 높은 전쟁사 연구를 요구했다. 원래부터 전쟁대학에서 전쟁사는 작전적-전략적 사고의 교육을 위한 독립적인 과목이었다. 훗날 전쟁사는 실질적으로 적용할 수 있는 방법론 차원에서 전술과 전략강의를 위한 사례를 제공하는 중요한 기능도 가지게 되었다. 실제 전시에 적용하기 위해 베르디Verdy가 도입한 이러한 교육의 목표는 장군참모장교들에게 특정한 군사적 상황에서 모든 정황을 정확히 파악하고 자신만의 창의적인 해결책을 모색하는 능력을 갖추게 하는 것이었고 결국에는 장차전을 준비하기 위함이었다. 제국군 사관학교의 전술교관은 전쟁사교관을 겸임했고 오늘날 연방군에서도 장교양성과정에서 군사사(軍事史) 과목과 연계된 교육훈련을 위해 더 많은 전쟁사적 사례들이 요구되고 있다는 사실은 역사에 기반을 둔 교육방법론이 오랜 기간 지속되어 왔고 아직도 유효하다는 사실을 보여준다.[63]

몰트케의 계획수립과 전쟁에 관한 작전적 사고 : 쾨니히그래츠Königgrätz

몰트케의 작전적 사고에 관해 알아보기 위해 1866년 쾨니히그래츠 회전을 사례로 전쟁에서 작전계획의 실제적인 이행부터 작전지휘, 회전의 성공에 이르기까지의 과정을 간단하게 살펴보도록 하자. (지도 2 참조)

쾨니히그래츠는 19세기의 가장 큰 규모의 회전이자 동시에 유럽의 군사사에서 최후의 고전적이면서도 결정적인 회전이었다. 세부적인 전술적인 사항까지 살펴보지 않더라도, 전쟁 당시의 박진감과 역동성만으로도 몰트

| 지도 2 |

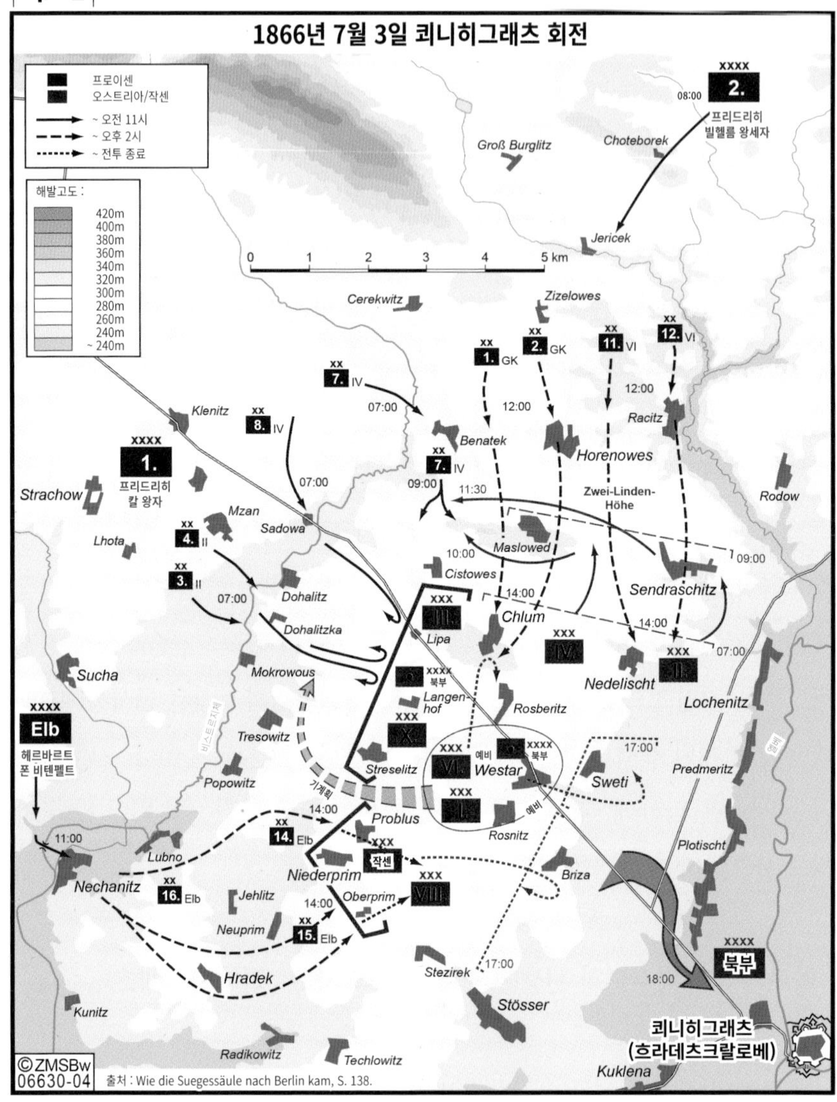

출처 : Wie die Suegessäule nach Berlin kam, S. 138.

케의 가장 중요한 작전적 사고를 충분히 유추할 수 있다.[64] 당시 프로이센의 승리는 군사 전문가들도 전혀 예상치 못한 결과였으며 전설적인 신화로 부각되었다. 이 승리의 비밀을 찾아보는 것은 우리가 다뤄야 할 주제에 관련해서도 매우 중요한 일이다. 몰트케는 프로이센의 지리적 상황, 즉 얕은 방어종심과 적대세력인 작센, 보헤미아와 맞닿은 450㎞의 반원형 국경을 고려할 때 수세적인 전쟁수행은 불가하다고 판단했다. 볼록한 형태의 국경선에서 오스트리아와 작센은 내선에서의 방어의 이점을 활용할 수 있었고 반대로 이러한 국경선은 프로이센에게 외선에서 집중적인 공세를 취할 가능성을 열어 주었다. 당시의 전쟁이론에 따르면 작센과 오스트리아는 확실한 이점을 안고 있었다. 하지만 이탈리아의 선전포고로 인해 오스트리아는 일부 전력만을 프로이센 방면에 전개시켰다. 반면 몰트케는 도나우 왕조의 동맹국들과의 소규모 전쟁도 함께 치러야 했음에도 불구하고 프로이센 육군의 주력을 주적인 오스트리아 방면으로 집결시켰다.

시간의 압박과 고도의 위험 속에서 몰트케는 전투력을 집중시켜, 즉 중점을 형성하여 신속한 승리를 쟁취해야만 했다. 정치적인 문제뿐만 아니라 군사적인 이유 때문이었다. 몰트케는 3개의 야전군, 즉 엘베Elbe군, 제1군과 제2군으로 나누어 보헤미아로 진군하기로 결심했다. 그러나 수많은 프로이센 고위급 장군들은 이 계획에 반대했다. 그럼에도 불구하고 몰트케는 이 계획을 밀어붙였다. 오스트리아에 비해 병력동원 단계에서 더 많은 시간을 소비한 탓에, 시간적 여유를 획득하고 주도권을 장악하기 위해 동원과 전개, 작전개시를 한 번에 실시하여 전개가 완료되는 즉시 공세에 돌입하기로 결심했다. 오스트리아군을 정면과 측방에서 동시에 공격하도록 회전 장소에서 사전에 계획된 프로이센군의 집중을 달성하기 위해서는 쾨니히그래츠 인근 기츠신Gitschin에서 정확한 시점에 집중적으로 전개할 필요가 있었고 그러기 위해 정확한 협조가 요구되었다. 부대들이 보헤미아 지역으로 진군해 들어간 시점에 군수와 전신 통신망에서 문제점들이 발생하기 시작했다. 그러나 몰트케는 직접 지휘를 통해 조기에 프로이센군이 결집하지 않도록 조치를 취했고 오스트리아군과 작센 동맹군은 분산해서 전진하는 프로이센군을 각개격파하는 데 실패했다. 그 순간, 1866년 7월 3일 쾨니히그래츠 북부에서 최초 회전이 벌어졌다.

이 회전은 프로이센군 제1군의 공격으로 시작되었고 이날 오후 오스트리아군과 작센군이 쾨니히그래츠로 퇴각함으로써 종결되었다. 일부 마찰요소에도 불구하고 몰트케는 적시에 모든 부대를 회전이 벌어진 장소에 집중시켰다. 엘베군의 지원을 받은 제1군이 정면공격으로 적을 고착하고 제2군이 오스트리아군 우측방으로 종심깊게 공격하는 데 성공했다. 그러나 오스트리아 동맹군의 좌익을 포위하고자 했던 엘베군의 시도가 실패함으로써 계획된 양익포위를 실현하지 못했고 따라서 오스트리아와 작센의 동맹군을 섬멸하지 못했다. 하지만 7월 3일 저녁 무렵의 전투에서 오스트리아군이 패배를 자인함으로써 결정적 회전은 종결되었고 사실상 전쟁은 종지부를 찍었다. 전술적인 세부사항까지 기술하지 않겠지만 프로이센군의 후미장전식 소총은 전술적인 면에서 전투경과에 확실히 큰 영향을 미쳤고 또한 오스트리아군의 우익이 임의판단으로 진지를 이탈함으로써 제2군의 공격은 뜻밖에 매우 유리한 상황에서 실시할 수 있었다. 특히 주목할 점은 이로써 작전실시 이전에 격렬한 비난을 받았던 몰트케의 판단이 적중했다는 사실이다.

프리드리히 엥겔스Friedrich Engels는 전쟁 전에 몰트케가 '중위 진급시험'에서 떨어질 것이라고 냉소했으나 실제로는 대성공을 거두었다.[65, F] 몰트케는 예상치 못한 승리를 달성하여 적을 놀라게 했다. 이 승리야말로 몰트케가 지향했던 작전적 사고의 강점으로 이룩한 결과물이었다. 그는 전개, 군수, 통신소통의 문제와 명령하달의 마찰에도 불구하고 작전적으로 가장 효과적인 방책을 구사하여, 순차적 단계에 따라 시공간에서 3개의 야전군을 신속히 집중시키는데 성공했다. 이러한 작전의 경과 중 많은 부분에서 현대적인 전쟁양상과는 거리가 먼 듯했다. 오히려 군수와 같은 분야에서는 나

F 중위 진급시험에서 떨어진다는 표현은 전쟁에서 패한다는 뜻을 비꼰 표현이다.

폴레옹의 시대와 별반 다르지 않았다. 그러나 대규모 육군을 분산해서 신속히 기동시키고 정면 고착과 동시에 측방공격을 통해 방자의 증가된 화력효과를 무력화시킬 수 있었던 사고의 실행능력과 상황에 상응하는 작전수행 능력도 증명했다. 몰트케가 얼마나 자신의 작전계획을 탄력적으로 실행에 옮겼는지는 1870년 스당의 전투사례로 입증할 수 있다. 당시 그는 교리에 따라 전투력을 '집중'하지 않았다. 개전 시작부터 국경근처에서 회전을 예상했기 때문에 집중된 상태에서 전개시켰다. 그리고 전개 이후 기동하는 동안에는 분산시켰다가 스당 회전에서 최종적으로 전투력을 다시금 집중시켰던 것이다.

작전적 사고의 한계: 국민전쟁

스당 회전(지도 3 참조)은 19세기 독일의 작전적 사고를 신화로 만든 역사적인 순간이었다. 제정시대의 독일 정부는 매년 9월 2일 스당의 승리를 경축하여 대대적인 행사를 하고 기념비를 세우기도 했다. 스당의 승리는 몰트케의 작전적 지도력이 발휘된 결과물이었다.[66] 그러나 사실상 독일제국은 잃어버린 승리를 자축했을 뿐이다. 스당의 대대적인 승리는 그토록 갈망했던 결정적 회전의 승리도 아니고 쾨니히그래츠 전투처럼 전쟁을 종결시킨 승리도 아니었다. 오히려 이 전쟁은 발터Walter가 언급한 대로 '국가적 자각, 시민적 참여 및 국민개병제와 결합된'[67] 수 개월 간의 국민전쟁으로 변해버렸다. 프랑스인들이 스당의 패배를 종래의 결정적 회전으로 받아들이지 않았기 때문이다. 여기서 독일-프랑스의 국민전쟁을 의용군과의 전쟁으로 인식해서는 안 된다. 특히 독일 측의 입장에서는 비록 급조된 군대라 해도 프랑스 공화국 정규군과의 전쟁이었던 것이다. 따라서 작전적 사고의 측면에서 독일-프랑스 전쟁의 두 번째 단계를 오로지 국민전쟁의 관점으로만 이해하는 것은 적절하지 않다. 실제로 독일군은 작전수행 간에 직면한 소규모 독립작전, 공성전, 병참선 방호를 위한 전투, 소모전과 항상 흩어졌다가 재편성되는 적에 대한 제한적 추격작전 등에서 큰 문제점을 드러냈다. 일련의 모든 양상들은 나폴레옹 이전 시대의 전쟁양상과 동일했으며, 독일군은 이런 과거의 문제들을 작전적 수준의 전쟁 수행으로 이미 극복했다고 믿고 있었다. 적군은 수적인 열세 속에서도 부대별로 개별적인 습격을 감행했지만 서서히 독일군이 주도권과 행동의 자유를 확보했고 마침내 내선상에서 모든 적군을 각개격파하는 데 성공했다. 결국 모든 독일인들은 1870-71년의 전쟁에서 이러한 전투와 스당의 승리만 기억하게 되었고 프랑스 의용군과의 전투는 잊혀졌다.

마침내 스당 회전도 열세에서 달성한 승전들과 마찬가지로 일종의 신화로 자리매김했다. 그 결과 수많은 군인들은 대규모 동원, 국민전쟁과 수많은 회전들 때문에 아무리 최대 규모의 작전적 승리를 달성한다고 해도 전쟁을 종결시킬 수는 없다는 사실을 깨닫지 못했다.[68] 전쟁을 치르는 쌍방이 자원을 투입하여 지속적으로 새로운 부대를 창설하는 한, 조기 결전의 성격을 가진 회전들은 줄어들 뿐이며 결국에는 전략적 효과로 이어지지 않는 조잡한 전투들만이 존재하게 된다. 따라서 작전적 사고의 한계가 나타나기 시작했다. 그렇다고 해서 개별적인 회전 승리들이, 이를테면 1914년 탄넨베르크에서 독일의 승리나 1941년 모스크바 전방에서 소련군의 승리 같은 승전들이 전략적인 효과를 내포하지 않는 것은 아니다. 왜냐하면 이것들이 승자에게는 필승을 위한 인내력과 자기확신을 강화시켜주며 중립국들에게 엄청난 충격을 주기 때문이다.

과도한 국수주의 성향의 위정자들은 작전적 사고에 기대를 걸지 않았고 결정적인 회전의 효과를 평가절하했다. 하지만 수많은 독일 군인들은 이러한 현실을 의식적으로 떨쳐 버리려 했으며, 끝까지 수용하지 않았다. 그들

지도 3

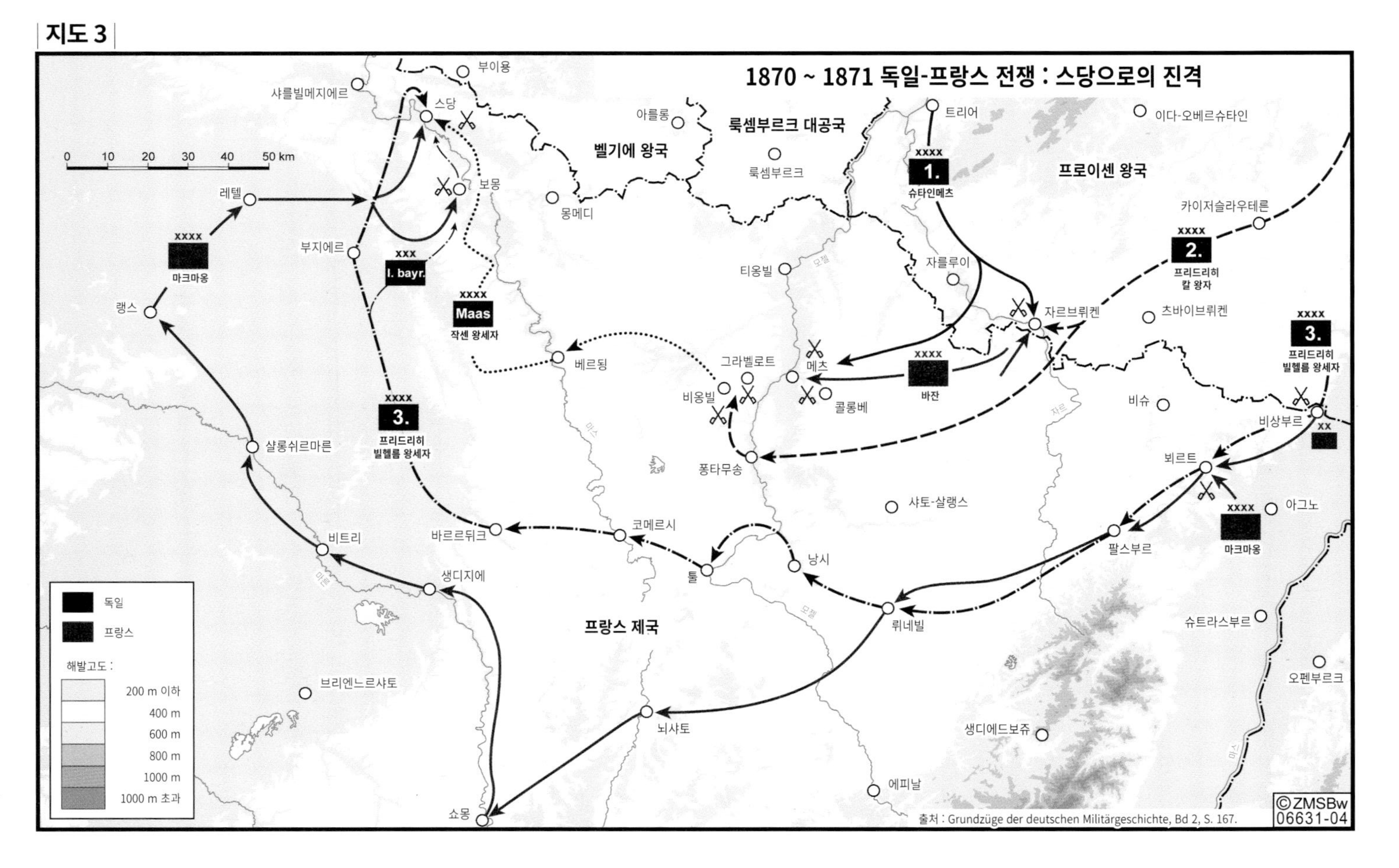
1870 ~ 1871 독일-프랑스 전쟁 : 스당으로의 진격
룩셈부르크 대공국
벨기에 왕국
프로이센 왕국
프랑스 제국
부이용
샤를빌메지에르
스당
아를롱
룩셈부르크
트리어
이다-오베르슈타인
보몽
몽메디
레텔
부지에르
카이저슬라우테른
XXXX
1.
슈타인메츠
XXXX
2.
프리드리히 칼 왕자
XXX
I. bayr.
XXXX
Maas
작센 왕세자
XXXX
마크마옹
랭스
티옹빌
자를루이
자르브뤼켄
츠바이브뤼켄
XXXX
3.
프리드리히 빌헬름 왕세자
베르됭
그라벨로트
메츠
비옹빌
콜롱베
XXXX
바잔
비슈
비상부르
XX
XXXX
3.
프리드리히 빌헬름 왕세자
샬롱쉬르마른
퐁타무송
뵈르트
샤토-살랭스
아그노
XXXX
마크마옹
비트리
바르르뒤크
코메르시
낭시
팔스부르
생디지에
툴
뤼네빌
슈트라스부르
브리엔느르샤토
오펜부르크
뇌샤토
생디에드보쥬
에피날
쇼몽
모젤
자르
마스
마른
라인
독일
프랑스
해발고도 :
200 m 이하
400 m
600 m
800 m
1000 m
1000 m 초과
0
10
20
30
40
50 km
출처 : Grundzüge der deutschen Militärgeschichte, Bd 2, S. 167.
©ZMSBw
06631-04

은 소모전과 게릴라전이 결합된 국민전쟁이 엄청난 난제라 해도 작전적 지휘를 통해 해결할 수 있다고 믿었다. 독일-프랑스 전쟁의 두 번째 단계인 국민전쟁의 기간과 강도에 대한 민감한 문제들은 스당에서의 승리와 제국의 통일로 인해 잊혔다. 몰트케는 전쟁에 관한 공식적인 기록물들을 발간하면서 군의 명예를 훼손하지 않기 위해 노력했다. 총참모장은 이미 전쟁 이전부터 애국심이 강한 프랑스인들이 위대한 독일의 승리를 받아들이지 않는 상황에 대해 우려했었고,[69] 예상이 적중하자 소스라치게 놀랐다. 훗날 몰트케는 독일-프랑스 전쟁사 제3쇄의 서문에 변화된 전쟁수행의 특성에 대해 상세히 논했다.

"왕실의 목적을 위해 일개 도시, 일정한 지대를 점령하기 위해, 직업 군인으로 구성된 소규모의 군대를 전장으로 내보내고 동계 진형을 구축하고 평화조약을 체결하는 시대는 이미 지났다. 현대 전쟁에서는 전 국민들이 무기를 들고 나서며 그들의 가족들은 이에 대해 고통을 느끼지 않을 것이다. 국가의 모든 자산이 투입되며 해가 바뀌어도 전투가 끊임없이 계속될 것이다." [70]

1850, 60년대의 전쟁들은 국가가 통제할 수 있는 군주의 전쟁이었고 시공간적으로 제한된 회전들을 통해 승부가 결정되었다. 반면 이전과 같이 군주의 전쟁으로 개시된 독일-프랑스 전쟁은 두 번째 단계에서 침략 군대와 국민 대다수의 지지를 받는 공화정이 즉흥적으로 조직한, 징집자들로 구성된 군대 간의 국민전쟁으로 발전했다. 몰트케는 폭력의 통제가 가능한 군주의 전쟁을 선호했지만, 현실은 그 통제범위를 초월하여 결코 통제될 수 없는 국민전쟁의 양상으로 변화하고 있었다.

예방전쟁

독일제국의 적국들이 대동맹을 결성하는 등 지속적으로 독일제국에게 불리한 정세가 유지되자 몰트케와 후임자들은 1914년 전쟁 발발까지 수십 년에 걸쳐 지속적으로 정부에 예방전쟁을 요구했다. 총참모장들은 이에 정당성을 부여하기 위한 사례를 프리드리히 대왕에서 찾아냈다. 그는 1756년 작센에 대한 선제공격으로 7년 전쟁을 일으켰는데 이는 적대국들이었던 프랑스, 오스트리아, 러시아의 기선을 제압하기 위해서였다. 비스마르크도 예방전쟁에 관해 긍정적으로 생각했다. 정치적 측면에서는 충분히 타당한 대안이었고, 때로 프랑스를 위협하기 위해 그러한 논리를 내세우기도 했다. 비스마르크도 역시 프리드리히 대제의 사례를 들어 자신의 의견을 피력했는데 1871년 11월 4일, 제국의회에서 '국가방위를 위한 공세적인 전쟁'이라는 제목으로 다음과 같이 연설했다.

> *"선제공격을 통한 방위는 매우 빈번했고 대부분의 경우 가장 효과적이었다. 또한 프리드리히 대제의 예에서도 알 수 있듯이 유럽의 정중앙에 위치해서 3, 4개 나라들과 국경을 맞대고 있는 독일, 그들로부터 공격당할 수 있는 독일(국가)에 있어서 이는 더욱더 유용한 것이다."* [71]

이어서 몰트케는, 예방전쟁을 위한 결정은 전략적이며 따라서 정치적인 결정이어야 한다고 강력하게 주장했다. 또한 비스마르크는 '정말로 전쟁을 피할 수 없다면, 정부가 국가와 민족을 위해 희생과 위험을 최소화할 수 있는 정확한 시점을 결정해야 한다'[72]며 정치의 의무를 강조했다. 몰트케와 발더제는 1875년, 1887년과 1890년 사이에 수차례에 걸쳐 위협적인 양면전쟁을 회피하기 위한 예방전쟁을 요구했다.[73] 하지만 비스마르크는 제국의 존망이 위협받는 상황으로 인식하지 않았기 때문에 몰트케와 발더제의 군사적인 논리를 철저히 거부했다. 슐리펜도 대프랑스 예방전쟁을 원했는지는 오늘날까지 알려진 바 없다. 슐리펜은 재임 기간 중 시종일관 각종 정부의 요구사항들에 소극적인 반응을 보였지만 정치 지도부가 원한다면 예방전쟁을 치를 준비를 했다는 사실만은 확실하다. 그러나 강력하게 예방전쟁을 요구하지는 않았다.[74] 소몰트케는 슐리펜과는 달리 수차례 빌헬름 2세와 외교부에 연합국에 대한 예방전쟁을 주장했다.[75] 매년 총참모부는 독일제국의 전략적 딜레마를 해결하기 위해 예방적인 차원에서 전쟁수행을 요구했지만 제국 정부는 총참모부의 요구를 기각했다.

예방전쟁을 국제법적으로 어찌 평가해야 하는가를 차치(且置)하더라도[76] 공격이 최선의 방어인가에 관한 질문은 군사사(軍事史)에서 끊임없이 제기되어 왔다. 펠로폰네소스 전쟁사에서는 스파르타Sparta에서 세력을 확장하고 있던 아테네Athen를 예방전쟁으로 제압해야 한다고 논의했던 기록이 있다. 프리드리히 대제도 항상 '선제공격에 당하기Präveniri보다 선제공격을 감행해야 한다Prävenire'고 말했다. 하지만 세계사에서 프로이센-독일만이 선제공격을 선호한 것은 아니었다. 17, 18세기에 프랑스도 서부국경에서, 1807년 영국도 코펜하겐Kopenhagen의 덴마크 함대에 대한 습격으로 예방전쟁을 일으켰다. 아군의 선제공격으로 임박한 적의 침략을 저지하고자 했던 정치지도부의 의지가 항상 개전에 결정적인 역할을 했다.예방전쟁은 작전적 차원에서는 공세적이라고 할 수 있으나 동시에 전략적 차원에서는 수세적인 행위였다. 그 자체로 자국의 방위에 기여한다 해도 어쨌든 공격전쟁이었다. 1941년 독일은 예방전쟁의 명분으로 대소련 침공의 정당성을 주장했지만 이러한 정복전쟁과 예방전쟁은 분명히 다르다. 우리는 예방전쟁이 수세적이 아닌 공세적으로 실시되어야 한다는 사실을 간과하고 있으며 또한 예방전쟁을 실시하기 위해서는 특정한 작전적 사고가 반드시 필요한 것도 아니다.

결국 독일처럼 공세적인 기동전 수행을 강조하는 작전적 사고는 필연적으로 예방전쟁이나 침략전쟁으로 이어진다는 논리는 옳지 못하다. 그러나 위정자는 결국 예방전쟁을 최선의 대안으로 고려했다. 그러한 조건을 제공한 것이 바로 독일군의 작전적 사고였음은 부정할 수 없다. 이는 또한 19, 20세기 초의 모든 유럽의 군에 해당하는 현실이었다.

1871~1888년의 전쟁계획

통일된 독일제국은 유럽의 심장부에서 새로운 패권국가로 급부상했다. 오스트리아, 러시아와 프랑스뿐만 아니라 스위스, 네덜란드, 벨기에, 룩셈부르크, 덴마크와도 국경을 맞대고 있었다. 군부와 위정자들은 이러한 지리적 위치 때문에 항상 다면 또는 양면전쟁의 위험에 대해 우려했다. 총참모부에게도 이러한 위협은 새로운 문제가 아니었다. 이미 프로이센은 건국 이래로 잠재적인 다면 위협 속에서 버텨왔기 때문이다. 총참모부는 아직도 프리드리히 2세 당시의 위기를 생생하게 기억하고 있었으며 수년 동안 강도의 차이는 있었지만 이러한 위협을 지속적으로 인식하고 있었다. 프리드리히 2세는 7년 전쟁에서 오스트리아, 러시아와 프랑스를 상대로 동분서주했으며 모든 회전에서 승리했지만 국가 존폐의 위기에서 '브란덴부르크 왕가의 기적'Mirakel des Hauses Brandenburg[G] 덕분에 프로이센의 생존을 보장할 수 있었다. 따라서 총참모부는 정치지도부가 동맹을 통해 적어도 다면전쟁만은 회피할 수 있도록 해주기를 기대했다.

몰트케는 육군의 규모가 백만 대군으로 확대되고 당시 만연해 있던 민

G 1762년 러시아의 반프로이센 성향의 엘리자베타 여제가 사망하고 친프로이센 성향의 표트르 3세가 황제로 즉위하여 러시아군을 전쟁에서 이탈시키고 스웨덴과 프로이센의 정전을 중개하였다. 이러한 상황의 급변을 브란덴부르크 왕가의 기적이라 일컫는다.

족주의로 국민전쟁의 가능성이 높아지면서 독일의 군사적 입장이 불리해졌다고 판단했다. 1879년 10월 10일, 2국 동맹[H]을 위한 협상이 끝나갈 무렵 몰트케는 황제에게 이점에 대해 정확히 언급했다. 프랑스가 물적, 인적 군비를 증가시킨다고 해도 프랑스 단독으로는 큰 위협이 되지 못하겠지만 프랑스가 독일제국과 국경을 맞댄 다른 강대국과 동맹을 맺어 독일을 공격한다면 이는 독일에 심각한 위협이 될 수 있다고 경고했다.[77] 몰트케는 독일-프랑스 전쟁이 종료된 직후 프랑스와 러시아, 두 패권국가들과의 양면전쟁이 발생할 경우에 대해 황제에게 간언했고 이 내용을 다음과 같이 자신의 비망록에 기록했다.

> *'러시아와 프랑스를 상대로 동시에 전쟁을 치러야 할 상황이 발생한다면 이것이야말로 신생 독일제국의 존망을 결정지을 만한 가장 위험한 상황이다. […]'* [78]

몰트케는 취임 직후 이미 프랑스와 오스트리아[I] 또는 프랑스와 러시아[J]를 상대로 한 양면전쟁의 계획 수립을 추진했다. 1859년에 '가능한 최소의 전력으로 한쪽에서 전선을 형성하고, 주력, 즉 가능한 최대의 전투력을 다른 한쪽에 투입하여 전쟁을 수행, 종결한다. 그 후 전력을 반대로 이동시켜 상실된 영토를 수복한다'[79]는 기본논리로 러시아와 프랑스에 대한 양면전쟁을 위한 전개계획을 처음으로 완성했다. 이러한 계획에 기초를 둔 작전적 의도, 즉 내선에서 한편에서는 수세를, 다른 한편에서는 공세를 취한다

H 독일-오스트리아 동맹
I 총참모부는 오스트리아와 프랑스에 대한 양면전쟁에 관해 1877년 1월, 1878년 12월, 1879년 1월에 다양한 전개계획을 수립했다. (저자 주)
J 총참모부는 러시아와 프랑스와의 양면전쟁에 관해 1871년 4월, 1877년 2월, 1879년 4월, 1880년 1월, 1888년 2월에 다수의 계획을 수립했다. (저자 주)

는 전쟁수행의 기본 방침은 총참모부의 러시아와 프랑스를 상대로 한 모든 전쟁계획에서, 다소 변경된 부분도 있었지만 1914년까지, 그리고 그 후로도 오랫동안 유효했다. 또한 러시아의 동원이 더딜 것이라는 점을 감안할 때 집중적인 공세로 바르샤바Warschau 전방에서 러시아 정규군을 격멸할 수 있다는 확신은 차후 계획에서도 지속적으로 반영되었다.

11년 후(1870년) 몰트케는 프랑스, 러시아를 상대로 한 양면전쟁을 위한 새로운 계획안을 내놓았다. 서부와 동부에서 동시에 공격을 감행한다는 계획이었다. 독일 육군[K]을 거의 전투력이 대등한 두 개의 대부대로 분할하여 각각 투입하는 계획이었다. 그러나 국민전쟁의 충격적인 실상을 경험했던 몰트케는 프랑스 정규군을 상대로 하는 전쟁에서는 속전속결이 가능할지라도 전쟁을 조기에 종결시킬 수는 없다는 생각을 가지게 되었다.[80] 1877년, 몰트케는 처음으로 오스트리아와 프랑스를 상대로 한 전쟁을 대비하여 대프랑스 전선에서 방어형태의 전쟁을 고려했다. 그러나 같은 해 프랑스와 러시아에 대한 양면전쟁계획에서는 우선적으로 프랑스에 대한 신속한 공세를 채택했다. 이는 러시아의 동원 속도는 느린 반면 프랑스는 조기에 전쟁준비를 갖출 것이라는 가정 때문이었다. 이에 몰트케는 서부에 52만 명의 병력을, 동부에는 단 8만 명의 병력을 투입하는 계획을 내놓았다. 하지만 전쟁 개시 3주 안에 신속한 회전을 치른다 해도, 그리고 주도권 확보를 위해 프랑스에 즉각적인(동원 5일 차에) 선전포고를 한다 해도 단 한 번의 성공적인 '결정적 회전' 이후에도 군사적인 압박으로 프랑스를 굴복시킬 수는 없다고 믿었다. 그는 다음과 같이 말했다.

"우리가 가장 완벽한 승리를 거둔다고 해도 지난 전역에서 보았듯

K 독일 육군이라 함은 제국시대의 독일지역 내의 공국들의 군대까지 포함하는 의미이다. (저자 주)

프랑스와의 전쟁을 신속히 종결짓기는 어려울 것이다." [81]

이로써 몰트케는 1859년에 발전시켰으나 1871년에 이미 그 한계에 봉착한 구상, 즉, 우선 하나의 적을 제거한 후 다른 한쪽의 적을 섬멸한다는 계획을 포기했다. 결국 그로 인해, 그리고 차후에 수립한 하나의 양면전쟁계획에 따라 장차 벌어질 프랑스, 러시아와의 양면전쟁에서는 오스트리아-헝가리 제국의 지원을 받아 공세적인 방어전투를 실행하기로 결정했다. 독일군은 공간적으로 내선의 이점을 충분히 살려서 중부유럽의 드넓은 전역에서 잘 발달된 철도를 이용해 서에서 동으로, 그리고 다음에는 반대로 지속적으로 중점을 옮겨야 했다. 그는 적국의 전력을 소모시키는 과업은 군이, 그 후 강화를 이끌어 내는 과업은 정부가 맡아야 한다고 생각했다.

1879년 몰트케는 최종적으로 자신의 기존 작전 의도를 수정했다. 시간이 흐름에 따라 눈에 띄게 더 신속해진 러시아의 동원력과 폴란드 지역에 추진, 배치된 러시아 정규군의 집중, 그리고 확충된 프랑스 요새시설 등을 고려하여 서부에서는 방어를, 동부에서는 공격작전을 실시하기로 결심했다. 이렇게 작전적 형태가 변경된 근본적인 원인은 첫째, 상대적으로 길게 신장된 동부국경은 수세적인 방어보다 공세적으로 지키는 것이 더 유리하며 둘째, 서부에서는 프랑스군이 요새지역을 증강함으로써 신속한 결정적 회전이 불가능해졌다는 것 등이었다. 결국 육군의 3/4은 동부에, 단지 1/4만이 프랑스 지역에 전개되었다. 서부지역에서는 메츠-디덴호펜Metz-Diedenhofen[L]과 슈트라스부르크Straßburg(현재 프랑스의 스트라스부르Strasbourg)일대의 독일 요새들을 이용해 방어를 수행하다 최악의 경우 라인강Rhein 선에서 프랑스군의 공세를 기동방어로 저지해야 했다. 한편 폴란드 지역의 러시아군을

L 현재 프랑스의 티옹빌Thionville

상대로 성공적인 섬멸전을 치른 후에는 러시아 본토로 진격하기보다 전력을 서부로 이동시켜 공세로 전환한다는 계획이었다. 몰트케는 러시아 본토의 종심과 그와 결부된 러시아의 작전적 잠재능력 때문에 본토의 러시아군 제압은 철저히 배제했다.

오스트리아-헝가리 제국과의 동맹 이후에도 몰트케는 근본적으로 자신의 작전계획들을 변경하지 않았다. 그러나 2국 동맹으로 동부에서 전투력을 절약하고 서부에 전투력을 증강시킬 수 있었다. 1880년에는 동부 국경에 36만 명, 서부 국경에 33만 명을 전개해서 프로이센과 갈리치아(독일명 갈리치엔Galizien)에서 동시에 폴란드에 주둔 중인 러시아군을 향해 집중적인 공세를 감행하는 것도 가능했다. 서부전선에 부대가 새로이 증편된 후에도 수적인 열세는 여전했지만, 프랑스와 결정적 회전을 시도할 가능성도 소생했다. 같은 시기 몰트케는 훗날 자신의 후임이자 당시 참모차장이었던 발더제의 도움을 받아 서부에서 전략적 공세와 전술적 방어를 결합한 자신의 기본적인 사상을 실행에 옮길 수 있는 절호의 기회라고 생각했다.[82] 그러나 대원수의 구상은 총참모부에서 다수의 지지를 받지 못했다. 발더제는 몰트케를 지지하는 입장이었지만 이 문제에 있어서는 장군참모장교들과 같이 시종일관 공세적인 작전수행을 주장했기 때문이다. 그러한 반대 속에서도 1888년 발더제와 공동으로 입안한, 몰트케의 최종적인 작전계획에는 동부에서는 공세, 서부에서는 방어라는 근본원칙이 관철되었다. 서부에 또 한 차례의 증원이 이뤄지면서 육군의 2/3가 투입되자 다시금 서부에서 대규모 결정적 회전이 가능해졌고 여기에서 승리할 가능성도 있었다. 그러나 몰트케의 사고방식, 즉 두 전선 중 하나에서 아무리 성공적인 결정적인 회전을 달성한다고 해도 그 즉시 전쟁을 종결시킬 수 없다는 생각은 1888년 총참모장으로서의 임기를 마치는 순간까지 결코 변하지 않았다.

소결론

몰트케는 독일군의 역사에서 작전적 사고의 창시자로 기록되지는 않았지만 그 시대의 새로운 과학기술 혁신, 즉 철도, 전신, 여기저기 산재했던 사고들을 통합하여 작전적 사고의 기틀을 마련한 중추적인 인물이었다. 여기에 보병화기와 포병화기의 기술적 진보에 따라 화력이 증강되고 육군이 거대화되는 상황에서 전술적 변혁을 도모했던 위대한 장군이었다.

일반적으로 작전적 사고는 전술적 변혁에 대한 반작용으로 출현했다고 하지만 전술로부터 도출, 발전되었다고 볼 수도 있다. 포위, 측방공격 등과 같은 전술적 방식들이 대규모 육군의 체제에서 계승, 유지되었으며 추가적인 여타의 요소들과 결합하여 '작전적'이라는 용어로 승화되었다. 개념적으로 몰트케의 시대에 작전과 전술을 분리하는 일은 사실상 불가능했고 동시대의 사람들은 그럴 필요성을 느끼지 못했을 것이다. 이는 당시 개념의 혼란이 존재했으며 동시에 새로운 현상을 논리적으로 이해시키는 일이 지극히 어렵다는 실상을 보여준다. 변화 중에 있는 이러한 문제들을 정확히 규정하고 구조화하는 일이 당시로서는 거의 불가능했다.

몰트케는 결정적 회전과 작전을 구별했다. 군을 독립적으로 행동할 수 있는 총참모부 지휘 하의 야전군으로 분할, 편성함으로써 고속으로 기동하는 그 자체를 작전으로 인식했다. 분산해서 전진하는 야전군은 작전목표를 달성하기 위해, 즉 클라우제비츠의 관점에서 '적군을 섬멸, 격멸하거나 격파'하기 위해 회전 장소에 집결해야 했다. 당시 대규모 육군 체제에서 화력 효과의 증가로 방자가 공자보다 유리하다는 시각이 지배적이었는데, 몰트케는 공자로서 방자의 화력을 회피하기 위한 가능성을 '기동'에서 찾아냈다. 기동은 신속하고 기습적으로 실시되어야 했다. 몰트케에게 있어 작전적 수준의 전쟁수행은 작전적 사고와 마찬가지로 틀에 박힌 교리화 된

구조물이 아니라 기동에 기반해 상황에 부합하는 속전속결을 이행하기 위한 임기응변적 행위였다. 본질적인 부분에서 몰트케의 작전적 개념은 결국 기술적 혁신에 부합된 나폴레옹식 개념이었다. 그가 도입한 지휘의 분권화도 당시 사회의 생활상을 반영했다. 이러한 성향도 독일에서의 작전적 사고 발전에 지대한 영향을 미쳤다. 이를테면 이로 인해 군부는 매번 신속한 작전적-전략적인 계획 수립과 시행을 고려했으며, 이로 인해 위정자들은 항상 더 빠른 결심을 강요받았고 급기야 올바르지 못한 결심으로 국가의 존망을 좌우하는 오판을 범하기도 했다.

몰트케는 작전을 여전히 전술과 전략 사이의 독립적인 범주로 생각하지 않았고, 전략의 하위에 두고 두 개념(전략과 전술)만을 다루었다. 반면 총참모부는 작전개념Operationsbegriff이라는 용어만큼은 받아들였고 후계자인 슐리펜에 이르러서야 총참모부의 계획 수립 간에 정식으로 사용되었다.

1871년의 국민전쟁은 속전속결을 지향하는 작전적 수준의 전쟁수행의 한계를 보여주었다. 투철한 애국심으로 동원된 국민이 전쟁의 행위자였던 국민전쟁이 작전적 조치로 이행되었던 결정적 회전의 효과를 무용지물로 만들어 버렸기 때문이다. 이 상황은 이미 수백 년 전부터 존재했던 비대칭적인 소규모 분쟁의 증대를 초래했다. 당시에도 오늘날처럼 정규군은 이러한 소규모 전쟁으로 인해 최악의 상황에 봉착했으며 비정규군과의 끝없는 장기전에 시달려야 했다. 따라서 국민전쟁은 아무리 탁월한 작전적 수준의 전쟁수행도 속전속결을 보장할 수 없음을 분명히 보여주었다.

총참모부는 이러한 진실을 시종일관 의도적으로 무시하려고 했다. 선별적인 분석과 학습과정에서 단순히 수적인 열세 하에서 최종적인 승리를 달성할 수 있는 작전에만 집중했다. 총참모부는 항상 작전적-전략적 측면에서만 군사적인 문제를 다루고 전략적-정치적인 측면에서는 고려하지 않았다. 총참모부는 몰트케의 총참모장 재임 기간 중 중앙의 작전적 계획수립 및 지도 기관으로 성장했지만 전략적-정치적인 측면을 연구할 만한 능력은 없었다. 왜냐하면 몰트케의 지도 아래에서 독일의 군사 조직에서 핵심적인 지위를 차지했지만 전략적인-혹은 정치적인. 전쟁을 수행하기 위해 중요한 능력인 인적, 물적 자원 획득, 경제적 그리고 재정적인 전쟁 준비 부문의 권한은 전혀 없었기 때문이다. 이런 부분은 군사내각이나 전쟁부가 관할하는 분야였다.

몇몇 연구가들은 총참모부가 군사적 차원에서 인적, 물적 자원에 관한 전능의 권한을 가지고 있었다고 주장하고 있다. 그러나 그러한 주장은 사실이 아니다. 총참모부는 평시 단순히 계획수립에 관한 최상위 기관이었으며 전시에는 작전적 수준의 전쟁을 지휘하는 중추 기관이었다. 결국 총참모부는 오로지 평시에 작전적 계획수립에 전념했다. 이는 오로지 전쟁만을 상정하고, 전쟁에서 마찰을 제거하기 위해 군사적인 대비계획만을 구상하는데 치중하는 결과를 초래했다. 특히 몰트케의 작전계획들에서 알 수 있듯, 총참모부는 독일-프랑스 전쟁 경험과 러시아의 군사력 증강에도 불구하고 지정학적인 위치 때문에 양면전쟁은 피할 수 없으며 오로지 작전적 기동전으로 승리해야 한다고 인식했다. 장차 벌어질 수도 있는 잠재적인 위협, 즉 국민전쟁의 양상을 끝내 무시하고 말았다. 그들이 배제하지 않은 한 가지 가능성은 바로 소모전쟁이었다. 하지만 총참모부에서는 그러한 소모전쟁은 위정자들이 해결해야 한다고 생각했다.

5
양면전쟁, 다모클레스의 칼

"작전은 기동이다."

—

알프레드 그라프 폰 슐리펜

Alfred Graf von Schlieffen

1833-1913

지정학적 위치

'우익을 강화하라!'

슐리펜의 후예들은 슐리펜이 임종 직전에 이 말을 유언으로 남겼다고 한다. 이 일화의 사실 여부는 그리 중요하지 않다. 다만 이런 일화는 슐리펜의 운명을 잘 대변하고 있다. 그의 업적들은 후세들로부터 승리의 해법으로 칭송받거나 혹은 프로이센-독일 군국주의의 최고 정점으로 비난받아왔다. 1950년대 게르하르트 리터Gerhard Ritter의 주장[1] 이후 많은 이들은 이 주장에 동조하여 독일제국이 슐리펜 계획을 작전적-전략적 계획으로 채택하여 1914년 제1차 세계대전을 일으켰다고 기술하고 있다. 슐리펜 계획에 따라서 벨기에와 룩셈부르크의 중립을 훼손했고 영국이 연합국의 편에서 전쟁에 가담하도록 강요했으며 그 후 마른에서 실패했다는 것이다. 그러나 미국의 역사학자 테렌스 저버Terence Zuber는 이러한 통념에 대해 의문을 제기하면서 슐리펜 계획이란 것은 실체도 없으며 존재한 적도 없다고 주장했다. 그 후 슐리펜 계획에 관한 논의들은 극에 달했고 이 논쟁은 국제적인 쟁점으로 부각되었다.[2] 이러한 과정에서 새로운 증거자료들이 발견되면서 종래까지의 슐리펜의 구상들, 작전계획들, 그리고 총참모부의 작전적 사고가 새로운 평가를 받게 되었다.[3] 그러나 그 이전에 이미 아니카 몸바우어Annika Mombauer는 독일군 총참모부가 슐리펜 계획이 아니라 헬무트 폰 몰트케 d.J. Helmuth von Moltke d.J.(이하 소몰트케) 대장이 1914년에 핵심적인 몇몇 부분을 수정한 계획으로 제1차 세계대전을 일으켰다고 주장했다.[4]

제1차 세계대전 이전의 작전적 사고와 그 결과로 도출된 작전적-전략적 계획을 분석하기 이전에, 공간, 시간, 전투력과 관련된 19세기 말 제국의 지리전략적 상황을 먼저 살펴보도록 하자.

유럽의 정중앙에 위치한 독일제국은 남부와 남동부에 동맹국인 오스트리아-헝가리 제국 그리고 스위스와 국경을 맞대고 있었다. 만일 남쪽의 적대국이 침공하는 상황이 벌어질 경우 알프스의 산악지역은 그야말로 훌륭한 자연장애물이었다. 북쪽에는 발트해[A]와 북해가 존재하고, 킴브리쉬Kimbrische 반도의 덴마크는 스웨덴과 함께 발트 해의 해상로를 통제하고 있었다. 독일의 잠재적인 두 적국 중에 동부에 위치한 러시아는 독일과 900㎞ 이상 이어진, 동쪽으로 활처럼 휜 오목한 모양의 국경을 형성하고 있었다. 하지만 이 지역에는 큰 하천이나 산악과 같은 자연적인 장애물이 존재하지 않았다. 또한 동쪽으로 길게 뻗은 동프로이센은 방어하기에 매우 난해한 지형으로 더욱이 바익셀강Weichsel 동편에 위치하고 있어서 만일 적국이 침공한다면 본토와 쉽게 단절될 위험을 항상 내재하고 있었다. 수도 베를린은 동부국경으로부터 겨우 300㎞ 남짓 이격되어 있었고 수도 방위를 위한 첫 번째 장애물인 오데르강은 베를린과 단지 100㎞ 정도 떨어져 있었다. 그러나 얼핏 보기에는 불리한 요소 뿐인 동부의 지리적 환경에서도 독-오 동맹국에게 유리한 측면이 있었다. 예를 들어 독-오 동맹국과 국경을 접한 러시아령 폴란드 지역에는 당시 러시아군 일부가 주둔해 있었는데, 동프로이센과 카르파티아(독일명 카르파텐Karpaten)[B]산맥 양쪽에서 측방공격을 실시한다면 이들을 충분히 격멸할 수도 있었다. 그러나 육군이 전개하고 기동하는데 있어, 도로가 잘 발달된 서쪽의 독일 영토와는 달리 도로가 없고 수많은 하천들과 늪지대로 형성된 광활한 공간에 철도망도 갖춰지지 않은 동부의 지형은 그 자체가 커다란 문제였다. 따라서 동부에서의 공세가 불가능

A 독일 북동부, 즉 덴마크 동쪽 바다로 독일에서는 동해Ostsee로 표기한다. (편집부)
B 현재 체코, 폴란드 일대의 산맥

한 것은 아니었지만 많은 이들이 그러한 계획에 반대했다.

한편 서부에는 벨기에, 네덜란드, 룩셈부르크, 프랑스가 독일과 국경을 형성하고 있었다. 잠재적인 적국 프랑스와의 국경은 포게젠Vogesen[C]산맥의 구릉지대로부터 로트링엔Lothringen의 아르덴Ardenne 삼림지대까지 연결되어 있었다. 프랑스는 벨포르Belfort, 에피날Epinal, 툴Toul과 베르됭 일대에, 독일은 슈트라스부르크와 메츠-디덴호펜 지역에 요새를 건설하여 국경선의 방어력을 강화시켰다. 프랑스가 독일의 방어선을 돌파할 경우, 독일은 일단 라인강 서측의 주요 산업지대의 손실을 감수하더라도 라인강을 자연적인 제1방어선으로 활용해야 했다. 당시의 제국 문서보관소의 한 문건을 살펴보면 독일제국의 지리전략적 상황인식을 정확히 이해할 수 있다. '국경의 대부분이 산악으로 형성된 오스트리아-헝가리제국 같은 국가도 있지만 독일처럼 적의 침공에 이토록 불리한 지세를 가진 패권국가는 아마도 지구상에 존재하지 않을 것이다'[5]

이러한 지리전략적 평가로 인해 독일제국의 군부 엘리트들은 공간의 약점을 극복하기 위한 대안을 찾기 시작했다. 그 해법은 바로 양면전쟁이었고, 이는 제국 정부의 위정자들에게까지 숙명적인 영향을 주게 된다. 그로부터 총참모부는 양면전쟁에 과도하게 집착했고 자신의 군사적 전문성을 과신했다. 또한, 그 능력을 과시하고자 러시아 또는 프랑스와의 단독 전쟁계획은 일체 수립하지 않았다. 총참모부는 1913-14년의 동원령이 선포된 후에야 비로소 정치적인 상황변화에 대처하기 위해 동부에 대한 대규모 전개계획을 수립했다.[6]

한편 총참모부가 수립한 모든 작전적-전략적 양면전쟁계획에는 독일제국의 공간적 위치로 인해 초래된 시간적인 제약들이 내재되어 있었다. 국

C 프랑스 남동부에 남북으로 뻗은 산맥, 프랑스어로는 보쥬Vosges 산맥

내 대다수의 군사이론가들과 총참모부는 양면전쟁이 발발할 경우의 대안은 수세적인 장기 소모전쟁 또는 공세적인 속전속결뿐이며 장기 소모전으로는 국내의 정치적, 경제적인 이유 때문에 승리할 가능성이 없다는 인식을 공유했다. 공간적인 종심과 독일의 양호한 철도망을 이용하여 내선(內線)에 선정된 전략적 지점에서 주도적으로 신속하게 수세 또는 공세적으로 수행하는 작전만이 승리할 수 있는 유일한 방법이라고 확신했다. 독일은 이처럼 공간적, 시간적 요인 때문에 군사적인 측면에서 이미 불리한 상황에 처해 있었다. 그러나 설상가상으로 육군의 인적, 물적 전투력도 잠재적인 적국들에 비해 훨씬 더 열세에 있던 터라 조건은 더더욱 불리했다.

앞서 설명한 바와 같이 독일제국의 지리전략적 상황을 기초로 대몰트케와 발더제, 이 두 총참모장은 1871년과 1891년 사이에 양면전쟁을 위한 계획을 수립했다. 우선 전선을 동부와 서부로 분리하여 전투력을 전개시키고자 했다. 대프랑스 전선에서는 독일 요새들을 이용하여 기동방어를 실시하고 대러시아 전선에서는 오스트리아-헝가리 동맹군과 공동으로 국지적인 공세를 감행한다는 계획이었다. 그러나 이러한 제한된 공세를 병행한 방어전략으로는 일종의 섬멸회전을 통한 완전한 승리를 달성할 수도 없었다.[7]

대몰트케와 발더제는 1887-88년 외교적인 위기상황에서 러시아와의 전쟁을 주장했지만 그때를 제외하고 그들의 재임기간 중 시행한 양면전쟁에 관한 연구들은 이론적인 작업에 가까웠다. 그들과는 달리 이후의 군부엘리트들은 양면전쟁을 정치, 외교적 충돌과 그 결과로부터 야기될 수 있는 실제적인 군사 문제로 인식했다. 또한 대몰트케는 비스마르크의 탁월한 외교력을 지원받아 전쟁을 일으키고 승리로 이끌 수 있었지만 그의 후배들은 그러한 정치적 후원도 기대할 수 없었고 모든 측면에서 열세는 물론 철저히 변화된 정치적, 군사적 조건에서 양면전쟁을 계획해야만 했던 것이다.

토론과 정의

일반적으로 19세기 말의 작전적 사고의 발전과정을 다룬 문헌들은 모두 슐리펜에 초점을 맞추고 있다. 게다가 대몰트케 이래로 작전적 사고는 큰 변화도 없었고 장교단 내부에서 이것에 관한 토론도 없었다고 기술하고 있다. 이는 총참모부가 오로지 총참모장의 의지에 따라 움직이는 충실한 획일적 조직이었으며 총참모부만이 작전적 사고에 관한 연구에 매진했다는 가설과 일맥상통한다.

그러나 슐리펜과 총참모부뿐만 아니라 실제로 수많은 현역과 예비역 장교들이 양면전쟁에 관한 논의에 참여했다. 프리드리히 폰 베른하르디Friedrich von Bernhardi 장군, 알프레드 폰 보구스왑스키Alfred von Boguslawski 장군, 빌헬름 폰 블루메Wilhelm von Blume 장군, 콜마르 폰 데어 골츠Colmar von der Goltz 원수, 지기스문트 폰 슐리히팅Sigismund von Schlichting 장군 그리고 오스트리아의 알프레드 크라우스Alfred Krauß 장군 등이 대표적 인물들이다. 이들은 대규모 육군으로 어떻게 전술적, 작전적 그리고 전략적으로 장차전을 수행할 것인지에 관해 독일의 군사사에서 최초로 공개적인 토론을 실시했다.

그러나 당시는 '작전'과 '작전적 지휘'를 무분별하게 사용하는 용어 혼란의 시대였다. 극소수의 논객들이 두 용어를 대충 설명하고 넘어갔을 뿐 아무도 정의를 내리지 못했지만 모든 출판물과 정기간행물들은 이 두 용어를 담고 있었다. 한편, 슐리펜 시대에 작전의 공식적인 정의가 없었지만 몇몇 저자들의 해석을 통해 19세기 말엽의 개념발전 과정에서 몇 가지 특징을 발견할 수 있다. 그 예로 보구스왑스키는 다음과 같이 기술했다.

> *"작전Operationen은 특정한 목표를 지향하는, 전장에서의 행동의 총합을 의미한다. 이것은 행군, 진지점령과 전투의 법칙 등을 포함한다. 작*

전의 개념이 항상 공격을 의미하는 것은 결코 아니다. 그러나 작전을 기동과 떼어놓기는 어렵다."[8]

또한 폰 데어 골츠는 일종의 협의의 목표지향적인 전투 행위라고 언급하였다. '그러한 모든 행위들의 총합은 부대이동, 배치와 전투로 결합되고 이를 작전이라 일컫는다'[9] 이러한 정의의 공통점은 바로 작전들이 수많은 목표지향적인 행동들의 결합체이며 이미 대몰트케가 강조했듯 기동이 작전의 핵심이라는 의미였다. 그러나 이 저자들 중 그 누구도 작전을 전술과 전략을 연결하는 고리로서 정의하고 그 중요성을 제시하지 못했다.

전쟁사에서 도출된 교훈

장교들은 양면전쟁을 위한 최선의 방책을 찾는 한편, 전쟁사로부터 올바른 교훈을 도출하여 필요한 방책을 모색하기 위해 치열한 토론을 벌였다. 보병전투의 혁신을 주제로 임무형 전술론자와 일반적인 전술론자들 간의 팽팽한 대립[10]도 있었다. 같은 시기 한스 델브뤽Hans Delbrück과 그의 반대론자들은 프리드리히 2세가 섬멸전략의 선각자였는가 아니면 소모전략의 대변자였는가를 두고 수년간 치열한 논쟁을 전개했다.

전쟁사를 끌어들여 전략문제[11]를 논하는 일련의 대립은 두 가지 이유에서 군 지도부에 큰 충격을 주었다. 하나는 전문지식을 갖추었다고는 하지만 군사(軍事)에 관한 한 아마추어인 대학 교수가 전쟁사 기술에 관해 누구도 감히 근접하지 못했던 군부의 권위에 이의를 제기했다는 점이다. 또 다른 이유는 델브뤽이 총참모부가 주장한 프리드리히 2세의 섬멸사상과 그에 따른 총참모부의 작전적 사고의 전통적 맥락에 대해 의문을 제기했다는 점이다. 델브뤽의 주장은 소모전략과 섬멸전략의 양극성 때문에 비논리적이라는 평가와 함께 격렬한 비난을 받았다. 결국에는 총참모부도 델브뤽이 증명한 자신들의 전쟁사 연구의 방법적 결함들 때문에 부분적으로는 '민간 전략가'들의 주장을 받아들였지만[12] 소모전략에 비해 섬멸전략이 우월하다는 근본적인 작전적-전략적 확신에는 변함이 없었다.

장교들은 전략에 대한 논쟁과 함께 다양한 공개토론에서, '통일전쟁으로부터 도출된 작전적 원칙이 장차전에서도 유효한가'에 대해 토론했다. 한편 그러한 토론 중 다음과 같은 문제도 쟁점으로 부각되었다. 몰트케는 회전이 벌어질 장소에 자신의 부대를 결집시켰지만 나폴레옹은 회전에 앞서 집결시켰다. 이러한 사실과 관련해 이 두 지휘관의 전쟁수행에 근본적인 차이가 있는가 하는 문제였다.[13] 이러한 관점에서 진행된 논쟁들은 작전적 사고의 발전과정을 우리가 이해하는데 매우 중요한 의미를 시사하고 있다. 정면공격의 성공 가능성에 대해 심도 있게 논의하던 중 근본적인 맥락-전략에 대한 논쟁과 유사하게-에서 전쟁사의 역사적 인식 문제와 작전적 차원에서 시간을 초월한 교훈들의 효용성에 관한 것이 문제시되었다. 이에 슐리히팅은 시간을 초월하여 최소한 프리드리히 대제 이래 유효했던 전쟁이론을 믿는 모든 이들을 비판했다. 그는 전략과 작전의 끊임없는 변화에 따라서 그 시대마다 부합하는 원칙이 있으며, 그 예로 대몰트케가 하나 또는 다방면의 작전적-전략적 원칙들을 개발했지만 이 원칙들도 단지 그 시대에 한정된 효과를 나타낼 뿐이라고 주장했다. 왜냐하면 그 원칙들은 통일전쟁 이전에는 존재하지도 않았고 장차 미래에도 유효하지 않을 것이기 때문이라고 덧붙였다. 슐리히팅은 수 세기 전에 비해 급속히 발전한 무기체계, 전쟁도구, 수송과 통신수단을 가설의 근거로 내세웠다. 또한 시대에 부합하는 통일된 작전적 사고와 통일된 부대지휘를 도모할 수 있는 작전원칙, 이상적인 교훈이 될 수 있는 원칙을 찾아야 한다고 역설했다.[14] 결국 슐리히팅은 역사 전체를 통틀어 적용할 수 있는 원칙을 제한하면서 융통성 있게 시대에 맞는 작전적 원칙을 찾고 현재에만 적용할 수 있는 작전적 사고를 주장하면서 전술적 지휘관들이 방책을 선택할 때는 폭넓은 독단성도 필요하다고 언급했다.

빌헬름 폰 쉐르프Wilhelm von Scherff는 이러한 견해에 반대하면서 전술적 수준에서는 임무형 전술 대신 정형화된 전투 방식이 적합하며, 반대로 지침에 의거 행동하는 상급제대는 상대적으로 폭넓은 재량권을 가져야 한다고 주장했다. 즉 슐리히팅보다도 작전적 수준에서는 더 개방적인 성향을 나타냈다.[15] 상반된 논리를 가진 두 장군을 필두로 19세기 말경에는 '과연 장차전을 어떻게 수행해야 하는가?' 등의 작전적 사고를 둘러싼 군사 저널리스트들의 활발한 논쟁이 벌어졌다.

슐리히팅의 견해에 반대하던 골츠, 보구스왑스키, 크라우스 등은 그가 과거의 경험을 무시하면서도 몰트케의 작전적 교훈들은 절대시한다며 비난했다. 이들은 배타적으로 새로운 전쟁원칙만을 강조하는 경향에 반대하면서 과거 경험의 가치를 중시했다. 골츠는, 전쟁의 승자들이 항상 자신들이 사용한 방식을 보편화시켜 미래에도 유용하리라고 주장하는 것은 위험한 발상이며 장차전에서도 기동전으로 속전속결을 도모할 수 있다고 믿는 것 자체가 위험하다고 경고했다. 골츠는 신속한 기동전을 지향해야 할 이상적인 형태라고 보았지만 프랑스군의 더욱더 견고해진 국경요새들과 동부의 기동하기 어려운 지형조건, 그리고 더 이상 일사불란한 지휘가 불가능해진 백만 육군으로 인해 기동전은커녕, 작전의 속도는 더 느려지고 작전수행 자체도 더 어려워지게 된다고 주장했다.[16]

총참모부와 군 관련 저술가들은 독일이 승리한 세 번의 전쟁[D]을 중점적으로 분석했다. 보어전쟁이나 러일전쟁 등과 같은 최근의 전쟁과 그들이

D 독일-덴마크, 독일-오스트리아, 독일-프랑스전쟁

전쟁당사국으로 참가한 발칸전쟁에 대해서도 연구했지만 그리 중요하게 생각하지 않았다. 그러나 이러한 분석들도 전술적인 수준에 그쳤으며 독일제국의 작전적 사고의 발전에 중대한 영향을 미치지는 못했다. 또한 이러한 평가는 항상 자신들의 장차전 수행을 위한 활용가능성에만 초점을 두고 있었다.

역사상 최초의 산업화된 전쟁인 미국의 남북전쟁도 총참모부의 연구대상이 되지 못했다. 그들은 이 전쟁이 지리적으로도 군사적으로도 유럽의 전쟁 상황과 상이하다고 생각했기 때문이다. 또한 이는 신세계의 '이민자들과 벼락부자'에 대한 멸시, 즉 일종의 문화적 거만함 때문이기도 했다. 몰트케는 미국의 남북전쟁에 대해 '두 무장한 폭도들이 한 나라 안에서 서로 쫓고 쫓기는, 그러한 싸움에서는 아무것도 배울 것이 없다'[17]고 발언했으며 이 말은 독일군 장교단에 팽배해 있던 관념을 잘 대변하고 있다.[18] 모든 장군참모장교들은 세 차례 전쟁에서 자신들의 전술적-작전적 능력을 확실히 입증했으며 독일군이 수많은 여타 군대의 귀감임을 자신했다. 또한 미군의 장군들이 작전적 수준에서 매우 무능하다고 평가했기에 남북전쟁에서 배울 것이 없다고 믿었다. 게다가 미군이 남북전쟁 이후 서부로 이동하여 인디언 종족 말살을 위한 전투에 돌입하자 한층 더 부정적인 시각으로 미군을 평가했다.

내선, 중점 그리고 기습

모든 조건들이 점진적으로 변화하는 와중에 대몰트케 시대로부터 계속되어온 논쟁의 핵심 쟁점은 바로 '과연 수적인 열세와 유럽의 중앙에 위치한 지리적 조건 하에서도 전쟁 발발 시 시간적 압박 속에서 독일 육군은 양면전쟁을 승리로 이끌 수 있을까? 만일 가능하다면 어떻게 해야 하는가?'에 맞춰져 있었다.

수많은 군사 저널리스트들은 기고문을 통해 장차전의 양상을 예측했는데 총참모부의 전쟁계획과 유사한 예측들도 있었지만 전혀 상이한 의견들도 난무했다.[19] 그러나 모든 저술가들은 핵심적인 몇 가지 사안에 대해서는 의견을 함께했다. 이들은 독일제국의 지리적 위치로 인해 오로지 수세지향적인 방어, 예를 들어 거대한 요새시설 안에서 방어로 일관하는 것에 반대했고[20] 전략적인 차원에서 내선을 이용한 전쟁수행에는 동의했다. 전투력 열세를 고려할 때 다양한 방면에서 적들을 순차적으로 각개격파하는 것만이 유일한 방책이었다. 루돌프 폰 캠머러는 다음과 같이 자신의 논리를 기술했다.

"장차전의 결정적 전투를 위해서, 육군은 한 지점에서 다른 지점으로 일사불란하게 움직여야 한다. 즉 전투력을 분할하여 내선을 활용, 두 개의 상이한 방향으로 신속히 공격할 수 있어야 한다. 상황에 따라 한쪽에서 주력으로 적을 격멸하는 동안 다른 한쪽에서는 최소한의 전력으로 적 부대를 고착할 수 있어야 한다." [21]

적군이 외선에서 협조된 공격으로 상호 지원하기 이전에, 시공간적으로 분리된 적을 조기에 격멸하는 것이 핵심이었다. 골츠와 베른하르디는 내선전략에 위험요소들도 내재되어 있다고 지적했다. 골츠는 육군의 규모가 확대되면서 섬멸적인 속전속결이 어려워졌고, 내선작전의 성공에도 상당한 무리가 따른다고 기술했다. 반면, 베른하르디는 내선작전을 옹호하기는 했지만 그와 동시에 반드시 최상의 결과를 도출해야 한다고 언급했다.

"먼저 타격한 적을 오랜 시간 동안 철저히 무력화시키기 위한 첫 번

째 승리는 가능한 한 완벽해야 한다. 여기서 계산착오가 발생하면 치명적인 결과를 초래할 수 있다." [22]

프랑스와 러시아 사이에서 내선작전을 실행해야 했던 독일군은 최대의 결정적인 승리 이후 드넓은 전장에서 격멸된 적을 수개월간 고착하기 위해 일정한 규모의 부대를 남겨 놓아야 하므로 정확한 전투력 할당이 중요하다고 역설했다. 내선에서의 전투는 철저한 중점형성을 전제로 했다.

"전쟁에서 결정적인 지점에서의 우세가 매우 중요하다. 그러나 이러한 우세는 전투력의 신속한 작전적 집결을 통해 달성된다." [23]

따라서 전략을 작전적 수준으로 옮기는 일은 기습과 결합한, 끊임없는 중점형성 없이는 달성하기 어려웠다.

공격작전

클라우제비츠는 물론 대몰트케도 수세적인 작전의 강점을 인정했다. 그러나 다수의 독일 군사이론가들은 그것에 반대했다. 독일의 지리적 위치로 인해 공격만이 승리의 해법이라고 생각했고 이것은 '공세 중시'의 신념과 일치했다. 결국 공격작전이 작전적 사고의 중심에 자리 잡게 되었다. 골츠의 '전쟁수행 그 자체가 공격이다'[24]라는 주장과 '유럽의 장차전에서의 승부는 작전적 공세에 의해 결정된다'[25]는 베른하르디의 발언은 제정시대 장교단의 전통적 의식을 대변했으며 나아가 동맹국과 잠재적국의 장교들도 여기에 동의했다.[26]

기동성 있는 공세적인 작전을 수행하려면 반드시 전술적 수준에서 공격적인 전투가 선행되어야 했다. 지상군 전술의 발전에 결정적인 영향을 미친 것은 바로 공세를 중시하는, 기동전을 지향하는 의지였다. 또한 공세적인 작전의 필수적인 전제조건인 전술적 수준의 공격에 최고의 가치가 부여되었다.[27] 물론 무기체계의 발달에 따라 공세적 전쟁을 주장했던 이들도 방어의 이점이 증대되었다는 것을 간과하지는 않았다. 그러나 그들은 공격의 심리적, 작전적 효과를 이용하면 방어에 내재된 전술적 우위 정도는 충분히 극복할 수 있다고 주장했다. 나아가 베른하르디는 현시대의 상황을 고려할 때 공세의 이점이 더 증가했다며[28] 열세한 군사력으로 공세를 감행하여 월등히 우세한 상대를 제압한 몇몇 전쟁사례를 근거로 제시했다. 그러나 그와 더불어 위국헌신의 희생정신, 강인한 필승의 의지 등 정신적 요인을 강화시키고 지속적으로 중점을 형성하는 등의 방법을 통해 전투능력을 향상시키는 것이 전승을 위한 전제조건이라고 기술했다.

많은 전문가들은 주도권 확보와 필승에 대한 강한 의지가 전술적-작전적 승리의 원동력이라는 사실이 1904-05년 러일 전쟁에서 증명되었다고 언급했다. 대표적으로 발크Balck 중령[E]은 이렇게 기술했다.

> *"작전적, 전술적 수준에서 방어에 대한 공격의 우위는 전쟁사를 통해 확실히 증명되었다. 공자는 장소와 시간을 선택할 수 있는 자유를 보유함으로써 준비된 방어를 시도하는 방자의 이점은 사라지게 되었다. 전쟁수행은 곧 공격이며 공격은 적이 위치한 지점까지 화력을 투사하는 것이다. […] 필승의 의지는 수적인 불균형을 해소시켜주며 병력의 숫자가 아니라 강력한 공격 기세가 성공을 위한 가장 확실한 열쇠이다."* [29]

E 제2차 세계대전 중 기갑병과 대장이었던 헤르만 발크Hermann Balck의 아버지, William Balck

또한 공자에게는 주도권이라는 강점도 있다. 이것으로 공자는 방사에 비해 공간과 시간의 우위, 따라서 전술적, 작전적인 이점을 보유하게 된다. 공자는 적에 대한 전쟁수단과 전투력의 우세를 달성하기 위해 적시에 그리고 결정적인 지점에서 자신이 선정한 주노력 방향에 중점을 형성할 수 있다. 공세의 우위를 주장하는 이들은 수적 또는 전략적 열세 하에서는 어느 정도의 위험을 감수하더라도 최소한의 국지적, 일시적 전술적, 작전적 우세를 달성해야 한다고 주장했고 또한 그러기 위한 최상의 수단을 기습적인 중점형성이라고 생각했다. 요컨대 골츠가 언급했듯 독일군의 고유한 작전수행 방법(전법)은 연속적인 결정적 전투들로 이루어진 무조건적인 공세, 바로 그것이었다.[30]

수적 열세를 극복하기 위한 전투

언뜻 보기에 독일의 작전방식, 즉 주도권과 기습을 활용하여 중점을 형성하고 끊임없이 내선의 이점을 극대화하여 순차적으로 적을 각개격파하는 방식은 대단히 매혹적이다. 그러나 자세히 들여다보면 위험천만한 행동이다. 독일로서는 특히나 엄청난 시간적 제약뿐만 아니라 인적, 물적 열세 하에서 실시해야 했기 때문이다. 독일은 지리전략적 상황을 고려할 때 월등히 우세한 적국들을 상대로 전쟁을 수행해야 했고 군사 전문가들은 그러한 문제에 대한 주요 해법을 지속적이고도 국지적인 중점형성과 부대 전투력과 지휘기법의 향상이라고 결론지었다. 프리드리히 2세의 로이텐 전투 사례처럼 지휘능력의 우수성이 계속해서 강조되었다. 즉 총사령관의 천재성이 적의 수적 우세를 상쇄시킬 수 있다는 주장이었다. 동시에 몰트케나 프리드리히 2세와 같은 위대한 전쟁지도자들이 신격화되었으며 '상황'을 직감적으로 파악하고 그에 부합한 실행력을 겸비한 초인적인 수준의 전쟁지도자들의 능력과 확고한 불굴의 의지는 모범사례가 되었다. 프로이센-독일군 장교들이 잠재적 적국의 장교들보다 작전적 지휘술 측면에서 더 탁월했다며 스스로 자신했고 또한 다수의 전쟁사례를 통해 '증명'해 보이기도 했다.

게다가 민족성 면에서도 고도의 교육훈련 수준을 갖춘 독일군 장교들은 지휘통솔 측면에서 능력이 우수하며 적국의 장교들에 비해서도 탁월하다는 것은 널리 인정받았다. 군부와 이론가들은 비록 규모는 작지만 전술적 수준에서 탁월한 정예육군이라면 사전에 계획된 속전속결도 충분히 가능하고 수적으로 우세한 적국의 군사력을 제압할 수 있다고 확신했다. 이들은 많은 문헌들에 기술되어 있듯 숙련도(질)에 비해 수적 우세는 그다지 중요하지 않다고 생각했다. 그러나 베른하르디는 완곡하게, 지휘력을 수치화하는 것은 불가능할 뿐만 아니라 아무리 지휘력이 우수하다고 해도 압도적인 수적 우세를 극복할 수는 없다고 지적했다. 베른하르디는 이를 '중과부적의 법칙'Gesetz der Zahl이라 불렀다.[31] 정예육군을 지향한다고 해도 적군에 비해 수적 열세가 과도하다면 절대 승산이 없다는 의미였다. 20세기 초반부터 군사 전문가들은 그 주장을 받아들이기 시작했으나 한편으로는 이러한 열세에서도 승리할 수 있는 방법을 찾고자 했다. 그 해결책은 바로 정신적인 필승의 의지였다. 적의 수적 우세와 화력을 극복하는 최후의 수단이 바로 정신력과 의지력이었던 것이다![32] 이즈음 군사 이론가들 사이에서는 병력 증강에 대한 찬반 논의가 매우 활발히 이뤄졌다. 그러나 결론은 나지 않았고 병력 증강을 요구하는 총참모부와 증강을 반대하는 전쟁부의 의견 대립만 극에 달했다. 전쟁부가 군전투력과 지휘능력 향상에 관한 논의에서 병력 증강은 절대로 불가능하다는 입장을 고수했기 때문이다.[33]

기동과 포위

앞서 제시된 작전적 사고의 요소, 즉 공격, 내선, 중점, 주도권과 기습은 모두 기동과 직접적인 관계가 있다. 독일의 대다수 군사 전문가들은 방어가 인적, 물적으로 우세한 쪽에 전술적 또는 작전적 영역에서 명확한 강점을 제공하는 반면, 기동을 이용한다면 전투력이 열세한 쪽도 주도권을 확보하고 중점을 형성할 수 있으며 기동성을 발휘할 수 있는 정예군이라면 급변하는 전장 상황에 신속히 대응할 수 있다고 주장했다. 대몰트케도 주장했던 대로 작전적 기동능력을 갖추고 있다면 분산해서 진격하는 야전군들을 회전 장소에 결집시키는 것도 가능하고 또한 정면에서 적을 고착하고 측후방에서 포위를 달성하여 섬멸회전도 가능하다고 생각했다. 한편 회전에서 돌파와 포위 둘 중 어느 것이 더 효과적인 승리를 달성할 수 있는 방책인가를 두고 몇 년에 걸친 격렬한 논란이 일었다. 몇 해에 걸쳐 이 문제에 몰두했던 루트비히 프라이헤르 폰 팔켄하우젠Ludwig Freiherr von Falkenhausen 장군은, 적군의 측후방을 동시에 타격할 수 있다면 적의 측방으로 기동하는 것이야말로 당시 그토록 우려했던 진지전을 극복할 수 있는 방책이라고 기술했다. 그러나 이러한 방책을 실제로 실행하고 성공하려면 최고 수준의 지휘술과 부대의 전투능력이 반드시 필요하다며 다음과 같이 끝을 맺었다.

> *"우회와 측방기동만이 전승을 위한 만병통치약이 아니다. 의술에서와 마찬가지로 전쟁술에서도 그런 약은 절대로 존재하지 않는다. 수단을 적절하게, 능숙하게 사용할 수 있는 능력 또한 강한 실행력이 바로 승리를 달성하기 위한 핵심이다."* [34]

팔켄하우젠은 시종일관 틀에 박힌 규칙을 거부하면서 뛰어난 지휘술과 더불어 높은 수준의 교육훈련을 요구했다. 백만 육군의 조건에서도 전쟁 수행의 핵심적인 원칙들은 불변하지만 작전적 지휘는 변화하는 상황에 부합해야 한다고 역설했다.[35]

그러한 논쟁은 제1차 세계대전 발발 직전에 이미 정점에 달했고 그 중심에는 베른하르디가 있었다. 그는 포위사상에 사로잡힌 슐리펜의 구상에 대해 강하게 비난하며 포위와 섬멸회전의 비현실성을 주장하는 한편 작전적 사고를 전술적-작전적 수준의 돌파로 전환하라고 요구했다. 특히 슐리펜이 작전적 수준의 '역학적인 전쟁관'[36]에 집착하고 있다고 강하게 반발했다.

베른하르디는 나아가 총사령관이 자유롭게 작전을 지휘할 수 있는 여건을 조성해야 한다고 주장했다. 베른하르디에게 있어서 전쟁수행은 '술'이었고 슐리펜을 비판했듯 '체계적인 기하학'이 아니었다. 그는 작전적 방식이나 승리의 해법을 철저히 거부하며 다음과 같이 결론을 맺었다. '특정한 체계나 방식으로 승리하려는 생각으로 전장에 나서는 사람은 승리의 월계관을 쓰기 어려울 것이다'[37]

슐리펜의 작전적 사고

슐리펜의 작전적 사고와 그 결과로 도출된 작전적-전략적 계획들을 살펴보기 전에 그 인물에 대해 간략하게 짚고 넘어가도록 한다. 1833년 2월 28일 출생한 슐리펜은 고교졸업시험Abitur 이후 장교의 길을 걷게 된다. 전쟁대학을 졸업한 슐리펜은 장군참모장교로 총참모부에 보직되었다. 슐리펜도 일반적인 장군참모장교들처럼 야전부대 지휘관 및 참모, 베를린의 총참모부에서의 다양한 보직을 두루 거쳤다. 연대장 보직 이후 총참모부의 한 부서 내에서 과장Abteilungschef을, 1888년에는 부장Oberquartiermeister 겸 발더제의 부참모장을 역임하고 1891년 2월 7일 총참모장에 임명되었다. 단 한 번도 야전에서 사령관으로서 성공적인 회전을 이끈 적이 없었지만 1911년 퇴임까지 대원수의 반열에 올랐다는 사실은 슐리펜이 뭇사람들로부터 얼마나 존경을 받았는지를 보여준다.

총참모장 재임 기간 중 슐리펜은 제정시대의 군사이론에 관한 토론에 참가하지 않았지만 그러한 토론들을 유심히 관찰했으며, 퇴임 이후에야 비로소 전쟁사 관련 연구서 형태로 자신의 작전적 구상을 발표했다. 이는 자신의 업적을 드러내기 위한 목적으로 평가되고 있다.[38]

슐리펜 시대의 총참모부의 작전적 사고, 장군참모현지실습, 전쟁연습, 전개계획들에 관한 주요 문건들은 육군 문서보관소에서 파기되었고 사실상 부차적인 문건만 남았다. 따라서 수십 년 동안 슐리펜의 작품은 오래전에 퇴역한 노병의 고전적인 군사적 고문(古文)의 이미지로 각인되었다. 또한 슐리펜이 지휘한 총참모부의 작전계획들을 담은 극소수의 잔여문건들과 그가 집필한 문헌들은 수년에 걸쳐 그의 작전적 사고에 초자연적인 권위를 부여하거나 또는 그를 신격화하는데 크게 기여했다. 최근 테렌스 저버는 슐리펜과 그의 작전계획에 대해 새로운 의견[39]을 제시했고 슐리펜의 작전적 사고를 새로이 평가해야 한다는 그의 주장은 일부분 타당성이 있다.[40]

슐리펜은 작전Operation, 작전적operativ, 작전하다operieren라는 개념을 수차례 사용했음에도 재임기간 중 발간된 교범이나 그 이후 집필한 문헌에서 작전의 개념을 정의한 적은 없다. 슐리펜의 문장들을 근거로 유추해볼 때 작전을 '특정 지역에서 대규모 군대가 목표를 달성하기 위해 기동하는 것'정도로 이해했다고 보인다. 예를 들어 슐리펜의 전쟁계획에서 중점을 변화시키면서 내선에서 전쟁을 수행하는 것을 전략적 수준으로, 프랑스와의 전쟁수행은 작전적 수준으로 인식했다. 하지만 그도 전술과 전략 사이에 있는 작전의 명확한 경계를 제시하지 못했다. 그러나 예후다 발라흐Jehuda Wallach의 주장, 즉 슐리펜이 전술적 행동과 작전적 기동을 모호하게 기술하고 구분했다는 평가는 부적절하다. 또한 슐리펜이 이 개념들을 회전에 모두 희석시켜 종래까지 확실히 구분되어 있었던 전술과 작전적 기동 그 자체의 의미들을 상실케 했다[41]는 주장은 더더욱 옳지 않다. 앞서 기술했듯 슐리펜 시대에도 아직까지 이 세 지휘영역의 명확한 구분이 없었으며 수많은 학자들이 제기했듯[42] 슐리펜도 지휘영역을 따로 정립하지 않았기 때문이다.

또한 슐리펜도 몰트케와 마찬가지로 작전적 교리에 관해 명확한 관한 글을 남기지 않았다. 슐리펜의 후예들은 그가 집필한 훗날의 글들을 통해 슐리펜의 작전적 구상을 파악했고 이 구상을 승리의 해법으로 인식했다. 그러나 다만 한 가지 확실한 사실은 슐리펜이 최초로 독일의 작전적 사고가 무엇인지 결론을 내렸고 이 결론은 수십 년 동안 독일의 군사사에 결정적인 영향을 미쳤다는 것이다.

슐리펜은 1891년 총참모장 취임 직후 절대 권력을 가지고 있었던 전임자들의 그늘에서 벗어나 양면전쟁이 발발할 경우를 대비한 자신만의 작전적-전략적 개념을 발전시켰다. 슐리펜이 생각한 양면전쟁에 대한 전략적 전제조건은 지리한 소모전으로는 독일에게 승산이 없다는 점이었다.[43] 슐리펜은 베른하르디, 골츠와 마찬가지로 장기간의 소모적인 진지전 양상이 벌어질 가능성이 높다고 인식했고 이를 대단히 우려했다. 소모전 상황에서 적국이 해상 및 육상을 봉쇄한다면 경제적인 혼란이 불가피해지는 것은 물론 노동자들의 혁명으로 국내정치적인 위험을 동반한 국가적 위기가 초래될 수도 있다고 생각했다.[44] 슐리펜은 이러한 위험 때문에 지리한 소모전쟁을 방지하고 장차전을 가능한 한 신속히 종결해야 한다고 강력히 주장했다. 일정한 시간이 흐른 뒤, 적국의 봉쇄가 효과를 발휘하기 전에 적군을 무력화시키기 위해서였다.[45] 결국 슐리펜의 작전적 사고의 핵심은 바로 속전속결이었다.[46]

슐리펜은 전임자들처럼 양면전쟁과 같은 고르디우스의 매듭[F]을 수세적으로 풀기보다는 오히려 공세적으로 단칼에 베어버릴 생각이었다. 그래서 승리할 수 없는 지리한 소모전쟁을 방지하기 위해 찾아낸 유일한 해법이 바로 공격이었다. 그 이듬해부터 슐리펜은 공세적인 작전수행을 더 강하게 주장했고 이렇게 공격에만 편중된 성향은 빌헬름 2세 시대에 독일을 지배했던 시대정신, 즉 정치적인 문제를 공세적으로 해결한다는 정치적 방침에도 철저히 부합되었다. 수많은 정치, 군사, 경제 지도자들은 정열적인 젊은 빌헬름 2세 황제와 결탁하여 종래의 현상유지, 현실안주의 분위기를 일거에 날려버릴 수 있다는 희망에 부풀어 있었다. '위기'를 타개하기 위해 조심스럽게 관망하고 방어하는 것보다 오히려 공세적으로 해결하고 나아가 세계 패권을 지향하는 방책을 택했다. 제국의 정치와 군사 엘리트들은 이러한 목적을 달성하기 위해서 필요하다면, 그토록 피하고자 했던 양면전쟁까지도 불사하겠다는 강한 의지를 표출했다. 공격은 '주도권의 법칙'에 따라 아군의 의지를 적에게 강요하고 관철하기 위해서 스스로 결정하는 행동인 반면, 방어는 수동적이고 기다리는 입장에서 참고 견디는 관념이었다. 따라서 당시의 세계관에서는 방어보다는 공격이 최상의 방책이었다.

양면전쟁을 감행하기 위해서는 정치적인 환경, 공간, 시간과 피아의 군사적 능력이 매우 중요한 요소들이었다. 이를 기초로 슐리펜은 자신의 전략적, 작전적 신념에 대해 1901년 동부에서의 장군참모현지실습 사후강평에서 이렇게 언급했다.

"독일은 프랑스와 러시아의 한 가운데에 위치하고 있다. 이로써 우

F 고대 소아시아의 프리기아 지역에 있었다는 전설의 매듭. 신전 기둥에 매우 복잡한 매듭으로 왕의 우마차를 묶어놓았으며, '이 매듭을 푸는 자가 아시아의 왕이 된다'는 전설이 있었다고 한다. 훗날 이 지역을 정복한 알렉산더 대왕이 단칼에 매듭을 잘라냈다는 고사가 있다. 대담한 방법을 써야만 풀 수 있는 문제를 뜻한다. (역자 주)

리는 그들을 분리시켜 놓았고 그 자체는 우리에게 큰 강점이다. 만일 우리가 육군을 분산시켜 모든 전선에서 적국에 비해 수적 열세를 맞게 된다면, 이는 우리 스스로 그러한 이점을 포기하는 것이나 다름없다. 따라서 독일은 우선 한쪽의 적을 견제하고 다른 한쪽에 전투력을 집중하여 적군을 철저히 괴멸시켜야 한다. 그 후 즉시 철도를 이용하여 견제 중이던 한 쪽에서 다시 수적 우세를 달성하여 적군을 격파해야 한다. 최초의 선제공격은 전력을 다해 시행되어야 하고 반드시 결정적 회전이 되어야 한다." [47]

슐리펜은 자신의 장군참모장교들에게 독일군에 의한 양면전쟁의 실행 가능성을 위해 자신이 설정한 절대적인 명제를 제시했다. 제국의 전략적 딜레마에 관한 슐리펜의 해법은 그야말로 간단명료했다. 양면전쟁이 벌어지면 이를 두 개의 순차적인 단일 정면전쟁으로 분리한다는 개념이었다. 내선과 잘 발달된 철도망을 활용하여 일시적, 국지적 우세를 달성한 후 차례대로 두 방면의 적을 격멸하고자 했다.

이러한 전략의 실행을 위해 두 개의 적군 중 하나를 섬멸하되 매우 신속하게 격멸해야 했다. 이는 오로지 공세적으로만 달성 가능했고 방어로는 불가능했다. 또한 공세적인 작전수행과 더불어, 독일군에서 이미 효력이 입증된[48] 공세적인 전술수준의 부대훈련이 전제되어야 했다.

동원 속도 면에서 프랑스가 러시아보다 빠르고 프랑스의 방어지대 종심이 얕았기 때문에 슐리펜은 프랑스를 먼저 공격하기로 결심했다. 그러나 이는 최초부터 엄청난 시간적인 압박이 전제된 계획이었다. 러시아군이 공세로 돌입하기 전에 반드시 프랑스군으로부터 결정적인 승리를 달성해야 했다. 실패할 경우 그 즉시 대참사가 벌어질 수도 있었다. 따라서 시간이 갈수록 슐리펜은 프랑스와의 신속한 결정적 회전을 작전적 중심에 두고 전략적 사고의 중심에는 주요 적국 중 하나와의, 가능하다면 러시아와의 타협을 구상하게 된다. 이는 제국의 전략적 이해관계가 동부에 있었지만 작전적인 이유로 서부에서 결전을 치러야 하는 모순적인 결과를 초래했다.[49]

회전(會戰)

'수적인 열세에서 승리할 수 있는 방법은 단 하나뿐이다. 적의 일부에 대해 수적 우세를 달성해서 가능한 한 기습적[50]으로 적군을 섬멸하는 것이다. 만약 섬멸에 실패하면 적들은 끊임없이 우리를 위협하게 되며 결국에는 여타 방면의 적을 공략하여 승리할 수 있는 희망은 사라지게 된다' 이러한 확신은 섬멸전 사고와 밀접한 관련이 있다. 앞서 언급한 독일제국의 공간적, 시간적 제약과 전투력 열세 때문에 슐리펜도 대몰트케와 당시의 군사 저널리스트들의 견해에 동의했다. 즉 양면전쟁에서 승리하기 위한 유일한 방법은 속전속결을 통한 섬멸회전이라 인식했다.

섬멸회전이란 결국 적국의 세력을 구성하는 요소인 적의 육군을 제거하는 일이었다. 따라서 발라흐가 '섬멸회전의 도그마'Dogma der Vernichtungsschlacht에서 언급한 논리, 즉 슐리펜이 단 한 번의 대규모 결정적 회전을 작전적 목표로 설정했다는 가설이 마치 정설처럼 확산되었는데 이는 타당하지 않다. 슐리펜의 작전적 사고를 단편적인 인과관계로 판단한 이유는 회전을 고전적, 전술적인 관점에서 보았기 때문이다. 백만 이상의 대규모 육군이 작전을 수행하고 회전을 위한 공간이 넓게 확장되면 그러한 회전은 절대 불가능하다. 슐리펜이 인식한 작전적 수준의 결정적 회전은 연속적인, 서로 뒤얽혀 수일 동안 벌어지는 개별적인 회전의 결과물이었다. 사실상 회전장Schlachtfeld이라는 용어보다는 회전공간Schlachtraum이라는 표현이 더 적절하겠지만 어쨌든 그 크기는 당시까지 통용되던 회전장의 공간적 틀을 훨씬 초과하는 것이었다. 새로이 발견된 슐리펜이 주관한 장군참모현지실습에 관한 문건들과 유작들을 통해 그가 단 한 번의 대규모 섬멸회전을 주장하지 않았다는 사실이 증명되었다.[51] 확실한 사실은 슐리펜의 작전적 사고의 중심에는 적국의 육군을 섬멸하는 결정적 회전이 존재했고, 또한 가능한 한 국경에 근접한 지역에서 그러한 회전을 해야 한다는 생각이 내재되어 있었다는 점이다. 적 육군을 제압해야 전쟁이 종결될 수 있다고 확신했기 때문이다. 또한 기습이 성공을 위한 필수적인 전제조건이라고 인식했다.

슐리펜의 결정적 회전에 대한 편향된 집착은 대몰트케를 능가했다. 그리고 회전에서의 승리가 전쟁 종결을 위한 다양한 전략적 수단 중 하나일 뿐이라는 사실을 무시했다.[52] 한편 슐리펜은 전쟁연습 간에 서부에서 결정적인 회전 승리를 거둔다고 해도 프랑스와 즉각적인 평화조약을 반드시 맺을 필요가 없다는 의지를 표출했다. 따라서 프랑스군에 대한 승리 이후에도 여전히 적지 않은 병력을 서부에 남기려고 했다. 어쨌든 이러한 전쟁 연습에서 리터와 발라흐가 기술한 내용보다 슐리펜의 사고가 한층 더 탄력적이었고 덜 교조적이었음을 엿볼 수 있다. 슐리펜의 상황평가에는 정치적으로도 그 나름대로 적절한 논리가 담겨 있었다. 중점을 동부에서 서부로 옮김으로써 러시아, 영국과의 우호적 관계를 원하는 제국 정치지도부의 구상과 결심을 자신의 작전계획에 반영했던 것이다.

섬멸

신속한 섬멸전은 작전수행의 핵심 목표였다. 슐리펜은 이러한 개념을 위한 이론적인 기초를 몰트케, 특히 클라우제비츠[53]로부터 찾고자 했으며 결국 원하던 것을 발견했다. 그는 클라우제비츠의 논리를 섬멸사상으로 정리했다:

"[…] 그(클라우제비츠)의 업적에 영원불멸의 가치를 부여하고자 하는 이유는, 그의 작품들이 윤리적, 정신적인 의미를 내포하고 있지만 그보다 역작 곳곳에 깃든 섬멸전 사고 때문이다. 사실상 클라우제비츠 덕분에 오랜 평화의 세월 속에서도 프로이센 장교들의 가슴 속엔 참된 전쟁의 관념이 살아 숨 쉴 수 있게 되었다. 몰트케도 클라우제비츠의 업적을 이어받아 그를 능가할 만큼 정신적인 발전을 이룩했다." [54]

슐리펜이 인식한 섬멸은 정치적, 경제적으로 적국을 소멸시키는 것이 아닌 적 군사력의 무력화였다. 이는 곧 군대가 한 국가의 총체적인 인적, 물적 그리고 정신적인 힘을 대변한다는 논리에 따른 인식이었으며 당시 독일 제국에서도 이러한 섬멸의 개념은 일반적이었다. 양면전쟁에 대해서도 바로 이 신속한 섬멸이 가능한지를 놓고 많은 논란이 있었다. 또한 베른하르디는 반드시 필요한 경우에만 적군을 완전히 소멸시켜야 한다고 주장하기도 했다.[55] 섬멸적인 사고는 원래부터 독일에서 발생했지만 당시 프랑스군, 영국군, 러시아군의 목표도 동일했다.[56]

그러나 앞서 강조했듯 섬멸은 물리적 말살이 아닌 전쟁도구인 육군의 무력화를 의미했다. 대표적인 예로 골츠는, '격멸과 섬멸을 적군 전체의 무력화, 즉, 살육으로 인식해서는 안 된다' 그리고 '섬멸이란 적이 일시적으로 전투를 지속할 수 없는 물리적인, 심리적인 상태에 빠지게 하는 것으로 이해해야 한다'[57]라고 기술했다. 작전적 수준에서 적 부대를 무력화시키는 것이 곧 섬멸이라는 인식은 19세기 말 독일의 군사 저널리즘에서 상식이었다. 유럽의 전쟁에서 상대편 국가의 모든 국민을 살육한다는 것은 상식 밖의 일이었다. 제2차 세계대전 이후의 문헌들은 제국시대의 섬멸사상을 과대평가하고 있다.[58] 바로 '섬멸회전의 도그마'를 집필한 예후다 발라흐가 이러한 논리의 시초를 제공했다.[59] 오늘날까지 섬멸 또는 섬멸전을 확대해석하려는 사람들도 있다.[60] 나미비아Namibia에서 벌어진 대량 학살과 같은 섬멸 전쟁[61]으로부터 슐리펜 계획을 거쳐 제2차 세계대전시 소련지역에서 벌어진 국방군의 인종말살전쟁으로 이어지는 독일 섬멸전략의 발전과정을 주장하는 이들도 있다.

국방군이 대소련 전역에서 민족말살을 위한 전쟁범죄를 자행한 것은 사실이지만 이런 전쟁범죄를 제국군[62]의 사상과 연계시키는 것은 바람직하지 못하다. 다만 언제부터 주목표가 적군의 무력화에서 무제한적인 섬멸로 변질되었는가를 따져봐야 한다. 한 가지 확실한 사실은 슐리펜의 총참모부가 민족말살의 섬멸전쟁을 계획하지 않았다는 점이다. 그러나 제정시대 말부터 이미 최초로 물리적인 섬멸을 주장하는 사람들이 나타나기 시작했다. 그들은 과거 독일-프랑스 전쟁에서 겪은 무시무시한 국민전쟁을 상기시키면서 통상적인 작전적 섬멸의 범주를 넘어서야 한다고 주장했다.[63] 군부의 대다수 장군들도 결정적 회전에 이어 벌어질 국민전쟁에 관한 블루메의 의견에 동의를 표시했다.

"적군이 스스로 패배를 인정하고 국민전쟁으로 확대하는 것을 방지해야만 작전적(작전술적) 성공을 달성했다고 할 수 있다. 출혈을 피하고자 하는 전쟁은 그 자체로 모순이다. 특히나 오늘날에는 적을 제압하기 위해 모든 합법적인 수단을 총동원해야 하고 이는 그 국가가 전쟁을 통해 타개해야 할 상황이 그만큼 심각하지만 전쟁에서 얻을 수 있는 이익이 증대되었다는 사실을 의미한다. 이러한 관점에서 전쟁을 일으키는 것만이 고통을 줄이는 일이다."[64]

칸나이Cannae냐 로이텐Leuthen이냐?

대몰트케와 마찬가지로 슐리펜은, 화력 면에서 방자의 우세와 특히나 독일군의 수적 열세를 고려할 때 성공적인 섬멸회전을 위한 방책은 단 하나, 지속적인 포위작전을 감행하는 것뿐이라고 주장했다. 따라서 섬멸회전을 달성하기 위해 포위에 대한 강한 의지를 표출했고 그러한 포위가 슐리펜만의 작전적 사고의 두 번째 핵심이었다.

시간적 압박 속에서 섬멸적 회전으로 이어지는 성공적인 포위를 위한 전제조건은 바로 작전적 수준의 기동전을 시행하는 것이었다. 결국 기동이라는 기반이 있어야 그 위에 섬멸회전과 포위라는 두 개의 축이 존재할 수 있었고, 중점형성과 기습도 달성할 수 있었다. 기동이라는 요소를 빼고서는 슐리펜의 작전적 사고를 설명할 수 없었다. 대몰트케처럼 슐리펜도 대규모 육군을 성공적으로 지휘하기 위해서는 오로지 기동에만 답이 있다고 주장했다.[65] 더욱이 슐리펜은 자신이 주관한 최종적인 전쟁연습에서 휘하의 장군참모장교들에게 다음과 같은 강력한 신념을 당부했다.

"회전에서 승리하기 위해서는 진지를 점령하고 있어서는 안 된다. 오로지 기동으로만 승리할 수 있다. 이것은 진리이다."[66]

작전적 포위는 기동과 밀접한 관계가 있다. 그는 적의 전방과 측방을 동시에 공격하는 것만이 승리할 수 있는 유일한 해법이라고 확신했다. 슐리펜은 독일제국의 작전적, 전략적 상황에 관해 장군참모장교들에게 항상 다음과 같이 언급했다.

"아군의 전력이 열세라는 것을 감안한다면 다음과 같이 작전을 시행해야 한다. 가능한 강력한 전력으로 적의 측익뿐만 아니라 동시에 퇴로를 완전히 차단해야 한다. 이로써 적의 주력에 치명적인 타격을

줄 수 있다. 오로지 이러한 방책만이 결정적인 승리를 얻고, 전역을 신속히 종결시킬 수 있는 유일한 방법이다. 이것이야말로 '두 개의 전선으로 형성된 하나의 전쟁'을 수행해야 하는 우리에게 절대적인 해법이다." [67]

더욱이 그는 퇴임 이후에도 프라이탁-로링호벤Freytag-Loringhoven에게 '모든 전쟁사례에서 알 수 있듯 적의 측방에 대한 공격은 승리의 본질이다'[68]라고 주장하기도 했다.

그러나 그가 주장한 포위사상은 역사 연구의 산물이 아니라 오히려 독일제국의 작전적-전략적 상황을 평가한 결과물이었다. 하지만 퇴임 후에 발간한 칸나이나 나폴레옹 전쟁에 관한 글 등 역사적 사례를 통해 자신이 예전부터 가지고 있던 작전적 사고의 타당성을 증명하려 했다. 포위를 주장하기 위해 서적을 출간하는 한편, 공개적으로 후임자인 소몰트케에게 포위사상을 강요[69]하기도 했다. 슐리펜은 총참모장 재임 당시부터 자신의 생각을 외부에 알리고자 했는데, 총참모부 산하의 전쟁사연구부에 승전사례와 포위의 우수성을 입증할 수 있는 사례를 연구하라고 지시한 적도 있었다.

그러한 맥락에서 슐리펜의 작품, 칸나이는 두 가지 측면에서 매우 특별한 의미를 지니고 있다. 칸나이 회전은 수적 열세에 있었던 카르타고군이 월등히 우세했던 로마군을 양익포위로 섬멸했으므로 자신의 사상을 증명할 수 있는 대표적인 사례였다. 다른 한편으로는 슐리펜의 작품들 중 칸나이만큼 그의 작전적 사고를 정확히 묘사한 글은 없었다. 20세기에도 젊은 장교들은 슐리펜의 칸나이를 최상의 작전[70]이자 진리로 인식했던 반면, 비판론자들은 오늘날까지도 칸나이를 슐리펜의 그칠 줄 모르는 작전적 과대망상의 상징물로 비하하고 있다.[71] 슐리펜의 작전적 사고를 주제로 토의할 때마다 그의 예찬론자들이나 비판론자들 모두 슐리펜의 발언에 일관성이 없다는데 아쉬워한다. 슐리펜은 자신의 가설을 입증하기 위해 명백한 역사적 진실을 왜곡해서 설명하기도 했고, 때로는 자신의 주장을 번복하기도 했다. 예를 들어 수적인 우위를 달성해야만 양익포위가 가능하다[72]고 언급하면서도 한편으로는 "칸나이는 전쟁사상 유례를 찾기 어려운 완벽한 회전이었다. 한쪽에서는 한니발이 다른 한쪽에서는 테렌티우스 바로Terentius Varro가 각자 원대한 목표를 달성하기 위해 서로 각자의 방식으로 상호작용을 했기 때문이다."[73] 라고 주장하기도 했다.

이러한 표현으로 승리를 위한 해법이라고 제시한다든지 교조적인 섬멸회전을 이상적인 방책이라고 주장하는 것은 다소 부적절하다. 그러나 슐리펜은 사실 고대가 아닌 프리드리히 시대에 초점을 두고 역사를 평가하는 관점을 가지고 있다. 칸나이는 슐리펜이 지향하는 회전이 아니었고 따라서 칸나이에 대한 언급은 여기서 줄이기로 한다. 프로이센에 기반을 둔 총참모부는 이미 제국의 통일 직후부터 프리드리히 대제 시대의 전쟁을 연구했고 18세기 중반 프로이센과 제정시대의 상황을 비교, 분석했다. 만일 그들의 유추해석이 조작되었거나 역사가 결코 되풀이되지 않는다 해도 프로이센과 독일제국의 지리전략적 상황이 매우 유사했다는 점은 틀림없는 사실이다. 왜냐하면 독일제국의 근원지이자 훗날 독일연방의 중심이었던 프로이센도 유럽의 정중앙에 위치해 있었고 독일제국도 프리드리히 대제 시대와 마찬가지로 다면전쟁이 발발할 경우 잠재적국들에 비해 인적, 물적 열세를 면하기는 어려웠다. 그러한 이유로 총참모부는 끊임없이 프로이센이 7년 전쟁에서 승리하게 된 요인들을 찾기 시작했다. 현재의 문제를 해결하기 위해 역사를 고찰하는 방법을 택했던 것이다. 그 연구를 통해 얻은 결론은 오로지 작전적 포위에 이은 섬멸회전을 통해서만 승리를 얻을 수 있으며 그러한 승리를 달성하는데 총사령관의 천재성이 결정적인 역할을 한다는 것이었다. 전쟁 승리를 위해 회전의 중요성도 부각되었다. 그 결과 슐리펜은 자신의 작전적 사고를 설명하기 위해 로이텐 회전을 핵심적인 사례로 이용했다. 프리드리히 대제가 로스바흐Rossbach에서 승리한 후 내선을 이용하여 서쪽에서 동쪽으로 신속히 부대를 이동시켜 측방공격으로 열세를 극복하고 승리를 거둔 회전이다.

수많은 독일군 장교들은 제국의 지리전략적 상황을 배경으로 한 역사적 유추를 타당하다고 인식했다. 그러나 이러한 전쟁사례를 선택하는 과정에서 7년 전쟁의 종결이 프리드리히 대제의 회전 승리가 아닌 전쟁 당사국의 국력소모와 철저한 정치적 협상을 통해 달성되었다는 사실을 간과하고 말았다. 슐리펜 스스로도 로이텐 방식의 작전에 찬성했고[74] 현대적인 칸나이는 오로지 최상의 조건에서만 달성할 수 있다고 언급했다. 총참모부도 한쪽 방향에서의 제한적인 포위작전은 실행 가능하다고 판단했으므로 결국 1905년 슐리펜의 비망록에 기록된 작전적 포위계획은 로이텐으로부터 도출된 계획이었다.[75]

질(質)적 그리고 양(量)적 전투력

슐리펜의 작전적 포위를 성공하기 위한 필수적인 조건은 일사불란한 지휘체계, 잠재적국과 수적으로 대등한 전력, 그리고 질적으로 고도의 전투력을 보유한 군대였다. 총참모부 역시 질적 군사력을 중시했다. 하지만 슐리펜 시대에 수적 열세가 위험수위에 도달했다는 우려의 목소리가 늘어나고 있었다. 자신의 작전계획을 실행하는 데 중대한 영향을 미칠 수 있다는 결론까지 도출되었음에도 슐리펜은 전쟁부에 병력 증강을 요구하지 않았다. 슐리펜 스스로 이러한 상황을 그다지 심각하게 받아들이지 않은 탓도 있었지만 당시 독일제국에서는 각 조직의 관할권을 침범하지 않는다는 규범이 존재했기 때문에 슐리펜은 육군의 증강을 중단한다는 카를 폰 아이넴Karl von Einem 전쟁부 장관의 고집을 꺾을 수 없었다. 이러한 사례를 토대로 볼 때, 당시의 총참모부는 독일제국의 전쟁계획수립과 전쟁지도 영역에서는 최고의 권력기관이었지만 그러한 계획실행에 필요한 병력, 물적 자원 확보와 확충에 대해서는 전혀 힘을 행사할 수 없는 조직이었다. 전쟁부 장관은 국가재정과 국내정치적 이유, 그러나 과도하게 많은 시민계층 출신의 장교들로 구성된 군대로 인해 전제 군주의 권력이 약화될 가능성을 우려한 나머지 군사력의 증강을 거부했다. 또한 총참모부도 그러한 전쟁부 장관에게 전쟁계획을 보고하지도 않았고 군비 증강을 설득하려고도 하지 않았다.[76] 소몰트케에 와서야 비로소 병력 증강을 요구하기 위해 관할 영역을 뛰어넘어 총참모부의 계획을 전쟁부 장관에게 상세히 보고했다. 그러나 소몰트케도 작전수행에 반드시 필요한 전투력의 증강을 관철시킬 수 없었다. 하지만 전임자 슐리펜과 마찬가지로 소몰트케도 독일군의 월등한 질적 전투력과 지휘술로 이러한 열세를 극복할 수 있다는 강한 자신감을 표출했다.[77]

계획수립과 지휘

대몰트케의 주도로 시작된 총참모부 조직의 확장은 슐리펜의 재임기간에도 강력하게 추진되었다. 총참모부 내부의 부서는 11개에서 16개로 확대되었다.[78] 총참모부는 지역별 지리연구와 지도제작뿐만 아니라 제III-b과를 창설하여 외국 육군에 대한 정보수집, 전쟁을 대비한 부대훈련, 특히 동원과 전쟁수행에 관련된 모든 문제를 관장했다. 총참모장은 장군참모장교들의 전술 및 전략 교육과 더불어 특히 독일 육군의 작전적, 전략적 전쟁계획 수립에 관한 권한과 의무를 가지고 있었다. 총참모부의 전개계획 부서[79]는 매년 4월 1일을 기준으로 새로운 전개계획을 각 야전군[80]에 하달함으로써 총참모부의 작전적 사고가 작전계획으로 구체화되었다. 이 전개계획은 4월 1일을 기준으로 시행하도록 설정되어 있었고 그 이전에 철도부는 전년도 11, 12월경 극비리에 하달된 총참모장의 '전개 지침'을 근거로 육군의 철도 전개계획을 수립했다.[81] 이러한 전개계획들은 다른 기밀문서들처럼 1년 단위로 유효기간을 설정, 파기[82]했고 이러한 과정은 매년 반복되었다. (표 1 참조)

매년 동원계획을 근거로 소수의 장군참모장교들[G]만이 참여해서 전쟁계획을 수립하는데 실로 막대한 에너지가 소모되었다. 슐리펜과 그의 참모들은 철저히 그 시대의 과학기술을 최대한 적용하고 논리적 절차에 따라 작전수행 간의 불확실성 또는 불합리성을 사전에 없애고자 계획수립에 혼신의 노력을 기울였다. 슐리펜은 우연 또는 일순간 자신의 계획시행에 차질을 초래할 수 있는 클라우제비츠의 마찰을 사전에 계획수립 단계에서부터 제거하고자 했다. 결국 동원, 전개, 작전과 회전 등이 통합된 거대한 계획으로 거듭났다.[83] 계획수립 단계에서 마찰뿐만 아니라 적의 결심까지도 미리 예측하고 나아가 강요하고자 했다. 슐리펜과 참모들은 주도권 확보를 통해 적의 행동의 자유를 구속하면 충분히 가능하다고 판단했다.

그러나 이러한 사고방식은 원래 독일군 고유의 특성이 아니라 배리 포센Barry Posen이 언급했듯 군사 조직의 특수성에서 비롯되었다. 이것을 조직이론으로 설명한다면 다음과 같다. 모든 조직들과 특히 군은 마찰을 회피하기 위해 예규standard operating procedures에 따라 업무나 작전을 수행하려는 성향이 있다. 여기서 중요한 것은 바로 외부로부터 영향을 받지 않고 그 조직의 결심을 이행하고자 하는 의지이다. 외부의 영향이란 정치와 같은 국내 상황, 적

G 슐리펜 시대에 총참모부에는 162명의 장교들이 근무했다.(저자)

(敵)으로 상징되는 국외적인 상황을 모두 포함한다. 또한 그러한 사고방식은 수세적이기보다 공세적이다. 방어는 단순히 상대의 행동에 대한 대응일 뿐이다. 동시에 오랜 시간 동안 행동의 자유를 적에게 넘겨주는 행위이다. 따라서 사태의 주체가 아닌 객체로서 예측할 수 없는 마찰이 증가한다. 방어와는 달리 공세는 계획에 의거 적으로부터 주도권을 빼앗고 가능한 한 장기간, 멀리까지 자신의 의지에 따라 전술적-작전적 수준에서 행동하면서 오해와 실수를 최소화할 수 있다. 결국 군지휘관은 수세보다 공세적 교리를 더 선호하게 마련이다.[84] 이러한 배경에서 독일 육군은 오늘날까지도 강조하는 '임무형 지휘'를 적용했으며 이는 곧 임기응변의 시스템과 일맥상통한다.

한편 슐리펜은 매우 엄격하고 치밀한 작전수행을 요구했다. 그는 유능한 지휘관이라면 중앙에 위치한 한 지점에서 수 대의 전화기로 지휘해야 한다고 주장했다. 이는 필연적으로 작전적 수준에서의 행동의 자유를 제한시켰다. 계획에서 벗어난 것은 절대 허용하지 않았다. 슐리펜은 총사령관이 작전계획 실행을 명령한 이후에는 절대로 작전에 영향력을 행사하면 안 된다고도 언급했다. 그 때문에 모든 장교들은 작전 실시간 만일의 사태에서 마찰요소들이 발생하면 총사령관이 구상하는 틀 안에서 융통성 있게 행동할 수 있도록 평시부터 총사령관의 관점에서 교육 및 양성되어야 한다고 강조했으며 그러한 행동의 필요성을 이렇게 역설했다.

"다수의 전쟁사례에서 알 수 있듯 모든 장교들이 상급지휘관의 의도대로 행동할 수 없다면, 전세는 불리해지고 결국에는 패배를 면치 못하게 되고 만다. 모든 야전군사령관들과 장성급 지휘관들은 총사령관의 구상을 자신의 것으로 인식해야 할 의무가 있다. 특히 회전의 승부가 야전군사령관들과 장성급 지휘관들의 지휘능력으로 회전의 승

표 1

출처 : Wörterbuch zur deutschen Militärgeschichte, Bd 1: A-Me, S. 236.

부가 결정될 수 있으므로 그러한 책무는 더욱더 막중한 것이다."[85]

슐리펜은 독일의 전통적인 지휘 원칙인 예하지휘관들의 독단성을 강조했지만 반면 그 위험성에 대해서 강도 높게 지적했다. '독단성… 참으로 좋은 능력이지. 하지만 하급지휘관들은 그로 인해 엄청난 책임을 감수해야 한다는 것도 명확히 알아야 한다'[86] 뜻밖에도 이 위대한 원수는 임무형 전술의 옹호자들이 항상 간과하는, 독단성이 하급지휘관들에게 미치는 부정적인 영향을 정확히 짚어냈다.

어쨌든 이제 장군참모장교들은 말을 타고 진두지휘하면서 병사들을 고무시켜야 하는 영웅적인 전사나 현장 지휘관이 아닌 '시대의 흐름을 이해하고 우수한 교육을 통해 종합적으로 상황을 파악하며 과학적인 분석의 틀에 따라 용병술을 발휘하는 최고의 군사 전문가'들이었다.[87]

총참모부는 정부 내에서 중추적인 기관으로 자리매김했다. 독일제국의 총체적인 전쟁계획을 수립하는 책임을 지닌 유일한 기관이었다. 슐리펜과 그의 후임자들은 해군과 전쟁계획에 대해 단 한 번도 협의한 적이 없을 정도로[88] 육, 해군 간의 교류는 없었다. 해군을 제외하고 총참모부와 관계를 맺고 있었던 기관은 군사내각과 전쟁부였다. 군사내각은 장교들의 인사정책과 황제의 통수권에 관한 자문기관이었고 전쟁부는 군사력의 증강과 군비를 관할했다. 전쟁부 장관은 제국의회에서 군사 문제에 관해 제국수상을 보좌했다. 이러한 관계 속에서 세 조직 가운데 가장 역사가 짧은 총참모부는 비교적 장기간의 소규모 전쟁계획조차 전쟁부의 승인을 받아야 했기 때문에 전략적 전쟁계획을 발전시키는데 제한사항이 많았다. 이 세 개의 조직 상부에 군림하는 황제의 고유권한은 전략적 전쟁계획을 조율하고 결정하는 것이었지만 빌헬름 2세 황제는 이러한 자신의 과업을 이행할 수 있는 능력도, 의지도 없었다. 따라서 각각의 조직들은 종종 대립관계를 형성하면서 그들만의 계획을 수립하고 업무를 처리했다. 위로 황제가 존재했지만 제국정부 및 전쟁부 장관과는 별개의 의사소통 라인을 형성했던 총참모부로서는 평시에 작전적 계획수립 권한만 가졌을 뿐, 제국의 전략적 계획을 발전시킬 권한이 없었다.

1871년 이래로 제국 창건의 주역으로서 스스로 노력해서 얻은 권위와 지위를 누려야 한다고 생각했던 총참모부는 이러한 처사를 못마땅하게 여겼다. 또한 1920, 30년대의 슐리펜 계파의 비망록들을 근거로 총참모부가 획일적으로 사고하고 계획하는 조직이었고 무명의 장군참모장교들이 마치 톱니바퀴처럼 상호 간에 아무런 의사소통 없이 총참모장의 지시에 따라 그저 행동했다는 평가는 사실상 타당성이 부족하다. 엄격한 비밀유지와 문서 소실 때문에 약 15명으로 구성된 총참모부의 수뇌부에 관한 자료들이 매우 부족한 것은 사실이다. 그렇지만 예를 들어 총참모부 내부에 세대 간의 갈등과 작전적 차원의 다양한 의견들이 존재했다는 사실로 볼 때 총참모부는 그다지 획일적인 조직이 아니었다. 여러 문건들을 살펴보면 슐리펜도 전임자들이 계획한 육군의 편성에 관해 이미 오래전부터 비판해 왔고 자신의 새로운 구상이 이행되기를 고대했다는 것도 시사하는 바가 크다.[89]

슐리펜이 '민족적 영웅, 대몰트케'의 수세적 견해와 사상에 관해서 조건부 동의를 표시하며 양면전쟁을 공세적으로 해결해야 한다고 주장했던 세대의 대표자였다면 소몰트케는 슐리펜 계획에 대해 시종일관 거부반응[90]을 보였다. 슐리펜이 재임 말기, 즉 1905년 자신의 비망록을 완성했을 때 후임자가 새로운 구상을 내어놓자 이에 격노했던 사실을 눈여겨볼 만하다. 1904년 서부지역 장군참모현지실습의 사후강평[91]에서 드러났듯 슐리펜 재임 말기 그의 작전적 계획에 대해 강도 높은 비판의 목소리들이 있었다. 취임했을 당시 스스로 소장파의 대변인으로서 변화를 촉구했던 슐리펜이 임기 말 동일한 현상에 직면하게 된 현실은 운명의 아이러니가 아닐 수 없다.

그러나 이러한 세대 갈등은 한편으로 총참모부 내에 획일적, 교조주의적 사고가 존재하지 않았으며 오히려 매우 다양한 작전적 구상들이 존재했음을 입증하고 있다.

전개계획

슐리펜은 수년 동안 총참모부의 요직에서 전쟁을 대비한 전개계획 수립에 동참해 오던 중 1891년 발더제의 후임으로 총참모장에 취임했다. 종래의 작전개념은, 동부에 중점을 두고 서부와 동부에서 공세적인 방어작전을 시행하는 것이었다. 슐리펜이 총참모장에 취임했던 시기는 유럽 정세상 중대한 전환기였다. 이미 오래전부터 시작된 러시아-프랑스 간의 협력관계는 최근의 독-오 동맹만큼 공고해졌다. 슐리펜이 가상의 양면전쟁 위협을 현실적인 시나리오로 인식할 만큼 당시 상황은 매우 심각했다.

첫 번째 비망록에 기록했듯 슐리펜은 취임 몇 개월 후 전임자들의 계획들을 철저히 분석했다. 그리고 검토에 착수한지 단 1년 만에 계획한 대로 러시아군을 먼저 쳐서 섬멸시킬 수 있을지에 대해 의문을 품게 되었다. 러시아군은 철도망을 보완하여 예전보다 더 신속하게 전개할 수 있었고 완공된 나레브Narew 요새 방어선을 이용해 수세로 나올 경우 독일군은 정면공격 외에는 달리 공략할 방법이 없었다. 결국 러시아군을 섬멸하기는 불가능했다. 따라서 정해진 시간 내에는 동부에서 어떠한 결전도 기대할 수 없었다. 더욱이 러시아군은 언제라도 러시아 본토 깊숙이 철수할 수도 있었다. 한편 프랑스가 발달된 철도망을 이용하여 독일보다 앞서 동원을 완성한다면 매우 이른 시기에 공세를 취할 수 있다고 판단했다. 그 결과 슐리펜은 신속한 결전을 통해 격멸해야 할 가장 위협적인 적을 프랑스로 인식했다. 슐리펜은 1892년 자신의 전임자들이 기초한 전개계획들을 수정하고

독일군의 주력, 즉 작전적 중점을 서부로 전환했다.[92]

1894년 총참모장은 프랑스가 신속히 공세에 돌입할 것이라는 가정을 기초로 비망록을 작성했다. 프랑스군의 공세에 대해 장기간의 방어로는 승산이 없다고 판단했으며 그들이 독일군의 방어선을 돌파할 수도 있다는 우려를 표했다. 그러한 이유로 슐리펜은 유사시 조기에 군사력을 서부에 전개시켜 즉각적인 공세로 프랑스군을 격멸해야 한다고 주장했다. 이러한 계획은 다음과 같은 확신에 기초를 두고 있었다.

> *"전쟁에서 승리하려면 주력이 충돌하게 될 지점을 선점해야 한다. 또한 수동적인 입장에서 적이 어떻게 행동할 것인가를 기다려서는 안 된다. 우리가 어떻게 작전할 것인가를 결정할 수 있어야만 비로소 승리할 수 있는 가능성을 얻게 된다."*[93]

만일 예상과 달리 프랑스군이 공세를 취하지 않는다면 중포병을 낭시Nancy에 집중 투입하여 프랑스군의 요새지대를 돌파하는 방책도 신중하게 고려했다.

그러나 슐리펜은 낭시에서의 신속한 돌파가 불가능할 것이라는 결론에 도달했고 마침내 1897년 8월 2일의 비망록에 기록되어 있듯, 프랑스군의 요새지대 돌파작전을 백지화한 후, 그 지역을 최대한 회피하여 가능한 한 장애물이 거의 없는 통로[H]를 이용하는 공격을 실시하기로 결심했다. 이후 슐리펜은 베르됭 북부로 우회할 수 있는 가능성을 타진했다. 포게젠 산맥과 벨기에-룩셈부르크 국경 사이의 협로들은 독일 육군이 전개하는 데 매우 제한적이었기 때문에 그는 '베르됭을 우회하여 공격하기 위해서 룩셈부

H 최소저항선

르크뿐만 아니라 벨기에의 중립성을 훼손하는 것까지도 감수해야 한다'[94] 고 주장했다. 슐리펜의 공격목표는 프랑스군의 후방을 타격하여 파리 일대의 프랑스군을 파리 외부로 끌어내어 섬멸하는 것이었다. 이로써 그는 처음으로 프랑스군 요새시설을 포위하려는 의지를 기록으로 남겼다. 그러나 1897년까지는 파리를 포위하는 대규모 공세까지는 미처 착안하지 못한 상태였다.

1892년부터 슐리펜이 프랑스를 상대로 한 공세를 결심했지만 총참모부의 작전부서는 아직도 동부에서의 대규모 전개계획 수립에 매진했다. 매년 동부와 서부에서 장군참모현지실습이 시행되었다. 게다가 총참모부는 전쟁연습과 사후강평을 통해 동부에서 발생 가능한 모든 전쟁시나리오들을 분석했고 특히 서부에 비해 다소 불비한 철도망을 이용하는 수송방안들을 검토했다. 독일은 오스트리아-헝가리 제국과 동맹관계에 있었지만 독일이 동프로이센에서 나레브강 방면으로 공세를 감행할 때 오스트리아군은 그다지 큰 힘이 되지 못할 것이 뻔했다. 명확하게 합의된 작전계획도 없었고 오스트리아군은 그들 나름대로 별도의 작전계획을 가지고 있었으며 서로 중요하지 않은 정보만을 공유했다. 결국 자국의 이익을 달성하기 위한 각자의 전쟁을 계획했던 것이다.[95]

1897년부터 1904/05년까지의 전개계획들, 장군참모현지실습과 전쟁연습들을 살펴보면 원칙적으로 슐리펜은 포위작전을 고수했지만 그러한 작전의 위험성을 매우 정확히 인식하고 있었다. 즉 대규모 포위만을 지향해서는 안 되며 포위의 범위가 과도하게 확대되어서도 안된다고 경고하면서 프랑스군 지휘부의 행동에 따라 작전적 목표들이 달라질 수 있다고 강조했다.

"부대를 전개하는 목적은 두 가지이다. 바로 역습과 공격을 위해서

이다. 적이 전개를 완료해서 선제공격을 실시한다면, 아군은 과감하게 역습을 시행해야 한다. 만일 적이 요새 뒤에 머무를 경우에는 공격을 감행해야 한다." [96]

그러나 슐리펜의 이러한 발언에서도 알 수 있듯 그의 작전계획에는 근본적인 문제점이 내재되어 있었다. 만일 프랑스군이 그들의 요새에서 수세를 취하면서 장기전을 시도한다면, 그리고 만일 러시아군이 예상보다 신속히 동원을 끝낸다면 어떻게 해야 할 것인가? 서쪽에서 전쟁을 종결하고 주력을 신속히 동쪽으로 이동시킨다는 슐리펜의 전략적인 개념은 송두리째 무너지고 말 것이다. 독일군에게 이러한 상황은 그야말로 엄청난 재앙이었다. 프랑스군과 러시아군이 동시에 집중적인 공세를 감행한다면 독일군은 그것을 막아낼 힘이 없었던 것이다. 하지만 슐리펜은 과감한 공세로 프랑스군을 유인, 격멸하는 신속한 결전으로 이러한 문제를 극복할 수 있다고 자신했다.

1902년, 결국 슐리펜은 프랑스가 독일의 포위계획을 입수했고 그에 대비하리라 판단하여 작전계획을 변경하기로 결심했다. 이에 1902-03년 독일 육군의 주력이었던 제2야전군에서 제6야전군까지 5개의 야전군과 제18군단을 프랑스-룩셈부르크 국경지대에 전개시켰고 제1야전군에게는 측방방호 임무를 부여했다. 슐리펜의 의도는 다음과 같았다.

『툴과 베르됭 일대 그리고 낭시를 동시에 공격한다. 프랑스는 독일의 북부를 공략할 것이고 독일군은 우익의 야전군으로 프랑스군의 측방을 공격하여 그들을 격멸한다. 그곳에서 승리한 후 독일군 우익은 베르됭 근처에서 마스강$_{Maas}$을 도하하여 프랑스군의 후방으로 진격한다.』 [97]

또한 슐리펜은 역습과 정면공격, 포위작전을 결합한 계획을 수립했다.[98] 1904-05년 전개계획에서도 근본적으로 그러한 구상을 고수했다. 좌익을 증강시키는 대신 우익의 전력을 다소 약화시켰고 우익은 좌익과 그리 멀리 이격되지 않은 북쪽으로 우회기동하는 계획이었다. 슐리펜은 베르됭 일대에서 결정적 회전의 여건을 조성하기 위해 로트링엔(현재 프랑스 로렌 지방)에서 강력한 역습과 함께 정면공격을 감행하기로 결심했던 것이다.[99]

두 가지 방책 모두 나름대로 타당했고 이것은 슐리펜의 계획이 얼마나 탄력적이었는가를 반증한다. 그러나 이 시점까지도 슐리펜은 벨기에 영토를 관통하는 대규모 공세에 관심을 갖지 않았고, 1905-06년 전개계획을 수립할 시점이 되어서야 조금씩 방향을 수정하기 시작했다. 전년도의 계획에 따르면 디덴호펜의 북부에서부터 네덜란드 국경까지 8개 군단과 6개 예비사단이 전개되어야 했지만 이 계획에서는 17개 군단과 2½개 예비군단으로 증강되었다. 하지만 이 계획에서도 1905년의 비망록에 기록한 것과 같이 우익에 강력하고 명확한 중점을 형성해야 한다는 개념은 여전히 포함되지 않았다. 슐리펜은 단지 베르됭 북부를 지향해서, 우익으로 브뤼셀 Brüssel방면을 향해 벨기에 영토를 통과, 릴Lille 일대를 확보하는 거대한 포위작전을 구사하려고 했다. 그는 이 시기에 처음으로, 전쟁이 발발하면 중립국인 네덜란드까지 침공할 수도 있다고 결심하게 된다.

왜 슐리펜은 1904년 기존의 구상을 변경하고 정치적 그리고 작전적으로 그토록 엄청난 위험이 내포된 전개계획을 수립했을까? 게르하르트 리터는 슐리펜이 이러한 중대한 결정을 하게 된 이유를 러일전쟁에 따른 정치적 상황이 변화된 탓도 있었지만 프랑스의 계획변경에 대한 대응은 결코 아니었으며 오로지 순수한 군사적 요인 때문이었다고 분석했다. 리터는 슐리펜을 정치적인 결정이나 상황변화를 전혀 고려하지 않고 작전계획을 수립하는, 자폐적이며 오로지 군사만능주의로 행동하는 '순수한 군인'의 형상으로 그려냈다. 그러나 최근 발견된 자료에 따르면 슐리펜은 1904년 가을, 정치적인 이유와 최신의 적 관련 정보를 근거로 독일의 전개계획을 변경하기로 결심했다. 총참모부의 제III-b과(정보부)도 1904년 하계부터 프랑스군 좌익의 위치가 북부로 전환되었고 러일전쟁의 영향으로 프랑스군이 단독으로 공세를 취하는 일은 없을 것이라 확신했다고 한다.

> *"1904년까지는 프랑스군이 선제공격을 할 수 있다고 판단했지만, 러일전쟁의 결과로 인해 현재로서는 그럴 가능성은 없다고 판단된다. 프랑스군은 오히려 전쟁이 발발하면 공격보다는 요새 뒤에서 우리의 공세에 대비할 것이 분명하다. 프랑스군은 여전히 아군의 우익이 단순히 그들의 요새지역 북부로 우회하리라 판단하고 있다. 주력부대를 신속히 더 북쪽으로 진출, 전개하는 방책은 종래의 알사스-로렌 일대에 전개하는 계획보다 한층 더 큰 강점을 내포하고 있다."* [100]

슐리펜은 분명히 이러한 적에 관한 상황평가를 근거로 수년 내에 프랑스가 러시아의 지원 없이는 공세보다는 신중하게 수세를 취하면서 좌익을 강화할 것이라고 생각했다. 그는 이러한 판단 하에 1904년 제1차 장군참모현지실습의 사후강평에서 자신이 구상했던 베르됭 북부에서 메치에레Mézières까지 이르는 포위에 대해 의구심을 표시했다. 슐리펜은 프랑스군이 요새화된 진지를 포기하고 이탈하도록 강요하는 데 실패할 경우, 그 자체가 바로 엄청난 위험이라고 인식했다. 따라서 슐리펜은 처음으로 독일 육군의 주력을 베르됭-릴 간의 취약한 요새지역을 목표로 공격하는 방안을 고려했다. 물론 네덜란드의 중립을 짓밟아야 하고 북부 벨기에 지역에서의 장거리 행군으로 기습효과를 상실하는 등의 불리한 측면도 있었다. 하지만 프랑스가 전략적 상황변화로 인해 대규모 요새방어선을 현대화하는 작업에 착수했고 요새시설을 완전히 우회[101]하기 위해서는 그러한 대규모 우회, 포위기동 외에는 비책이 없었다.

1905년 장군참모현지실습 기간 중 슐리펜은 측근들과 함께 자신의 새로운 작전적 계획을 모의, 평가했다. 총참모장으로서 마지막으로 수립한 1906-07년 전쟁계획에서 비로소 자신이 예측한 긍정적인 결과들이 나타났다. 따라서 슐리펜은 대프랑스 전쟁에 관한, 서부지역 제1단계 전개계획에서 우익을 한 층 더 강화시켰다. 첫 번째 작전목표-제1군은 안트베르펜Antwerpen 방면의 우측방을 방호하고 제2군은 브뤼셀을 목표로 진격-를 통해 슐리펜이 구상한 독일군 우익의 포위작전이 얼마나 광대했던가를 잘 알 수 있다. 명령은 다음과 같았다:

> *'제7군을 제외한 전 육군은 벨기에를 통과하여 남쪽으로 우회 기동을 실시한다. 좌익(제8군)은 메츠 일대를 점령하고 필요시 베르됭 방향으로 강력한 방어선을 편성하여 육군의 좌측방을 방호한다'* [102]

단지 이 구절만으로도 명확한 그의 의도를 엿볼 수 있다. 이 시점에 슐리펜은 벨기에 전체 영토와 네덜란드의 일부를 포함하는 광대한 지역에서의 포위작전을 계획했던 것이다.

슐리펜은 총참모장 재임 중 작전계획을 모두 네 차례 변경했다. 1892년에는 작전적 중점을 동쪽에서 서쪽으로 옮겼다. 1894년에는 전임자들이 설정한 수세적인 기본 방침을 폐기하고 프랑스군에 대해 정면공격 형태로 신속한 공세를 감행하기로 결심했다. 1897년 이후에는 베르됭 북부의 프랑스군 요새방어시설만을 우회할 계획이었으나 1904년에 이르러서는 총체적인 요새방어선을 크게 우회할 것을 결심했다.

그러나 장교단에서 슐리펜 계획을 비판하는 이들이 등장했다. 1918년 이후 슐리펜 추종세력들도 그 계획의 약점을 인정했고 1945년 이후 슐리펜의 비판론자들도 당시의 지적들을 재해석하여 비판했다. 골츠와 베른하르디 같은 당대 최고 군사이론가들은 슐리펜 계획의 실행 가능성에 대해 의문을 제기했고 고트리프 폰 해즐러Gottlieb von Haesler 원수는 고양이를 자루에 넣듯 프랑스를 제압할 수 있다는 슐리펜의 생각은 위험천만하다는 의견을 표시했다.[103] 또한 총참모부 내에서도 슐리펜 계획에 반대하는 목소리도 있었다. 1895년 총참모장 아래의 부장을 역임한 마르틴 쾨프케Martin Köpke 육군 소장은 다음과 같이 예언했다.

"여러 가지의 징후를 고려했을 때 미래의 전쟁은 1870-71년의 양상과는 판이하게 다를 것이다. 승부를 결정짓는 신속한 승리를 기대해서는 안 된다. 따라서 아쉽지만 이제는 군과 국민 모두가 이러한 관점에 익숙해져야 한다."[104]

슐리펜 계획

1906년 2월 슐리펜은 자신의 후임자 소몰트케에게 '대프랑스 전쟁'Krieg gegen Frankreich[105]이라는 제목의 비망록을 넘겨주었다. (지도 4 참조) 이 비망록은 슐리펜 계획이라는 이름으로 유명해졌지만, 사실상 양면전쟁을 위한 슐리펜의 계획이 아니라 오로지 프랑스와의 전쟁만을 위한 전역계획이었다. 한편 예후다 발라흐는 슐리펜 계획이 로이텐이 아닌 칸나이를 지향하고 있으며 이 비망록도 양면전쟁을 기반으로 하고 있다[106]는 잘못된 해석을 내놓았다. 예후다 발라흐는 수년 동안 슐리펜의 이미지를 부정적으로 각인시켰지만 자세히 분석해 보면 적절하지 못한 부분이 많다.

그러나 그는 이 비망록에서도 전쟁을 대비한 1906년의 전개계획을 기술하지 않았다. 오히려 프랑스와의 단일 정면전쟁이 발발할 경우를 대비하여 최선의 방책을 제시한 일종의 연구서였다. 동시에 사실상 주관적인 관점에서 후임자 소몰트케로 하여금 자신의 의견을 따르기를 권유하는 유언장이었다. 왜냐하면 소몰트케는 원칙적으로 슐리펜의 기본적인 구상-서부에 중점을 형성하고 프랑스군의 요새지대를 우회한 후 신속히 섬멸한다.-에는 동의했지만 포위에 대한 교조적인 집착은 거부했으며 포위가 효과를 발휘하기에 앞서 정면에서 적을 강력하게 고착하는 것이 우선이라고 주장했던 것이다. 슐리펜은 자신의 일생일대의 역작이 소몰트케 때문에 물거품이 될 것을 우려했다. 그래서 그는 역사 앞에 자신의 입장을 분명하게 표현하고 후임자에게 자신의 작전적 기본구상을 다시 한 번 문서로 상기시켜 호소하기로 결심했다.[107] 그리고 소몰트케에게 프랑스와의 전쟁 발발을 대비한 제안들과 시행지침을 지속적으로 제시했던 것이다. 오히려 이 비망록은 실질적인 작전계획이라기보다는 1906-07년 프랑스와의 전쟁을 대비한 전개 및 동원계획의 기본조건들을 포함한, 발생 가능한 작전적 시나리오이자 동시에 슐리펜의 작전적 사고의 개념서였다. 게다가 이것은 소몰트케가 장차 군사력 증강을 관철시킬 수 있는, 그것을 권고하는 치밀한 의도가 내포된 문건이었다.

그러한 슐리펜의 가장 중요한 작전적 사고를 이해하기 위해 이 비망록에 대해 간단히 살펴보도록 하자. 수많은 전문가들은 슐리펜이 '슈퍼 칸나이'Supercannae를 계획했다고 주장하지만 이는 옳지 않다. 슐리펜이 제시한 개념은 사실상 '슈퍼 로이텐'Superleuthen이었다.

슐리펜은 적에 대한 상황평가, 즉 프랑스가 수세를 취할 것이라고 판단하고 독일 육군을 총동원하여 강력한 우익과 상대적으로 약한 좌익[I]으로

I 우익에는 23개 군단, 12.5개 예비군단과 8개 기병사단을, 반대로 좌익에는 단 3.5개 군단, 1.5개 예비군단, 3개 기병사단만을 투입할 계획이었다.

지도 4

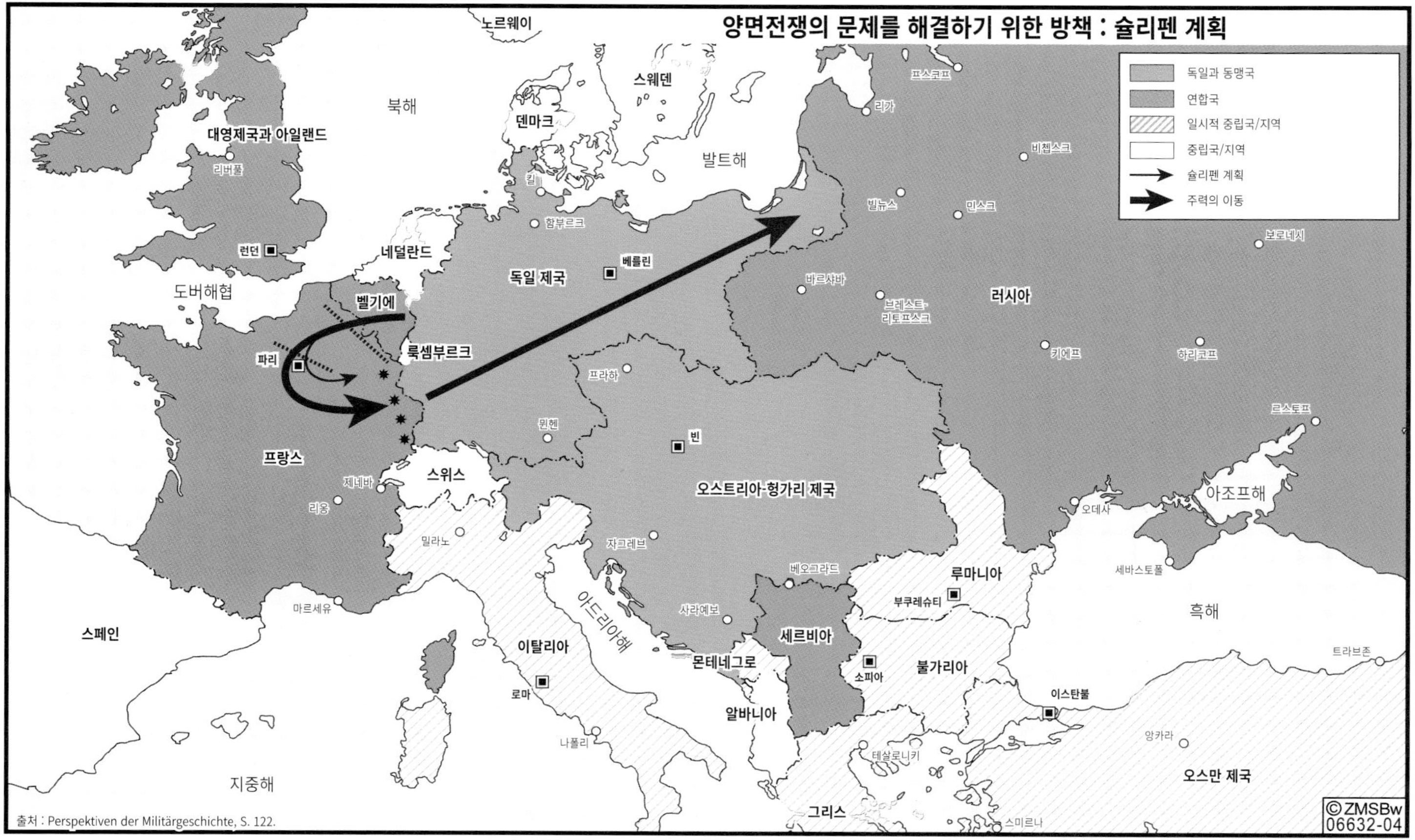

양면전쟁의 문제를 해결하기 위한 방책 : 슐리펜 계획

독일과 동맹국
연합국
일시적 중립국/지역
중립국/지역
슐리펜 계획
주력의 이동

노르웨이
스웨덴
북해
덴마크
대영제국과 아일랜드
리버풀
발트해
킬
함부르크
런던
네덜란드
독일 제국
베를린
도버해협
벨기에
룩셈부르크
파리
프라하
뮌헨
빈
프랑스
제네바
스위스
리옹
밀라노
오스트리아-헝가리 제국
자그레브
베오그라드
마르세유
아드리아해
사라예보
세르비아
스페인
이탈리아
몬테네그로
로마
알바니아
나폴리
지중해
그리스
프스코프
리가
비쳅스크
빌뉴스
민스크
보로네시
바르샤바
브레스트-리토프스크
러시아
키에프
하리코프
로스토프
아조프해
오데사
세바스토폴
루마니아
부쿠레슈티
흑해
소피아
불가리아
트라브존
이스탄불
앙카라
테살로니키
오스만 제국
스미르나

출처 : Perspektiven der Militärgeschichte, S. 122.

© ZMSBw 06632-04

편성하여 서부에 전개시켜야 한다고 주장했다. 우익과 좌익의 선투력 비율은 7:1이었다. 우익은 메츠-베젤Wesel 선상에 전개를 완료한 후 벨기에, 룩셈부르크, 네덜란드를 통해 진출하며 대규모 포위로 프랑스군의 요새시설과 메치에레와 라 페르La Fère까지 북서쪽으로 뻗어있는 방어진지들을 우회하여 나무르Namur 일대에서 남쪽으로 선회, 공세를 감행해야 한다고 기술했다. 양익의 회전축은 메츠-디덴호펜의 요새지대였다. 좌익이 수행해야 할 우선적인 임무는 프랑스군을 고착하기 위해 낭시로 진격하고 이어서 독일군 좌측방을 방호하는 것이었다.

공세를 위한 시간 계획은 그야말로 치밀하고도 야심찼다. 공세 22일차에 벨기에-프랑스 국경지대에 도착하는 것이 최초의 목표였다. 슐리펜은 프랑스 국경지대 돌파에 성공한 후 국경 인근 여러 지역에서의 치열한 대규모 포위회전을 통해 프랑스군을 섬멸적으로 격파해야 한다고 주장했다. 만일 프랑스군을 우아즈강Oise의 차안에서 섬멸하는 데에 실패하거나 만약 이들이 남쪽으로 철수한다면 파리를 서쪽에서 포위하고 최종적으로 공세 31일차부터 부대를 동쪽으로 선회시켜 프랑스군을 요새지대 뒤로 몰아넣어 압박한 후, 대규모 섬멸회전에서 격멸해야 한다고 기술했다.

슐리펜은 중단 없는 연속적인 공격을 요구하기도 했다. 총체적인 작전은 시간적 압박 속에서 진행되어야 하며, 언제든 프랑스군의 역습, 이를테면 그들이 라인강 상류를 넘어 공격하는 등의 상황도 예상해야 한다고 언급했다. 그러나 반드시 우익에서 결정적 회전이 벌어질 것이며 따라서 프랑스군은 그러한 역습을 조기에 중단하게 될 것이라고 기술했다. 1912년, 퇴임 후 마지막으로 작성된 비망록에는 더욱이 대서양 해안까지 이르는 거대한 포위 기동을 위해 동프로이센까지도 포기할 수 있어야 한다고 주장했다. 슐리펜은 이러한 전략을 정당화하기 위해 다음과 같이 진술했다:

'오스트리아의 운명은 부크강Bug[J]이 아니라 센강Seine에서 결정지어질 것이다' [108]

그가 세상을 떠나기 불과 며칠 전인 1912년 12월 28일[K] 완성된 이 비망록은 극단으로 치닫던 슐리펜의 작전계획을 대변하는 자료로 오늘날까지 인용되고 있다. 그러나 슐리펜의 비판론자들은 이 비망록이 퇴임 이후 최신 정보에 접근할 수 없었던, 자신의 후임자와 그 주변 인물들에 대해 불평을 쏟아 놓았던, 80세의 고집 센 병든 노인의 연구서였다는 사실을 간과하고 있다.

수많은 연구가들이 항상 주장하는 것[109]과는 달리 슐리펜은 결정적 회전을 프랑스 내부 깊숙한 곳이 아닌 국경 인근에서의 연속적인 대규모 포위 회전들로 구상했다. 본질적으로 그는 시종일관 벨기에 지역까지 연장된 프랑스 국경지대에서의 전개계획을 핵심으로 다루었으며 그 후의 계획은 거의 기술하지 않았다. 리터가 정확히 지적했듯, 슐리펜은 15페이지의 비망록에 국경지역 회전 이후의 작전계획에 대해서는 단 두 페이지만 할애했고 반면 부대 전투편성에 관한 기술을 제외하면 자신의 상황평가와 국경회전까지의 진출에 관련된 내용은 거의 10페이지에 달했다.

즉, 벨기에를 통과해서 진격하는 작전에 관해서는 세부적으로 기술한 반면, 그 이후의 작전은 다음과 같이 짧게 기술했을 뿐이다.

"만일 프랑스군이 남쪽으로 철수한다면 끝없는 전쟁에 휘말리게 될 것이다. 따라서 프랑스군의 좌측방을 공격하여 동쪽, 즉 모젤 요새지

J 현재 우크라이나, 벨라루스, 폴란드 일대의 강
K 슐리펜은 1913년 1월 4일 사망했다

대Moselfestungen와 쥐라Jura 산맥[L] *및 스위스 방면으로 몰아넣어야 하며 프랑스 육군은 반드시 섬멸되어야 한다."*[110]

슐리펜도 대몰트케가 그랬듯이 최초 작전 이후의 방책들을 세부적으로 계획하지 않았다. 항상 그랬듯 고도의 치밀한, 완전한 작전계획은 첫 번째 결정적인 회전까지로 한정되었다. 따라서 이 비망록은 최종상태까지 완전히 제시된 승리의 해법서라고 할 수는 없다.

1905년의 비망록은 대몰트케 이래로 슐리펜이 계승 발전시켰던, 독일군이 중시한 기동, 공격, 신속성, 주도권, 중점, 포위, 기습과 섬멸 등 독일군의 작전적 사고를 담고 있다. 또한 그것의 위험요소와 약점까지도 드러냈다. 계획만으로 실질적인 모든 마찰요소를 제거할 수 있었을까? 실제로 적을 수동적으로 움직이도록 강요하고 그들의 행동을 제어할 수 있었을까? 전투 상황 하에서 보병은 충분한 거리를 신속히 행군할 수 있었을까? 신속한 기동전 수행을 위한 과학기술적 보조수단은 과연 존재했던 것일까? 공격작전 간 군수지원은 원활했을까? 육군의 차량화 비율은 어느 정도였으며 철도망과 분리된 작전수행 능력이 있었을까? 독일 육군의 병력 규모는 공세를 취하기에 적합했을까? 회전 승리에 이어 발생할 수 있는 국민전쟁을 감안할 때 전쟁을 어떻게 종결시켜야 했을까? 고도의 화력을 내뿜는 현대적인 기관총의 등장으로 기병은 더 이상 회전장에서 전투력을 발휘하기 어려웠다. 그렇다면 무엇으로 신속한 작전을 수행해야 했을까? 그리고 만일 실패할 경우 대체 가능한 대안이 있었던 것일까? 혹 지리한 소모전으로 치닫는 불상사를 초래할 가능성도 있었는데, 그에 대한 대안이 과연 있었던 것일까?

L 스위스와 프랑스 사이의 산맥

슐리펜과 소몰트케는 물론 많은 군사이론가들도 이러한 질문에 적절한 답변을 내놓지 못했다. 슐리펜은 몇 차례의 전쟁연습에서 보여주었듯 그러한 문제들을 무시했다. 일례로 어느 날 그는 파리를 서쪽에서 포위하기 위해 특수임무부대들이 필요하다고 주장했지만 그러한 부대 편성은 문서 상에서만 가능했다. 전투상황을 고려하지 않은 채, 보병의 행군거리와 시간을 단순히 산술적으로 계산했다. 또한 총참모장은 행군로의 상태가 양호하다며 예하부대들로 하여금 진출 시간을 엄수하도록 강요했고 예하부대가 전력을 투구하기만을 강조했다.

육군에 대규모 차량화정책을 단행했더라면 이러한 문제는 최소화될 수도 있었다. 또한 작전적 사고의 관점에서도 기동성과 속도가 고도로 증가할 수 있었다. 그러나 현실은 달랐다. 물론 다음과 같은 사례도 있지만 그것을 근거로 군사 지도부가 과학기술을 수용하기를 꺼렸다고 단정 짓기에는 논리가 부족하다. 일각에서는 제1차 세계대전 발발 십수 년 전부터 획기적이고도 급속한 기술혁신과 그것이 전쟁에 미치는 영향에 대한 부정적인 시각이 확실히 존재했다. 더욱이 베른하르디와 몇몇 군사이론가들은 과학기술에 대한 적대감까지 표출할 정도였다.[111] 기관총의 발명으로 방자가 막대한 양의 총탄을 퍼부어 공격 자체가 불가능한 상황에 직면했을 때 제국군이 제시한 해결책은 바로 정신력이었다. 과학기술의 혁신이 아닌 정신력으로 난관을 극복해야 한다고 강조한 사례는 그들이 과학기술의 효력을 부정한 대표적인 사례이다.[112] 강인한 공격정신과 확고한 필승의 의지만으로도 과학기술은 한계에 봉착할 것이고 적군의 빗발치는 기관총탄들도 이겨낼 수 있다는 것이다. 한편 과학기술을 적용한 슐리펜의 현대적인 작전적 지휘를 비판하는 이들도 있었다. 헤르만 기를Hermann Giehrl은 최신의 통신수단 때문에 기술지상주의와 관료주의가 등장할 것이며 이 때문에 총사령관의 천재적인 지휘역량이 저하될 뿐만 아니라 전체 장교단의 능력도 문제

시될 만큼 치명적인 결과를 낳을 수 있다는 우려를 표시했다.[113]

분명히 독일은 수년 동안 전쟁수행에 절대적으로 필요한 포병의 화포와 기관총의 개발에 소홀했다. 또한 개발의 중요성을 과소평가하는 중대한 실수를 저질렀다.[114] 물론 이런 경향이 과학기술에 대한 공포증에서 비롯되었다는 데는 의문의 여지가 없다. 그러나 에릭 브로즈Eric Brose 같은 이들은 독일이 전술개발을 소홀히 함으로써 그와 관련된 과학기술의 혁신을 올바르게 이용하지 못하고 경제적으로도 잘못된 결정을 내린 것이 바로 훗날 제1차 세계대전에서 패배한 가장 중요한 원인이라고 주장했는데 이는 적절하지 못한 평가이다. 실제로는 전혀 상반된 현상들이 나타났기 때문이다. 전쟁부는 일단 새로운 과학기술이 전쟁에 도입될 수 있는지 검증하려는 신중한 입장에서 민간 기술의 상용화를 관망했다. 반면 총참모부는 오히려 신기술을 전쟁의 보조수단으로 도입하는 것을 강력하게 추진했다. 다수의 연구가들이 독일군 지휘부 내부에 과학기술에 대한 거부감이 팽배해 있었다고 주장했으며 슐리펜의 비판론자들이 그의 말이나 기록을 잘못 해석하여 슐리펜이 과학기술을 수용하지 않았다는 가설을 내놓았지만 사실 슐리펜은 생각보다 훨씬 더 현대적인 기술에 대해 개방적이고 동시에 우호적인 인물이었다. 비판론자들은 단지 보병의 소화기와 기관총의 발전만을 우선시했다는 이유만으로 슐리펜이 신기술에 부정적이었다고 추측했다. 그러나 이는 과학기술에 대한 슐리펜의 인식을 정확히 해석하지 못한 결과였다. 그들의 해석과 달리 슐리펜은 전선에서 이격된 현대적인 지휘소에서 지휘해야 하는 총사령관에게, 최첨단의 통신수단, 자동차, 오토바이와 비행선은 절대적으로 필요한 과학적인 지휘수단이라고 강조했다.

슐리펜은 기동전 수행을 위해 현대적인 통신수단이 반드시 필요하다고 인식했지만 과학기술에 대한 관심은 거기서 끝이 아니었다. 수년 동안 지속적으로 중(重)곡사포 도입을 주장했다. 이 분야의 발전은 슐리펜의 후임

시기까지 계속되어 1914년 전쟁 개시 직전에 '뚱뚱한 베르타'Dicke Bertha라는 애칭으로 불린 구경 42cm 중 야포를 도입하는 성과를 낳기도 했다. 특히 총참모부는 내선에서의 작전적, 전략적 전쟁수행에 절대적으로 필요한 철도기술에 주목했다. 총참모부의 철도부는 대부대의 이동을 통제하기 위한 철도 운영체계를 발전시켰다. 철도를 이용한 작전적, 전략적, 기술적인 측면에서 그 시절은 총참모부와 독일 육군의 절정기라고 볼 수 있다.

철도와는 대조적으로 도로와 지상에서의 전술적, 작전적 수준의 전쟁수행을 위한 기술은 매우 낙후되어 있었다. 화물차의 도입은 매우 더뎠고 사실상 군 지도부가 화물차의 도입에 전혀 관심이 없었다고 해도 과언이 아니다. 특히 차량들의 지형극복 능력부족과 저출력 엔진이 큰 문제 거리였다. 뿐만 아니라 비용을 줄이기 위해 전시에는 민간인 화물차량의 징발 계획까지 준비할 정도였다. 따라서 독일 육군은 1914년 전쟁 발발 당시 신속한 작전적 포위를 달성하기 위해 필수적이었던 도로 수송능력은 매우 보잘것없는 상태였다.

작전적 수준의 전쟁수행을 위한 또다른 중요 수단은 바로 정찰능력이었다. 총참모부는 항공기와 비행선의 발명으로 속전속결을 목적으로 하는 부대지휘를 위한 고도로 향상된 정찰능력을 보유하게 되었다. 독일은 1914년 전쟁 발발 시점에 체펠린Zeppelin을 전력화시켰다. 또한 소몰트케는 당시의 기술발전 양상에 따라 항공기에 의한 공중정찰을 주장했다. 따라서 제1차 세계대전이 발발하기 직전까지, 작전적 수준의 전쟁수행을 위해 필요한 수단 측면에서, 즉 과학기술의 이용과 발전양상을 종합적으로 분석해 보면 상반된 두 가지의 성향이 나타났음을 알 수 있다. 독일군은 신속한 작전적 수준의 전쟁수행을 위한 핵심적인 능력, 즉 기동성과 관련된 철도기술 면에서 절정기를 맞았던 반면 도로와 지상을 이용한 차량화는 철저히 경시했다. 이 문제는 전쟁수행 중에는 절대로 해결할 수 없는 치명적인 과실이

었다.[M]

슐리펜은 육군의 군수문제도 다음과 같이 단언했다:

> *"군량(軍糧)은 절대 부족할 리가 없다. 풍족한 벨기에와 비옥한 북부 프랑스 땅에서 아군은 충분한 군량을 공급받게 될 것이다. 그곳 주민들은 자신들이 보유한 식량도 부족하겠지만 적당히 압력을 행사하면 저장해 둔 식량을 우리에게 내어 줄 것이다."* [115]

슐리펜은 탄약과 물자에 관해서는 일절 언급한 바가 없고 현지 주민들에게 압력을 행사한다면 식량은 조달할 수 있다고 확신했다. 이러한 예를 제외하더라도 슐리펜의 군수분야에 대한 무관심은 가히 놀라울 따름이다. 슐리펜의 군수분야에 대한 생각은 백만 육군의 시대가 아니라 오히려 프리드리히 대왕 시대의 전쟁양상에 부합하는 수준이었다.[116]

그러나 슐리펜 외에도 거의 모든 군 수뇌부 인사들, 군사 전문가들이 군수분야를 경시했다. 군사 문제 전문가들과 총참모부는 다양한 전술적 또는 작전적 주제에 관해서는 극도로 격렬하게 논쟁했던 반면, 공세적인 작전적 수준의 전쟁수행을 위한 군수분야의 문제점들에 관해 단 한마디도 언급하지 않았다. 작전적 사고만을 강조한 나머지 작전적-전술적 관점이 군수분야보다 확실히 우위에 있었다. 이러한 현상은, 독일 또는 그 이전의 제후국들이 유럽의 중앙에 위치했으며, 그로 인해 제1차 세계대전 발발 이전까지 독일의 영토나 국경에 인접한 지역에서만 회전을 치른 데서 기인했다. 독일군은 군수보급에 있어서 문제를 겪어 본 경험이 전혀 없었던 것이다. 1870-71년 독일-프랑스 전쟁 당시에도 군은 전쟁기간 내내 보급기지

M 1918년 종전 당시 서부 전역에 연합군은 200,000대의 화물차량을, 독일군은 겨우 40,000대의 차량을 보유했다.

로부터 원활한 보급품을 공급받을 수 있었다. 중부 유럽을 벗어나 집중적인 공세를 시도할 경우 작전적, 전략적 승패를 가르는 요소는 완벽한 군수보급의 유무인데, 이 분야에서 독일군의 역량은 크게 부족했다. 영국의 상황은 독일과는 정반대였다. 그들은 섬이라는 지리적 여건으로 인해 사전에 보급문제가 보장되지 않으면 영토 밖에서는 어떠한 공세도 실시할 수 없었다.

블루메는 기동전을 수행하기 위해 군수분야가 얼마나 중요한가를 다음과 같이 강조했다.

> *"군대는 -적이 방해하지 않는 상황을 전제한다면,- 자연적인 장애물을 극복하고 욕구를 충족시키며 필요한 물자를 보충하기 위한 수단을 스스로 보유하거나, 외부로부터 공급받거나, 혹은 현지에서 조달할 수 있을 때, 즉 생존을 보장받을 때만이 자유로이 공간에서 기동할 수 있다. 때로는 전장이 매우 중요한 보조수단을 제공할 수도 있다. 그러나 전장 그 자체에서 모든 종류의 물자(그 예로 탄약 등)와 모든 부대가 전투력을 발휘할 수 있는 조건을, 모든 상황을 타개할 수 있을 만큼 충족할 수는 없다. 따라서 특정한 보조수단이 존재하지 않을 때는 그만큼 작전수행 능력도 제한될 수밖에 없다."* [117]

블루메는 작전수행을 위해 군수물자의 확보가 반드시 필요하다고 역설했지만 총참모부는 이를 받아들이지 않았다. 한편 그들은 제1차 세계대전 발발 직전까지 수년 동안 다수의 19세기 사례를 근거로 작전적 수준의 전쟁을 위한 군수지원의 소요를 연구했다. 백만 육군으로 확장됨에 따라 군수지원은 더욱더 어려워졌으며 특히 군수물자가 부족하면 작전수행에 제한이 있었다는 결과가 도출되었다. 그러나 그들이 찾은 해법은 신속한 기동전을 이행하기 위해서 가능하면 소량의 보급품을 직접 휴대해야 한다는 것이었다. 따라서 전투부대는 과거 나폴레옹 시대에서처럼 반드시 필요한 양의 물자들을 직접 보유한 채 전투에 투입되었고 전장 주변의 주민들은 고려의 대상에서 제외했으며 이런 사고를 당연하다고 생각했다.[118]

영국의 역사가 휴 스트라챈Hew Strachan이 지적한 대로 총참모부는 작전적 기동전을 시행하기 위한 군수지원의 개념을 발전시키지 못했으며 그로부터 초래되는 결과들을 무시했다.[119] 결국 작전계획 수립 간에 군수의 문제들은 끝까지 배제될 수밖에 없었다.

또한 비망록과 전쟁연습들에서 알 수 있듯 슐리펜뿐만 아니라 다른 군사 전문가들도 성공적인 회전 이후 전쟁을 어떻게 종결할 것인가에 대해서도 결론을 제시하지 못했다. 위험천만한 국민전쟁과 소모전쟁양상이 벌어지면 독일은 절대 승리할 수 없다는데 모든 군사 전문가들은 동의했다. 따라서 회전에서 승리하면 전쟁에서 승리할 수 있다는 개념을 진리로 받아들였다. 다른 유럽 국가들의 군대들도 마찬가지였지만[120] 수많은 독일 군사 전문가들은 여러 가지 문제들에 대한 해법을 심리적, 정신적 요인에서만 찾으려 했다. 용감무쌍한 공격정신, 즉 투철한 '옛 게르만인의 용맹한 돌격정신'furor teutonicus으로 무장하고 전장에서 종횡무진 돌진할 수 있는 확고한 필승의 신념과 총검만으로 지리전략적인 상황과 수적인 열세를 극복해야 한다고 강조했다. 슐리펜은 자신이 주관한 마지막 전쟁연습의 사후강평에서 그의 동료들에게 다음과 같은 유언을 남겼다.

> *"대우회기동의 성공을 위해서는 강력한 독단성, 불굴의 투지, 필승에 대한 확고한 의지를 지닌 지휘관과 진퇴양난의 위기에서 정면돌파할 수 있는 부대가 필수적이다."*[121]

전쟁연습들

리터나 발라흐, 특히 후자는 슐리펜의 작전적 사고가 매우 편협하고 교조적이라 주장했다. 그러나 사실은 그와 다르다. 마인츠 대학의 교수인 에버하르트 케셀Eberhard Kessel은 리터의 주장을 정면으로 반박했다. 케셀은 폭격으로 인한 육군 문서보관소의 피해 이전에 슐리펜이 주관한 다수의 전쟁연습, 사후강평, 장군참모현지실습에 관한 문건들을 열람했으며, 이를 반론의 근거로 제시했다. 여기에는 슐리펜이 착안한 다수의 방책들이 포함되어 있었다.[122] 과거 문서보관소에서 새로이 발견되었으며, 슐리펜의 유명한 비망록과 같은 시기에 작성된 1905년의 두 차례의 전쟁연습 문건은 케셀의 주장을 뒷받침하고 있다. 첫 번째 전쟁연습의 사후강평은 러일전쟁에도 불구하고 러시아가 프랑스와 함께 독일, 오스트리아-헝가리를 상대로 전쟁을 일으키는 상황을 상정했다. 이때 슐리펜은 양면전쟁의 근본적인 문제, 즉 내선에서 부대를 이동시키는 문제로 고민에 빠졌다. 비교적 길지만 그의 작전적 사고에 관한 이해를 돕기 위해 매우 중요한 자료이므로 여기서 인용하도록 한다.

> *"프랑스, 러시아와의 전쟁이 임박한 상황에서 결정적 회전의 이론은 매우 시사하는 바가 크다. 이 이론을 개략적으로 설명하자면, 우리는 프랑스 방면에 모든 전력을 투입하여 결정적 회전을 실시한다. 당연히 우리의 승리로 종결될 것이다. 회전 후 그날 저녁 또는 늦어도 다음날 아침에 열차가 준비되어야 하고 승리한 군사들은 동부로 이동해야 한다. 바익셀강, 네만강Neman, 또는 나레브강 방면에서 새로운 결정적 회전을 치르기 위해서다. 그러나 제군들이 그러한 방식으로 전쟁이 전개될 수 없다는 사실을 증명했기에 나는 대단히 만족스럽다. 회전 이*

후에는 […] 추격작전이 벌어질 것이고 이것을 종결하기 위해서는 때때로 상당한 시간이 소요될 것이다. 어쨌든 1870년 스당에서의 회전을 결정적 회전이라고 볼 수도 있겠지만, […] 만일 그해 9월 2일, 스당의 모든 독일군을 즉각 바익셀로 이동시켰더라면 1870년 프랑스 전역에서 무슨 일이 벌어졌겠는가?"

이러한 인식을 바탕으로 슐리펜은, 결정적 회전에서 압도적인 승리를 쟁취한 뒤에도 즉각 다른 지역으로 부대를 이동시키는 것이 간단하지 않았던 러일전쟁의 사례를 설명하면서 동료들에게 다음과 같이 말을 이었다:

"만일 몇 개월간 프랑스와 전쟁해야 하는 상황이 발생한다면 우리는, 그들[러시아군]이 바익셀강, 오데르강, 엘베강Elbe을 넘어 진군하는 것도 수수방관해서는 안 된다. 그때는 프랑스와의 전쟁도 계속 수행할 수 없을 것이다. 그러나 이러한 사태가 벌어져서는 절대로 안 된다. 만일 우리가 결전 이후에 부대를 이동시킬 수 없다면 전쟁 초기 단계에서 러시아군을 물리칠 수 있는 방법을 찾아야 한다." [123]

이러한 진술에서 슐리펜이 대프랑스 전쟁의 장기화 문제를 매우 심각하게 인식했다는 사실이 드러난다. 같은 맥락에서 줄곧 섬멸회전이 아닌 결정적 회전만을 부르짖던 그가 이제 결정적 회전 이후에도 적을 완전히 격멸하지 못할 수 있다는 생각을 품었다는 사실은 매우 흥미롭다. 게다가 동부의 바익셀강 서쪽의 광대한 영토를 절대로 포기할 수 없다는 생각을 가지게 되었고 따라서 전쟁 초기부터 동부에서의 공세적 방어를 구상하게 된 것이다.

지금까지도 일부 학자들은 줄곧 슐리펜의 계획이 획일적이라고 주장하지만, 1905년 12월 슐리펜이 주관한 전쟁연습의 사례를 살펴보면 그의 작전적-전략적 계획들이 얼마나 탄력적인가를 잘 보여주고 있다. 슐리펜은 독일, 오스트리아-헝가리 제국의 두 동맹국이 프랑스, 러시아, 영국의 세 연합체제[N]와 전쟁을 벌이는 가상 시나리오로 전쟁연습을 실시했다. 그는 스스로 이 시나리오가 실현 가능성이 없다고 인식했지만 우리에게는 1914년, 독일의 공세계획과 당시 상황을 시사하는 매우 흥미로운 것이다. 그는 동부와 서부에서 동시에 공세를 취하거나 한쪽의 적에 대해서만 공격하는 계획은 실행 불가능하다고 판단했기 때문에 두 전선에서 전략적인 방어를 계획하게 된다. 또한 상황변화에 따라 단시간 내에 한쪽에서는 역습으로 적을 격멸하고, 그 후 다른 한 쪽의 적을 격퇴하는 계획을 수립했다.[124] 이러한 전쟁연습에서 알 수 있듯 슐리펜은 유사시 전략적 방어작전도 배제하지 않았다.

비망록과 두 차례의 전쟁연습을 서로 대조해 보면 슐리펜의 작전적 사고에 놀랄만큼 다양한 선택의 폭이 내재되어 있음을 엿볼 수 있다. 따라서 일부 군사 전문가들이 주장한, 군사적 교조주의자라는 슐리펜의 편협한 이미지는 재고되어야 할 필요가 있다.

소몰트케 계획

소몰트케는 작전적 수준의 문제에서 상당한 의견 차이도 있었지만, 그보다는 사실상 개인적인 불화[125] 때문에 1906년 취임하자마자 즉시 슐리펜과의 접촉을 회피했고 그의 전임자에게 어떠한 조언도 구하지 않았다.[126] 그렇지만 자신에게도 양면전쟁에 대처하기 위한, 더 좋은 대안이 없었기 때문

N 소위 3국 협상이라 일컫는다.

에 근본적으로 슐리펜이 수립한 작전적-전략적 원칙을 고수했다. 또한 소몰트케는 양면전쟁을 두 개의 단일 정면전쟁으로 구분했다. 즉 프랑스를 대규모 포위작전으로 제압한 후 러시아를 공격할 생각이었다. 그러나 소몰트케는 몇 가지 중요한 측면에서 전임자와 생각을 달리했고 전개계획의 핵심적인 사항을 변경시켜 버렸다.[127]

이 조치는 취임 후 지리전략적 차원에서, 그리고 작전적 수준에서 발생한 정세 변화를 반영한 결과였다. 슐리펜이 러시아, 프랑스, 영국과의 전쟁은 결코 일어나지 않는다고 확신했던 반면, 소몰트케에게는 전쟁 발발 시 주변 3대 강대국들이 모두 적국이었다. 게다가 소몰트케는 처음부터 슐리펜이 구상한 대규모 포위의 전제조건에 대해 의구심을 품었고, 애초부터 장기전을 배제하지 않았다. 1905년 소몰트케는 이미 황제에게 다음과 같이 간언했다.

> *"결정적인 회전으로 종결되기보다는 국력을 총동원하고 엄청난 비용이 필요한 장기간의 국민전쟁양상을 띠게 될 것입니다. 적국의 국민 전체가 파멸을 맞게 될 것이며 우리도 마찬가지일 것입니다. 만일 우리가 승리한다 해도 우리의 국력은 극도로 소진될 것입니다."* [128]

게다가 소몰트케는 슐리펜과는 달리 프랑스군이 조기에 공세를 취할 것이라 판단했다.[129] 그는 매우 중요한 부분에서 슐리펜 계획에 조건을 달았다. 그는 1908-09년 전쟁계획부터 네덜란드를 통과하는 돌파계획을 철회했는데, 이는 전시에 네덜란드를 독일의 보급품 조달 지역으로 사용하려는 의도였다. 물론 소몰트케는 적절한 조치라고 판단했지만 1년 뒤 이것은 운명적인 실수로 드러났다. 치명적인 위험을 내포했던 리에주 공격을 결정하는 계기가 되었던 것이다.[130] 이 습격으로 전쟁을 억제하기 위한 정치적 협상 가능성이 완전히 사라졌고 독일군은 엄청난 시간적 압박 속에서 전쟁을 수행해야 하는 결과를 초래하게 된다.[131]

1905년 이후 러시아군이 급속도로 전력을 회복하자 소몰트케는 양면전쟁의 위협이 보다 강해졌고 동프로이센 방면의 전투력을 한층 증강시켜야 한다는 결심을 하게 된다.[132] 이러한 상황변화에도 불구하고 서부에 중점을 형성하는 계획만은 확고히 유지되었다. 또한 정치적 여건상 프랑스가 참전하지 않는, 러시아와의 단일 전쟁을 배제해 왔기 때문에 1913-14년 작전계획을 수립할 때에는 동부에 대규모 부대를 전개시키는 방안들이 무기한 보류되었다. 이러한 결정을 하게 된 이유에는 정치적 측면도 있었지만 철도 운용의 기술적 문제가 크게 작용했다. 총참모부의 지도부는 3일 이내에 전개를 완료해야 한다고 지시했지만 새로운 수송계획을 작성해야 했던 철도부는 동부로의 대규모 수송과 전개가 불가능하다고 판단했던 것이다.[133]

전쟁 발발 시 프랑스군이 로트링엔 방면으로의 대규모 공세에 돌입하리라는 첩보들이 총참모부에 들어오고 그러한 징후들이 농후해지자 몰트케는 1909-10년 전쟁계획부터는 점차적으로 알사스-로트링엔 지역에 군사력을 증강시켰다. 동프로이센이 그랬듯이 정치적인 이유에서 로트링엔 지역을 포기할 수 없었던 것이다. 이에 1913-14년 전쟁계획에서는 6개의 군단과 2개의 예비군단으로 구성된 2개 야전군을 좌익으로, 17개 군단과 9개의 예비군단을 우익으로 편성했다. 메츠의 요새지대 남동쪽으로의 공세를 위해 이미 몇몇 군단들이 전개를 완료한 상태였으나 소몰트케는 우익의 부대들이 결전을 수행토록 명령했다. 좌익의 군단들에게는 프랑스군의 공세를 방어 및 고착하여 프랑스군의 주력이 독일군의 우익으로 전환하는 것을 방지하는 임무를 부여했다. 더욱이 만일 프랑스군의 주력이 로트링엔으로 집중적인 공세를 취할 경우 벨기에를 통과하는 대규모 포위, 그 자체를 포기하는 방안도 염두에 두었다. 그러한 포위작전 없이도 프랑스군을

신속히, 조기에 섬멸할 수 있다고 판단했기 때문이다.[134]

마침내 1914년 8월 초 독일 육군의 7/8의 전력이 서부에, 단지 1/8이 동부에 전개되었다. 얼핏 보면 이러한 전개는 1905년의 슐리펜 계획과 동일해 보인다. 그래서 오늘날까지 독일제국이 슐리펜 계획으로 전쟁을 일으켰다는 견해들이 지배적이다. 발라흐도 그러한 논리를 주장한 대표적인 인물이다.[135] 그러나 최근에는 학자들이 새로운 연구결과를 제시하고 있다.[136] 소몰트케의 대프랑스 작전계획과 전임자인 슐리펜의 대프랑스 작전계획 간의 결정적인 차이점들-좌익을 증강시키고, 네덜란드를 통한 진군을 포기했으며 리에주를 조기에 점령한 사실-이 발견되었다. 결국 1914년 독일군은 슐리펜 계획이 아닌 소몰트케 계획에 따라 전쟁을 일으킨 것이다.

앞서 언급했듯 소몰트케가 중점을 변화시킨 이유는 원칙적으로 작전적 차원에서 슐리펜과 의견이 달랐기 때문이다. 그는 이미 전쟁 이전에 오로지 단 하나의 작전계획, 즉 벨기에를 통한 거대한 포위작전에 모든 것을 걸 수 없다고 판단했고 다양한 작전적 대안들도 염두에 두고 있었다. 특히 소몰트케는 전쟁이 발발할 경우 포위 이외에 다른 방책들도 충분히 실행 가능하다고 생각했다.[137] 슐리펜이 재임하던 시절에도 소몰트케는 돌파의 가능성을 주장하며 슐리펜과 논쟁한 적도 있었다. 소몰트케는 장차전에서 돌파와 같은 방법으로도 승리할 수 있다고 믿었다. 전임자인 슐리펜은 어떠한 상황에서건 적에게 자신의 의지를 강요하고 반드시 주도권을 확보하려고 했던 반면 소몰트케는 그때그때의 상황에 따라 프랑스군과 회전하고 그 일대에서 격멸한다는 계획을 수립했다. 그는 그 어디든 적과 조우하는 곳에서 승리하고자 했다. 슐리펜은 능동적이었지만 소몰트케는 지극히 수동적이었다. 한편으로 이 계획은 그의 숙부, 대몰트케가 부르짖었던, 공세로 이전(攻勢移轉)하기 위한 방어의 이점을 이용하고 동시에 제국 지도부에는 정치적 협상의 여지를 남겨주는 효과도 있었다. 그러나 적의 행동에 피동적으로 움직이게 되는[138] 위험성, 따라서 시간적, 공간적으로 전투력이 분산된 상태로 치러야 하는 양면전쟁의 전략적 개념이 순식간에 붕괴될 수도 있는 위험성을 내포하고 있었다.

총체적으로 소몰트케는 기동전 수행 개념 측면에서 전임자 슐리펜보다는 숙부의 작전적 사고에 가까웠다고 할 수 있다.[139] 이는 전쟁 발발 직전의 철도 운용계획에 잘 드러나 있다. 그는 철도를 활용하여 전개 속도를 가속시키려 노력했다. 정치적으로 전쟁 발발이 확실해질 때까지 동원이 완료된 부대들을 주둔지역에 그대로 대기시켰다. 전쟁이 발발하면 철도를 통해 신속히 이동시킬 수 있다는 자신감에서 비롯된 조치였다. 특히 내선을 이용하여 동부에서 서부로, 또는 그 반대로 신속히 병력을 이동시키기 위해 완벽한 철도망을 구축하려는 강한 의지를 표시했다. 이는 총참모부가 장차전을 위해 발생 가능한, 다양한 작전적-전략적인 대안들을 준비하고 있었다는 사실도 보여준다.

또한 이 계획은 소몰트케가 장차전이 얼마나 지속될 것인가에 관하여 고민한 결과로 도출한 계획이다. 그 역시 대몰트케처럼 장기전을 배제하지 않았다. 때때로 독일의 승리에 대해서도 의구심을 가졌다.[140] 이런 승리에 대한 의구심이 제1차 세계대전 이전에 총참모부에 팽배한 자유주의 때문이라는 일부 역사가들의 주장은 타당하지 않다. 육군의 고위층 대부분은 물론 슐리펜도 수와 양적으로 열세인 상황에서도 독일군 장병들의 드높은 사기와 강인한 정신력으로 충분히 승리할 수 있다고 기대했기 때문이다.

하여튼 1914년 전쟁 발발 첫 주에 소몰트케는 분명히 승리에 대한 의구심을 품었고 그 의구심은 전쟁지휘에 큰 영향을 미쳤음이 분명하다. 하지만 그러한 의구심에도 불구하고 소몰트케의 작전적 계획수립 능력만큼은 매우 출중했다. 헤르만 가켄홀츠Hermann Gackenholz도 여기에 절대적인 동의를 표시했다:

'몰트케는 독립성, 완전성 그리고 일관성 측면에서 서부 전역계획을 통해 고도의 전략적[작전적] 능력들을 증명했다' [141]

소결론

제1차 세계대전 발발 직전까지 독일군의 작전적 사고는 포괄적으로 완성되었다고 할 수 있다. 총참모부 안팎에서 수십 년 동안의 토론을 거쳐 작전적 사고의 주요 원칙들이 도출되었다. 슐리펜은 소장파 및 공세지향적인 장교들의 대표적인 인물로 전임자의 작전적-전략적 계획들을 조기에 변경하기도 했지만 대몰트케가 강조한 기동, 공격, 신속성, 주도권, 중점, 포위, 기습과 섬멸과 같은 핵심적인 원칙들을 고수했다. 나아가 그는 이 원칙들을 전술, 작전과 군사전략을 아우르는 하나의 행위로 압축했다. 하지만 슐리펜이 오늘날 일반적인 세 가지 지휘 영역, 즉 전술-작전-전략을 최초로 도입한 것은 아니다. 골츠나 보구스왑스키는 작전을 정의하려고 시도했지만 슐리펜은 어떠한 정의도 남기지 않았다. 평소 그토록 치밀했던 총참모장이었지만, 지시나 교범, 연구서에 작전의 의미를 정의할 필요성을 느끼지 못했던 것이다.

따라서 슐리펜의 작전적 사고는 총참모장 퇴임 이후에 작성된 문건들보다는 재임 중 주관한 전쟁연습, 사후강평, 비망록과 장군참모현지실습에 더 잘 드러나 있다. 그러한 문서들은 최근 새로이 발견되어, 종래까지 알려진 바와 달리 실제로는 슐리펜이 정치적 상황을 훨씬 더 깊이 고려했으며, 보다 많은 융통성을 지니고 있었음을 확인시켜 주었다. 또한 그러한 증거자료들을 통해 군사문제에 관심을 가졌던 대중들뿐만 아니라 획일적 집단주의에 젖어있다고 알려져 있던 총참모부 내에서도 미래의 양면전쟁과 일반적인 작전적 사고를 주제로 광범위한 토의, 때로는 격렬한 논의가 있었음을 알 수 있다. 제국의 군지휘부 내에서는 슐리펜의 구상에 대해서까지 의견이 분분했다.

슐리펜이 주장한 작전적-전략적 독트린은 다음과 같았다.

1. 수세적이고 피동적인 전쟁수행을 거부하고 주도권을 장악하여 공세적인 전쟁을 수행한다.
2. 양면전쟁을 '내선'을 이용한 순차적인 두 개의 단일 정면전쟁으로 분리, 시행한다.
3. 우선 서부에서 중점을 형성하여 공세적으로 전쟁을 수행하고 동부에서는 지연전을 실시한다.
4. 강력한 우익으로 룩셈부르크, 네덜란드, 벨기에 영토를 신속히 돌파하여 프랑스군의 요새 지대를 크게 우회, 프랑스군을 포위한 후 신속한 섬멸회전을 실시한다.
5. 서부에서 승리한 후 철도를 이용하여 전투력을 동부로 전환, 동부에서 지연전을 실시하는 부대와 합세하여 적을 격멸한다.

총참모부 안팎에 포진한 슐리펜의 비판론자들조차도 독일이 장기간의 소모전에서 절대 승리할 수 없다는 전제를 기초로 한 그의 독트린을 긍정적으로 평가했다.[142] 총참모부는 중립국 벨기에를 침공하는 데 대해 단 한 번도 문제 삼은 적이 없었다. 작전을 위해 반드시 필요하다고 인식했기 때문이다. 그러나 세부적인 문제들, 예를 들어 과도한 포위의 강조에 대해서 이견이 존재했다는 것만은 분명한 사실이다. 반론을 제기한 대표적인 인물은 바로 후임자인 소몰트케였다. 소몰트케는 슐리펜이 과도하게 포위에 집착하는 것에 동의할 수 없었다. 슐리펜은 아군의 의도에 따라 상황을 조성하고 아군의 의지대로 적이 움직이도록 강요해야 한다고 주장했지만 소몰트케는 오히려 수동적이지만 상황 변화에 탄력적인 대응을 택했다. 작전적 사고 측면에서 소몰트케의 구상은 자신의 전임자보다 숙부의 구상과 더 유사했고 결국 소몰트케는 슐리펜의 생각과 다른 계획을 수립했던 것이다.

대부분의 독일 군사이론가들처럼 슐리펜과 소몰트케도 결정적 회전을 매우 중요시했으며 거시적으로는 전쟁을 결정짓는 요소로 인식했다. 슐리펜의 작전적 계획들은 종래까지 알려진 내용보다 덜 교조적이며 오히려 매우 탄력적이었다. 그럼에도 불구하고 독일의 작전적 사고의 취약점이 내재되어 있었다. 적의 수적 우세를 고도의 교육훈련과 정신력, 사기와 결합한 우수한 전투수행능력과 지휘력으로 극복할 수 있다는 확신과 전술적-작전적 요인들의 과도한 중시는 군수의 요소들을 무시하는 결과를 초래했다.

한편 당시의 작전적 계획들은 최초 회전과 그 회전에서 압도적인 승리를 달성하는 방책까지만 작성되었다. 상황 변화에 따라 이어지는 향후 전쟁계획이나 전쟁종결 방책들이 존재하지 않았다는 사실은 작전적 사고 측면에서 근본적 부실을 의미한다. 전술적인 상황들을 작전적 수준으로 전환하여 전술과 작전을 긴밀하게 결합시키는 데에는 성공했지만 이를 전략적인 차원으로 승화시키지는 못했다. 그 원인은 전쟁수행에만 치중한 나머지 정치 우위를 부정하고 정부의 모든 정책을 거부한 데에 있었으며 또한 제국 내에 존재했던 관료주의적, 관할 영역만을 강조한 폐쇄적 성향 때문이기도 했다. 극단적인 조직 이기주의로 관할영역을 초월하는 협력은 이루어지지 못했다. 육군과 해군은 물론 총참모부와 전쟁부 간에도 반드시 필요한 경우를 제외하면 서로 소통하지 않았고 설상가상으로 대립각을 세우기도 했다. 종래까지 알려진 것보다 슐리펜은 작전계획에 정치적 문제를 더 심도 있게 반영했지만 당시 관료적 영역의 한계를 극복하기는 어려웠다. 총참모부는 작전을 넘어서 전략적 수준에 이르는 전쟁지도를 위한 영역들에 대해 관여할 권한을 가지지 못했다. 총참모부의 역할은 조직의 관할영역 구분으로 인해 크게 제한되었기 때문에 전개 및 작전계획수립에만 전념할 수밖에 없었다. 스스로 그 길을 택했다고도 볼 수 있고 각 조직의 폐쇄성과 배타적 성향으로 작전적, 전략적인 수준의 결합이 불가능해졌으며 그로 인해 총참모부가 현실에 안주하면서 비판력을 상실했다고 볼 수도 있다. 총참모장 주변의 장군참모장교들이 어느 정도로 현실을 묵과하고 의도적으로 현실을 회피하려 했는지, 또는 조직 이기주의 때문에 의견개진에 얼마나 제한을 받았으며 제국의 총체적 전략계획수립에 얼마만큼의 문제가 발생했는지는 현재까지 미해결 과제이며 충분히 연구할 만한 주제이다. 그러나 이를 이유로 슐리펜과 소몰트케를 비롯한 장군참모들의 작전적-전략적 개념 발전을 위한 지적 능력을 문제시하는 주장도 경계할 필요가 있다.[143]

총참모부는 양면전쟁에 대한 작전적 계획들이 얼마나 고도의 위험을 내포하고 있는지 너무나 잘 알고 있었다. 따라서 그러한 계획들은 승리에 대한 해법이라기보다는 탈출구가 없는 절망적인 상황 속에서 비상조치 정도로 여겨졌지만 국제정세는 점점 더 악화 일로를 걷고 있었다.

그러나 전쟁이 발발할 경우 작전적 독트린에 따른 조치가 실패한다면 외교적으로도 국가의 내정에서도 치명적인 위기가 도래하게 될 것이고, 이는 곧 중대한 위험요소였다. 만일 전쟁에서 패배한다면 통치체계의 불안정이 발생할 수 있고 가장 심각한 경우에는 호엔촐레른 왕가의 종말로, 이어서 군부의 권력상실로 귀결될 수도 있었다. 양면전쟁이 터질 경우 승산이 없다는 사실을 제국 지도부에 알리고 외교정책의 변화를 권유하는 대안도 있었다. 그러나 그 대안은 독일군 장군참모장교들의 자존심에 부합하지 않았으며 그랬다면 제국의 통치기구 사이에서 총참모부나 군부의 지위에 문제가 생길 수도 있다고 판단했던 것이다.

이에 슐리펜과 그 후임자는 적의 전략적 잠재력을 무력화시키는, 따라서 적의 팽창을 저지하는 데 목적을 둔, 기동을 바탕으로 하는 작전적 독트린을 발전시켰다. 다만 독일이 이런 작전적 계획들을 실행에 옮기기 위한, 신속하고도 기동성 있는 전력을 보유했는가 하는 문제가 여전히 남아있었다.

23
22
21

6

혹독한 징벌, 제1차 세계대전의 패배

"공세적 회전의 본질은 포위 또는 우회이며, 따라서 회전 그 자체를 도모하는 것이다."[1]

—

제 3기 육군 총사령부

Dritte Oberste Heeresleitung

1916. 8. 29-1919. 7. 3.

✠

서부 전역

"우리는 저녁 무렵 다시금 적의 돌격을 저지하기 위해 최전방에 배치되었다. 마치 거대한 파도처럼 셀 수 없이 많은 영국군 병사들이 몰려왔다. 그 날 우리는 진지를 사수하는 데 성공했다. 하지만 전투 결과는 처참했고 전장은 시체들로 가득했다. 대부분 영국군의 시체들이었다. 양 진영에 포로가 없을 정도로 참혹한 전투였다." [2]

서부의 전쟁양상은 독일군 총참모부가 계획하고 준비했던 기동전이 아닌, 슐리펜이 자신의 작전적 독트린에서 그토록 피하고자 했던 기나긴 소모전이었다. 1914년 가을 이래로 서부전선에서, 그리고 1년 후 동부전선 일부 지역까지 포함해서 수백 ㎞에 달하는 길고도 종심깊은 대규모의 진지들로 전쟁은 교착상태에 빠져 버렸다. 더욱이 독가스, 중(重)포병, 화염방사기와 기관총의 등장으로 병사들은 1미터를 전진하기 위해 필사적으로 싸워야 했다. 인류의 전쟁역사상 최초로 공병이 땅굴을 파고 동시에 항공기가 폭격하는 등 다차원 공간의 전투가 벌어졌다. 또한 해상에서는 영국이 봉쇄정책으로 독일의 숨통을 죄고 있었다.

소몰트케는 장기간의 국민전쟁을 예측했으며, 일단 그의 예측은 적중했다. 그러나 총참모부가 예측한 '최악의 시나리오'가 현실이 되었음에도 정치, 군사적 정책결정자들은 이러한 상황에 전혀 대비하지 못한 상태였다. 상대편도 이러한 전쟁양상에 당황스러워하기는 마찬가지였지만 그것만으로 독일 측에 위안이 될 수는 없었다. 이러한 사태를 초래한 근본적인 원인은 무엇이었을까? 마르틴 쿠츠Martin Kutz가 언급한 대로 독일군 지도부는 현실에서 도피하고자 한 것일까? 아니면 애초부터 총참모부는 상황에 따라 전쟁양상을 변화시킬 능력이 없었던 것일까?

이러한 질문에 답하기 위해 개전 초기 몇 주의 전황을 짧게 개관할 필요가 있다. 1914년 8월 2일의 동원령 선포 16일 만에 7개 야전군, 160만 명의 병사들이 집결해 행군을 개시했다. 그중 5개 야전군이 우익을, 2개 야전군은 독일 서부 국경 메츠-디덴호프 요새의 남동쪽에서 좌익을 형성했다. 공세 중점은 작전계획에 따라 벨기에 방면에 위치했다. 독일이 프랑스에게 선전포고한 날로부터 14일 후인 1914년 8월 18일, 제1, 2, 3군으로 편성된 우익이 진군을 개시했다. 리에주 요새는 그 전에 선점되었고 단 3일 만에 벨기에-프랑스 국경에 도달했다. 슐리펜과 소몰트케의 예상대로 그곳에서 프랑스-영국 연합군과 국경회전이 벌어졌다. 전(全) 전선에서는 물론 로트링엔과 아르덴으로 진군했던 독일군은 국경회전에서 줄곧 승리를 달성했다. 하지만 적을 포위하거나 섬멸하는 데 실패했다. 슐리펜이 우려했던 단지 '평범한' 수준의 승리였다. 또한 안트베르펜으로 철수했던 벨기에군도 섬멸하지 못했고 연합군은 독일군의 추격을 피해 남부, 즉 파리 방면으로 퇴각했다.[3] 추격 과정에서 제1군은 원래 계획된 파리의 서쪽이 아닌 동쪽으로 진출했다.[A] 프랑스군은 이 기회를 놓치지 않고 9월 6일, 독일군 우측방을 공격했다.[4] 드디어 베르됭에서 파리에 이르는 전 전선에서 프랑스군의 역습이 개시된 것이다. 그러나 육군 총사령부의 지휘부는 당시의 위기상황을 그토록 고대하던 결정적 회전이 임박했다고 인식했다.[5] (지도 5, 6 참조)

A 이러한 조치는 슐리펜 계획과 결정적으로 차이가 나는 부분으로서 전쟁 후 비판받았다. 그러나 '1905년 총참모부 장군참모현지실습' 시 '프라이탁 II 전쟁계획'에서 슐리펜은 파리 동쪽을 통과하는 예비계획으로 구상했음을 보여준다. 1914년 파리의 동부로 기동한 알렉산더 폰 클룩 대장의 결정은, 그의 참모장 헤르만 폰 쿨Hermann von Kuhl 소장이 1905년 소령으로서 슐리펜에 반대해서 연습했었던 쿨 계획Kuhl-Plan에서 비롯된 것으로 그들이 전쟁수행 간에 갑작스럽게 떠오른 착상에서 실시된 것이라기보다 1905년 슐리펜이 총참모부 장군참모현지실습 동안에 제기했던 작전적 구상에 근거한 것이다. (저자 주)

| 지도 5 |

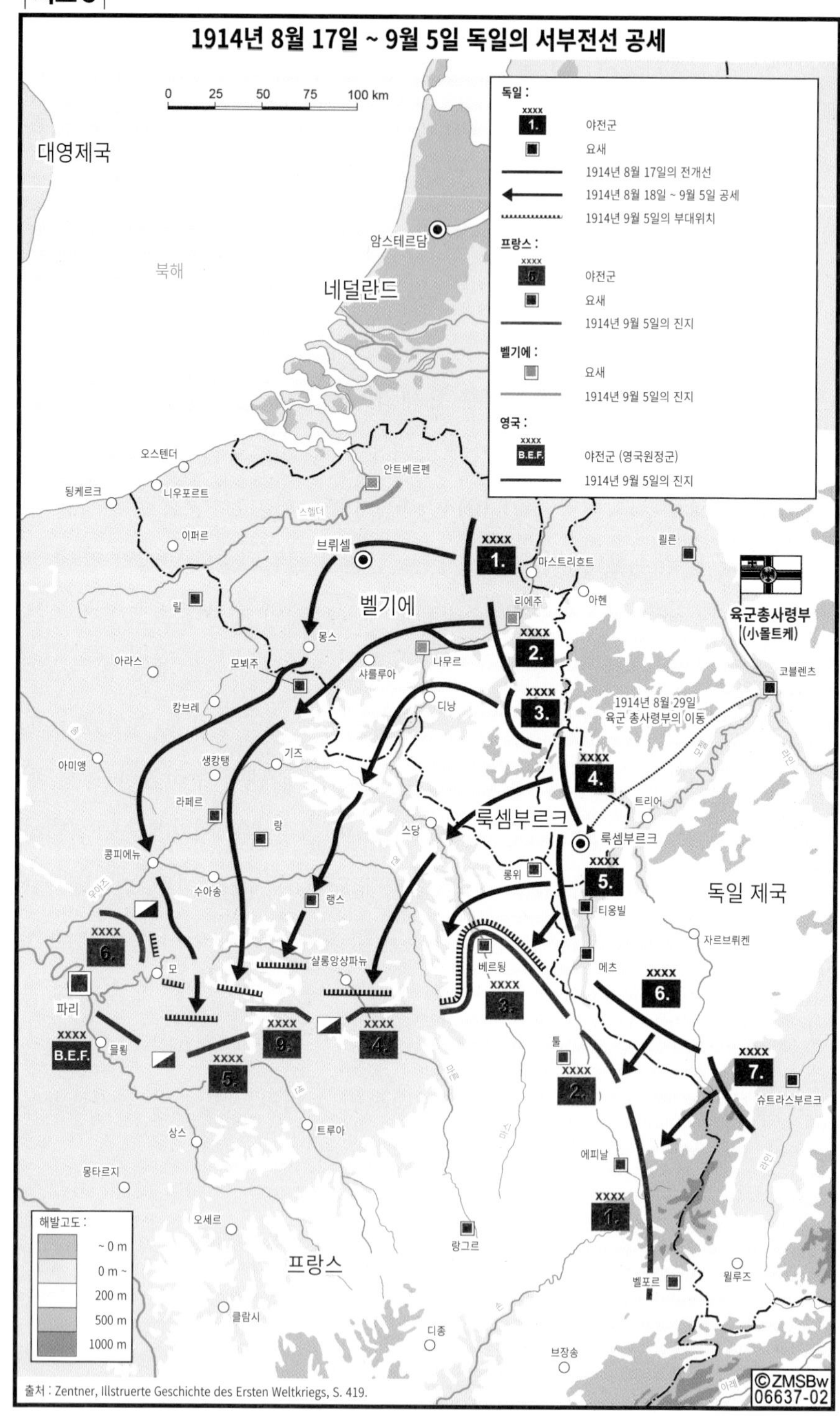
1914년 8월 17일 ~ 9월 5일 독일의 서부전선 공세
0 25 50 75 100 km
독일 :
야전군
요새
1914년 8월 17일의 전개선
1914년 8월 18일 ~ 9월 5일 공세
1914년 9월 5일의 부대위치
프랑스 :
야전군
요새
1914년 9월 5일의 진지
벨기에 :
요새
1914년 9월 5일의 진지
영국 :
야전군 (영국원정군)
1914년 9월 5일의 진지
대영제국
북해
네덜란드
암스테르담
오스텐더
안트베르펜
됭케르크
니우포르트
이퍼르
브뤼셀
벨기에
릴
몽스
아라스
모뵈주
샤를루아
나무르
리에주
마스트리히트
아헨
퓔른
육군총사령부
(小몰트케)
코블렌츠
캉브레
디낭
1914년 8월 29일
육군 총사령부의 이동
아미앵
생캉탱
기즈
라페르
랑
스당
룩셈부르크
트리어
콩피에뉴
수아송
롱위
랭스
티옹빌
독일 제국
파리
모
샬롱앙샹파뉴
베르됭
메츠
자르브뤼켄
B.E.F.
믈룅
툴
슈트라스부르크
상스
트루아
에피날
몽타르지
오세르
랑그르
프랑스
벨포르
뮐루즈
클람시
디종
브장송
해발고도 :
~ 0 m
0 m ~
200 m
500 m
1000 m
출처 : Zentner, Illstruerte Geschichte des Ersten Weltkriegs, S. 419.
©ZMSBw 06637-02

| 지도 6 |

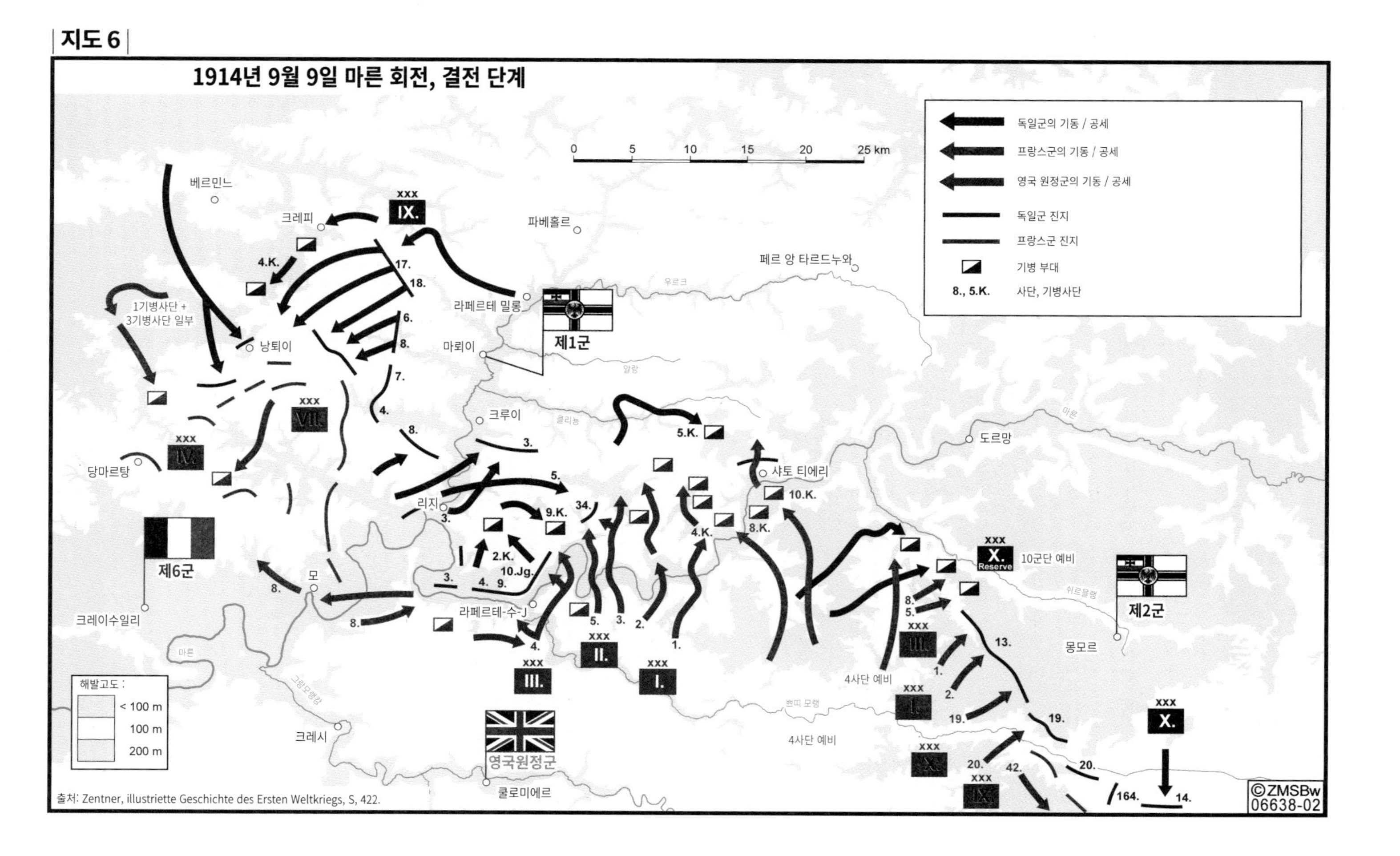
1914년 9월 9일 마른 회전, 결전 단계
독일군의 기동 / 공세
프랑스군의 기동 / 공세
영국 원정군의 기동 / 공세
독일군 진지
프랑스군 진지
기병 부대
8., 5.K. 사단, 기병사단
0 5 10 15 20 25 km
베르민느
크레피
파베홀르
페르 앙 타르드누와
라페르테 밀롱
마뢰이
제1군
낭퇴이
1기병사단 +
3기병사단 일부
크루이
도르망
샤토 티에리
리지
당마르탕
제6군
모
크레이수일리
라페르테-수-J
10군단 예비
제2군
몽모르
4사단 예비
크레시
영국원정군
쿨로미에르
해발고도 :
< 100 m
100 m
200 m
출처: Zentner, illustriette Geschichte des Ersten Weltkriegs, S, 422.
©ZMSBw
06638-02

결정적인 회전은 파리 바로 앞에서 벌어졌다. 9월 6일, 파리에서 새로이 편성된 프랑스 제6군이 독일군 제1군의 우측방에 일격을 가했다. 제1군사령관, 알렉산더 폰 클룩Alexander von Kluck은 적의 역습을 저지하기 위해, 어쩔 수 없이 전방에 진출한 부대를 철수시키기로 결심했다. 이러한 계획 변경의 결과로 제1군과 2군 사이에는 약 50㎞의 간격이 발생했고 프랑스군과 영국군은 이 틈새로 돌진했다. 이제는 독일군의 우익이 포위, 섬멸당할 위기에 처하게 되었다. 그로 인해 육군 총사령부는 전선을 조정하기 위해 철수명령을 하달했다. 9월 9일 마른 회전은 이렇게 종지부를 찍었고[6] 독일군이 지향했던 결정적 회전은 물거품이 되었다.

그다음 몇 주 동안 독일군과 연합군 모두 아무런 성과 없이 대서양 해안까지 경주하듯 진지를 구축하고 부대를 전개시켰다. 이 역시 1914년 10월에 오스텐데Ostende의 대서양 해안에 도달하면서 종료되었다. 서부전선은 스위스 국경으로부터 도버해협[B]까지 수백 ㎞에 달하는 막대한 수효의 진지들로 교착상태에 빠져 버렸다.

서부에서의 독일군 공세가 파리를 눈앞에 두고 작전한계점에 이르렀을 때, 동부에서는 러시아가 예상보다 더 일찍 공세에 돌입했다. 프랑스는 러시아가 신속히 공격하도록 독려해서 외선의 이점을 극대화하고 프랑스군과 러시아군이 전투력을 집중함으로써 서부에서의 독일군 공세 자체를 무력화시키고자 전력을 기울였다. 러시아군이 조기에 공세를 취함으로써 독일은 서부와 동부의 위기를 동시에 극복해야하는, 그러나 한편으로는 총참모부가 수년 전부터 그 대응책을 준비해 왔던, 전략적 진퇴양난에 빠지게 되었다.

B 원문에는 북해Nordsee로 표기

동부 전역

전략적인 관점에서 독일군 지도부는 동부 전역(지도 7 참조)을 중시하지 않았다. 따라서 1914년 8월, 독일 육군의 1/8에 해당하는 전력, 제8야전군만이 동부에 주둔하고 있었다. 막시밀리안 그라프 폰 프리트비츠 운트 가프론Maximilian Graf von Prittwitz und Gaffron 대장이 지휘하는 제8군의 주력, 약 12만 명[C]이 바익셀강 동부에 전개했다.[7] 오스트리아와 독일, 두 동맹국은 계획 수립 과정에서도 상호 협력하지 않았으며 애매하고 불확실한 정보만을 주고받았다. 합의된 전쟁 계획이 없는 각자의 전쟁이었다.[8] 독일은 총 36만 명의 러시아군이 마주리안 호수Masurische See 때문에 두 집단으로 분리되긴 했으나 동프로이센을 집중 공략할 것으로 예측했다. 결국 독일군은 러시아군에 비해 1:3의 열세에 있었다.

총참모부는 러시아군을 경계하기도 했지만 한편으로는 과소평가했다. 러시아군 병사들의 끈질긴 방어능력은 인정할 수 있지만 장교단의 작전적 능력은 부족하다고 평가했다.[D] 1913년 10월, 총참모부의 비밀문건을 살펴보면, 러시아군의 기동속도가 매우 둔하고 따라서 러시아군의 지휘통제 능력이 매우 미흡하다는 결론을 도출했다:

> *'독일군이 대등한 전투력을 보유한 다른 국가와 전쟁을 벌인다면 승부를 가늠하기 어렵겠지만 러시아와 전쟁이 벌어진다면 과감하게 기동전을 구사해야 하고 그러면 확실히 승리할 수 있다'*[9]

C 제8군의 총 병력은 153,000명.

D 전투력 면에서는 13,000명의 병력을 보유한 독일군 사단이 17,000명을 보유한 러시아군 사단보다 다소 우세하다고 평가되었다. 독일군이 성능면에서 더 우수한 화포, 특히 중포병을 보유했기 때문이었다.(저자 주)

독일군 지도부는 이러한 상황평가를 기초로 발달된 철도망과 내선의 이점을 최대한 활용한다면 명확한 중점형성을 통해 공세적인 기동전으로 러시아군을 각개격파할 수 있다고 자신했다. 슐리펜이 총참모장 재임 시절부터 총참모부는 수차례의 장군참모현지실습 기간 중 이러한 시나리오를 상정하고 모의훈련을 실시했다.[10] 그러나 세부적인 사항까지 결정된 방어계획도 없었을 뿐만 아니라 제8군에 하달된 전개명령에는 제8군사령관이 스스로 판단해 작전을 수행해야 한다고 명시되어 있었다.[11] 소몰트케는 프리트비츠가 어떠한 상황에서도 절대적으로 주도권을 확보해 주기를 기대했다. 프리트비츠에게 하달한 서식명령의 문장은 다음과 같다.

> *'만일 러시아군이 침공한다면 절대로 수세가 아닌 반드시 공격, 공격, 공격으로 맞서야 한다!'* [122]

몰트케는 제8군이 섬멸될 위기에 빠질 경우에도 바익셀강 선까지만 철수를 허용했다.[13]

러시아 니에멘Njemen군의 진출은 프랑스의 독촉[14]으로 독일 육군 총사령부의 예상보다 더 신속하게 이뤄졌다. 러시아군은 이미 8월 15일에 마주리안 호수 북부 일대까지 도달했다.[15] 마주리안 호수 때문에 이들과 떨어져서 행군했던 나레브군도 남쪽에서 수일 동안 지체하면서도 동프로이센 국경을 향해 서서히 진출하고 있었다.[16] 이에 프리트비츠는 일단 제8군의 주력으로 8월 20일, 굼비넨Gumbinnen에서 니에멘군을 먼저 공격하기로 결심했다.[17] 이 회전 중에 그는 나레브군이 전개를 완료하고 예측했던 것보다 훨씬 더 서쪽으로 진출하여 공세로 전환했다는 보고를 받았다. 그 순간 프리트비츠는 러시아군에게 포위될 수 있다는 위험을 느꼈고 한창 진행 중이던 회전을 중단하여 바익셀강 선으로 철수하기로 마음먹었다. 물론 총참모부

지도 7

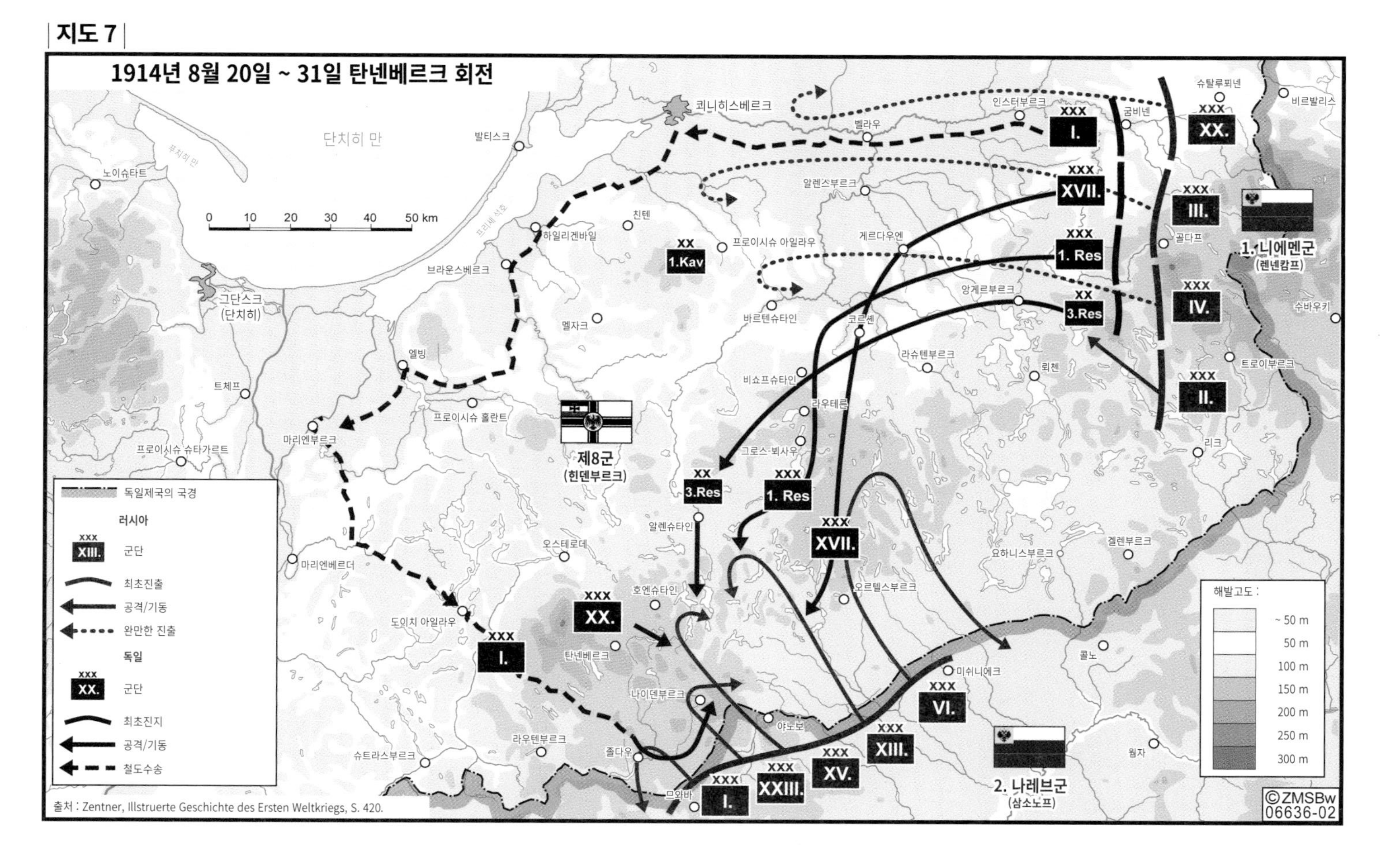

1914년 8월 20일 ~ 31일 탄넨베르크 회전
단치히 만
쾨니히스베르크
발티스크
노이슈타트
그단스크
(단치히)
0
10
20
30
40
50 km
하일리겐바일
브라운스베르크
친텐
프로이시슈 아일라우
알렌스부르크
벨라우
인스터부르크
굼비넨
슈탈루푀넨
비르발리스
게르다우엔
골다프
앙게르부르크
코르셴
바르텐슈타인
멜자크
엘빙
트체프
프로이시슈 홀란트
마리엔부르크
프로이시슈 슈타가르트
마리엔베르더
비쇼프슈타인
라우테른
그로스·뵈사우
라슈텐부르크
뢰첸
트로이부르크
수바우키
리크
알렌슈타인
오스테로데
호엔슈타인
도이치 아일라우
탄넨베르크
나이덴부르크
야노보
라우텐부르크
슈트라스부르크
졸다우
므와바
오르텔스부르크
요하니스부르크
겔렌부르크
미쉬니에크
콜노
웜자
제8군
(힌덴부르크)
1. 니에멘군
(렌넨캄프)
2. 나레브군
(삼소노프)
XX
1.Kav
XX
3.Res
XXX
1. Res
XXX
XVII.
XXX
XX.
XXX
I.
XXX
III.
XXX
IV.
XXX
II.
XXX
VI.
XXX
XIII.
XXX
XV.
XXX
XXIII.
독일제국의 국경
러시아
군단
최초진출
공격/기동
완만한 진출
독일
군단
최초진지
공격/기동
철도수송
해발고도 :
~ 50 m
50 m
100 m
150 m
200 m
250 m
300 m
출처 : Zentner, Illstruerte Geschichte des Ersten Weltkriegs, S. 420.
©ZMSBw
06636-02

의 전개 명령에 따라 이러한 결정을 내린 것이었고 명령을 어긴 것도 아니었지만, 장기간 지지부진했던 제8군 지휘부를 오래전부터 못마땅하게 여겼던 소몰트케는 8월 22일 프리트비츠를 전격 해임했다. 각종 독일의 군사문헌들에 기술되어 있듯 이러한 결정의 타당성 여부를 여기서 논하지는 않겠다.[18] 하지만 중요한 점은 육군 총사령부와의 작전적인 견해 차이 때문에 힌덴부르크Paul von Hindenburg와 루덴도르프Erich Ludendorff가 제8군을 지휘하게 된 사실이다. 몰트케는 그들에게 더욱더 대담한 지휘와 나아가 승리를 요구했다. 이로써 군부 핵심세력권 밖에서 전혀 알려지지 않은, 정반대의 성향을 가진 두 명의 장군의 존재가 급부상했다. 상황은 급변했다. 8월 31일, 신임 제8군사령관은 황제에게 나레브군의 섬멸 소식을 전했던 것이다.

앞서 기술된 상황전개를 고려할 때 열세-191,000명의 러시아군과 153,000명의 독일군-했던 독일군이 더욱이 배후에 있었던 200,000명의 러시아군을 감안하면 절반의 병력으로 어떻게 그러한 승리를 달성할 수 있었을까? 또한 그 결과 과연 어떠한 군사적, 정치적 결과가 야기되었을까? 프리트비츠가 구축한 전개대형과 적의 일거수일투족을 최상으로 탐지할 수 있는 공중정찰, 유무선 감청을 적극적으로 이용한 루덴도르프와 힌덴부르크는 1개 기병사단으로 쾨니히스베르크Königsberg를 향해 천천히 전진하던 니에멘군을 철저히 기만 및 견제하는데 성공했다. 그리고 모든 예비와 주력을 집중해서 8월 26일부터 30일까지 나레브군의 측방을 공격, 완전히 포위망에 가두고 섬멸적인 타격을 가했다.[19] '탄넨베르크의 영웅'과 탄넨베르크 회전의 신화는 그렇게 탄생했다. 이 신화를 믿는 사람들은 이 회전을 칸나이와 견주어 그 의미를 부각시키며 아직까지도 힌덴부르크와 루덴도르프를 진정한 슐리펜의 후예라고 칭송하고 있다.[20] 독일의 서부공세는 비록 실패했지만 특히나 독일국민들과 동맹군 그리고 적들에게 동부에서의 이 회전이야말로 승리의 전형이라고 선전할 수 있었다.

군사적으로 러시아군에 치명적인 패배를 안겼고 '러시아의 증기기관'[E]을 멈추게 했다. 한편 오스트리아군은 한동안 갈리치아에서 위기에 처해 있었다.[21] 하지만 곧 독일군이 증원되었고 몇 주 후에는 독일군과 오스트리아군이 합세하여 러시아군의 진격을 저지시키는데 성공했다.[22]

탄넨베르크의 승리는 오랫동안 정신사(精神史)적인[F], 그리고 전략적인 차원에서 지대한 영향을 미쳤다. 이미 제1차 세계대전 이전부터 잠재되어 있던 독일 장병들과 지휘부의 이러한 우월감이 러시아군과의 전쟁에서 증명되었으며 급기야 제2차 세계대전까지 영향을 미치게 되었다.

평가

서부에서 독일의 공세가 실패하자 이로써 속전속결을 지향한 전략적 개념은 붕괴되었다. 그렇다면 수십 년 동안 발전되어온 총참모부의 작전적 개념은 과연 시대착오적인, 현실적인 전쟁에서는 절대로 적용할 수 없는 것이었단 말인가?

우리가 도출한 작전적 사고의 원칙을 잣대로 서부와 동부에서의 작전들을 자세히 살펴보면 상호 모순되는 점들을 발견할 수 있다. 서부전선에서 소몰트케는 자신의 작전적 신념에 따라 좌익을 강화시켰고 우익에 한층 더 강력한 중점을 형성하는 것을 거부했다. 훗날 비판을 받았듯 그는 반드시 압도적인 중점형성이 필요하다는 원칙을 무시했다. 그러나 우익의 기동로는 그리 양호하지 못했고 군수 측면에서도 문제가 많았다는 점을 감안하면 우익에 더 많은 부대를 집중하는 것 자체가 가능했는지도 의문이다.[23] 공세 초기의 기습은 확실히 대성공이었다. 전술적 기습도 마찬가지겠

E 러시아의 엄청난 인적, 물적 동원력을 비유한 표현
F 역사의 흐름을 정신이나 이념의 흐름으로 설명

지만, 작전적인 수준의 기습의 경우 만일 적이 대응할 수 있는 시간을 확보하게 된다면 그 효과는 사라지고 만다. 1914년 여름의 상황이 정확히 그러했다. 연합군이 예측하지 못했던 매우 강력한 수적 우위의 전력으로 멀리 서쪽으로 우회하는 우익의 기습효과는 국경회전에서 끝나버리고 말았다.[24] 결국 프랑스군 지도부는 독일군 공세의 실질적인 중점을 인지하여 그 후 로트링엔에서 독일군이 강력한 공세를 취했음에도 프랑스군은 그곳에서 한창 전투중인 부대들을 내선의 이점을 이용하여 파리로 이동시켰다. 쌍방 간의 전투력을 비교해 보면 연합군은 이 시점에 극적으로 우세를 점했다. 마른 회전이 개시된 9월 5일, 독일군 우익 24.5개 사단은 41개의 연합군 사단을 상대로 싸워야 했다.[25] 이로써 기습의 효과는 사라져 버렸다. 오로지 단 며칠 동안 존재했던, 계획대로 적군을 포위하고 섬멸할 수 있었던 '호기'가 수포로 돌아가고 말았다. 슐리펜이 우려했던 것처럼 연합군 부대가 결정적 회전을 회피하고 철수하는데 성공했고, 독일군의 공세가 작전한계점에 다다르자 연합군은 그 순간 역습을 감행했다.

기습의 효과를 상실한 이유는 두 가지였다. 기관총과 현대적인 화포 때문에 전술적으로 방어가 공격보다 훨씬 우세했으며 독일군의 기동속도가 적을 포위하기에는 충분히 빠르지 못한 탓이었다. 그러나 적군을 포위, 섬멸하지는 못했지만 독일군의 기동속도는 매우 빨랐다. 실례로 치열한 전투 속에서 제1군의 장병들은 3주 남짓 되는 기간 동안 1일 평균 23㎞ 이상 전진했다. 슐리펜의 계획대로라면 동원령 발령 31일째에는 아미앵Amiens-라 페르-르텔Rethel 선까지 진출했어야 했지만 독일군은 그 선을 넘어서 이미 파리를 목전에 두고 있었다. 태양이 작열하는 한여름의 무더운 날씨를 고려하면 이러한 진출속도는 놀라운 것이었다. 이러한 고속 행군에도 불구하고, 벨기에와 북부 프랑스의 파괴된 철도망을 복구하는 문제들과 더불어 군수 분야에도 많은 취약점들이 노출되었다. 앞서 기술한 바와 같이 식량은 현지에서 조달되어야 했다. 식량 문제로 인해 벨기에 주민들과의 마찰이 야기되었고 이로 인해 일부 독일군은 1914년 진격 중 벨기에 주민들에게 잔혹한 만행을 저지르게 된다.[26]

작전이 진행되면서 육군 총사령부는 주도권을 점점 더 잃게 되었다. 통신과 의사소통에서 심각한 문제들로 몰트케와 참모들은 실시간 전장상황을 정확히 파악할 수 없었다. 육군 총사령부는 이따금 24시간 전의 상황과 정보를 토대로 대책을 논의하곤 했다. 또한 의사소통 측면에서 야전군 간에도 심각한 문제가 발생했다.[27] 이 문제는 총참모부가 현대적, 과학적인 지휘수단을 적극적으로 도입, 추진하지 않은 대가였다. 슐리펜이 주장했듯 중앙에서 예하부대를 일사불란하게 지휘하는 일은 매우 곤란했다. 이러한 문제들을 이미 오래전부터 예견했던 대몰트케는 '지침에 의한 지휘'를 육군에 도입했었다. 그러나 1914년 8월 그러한 지휘방식은 서부의 거의 모든 전선에서, 특히 결정적인 국면에서 제대로 작동하지 못했다.

훈련 수준이 그다지 높지 않은 대규모의 백만 육군을 지휘하는 것과 복잡다단한 상황을 조치해야 하는 등 당시까지 상상조차 할 수 없었던 문제들은 소몰트케의 능력만으로는 해결할 수 없었다. 소몰트케가 협력적 리더십을 가졌다고 평가하는 사람들도 있지만 실상은 결단력이 부족한 인물이었다. 그러나 더 심각한 문제는 그의 차하급자들, 즉 우익의 군사령관들이 상호 비협조적이었다는 사실이다. 일부 지휘관들, 특히 제1군 사령관 클룩과 제2군 사령관 카를 폰 뷜로브Karl von Bülow 같은 이들은 서로 견원지간(犬猿之間)이었다. 협력보다는 오히려 맞서는 경우가 더 많았다.[28] 총참모부는 제2군이 제1군을 지휘토록 지시하여 이러한 문제를 해결하려고 했지만 관계를 더 악화시킬 뿐이었다. 한편 로트링엔에서도 프로이센과 바이에른군이 서로 대립각을 세우고 있었다.[29] 1914년 당시의 독일군은 아직도 각 지방별 군대들의 집합체였고 제국이 통일된 지 40년이 넘었지만 다수의 고위층들은 아직도 통일을 인정하지 않았다. 기동성도 부족했지만 개인 간의 알력, 의사소통의 문제, 부대 간의 비협조적인 태도 때문에 독일군은 적군을 국경회전에서 포위, 섬멸할 수 있었던 호기를 놓치고 말았다.

또한 여기서 작전적 사고의 결정적인 취약점이 노출되었다. 전쟁 이전 지도 위의 군사작전에서는 마찰이 전혀 없었다. 하지만 실상은 그렇지 않았다. 총참모부는 백만 육군을 실제 전장에서 지휘하기 위한 핵심적인 개념을 놓치고 있었던 것이다.

전선에서 멀리 떨어진 후방에 위치한 총사령관이 전신과 전화로 계획대로 작전을 지휘할 수 있다는 슐리펜의 신념과 장군참모장교들의 탁월한 지휘능력에 대한 믿음은 현실의 전쟁에서는 망상일 뿐이었다. 총참모부의 교조주의적인 계획에 대한 맹신뿐만 아니라 이미 전쟁 발발 초기 몇 주간 드러난 독일제국의 구조적인 문제에도 패전의 원인이 있었다. 독일의 황태자 빌헬름Wilhelm과 바이에른의 왕세자 루프레히트Rupprecht가 야전군사령관이 된 것은 바로 왕족이라는 이유에서였다. 그러나 빌헬름은 그러한 임무를 수행하기 위해 반드시 필요한 군사적 소양조차 갖추지 못했다. 이러한 왕족이 야전군사령관이 되면 독일에서는 전통적으로 유능한 참모장이 그를 보좌하게 된다. 그럼에도 불구하고 이러한 제도 때문에 더욱더 복잡하고 급속도로 진행되는 전쟁 상황에서 서로 간의 오해와 불신, 의사소통의 문제점이 발생하게 된 것이다. 특히 군사 지휘권을 부여하는 데 있어 동맹국 간의 관계를 고려해야 했기에 이러한 성향은 더욱더 심해졌다. 마른 회전의 경과에서 더욱 적나라하게 드러났듯 일부 군사령관들은 제멋대로 행동하거나 최고지휘부의 의도에서 벗어난 작전지휘를 일삼게 되었고 이로 인해 총참모부가 군사령관들에 대한 통제력을 상실하는 결과를 초래했다. 물론 이와 같은 문제를 해결하기 위해 다수의 야전군을 하나의 집단군에 예속시키는 등의 조치도 있었지만 그 효과는 다분히 일시적이었다.

전시 독일제국의 지휘구조적인 문제의 핵심은 바로 황제이자 총사령관이었던 빌헬름 2세에게 있었다. 황제는 헌법에 의거한 해군과 육군의 최고 통수권자였다. 하지만 그는 군사 분야의 지식이 박약했기 때문에 그러한 통수권을 행사하고 총체적인 전략지침을 하달할 수 있는 능력이 없었다. 물론 영국 공략을 위한 전제조건으로 덴마크 점령이 필요했을 때 육군과 해군의 원활한 협조관계를 조성하고자 황제가 직접 나서서 노력한 적도 있었다. 하지만 육, 해군의 조직 이기주의를 극복하기에 황제의 힘과 의지는 너무나 미약했다.[30] 1918년 여름까지 황제는 '자신의 해군'[G]에 관한 지휘권만은 고집스럽게 유지하려고 했다. 그러나 그는 육군의 동원령 선포와 함께 프로이센 육군 총참모장을, 독일제국의 육군 총참모장에 임명했고 따라서 제국 육군의 지휘권을 총참모장에게 넘겨주면서 헌법상에 부여된 자신의 통수권을 스스로 포기했던 것이다.

지상전 지휘를 위해 육군 총사령부Oberste Heeresleistung(OHL)가 창설되었다.[31] 육군 총사령부는 최고전쟁지도본부Großes Hauptquartier[H]의 일부[I]였지만 지상전 계획과 지휘를 전담했고 황제는 휴식을 취하면서 그곳에 잠시 머무를 뿐이었다. 빌헬름 2세가 오랜 프로이센 전통에 따라 작전을 지휘했다는 이미지는 필요했던 것이다. 그러나 실제로 황제는 사냥이나 카드놀이에 열중했다.

최고전쟁지도본부는 그야말로 시대착오적인 독일제국의 입헌 조직 편성의 한계를 상징했다. 군사지도부와 황궁의 정치지도부의 결합체였음에도 제국의 정치지도부, 수상과 외무장관은 자신들의 업무를 계속 수행하기 위

G 프로이센 해군을 황제의 해군kaiserische Marine으로 칭한다.

H 처음에는 1914년 8월 2일부터 16일까지 베를린에 위치하다가 8월 16일부터 8월 30일까지는 코블렌츠에, 그 이후에는 룩셈부르크 독일 대사관으로 옮기는 등, 전쟁 상황에 따라 위치를 지속적으로 변경했다. 일본은 제국시대에 이와 동일한 기구를 창설해 대본영이라고 불렀다.

I 최고전쟁지도본부는 육군 총사령부를 포함, 황제, 수상, 외무장관, 프로이센 전쟁부 장관, 해군총참모장, 제국해군청장과 황제의 각료들로 구성되었다. 여기에 황제의 비서실장, 동맹국 대표들과 연방국가들의 군사전권대사 등도 포함되었다. 그러나 제국의 정치지도자들은 전쟁 발발 처음 몇 달간만 최고전쟁지도본부에 머물렀다. (저자 주)

해 불과 몇 달 후 베를린으로 떠나버렸다. 황제는 군대의 분위기가 만연한 궁정에서 자기만의 생활을 영위했고 참호 속 병사들의 고통과 그들의 고향에서 굶주림에 시달리는 가족들의 비애를 전혀 알지 못했다.[32]

특히나 최고전쟁지도본부는 전쟁 기간 중에는 상황에 따라 위치를 자주 옮겨야 했고 당시 육군 총사령부의 총참모장이 중심이 된 국가전략을 책임지는 기구였다. 하지만 소몰트케로서는 빌헬름 2세의 확실한 지지를 단 한 번도 받지 못하고 항상 질책만 받고 있던 터에 전쟁마저 발발하자 최고전쟁지도본부 내의 분위기를 예의주시해야만 했다. 훗날 그의 후임자로 발탁되는, 당시의 프로이센 전쟁부 장관 에리히 폰 팔켄하인Erich von Falkenhayn 장군이 자신의 지휘에 끊임없이 이의를 제기했기 때문이다. 이러한 상황에서 어떻게 평시에 전혀 준비되지 않았던 총체적인 군사전략이 나올 수 있으며, 그리고 자신의 계획이 실패한 이후 절박한 심경에서 이를 타개할 수 있는 전략적 해법이 나올 수 있단 말인가? 소몰트케는 안팎의 적을 상대로 싸워야 했다. 말 그대로 사면초가였다. 여기에 더해 러시아군이 조기에 공세를 취하면서 독일은 전쟁 초반부터 그토록 우려했던 양면전쟁에 빠지고 말았다.

독일군은 서부에서와는 대조적으로 동부전선에서 대승을 거두었다. 탄넨베르크 회전은 열세에서도 적을 격멸한 섬멸적인 포위회전으로, 독일이 지향하는 이상에 철저히 부합했으며 독일의 작전적 교리의 타당성을 입증한 증거로 인정받았다. 이렇듯 힌덴부르크와 루덴도르프의 위대한 승리는 서부에서의 실패 원인이 개별적인 작전의 실책이지 독일군 고유의 작전적 교리 때문이 아니라는 믿음을 심어주기에 충분했다. 그러나 서부와 동부전선에 시작부터 결정적인 차이점이 있었다는 사실은 철저히 배제되었다. 서부와는 달리 동부에서는 중포병을 보유한 독일군이 화력에서도 월등히 우세했을 뿐만 아니라 전술적으로도 우위에 있었다. 게다가 러시아군 지휘부가 초기 회전에서 승리한 이후 독일군을 과소평가하여 정찰활동을 게을리했던 반면 독일군은 항공정찰을 통해 러시아군의 일거수일투족을 정확히 파악하고 있었다. 물론 과대평가되어서도 안되겠지만 힌덴부르크와 루덴도르프는 무전감청을 통해 시종일관 적의 작전 의도까지 너무나 정확히 인지하고 있었고 따라서 아군의 기습을 보장할 수 있었다. 더욱이 총참모부는 수년 동안 동프로이센에서 발생 가능한 모든 사태들에 대해 모의 연습을 실시했고 이 지역의 방어를 위한 작전적 방책을 수립해 놓은 상태였다. 독일군 지휘부는 바로 그 방책을 기초로 작전을 실행에 옮겼던 것이다. 특히 슐리펜이 기술했듯 칸나이 회전을 달성하기 위해서는 '한니발'Hannibal 뿐만 아니라 '테렌티우스 바로'Terentius Varro도 필요했다. 탄넨베르크에서의 '바로'는 역시 삼소노프Samsonov였다. 그는 작전적으로 매우 영민하지 못한 러시아군 지휘관의 전형이었다. 또한 종래의 관념을 깨는 매우 흥미로운 평가도 있다. 탄넨베르크 회전은, 제8군이 내선의 양호한 정보통신망과 철도망을 이용하여 결정적으로 승리한 수세적 회전이었다는 것이다. 따라서 탄넨베르크를 성공적인 공세적 작전의 증거로 내세우는 것은 타당하지 못하다.

힌덴부르크와 루덴도르프의 지휘 능력을 평가절하하려는 의도는 아니지만 작전적 사고의 이행을 위한 조건들이 서부에서보다 동부에서 훨씬 유리했다는 것만은 틀림없다. 그럼에도 위대한 두 장군은 마주리안 호수 일대와 우치Łódz 전방에서 실시한 공세적인 회전에서 러시아군을 포위하고 섬멸하는 데 실패했다. 또한 독일군 지휘부는, 얼마 지나지 않아 철도망이 부실한 동부전선에서는 기동성을 발휘하기 어렵다는 것을 깨닫게 된다. 그들의 행군으로는 불량한 도로망에서도 노련하게 철수하는 러시아군을 포위, 섬멸할 수 없었던 것이다. 이미 전쟁 초기 단 몇 개월 만에, 독일의 작전적 교리들의 근원이자 결정적인 전제조건, 이른바 적보다 신속하게 기동해야 한다는 원칙에서부터 차질이 발생했다. 서부에서는 프랑스군이 자신들의 양호한 철도망을 이용해 진군 중인 독일군보다 훨씬 더 신속하게 움직였으며 동부에서는 불량한 도로망 때문에 자국 영토 깊숙이 철수하는 러시아군을 포위하는 것 자체가 불가능했다.

독일군은 동프로이센에서의 탄넨베르크 회전으로 '슐리펜 계획의 축소판'을 시공간적으로 실행하고 성공시킬 수 있다는 것을 증명했다. 그러나 연합국은 러시아의 패배에도 불구하고 그들의 전략적인 목적을 달성했다. 빌헬름 2세는 영광스러운 작전적 승리에 대해, '그대들은, 역사상 그대들과 그대들의 부대가 만고불변의 명성을 내세울 만한 훌륭한 전공을 완수하였다'라고 치하했다.[33] 그러나 이러한 승리 뒤에는 제국의 전략적 패배가 숨겨져 있었다. 소몰트케가 러시아군의 공세를 절체절명의 위기로 인식하고 서부전선의 우익에 전개했던 2개 군단을 동부로 이동시켰기 때문이다.[34] 탄넨베르크 회전이 한창 벌어지고 있을 무렵, 이 부대 병력들은 마른 전투에서 빠져나와서 열차 이동 중이었으며 유휴 전투력이 되어 버렸다. 이로써 프랑스의 예측은 정확히 맞아떨어졌다. 러시아가 조기에 공세를 감행함으로써 독일 육군 총사령부는 예비대를 동부로 투입할 수밖에 없었고 슐리펜이 그토록 강조하고 대몰트케가 부르짖었던 절대적인 전략적 중점이 형성되지 못했다. 동부에서 독일은 작전적 차원의 승리를 달성했지만 외선에서 동시에 실시된 적의 공세로 전략적 차원에서는 패배하고 말았다. 오늘날까지 탄넨베르크 회전을 기술한 문헌들은 한결같이 이 회전을 독일의 작전적 성전(聖戰)으로 치켜세우기 위해 이러한 진실을 의도적으로 은폐했다.[35]

기동

마른 회전이 종식된 지 불과 몇 시간 후, 패배의 원인에 대한 격렬한 논쟁이 벌어졌다. 여론은 매우 신속히 패전의 책임을 소몰트케에게 몰아갔고 그의 후임자로 팔켄하인이 낙점되었다. 이렇듯 책임을 한 인물에게 전가한 것은 작전계획 뒤에 숨겨진 작전적 사고의 오류가 아닌 극소수 인물의 잘못된 행위가 패전의 원인이라고 단정 짓던 당시의 분위기를 반영한다. 작전적 계획과 그것의 근간이 되는 작전적 사고에 관한 비판적인 분석은 철저히 배제되었다. 즉 군사적 사고의 근원에 대해서는 문제가 제기되지 않았다. 하지만 군부와 정치지도부는 소몰트케 계획이 실패한 후 작전적-전략적 계획상 반드시 회피하고자 했던 장기적인 소모전을 수행할 수밖에 없음을 시인해야만 했다. 소몰트케가 이미 오래전부터 장기전을 예상하고 있었지만 육군은 물론 해군과 정치 지도부도 이러한 상황을 대비한 계획을 수립하지 않았었다. 육군과 해군이 각기 독자적으로 발전시켰던 전쟁계획들이 거듭 실패[J]하면서 경제적, 정치적, 그리고 사회적으로 총체적인 전략을 발전시킬 수 있는 호기가 찾아왔으나 스스로 이를 놓치고 말았다. 황제에게는 그들의 개별적인 관심사들을 목표지향적인 하나의 포괄적인 전략지침으로 통합해야 할 과업이 있었지만 그럴만한 능력이 없었다. 따라서 육군과 해군은 특별한 경우를 제외하고 그 이듬해에도 지속적으로 각자의 전쟁을 수행했다.[36]

육군 총사령부의 신임 총참모장 팔켄하인에게 전쟁 첫해 말기의 상황은 딜레마 그 자체였다. 팔켄하인은 전략적으로 중점을 대프랑스 전역, 특히 영국과의 전투에 두어야 한다고 인식했다. 그러나 엄청난 손실을 입은 플랑드르Flandern 공세에서 직접 경험했듯 서부 전역의 상황은 막막했다. 완충

J 티르피츠Tirpitz는 영국해군이 전쟁 발발 시 독일 연안에서 폭이 좁은 봉쇄망을 구축하고 독일의 원양함대가 결정적 회전을 시행할 가능성을 제공할 것이라는 가정 하에 해군교리를 정립했다. 그러나 영국 해군은 독일 해군이 보유한 거함의 항속거리 밖에서 효과적인 원거리 봉쇄를 실시하여 독일 해군의 원양함대를 상대로 하는 전투 위험을 제거했다. 독일해군은 이러한 영국의 전략변화를 1912-13년에 인지했고, 티르피츠의 전략 개념은 오판으로 드러났다. (저자 주)

기가 내장된 기관총, 주퇴복좌기[K]를 장착한 야포 등 자동화기의 출현으로 공격작전과 기동은 더 이상 효력을 발휘할 수 없었다. 반면 독오동맹군이 포병화력에서 우세를 점했고 러시아군의 방어시설도 부실했던 동부전선에서는 결정적인 작전적 수준의 전쟁을 위한 가능성이 엿보였다. 그러나 이것은 전쟁 이전의 구상과 완전히 상반되는 상황이었다. 불량한 도로 상태와 러시아군이 종심상으로 깊숙이 철수할 수 있다는 지리적인 상황 때문에 그동안 총참모부는 동부에서의 결전을 피하기로 결정했기 때문이다. 팔켄하인도 전통적으로 철저히 전임자의 입장을 고수하여 동부에서 대규모 섬멸회전을 시행하지 않기로 결심했다. 유리한 공간-전투력의 역학관계를 이유로 섬멸적인 성격의 포위회전도 가능하다고 판단한 힌덴부르크나 루덴도르프와는 달리 팔켄하인은 러시아를 상대로 전쟁을 결정짓는 승리에 의구심을 품었고 단순히 '어느 정도 큰 규모의 국지적인 승리'[37] 정도만을 기대했다. 그는 자신의 견해가 우치 회전[38]과 마주리안 호수 일대에서의 동계회전[39]에서 증명되었다고 보았다. 여기서 러시아군 지휘부는 기동전 수행에 관한 그들의 능력을 과시했고 독일군이 계획한 포위와 섬멸작전을 노련하게 회피했던 것이다. 따라서 팔켄하인은 동부전선을 부차적인 전역으로 생각하고 동부 전선사령관Oberbefehlshaber Ost(OberOst) 힌덴부르크의 주장을 거부했다. 서부에서 전쟁을 종결지어야 한다는 그의 생각은 확고했고 결국 전쟁수행의 전략적 중점을 그곳에 두었다. 이러한 이유에서 그는 철저히 슐리펜의 구상에 따라 동부에서는 공세적이지만 단지 국지적인 작전으로 일관하기로 결심했다. 그리하여 그는 동부에서, 힌덴부르크와 루덴도르프가 구상했던 '슈퍼 칸나이'가 아닌 지리적인 조건과 보급의 상황에 부합하는 작전을 통해 러시아군의 공격력을 일시적으로 무력화시키고 방어선을

K 사격시 총열과 포신이 후퇴하여 충격을 흡수하여 사격의 안정성과 신속성을 보장하는 화포의 장치

구축하는 계획을 수립했다. 이듬해에는 중점을 서부로 확실히 옮기기 위해서였다. 대몰트케로부터 내려온 전통에 입각해서 총참모장에게는 공간과 시간 획득이 중요했다. 팔켄하인은 서부에서의 대규모 공세를 위해 내선에서의 대규모 부대이동 계획을 수립했다. 그즈음 동부 전선사령부는 전략적 중점을 동부로 옮겨야 한다고 거듭 주장했지만 그는 다음과 같은 답변으로 철저히 거부했다. '우리가 서부전선의 진지를 포기하고 동부에서 그 어떤 승리를 달성한들 그것은 아무런 가치가 없다'[40]

서부와 동부전선 중 어디에 중점을 두어야 하는지, 동부에서 작전적 수준의 전쟁을 어떻게 수행해야 하는지에 관해 이듬해부터 '서부론자'Westler와 '동부론자'Ostler들 사이에 격렬한 논쟁이 벌어졌다. 이러한 논쟁은 팔켄하인의 퇴임과 힌덴부르크, 루덴도르프에 의한 제3기 총사령부 출범으로 종식되었다.[41] 사실상 이 분쟁은 당시 관련자들의 개인적 권력 욕구에서 비롯된 것이었다. 이는 동부론자였던 힌덴부르크와 루덴도르프 또한 전쟁수행의 전략적 중점을 서부에서 동부로 옮기지 않았다는 사실에서 드러난다.

그러면 1915년 하계 독오동맹군의 공세와 1916-17년의 루마니아 전역의 사례를 통해 독일 동부에서의(지도 8 참조)작전적 수준의 전쟁수행에 관해 살펴보도록 한다.

갈리치아[42]에서 오스트리아군이 패배하고 오스트리아 황실에 위기상황이 도래하자 육군 총사령부는 어쩔 수 없이 오스트리아-헝가리를 지원하기로 결정했다. 왜냐하면 오스트리아군이 계속 패배한다면 이탈리아와 루마니아가 연합군 편에서 참전을 선언할 가능성이 높았기 때문이다. 팔켄하인은 그러한 전략적 상황 때문에 그동안 중시하지 않았던 동부 전역으로 눈을 돌릴 수밖에 없었다. 그는 철저히 독일의 작전적 교리에 의거해 동부에서의 난국을 공세적인 작전적 수준의 전쟁수행으로 타개하기로 계획했다. 그는 동맹군 오스트리아군에 그리 큰 기대를 걸지 않았으며 단지 국지적인 방어만 잘 해준다면 그것으로 족했다. 결국 1915년 일시적으로 전쟁 수행의 중점을 동부전선으로 옮겼다. 따라서 내부적인 재편성 이후 신설된 작전적 예비부대들을 세르비아나 서부 공세에 투입하지 못했고 대부분 고를리체-타르노프Gorlice-Tarnów에 집결시켰다. 총 8개 보병사단으로 새로이 창설된, 아우구스트 폰 막켄젠August von Mackensen 대장이 지휘하는 제11야전군과 오스트리아의 제4야전군은 카르파티아 산악 지역 전선의 후방을 공략해서 러시아군을 격멸하는 임무를 부여받았다. 이와 병행하여 동부 전선사령부는 북부에서 러시아군을 고착하고 쿠를란트Kurland[L]에서의 공격을 통해 리가Riga[M] 방면으로의 양공작전(기만공격)을 수행해야 했다.

1915년 5월 2일, 장시간의 중(重)포병 사격 후 독일군과 오스트리아-헝가리군은 단 3일 만에 러시아군 진지를 돌파했다.[43] 남부에서 이탈리아가 참전을 선언하여 전투가 벌어지고 서부에서는 연합국이 아르투아Artois[N]에서 역습을 감행하면서 상황이 위협적으로 전개되었지만 독오동맹군은 동부 전선에서 그다음 주까지 연속적인 돌파작전을 실시했고 예비대를 쏟아붓는 대규모 공세로 확대시켰다. 프셰미실Przemysl의 리비우Lviv[O]를 탈환한 후, 7월 말경 팔켄하인은 북부의 동부 전선사령부와 남부의 제11군으로 하여금 양익포위공격을 통해 러시아군의 나레브-바익셀 방어선을 무너뜨리기로 결심했다. 팔켄하인은 양익의 공격축선을 바르샤바 북부에서 결합하는 포위공격으로 그 일대의 러시아군을 섬멸하고자 했던 것이다.

그러나 이 계획에 대해 동부 전선사령부와 총사령부 간에 작전적 차원의 의견 충돌이 벌어졌다. 힌덴부르크와 루덴도르프는 팔켄하인의 작전계획에 대해 불만을 표시했다. 그들은 코브노Kowno 일대를 통과하여 러시아

L 현재 라트비아의 남부지역
M 라트비아의 수도
N 북부프랑스 지역
O 혹은 르보프Lvov, 렘베르크Lemberg

지도 8

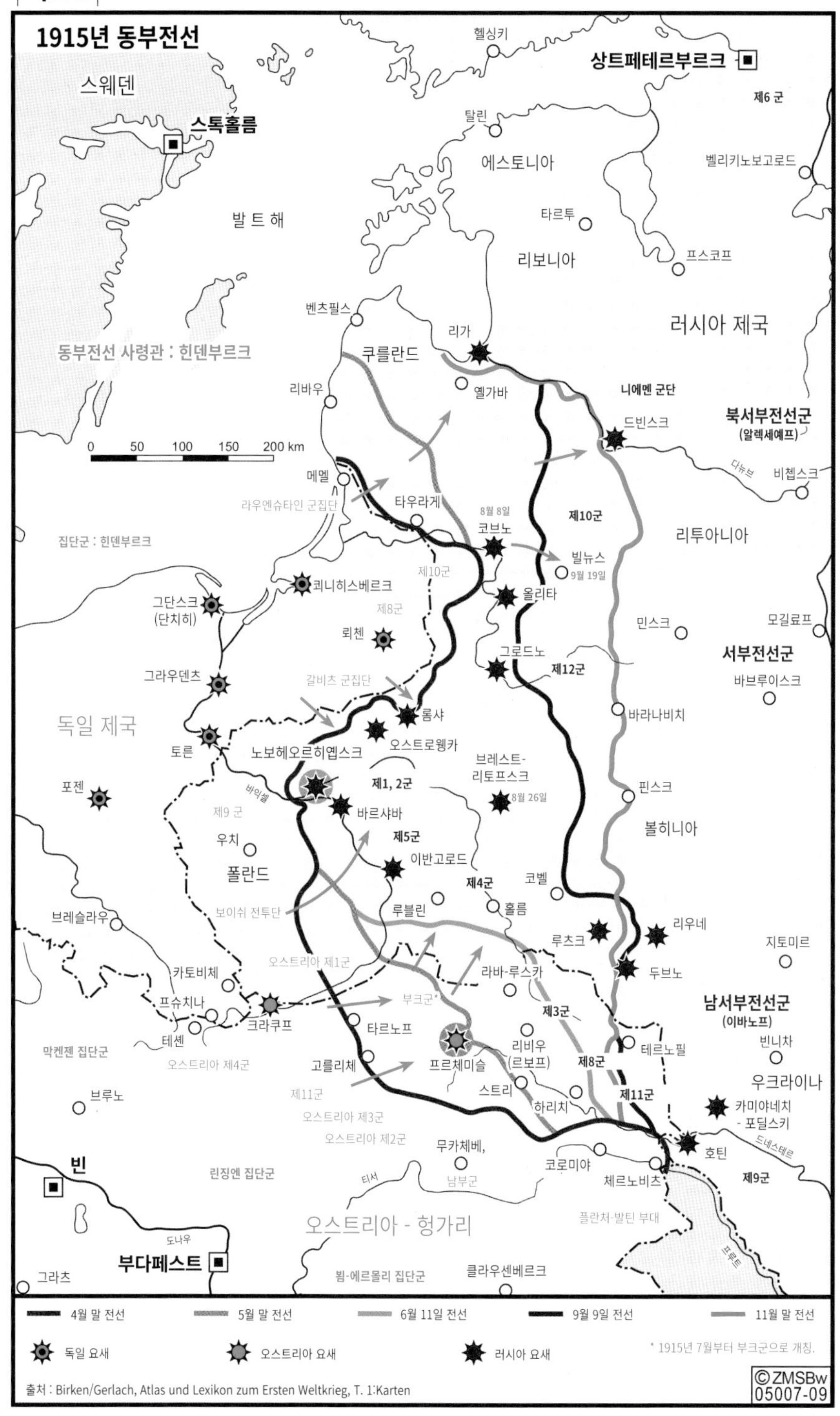

1915년 동부전선
헬싱키
상트페테르부르크
스웨덴
스톡홀름
제6 군
탈린
에스토니아
벨리키노보고로드
발 트 해
타르투
리보니아
프스코프
벤츠필스
리가
러시아 제국
동부전선 사령관 : 힌덴부르크
쿠를란드
리바우
옐가바
니에멘 군단
북서부전선군
(알렉세예프)
드빈스크
0 50 100 150 200 km
다뉴브
비첩스크
메멜
라우엔슈타인 군집단
타우라게
8월 8일
코브노
제10군
리투아니아
집단군 : 힌덴부르크
빌뉴스
9월 19일
제10군
쾨니히스베르크
그단스크
(단치히)
제8군
올리타
민스크
모길료프
뢰첸
그로드노
서부전선군
제12군
그라우덴츠
갈비츠 군집단
바브루이스크
롬샤
바라나비치
독일 제국
오스트로웽카
토룬
노보헤오르히옙스크
브레스트-
리토프스크
포젠
제1, 2군
8월 26일
핀스크
바익셀
제9 군
바르샤바
볼히니아
제5군
우치
이반고로드
폴란드
제4군
코벨
보이쉬 전투단
루블린
홀름
브레슬라우
리우네
루츠크
지토미르
오스트리아 제1군
카토비체
두브노
라바-루스카
부크군*
남서부전선군
프슈치나
제3군
(이바노프)
크라쿠프
타르노프
테르노필
빈니차
테셴
리비우
막켄젠 집단군
(르보프)
제8군
오스트리아 제4군
고를리체
프르체미슬
우크라이나
제11군
스트리
하리치
제11군
카미야네치
- 포딜스키
브루노
오스트리아 제3군
드네스테르
오스트리아 제2군
호틴
무카체베,
빈
코로미야
린징엔 집단군
남부군
체르노비츠
제9군
티서
플란처-발틴 부대
오스트리아 - 헝가리
도나우
프루트
부다페스트
뵘-에르몰리 집단군
그라츠
클라우센베르크
4월 말 전선
5월 말 전선
6월 11일 전선
9월 9일 전선
11월 말 전선
독일 요새
오스트리아 요새
러시아 요새
* 1915년 7월부터 부크군으로 개칭.
출처 : Birken/Gerlach, Atlas und Lexikon zum Ersten Weltkrieg, T. 1:Karten
©ZMSBw
05007-09

군의 후방을 타격하는 대규모 포위작전을 제안하며 그러한 방책으로 전쟁 승리를 달성할 수 있다고 주장했다.[44] 그러나 팔켄하인은 그 두 사람보다 러시아군의 전투력을 더 높게 평가했고 자신이 제시한 구상으로도 러시아군을 완벽히 포위하지 못할 것 같은 의구심이 들었지만 어쨌든 황제로부터 바르샤바 포위작전 시행을 최종 승인받게 된다.[45] 몇 주 후 역시 그의 의구심은 현실로 입증되었다. 러시아군을 포위하려던 시도는 실패했다. 러시아군은 모든 도로망을 파괴하면서 매우 노련하게 퇴각했고 독일군 측에서도 과도하게 연장된 병참선 때문에 보급사정이 극도로 악화되었으며 부대의 전투력도 소진되어 러시아군의 포위, 섬멸하기 위한 작전을 구사하기는 불가능해졌다. 따라서 계획된 작전적 포위는 실패했고 단순히 적을 동쪽으로 밀어붙이는 정면공격의 형태를 띠게 되었다.

1915년 말 전투력을 소진한 독오동맹군은 체르노비츠-리가Czernowitz-Riga 선에서 방어태세로 전환했다. 이러한 독일군의 공세에서 러시아군은 250만 명의 병력을 상실했지만 여전히 기력을 유지하고 있었다. 독오동맹군은 제1차 세계대전에서 가장 큰 규모의 작전적 성공을 달성했으나 섬멸적인 승리는 아니었다. 또한 이 공세는 육군 총사령부의 의도에 따른 것도 아니었다. 그러나 어쨌든 팔켄하인은 부분적이지만 전략적 목표를 달성했음에 만족해야 했다. 물론 승리했음에도 러시아와의 강화를 맺지 못했고 이탈리아의 참전을 막지도 못했다. 그러나 루마니아의 참전만은 저지할 수 있었다.

한편 이 승리로 불가리아를 독오동맹측에 가담시킬 수 있었다. 세르비아를 공략하여 정복했으며 오스만제국과의 연결도 가능해졌다. 팔켄하인은 그중에서도 러시아 영토 깊숙이 진출해서 중요지역을 확보한 것이 가장 결정적인 성과라고 인식했다. 이로써 1916년부터 다시 중점을 서부로 옮길 수 있었다.

하지만 팔켄하인과 힌덴부르크, 루덴도르프는 작전의 결과를 근본적으로 다르게 평가했다. 그 두 사람은 팔켄하인이 러시아군을 완전히 괴멸시킬 수 있는 유일한 기회를 놓쳤기 때문에 전략적인 실패라고 비난했다. 반면 팔켄하인은 러시아군이 언제라도 회전을 회피하고 본토로 철수할 수 있다는 자신의 견해가 입증되었으며 따라서 장차 전쟁을 결정지을 수 있는 승리는 오로지 서부에서만 가능하다고 주장했다. 그 결과 몇 개월 후 수십만 명의 프랑스군과 독일군이 베르됭에서 피비린내 나는 혈투를 벌이게 된다.

한편 동부에서의 공세가 실제로는 작전적 차원의 한계에 봉착했다는 사실은 오늘날까지 간과되고 있다. 슐리펜도 예견했듯 독일군이 포위하여 섬멸하고자 했던 러시아군의 주력은 본토로 퇴각하는 데 성공했고 독일군의 계획은 실패했다. 이는 또한 러시아군의 지연전 능력이 탁월했음을 반증한다. 철수도 질서정연했고 영토의 종심을 이용하는 능력도 훌륭했다. 공격작전을 수행하는 능력은 부족했지만 지연전은 달랐다. 갈비츠Gallwitz와 같은 제1차 세계대전 참전 군인들은 러시아군의 능력에 관해 상세히 기술했다.[46] 제2차 세계대전에서 독일군 장병들은 러시아군의 탁월한 전투 능력을 경험했다. 그러나 수많은 장군참모장교들은 그 사실을 무시했다. 오히려 열세에서 달성된 승리라는 의미를 부각시켜 스스로 극도의 우월감을 가지게 되었다. 그러나 러시아군의 지연전투 능력보다 한층 더 심각했던 것은 바로 지형이었다. 독일 국내 및 국경 인근에서는 잘 발달된 철도망 덕분에 신속한 부대 수송과 중점형성을 통해 기동전이 가능했다. 하지만 동부의 일부 지역의 교통망은 실로 참혹한 수준이었고 짜르 제국(러시아)의 광활한 영토에서 기동전은 사실상 불가능했다. 마지막 철도 하역장으로부터 120㎞ 거리 너머에 주둔한 부대에서는 군수보급이 일시적으로 중단되기도 했다.

또한 동부에서 독일군의 공세 속도가 철수하는 적을 포위하기에 충분히 빠르지 못했다는 점도 주목할 만하다. 서부 전역에서는 날이 갈수록 현대전에서 기병의 효용성이 사라지고 있었다. 마찬가지로 동부에서도 기병은 임무를 달성하지 못했다. 기병은 쿠를란트 전투에서 어느 정도 능력을 보여주었지만 전반적으로 동부전선에서는 적의 기관총탄 때문에 기동전에서 역량을 발휘할 수 없었다. 마지막 철도역에서 하차한 이후 열악한 도로를 따라 보병과 우마차, 견인포가 행군하는 모습은 당시 기동전을 구사하는 독일군의 상징과도 같았다.[47] 러시아의 광대한 지형에서 이러한 수단으로는 기동전을 구사하는 데 필요한 속도를 유지할 수 없었다. 기동전의 구사는 곧 한계에 봉착했다. 독일군의 작전적 독트린이자 러시아군의 섬멸을 위한 필수적인 조건은 전쟁을 종결시키기 위한 신속하고 거대한 규모의 포위작전이었다. 그러나 그것은 단지 힌덴부르크와 루덴도르프 주변의 몇몇 장군참모장교들의 머릿속에, 오로지 지도나 종이 위에만 존재했을 뿐이다. 현실적으로 동부에서는, 슐리펜과 팔켄하인이 가정한 대로 공간-시간-전투력 면에서 러시아군을 섬멸하는 것은 불가능했다.

그래서 전쟁 이전 계획수립 단계에서 총참모부는 국경 일대에서 러시아군을 격퇴시킨 후 그들의 본토 내부로 추격하는 상황에 대해 전혀 고려하지 않았다. 대몰트케 이래로 대러시아 전쟁을 위한 모든 작전적 계획은 폴란드 지역에 주둔한 러시아군에 대한 승리만으로 한정했다. 대몰트케는 다음과 같이 주장했다.

> *'우리는 폴란드에서의 승리를 러시아 영토 내로 확대하는 것에 전혀 관심이 없다'* [48]

작전적 환경 조건들로 인해 힌덴부르크, 루덴도르프 그리고 그들을 따르는 장군참모장교들이 구상한 기동전은 실현 불가능한 구상이었다. 독오

동맹의 공세에서도 독일군 작전적 사고의 결정적인 약점이 낱낱이 드러났다. 공격작전에 참가한 부대들은 작전적 사고의 핵심 요소인 포위, 봉쇄된 부대를 섬멸하기 위한 기동력을 전혀 갖추지 못한 상태였다.

1916년 대 루마니아 참전용사들은 이 전역을 '훌륭한 전쟁'이라 표현했고 제1차 세계대전 이후 군사전문서적들과 회고록 등에서도 '대부대 지휘술Feldherrkunst[49]'의 모범적인 사례라고 기술되고 있지만 실제로는 독일의 작전적 수준의 전쟁수행의 한계가 분명히 드러났다.[50]

1916년 여름, 독일과 오스트리아는 세계대전 중 가장 힘들었던 전략적 위기상황에 봉착했다. 독일의 베르됭 공세와 오스트리아-헝가리군의 이탈리아에서의 공세가 실패로 끝났다. 솜강Somme 일대에서는 독일군이 모든 전력을 투입하여 영국군의 공세를 겨우 저지할 수 있었다. 한편 동부에서 독오동맹군은 러시아군의 자원과 재편성 능력 그리고 작전적 능력을 과소평가하고 있었다.[51] 그러던 중 러시아군의 브루실로프Brussilow 공세로 독오동맹군은 거의 괴멸 직전까지 내몰렸고, 모든 가용한 예비대를 활용하여 가까스로 절체절명의 위기에서 벗어났다. 그러한 사태가 극복되자마자 루마니아가 1916년 8월 27일 연합국 측에 가담하여 전쟁을 선포했다. 바로 그 시점에 루마니아가 참전하리라고 전혀 예측하지 못했던 팔켄하인은 매우 당황했다.[52] 이날 저녁, 카드놀이 중이던 황제는 이 소식을 접하고서 엄청난 충격을 받아 즉각 강화를 제의하라고 지시했다.[53] 이러한 상황에 과도하게 반응한 결과, 황제는 팔켄하인을 해임하고 힌덴부르크를 총참모장에, 루덴도르프를 부참모장Generalquartiermeister[P]에 임명했다.[54] 위기상황과 함께 새로운 제3기 총사령부 출범에 따라 독오동맹국은 9월 6일 마침내 연합작전에 관

P 병참부장이라는 해석도 있으나, 총참모장의 참모장 역할을 하므로 여기서는 부참모장으로 번역했다. 3기 총사령부의 총참모장, 힌덴부르크는 총사령관에 가깝고 부참모장이 모든 참모부의 업무를 총체적으로 관장했다. (역자 주)

한 모든 지휘권을 단일화하여 빌헬름 2세 -육군 총사령부- 에게 넘기기로 합의했다.[55]

이전 육군 총사령부의 계획들을 기반으로 힌덴부르크와 루덴도르프는 루마니아 전역에 명확한 중점을 형성하고 즉각적인 공세를 실시하기로 결정했다. 새로이 제9야전군을 창설하여 사령관으로 팔켄하인을 임명했다.[56] 제9군사령관은 오스트리아군과 함께 철저히 독일의 작전적 교리에 따라 트란실바니아(독일명 지벤뷔르겐Siebenbürgen)[Q] 일대에서 루마니아군 일부를 양익포위로 섬멸하고자 했다. 루마니아군은 병력면에서는 우세했지만 장비면에서는 확실히 부실했다. 이어서 카르파티아 산맥을 넘어 남부에서 돌파작전을 실시한 독일군은 불가리아군, 터키군과 합세하여 막켄젠 장군의 지휘 아래 루마니아군을 섬멸하기로 계획했다.

종종 그렇듯 현실은 계획대로 되지 않는다. 팔켄하인은 병력의 열세에서도 트란실바니아에 전개한 루마니아군을 격파하는 데 성공했다. 그러나 양익포위에 실패함으로써 루마니아군을 섬멸하지 못했다. 또 한 번의 칸나이가 실패하고 만 것이다. 막켄젠이 도브루자(독일명 도브루드샤Dobrudscha)[R]에 성공적으로 진입한 반면, 팔켄하인은 계획한 대로 카르파티아 산맥의 통로들을 신속하게 개방할 수 없었고, 수차례의 시도 끝에 비로소 돌파에 성공했다. 그 사이에 도나우강을 도하한 막켄젠군과 협공으로 부쿠레슈티(독일명 부카레스트Bukarest) 전방의 루마니아군을 후방과 측방에서 포위, 섬멸하고자 했다. 그러나 이곳에서도 루마니아군의 주력이 포위망을 빠져나갔고 몰도바Moldau에서 러시아군과 함께 새로운 전선을 형성했다. 독오동맹군은 플로이에스티Ploiesti의 유전지대와 루마니아의 식량자원을 장악하는 데 만족해야 했다. 독오동맹군은 1916년 말 엄청난 손실을 입었지만 이러한 승리를

Q 루마니아의 북부
R 루마니아 남동부 지역

통해 마침내 동부전선의 상황을 안정시킬 수 있었다.[57]

독일군이 중점을 옮겨 실시한 독오동맹의 대 루마니아 공세는 독일군 총참모부가 지속적으로 요구하고 훈련했던 인적 그리고 물적으로 우세한 적에 대한 작전적 기동전의 사례라고들 말한다. 그러나 루마니아와의 전쟁이 정말로 독일의 작전적 교리에 관한 대표적인 본보기가 될 수 있을까? 이러한 성공적인 공세로 과연 독일의 작전적 사고의 우수성이 증명되었다고 할 수 있을까? 확실히 루마니아 전역에서 독일군은 군사적으로 매우 큰 승리를 쟁취했다. 또한 전역 초기의 극도로 어려웠던 상황을 감안하면 승리의 가치는 더욱더 크다. 독일 지리정치학의 창시자, 프리드리히 라첼Friedrich Ratzel의 이론[58]에 따르면 공간적으로 규모가 그리 넓지 않았던 이 전역은 작전적 수준의 전쟁을 수행하기에 매우 이상적이었고 공세적인 기동전을 통해 독일의 우세한 전술적, 작전적 수준의 전쟁수행이 충분히 가능했다. 그럼에도 물량 면에서 열세하고 전쟁수행 능력마저 부족했던 루마니아군을 섬멸하지 못했다. 수차례 시도된 양익포위작전은 병력 부족과 병참선의 과도한 신장으로 악화된 보급사정, 지리, 기상 조건 때문에 실패하고 말았다. 적군은 지속적으로 포위망을 탈출했으며 이로써 섬멸도 불가능했다. 그 이유는 독일군에게 있었다. 바로 신속한 기동력이 없었기 때문이었다.

루마니아에서도 보병의 행군속도가 모든 것을 좌우했다. 결국 1915년의 러시아군처럼 루마니아군을 단지 정면에서 밀어내는 정도로 전쟁이 종결되었다. 따라서 제1차 세계대전에서 루마니아 전역은 독일의 전쟁수행방식이 야누스의 두 얼굴과 같은 상반된 의미를 가지고 있음을 보여주는 완벽한 사례였던 것이다. 전술적-작전적 수준에서 우세는 달성했지만 전쟁수행 간에 작전적-전략적 한계로 결국에는 반복적인 실패를 거듭하고 말았다.

1915년 폴란드에서처럼, 국경 인근에서의 전투에만 익숙했던 독일 육군은 루마니아에서도 보급과 작전적 차원에서 지리적인 작전반경의 한계에 봉착했다. 그러나 동부전선에 차질이 생긴 이유는 단지 그러한 단 하나의 문제 때문만은 아니었다. 서부전선과는 대조적으로 동부에서는 연합작전을 수행했다. 배타적인 국가적 자존심-오스트리아군은 독일군을 오만불손하다고 인식했고 독일군은 오스트리아군을 무능하다고 생각했다-이 충돌하기도 했고 회첸도르프Hötzendorf[S]와 팔켄하인 간의 개인적인 마찰도 있었다. 또한 독일군과 오스트리아군 간에는 교육훈련 수준이나 장비의 질도 현격한 차이가 있었다. 따라서 독일군의 관점에서 오스만 제국이나 불가리아군도 마찬가지였지만 오스트리아군은 속전속결을 위한 작전수행 능력이 매우 부족했다. 특히나 동맹군 장교들의 작전적 교육훈련의 수준이 매우 낮았다는 점은 독일과 함께 작전적 기동전을 수행하기에는 치명적인 약점이었다. 따라서 명령을 이행하는데 매번 불화가 발생했고 독일 측에서는 연락장교를 파견하거나 독일군 장교가 외국군의 지휘권을 행사하는 등 이를 해소하기 위한 대책을 강구하기도 했다.[59]

한편으로 루마니아 전역은 막켄젠처럼 독일군, 오스트리아-헝가리군, 불가리아군과 오스만제국군으로 구성된 연합군이 상당한 어려움 속에서도 성공적인 작전을 수행할 수 있다는 사실을 보여주었다. 다른 한편으로는 이 전역에서 육군 총사령부가 가능한 한 항상 독일군으로 중점을 형성하려고 했고 따라서 동맹군 내에서 독일군 사단들이 중추적인 역할을 수행했다는 것도 명확히 증명했다. 그러나 최선의 노력을 다했지만 당시의 문제들은 해결된 것처럼 보였을 뿐 매우 큰 갈등 요소들이 내재되어 있었다. 특히 전쟁 초기부터 오스트리아는 자신들을 무시하고 책망하는 독일군에게 굴욕감을 느끼고 있었다.[60] 독일군 총사령부는 전쟁 기간 중 연합작전을 위한 적합한 지휘구조를 발전시키지 못했던 것이다.[61]

S Franz Conrad von Hötzendorf, 오스트리아군 총참모장

게다가 동부에서의 전쟁수행은 작전적 대안들이 전략적인 목표에 일치되지 않았다는 사실에서 작전적 사고의 또 다른 약점이 노출되었다. 그 이유는 바로 공간을 순수하게 지리적인 영역으로 과소평가했기 때문이다. 18세기 군주의 전쟁에서처럼 이를테면 전투를 사람이 거주하지 않는 지역에서 정규군 간에 벌어지는 충돌로 인식했다. 전쟁지역의 주민들은 철저히 무시되었다. 총참모부의 대다수 장군참모장교들은 주민들이 전쟁수행에 의미 없는 존재라고 생각했던 것이다. 1870-71년 독일-프랑스 전쟁에서 이미 그들이 국민전쟁을 경험했다는 사실을 감안할 때 이는 매우 불가사의한 일이다. 그러나 한편으로는 작전적인 속전속결로 신속히 전쟁을 종식시키고 따라서 국민전쟁의 발발을 미연에 방지하고자 했던 논리로 설명될 수도 있겠다.

전구(戰區)의 범위가 공간적으로 크게 확장-1915년 독일군은 프랑스뿐만 아니라 러시아, 발칸, 오스만제국에서도 전투를 치름-되고 독일군은 동맹국들과 함께 장기간의 소모전을 피할 수 없는 상황에 빠져버렸다. 바로 이 순간 작전적 교리를 다시 검토했어야 했지만 그럴 의지가 없었다. 루마니아 전역에서 그들의 작전적 사고의 타당성이 입증되었다고 생각했기 때문이다. 그러나 이러한 경험은 제1차 세계대전 이후 작전적 사고의 발전에 지대한 영향을 미쳤다. 장교들과 병사들은 점령지의 낙후된 위생환경과 뒤떨어진 문명을 경험한 후 엄청난 문화적 충격을 겪었다.[62] 이 충격 역시 열세 속에서 달성된 대규모 승리 이후 남아있던 군사적인 우월감에서 비롯된 것이었다. 독일은 전쟁 이전에 러시아의 막대한 동원능력[T]을 두려워했고,[63] 또한 치열한 전투와 집요한 러시아군의 저항[64] 그리고 강력했던 브루실로프 공세를 통해 교훈도 얻었다. 하지만 그 이후에도 여전히 러시아군을 과소

T 원문에는 스팀롤러라고 표현함 (역자 주)

평가했다. 해가 갈수록 서부에서의 물량전과는 반대로 동부전선 즉 '잊어 버린 전선'에서의 작전적 수준의 전쟁수행의 문제점, 전투 양상들, 러시아군의 군사적 능력들은 점점 더 철저히 은폐되었다. 모든 군인들의 머릿속은 우월감으로 가득했고 여기에는 각종 선전물들이 기여한 바도 컸다.

돌파

1914년 말, 스위스 국경지대로부터 벨기에의 북부해안까지 수백 ㎞에 달하는 길고도 약간의 틈새도 없는 종심 깊은 진지들이 구축되었다. 독일군이 플랑드르에서 돌파를 시도했다가 실패한 그해 가을 이후 서부에서 기동전의 가능성은 사라지고 말았다. 전쟁이 발발하자 곧바로 자동화기의 화력이 정신적인 가치-의지와 공격정신-를 압도할 정도로 엄청난 위력을 발휘했다. 서부에서는 '작전'이란 말이 무색할 정도였다. 슐리펜이 그토록 회피해야 한다던 진지전 양상이 전개되면서 전선은 고착되었고 기동은 불가능해졌다. 그 이듬해부터 육군 총사령부는 작전적-전략적 차원에서 서부전선에서의 공간을 제대로 인식하지 못했다. 마치 일개 병사가 전장을 바라보듯 전술적 수준에서 유리하거나 불리한 지형으로만 구분했다. 총참모부가 작전적 기동전만을 고집했지만 이미 제1차 세계대전 이전부터 오랫동안 이와 같은 진지전의 시나리오도 충분히 논의했었다. 1895년, 총참모부의 한 부서장이었던 에른스트 쾨프케Ernst Köpke의 다음과 같은 발언은 그러한 사실을 증명한다.

"우리는 대규모의 진지전, 요새화된 진지로 연결된 전선에서의 전투, 거대한 축성진지를 포위하는 공격법을 익히고 그러한 전투에서 승리할 수 있는 방법을 찾아야 한다. 특히 프랑스군을 상대로 승리하려

면 그 방법밖에 없다. 이를 위한 정신적, 물질적인 준비를 해야 하며 결정적인 순간에 이러한 전투를 수행할 수 있도록 사전에 연습하고 필요한 장비도 갖추어야 한다." [65]

1904-05년 러일전쟁을 목격(目擊)하고도 기동전을 부르짖는 다수의 무리들 앞에 쾨프케의 통찰력 있는 예언은 메아리 없는 외침일 뿐이었다. 결국 독일군은 장기간의 진지전에 대비하지 못한 채 전쟁을 일으켰다. 그래서 육군 총사령부에서는 1915년에 이르러서야 한편으로 현대적인 무기체계, 이를테면 기관총, 포병, 독가스와 항공기를 운용한 방어개념을 발전시킬 수 있었다. 다른 한편으로는 종심 깊은 방어체계를 극복하기 위해 종래까지의 공격방식을 변경해야만 했다. 특히 독일제국의 제한적인 자원도 고려해야 했다. 진지전이 벌어지자 육군 총사령부는 공격과 방어 간의 관계를 새로이 평가했다. 이제는 방어가 전술의 중심으로 부상했다. 그 이듬해부터 독일은 계속해서 지역방어전술을 개발했다. 독일군은 모든 수단과 방법을 동원해서라도 솜강, 샹파뉴Champange와 플랑드르에서 연합군의 공격을 막아내야 했기 때문이다.[66]

그러나 육군 총사령부에게는 전술적 과제들보다도 더 심각한 문제가 남아있었다. 바로 그들이 전혀 대비하지 않았던 장기간의 소모전쟁에서 승리해야 한다는 것이다. 작전적-전략적 환경과 여건은 분명했다. 한편으로 독일과 그 동맹국은 상대에 비해 물적, 인적인 열세에 있었다. 게다가 더 장기간 전쟁이 지속될 경우에 이러한 불균형은 더욱더 심화될 것은 분명했다. 혁신적인 방어체계나 우월한 지휘사상으로 이를 감당하기에도 시간적인 여유도 없었다. 자원 보유량도 상대적으로 부족했기 때문에 시간이 갈수록 유리한 쪽은 연합국 측이었다. 결국 전쟁 이전의 계획에서도 그랬듯 시간은 신속한 작전적 기동전을 위한 지배적인 요인이었다. 다른 한편으로 적군의 섬멸이 목표인 작전적 공격을 위해 반드시 필요한 것은 어쨌든 일시적으로 국지적 우세를 달성하는 것이었다. 궁극적으로 작전적 기동전을 이행하기 위해서는 우선 적의 방어진지를 돌파해야 했다. 전술적인 문제, 즉 돌파를 어떻게 수행해야 하는가를 해결하는 것이 관건이었다.

총참모부뿐만 아니라 당시 군사에 관심을 가졌던 대중들도 오로지 포위를 테마로 격렬한 논쟁을 벌였다. 돌파에 대해서는 심도 깊은 연구나 토론을 하지 않았다. 슐리펜의 영향력은 그만큼 막강했다. 결전의 형태로 돌파는 철저히 금기시되었다. 슐리펜 시대에 새로이 발간된 '대부대 지휘관을 위한 지침서'Instruktionen für die höheren Truppenführer에서도, 여타의 교육훈련에 관련된 교범 및 문헌에서도 '돌파'라는 단어를 찾아볼 수 없을 정도였다.[67] 또한 군사관련 논객들에게 돌파는 관심 밖의 주제였다. 전술적, 작전적 돌파의 개념과 목적에 대해서는 전혀 논의된 바가 없었다.

특히 슐리펜 등의 최고위층을 포함한 돌파에 대한 반대론자들은 화력의 증대 때문에 수적으로 열세한 적군일지라도 빈틈없고 견고한 진지를 구축한다면 돌파는 절대 불가능하다고 역설했다.[68] 게다가 최초 돌파에 성공한다고 해도 방자는 그 돌파구를 차단할 것이며 돌파구 안에 남은 공자는 방자의 측방 화력에 의해 섬멸적인 타격을 받을 것이라고 덧붙였다. 그런 가운데서도 유일하게 베른하르디만이 작전적 사고를 실행에 옮기는 방책으로 돌파를 수용해야 한다고 주장했다. 이로써 베른하르디는 슐리펜과 의도적으로 대립각을 세우게 된다. 물론 포위작전에 절대적으로 가치를 부여했던 슐리펜이었지만 특정한-드물겠지만 극히 예외적인 상황에서는- 이를테면 기다란 적의 방어진지에 취약지점이 식별된다면 돌파도 필요하다고 인정했다. 그러나 전술적 돌파가 아닌 작전적 수준의 돌파를 시행하려면 적이 치명적인 실책을 저질렀을 때만 가능하다고 단서를 붙였다.

1905년 슐리펜은 후임자와의 의견대립 때문에 전술적 또는 작전적 돌파의 가능성에 관한 전쟁사 연구를 근거로 자신의 가설을 증명하려고 했다. 그는 두 가지를 제외한 모든 사례를 프리드리히 2세와 나폴레옹 해방전쟁에서 선택했다. 연구 끝에 슐리펜은 과거 사례에서는 물론 돌파가 중요했지만 현시대에는 화력의 효과가 증대되었기 때문에 전술적 수준의 돌파로는 결정적인 승리를 얻을 수 없다는 결론에 도달했다. 한편으로는 전쟁사로부터 장차전에 대한 절대적인 결론을 도출해서도 안 되며 화력의 증가에도 불구하고 특정한 조건에서는 전술적 또는 작전적 수준의 돌파도 가능하다고도 기술했다. 그러나 돌파로는 포위와 같은 전쟁 승리에 절대적으로 기여할 만큼의 효과를 거둘 수 없다고 덧붙였다.

> *"따라서 전술적이든 작전적이든 돌파에 집착하면 반드시 실패할 것이다. 돌파는 일시에 유리한 상황을 조성하는 데 유용할 뿐이다."* [69]

소몰트케는 슐리펜의 생각을 단지 이해하는 것으로 끝이었다. 포위를 근본적인 방책으로 인식했지만 그것에만 집착하지 않았다. 자신이 계획한 1905년의 대규모 기동훈련Kaisermanöver[U] 중 직접 돌파작전을 지도하기도 했다. 게다가 그는 슐리펜이 마차(馬車)사고로 치료받는 틈을 이용해 고급지휘관들에게 포위와 결합된 정면공격의 중요성을 확실히 일깨워 주고자 별도의 작전명령을 하달하기도 했다. 후일 이를 알게 된 슐리펜은 진노하게 된다.

따라서 소몰트케 지휘 하에 전쟁 직전에, 이를테면 1912년과 1913년에 시행된 대규모 기동훈련에서는 결정적 회전을 목표로 하는 정면공격과 전술적 돌파를 강도 높게 연습했다.[70] 작전적 사고의 차원에서 슐리펜 시대보

U 황제가 주관하는 대규모 기동훈련

다 돌파의 중요성이 매우 강조되었다. 여전히 포위는 전쟁의 승패를 결정짓는, 작전적 사고의 핵심이었지만 소몰트케는 전술적 수준에서 작전적 수준의 돌파로 확대시키는 것도 배제하지 않았다. 1913년 기동훈련의 사후강평에서 작전적인 차원에서 자신의 신념이 변화되었음을 분명하게 밝혔다.

> *"적의 한쪽 또는 양쪽 측방으로 우회공격이 불가능하다면 최초부터 돌파를 목표로 회전을 실시할 수도 있다. 그러한 가능성도 없다면 적어도 적을 밀어붙이기 위한 정면공격도 감행할 수 있어야 한다. 그러다 보면 일부 지역에서 유리한 여건이 조성되고 또한 전술적 수준의 돌파구가 형성될 수 있다. 만일 그 돌파구를 확장시켜 국지적으로 광범위한 전선에서 돌파구가 만들어지면 이를 통해 결정적인 승리를 쟁취할 수 있다."* [71]

슐리펜 스스로도 백만육군으로 규모가 커지고 이에 연계되어 전투진지가 확장되었기에 돌파의 필요성을 배제하지 않았다. 1912년에도 소위 '슐리펜 계획'을 작성하여 독일의 공격 축선 전방에서 프랑스군 전선을 돌파할 수도 있다는 가능성을 언급했다. 1905년 작성된 계획의 연속선상에서 더 많은 지역에서의 돌파를 계획했다. 물론 그 후에는 적 방어선의 틈을 확대하는 것보다는 적의 종심, 후방으로 진출하는 포위작전을 통해 결전을 수행한다고 주장했다.

독일에서 돌파사상은 오랫동안 경시될 수밖에 없었다. 돌파의 성공을 위한 전제조건-모든 전문가들도 일치된 의견으로-은 바로 성공적인 기습과 더불어 명확한 인적, 물적 우위를 달성하는 것이었다. 독일은 그러한 선결조건을 달성하는 것 자체가 불가능했다. 콘라트 크라프트 폰 델멘징엔Konrad

Krafft von Dellmensingen[V] 중장은 수적 우위에서 시행하는 공격 형태가 바로 돌파이며, 이것으로는 결정적인 작전적 승리를 달성할 수 없다고 주장했다. 돌파는 오로지 차후의 포위 작전을 위한 여건 조성 차원의 전투라는 의미만 부여되었다. 따라서 총참모부는 돌파를 항상 최후의 수단으로만 인식했던 것이다.[72]

하지만 육군 총사령부는 제1차 세계대전을 일으키고 몇 주 지나지 않아, 다시금 기동전으로 전환하기 위해서는 돌파가 반드시 필요하다는 사실을 인정했다. 적들도 마찬가지였지만 독일군은 어떻게 종심 깊은 방어진지를 극복하고 이어서 어떠한 방법으로 기동전을 구사해야 아군 포병의 사정거리 밖에 위치한 방자의 예비대를 격멸할 수 있을지에 관한 해법을 찾고자 했다. 또한 아군이 선정한 돌파지역에 적이 예비대를 투입하여 전투력을 집중하기 이전에 반드시 돌파를 성공시켜야 했고 이것이 바로 공격작전의 승패를 결정지을 것이라고 판단했다. 이러한 시간적 압박 속에서 전투지휘의 결정적 요인은 바로 전술적 기동성이었다.

팔켄하인에게 시간은 전술적인 차원에서뿐만 아니라 전략적인 수준에서도 가장 중요한 요소였다. 독일과 동맹국들은 1916년 말이나 1917년 초반까지 전쟁에서 반드시 승리해야 했으며 그렇지 못할 경우 월등히 우세한 자원력을 보유한 연합국을 상대로 승산이 없다고 확신했다. 이러한 이유로 결국 정치적 이익과 결합된 군사적 승리를 지향하는 전략 개념을 발전시켜야 했다.

제2기와 제3기 육군 총사령부는 각각 상이한 작전적 방식을 적용하는 전혀 다른 전략적 개념을 표방했다. 공통점을 굳이 찾는다면 팔켄하인은 러시아의 위협이 일시적으로 사라진 1916년에, 후임자들은 러시아의 위협

V 제6군 참모장, 알프스 군단장 역임.

이 영구적으로 제거된 1918년에서야 서부에서 주도권을 상악하고 중심을 형성했다는 점이다.

하지만 팔켄하인은 전투력 수준을 판단했을 때 독일의 군사적 승리는 불가능하다고 인식했다. 따라서 대몰트케가 양면전쟁을 위해 계획했듯이 1916년 말 또는 1917년 초에 하나 또는 다수의 성공적인 회전 이후, 정치적 협상을 도모하고자 했다. 그러나 독일 내부의 분위기를 고려하면 독일의 지위가 1914년 8월 이전을 능가해야 협상에 들어갈 수 있으리라 생각되었다. 팔켄하인은 전쟁에서 승자가 되면 이 조건을 성공적으로 관철시킬 수 있다고 확신했다.[73] 앞서 기술했듯 팔켄하인은 동부에서도 작전적 수준의 전쟁수행이 가능하다고 생각했지만 군사적인 해법에 크게 기대를 걸지 않았다. 자신이 지향하는 전략적 효과를 달성할 수 있는 완벽한 승리는 오로지 서부에서만 가능하다고 인식했던 것이다.

1915년 초부터 육군 총사령부는 서부에서의 결정적인 돌파를 계획했다. 집단군 측에서도 수차례 건의안들이 올라왔다. 델멘징엔은 아라스Arras에서의 돌파를 주장했다. 프랑스군과 영국군을 분리시켜 영국군을 대서양으로 몰아 수장시키고자 했다. 그러한 방책에 반대한 쿨Kuhl 같은 이들은 엔강Aisne 일대에서 공격을 감행하여 성공적인 돌파 이후 파리까지 작전을 확대하자고 제안했다.[74] 이에 팔켄하인은 1915년 1월 수아송Soissons에서 성공적인 공격작전을 수행했던 제3군단의 참모장 젝트Seekt에게 서부전선에서의 돌파계획 수립을 위임했다. 그도 델멘징엔과 동일하게 아라스와 알베르Albert 사이의 연합군 전투지경선 일대를 공격하자고 제안했다. 역시 영국군과 프랑스군을 분리시키기 위해서였다. 젝트는 25㎞의 정면을 돌파하기 위해서 총 5개 군단 규모의 전투력이 필요하다고 예측했고 종심깊은 곳까지 공세를 지속시키고 동시에 측방을 방호하기 위해 제2제파로 9개 군단 규모가 후속해야 한다고 진술했다. 다른 방책들도 마찬가지였지만 젝트는 그러한 작전수행에는 고도의 어려움이 내포되어 있음을 인정했으며 속전속결 또한 기대하지 않았다.[75] 그러나 그와 동시에 솜강 일대를 돌파하면 그것이야말로 결정적인 타격이 되리라는 점을 부각시켰다.

여기서 한 가지는 명확하다. 총참모부가 진지전의 상황 속에서 이제는 전술적 돌파를 작전적 기동전으로 전환하기 위한 전제조건으로 간주했다는 것이다. 성공적인 돌파를 위해서는 세 가지 조건이 달성되어야 했다. 첫째로, 실질적인 돌파지역에서 멀리 이격된 지역에서 기만공격을 통해 적의 작전적 예비대를 유인하여 고착해야 했다. 둘째, 기습적으로 그리고 모든 전력을 투입하여 또한 대규모 포병부대들을 총동원해서 반드시 성공적인 결과를 도출해야 했다. 셋째, 최초의 성공적인 돌파 이후 예비대를 투입해서 지속적인 제파식 돌파가 시행되어야 했다.

젝트의 논리에 확신을 가진 팔켄하인은 다시 그에게 동부전선, 고를리체-타르노프에서의 독오동맹군의 최초의 대규모 돌파작전에 관한 계획수립을 맡겼다. 포병 전력 면에서 열세한 적을 상대한 동부에서의 돌파는 성공적이었다. 하지만 1915년 가을 샹파뉴Champagne에서 방어회전을 경험한 후에 총참모장은 서부에서의 전술적 돌파는 불가능하다고 인식했다. 당시 프랑스군은 압도적인 우세 속에서도 종심 깊은 독일군 방어진지를 돌파하지 못했다. 그는 문득 전쟁 이전에 돌파에 대해 반대 입장을 취했던 이들의 논리를 머릿속에 떠올렸다. 앞에서 언급했듯이 공자와 방자가 정신력과 전술적 수단에서 대등한 전력을 갖췄다면 방자는 공자의 돌파시도를 저지할 수도 있으며 만일 공자가 돌파구를 만든다 해도 방자는 측방화력으로 돌파구 내의 공자를 섬멸할 수 있다는 주장들이 뇌리를 스쳤던 것이다.[76] 게다가 독일군은 총참모부의 계산상 대규모 작전적 돌파에 필요한 30여 개의 사단을 보유하지도 못했다.[77] 따라서 총참모장은 베르됭, 즉 프랑스와 프랑스군의 국가전략적 요충지에서 국지적인 돌파를 감행하여 적의 대규모 반격을 유도하기로 계획했다. 그는 그해 가을 프랑스군이 베르됭에서 패배한 이후 그들의 급격한 사기저하를 직접 확인했다. 적이 역습을 감행하면 베르됭 주위에 이미 확보된 유리한 방어진지에서 포병사격으로 이를 격멸한다는 계획이었다. 말 그대로 베르됭을 프랑스군의 '피바다'Blutmühle로 만들 작정이었다. 한편으로 독일군의 피해는 최소화해야 했다. 그렇다면 프랑스군을 지원하기 위해 영국군도 역습을 실시할 것이고 이 역습은 작전적 예비대로 저지할 수 있을 것이며 그로써 영국군의 전투력은 급격히 약화되리라고 판단했다. 또한 영국군을 서부전선에서 축출하고 무제한 잠수함작전과 연계하여 강화조약을 강요할 수도 있다고 생각했다.[78]

외형상 돌파작전이었지만 애초부터 독일은 의도적으로 대량 손실을 회피하려 했다. 그 자체가 바로 감당할 수도, 성공할 수도 없는 작전이었던 것이다. 즉 팔켄하인은 독일제국의 전투력이 소진되기 이전에 연합국을 먼저 지치게 할 생각이었다. 그의 계획은 연합군의 가장 최근 공세에 대한 평가를 근거로 하여, 프랑스군이 방자인 독일군보다 3배는 더 많은 피해를 내도록 하는 것이었다.

1916년 2월 21일, 공격이 개시되었다. 그러나 예상과는 달리 일련의 사태들이 벌어지면서 팔켄하인은 최초의 작전적-전략적 의도를 단념해야 했다. 아군의 공격보다는 적으로 하여금 역습을 감행케 하여 출혈을 강요하고자 했지만 회전이 벌어지면서 뜻밖에 독일군 내부에는 심리적인 패배 의식을 방지하기 위해 돌파 사상과 공격정신이 전면에 부각되기 시작했다. 팔켄하인으로서는 의도하지도 않은, 예상하지도 못한 분위기였다. 하지만 독일군에는 돌파를 강행하기 위한 어떠한 전술적 방책도 없었다. 모든 수단과 방법을 동원한 공격시도는 적의 기관총 앞에서 번번이 참혹한 손실만 낳을 뿐이었다. 결국에는 고작 몇 미터 전진하는 성과밖에 없었다. 1916년 춘계에 실시된 베르됭 공세는 실패로 끝났고 수십만의 독일과 프랑스군 병사들의 생명을 앗아갔다. 베르됭에서의 패배로 팔켄하인의 작전적-전략적 개념도 물거품이 되고 말았다. 이로써 팔켄하인의 퇴진은 단지 시간문제였다.

힌덴부르크와 루덴도르프는 팔켄하인의 뒤를 이어 총참모부를 인수했다. 두 장군은 육군을 지휘할 의지가 충만해 있었다. 그리고 팔켄하인과는 완전히 상반된 전략을 품고 있었다. 그들의 목적은 대규모 섬멸전에서 승리한 이후 승자로서 연합국과 강화(講和)를 맺는 것이었다. 더욱이 팔켄하인 때문에 동부에서 이러한 기회를 상실했다고 생각했다. 대규모 공세를 실시하기 이전에 연합군의 공격으로 붕괴 위험이 있는 서부전선을 안정시키는 것이 급선무였고 동시에 러시아에게도 강화를 요구하고자 했다.

제3기 육군 총사령부는 전술적 수준의 문제들을 지역방어로 완벽하게 풀어냈다.[79] 서부에서는 이러한 방식으로 잔혹한 물량전에서 수차례 연합군의 공세를 막아내는 데 성공했다. 한편 전략적인 문제들도 러시아 제국의 내부 분열을 가속화시켜 해결해 냈다. 볼셰비키Bolschewiki는 독일의 지원을 받아 권력을 장악했고 독일의 뜻대로 단독강화의사를 내비쳤다. 게다가 이탈리아는 이손초강Isonzo에서 패배한 후 탈리아멘토강Tagliamento 선까지 퇴각했다. 1917년 말까지의 상황만 보면 독일과 오스트리아는 4년간의 전쟁에서 마치 판정승을 거둔 것이나 다름없었다. 그러나 상황을 면밀히 분석해보면 결과는 정반대였다. 오스만제국군은 이라크와 팔레스타인에서 퇴각 중이었고 불가리아군은 전쟁 피로증에 시달리고 있었으며 오스트리아군은 과거의 영광스러운 모습을 찾아볼 수 없을 정도로 초췌해져 있었다. 한편 독일과 오스트리아는 연합국의 해상봉쇄로 경제적 측면에서도 위기가 고조되고 있었다.

이는 독일제국의 정치적 분위기에 직접적인 영향을 미쳤다. 1917년 말부터 이듬해 1918년 초까지의 동계에는 극심한 식량난에 시달렸고 그 결과

1918년 1월에는 대규모 소요사태가 발생했다. 최초의 폭동은 1917년 해군의 원양함대에서 일어났다.

독일지도부는 1월 폭동에서 매우 불길한 조짐을 감지했다. 특히 육군 총사령부는 발칵 뒤집혔다. 러시아 공산주의의 확산과 그에 따른 혁명이 독일제국에 실질적인 위협이 될 수도 있다는 엄청난 위기의식에 휩싸였다. 그러잖아도 군 내부에서도 해결해야 할 문제들이 산적해 있었다. 병력 보충 문제는 극도로 심각했다. 일선 부대들은 연합군의 공세 압박에 잘 버티고 있었지만 대부분의 병사들은 끝도 없이 계속되는 진지전의 피로와 공포에 시달리고 있었다. 루덴도르프가 분노하며 언급한 '겁쟁이'들이 나날이 늘어났다. 모든 이들이 이듬해까지 혹독한 전투를 이겨낼 수 있을지 아니면 전선이 붕괴될 것인가에 대해 끊임없이 질문을 던졌지만 아무도 답변을 내놓을 수 없었다. 이러한 상황을 타개하고자 제3기 육군 총사령부는 대공세를 감행하기로 결심했다. 그 주된 이유는 특히 큰 희망 속에서 시행했던 무제한 잠수함 작전이 실패로 끝나버렸고 설상가상으로 마침내 미국이 연합국의 편에서 참전을 선언했기 때문이었다. 막대한 인적, 물적 자원을 보유한 미국이 가세함으로써 프랑스와 영국의 입장에서는 동맹에서 이탈한 러시아를 대신해서, 아니 러시아를 능가하는 더 큰 세력을 얻게 되었던 것이다.

이로써 힌덴부르크와 루덴도르프에게 당시의 상황은 매우 절망적이었다. 연일 방어작전에서는 성공했지만 병사들의 피로도와 모든 면에서 적군의 우세는 나날이 증폭되었다. 때마침 러시아와의 평화조약이 성사되자 육군 총사령부는 또 한 번 희망을 품게 되었다. 그들은 서부에 모든 가용 전력을 집중해서 대규모 공격작전을 시행하고 성공한다면 승자로서 평화협상-힌덴부르크와 루덴도르프는 전임자와는 달리 양해합의적인 평화협상을 전혀 고려하지 않았다.-을 강요할 수 있으리라 판단했다. 미군이 본격적으로 프랑스 전역에 투입되기 이전에 결전을 종결시키는 것이 관건이었다. 이 작전도 1914년의 그것과 마찬가지로 엄청난 시간적 압박 속에서 계획, 실시되었다. 1917년 가을에 착수된 계획은 1918년 1월에야 비로소 완성되었다. 루덴도르프의 작전목적은 영국군을 섬멸하는 것이었다. 영국군의 작전반응속도가 프랑스군보다 둔하다는 이유에서였다.

이미 계획 단계에서부터 드러났듯 루덴도르프의 공격계획은 작전적-전략적인 능력을 초과했었기에 실행 자체가 무리였다. 그는 돌파라는 필수적인 전술적 과업, 영국군을 포위하고 섬멸하기 위한 기동이라는 작전적 수준의 문제, 승리를 통한 전략적 옵션, 이 세 가지 영역 사이의 딜레마를 해결할 수 있는 능력이 없었다. 루덴도르프는 전쟁을 종식시키기 위한 정치적, 전략적 방책을 무시하고 시종일관 '모 아니면 도, 사생결단'All or Nothing과 같은 자신이 익숙했던 전술과 편제에 대한 사고로 점차 회귀하게 된다. 전쟁 후에 그는 다음과 같이 자신의 결심을 정당화했다.

> *"순수 전략보다 전술을 우선시해야 한다. 전술적인 성공 없이는 전략도 소용없다. 애초부터 전술을 고려하지 않는 전략은 실패를 낳을 뿐이다."* [80]

따라서 루덴도르프는 단 한 번의 결정적인 공격을 강조한 슐리펜과 달리 여러 차례 연속적인 공세를 계획했다. 그는 한 장의 카드에 모든 것을 거는 모험에 성공을 기대하지 않았다. 실패할 경우 초래될 위험을 두려워했던 것이다. 그는 곧 시행될 공세의 성격에 대해 황제와 제국수상에게 다음과 같이 언급했다.

> *"우리가 갈리치아나 이탈리아에서 감행했던 공세를 기대해서는 안*

됩니다. 한 지점에서 시작해서 다른 지점으로 확장되는, 오랜 시간이 필요한 혹독한 혈투가 될 것입니다." [81]

루덴도르프가 구상한 작전의 핵심은 연합국과 독일이 당시까지 해내지 못한 전술적 돌파를 성공시키는 것이었다. 그는 1월 말경 생캉탱St. Quentin 일대를 공격하기로 결정했다. 이곳이 적 방어선의 약점이며 전술적 돌파를 이뤄내기에 가장 유리하다고 판단했기 때문이다. 생캉탱 일대의 성공적인 돌파가 작전적 차원에서 큰 효과가 있을 것이라는 판단에서가 아니었다. 작전적 수준이 아닌 오로지 전술적인 이유에서 그러한 결심을 한 루덴도르프에 대한 비판이 일기 시작했다. 화가 난 '동부론자' 루덴도르프는 '서부론자'들에게 이렇게 언급했다. "나는 작전이라는 용어를 거부한다. 무조건 공격을 감행할 것이다. 모든 일은 순조로울 것이다. 이미 러시아에서 성공한 적이 있지 않은가!"[82] 만약 무덤에 누워있는 슐리펜이 그 말을 들었다면 벌떡 일어나 크게 진노했을 것이다!

루덴도르프는 작전적 수준의 중요성을 무시하고 전술적 승리에만 집착함으로써 작전적 사고의 토대를 뒤흔들어 놓았다. 나아가 작전적으로 불리한 지역에 돌파를 감행하여 전체적인 군사적, 정치적 상황을 위기로 몰아갔다.[83]

당시까지 서부전선에서의 돌파 시도가 모두 물거품이 되었기 때문에 루덴도르프에게도 달리 방도가 없었다. 전술적 돌파 없이는 차후의 작전도 불가능했다. 그러나 돌파지점의 선정은 매우 중요한 사안이었다. 특히 심각할 정도로 기동성이 저하된 독일군에게는 차후 작전의 방향을 결정짓는 문제였다. 영국군과 프랑스군의 접합점, 즉 두 군대의 전투지경선인 생캉탱 방면으로의 공격에 대해 엄청난 비판이 있었지만 어쨌든 그 둘을 분리시키고 영국군의 남측방을 공격해서 섬멸할 수 있다는 논리는 타당했다.

연합군은 그즈음 야포와 기관총을 장착하고 야지기동이 가능한 장갑화된 궤도차량을 도입했다. 반면 독일 육군은 성공적인 돌파공격을 위해 기동을 이용한 새로운 공격방식을 개발해 냈다. 과학기술이 아닌 그들이 보유했던 기존의 포병과 보병을 활용한 전투방식, 이른바 돌파부대전술이 그것이었다.[84] 기동성, 융통성, 신속성 그리고 기습이 이 전술의 핵심원칙이었다. 또한 포병의 사격방식 변경으로 기습을 달성하고자 했다. 수정탄 사격[W] 방식을 폐지[85]하고 더 효과적이며 더욱더 정밀하게 단시간 내에 집중적인 사격을 실시함으로써 기습이 가능해졌던 것이다.[X]

1916년 9월, 영국이 전차를 도입하자 독일도 뒤늦게 전차개발에 착수했다. 최초로 개발 및 전력화된 A7V는 초기 단계였던 전차 개발기술의 저급한 수준을 그대로 보여주었다. 매우 적은 수량(9대)이 1918년 3월 21일 비로소 전장에 투입되었다. 1917년 힌덴부르크 계획[Y]에 따라 기갑무기체계 도입이 우선순위에서 밀려났기 때문에 전차의 전력화가 한때 중단되기도 했다. 또한 그 해에 서부전선의 기본전략이 다시금 방어로 결정되었다. 전차는 반드시 필요했지만 이런저런 이유들 때문에 도입되지 못했고 그 후 1918년에는 방위산업의 역량부족으로 전차 전력화에 차질을 초래했다. 설상가상으로 연구부서와 개발부서 간의 협업도 제대로 이루어지지 않아 전쟁 막바지까지 목표 생산량을 달성하지도 못했다. 전쟁 말기에 이르러서는 노획된 연합군 전차로 기갑부대를 편성하기도 했다. 1918년, 독일은 20대의 A7V 전차와 노획한 약 20대의 연합군 전차로 3,000대 이상을 보유한 연합군과 맞서야 했다.[86]

독일군은 매우 조직적으로 공세를 준비했지만 공세부대의 기동성 측면

W 효력사 이전에 포대 및 포병대대의 기준포로 실시하는 사격.

X 종래까지는 적용된 포병의 사격 방식은 공격준비사격을 수일간 지속하는 것이었다. 이는 방자가 방어태세를 준비하고 예비대를 배비할 수 있도록 해서 공자의 입장에서 기습의 효과가 상실되었다. (저자 주)

Y 1916년 8월 루덴도르프에 의해 결정된 탄약생산량 및 무기생산량을 증가시키기 위한 계획.

에서 중대한 구조적 결함을 제거하지는 못했다.[87] 마침내 1918년 3월 21일, '미하엘'Michael 작전을 개시했다.[88] 이 작전에서 독일군은 당시까지 서부전선에서 단 한 번도 달성하지 못했던, 전술적 수준에서의 큰 승리를 이뤄냈다. 하지만 전술적 돌파를 작전적 수준으로 확장하지는 못했다. 결국 연합군은 전선을 지켜냈고 예상대로 종심으로의 진출을 시도하던 독일군보다 더 신속히 예비대를 투입하여 그들의 공세를 저지했다. (지도 9 참조)

독일군은 전술적 수준에서 모든 전투를 승리로 이끌었지만 요새화된 방어선을 돌파하기 위한 해법을 끝내 찾지 못했다. 기동전이라는 표현이 무색할 만큼 전술적 차원의 기동성이 매우 부족했다. 제파식 공격을 성공하기 위해서는 포병의 지원이 반드시 필요했다. 그러나 포병을 적시에 전방으로 추진시키는 것 자체가 불가능했다. 탄흔으로 가득한 지형을 극복하는 것 자체가 매우 어려운 과업이었기 때문이었다. 작전적 기동전에서 보병의 행군 속도가 기동의 척도였다면 돌파작전의 그것은 견인포병의 속도였다.

특히 루덴도르프는 작전적 측면에서 결정적인 실수를 저질렀다. 작전이 한창 진행되던 중 작전적 중점을 솜강 북부에서 남쪽으로 옮긴 것이다. 공격 진출 속도가 더 양호하다는 이유에서였다. 이로써 영국군을 격멸하기도 전에 프랑스군을 상대로 대규모 회전에 돌입해야 했다. 중점형성의 대원칙에 완전히 위배된 것이었다. 격렬한 회전이 지속되는 가운데 작전적 수준을 경시하고 전술에만 집착했던 루덴도르프를 향해 비난이 쏟아졌다. 원칙을 벗어난 기이한 공세 형태가 바로 실패의 원인이었다는 비판은 전쟁 이후 최근까지도 계속되고 있다.[89] 또한 계속된 공세, 즉 '게오르게테'Georgette, '블뤼허'Blücher, '괴르츠'Goerz, '요르크'Yorck와 '그나이제나우'Gneisenau, '함머슐락'Hammerschlag과 '하겐'Hagen 작전에서는 확실히 전술적 돌파에는 성공했으나, 작전적 수준의 돌파, 나아가 전략적인 성과는 전혀 없었다.[90] 또한 '블뤼허 작전'의 경우, 최초부터 기만공격으로 계획된 것이었고 단지 전

지도 9

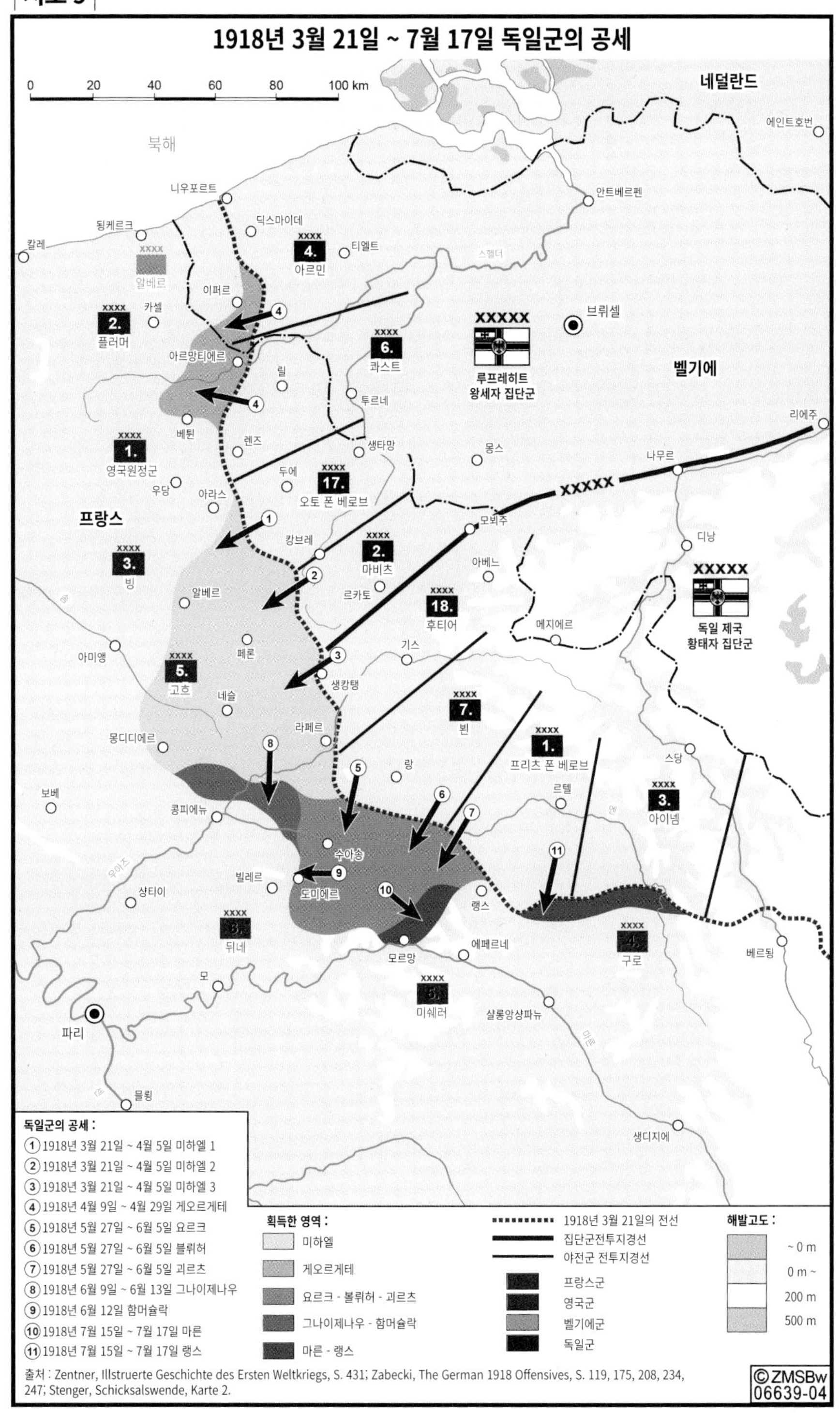
1918년 3월 21일 ~ 7월 17일 독일군의 공세
0 20 40 60 80 100 km
북해
네덜란드
벨기에
프랑스
니우포르트
됭케르크
칼레
딕스마이데
티엘트
이퍼르
카셀
아르망티에르
릴
투르네
베튄
렌즈
두에
생타망
몽스
브뤼셀
안트베르펜
에인트호번
리에주
나무르
우당
아라스
캉브레
모뵈주
디낭
르카토
아베느
메지에르
기스
생캉탱
알베르
페론
아미앵
네슬
라페르
몽디디에르
보베
콩피에뉴
랑
르텔
스당
수아송
빌레르
도미에르
랭스
샹티이
모르망
에페르네
모
파리
샬롱앙샹파뉴
믈룅
생디지에
베르됭
스헬더
XXXX 4. 아르민
XXXX 알베르
XXXX 2. 플러머
XXXX 6. 콰스트
XXXXX 루프레히트 왕세자 집단군
XXXX 1. 영국원정군
XXXX 17. 오토 폰 베로브
XXXX 3. 빙
XXXX 2. 마비츠
XXXX 18. 후티어
XXXX 5. 고흐
XXXX 7. 뵌
XXXX 1. 프리츠 폰 베로브
XXXX 3. 아이넴
XXXXX 독일 제국 황태자 집단군
XXXX 6. 뒤네
XXXX 5. 미쉐러
XXXX 4. 구로
XXXXX
독일군의 공세 :
1 1918년 3월 21일 ~ 4월 5일 미하엘 1
2 1918년 3월 21일 ~ 4월 5일 미하엘 2
3 1918년 3월 21일 ~ 4월 5일 미하엘 3
4 1918년 4월 9일 ~ 4월 29일 게오르게테
5 1918년 5월 27일 ~ 6월 5일 요르크
6 1918년 5월 27일 ~ 6월 5일 블뤼허
7 1918년 5월 27일 ~ 6월 5일 괴르츠
8 1918년 6월 9일 ~ 6월 13일 그나이제나우
9 1918년 6월 12일 함머슐락
10 1918년 7월 15일 ~ 7월 17일 마른
11 1918년 7월 15일 ~ 7월 17일 랭스
획득한 영역 :
미하엘
게오르게테
요르크 - 블뤼허 - 괴르츠
그나이제나우 - 함머슐락
마른 - 랭스
1918년 3월 21일의 전선
집단군전투지경선
야전군 전투지경선
프랑스군
영국군
벨기에군
독일군
해발고도 :
~ 0 m
0 m ~
200 m
500 m
출처 : Zentner, Illstruerte Geschichte des Ersten Weltkriegs, S. 431; Zabecki, The German 1918 Offensives, S. 119, 175, 208, 234, 247; Stenger, Schicksalswende, Karte 2.
©ZMSBw 06639-04

술적 수준의 성과들만 있었을 뿐이다. 공세 이면에는 명확한 작전선operative Linie[Z]이 완전히 빠져있었다. 육군 총사령부는 명확한 작전목표들을 달성하는 데 집중하기 보다는 일단 성공 여부에 따라서 어디서든 무조건 공세를 계속 유지하는데 전전긍긍했던 것이다. 따라서 '미하엘 작전'뿐만 아니라 결국에는 총체적인 공세는 작전적 차원에서 원칙을 벗어난 무의미한 혈투일 뿐이었다. 독일군은 전투에서는 이겼지만 전쟁의 승부를 결정짓는 회전에서는 승리하지 못했다. 총참모부는, 정확히 말하자면 루덴도르프는 오로지 진지전을 전술적으로 해결하는 데만 집착했다. 이로 미루어볼 때 당시 총참모부가 속수무책의 사면초가 속에서 고유의 작전적 감각을 상실했을 수도 있다. 또한 혹자들은, 독일의 작전적 원칙으로는 진지전을 극복할 수 없다는 한계를 느꼈다는 가설을 제기하고 있다.

루덴도르프의 '모 아니면 도'라는 사고방식도 문제였지만 육군 총사령부가 5년간 이어진 전쟁을 종식시키기 위한 어떠한 전략적 개념을 발전시키지 못했다는 것도 중대한 의미를 내포했다. 이로써 위 두 가설의 타당성은 충분하다. 독일의 총체적인 전략에서 그런 흔적조차 발견할 수 없다.

해군의 사례는 그러한 상황을 분명하게 보여준다. 1918년 여름, 해군은 최고전쟁지도본부 내에 해군 총사령부Seekriegsleitung라는 조직까지 만들고자 했다. 또한 해군 총참모부Admiralstab는 그보다 몇 개월 앞서 엄청난 위험을 감수하고서 발틱해의 섬들을 확보하기 위한, 제1차 세계대전 기간 중 유일한 육, 해군 합동작전인 '알비온 작전'Unternehmen Albion을 실행했다. 전략적으로 불필요한 이러한 작전에 해군은 최신에 함대를 투입했다. 결국 이 작전은 단지 해군의 권력 욕구에서 비롯된 것이었다.[91]

루덴도르프의 권력 앞에 제국수상을 비롯한 정치권은 침묵했고 이미 처

Z 작전선Line of Operation, 적 또는 목표와 관련하여 시간과 공간, 목적의 측면에서 군이 지향해야할 일반적인 방향.

음부터 동참하지 않았던 황제처럼 모두들 오로지 육군 총사령부에 의지하며 그저 군사적 해법에만 매달렸다. 그러나 이들은 과연 영국군을 상대로 확실한 섬멸적인 승리를 기대했던 것일까? 육군 총사령부는 독일이 승리한다면 미국이 참전을 선언한 상황에서도 영국과 프랑스가 과연 강화제의를 받아들이리라 믿었던 것일까? 물론 군사적으로 분명히 그럴 능력도 없었지만 최소한 강화를 관철시키기 위해 프랑스 전체를 점령할 필요가 있다고 생각했던 것일까? 육군 지도부의 신념과 의지는 전술과 작전뿐만 아니라 전략과 정치의 영역까지 지배했던 것 같다. 제3기 육군 총사령부는 전쟁을 종식시키기 위한 현실적인 정치적 구상을 가지고 있지 않았다. 현실감각의 상실이 정도를 넘은 것이다.

결국 1918년의 공세에서 육군 총사령부는 1917년의 방어회전 때보다 더 많은 피의 대가를 치르고 전술적 수준의 지역 획득에 만족해야 했다.[92] 그리고 연합군이 7월 중순경 반격을 개시하자 이를 저지할 방도가 없었다. 1918년 독일 육군은 이른바 '블랙데이'Schwarz Tag 이후 8월 8일에 철수를 시작했고 11월 11일 휴전이 조인했다. 독일은 마지막 해에 승리를 통한 강화라는 카드에 모든 것을 걸고 프랑스 지역에서 대규모 회전을 감행했으나 실패하고 말았다.

소결론

제1차 세계대전은 독일제국이 창조하고 발전시킨 작전적 사고의 가치를 증명하기 위한 가혹한 시험대였다. 엄격한 잣대로 평가한다면 독일군 총참모부의 계획과 작전은 실패작이었다. 총참모부는 작전적 사고의 타당성을 증명하기 위해 시험을 치렀으나 통과하지 못한 셈이다. 유일하게도 탄넨베르크 섬멸전에서 작전적 승리를 얻어냈지만 전략적 실패라는 진실만은 숨길 수 없었다. 신의 축복, 영광적인 승리로 장식된 '동방의 칸나이', 탄넨베르크 회전도 사실 작전적 사고의 관점에서는 공세가 아닌 수세적인 포위회전이었다. 또한 육군 총사령부가 동프로이센 지역에서 발생할지도 모를 위험을 두려워하여 서부전선의 일부 군사력을 동부로 차출, 이동시켰고 이 과정에서 프랑스 전역에서 그만큼의 전력이 빠져나가게 되었는데 이것은 전략적 측면에서는 결정적인 패착이었다.

작전적 중점을 둔 서부전선에서 독일군은 양익포위는 물론 단 한 차례의 단순한 포위도 성공시키지 못했고 하물며 전쟁의 승부를 결정짓는 회전을 승리로 이끌지도 못했다. 오히려 그들은 공세 도중에 작전한계점에 도달함으로써 마른강에서 혹독한 패배를 당하고 말았다. 파리 정복을 눈앞에 둔 순간에 패배의 고배(苦杯)를 마셔야 했던 것이다. 또한 마른강에서의 패배로 독일 육군은 전술적, 작전적 그리고 전략적 약점을 드러내고 말았다. 마치 '훈련장에서처럼' 공격작전을 시행했던 독일군 장병들은 적의 기관총과 포병화력에 추풍낙엽처럼 쓰러져갔다. 전쟁개시 단계부터 그토록 강조했던 정신적 전투력-적의 우세를 상쇄시킬 필승의 의지와 공격 정신-은 엄청난 화력 앞에서는 무용지물이었다. 전쟁의 실상은 평시의 교육훈련과 천양지차(天壤之差)라는 것을 보여주었다.

해군 총참모부도 마찬가지였지만 육군 총참모부는 최초부터 계획을 지휘하고 실행에 옮기는 것 자체가 무리였다. 또한 작전적 사고를 작전적 지휘로 전환하는 데에도 엄청난 마찰이 발생했다. 총참모부는 평시에 전쟁계획 수립을 전담했던 기관이었기 때문이다. 즉 백만 육군을 지휘하기 위한 기구도 아니었고 그에 대한 충분한 권한도 행사할 수 없었다. 그에 적합한 통신수단도 불비한 상황이었다. 슐리펜의 생각대로 중앙집권적으로 엄격하게 작전을 지휘할 수도 없었다. 작전적 수준에서는 독일 육군이 그동안 발전시켜온 '임무형 지휘'와 상충되었기 때문이다. 그래서 대부대 지휘관들에게 독단적인 작전지휘 능력을 기대했지만 이 역시 패착이었다. 지휘관들의 인격, 즉 사적인 적대감과 자기과시욕 때문에 끊임없는 마찰이 발생했다. 더군다나 이것은 엄청난 시간적 압박 속에서 실시된 작전 중에 심각한 결과를 초래하게 되었다.

1914년 9월 초 독일군은 마른에서 패배했다. 이로써 독일제국의 군부와 정부는 제국의 전략적 딜레마를 해결하기 위한 슐리펜의 방책이 실패했음을 시인해야만 했다. 슐리펜은 우세한 적국의 잠재력을 일시적, 국지적인 우세로 무력화시킬 수 있다고 주장했다. 즉 내선을 이용한, 두 번의 연속적인 속전속결로 양면전쟁을 해결할 수 있다는 그의 개념은 실현되지 못했다. 한편 서부전선에서 진지전 양상이 벌어지면서 전쟁 이전에는 철저히 배제되었던 돌파가 전술적-작전적 중심에 자리 잡게 되었다. 그러나 전쟁기간 중 발전된 독일의 새로운 공격방식으로도 돌파 문제를 해결할 수 없었다. 돌파에 성공한 곳은 오히려 동부전선이었다.

러시아에서 실시된 대규모 공격작전에서도 결정적인 승리를 달성하지는 못했다. 결국 러시아 본토 종심에서 공세는 힘을 잃어버렸다. 독일은 동부에서 기동전을 구사하려고 했지만 작전적 상황 때문에 계획에 차질이 발생했고 따라서 군사적인 결전은 물거품이 되고 말았다. 독일군 총사령부는 전쟁수행 능력의 한계에 봉착함에 따라 동부에서는 전략적 결전 대신 정치적 해법으로 대결구도를 타개하고자 방향을 전환했다. 즉 세계대전에서 독일은 서부에서는 작전적 사고의 전술적 한계를, 동부에서는 전략적 한계를 드러냈던 것이다.

제1차 세계대전이 발발한 지 단 몇 주 만에 독일 육군은 이미 결정적인 취약점들을 노출했다. 이론적인 계획들을 실행에 옮길 수 있는 기동성을 보유하지 못했다. 총참모부는 작전적-전략적인 측면에서 시간적 압박을 받고 있었지만 그러한 상황 하에서도 기동성의 중요성을 과소평가하고 기동성이 작전수행을 위한 가장 중요하고도 결정적인 요소임을 간과하고 말았다. 고도의 시간적 압박 속에서 적을 섬멸적으로 물리치기 위해서는 제한된 시간 내에 광활한 공간에서 기동전을 수행해야만 했다. 또한 그러기 위해서는 양질의 교육훈련과 무장을 갖추어야 할 뿐만 아니라 고도의 기동부대를 보유해야 했다. 그러나 독일 육군에 그러한 부대는 없었다. 기병은 더 이상 기동전을 수행할 수 있는 부대가 아니었다. 시종일관 보병의 행군과 포병의 이동속도가 공세의 템포를 좌우했다. 적이 치명적인 실책을 저지른다면 모를까, 질서정연하게 퇴각하는 적 부대를 포위하는 것은 불가능했다. 따라서 제1차 세계대전 기간 중 서부는 물론 동부에서도 수차례 적 부대를 격파하는 데는 성공했지만 섬멸로 종결되는 포위회전은 단 한 차례도 없었다.

독일 육군에게는 이론적인 계획을 실행에 옮기기 위한, 대규모 부대로 기동전을 수행하기 위한 기동성도 부족했지만 그에 필요한 통신수단도 불비했다는 점도 간과할 수 없다. 전차는 기술적 결함이 있었지만, 어쨌든 1918년 서부 전역에서 연합군이 실시한 공세를 통해 다시금 기동전이 가능하다는 것을 입증했다. 물론 제5장에서 기술한 바와 같이 에릭 브로즈의 주장처럼, 독일 군부가 과학기술에 대한 반감을 가지고 있었다든지, 그 때문에 경제적인 그리고 무기체계 개발에 관한 오판 때문에 패배했다는 논리는 타당성이 부족하다.[93]

총참모부는 매우 주도면밀하게 계획을 수립하고 달성 가능하다고 판단했다. 그러나 육군의 능력과 그들의 희망 간에 엄청난 괴리가 존재했다는 것이 전쟁에서 여실히 드러났다. 독일의 군부와 정부 간의 요구와 현실은 전쟁 이전부터 전쟁 말기까지 일치되지 않았다. 전쟁 이전에는 현실을 무시했고 급기야 전쟁 중에는, 마르틴 쿠츠가 강조한 바와 같이 제3기 육군 총사령부는 급속히 현실도피 단계에까지 이르렀다. 루덴도르프는 결정적인 단계에서 전술을 작전의 상위개념으로 올려놓았다. 또한 시종일관 전략적 열세의 딜레마를 탁월한 전술적 능력과 불굴의 의지로 해결하려고 했다. 전황은 날이 갈수록 산업화에 따른 물량전, 소모전 양상으로 변질되고 있었지만 그는 스스로 필승의 의지가 한계에 봉착했다는 사실을 떨쳐버리려고 했다. 더욱더 심각한 것은, '모든 정치적인 사활의 문제를 군사적으로 해결한다'[94]는 루덴도르프의 신념이 전통적인 독일의 작전적 사고를 눌러버렸다는 사실이다. 그는 전쟁수행을 위한 작전적-전략적 결심도출과정에서 정치적 상황을 철저히 배제시켰다.

독일제국 육군은 전쟁에서 또 다른 작전적 사고의 약점을 노출시켰다. 프리드리히 2세로부터 전통적으로 총참모부는 항상 국경 일대의 전쟁만을 계획했다. 독일의 지정학적 위치에 따른 보급과 수송 능력 때문이었다. 이번에도 작전적 차원에서 전쟁계획 수립 당시 서부와 동부전선 모두 전역의 범위를 국경지역에서 400㎞ 이내로 설정했다. 그러나 동부에서 발칸과 오스만제국 일대로 전쟁을 확대시킴으로써 기본 계획상의 공간의 범위를 넘어서고 말았다. 설상가상으로 도로의 상태도 매우 열악했다. 보급문제가 해결되지 않는 상황에서는 작전적 수준의 기동전도 사실상 불가능했다. 보급부대는 적시에 보급품을 공급하지 못했고 물량도 현저히 부족했다.

그러나 위에서 기술한 취약점들에도 불구하고 독일군이 국경 인근에서는 전술적, 작전적 측면에서 놀라운 능력을 발휘했다는 것만은 확실하다. 일부 비판론자들도 있지만 탄넨베르크 회전은 성공적으로 종결된 작전이었다. 1915년 러시아에서의 공세와 1916년 루마니아 전역도 독일군의 작전적 수행 능력을 과시한 성공적인 사례였다. 육군 총사령부는 나름대로 특정한 영역에서, 예를 들어 방어와 공격을 위한 새로운 전술의 발전 등에서 놀라우리만큼 혁신적인 능력을 보여주었다.

제1차 세계대전에서 독일의 작전적 사고의 문제점이 드러났다. 바로 전술적-작전적 측면에만 편향, 집착했다는 것이다. 이는 독일제국의 군부정치 체제 때문에 발생한 문제였다. 제1차 세계대전 이전과 전쟁 중에도 독일은 총체적인 전쟁 전략을 수립하지 못했다. 이에 대한 명확한 공간과 자원에 대한 평가가 선행되었어야 했다. 그러나 결과적으로 이 둘 모두 다양한 기관에서, 이를테면 육군 총참모부와 해군 총참모부 같은 곳에서 임의적으로, 독립적으로 평가했다. 육군과 해군 지도부는 자원을 확보하기 위한, 서로 간의 끊임없는 암투로 스스로를 약화시키는 결과를 낳았다. 상호불신이 증폭되었고 조직의 권력 확장이 때로는 총체적인 국가적 이익보다 중요했다. 슐리펜은 총참모장 재임기간 중 인적, 물적 군비증감에 관한 권한과 책임이 있었던 전쟁부 장관에게 자신의 작전계획을 단 한 번도 알려주지 않았다. 소몰트케도 1912년에야 비로소 전쟁부 장관에게 전쟁계획에 대해 통보했다. 또한 작전적-전략적 문제에 관해 정치 지도부와의 대화도 거의 없었다.

독일제국의 헌법에 따라 작전적-전략적 계획을 통합해야 할 사람은 바로 황제였다. 하지만 그러한 통합은 이루어지지 않았다. 자신의 총참모장이 수립한 계획에 치명적인 정치적 위험이 내포되어 있어도 그것에 대해 의문을 제기하지 않았다. 빌헬름 2세에게는 전시는 물론 평시에도 총사령관으로서 군부와 정부를 조율할만한 능력이 없었다. 따라서 총체적인 전략, 특히나 경우에 따라서 소모전을 위한 전략이 수립될 수 없었던 것이다. 총참모부의 철도부장과 전쟁청장Chef des Kriegsamtes을 역임하고 훗날 제국군 국방장관에 올랐던 빌헬름 그뢰너Wilhelm Groener 중장은 전쟁 말기에 당시의 상황을 매우 정확히, 날카롭게 지적했다.

> *"우리 온 국민들은 과거 수십 년간의 찬란했던 경제적, 물질적 성장으로 인해 엄청난 자아도취에 빠졌고 우리의 힘이 무적이라는 망상에*

사로잡혀 있었다. 우리는 유럽에서의 지위를 충분히 보장받기도 전에, 군사적으로 전혀 준비하지 못한 채로 격동의 세계정세 속에 스스로 뛰어들었다." [95]

하지만 전쟁 종식 직전까지도 군부에서 그뢰너와 같은 견해를 가진 이들은 극소수에 불과했다.

한스 폰 젝트 상급대장
(BArch/146-1970-085-36)

육군부장 요아힘 폰 슈틸프나겔
(ullstein bild)

빌헬름 아담 중장
(BArch/183-H04141)

국방부 장관 빌헬름 그뢰너
(BArch/102-0535)

프라이헤르 쿠르트 폰 하머슈타인
-에쿠오르트 소장
(BArch/102-03019/G. Pahl)

육군부장 빌헬름 하이에, 국방장관 오토 게슬러, 해군부장 한스 젠커, 1927년 베스트팔렌에서 실시된 제6보병사단과 제3기병사단의 기동훈련 중 촬영. (BArch/136-1353/O. Tellgmann)

7

새로운 술통 속의 오래된 와인, 제국군과 국방군 작전적 사고의 현실과 이상

한스 폰 젝트

Hans von Seeckt

1866-1936

제1차 세계대전의 패인 분석

독일군의 작전적 사고의 약점들은 제1차 세계대전을 겪으며 적나라하게 드러났다. 이에 육군의 작전가들은 정체성의 위기에 빠져버렸다. 잔혹한 진지전을 경험했기에 장차전에서도 과연 신속한 기동전이 가능할 것인가에 대한 의문들이 뒤따랐다. 그 의문에 답하기 위해서는 군사적 사고의 핵심을 건드려야 했고 군부는 자신들이 진리라고 믿었던 군사적 사고의 핵심을 훼손시키지 않으려고 안간힘을 썼다. 군부 내 압도적인 대다수는 여전히, 기동전만이 적의 우세한 잠재력을 무력화시킬 수 있는 방법이라고 주장했다. 그들에게는 작전적 방향성 유지가 독일의 군사적 패권과 더불어 제국 내에서 군부의 지위를 보장하는 유일한 길이었기 때문이다. 1938년, 발데마르 에르푸르트Waldemar Erfurth는 '군사과학의 동향'Militärwissenschaftlichen Rundschau[A]이라는 정기간행물에 게재한 논문에서 다음과 같이 기술했다. '군이 기동성을 발휘할 수 있다면 수적 증가와 동일한 효과를 얻을 수 있을 것이다'[1] 이는 곧 일사불란한 지휘체계와 월등한 기동력을 보유한다면, 또한 필승의 의지와 신념 등 무형 전투력도 충만하다면 월등한 전략적인 자원을 보유한 그 어떠한 적국이라도 상대할 수 있다는 의미이다. 단 조건은 1918년 공세에서 공격적인 기동전이 가능하다는 사실을 재확인했듯 군사작전이 성공하기 위해서는 반드시 공세적이어야 한다는 것이었다.

그러나 세계대전의 종식과 함께 시작된 패인에 관한 연구는 과거 지향

A 1936~37년까지는 국방부에서, 1937년 이후에는 총참모부의 제7처 전쟁과학기술에서 간행했다. 과학적 전쟁수행과 전쟁경험, 외국군의 군비문제를 다뤘다.

주의적인 이익집단들로 인해 혼선을 빚고 말았다. 이들은 과거로부터 이어져 내려온 작전적 사고의 정당성을 증명하려 했고 장차전에서도 충분히 활용가치가 있다고 주장하려했다. '전장에서 우리는 무적이었다. 회전에서는 항상 우리가 승리했다. 비군사적인, 다른 다양한 이유 때문에 전쟁에서 적에게 승리를 빼앗겼을 뿐이다'[2] 또는 '제국군은 패하지 않는다. 단지 열세할 뿐이다'[3]와 같은 표현들이 저널리즘에도 빈번하게 등장했다.[4]

이 과정에서 '천하무적이었던' 육군이 패배한 이유로 사회 동원력의 부족이나 전투부대의 후방에서

활동했던 사회주의자들의 비수(匕首)Dolchstoß[B] 때문이라는 논리, 승리의 비법이었던 슐리펜 계획과 작전적 사고의 오용(誤用) 등이 지목되었다.

반면 "적을 섬멸하는데 반드시 필요한 작전적 수준의 고속기동능력을 독일 육군이 보유하고 있었나" 혹은 "독일에게 자원적 열세 하에서 세계패권 쟁탈전에 참가할 능력이 있었나" 등 전쟁기간 중 이미 대두되었던 중대한 문제들이 철저히 배제되었다. 한스 델브뤽과 같은 역사학자들은 패인에 대한 토론[5]을 개최했지만, 군부에서는 애초부터 개별적인 인물에 초점을 둘 뿐, 진정한 패전 원인을 찾으려는 의지를 보이지 않았다. 그 이유는 두 가지였다. 하나는, 작전적 사고의 관점에서 전통적으로 특정한 지휘조직보다는 총사령관 한 사람의 능력, 올바른 작전적 결심을 신속하게 내리는 능력이 중시된 까닭이었다. 다른 하나-이것이 결정적인 이유이기도 했지만-는 패전의 책임을 한 사람에게 떠안겨서 작전적 사고의 정당성에 근본적인 의문을 제기할 수 있는 토론의 여지를 미연에 차단하기 위해서였다.

따라서 논쟁의 핵심은 개전과 그에 따른 문제들이었다. 즉 초기 몇 주간의 육군 총사령부의 행동이 전체적인 전쟁에 어떠한 영향을 미치고 결과

B 독일어로 '단도를 찌르다'라는 뜻으로 독일은 제1차 세계대전에서 배후로부터 단도에 찔려, 즉 사회주의자들의 배신으로 패배했다는 주장

를 초래했는지에 대한 것이었다. 당시 대부분의 전문가들은 재빨리 슐리펜의 후임자, 소몰트케를 핵심 책임자로 지목했다. 당사자가 1916년에 이미 세상을 떠났기 때문에 비판론자들은 해명을 들을 필요도 없었다. 비판론자들은 소몰트케가 슐리펜이 맡긴 승리의 해법을 변질시켰고 따라서 확실한 승리를 놓쳤다고 비난했다.[6] 더욱이 그의 우유부단을 비판하는 이들도 있었다. 그뢰너와 쿨Kuhl 등과 같은 슐리펜 학파를 주도하는 대표자들은 수년 동안 작전적 수준에서 슐리펜 계획의 의미를 과도하리만큼 찬양했다. 그들은 슐리펜 계획이 '승리의 열쇠'였음을 확신했다.[7] 특히 총참모부의 전쟁사연구부와 통합된 제국 문서보관소는 서부 전역 최초 몇 주간의 소몰트케의 실책을 중점적으로 연구, 부각시켰다. 패전의 책임을 그에게 돌려서 작전적 사고에 관한 문제 제기를 원천적으로 봉쇄했다. 특히나 그것이 슐리펜 학파의 주장에 무게를 실어주었다.[8] 그러나 이러한 주장에 반박하는 이들도 있었다. 가장 대표적인 인물은 제3기 육군 총사령부의 작전부장을 역임한 게오르크 베첼Georg Wetzel이었다. 그가 중심이 된 한 소규모 단체는 소몰트케가 전쟁 발발 이전 몇 년간의 군사 및 정치적 상황에 부합하는 매우 올바른 결정을 내렸고 또한 그가 슐리펜 계획을 당시의 상황에 맞게 적용했다는 견해를 피력했다. 게다가 소몰트케가 슐리펜의 근본적인 원칙을 끝까지 고수했다고도 주장했다.[9]

패전의 원인을 특정 인물과 그 인물의 심리상태에서 찾는 당시의 분위기에서 소몰트케의 후임, 팔켄하인도 예외가 될 수 없었다. 제국 문서보관소의 제1차 세계대전의 역사편찬 업무를 인수받은 육군 전쟁사연구소Kriegsgeschichtliche Forschungsanstalt des Heeres는 1930년대 중반까지 팔켄하인을 비판하고 나섰다. 전쟁사연구소는 섬멸전략을 포기하고 소모전략으로 전환한 베르됭 회전을 사례로 제시했는데, 사실 주된 이유는 힌덴부르크와 루덴도르프에게 지나친 적대행위를 했기 때문이었다. 더욱이 어떤 이들은 정신병리

학적 인격 분석을 통해 소몰트케와 팔켄하인을 비판하기도 했다.[10]

아래의 빌헬름 마르크스Wilhelm Marx의 비판은 당시 다양한 측면에서 추진된 역사 분석과 그러한 정책이 당시의 군사와 여론에 얼마나 큰 영향력을 발휘했는지를 잘 대변하고 있다.

> *"약 13년 전부터 독일의 군사학자들은 끊임없이 '칸나이'라는 찬송가를 부르고 있다. 그러나 항상 새로운 독창가들이 나타나서 매번 새로운 노래를 부르더니, 그들의 장송곡 때문에 합창단들은 망해버렸다. 1914년 독일지도부가 무능하지 않았다면 서부에서 슈퍼 칸나이를 달성할 수 있었을 것이다. 사관학교의 생도들에게도 상식적인 진리를 그들은 망각하고 있었던 것이다."* [11]

1936년, 육군의 병과학교뿐만 아니라 새로이 설립된 국방군대학에서도, 적절한 통신수단의 부재를 1914년 초기공세의 실패 원인으로 거론하는 이들도 있었지만 최고지휘부의 무능과 지휘관들의 의지력 부족을 최우선적인 패인으로 결론지었다. 그즈음 팔켄하인에 대한 비판은 최고조에 달했다. 그가 스스로 황제와 합의한 사항에 의문을 품기도 했고 그 때문에 결국 베르됭에서 소모전략의 옹호자로 돌아섰다고 주장하는 이들도 있었다.[12]

결국 패전의 책임을 인물에 전가함으로써 작전적 사고의 근본적인 타당성에 관해서는 전혀 논의되지 못했다.[C] 또한 독일은 우수한 작전적 수준의 전쟁지도 능력과 전술적 혁신을 이루고도 인적, 물적인 자원의 열세를 극복할 수 없었으며 따라서 소모전에서는 결코 승리할 수 없다는 세계대전의

C 그러나 이러한 논의를 하지 못하도록 억압하지는 않았다. 델브뤽은 수차례 총참모부의 작전적 교조주의를 주제로 비평했다. (저자 주)

교훈을 간과하는 결과를 낳고 말았다.

그 때문에 독일제국의 총체적인 전략적 상황을 면밀히 분석하는 것도 불가능했을 것이다. 전략적인 전력 비교를 통해 군사적, 경제적인 능력을 실질적으로 평가했더라면 독일은 패권 욕구를 포기할 수밖에 없었을 것이다. 그러나 이러한 현실을 인정하는 것 자체는 결국 군사력을 기반으로 하는 패권정책을 포기한다는 의미였다. 그래서 군부 엘리트들은 이러한 인식을 거부했고 근본적으로 태도를 달리했다. 그들은 정치에 무관심했고 세계대전에서 패배한 이후에도 정치와 동떨어져 오로지 작전적 수준의 전쟁수행에만 매달렸다. 나아가 정치 우위의 원칙에 따른 전략개념을 발전시키지도 않았다. 오히려 공세적인 작전적 수준의 전쟁수행을 통해 월등히 우세한 적국의 잠재력을 무력화시킬 수 있다는 환상에 사로잡혀 있었다. 군부 엘리트들은 베르사유 조약으로 군사력 보유에 제한-징병제 금지, 총참모부 해체, 항공기 및 잠수함, 전차 보유금지-을 받고 있는 상황에서도 허용된 10만 명의 육군[D]만으로도 단지 일부 전술적-작전적 요소들만 새롭게 개선하면 독일의 패권적 지위를 회복할 수 있다고 확신했던 것이다.[13]

그러한 방법론에 대해서는 다양한 의견들이 제시되었다. 반면 승전국들이 제시한 국경수비대와 같은 제국군이 아닌, 외부의 침략에 대해 군사적 역량을 발휘할 수 있는 제국군으로 거듭나야 한다는 생각에는 모두들 한목소리를 냈다. 그러나 10만 명으로 제한된 병력의 육군으로는 이러한 과업을 해결할 수 없었다. 이러한 이유로 1919년과 1935년 사이의 독일 군부는 의도적으로 평화조약의 군사적 제약사항을 배제한 채로 작전적 사고를 발전시켰다.

D 베르사유 조약에서는 제국군의 부대편제까지도 규정했다. 독일군은 총 7개의 보병사단과 3개의 기병사단만 보유할 수 있었다.(저자 주)

전쟁에 관한 관념들

세계대전의 경험과 베르사유 조약으로 새로운 군사적, 정치적 상황이 조성되었다. 그러한 기초 위에 1920년대 중반까지 다양한 전쟁에 관한 관념들이 등장했다. 라인하르트Reinhardt, 젝트Seeckt, 슈튈프나겔Stülpnagel 등이 주축이 되어 자신들의 작전적-전략적 개념을 주장했다. 수많은 군사 저널리스트들도 이 과정에 동참했다. 이들은 전쟁 말기 몇 개월간의 군기 해이 현상과 산업화 전쟁양상을 경험을 토대로 장차전 수행[14]을 위한 심리적 요인과 더불어 잠재적인 경제전쟁, 특히 전술적-작전적 문제들에 관해 의견을 제시했다.[15] 미래의 전쟁은 독일뿐만 아니라 전 유럽국가들에서 논의되었고[16] 진지전을 극복할 수 있는 작전적 수준의 전쟁수행의 가능성과 장차전 수행방법이 주요 쟁점이었다.

패전의 책임을 특정 인물에게 전가하는 논리가 큰 호응을 얻게 되면서 작전적 사고에 대해 근본적인 의문을 제기하는 것은 차단되었다. 작전적 사고의 옹호자들은 그 가치를 훼손하는 것만은 막았다고 생각했다. 하지만 일각에서는 장차전이 대규모 물량전쟁이며 필연적으로 진지전이 될 수밖에 없고 오직 모든 자원을 총동원해야 하며 그러한 소모전에서는 국민의 불굴의 전투의지와 인내심이 있어야 승리할 수 있다는 주장을 내세우기도 했다.[17] 다른 이들은 전쟁 이전과는 달리, 전쟁기간 중 소홀했던 전차와 항공기와 같은 과학기술을 최대한 활용하는 것만이 작전적 수준의 전쟁수행을 부활시킬 수 있는 유일한 대안이라고 언급했다.[18] 또 다른 제3의 집단은, 더 강력한 중점형성, 더 큰 규모의 기동과 기습으로 교두보를 확보한 후 돌파구들을 끊임없이 확장시키면 진지전을 종식시킬 수 있다고 주장했다.[19] 그러나 성공적인 미래전 수행을 위한 가장 시급한 과업-그리고 논쟁에 참가한 모든 이들이 무언에 합의했던-은 상실했던 전쟁에 대한 통제권을 다시 찾는 것이었다.

토론참가자의 압도적인 다수는 세계대전의 경험을 통해 확고한 군부지배체제만이 성공적인 작전적 수준의 전쟁수행을 위한 전제조건이라는데 암묵적으로 동의했다. 달리 표현하면 필연적으로 그러한 군부 독재체재의 흥망은 작전적 교리에 따른 군사적인 성공 여부에 달려있음을 당연시했다. 그러나 국내외의 위협으로부터 군주의 안전을 보장할 수 없었던 군부[E]는 두 번 다시 군주 또는 국가원수를 해외로 내쫓는 치욕을 당해서는 안 된다고 생각했다.

제1, 2차 세계대전 사이의 기간 동안 제국군 지휘부는 앞서 기술한 모든 쟁점들을 작전적 수준에서 검토했다. 전후 육군 총사령관인 발터 라인하르트Walther Reinhardt는, 향후에도 결정적 승리를 쟁취하기 위해서는 오직 공격만이 답이라고 주장했다. 그는 또한 장차전도 제1차 세계대전과 같은 대규모 물량전쟁의 연속이며, 기동이 아닌 자동화기의 위력이 미래의 전장을 지배할 것이라고 보았다. 라인하르트에게 승리를 위한 열쇠는 바로 화력이었던 것이다. 이러한 이유로 그는 작전적 기동전을 시대착오적인 발상이라 생각했고 기동에 의한 대규모 포위작전을 철저히 거부했다. 대량소모, 물량전은 결국 진지전으로 귀결될 것이며 전선과 후방에서는 그러한 전쟁을 준비해야 한다고 주장했다. 진지전에서 결정적 회전-라인하르트도 이 개념만은 고수했다-으로 전환하기 위해서는 명확한 중점형성이 필요하며, 이를 통해 대규모 돌파작전을 실시하는 데는 동의했다.[20] 그러나 기동성을 우선시하는 신속한 공격보다는 지속적으로 포병을 추진시킨 후 전차를 이용하는, 느리지만 순차적인 공격을 강조했다. 라인하르트의 구상은 당시 프랑스의 전쟁계획과 거의 흡사했다. 그는 제1차 세계대전 이전에 생각했

E 제1차 세계대전 이후 빌헬름 2세는 네덜란드로 망명했다.

던 것보다 더 많은 부분에서 작전적 수준을 전술로 끌어내려야 한다고 기술했다. 진지전에 대한 경험과 예측 가능한 전술적, 작전적 기동의 제한을 이유로 전술과 작전적 관점의 수정을 주장했던 것이다.[21]

카프의 쿠데타Kapp-Putsch[F]가 벌어지자 1920년 3월, 라인하르트는 쿠데타에 대한 책임을 지고 총사령관직에서 물러났다. 그의 후임으로 한스 폰 젝트Hans von Seeckt 대장이 1920년부터 1926년까지 총사령관을 역임했다. 기동전을 거부하고, 진지전에 몰두했던 라인하르트에 반대한 그는 작전적 기동전을 지향했다. 이러한 젝트의 전쟁관념은 제국군의 발전에 결정적인 영향을 미쳤다. 젝트는 제1차 세계대전 기간 중 야전군의 출중한 '참모장들' 가운데 한 명이었으며 주로 동부 전역에서, 전쟁 말기에는 오스만제국의 군사고문으로 활약했다. 1919년 최후의 총참모장으로서 총참모부의 해체를 경험했고 그 후로부터 1920년 3월까지 이를 대신하여 창설된 군무청Truppenamt의 총책임자로 근무했다. 1920년 6월에는 육군 총사령관에 발탁되어 1926년 10월 퇴역까지 새로운 제국 육군의 창설과 지휘구조 개혁을 주도했다. 그의 지휘 아래에서 군은 위정자들의 영향력이 전혀 미칠 수 없는, 이른바 '국가 내부의 국가'Staat im Staate,[G] 즉 핵심 권력기관으로 발돋움했다. 또한 젝트는 제국 육군을 '현대 육군의 표본'으로서 지휘자의 군대, 엘리트 군대로 만들고자 했다. 참모조직에 장교의 보직 비율을 높이고 병사들이 차상급 지휘자로서 역할을 수행할 수 있도록 교육하여 베르사유 조약의 규제가 폐지될 미래를 미리 준비했다. 이를 통해 신속히 대규모 군대로 확장시킬 수도 있고 만일의 사태, 즉 적국이 침공할 경우를 대비해야 한다는 의도였다. 따라서 젝트는, 당시 제국 육군의 병력으로는 훗날 대규모 군대를 조직

F 1920년 3월 13일 카프-뤼트비츠 쿠데타Kapp-Lüttwitz-Putsch. 루덴도르프의 지원 하에 볼프강 카프Wolfgang Kapp와 발터 폰 뤼트비츠Walther von Lüttwitz가 바이마르 공화국 전복을 목적으로 쿠데타를 시도했으나 5일 만에 실패했다.

G imperium in imperio, 국가 내부에서 국가를 지배하는 조직.

하는 근간이 되기에 부족하다고 판단했다. 이에 약 20만 명의 병력을 보유한 강력한 전문직업군대를 조직하고자 했다. 자신의 작전적 구상을 실현시키기에도 적합한 규모였다. 또한 전투부대를 보강하기 위해서 의무복무를 기반으로 하는 향토방위부대도 필요하다고 생각했다. 전쟁 발발 시에 동원 가능한 병력으로 예비대를 편성하여 만일 전문직업군이 결전에서 실패할 경우 이들이 최후의 보루가 되어야 한다고 판단했다.[22] 젝트에게 있어 소수 정예 전문직업군의 또 하나의 장점은 대규모 군대와는 달리, 항상 최신 무기체계로 무장할 수 있고 이를 통해 대규모의 적군을 압도할 수 있다는 것이었다.[23]

한편 젝트는 재임기간 중 비밀리에 공군을 창설했으며 소련 영토 내에서 항공기 조종사 훈련 및 화학무기와 전차부대를 운용하는 훈련을 시행했다.[24] 외형적으로 제국군은 연합국들에 의해 국경수비대나 경찰조직 정도로 축소되었지만 젝트의 노력으로 다시금 전쟁수행 능력을 가진 현대적인 강력한 군대로 서서히 탈바꿈하고 있었다.

젝트는 우선 세계대전의 경험을 기초로 전쟁에 대한 관념을 정립했다. 그러나 그도 역시 패전의 원인이 작전적 교리 자체의 오류나 적의 잠재력을 오판했기 때문이라는 논리에 동의하지 않았다. 오히려 승리를 도모할 수 있는 속전속결, 그 자체가 불가능했다고 인식했다. 대규모 군대 조직에서 비롯된 기동성 저하, 실행력과 교육훈련의 부족을 패전의 원인으로 꼽았고 그러한 상황에서는 그 어떤 탁월한 지휘관도 전쟁 종결을 위한 회전을 도모할 수 없다고 주장했다.[25] 즉 그는 '규모의 문제'에서 패전의 원인을 찾으려고 했다.

물론 그가 대규모 육군을 거부하고 기동성을 갖춘, 우수한 소수 정예군을 주장한 것은 베르사유 조약의 인적제한 조치 때문이기도 했다. 하지만 일찍이 그는 대규모 육군의 작전수행 능력에 대해 의구심을 품었다.[26] 세계 대전 이전부터 이러한 문제는 독일제국 내부에서도 논의되었고 일정 규모 이상을 넘어서면 작전적 수준의 기동전이 불가능하다는 의견을 제시하는 학자들도 있었다. 19세기 중반, 애초부터 대규모 육군의 지휘를 위해 발전되어온 작전적 사고였지만 그는 규모가 백만에 이르게 되자 작전적 실행능력이 한계에 다다랐다고 주장했다. 순수하게 그 규모 때문에 기동성을 잃어버렸다고 판단했던 것이다. 이로써 그는 최소한 독일의 작전적 사고의 두 가지 결정적 요인들, 즉 결정적 회전 능력과 기동성에 대해 문제를 제기했다고 할 수 있다.

젝트는 무기의 파괴력과 부대 수의 증대에 따른 대규모 육군의 질적 저하 때문에 진지전 양상이 벌어지는 현상은 필연적이며 병력과 장비 사이에서 후자가 우위를 차지했기 때문이라고 설명했다.[27] 따라서 전쟁의 승패는 결정적 회전의 결과가 아니라 경제적, 인적 잠재력에 의해서 결정되었다고 주장했다.

그러나 베르사유 조약 때문에 독일의 자원 확보 상황은 한층 더 심각해졌으며 젝트도 그 사실을 인식하고 있었지만 독일이 군사적인 패권 정책을 포기해야 한다고는 생각하지 않았다. 국민군이 현대전을 수행하기에 적합하지 않으며 따라서 대규모 육군의 시대는 끝났음을 강력히 주장했지만 그에 대한 타당한 논거를 제시하지는 못했다. 어쨌든 이러한 이유에서 즉각 전장에 투입할 수 있는 고도의 기동성과 양질의 교육훈련 수준을 지닌 최정예 육군만 보유한다면, 대규모 적군이 움직이기 전에 결전을 수행할 수 있으며, 또한 적의 영토에서 전쟁을 벌인다면 금상첨화라고 역설했다.[28] 결국 미래에는 최상의 기동성을 갖춘 소규모 정예 육군이 필요하다는 논리였다.[29]

베르사유 조약의 조건들이 결정[H]되기 이전이었던 1919년 2월에 이미 젝트는 훗날 자신의 핵심적인 구상, 즉 최정예 '작전군'Operationsheer의 개념을 담은 초고를 완성했다.[30] 육군 총사령관으로서 자신의 작전적 사고를 철저히 고수했고 또한 작전적 수준의 전쟁수행을 위해 반드시 필요한 공격전술을 개발하도록 지시했다. 이는 전문적이고도 목표 지향적인 전술적 수준의 전쟁경험을 토대로 한 것이었다. 여기서 그는 기동을 통해 열세를 만회할 수 있다는 자신의 작전적, 전술적 관념을 노골적으로 드러냈다. 젝트는 진지전을 배제하지도 않았고 전쟁 이전의 교범들과는 달리 방어와 '매복'전투에 더 큰 비중을 두기도 했지만 그가 가장 중시한 것은 바로 기동전이었다. 다시는 진지전 양상이 벌어져서는 안 되며 모든 수단을 총동원해서라도 이를 막아야 한다고 생각했다. '약자는 견고한 방어보다 오히려 기동성을 극대화한 공세를 취해야 승산이 있다'[31]라는 문장으로 그의 확고한 소신을 피력했다.

1921년과 1923년, 젝트의 지시로 편찬된 '제병협동 지휘와 전투'Führung und Gefecht der verbunden Waffen(F.u.G.)[32] 교범은 이러한 신념을 잘 담고 있다. 또한 제병협동전투를 전장에서 승리하기 위한 결정적 요소로 제시하고 있다.[33] 그는 여전히 세계대전 이전 독일군 교리의 우수성에 대해 확신이 있었고[34] 새로운 교범에도 과거의 교리들을 그대로 수용했다.[35] 이는 젝트가 과거 교리에 대해 무비판적이었다기 보다는 오히려 제1차 세계대전의 경험을 반영한 결과에서 비롯된 것이었다. 따라서 젝트의 전술적-작전적 사고는 변화와 연속성을 동시에 포함하고 있었다.[36] 그러나 이 교범은 작전적 수준의 요소들을 어느 정도 담고 있긴 했지만 전술적 수준을 중시하는 경향이 강했다.

그는 기동방어와 함께 신속하고도 결정적인 대규모 공격작전을 요구했

H 베르사유 조약은 1919년 6월 28일 11:11에 체결.

다.[37] 보통수준의 병사들로 구성된 대규모 육군이 아니라 고도의 교육훈련으로 양성된, 사기가 충만한 '전사(戰士)'들로 이루어진 정예군을 원했다. 현대적인 전투력 부족을 임무형 전술과 기동전으로 대체하려 했던 것이다. 그는 '월등히 우세한 적과 조우 시, 그리고 타지역에서 또는 차후에 공격작전으로 전환할 수 있을 경우에 한해서만 방어작전'을 허용했다.[38] 젝트는 전략적 차원에서는 방어를 기초로 하되 전술적, 작전적으로는 공세를 위한 고도의 기동력을 갖춘 전문직업군을 설계했다.[39]

또한 젝트는, 장차전이 제공권 확보를 위한 공군의 전투로 시작될 것이라고 예측했다. 이러한 공중전이 한창 벌어지는 동안 즉각 투입준비가 완료된 정예육군이 적 영토에서 신속한 작전적 공세를 감행하는 한편, 공군의 지원하에 적군을 격멸해야 한다고 주장했다. 물론 적 지도부가 그들의 인적, 물적 우세를 이용하기 이전에 전쟁을 종결해야 한다는 조건도 제시했다. 만일 이러한 공세에서 속전속결을 달성하지 못하면 그사이에 동원된 국민군이 투입되어야 하며[40] 전쟁수행의 목표는 적의 우세한, 전략적 잠재력을 사전에 무력화시키는 것이라고 언급했다.

제1차 세계대전에서의 패배에도 불구하고 젝트는 슐리펜의 원칙을 철저히 고수했다. 즉 월등히 풍부한 자원을 보유한 적국이 전장에서 그 능력을 발휘하기 이전에 작전적 기동전으로 신속하게 적 군사력을 제압해야 한다는 논리였다. 그는 1914년 전쟁 발발 당시에도 기동에 있어서만큼은 독일군이 압도적으로 우세했다고 확신했고[41] 이를 토대로 작전의 속도를 한층 더 높이고자 했다. 동원이 지연되어도 전혀 문제가 없는, 상시 전투력을 발휘할 수 있는 전문직업군의 필요성을 주장했으며 이것이야말로 자신의 구상을 실현하기 위한 결정적인 수단이라고 인식했다. 또한 세계대전에서 확연히 드러난 기동성의 부족을 차량화보병, 자동차, 항공기, 전투기병으로 해결하고자 했다. 특히 젝트는 기병에 큰 기대를 걸었다. 기계화부대가 기마부대를 대신하기에는 아직은 시기상조라고 생각했다.[42] 세계대전에서 이미 쓰라린 패배를 경험했으면서도 그는 기병을 적의 측후방 타격의 주력으로 운용하려고 했다.[43] 전쟁이 종식된 이후 기병의 미래와 필요성에 관한 격렬한 논란이 벌어지는 가운데, 1927년에는 창기병의 유지에 관한 논쟁[I]에서도 기병을 단계적으로 확대할 것이라는 자신의 구상을 밝히게 된다.[44] 그는 기병의 열렬한 옹호자였다. 젝트가 기병을 고집한 이유는 베르사유 조약으로 제국군이 3개의 기병사단밖에 보유할 수 없기 때문이기도 하지만, 그의 관점에서 작전적 기동전을 수행할 수 있는 유일한 수단이 기병이었기 때문이다.

여기서 다시 한 번 짚어봐야 할 점은 바로 작전적 수준의 공세를 위해서는 전술적 타격 능력과 수단을 반드시 갖추어야 한다는 것이다. 그러나 제국군에게는 그러한 능력과 수단이 없었다. 제1차 세계대전 때와 마찬가지로 극소수의 화물차량을 제외하면 말이나 보병, 철도가 제국군의 기동성을 결정했다. 따라서 젝트는 결국 자신의 작전적 이상을 전술적으로 실현하기 위한 수단도 없었고 구체적인 개념을 제시하지도 못했다. 이 당시 이미 기동전을 위한 획기적인 전투수단, 즉 전차가 존재했지만 기동성 측면에서도 매우 취약했고 통신장비와 결합되지도 못한 상태였다. 더욱이 전차 보유 자체가 제국군에게는 금지되어 있었다. 그러나 어느 시점부턴가 독일에서는 기병의 미래와 전투차량의 운용 가능성에 관한 문제들이 군사분야의 핵심 쟁점으로 부각되었다.[45] 전차의 전술적, 작전적 운용에 관한 이론 개발과 연구가 금지된 것은 아니었기 때문이다. 훗날 상급대장에 오른 하인츠 구데리안과 같은 몇몇 장교들은 현대적인 기동전을 수행하기 위해서는 아직도 미흡하지만 전투차량과 항공기의 역량을 충분히 활용해야 하며

I 제국군 창기병은 1927년에 해체되었다.

장차전을 위한 작전계획은 물론, 교육훈련에도 이들을 도입해야 한다고 주장했다.[46]

젝트는 장군단의 교육을 위해 지휘관 현지실습을 주관하고 '전시(戰時) 대부대 지휘를 위한 지침서'Leitlinien für die obere Führung im Kriege를 작성하여 작전적 수준의 교육훈련의 중요성을 강조하고자 했다. '제병협동 지휘와 전투'(F. u.G.) 교범이 전술적 지휘만을 다루었다면 이 지침서는 1910년에 출간된 '대부대 지휘의 기본원칙'Grundzüge der höheren Truppenführung의 속편으로 대부대 지휘에 관한 원칙들을 주로 기술하고 있다. 군무청의 의뢰를 받아 콘스탄틴 히에를Konstantin Hierl 대령의 주도하에 작성된 이 문건은 1920년대 초 제국군의 작전적 사고를 분석할 수 있는 유일하고도 훌륭한 증거자료로, 철저히 고전적인 작전적 관점에서 세부적인 원칙들까지 총망라하고 있다.[47] 그러나 저자는 '국민전쟁'과 '소규모 전쟁'을 다룬 부분에서 명확한 결론을 내리지 못했다. 지침서의 성격이나 구성을 고려할 때 1923년 히에를은 그러한 문제에 대해서는 특별히 중요한 의미를 부여하지 않았다고 추측할 수도 있다. 왜냐하면 슐리펜의 시대와 마찬가지로 모든 작전의 목표는 바로 적군의 섬멸이었기 때문이다. 여전히 정치는 작전지휘에 영향력을 행사할 수 없다는 논리와 병력 열세의 문제에 관해서도 과거의 원칙을 그대로 고수했다. 즉 신속한 작전수행과 우수한 지휘술, 군의 질적 우위로 적의 양적 우세를 상쇄시킬 수 있다는 논리였다. 인적, 물적 열세와 관련된 부분에서는 지속적으로 강인한 정신력과 확고한 필승의 신념 등을 강조했다.

예하부대의 세부적인 행동방책까지 제시하지 않는 육군의 작전계획이 제국의 전략적 전쟁계획의 일부가 되어야 한다는 점만은 참신했는데 이는 제1차 세계대전의 경험에서 비롯된 것이었다. 병력의 열세라는 현실적인 문제 때문에 특히나 중점형성에 관해서는 강한 논조로 기술하고 있다.

"특히 전략적 전개 시부터 최대한 정확하게 중점을 선정해야 하는 등의 전투력 할당 문제는 작전계획의 핵심이다. 총체적인 전투력 면에서 열세할수록 주노력 외의 모든 지엽적인 문제는 과감하게 떨쳐버려야 한다."[48]

또한 대부대 지휘를 위한 정보교환 및 의사소통의 중요성을 강조한 것도 필시 세계대전의 경험에서 학습한 결과였다.

그러나 '방어작전'과 '철수작전'에 관해서는 매우 간단하게 다루었다. 이 '지침서'는 진지전을 현대적인 무기에 의한 전쟁의 필연적인 결과가 아닌 쌍방 간의 대규모 육군이 정면충돌한 결과물이라고 정의하면서 진지전이 벌어지면 전투력을 제대로 발휘할 수 없기 때문에 무조건 회피해야 한다고 기술했다. 결론적으로 '훌륭한 부대의 위대한 최고지휘관들은 끊임없이 진지전을 회피했고 기동전으로 그들의 천재성을 마음껏 발휘할 수 있는 전투를 감행했다'[49]라고 쓰고 있다.

'육군의 기동'이란 제목의 장(章)에서 히에를은 작전적 지휘를 위한 차량화의 중요성을 강조하면서 자동차의 신속한 수송능력과 활용 가능성, 자동차를 운용하기 위한 견실한 도로망의 필요성을 기술했다. 또한 고속기동능력을 갖춘 자동차와 속도가 느린 우마차를 동시에 운용하는 것은 금물이며 특별한 지원이 없다면 우마차들은 기동전에 적합하지 못하다고 지적했다. 또한 당시 항속거리 면에서 저급한 수준이었던 전투차량의 역할에 대해서는 의문시했다. 결국 그는 기동전을 위한 전차나 화물차량의 중요성을 인식하지 못했던 것이다.

작전적 수준의 부대 지휘관은 예하 부대들을 분산 이동시키고 정확한 시간과 장소에서 집중을 도모하여 작전목적을 달성할 수 있는 능력을 갖추어야 한다고 강조했다. 이 지침서는 포위와 돌파작전에 많은 공간을 할애했고 가능하다면 지속적으로 포위를 달성하기 위해 노력해야 한다고 기술하면서 다음과 같이 결론을 맺고 있다.

"전술과는 달리 작전에서는 승리하기 위한 일정한 방식이 존재한다. 외선과 내선, 포위와 돌파는 상호 반작용의 형세를 취한다. 그러한 모든 공격작전은 주어진 상황에 입각해서 실시해야 한다. 공격작전을 실시할 정확한 시간과 장소를 잘 판단하고 강력하게 시행해야 승리를 쟁취할 수 있다. 아군의 우수한 능력에 대한 확고한 신념과 강인한 의지야말로 모든 공격의 성공을 위한 핵심 요소이다."[50]

한편 방어작전에 관해서는 짧게 다루면서, 결전을 지향해야 하며 반드시 공격으로 종결되어야 한다고 기술했다. 특히 회전을 주제로 한 부분에서는 전쟁 이전의 교리를 그대로 이어받았다. 회전은 여전히 작전적 사고의 핵심이었다. 오로지 무력을 통해서만 적의 의지를 굴복시킬 수 있다는 관념 때문이었다. 회전의 목표는 적을 섬멸하는 것이었다. 기습은 회전 개시 단계에서 승리를 위한 결정적인 요소이며 작전적 수준의 측방공격의 가능성을 우선적으로 타진하고 또한 작전적 정면공격도 고려해야 한다고 기록되어 있다. 전술적인 성공 여부가 작전의 결과를 좌우하고 수개의 작전들이 종결되면 그것이 비로소 회전이며 따라서 전술의 톱니바퀴는 작전과 맞물려 있다고 언급한다. 전형적인 슐리펜식의 관점에서는 결정적인 회전 승리가 작전의 최종적인 목표이며 그와 동시에 '지상군의 회전은 회전 그 자체를 위해서, 회전에서의 승리를 위해서 존재한다'라 강조하고 있다.[51]

히에를의 지침서는 복고적이고도 혁신적인 요소들을 함께 담고 있었는데 이는 1920년대 제국군 지도부 내부에 불화와 갈등이 존재했음을 보여주는 대목이다. 병력과 장비, 물자 등 모든 잠재력 부문에서 적국보다 훨씬 열세했던 제국군은 제병협동전투와 기동으로 결합된 현대적인, 혁신적인 전술을 개발했다. 반면에 작전적 측면에서는 전통과 혁신적 관념 사이에서 거대한 작전적 수준의 전쟁수행을 위한 이상적인 구상안을 도출하고자 했다. 그러나 역시 슐리펜식의 구상을 벗어나지 못했고 군이 현대적인 성향을 찾자면 돌파를 수용했다는 것뿐이었다. 물론 이것도 세계대전의 경험에서 비롯된 것이었다. 따라서 히에를은 방어작전을 경시했다. 세계대전에서 이미 포위의 효력이 종말[52]을 고했건만 이 지침서의 핵심은 슐리펜 시대의 전형적인 포위, 그것을 목표로 하는 공격이었다. 이것이 바로 이 지침서의 복고적인 성향이었다.

이에 독일의 군사 연구가들은 기동성의 중시에는 원칙적으로 의문을 제기하지 않았지만 이미 1920년대 중반부터는 전술적, 작전적 대안들, 즉 지연전투, 돌파 또는 방어작전 등에 대한 의견을 제시했다.[53] 작전적 포위로 이어지기 위한 작전적 수준의 돌파의 중요성을 주장하는 이들이 점점 더 많아졌다.

따라서 1920년대 중반, 제국군 지도부는 당시 보편적이고 지배적인 의견에 반하여 포위 교리에만 편중된 글을 교범으로 발간하는데 부담을 느꼈다. 또한 요아힘 폰 슈튈프나겔Joachim von Stülpnagel 중령의 강력한 반대와 이를 받아들인 군무청장의 건의에 따라 젝트는 이 지침서를 교범으로 발간하는 것을 결국 승인하지 않았다. 그도 지휘관 및 장군참모현지실습을 통해 작전적 수준의 교육훈련을 시키면 충분하다고 판단했던 것이다. 동시에 비밀유포 방지 차원에서 히에를이 개인의 명의로 공개, 출간하는 일도 금지시켰다.[54] 이는 히에를의 글이 장차전을 위한 실질적인 독일의 작전적 독트린을 담고 있었음을 시인하는 대목이다.

어쨌든 젝트의 작전적 교리를 '고전적인 전법(戰法)의 르네상스'라고 격찬하는 이들[55]이 있는가 하면 허황된 망상이라고 비난하는 이들[56]도 있었다.

두 가지 평가 모두 나름대로 부정할 수는 없다. 포괄적으로 젝트는 슐리펜의 작전적 개념에 따라 구상하고 계획을 수립했다. 슐리펜 시대와 마찬가지로 탁월한 지휘력과 결합된 기동성과 신속성은 젝트의 작전적 사고에서 중심축을 이루었다.

이렇듯 젝트가 기동성을 중시한 이유는 과연 무엇이었을까? 동부전선에서의 다양한 작전 경험에서 그 이유를 찾을 수도 있을 것이다. '동부전선의 전문가', 젝트는 독일군의 기동성 부족 때문에 작전에 차질이 발생했다는 것을 뼈저리게 느꼈을 수도 있다. 그러나 사실은 그와 반대였다.

그는 여전히 도보보병의 행군에 의한 기동전을 수행하려 했다. 공군은 단지 지원수단일 뿐이었다. 대규모 보병부대의 작전적 기동성을 과대평가하고 기동전의 수단으로 기병의 중요성을 강조한 그의 지침은 시대착오적인 발상이었다.

이미 세계대전에서 기병이 기동전의 수단으로 부적합하다는 것이 증명되었다. 결국 젝트는 자신의 전술적, 작전적 독트린을 실행하기 위해 절대적으로 필요했던, 제1차 세계대전 당시 작전적 수준의 전쟁에서 드러난 기동성 부족의 문제점을 해결하지 못했다. 제1차 세계대전에서보다 한 차원 격상된 기동성이 필요한 작전을 구사하고자 했지만 그에 상응하는 기술적 수단도 찾을 수 없었다. 작전적 측면에서 젝트가 기병을 중시한 논리를 제2차 세계대전의 작전적 기갑부대 운용과 연계시켜 그의 선견지명으로 해석하는 것도 부적절하다.[57] 젝트는 자신의 계획에서 작전적 기갑부대에 관해 단 한마디도 언급한 적이 없다.

그러나 위와 같은 이유로 젝트가 현실과 완전히 동떨어진 전쟁관념을 가지고 있었다 보기는 어렵다. 자칫 대단히 명석했던 그의 지적능력을 폄하하는 우(愚)를 범할 수도 있기 때문이다. 유럽의 정중앙이라는 독일의 지정학적 위치 때문에 젝트가 제1차 세계대전 이전처럼 제국군의 작전지역을 오로지 국경일대로만 인식했다면 그가 강조한 '기동의 복음'은 설득력이 충분했다. 그런 이유에서라면 당시 발달된 철도망을 활용한, 동부 또는 서부 국경지역으로의 신속한 기동은 가능한 일이기 때문이다.

젝트 외에도 많은 이들이 같은 생각을 품고 있었다. 게오르게 졸단George Soldan은 '인간과 미래의 회전'이라는 글에서, 고도로 전문화된 기동성을 갖춘 군대를 기술하면서 영국군을 사례로 제시했다. 오로지 이러한 군대만이 현대적인 기동전의 요구조건을 충족시킬 수 있다고 주장했다. 또한 장차전에서는 '기동의 기적'이 나타날 것이라고 예언하기까지 했다. 미래의 육군의 과업은 오로지 단 하나, 섬멸회전을 통해 전쟁을 종결시키는 것이라고 기술했다. 이어서 다음과 같이 결론을 맺었다.

> *"전쟁 역사상 우리는 진지전의 시대가 아닌 섬멸전략의 시대에 살고 있다. 전쟁이 발발한 이후 수 주일 내에 적군을 섬멸하지 못한다면 적이 백만대군을 동원할 것이고 그렇게 된다면 우리는 또다시 패전의 고배를 마시게 될 것이다."* [58]

그러나 젝트의 '군사적 이상주의'는 사실상 제국 육군의 전투 능력, 즉 전력상 수세적일 수밖에 없는 현실에는 부합하지 않았다. 이에 반대 입장을 표명하는 사람들도 차츰 생겨났다. 또한 1923년 프랑스군의 루르 지역 점령사태[J]로 독일군의 한계가 만천하에 드러나자, 1920년대 중반 군무청의 젊은 장교들은 만일 프랑스군이나 폴란드군이 침공한다면 이를 효과적으로 막아낼 수 없을 것이라는 위기감에 휩싸였다. 더욱이 군 지도부의 노선을 거부하는 세력들까지 등장하기도 했는데 그 대표적인 인물이 바로 슈

J 프랑스군과 벨기에군이 기습적으로 루르 지역을 공격하여 점령했다.

튈프나겔이었다. 그는 군무청의 육군부장Chef der Heeresabteilung이었다. 사실상 은폐된 총참모부의 작전참모부장으로서 독일군의 작전적 사고의 유지, 발전을 위한 중추적인 책임을 맡고 있었다. 젝트의 작전적, 전략적 전쟁계획에 불만을 품고 있던 그는 1924년 2월, 제국 국방청Reichswehramt 장교들에게 장차전에 관한 소신을 피력했다. '장차전에 대한 관념'라는 제목의 발표문은 군지도부의 보수주의자들과 젝트에 대한 일종의 선전포고였다.[59] 슈튈프나겔은 사회 전체적인 전쟁, 즉 국민전쟁을 작전적 수준의 전쟁계획에 포함시켜야 하며, 신속하고도 공세적인, 적의 섬멸만을 지향하는 공격작전을 포기해야 한다고 주장했다. 이는 제정시대의 작전적 사고를 계승하려던 육군총사령관과의 확고한 결별을 의미하는 것이었다.

슈튈프나겔의 급진적인 논리는 민주화된 사회에서는 결코 실현될 수 없는 내용이지만 매우 참신한 논리였다. 그 때문에 그의 발표내용과 이에 대한 군무청의 조치들을 살펴보는 것은 매우 유익하다고 생각된다. 또한 전통적인 작전적 사고와의 차별성과 유사성을 도출할 수 있다면 더욱더 흥미로운 일이다.

슈튈프나겔의 목표는 '치밀하게 준비된, 의도적인 해방전쟁'이었다.[60] 막대한 규모의 군비증강 없이는 독일이 현재에도 향후 수년 내에도 전쟁을 절대로 수행할 수 없다는 것이 그의 주장이었다. 게다가 장차전은 단지 독일군이 아닌 독일 국민 전체, 그리고 국력의 모든 원천을 상대로 하는 전쟁이 되리라고 언급했다. 결국 제국군과 국민은 전쟁을 위해 일심동체가 되어야 하며, 국민은 이러한 투쟁을 위해 군부의 의지에 종속되어야 한다는 뜻이었다. 슈튈프나겔은 군부의 지도력과 부대의 능력만으로는 당시 독일군의 인적, 물적 열세를 극복할 수 없다고 생각했고 오로지 슐리펜식 계획만으로 향후 수년 내에 전쟁에서 승리할 수 있다는 논리에 의문을 품었다. 따라서 희망보다는 새로운, 전략적 현실을 바탕으로 한 전쟁수행 개념을 제시하고자 했다.

슈틸프나겔은 장차전을 2단계로 구분했다. 제1단계 작전의 목적은 시간을 확보하는 것이었다. 인적, 물적인 안정적 동원을 통해 대규모 육군을 조직하고, 여타의 패권국가들, 즉 러시아와 같은 국가들과의 경합을 위해 정치적으로 유리한 조건을 달성해야 했다. 철저히 전략적인 방어 속에서 소모전을 통해 시간을 획득해야 한다는 논리였다. 슐리펜이 그토록 강조한 적의 섬멸이 아닌 '가장 원시적인 해방전투로 적의 공세를 저지하기 위한 전 국민의 봉기'[61]가 바로 슈틸프나겔의 첫 번째 목표였다. 그는 속전속결을 위한 선제공격을 거부함으로써 슐리펜 이래로 작전적 사고의 핵심원칙 중 하나를 포기해버렸다. 또한 그는 독일 전 영토에서 전쟁을 수행해야 한다는 조건을 제시하면서 시간 획득을 위한 전투에서 적의 전투력을 점차 약화시켜야 한다고 주장했다.

그는 세계대전 종식 2년 전에 개발되어 전투에서 성공적이었던 전술적 지역방어를 작전적 수준으로 확대시킬 의향을 가지고 있었다. 독일 본토를 침공한 적군과의 결전을 철저히 회피하면서 기동성을 갖춘 민첩한 소부대들을 활용해 국경지역에서의 교전을 도모하고자 했다. 장기간의 지연전투를 통해 천천히 적군의 전투력과 물량을 '소진'시키면서 적군의 정신력을 약화시킨다는 구상이었다. 예비역 장교들은 평시에 국경 및 소규모 전투를 체계적으로 준비하고 이를 위해 주민들이 동원되어야 하며 이러한 전투는 대담하게 시행되어야 한다고 강조했다.[62] 슈틸프나겔은 주요 도로망의 파괴와 전술적, 작전적으로 중요한 지역에서는 화학가스 사용까지도 필요하며 동시에 적의 후방에서는 테러, 사보타지 등을 통한 조직적인 국민전쟁으로 적을 점진적으로 약화시켜야 한다고 역설했다.

극도로 증폭된 적국에 대한 국가적 증오심이 반드시 필요하며 그것이야말로 테러나 사보타지보다 더 중요한 국민전쟁의 수단이라고 주장했다.[63]

한편으로 헤이그 전쟁 협약에 따라 전투를 수행해야 할 주체인 국민들도 전투원 표식을 달아야 한다고 덧붙였다.[64]

주민들이 강렬한 의지를 가지고 국민전쟁에 동참한다는 것은 망상일 뿐이었다. 슈틸프나겔도 물론 그 일이 불가능하다는 점을 잘 알고 있었다. 게다가 그러한 전쟁이 벌어진다면 주민들에 대한 적군의 가혹한 보복이 뒤따를 수도 있었다. 하지만 독일제국의 생존을 위해 독일 국민들에게는 선택의 여지가 없음을 강조하였다. 국가의 해방전쟁을 위해 이것을 감수해야 하며 그렇지 않을 경우에는 국가의 멸망을 초래할 수 있다고 언급했다. 따라서 바이마르공화국이 다시 전체주의 국가로 회귀할 것을 요구했다. 모든 반(反)독일주의자들과 평화주의자들을 제거하고 청소년들에게는 외세에 대한 적개심을 교육시켜야 하며 국민들에게 해방전쟁에 동참해야 할 의무를 자각시켜서 온 국민들이 조직적으로, 자발적으로 전쟁에 참가할 수 있어야 한다고 주장했다. 자신의 작전적 계획을 실현하기 위해서는 총체적인 국민의 힘이 반드시 필요했다. 민간인들을 전투 행위와 결합시키는 것은 새로운 전쟁관념이자 그에게는 당연한 논리였고 성공적인 작전적 수준의 전쟁수행을 위해 필수적인 조건이었다. 슈틸프나겔이 주장한 전쟁양상은 제2차 세계대전에서 도처에서 현실로 나타났다. 그러나 이것은 당시 국민이 아닌 군이 바로 전쟁의 주체이며 폭력 사용에 관한 전권을 반드시 군이 보유해야 한다는 젝트의 작전적 구상과 정면으로 상충되는 개념이었다.

군사사학자 빌헬름 다이스트Wilhelm Deist는 슈틸프나겔의 작전적 구상을 선동적인 국민전쟁 개념이라고 폄하했다. 또한 전쟁은 젝트의 최정예 작전군Operationsheer으로 수행해야 하며 슈틸프나겔이 주장한 치밀하게 준비된 국가적 해방전쟁은 어불성설이라고 성토했다. 그에게서는 작전적 수준의 전쟁수행을 위한 르네상스를 기대하기 어렵다고 언급했다.[65] 그러나 다이스트의 논리는 설득력이 다소 부족하다. 슈틸프나겔은 젝트와 그 주변의 보수주의자들의 약점을 간파하고 이를 정확히 지적했다. 젝트를 필두로 한 보수주의자들은 작전적 차원에서 현대적인 대규모 육군을 보유하여 상대를 섬멸해야 한다는 슐리펜의 독트린을 그대로 받아들였던 것이다. 또한 슈튈프나겔은 모든 측면에서 장차전이 과거와는 다르기 때문에 역사에서 도출된 승리의 해법이 존재하는가에 대해서도 의문을 제기했다.

전통적인 작전적 사고에 대해 정면으로 비판했던 슈튈프나겔이었지만 자신도 총참모부의 일원임을 부정할 수는 없었고 전통적인 독일의 작전적 사고의 일부를 받아들일 수밖에 없었다. 군사적 열세 속에서 그는 제국군이 장차전에서 승리할 수 있는 유일한 대안을 수세 이후의 공격작전이라 생각했고 이는 곧 시간을 거슬러 대몰트케의 작전적 사고를 바탕으로 한 것이었다. 또한 자신이 주장한 게릴라전과 소규모 전투로 승리할 가능성이 있다고 물론 확신했지만 그러한 전투와 수세적인 국민전쟁으로는 결전을 도모할 수 없다는 사실을 인정했다. 따라서 시간을 벌기 위한 전투는 소모전을 통해 적의 전투력 우세를 상쇄시키며 지속적으로 전쟁을 수행하기 위한 동맹을 얻고, 무엇보다도 독일군이 대규모 전투부대를 창설하기 위한 수단일 뿐이었다. 이러한 목적이 달성되는 즉시 시간 획득을 위한 수세적 전투를 공세로 전환하여 결전을 도모해야 한다는 것이 그의 논리였다. 결국에는 슈튈프나겔도 '결정적 전투는 슐리펜이 지향한 방식으로 실시해야 한다'는 결론을 내리게 된 것이다.[66]

즉 그의 제2단계 작전의 목적, 최종적인 목표는 약화된 적군을 섬멸하는 것이었다. 슈튈프나겔은 포병과 공군의 강력한 지원하에 기동부대들을 집중 운용하는 공세를 구상했다. 독일은 당시 공군을 보유하지 못했지만 그는 전술적 수준에서뿐만 아니라 작전적 차원에서도 공중전이야말로 전쟁수행을 위한 결정적인 요소로 인식했다. 원활한 합동작전을 위해 해군과도 긴밀한 협력관계를 구축해야 한다고 주장했다. 단 한 사람의 총사령관이 해군에 대한 명령권을 가져야 하며 해군은 그들의 목적을 위해서가 아니라 지상군을 지원하기 위한 전쟁을 수행해야 한다고 언급했다.

자세히 분석해 보면, 슈튈프나겔이 주장한 국민전쟁과 실질적인 결전과의 차이점은 그리 크지 않았다. 그의 어법과 용어선택을 분석하면 그가 위대한 스승이라고 표현했던 슐리펜을 떠오르게 했고 그의 글에서는 수십년간 발전되어 온 총참모부 특유의 작전적인 관념들을 엿볼 수 있다.

> *"강인한 정신력을 가진 지휘관만이 진정한 작전을 구사할 수 있고 이를 통해 적을 격멸할 수 있다는 결론에 도달했다. 내선 활용과 대범한 철수 등과 같은 개념들도 다시금 중시되고 있다. 과거의 교리, 결정적인 지점에서 적을 약화시키고 아군의 전투력을 집중해야 하는 것은 여전히 진리이다. 전투 중 전선에서 틈이 발생하게 되면 기병이나 예비대를 투입해서 극복하는 것이 지금까지 상식이었다. 그러나 이제 우리는 그러한 약점과 위험을 감수해야 한다. 우리는 세계대전에서 그러한 간격 발생을 두려워한 나머지 칸나이 작전을 포기해야만 했다. […] 이러한 포위 섬멸작전에서 성공하기 위해서는 총사령관의 강인한 의지와 최고수준의 정예부대가 반드시 필수적이다."* [67]

슈튈프나겔 역시 결국에는 독일군의 고전적인 작전적 사고를 바탕으로 정규군이 작전적 수준의 전쟁에서 결전을 수행해야 한다고 주장했다. 그러나 미하엘 가이어Michael Geyer가 언급했듯 슈튈프나겔의 전쟁관념이 수세적인 칸나이나 수세적인 전격전을 의미한 것은 아니었다.[68] 당시의 제국군은 강대국들의 현대적인 개념에서는 소위 정찰대 수준의 규모였고, 인적, 물적 열세를 극복하기 위해 강력한 작전수행 능력을 구비한 군대를 건설해야만 했다. 국민전쟁은 단지 그러한 시간을 획득하기 위한 수단이었던 것이다. 슈틸프나겔은 그에 따른 엄청난 민간인의 피해까지도 감수해야 한다고 생각했다. 따라서 소모전략은 섬멸전략을 위한 준비단계였다. 길리 바르디 Gil-li Vardi가 주장했듯 슈틸프나겔에게도 혁신적인 개념은 존재하지 않았다.[69] 국민전쟁은 오로지 목적을 위한 수단, 즉 시간 획득을 위한 유일하고도 현실적인 대안이었을 뿐이다. 그의 목표도 역시 결정적 회전에서의 승리였다. 일부 연구가들은, 슈틸프나겔이 국민전쟁을 고집한 나머지 결정적 회전의 가치를 경시했다고 주장했지만 그러한 논리는 틀린 것이다. 단지 조금 다른, 새로운 길을 모색했을 뿐이다. 그는 섬멸전을 목적으로 당시까지 사실상 상반된, 상호 배타적인 두 개의 군사적 개념-국민전쟁과 작전적 기동전 수행-을 결합시키고자 했다. 소모전략의 목표를 달성하기 위한 수단이 바로 국민전쟁이었다. 즉 국민전쟁은 지연전의 개념이었고 그도 역시 장군참모장교들이 지휘하는 정규군이 결정적 회전에서 승리함으로써 전쟁을 종결시켜야 한다는 결론에 도달했다.

슈틸프나겔의 논리에서 새로운 점은 당시로서는 매우 급진적이었던 국민전쟁과 대몰트케의 작전적 사고를 연계했다는 점이다. 또한 국민전쟁을 이행하기 위해서 대규모의 군사력 증강과 함께 정치체제를 군부 독재국가 시스템으로 완전히 전환할 것을 요구했다. 이는 1930년대부터 루덴도르프가 지속적으로 주장했던 바로 그것이었다. 그러나 슈틸프나겔의 구상이 현실적으로 가능한가에 대해 정치, 사회적인 측면뿐만 아니라 군사적인 측면에서도 의구심을 제기하는 이들이 많았다. 슈틸프나겔의 최측근들조차도 작전적 수준의 지역방어작전의 성공 가능성에 대해 신뢰하지 않았다.[70] 또한 슈틸프나겔 본인 스스로도 장차 자신이 주장한 전쟁양상이 현실이 된다면 가히 엄청난 사태가 될 것이라고 생각했다. 결국 젝트와 슈틸프나겔의 작전적 독트린은 어쨌든 바이마르 공화국의 현실에서는 실현 불가능한 것이었다.

| 표 2 |

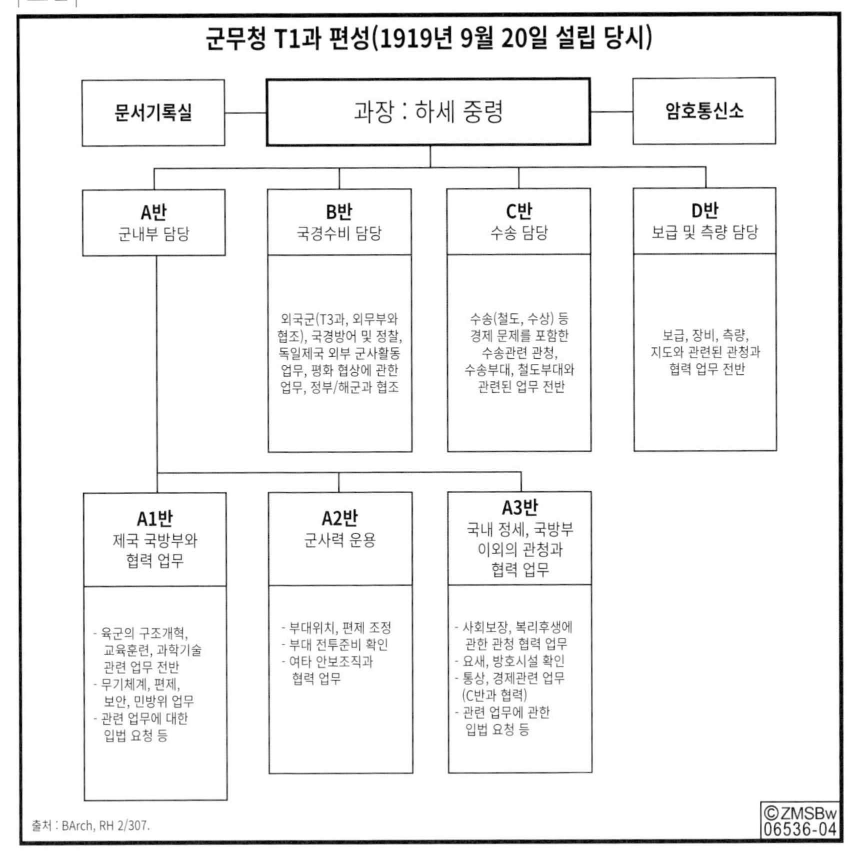

당시 제국군 내부에 존재했던 다양한 전쟁관념들과 그로부터 도출된 작전적 구상들을 살펴보았다. 당시 육군의 지도부가 올바른 장차전의 수행 방법을 찾고자 각고의 노력을 경주했음을 가히 짐작할 수 있다. 히에를의 '전시(戰時) 대부대 지휘를 위한 지침서'를 교범으로 발간하지 않은 조치도 역시 군무청에서 장차전에 관한 상당한 논란이 있었다는 사실을 보여주고 있다. 군무청의 제4부장Chef der Abteilung T4[K]은 히에를의 문건의 가치를 높게 평가했던 반면 제1부장 슈튈프나겔은 가혹할 정도로 혹평했다. (표 2 참조)

K T1은 육군부, T2는 편성부, T3는 정보부, T4는 교육훈련부.

"히에를 대령의 작품은 매우 훌륭하다. 특히 장차전을 위해 1914년 육군의 수준으로 지휘관들을 훈련시켜야 한다는 것에는 전적으로 동감을 표한다. […] 그러나 우리에게는 1914년의 전투력을 현재는 물론, 가까운 수년 내에도 보유할 능력이 없다. […] 히에를의 글은 철저히 슐리펜의 사고방식을 지향하고 있다. 슐리펜은 대규모 육군으로 전쟁을 준비했다. 하지만 과연 우리가 장차전에서 적의 대군과 맞설 수 있다고 생각하는가? 오늘날의 상황에서 슐리펜이 주장했던 방식으로 군을 훈련시키거나 군사력을 운용하는 일 모두 실현 불가능하다." [71]

슈튈프나겔은 대규모 섬멸회전을 중시하면서도 슐리펜의 방식은 거부했다. 그는 독일이 열세에서 전쟁을 치러야 한다는 것만은 받아들일 수 있었지만 장차전에서는 반드시 승리해야 하고, 그러기 위해서는 다른 해법이 필요하다고 생각했다.[72]

장차전 수행을 둘러싼 대립과 제국 육군의 작전적 사고 정립에 대한 논의는 그 이듬해에도 계속 이어졌다. 슈튈프나겔은 자신의 고집을 끝내 꺾지 않았다. 육군 지휘부는 그의 능력을 인정했지만 1926년 2월 그를 대령으로 진급시켜 브라운슈바이크Braunschweig의 연대장으로 방출시켰다. 수뇌부 내의 불순분자에 대한 전형적인 인사 조치였다.

젝트와 슈튈프나겔의 개념은 매우 중요한 차이점이 있다. 슈튈프나겔은 군이 독점적인 폭력사용 권한을 포기하고 그 대신 군부가 사회를 통제할 수 있는 권한을 가져야 하며, 물론 군이 폭력사용의 결정적 주체이지만 민간인들도 군과 함께 전쟁에 참가해야 한다고 주장했다. 젝트는 전문직업군인으로 구성된 군대가 군사력을 독점하고 국민을 최대한 전투에 개입시키지 않는다는 원칙을 고수했다. 이 때문에 표면적으로는 다르게 보인다. 하지만 두 개념 모두 결국은 군부가 민간사회를 통제해야 하며 그러한 권력을 보장해야 한다는 논리를 내세우고 있다. 작전적 차원에서 젝트는 전쟁 발발 시 상시 전투준비를 갖춘 정규군으로 속전속결하여 승리를 쟁취하려 했고 슈틸프나겔은 일단 수세로 적의 전투력을 소모시킨 후 역습을 통해 격멸하려 했다는 점에서 현격한 차이가 있다. 전자는 슐리펜 쪽에, 후자는 대몰트케 쪽에 더 가까웠다. 그러나 최근 바르디가 모든 연구가들이 간과했던 이 둘의 공통점을 제시했다.[73] 이 둘 모두 결국에는 섬멸회전을 통해 결전을 도모하려고 했다는 것이다. 이 두 사람의 독트린에서 작전적 차이점은 바로 목표가 아닌 목표달성을 위한 방법이었다.

한편 작전적 수준의 전쟁수행에 있어 정치 우위의 원칙은 이 당시까지도 배제되었다. 나아가 슈틸프나겔은 군이 원하는 작전을 수행할 수 있도록 군부의 영향력을 정치권까지 확대시켜야 한다고 주장했다. 결정적인 섬멸전을 준비하는 후방의 정규군을 위해, 결국 '국민'은 회전의 최초 단계, 이른바 국민전쟁에서의 희생까지도 감수해야 한다고 주장했다.

계획수립과 교육훈련

제국군의 전투력은 가히 절망적이었다. 잠재 적국에 비해 극심한 열세를 면치 못했다. 1920년대 중반, 그러한 상황을 극복하고자 두 개의 작전적 독트린이 등장했고 그 후 몇 년 동안 장교들도 두 집단으로 나뉘어 대립하게 된다. 때마침 1924년 '서부 전쟁'$_{\text{Westkrieg}}$과 1925년 '동부 전쟁'$_{\text{Ostkrieg}}$이라는 전쟁연습이 시행되었는데 이때 슈틸프나겔의 구상이 최초로 반영되었다. 앞서 언급된 그의 작전적 이중성과 두 개의 작전적 독트린을 여기서 발견할 수 있다. 슈틸프나겔은 서부에서 국민전쟁을 수행하고 동부의 대폴란드 전쟁에서는 공세적인 작전을 감행해야 한다고 주장했다. 그는 동부에서의 수적 열세를 우수한 전투부대와 고도의 지휘능력으로 상쇄할 수 있다고 믿었으며 이러한 공세적인 성향의 원인은 바로 1924-25년부터 개시된 체계적인 군사력 증강에 힘입은 바가 크다.[74]

혹자들은 군무청의 장군참모장교들 모두가 슈톨프나겔을 지지했다고 주장했지만 이는 잘못된 것이다. 내부에서는 작전적 기동전에 관해 강도 높은 연구를 실시했다. 1926년 슈톨프나겔의 승인을 받아 프리드리히 폰 라베나우Friedrich von Rabenau 소령이 집필한 '현대 무기효과에 대한 육군의 작전적 기동성과 성공 가능성 조망'Die operative Beweglichkeit eines Heeres und ihre Erfolgsaussichten gegenüber moderner Waffenwirkung 이라는 연구서가 바로 그 증거자료이다. 저자는 작전적 기동전과 국민전쟁의 통합을 도모하고자 노력했지만 결국 그의 작전적-전략적 논리는 양면전쟁을 위한 슐리펜의 개념으로 회귀할 수밖에 없었다. 즉 한쪽 전선에서는 수세로, 다른 쪽에서는 공세를 취하는 것이었다.

라베나우는 적군의 강점과 약점을 분석하여 취약지역에서는 기습, 포위, 후방타격 등의 공세적 작전으로 적을 격멸하고, 강점에서는 격자식 방어진지를 편성하여 수세로 맞서야 한다고 주장했다. 따라서 느리고 기동전 능력이 부족한 프랑스군과 충돌한다면 독일군은 기동전을 위한 시간과 공간을 획득하게 될 것이라고 기술했다. 이러한 작전수행을 위한 필수불가결한 전제조건은 바로 현대적인 수송능력, 즉 철도, 자동차와 최첨단 통신장비를 이용한 기동전 수행 능력이었다. 전통적인 작전적 사고의 핵심 원칙을 이용하여 양적으로 우세한 적을 격멸할 수 있다는 논리였다. 라베나우는 철저히 슐리펜의 논리를 근본으로 삼았다. 그러나 그는 한 가지 결정적인 점에서는 슐리펜의 개념을 뛰어넘었다. 슐리펜이 항상 주장했던, 빈틈없는 전선을 구축하기보다는, 강력한 기동부대를 이용, 기습적으로 중점을 형성하여 적의 전선을 돌파하고자 했다. 이로써 라베나우는 작전적 독트린을 확장하는데 결정적으로 기여했고 국방군의 차량화된 기동전을 위한 사상적 밑거름을 최초로 제공했다.

슈틸프나겔의 후임자이자 훗날 국방장관에 오른 베르너 폰 블롬베르크Werner von Blomberg는 수차례의 전쟁연습을 거치면서 전임자의 구상을 부분적으로 수용했다. 그러나 슈틸프나겔의 작전적 독트린이 젝트의 퇴임 이후 제국군의 작전적 계획수립의 기초가 되었다는 가이어Geyer의 주장은 타당하지 않다. 가이어는 작전적 사고의 발전과 관련된 글에서 슈틸프나겔의 작전적 구상의 의미를 과도하게 높이 평가했다. 다수의 중요 문건들이 제2차 세계대전 중에 소실되었기에 존안된 극소수의 잘못된 문서들이 절대적인 가치를 얻으면서 오해의 원인을 제공했고 이것이 바로 그릇된 평가를 낳은 첫 번째 원인이다. 두 번째 이유는 수많은 학자들이 근거없이 총참모부의 추종 또는 적대 세력의 입장을 대변했고, 오늘날까지도 자주 인용되는 가이어의 연구서, '군비증강과 안전보장'Aufrüstung und Sicherheit을 포함한 많은 이들의 글에서 군사전문용어들이 매우 불명확하게 기술되어 있기 때문이다. 가이어는 1927-28년과 1928-29년도 군무청의 동계연구Winterstudien활동들을 '작전전쟁연습'Operationskriegsspiele, '시험적 전쟁연습'Erprobungskriegsspiele 또는 '편성전쟁연습'Organisationskriegsspiele이라는 명칭을 붙여 모호하게 기술하기도 했다. 그 당시 이러한 군사용어는 사용된 바가 없다.

그럼 여기서 제1차 세계대전 이후 독일 육군의 교육훈련에 대해 간단히 알아보도록 하자. 블롬베르크의 후임자로 1930년 10월 말까지 군무청장을 역임한 쿠르트 프라이헤르 폰 하머슈타인-에쿠오르트Kurt Freiherr von Hammerstein-Equord 중장은 이른바 동계연구분석과 같은 '연구', 그리고 '전쟁연습' 간에는 현격한 차이가 있다고 언급했다.

> *"작전적인 연습을 할지, 또는 연구를 할지를 명확하게 구분해야 한다. 작전적인 연습을 하려면 반드시 현재의 상황을 고려할 필요가 없다. 또한 연구를 위해서는 절대적으로 현실을 고려해야 하지만 현재의*

열세 속에서 결전을 도모하기 위한 작전은 절대 금물이다. 따라서 현재 상황을 바탕으로 연습과 연구를 혼용하는 것은 치명적인 결과를 낳게 될 것이다.” [75]

전쟁연습은 제국군에서 점점 더 중요성을 얻게 되어 해가 갈수록 계속 발전했지만 교범 등을 통해 문서화되지는 않았다. 군무청은 이를 규정 및 교리화하기를 꺼려했다. 제국군이 지휘관들의 훈련을 위해 생겨난 전쟁연습을 크게 중시했던 이유는 재정부족과 군사력의 약화로 대부대 야외훈련을 실시할 수 없었기 때문이었다. 전쟁연습은 최적의 교육훈련 체계로 인정받았고 지속적으로 발전되었다. 한편으로는 보유가 금지된 무기체계들을 구비한 상황을 가정하여 훈련할 수도 있었다. 해가 거듭될수록 전쟁연습에 다양한 훈련방식이 도입되었다.[76] 전쟁연습은 실제 부대 없이 예외적인 상황까지도 훈련할 수 있다는 점이 큰 특징이었다. 통상 적군을 ‘적색’, 아군을 ‘청색’으로 표시하여 쌍방이 상황을 평가하고 결심을 수립하는 과정은 매우 흥미롭다. 지도부는 장교들의 결심들을 최종적으로 실험하고 평가한 후 지도부의 대안을 제시했다. 한편으로 전쟁연습은 전쟁수행 간의 문제점을 도출하고 이를 해결하기 위한 도구이기도 했다. 국방군은 실제적인 작전적 문제들을 해소하거나 전역의 준비를 위해 이를 강조하기도 했고 실제 ‘바르바로사 작전’을 준비하는 과정에서 이러한 방법을 사용하기도 했다.[77]

1927-28 동계연구에서는 폴란드가 독일을 공격하는 상황을 상정하고 1927년 10월의 전력으로 이를 방어하는 시나리오를 채택했다. 이 연구결과, 엄청난 영토손실도 문제였지만 제국군의 능력으로는 장기간의 저항 자체도 불가능하다는 결론이 도출되었다. 1928-29년 동계연구에서는 프랑스와 폴란드와의 양면전쟁을 모의했다. 프랑스군은 ‘상비군’armée de couverture만 투

입하고 폴란드군 주력은 소련군과의 전쟁에 고착되어 있다는 가정 하에 실시되었다. 군무청은 당시 목표로 했던 1933년 4월의 군사력이라면 일정기간 성공적인 지연전 정도는 가능하나 동, 서부 모두 결정적 회전을 도모하는 것은 물론, 전쟁에서 승리할 수도 없다는 결론에 도달했다.[78]

한편 동계연구는 향토방위군과 국경수비대 역할을 검증하는데 기여했다. 군무청은 이들의 존속[79]에 대해서는 찬성했지만 국경수비대의 전투력이 약하다는 것에 불만을 드러냈다.[80] 가이어는 동계연구를 통해 슈튈프나겔이 주장한 국민전쟁 개념의 타당성이 입증되었다고 기술했는데 이는 다소 과장된 해석이다. 전투태세를 갖춘 정규군의 운용이 이 연구의 주된 내용이었다. 군사력 증강과 그에 따라 전체 국민을 전쟁에 동원하지 않는다는 전제와 만일 필요시에는 동프로이센의 주민을 병력으로 사용할 수 있다는 가정 하에 본 연구를 실시했다. 또한 두 차례의 연구에서 프랑스와 폴란드 중 한 국가와의 전쟁 또는 이 두 국가를 모두 상대해야 하는 양면전쟁에서 방어작전으로는 승산이 없다는 결론이 도출되었다. 그럼에도 불구하고 그들은 작전적 측면에서만 해결책을 찾으려고 했다. 1920년대 말에도 제국군은 여전히 작전적-전략적인 딜레마에 빠져있었다. 군 지도부는 오로지 강도 높은 인적, 물적 군비증강을 통해서 그러한 진퇴양난에서 벗어날 수 있다고 확신했다. 이에 육군 총사령부는 1927년 6월 말부터 가칭 A-계획$_{\text{Aufstellungsplan}}$[L]에 의거 향후 21개 사단으로의 증강을 위한 동원계획을 수립했다.[81] 본질적으로 이 계획의 핵심은 제국 육군의 전쟁수행 능력을 구비하는 것이었으며 과거 독일의 군국주의를 지향하는 군비증강을 노골적으로 표현했다. 위의 연구들의 기본전제는 바로 제국군이 폴란드뿐만 아니라 프랑스의 침공을 막아낼 수 있는 능력을 보유해야 한다는 것이었다. 그

L 군비증강계획

리고 그 결론은 바로 인적, 물적 군비증강 없이는 전쟁을 수행할 수 없다는 말로 귀결되었다. '싸워야 한다면 군사력 증강은 최우선적인 과업이다'[82]

1920년대 말, 군무청은 국내외 정치 상황의 변화에 따라 새로운 국면을 맞게 되었다. 젝트 시대의 군사정책이 베르사유 조약과 독일의 정치적 고립의 영향을 받았다면 이제는 특히 로카르노 조약[M]으로 그 노선을 변경해야 했다. 독일제국의 외교적 고립도 해소되었고 경제사정이 한층 호전되면서 1924년부터 1928년까지 국방예산도 거의 두 배로 증가했다.[83]

이러한 변화 과정에서 1928년 1월 빌헬름 그뢰너가 국방장관[N]에 취임했고 향후의 국방정책을 수립했다. 그 기반은 다음과 같았다.

> *"독일제국은 모든 전통적인 관념을 무너뜨린 세계대전을 치르기에는 군사적으로도, 정치, 경제, 사회적으로도 준비가 되어 있지 않았다. 그래서 초전부터 이미 패배할 수밖에 없었던 것이다."* [84]

그뢰너는 군사력에 상응하는 외교정책의 필요성과 군사(軍事)가 바이마르 공화국의 총체적인 정치에 종속되어야 한다고 주장했다. 또한 자신이 현대전쟁의 복잡성에 대해 충분히 이해한다면서 독일 정치의 최고의 숙원은 군사력 보유의 자주권을 확보하는 것이라고 주장했다. 하지만 수많은 동료들과는 달리 현대적인 군대는 민간에 종속되어야 한다는 반론을 제기했다.

한편 작전적인 문제에 대해서는 슐리펜과 젝트의 인식에 공감을 표시했다. 전 세계가 함께 얽혀있는 경제적 문제로 인해 속전속결만이 유일한 해

M 925년 10월 16일, 스위스 로카르노에서 발의되어 12월 1일 영국 런던에서 정식체결된 조약으로, 영국, 프랑스, 독일, 이탈리아, 벨기에 5개국의 집단안전보장조약, 라인란트의 현상유지 등을 규정했다.

N 1919년 10월 전쟁부Kriegsministerium에서 국방부Reichswehrministerium로 변경되었으므로, 전쟁부 장관이 아닌 국방장관으로 번역했다.

법이라고 생각했던 것이다. 월등히 우세한 군사력을 보유한 프랑스와의 전쟁은 승산도 없고 전쟁도 불가능하다고 확신했다. 따라서 폴란드에 대한 수세적인 작전계획들만 준비하기로 결심했다. 이에 제국군 지도층 장교들은 젝트뿐만 아니라 슈틸프나겔의 작전적 독트린이 실현 불가능하다는 것을 인식하고 독일제국의 현실적인 군사적 정황을 받아들이기 시작했지만 그뢰너의 구상에도 동의하지 않았다. 군무청장 블롬베르크가 동계연구 결과를 근거로 작전계획수립에 관한 국방부의 지침에 위배되는, 프랑스에 대한 지연방어 방책을 주장하고 나섰다. 그러나 국방부는 블롬베르크의 의견을 기각했다.[85]

그뢰너는 1930년 4월, 육군, 해군 총사령관에게 자신의 의도를 담아 '국방군의 과업'Die Aufgaben der Wehrmacht[86]이라는 지침을 하달했다. 이 지침은 군을 스스로의 목적을 달성하기 위한 조직이 아닌 정치 지도부에 종속된 수단, 도구로 정의하고 있었다. 군의 과업은 정치로부터 도출되어야 하며 물론 위협에 따라 다르겠지만 군사력은 오로지 최악의 위기에만 사용해야 한다고 명시했다. 국내 소요사태 진압과 적의 국경 침범 등의 단지 수세적인 군사력 운용만 허용했고 더욱이 정치적, 군사적 논리에 부합할 때만 가능했다. 승산 없는 전투는 과감하게 포기해야 하며 동시에 호기가 발생하면 이를 활용하여 적극적인 군사행동을 취해야 하고 과업수행을 위해 국방부의 지휘 아래 육, 해군, 나아가 외무부와 상호 긴밀히 협력해야 한다는 내용을 담고 있었다.[87]

바야흐로 정치지도부가 개입함으로써 전통적으로 원대하고 유토피아적인 공세적 작전계획들 대신에 현실적인 방어전략이 힘을 얻기 시작했다.

"제일 먼저 프랑스와의 전쟁이 가능하다는 생각부터 버려야 한다. 미래에도 우리는 프랑스군에 대한 절대적인 군사력 열세를 면치 못할

것이고 만일 우리가 전쟁을 일으킨다면 이는 자살행위나 다름없다. 하지만 동부에서의 상황은 약간 다르다. 가까운 시일 내에 군사력을 어느 정도 증강하는 일도 가능할 테고 그렇다면 국경지역을 굳건히 수호할 수도 있을 것이다."[88]

그뢰너는 향후 군무청이 실질적이고도 현실적인 계획을 수립하고 전쟁연습을 해야 한다고 생각했다. 그러한 구상에 따라 그와 자신의 동료, 쿠르트 폰 슐라이허Kurt von Schleicher는 폴란드 의용군을 상대로 한 '코르판티 계획'Fall Korfanty[O]과 정규군을 상대로 한 '필수드스키 계획'Fall Pilsudski[P]을 수립했다. 하지만 제국군 총사령부는 그들의 계획에 대해 크게 반발했고 그뢰너는 교묘한 인사 조치를 통해 불순분자들을 제거하여 이를 무마시키고자 했다.[89]

한편 이즈음 육군 지휘부와 외무부(das Auswärtige Amt, AA) 간의 협력은 매우 원활했다. 더욱이 외무부는 군인들에게 유용한 정보를 제공하고 과거의 낭만주의를 탈피할 수 있도록 도와주었다.[90] 그러나 한편으로 이 협력은 군 지도부에게 현실에 대한 잘못된 인식을 심어 주기도 했다. 결국 제국군 지도부는 제국군이 단지 정치의 도구일 뿐이며 지극히 제한적인 분쟁상황에서만 투입되어야 한다는 그뢰너와 슐라이허의 구상을 절대 수용하지 않았다. 슈퇼프나겔의 '국민전쟁' 독트린과 마찬가지로 그들의 주장도 작전적 사고의 발전 과정에서 생겨난 단편적인 가설일 뿐이었다. 작전가들은 작전계획수립에 대한 정치권의 개입과 그에 따른 자신들의 기득권 상실을 받아들일 수 없었다. 이는 또한 훗날 독일이 베르사유 조약을 폐기하고 다

O 폴란드계 저널리스트이자 독일제국 국회의원, 폴란드의 수상을 지낸 보이치에흐 코르판티Wojciech Korfanty의 이름을 딴 작전계획.

P 폴란드의 군인이자 정치가였던 유제프 피우수트스키-독일식으로는 요제프 필수드스키-의 이름을 딴 작전계획.

시금 패권을 쟁취할 수도 있는 기회를 포기하는 것이나 마찬가지라고 인식했다.

그러나 그가 대규모 전쟁을 포기하라고 지시했음에도 군무청은 시종일관 대부대 공세와 역습작전에 몰두했고 이를 전쟁연습에 반영했다. 작전적 수준에서 지휘관들을 교육시키는 효과는 있었지만 실질적인 작전적 문제를 해결하는데 도움이 되지는 않았다. 1930년대 초반까지 군사 및 정치적인, 눈앞에 닥친 현실적인 문제들은 철저히 배제된 채, 전통적인 지휘술에 입각한 교육훈련이 실시되었다. 언제나 군무청 및 지휘관 현지실습을 시작할 때, 모든 것이 실행 가능하다는 최초 상황을 조성하였고 모든 전쟁연습에는 당시의 정치적 현실이나 육군의 인적 또는 물적 상황이 전혀 고려되지 않았다. 이는 육군 총사령부와 선발된 통제부 구성원들의 작전적 사고가 어떤 수준이었는지 극명하게 보여주는 예이다. 제2차 세계대전 당시 육군 장군단에서 유행했던 소위, '누가 누구인가'Who is Who[Q]라는 말처럼 전쟁연습에 선발된 사람의 작전적 성향도 매우 중요했다. 1930년 군무청 현지실습의 사후강평에서의 하머슈타인-에쿠오르트의 개회사는 당시의 관념을 잘 반영하고 있다.

> *"올해 군무청 현지실습의 목적은 결전의 가능성을 확인하는 것이었습니다. 따라서 실제적 전투력과 오늘날의 정치적 상황을 고려하지 않았습니다. 단지 공간적 측면에서 현재 국경만 적용했을 뿐입니다."*[91]

모든 사례들을 살펴보지 않더라도[92] 전쟁연습들이 철저히 전통적인 작전적 사고를 기반으로 실시되었다는 사실은 분명하다. 지도부는 언제나 성

Q 사람의 출신, 특성, 즉 인물의 이름만 대면 그 성향을 알 수 있다는 의미.

공적인 지연방어 전투 후 공세나 노출된 적 측방으로의 역습을 해답으로 제시했다. 가능한 한 포위를 달성하고 그 성과를 철저히 이용해야 하며 열세 속에서도 전투력을 집중하여 국지적인 우세를 달성하기 위해 고도의 위험도 감수해야 한다고 강조했다. 또한 지속적인 민첩한 기동, 돌파력과 포위 작전, 명확한 중점형성을 요구했다. 다만 작전 초기단계에서의 지연전은 차후 적 측후방으로의 역습과 섬멸회전이 가능할 때만 용납되었다. 그밖에도 공간과 시간의 관계, 불확실성 속에서 신속한 결심을 위한 결단력, 지속적인 기동과 지휘술도 교육의 핵심주제였다.

하머슈타인의 언급대로 전쟁연습이 작전적 사고의 발전에 기여한 것은 사실이었지만 실질적인 정치적 상황, 군사적 여건과는 동떨어져있었다. 물론 미래 지향적인 성격을 띠고 있었지만 육군의 지도부가 아직도 슐리펜의 독트린과 고전적인 작전적 사고의 틀에서 벗어나지 못했다는 사실도 반증한다. 여전히 그들은 열세에서도 신속한 공세로 또한 섬멸회전으로 승리를 쟁취할 수 있다고 믿었던 것이다. 다음의 논리는 1933년 지휘관 현지실습에서 제기된 것이다.

> *"약자는 섬멸전에 관한 의지를 포기해서는 안 된다. 열세이기 때문에 오히려 이것만이 유일한 해결책이다. 과대망상처럼 들릴지 모르겠지만 대담하게 적을 막아내는 것을 넘어서 반드시 적을 압도할 수 있는 승리를 달성해야 한다."* [93]

전쟁연습의 발전과 함께 교범의 체계도 진화되었다. 훗날 육군 총참모장에 오른 루트비히 베크 대장의 지도하에 1933년 10월에 발간된 HDv 300 부대지휘Truppenführung(T.F.)[94]가 바로 그 대표적인 예이다. 이 교범은 제병협동 지휘와 전투(F.u.G.)의 맥을 잇는 후속판이라 할 수 있다. 앞선 교범처럼 전술적 수준을 중심으로 무장, 장비, 병력에 규제받지 않는 군대를 전제로 하였으며 국민군과 정예군 사이의 차이점은 기술되지 않았다. 여기서 본 교범의 몇가지 중요한 특징에 대해 살펴보도록 한다. 전술적, 작전적 사고들이 복잡하게 얽혀있고 '제병협동 지휘와 전투' 교범처럼 작전적 사고의 발전과정에서 중대한 의미를 가지므로 이 교범의 내용을 분석하는 것도 매우 흥미로운 일이다.

이 교범은 대부대, 최소한 독립작전이 가능한 부대지휘에 초점을 맞추고 있다. 따라서 이 교리가 적용될 수 있는 최소 제대는 보병사단이나 기병사단 등 작전적 독립성을 보유한 부대들이었다.

또한 완전히 새로운 창작물도 아니었다. 근본적으로 '제병협동 지휘와 전투' 교범과 맥을 같이 했으며 더욱이 많은 부분을 그대로 인용했다. 제병협동전투를 통한 기동전의 중요성을 크게 부각시켰다. 한편으로는 진지전에 대해서는 전혀 기술되어 있지 않다. 지연전을 전투의 유형으로 채택하고 방어작전Verteidigung을 방위Abwehr의 하위 개념으로 정의했다. 드디어 독일의 전쟁수행 방향을 제국의 군사적 현실에 맞추었고 이전 교범들보다 방어작전에 비중을 많이 부여했다.[95] 그렇다고 해서 방어만을 강조한 것은 아니었다. 물론 공격과 방어 사이의 우선순위는 바뀌지 않았다.

당시로서는 작전적 차원에서 전차 운용을 논하는 것은 여전히 요원한 일이었다. 하지만 전투부대의 차량화에 대한 필요성을 제기한 것은 이전의 교범들과 확연히 구별되는 점이었다. 전투차량의 효용성과 기병의 미래에 관한 논쟁이 한창이었던 당시의 목소리를 반영한 것이었다. 이 교범에는 '여타의 무기체계, 병과의 전투는 전투차량의 작전반경 내에서 시행되어야 한다'[96]라고 기술되어 있는데, 이는 제1차 세계대전의 경험에서 유래된, 전투차량이 보병에 종속되어야 한다는 주장을 최초로 뒤엎은 것이었다. 그럼에도 불구하고 여전히 전장의 주역은 보병이었다. 제병협동전투의 목표는 공격작전에서 충분한 화력지원 속에서 보병이 결전을 치를 수 있도록 하기 위함이었고, 따라서 전차와 공군에게는 단지 보병의 기동전을 지원하는 임무를 부여했던 것이다.

이 교범은 전차가 보병의 전투를 지원하기 위해 느리고 무거운 동반화기로 운용되어야 할 것인지, 아니면 독립작전이 가능한 전투부대에서 기동전의 주력화기가 되어야 할 것인지에 대해서는 답변을 제시하지 못했다.[97] 육군의 차량화를 둘러싼 대립이 극에 달했던 1930년대 상황을 반증하는 대목이다.

베크는 본 교범의 서두 첫 문장에서, '전쟁수행은 일종의 술이며 과학적 기본에 근거한 자유롭고 창의적인 활동이다'[98]라고 기술하면서 이 교범이 독일의 전통적인 작전적 사고를 기반으로 하고 있음을 표현했으며 군부대의 지휘에 있어서 지식, 훈련, 직관이 매우 중요하다고 언급하고 있다. 입이 닳도록 '사무엘의 성유'Tropfen Salböl Samuels[R]를 언급한 슐리펜처럼 베크도 역시, 훌륭한 지휘관은 합리적인 사고에서 벗어나, 직감적인 행동을 할 수 있는 천부적인 능력을 가져야 한다고 주장했다. 지휘관은 상황을 직관적으로 파악하고, '단호한 결단력과 의지력'[99]으로 전장을 지배할 수 있는 천재(天才)여야 한다고 언급했다. 그러나 그 한 권의 교범에 그러한 천부적인 능력을 논리적으로 기술하지는 못했다.

대부대 지휘의 기본원칙을 제시하고자 교범을 발간하기 위한 또 다른 시도가 있었지만 역시 위와 같은 문제는 해결되지 못했다. 예비역 소장 쉬르만Schürmann은 1930년 9월 '전쟁과 부대지휘에 대한 사고'Gedanken über Krieg- und Truppenführung라는 글을 작성했다. 이는 1931년에 발간 예정이었던 '대부대 지휘'Die höhere Truppenführung 교범을 보완하기 위한 것이었다. 저자가 스스로 기술했

R 기독교 성서에서 사무엘이 다윗에게 부었다는 성유. 사전적으로는 신이 선택한 왕의 재목을 의미하지만, 여기에서는 천부적인 군사적, 전략적 재능을 뜻한다.

듯 이 글은 '대부대 지휘를 위한 기본원칙'Grundzüge der höheren Truppenführung과 히에를의 기획안을 기초로 작성되었고 히에를의 문구를 그대로 인용하기도 했으며 철저히 슐리펜의 가르침을 담고 있었다. 공격, 기습, 포위, 중점과 특히 기동이 이 문서의 핵심이었고 방어에 대해서는 거의 다루지 않았다.

쉬르만은 기갑부대의 효과적인 타격력과 독자적인 작전능력을 인정했다. 하지만 그에게도 전차는 돌파작전에서 보병을 지원하는 수단일 뿐이었다. 반면 기병의 가치를 높이 샀다. 기동전에서도, 다른 병과와의 협동전투에서도, 나아가 결정적 회전에서도 기병이 중요한 역할을 담당해야 하며, 그러한 회전이 모든 작전의 목표라고 기술했다.

쉬르만은 공군이 결정적 회전에서 큰 역할을 수행할 수 있다고 인식했다. 그러나 공군에 대한 언급은 반 페이지에 그쳤다. 군무청은, 그가 '과거 교범들의 격언들과 클라우제비츠, 몰트케, 슐리펜식의 사고'에 집착한 나머지 참신하지 못했다고 책망했다. 반면 교육훈련부장이자 훗날 육군 총사령관으로 발탁된 발터 폰 브라우히치Walther von Brauchitsch는 이 문건을 발간하기 위해 감수를 맡겼고 그 담당자는 더 많은 '슐리펜'을 요구했다.[100] 군무청은 쉬르만의 문건을 교범으로 발간하는 데 반대하면서 이를 장차 교범 발간을 위한 참고자료 정도로만 인식했다.

결국 이 문건도 교범으로 채택되지 못했다. 1935년 2월, 군무청장 베크는 대부대 지휘에 관한 교범 발간 작업을 중단시켰다. 앞서 언급한 각종 비판과 문제점 때문이기도 했지만 군무청은 전쟁연습과 현지실습만으로도 지휘관들에 대한 교육이 충분하다고 인식했기 때문이다. 특히, '하늘이 내린 성유(聖油)를 병속에 부을 수 없듯이 지휘관의 본질도 교범에 담을 수 없다'[101]는 논리가 바로 결정적인 이유였다.

공세적인 대규모 육군 건설

1933년, 국가사회주의자[S]들의 세상이 되자 그뢰너의 계획이 수용되었고 대규모 육군 건설이 시작되었다. 그와 동시에 공격에 대한 회귀본능이 점차 고개를 내밀었다.[102] 특히 국가사회주의 사상이 결합되면서 신념과 규율이 다시 중시되었다. 그러나 일부 역사가들은, 제국군과 훗날 국방군이 제2차 세계대전 이전부터 일종의 총력전과 같은 전쟁수행 개념을 발전시켰다[103]고 주장했는데 이것은 잘못된 논리이며 1920, 30년대의 작전적 사고에 관한 문헌들이 그것을 입증하고 있다. 루덴도르프의 저서, '총력전'Der totaler Krieg을 근거로 독일군이 전체주의식 전쟁을 준비했다고 주장할 수는 없다. 물론 그 책이 히틀러에게는 영향을 미쳤다고 볼 수도 있겠지만 군사적인 부분에서 전혀 혁신적인 것도 아니었고 육군의 작전적 사고의 발전에도 아무런 영향을 주지 못했다.[104] 카를 린네바흐Karl Linnebach도, '전쟁은 결국 정치적 목적 달성을 위한 행위이며 섬멸전을 통해 달성된다'라고 언급하면서 '적국의 소멸, 경우에 따라서는 적 국민들의 말살'을 주장했다.[105] 그러나 이러한 논리들은 전쟁을 작전적인 차원이 아닌 정치적인 측면에서 연구, 분석한 것이었다. 전쟁 발발 직전까지 독일군 장교들에게 총력전이란 근본적으로 국민전체를 동원하는 사상과 전략적-전시경제적 준비[106] 등을 의미하는 것이었다. 나치세력이 선전한 정치적인 사상전쟁과는 아무런 관계도 없었다.[107] 또한 이러한 총력전에는 작전적 사고의 개념도 들어있지 않았다. 이즈음 육군 지휘부는 제정시대의 전통적인 작전적 사고의 기조를 유지하고 있었다. 민간 군사 연구가들이 전쟁의 무제한성과 전체주의화를 현실로 인정하고 국민전쟁의 문제에 대해 한창 논쟁 중일 때에도 군무청은 1920

S 국가사회주의독일노동자당(NSDAP, Nationalsozialistische Deutsche Arbeiterpartei). 통상 약칭인 NAZI당으로 알려져 있다.(편집부)

년대 슈틸프나겔이 주장한 국민전쟁에 대해서만 일시적인 관심을 가졌을 뿐이다. 그러나 슈틸프나겔 또한 결국은 국민전쟁이 아닌 정규군이 군사작전을 수행해야 하고 섬멸전에서의 승리로 전쟁을 종결시켜야 한다고 주장했다. 초기에는 방어작전으로, 나중에는 공세로 섬멸적 승리를 달성해야 한다는 논리에 대해, 함께 권력을 장악한 제국군 지휘부는 물론 '총통'도 모두 만족감을 드러냈다. 이로써 군비증강이 가능하게 되었다. 그러나 육군 지도부는 군사작전지휘에 관한 총통의 간섭이나 나아가 정치 우위에 대한 히틀러의 관념을 절대로 수용할 수도 없었고 하물며 바라지도 않았다. 권력의 이원화 원칙에 따라 작전적 수준의 전쟁수행은 장군참모장교들의 고유 영역이었으며 군부는 자기들이 전쟁의 주체이며 총통과 당은 국내에서 전쟁수행을 동의하고 지원해야 한다고 생각했다.

이러한 군비증강을 추진한 주역은 바로 1933년 새로 군무청장으로 취임한 베크였다. 그는 19세기의 위협을 바탕으로 군비증강계획을 작성했으며 제1차 세계대전의 충격 때문에 그러한 위협 인식은 한층 더 증폭된 상태였다. 클라우스-위르겐 뮐러Klaus-Jürgen Müller가 표현했듯, 베크의 다음과 같은 언급을 통해 이러한 '공포 콤플렉스'Angstkomplex를 엿볼 수 있다. '군사적 상황을 고려할 때 지금의 무방비 상태를 한시바삐 벗어나야 한다. 오늘 적들이 침공한다면 그야말로 절체절명의 위기가 초래될 것이다'[108] 군부는 독일이 강대국의 지위를 되찾으려면 반드시 강력한 군사력을 보유해야 한다고 생각하던 차에 새로운 지도부와 장군단은 개혁정치를 통해 다시금 독일이 패권을 장악해야 한다는 데에 합의했다.

'전통적인 군사엘리트가 지배하는 의무복무군대'의 주창자[109]였던 베크는 새로이 개편되는 국방군의 주축은 반드시 제국군이 되어야 한다고 주장했다. 그는 정치적, 사상적인 국민군이나 민병대로 조직된 군대를 철저히 거부했다. 베크는 제국군 증강계획[T]을 기반으로, 총사령관의 위임을 받아 21개 사단(총 30만 명)[110]으로 편성된 평시 육군 창설을 골자로 하는 '12월 계획'[111]을 작성했다. 이 계획에 의거 신설되는 '위기대응군'은 다면에서 효과적인 방어전쟁을 수행하고 잠재적인 적을 억제할 수 있는 능력을 구비해야 하며 이로써 점진적인 군비증강도 보장할 수 있어야 했다.[112] 전쟁이 발발하면 군은 67개 사단으로 증강되고 군단이라는 중간급 지휘부가 창설되며 더불어 1개 경차량화사단, 1개의 독립기갑부대Panzerverband를 보유한다는 계획도 포함되었다. 히틀러의 재가를 받은 베크는 '12월 계획'을 근간으로 육군의 개혁을 착수했다.

이러한 군비증강계획은 국제 및 국내정치적으로 또한 작전적인 측면에서도 많은 논란을 초래했다. 국제정치적인 측면에서 1933년부터 1934년까지 독일은 오로지 자국의 영토 방위를 목표로 이러한 계획을 추진했지만 주변 강대국들은 매우 큰 우려를 표명했다.[113] 국내정치에서는 새로운 국방군의 근간이 나치돌격대[U]가 아닌 기존의 장교단이어야 한다는 것 때문에 내부 갈등이 초래되었다.[114] 마침내 과거의 군부 엘리트들이 유일의 전통적인 군사력 통제권한, 즉 국방군의 지휘권을 장악했다. 작전적 측면에서는 민병대와 국경수비대를 해체시키고 슈튈프나겔이 주장한 이중적인 국방군 조직모델[V]을 거부하면서 고전적인 작전적 독트린을 고수했다. 또한 대규모 군대를 건설하기로 한 것은 젝트가 주장한 정예군에 정면으로 반하는 결정이었다. 군무청은 오로지 소수 정예군대만이 작전적 수준의 전쟁을 수행할 수 있다는 젝트의 논리에 동의하지 않았던 것이다. 베크의 '12월 계

T 제국군 국방장관 Kurt Schleicher는 제네바 군비축소 협약에 따라 인접국들과 동등한 권리를 주장하여 1932년, 147,000명의 병력 증강과 21개 사단의 전시대비 육군을 편성을 제국군 증강계획으로 입안했다.

U SA, Sturmabteilung der NSDAP.

V 국민군과 정예군.

획'은 표면적으로 수세를 지향했다. 하지만 군비증강 제1단계 이후 경차량화사단과 기갑부대 창설 등 육군이 막강한 공격형 군대로 탈바꿈해야 한다는 의도가 숨겨져 있었다. 한발 더 나아가 베크는 1934년 말 차량화부대와 시험적인 기갑부대를 포함한 군단급 부대를 조직하고 기갑병과 창설을 지시했으며 이로써 작전적 기동전 수행에 관한 토대를 마련하게 되었다.

1935년 3월 16일 징병제가 재도입되자 자위적 육군에서 결전을 도모하기 위한 공격능력을 보유한 공세적 육군으로 신속하게 전환될 수 있는 인적 근간이 형성되었다.[115] 1935년 가을, 총참모부-1935년 7월 1일부터 군무청은 총참모부로 개칭-는 군비확충의 제2단계로 돌입했다. 평시 36개 사단을 유지하고 전시에는 73개 사단으로 증편되어야 하며 1940-42년 경에는 140만의 병력을 보유하는 것이 제2단계의 목표였다. 제1차 세계대전 당시의 제국군 수준에 육박하는 규모였다. 하지만 히틀러의 전쟁계획 때문에 군비증강이 가속화되었고 그로 인해 단기간 내에 추진할 수 있었던 '횡적 군비증강'과 점진적으로 진행되어야 했던 '종적 군비증강'간의 불균형이 초래되고 말았다. 전략적 자원이 매우 부족한 독일로서는 예비대나 군수지원을 배제한 신속한 횡적 군비증강이나 점진적인 종적 군비증강 중 단 하나만 선택할 수 있었던 상황이었다.

총참모부와 육군청Allgemeinen Heeresamt[W]은 이러한 군비증강정책의 방향을 놓고 첨예하게 대립했다. 총참모부의 베크는 신속한 횡적 군비증강을 강행하고자 했고, 육군청의 프리드리히 프롬Friedrich Fromm은 점진적인 종적 군비증강을 주장했다. 결국 논쟁의 승자는 총참모부였다. 총참모부가 '종적 군비증강'을 거부하고 '횡적 군비증강'을 추진하기로 결정한 이유는 전통적인 작전적 사고, 자원이 부족하고 슐리펜 시대처럼 국내적으로 안정되지 못한

W 제국 국방부 산하의 군수분야를 담당한 부서.

상황에서 장기전을 회피하고 작전적 기동과 단기 속전속결로 승리해야 한다는 생각 때문이었다.[116] 총참모부는 또 한 번의 지루한 '소모적인 세계대전'이 벌어진다면 절대로 승리할 수 없다고 생각했다. 장차전은 제국의 통일전쟁처럼 독일 국경일대로 한정된 유럽 내에서의 전쟁이어야 하며, 수차례의 신속한 공세로 속전속결을 달성해야 했다. 이로써 공격력의 강화는 육군의 재건에 핵심 조건이었던 것이다.

시종일관 베크는 적국에게 제재(制裁)적 전쟁[X] 위협을 통해 현재의 약점을 극복한 후 그 틈을 이용해 공세적인 양면전쟁을 수행할 수 있는 막강한 군대를 만들고자 했다. 그러나 프롬은 아무리 최첨단의 기계화된 공세 부대라고 해도 강력한 보병전력 없이는 무용지물이라고 생각했다. 물론 제1차 세계대전의 경험 때문이었다. 또한 경제적, 재정적인 이유로 독일제국의 자원동원 능력을 초과하는 군비증강은 절대 있을 수 없다고 못 박았다. 그러나 베크는 자신의 의사를 관철시켰다. 1930년대 중반에는 슐리펜 시대와는 달리 육군청이 아닌 총참모부가 군비문제를 결정-이 또한 매우 흥미로운 사실이다-할 수 있었다. 한편 수많은 이들이 기갑병과의 창설과 기동력 향상을 요구하는 상황에서도 국방군의 주력은 보병이었다. 군비증강계획이 차질 없이 진행된다면 1940-41년의 동원이 완료된 전시 육군은 3개의 기갑사단과 3개의 경기계화사단을 보유할 수 있었다. 그러나 보병사단의 숫자는 72개에 달했고 기동전의 수단은 여전히 우마차에 의한 견인포병과 보병이었다. 현실은 제1차 세계대전 때와 다를 바가 없었다.

그렇다면 과연 총참모부는 제1차 군비증강, 즉 취약점 극복단계 이후의 장차전에 대해 어떠한 구상을 가지고 있었을까? 제정시대와 마찬가지로 전쟁을 수행해야 하는 주체는 해군이 아니라 육군이었다. 다만 장차전에

X 적의 침공시 이를 격퇴하고 적을 격멸하는 방어전쟁

서는 새로이 창설된 공군의 지원을 기대할 수 있었다. 육군 내부에서는, 공군에게도 작전적 차원 과업을 부여해야 한다는 극소수의 목소리도 있었지만 대다수 장교들의 생각은 달랐다. 일단 제공권이 장악된 후에 공군의 최우선적인 과업은 육군을 지원해야 한다는 의견이 대세였다.[117] 공군의 창설 개념도 그러한 방향을 따랐다. 원거리 공중전의 초기 이론에 따라 1930년대 중반부터 지상군을 지원하기 위한, 중거리 항속능력을 갖춘 공세적이고도 강력한 공군이 창설되었다. 그들은 독자적인 작전적 수준의 전개 능력도 보유했지만 최우선적인 임무는 역시 지상전을 지원하는 일이었다. 호르스트 보크Horst Boog[118]는, 육군과 공군에서 사용하는 작전이라는 용어는 개념상 다소 차이가 있었다고 언급했다. 공군에서는 자신들이 중추적인 지원화기라는 관념과 함께 적 군사력의 원천을 제거하기 위한 독자적인 공중전과 공군의 일사불란한 전쟁수행 등을 '작전적'이라고 일컬었다.

1930년대 중반, 기동전을 지향하는 최종적인 결정으로 중점형성과 포위, 그리고 이와 결부된 돌파와 기습의 중요성이 다시금 부각되었다.[119] 총참모부 내부에서뿐만 아니라 군사 저널리즘에서도 포위를 위한 각 병과 간의 협력에 관해서 심도 깊게 논의되었다. 예를 들어 발데마르 에르푸르트는 포위작전에 대해 옹호[120]했던 반면, 루트비히Ludwig[121]나 린데만Lindemann[122]은 결전을 위한 포위작전에 회의적이었다. 특히 돌파를 통해 포위 여건을 조성할 수 있을지, 어떻게 전술적 돌파를 달성할 것인지, 그리고 이를 작전적 돌파로 확대할 수 있을 것인지에 관한 해법들이 명쾌하게 제시되지 못했다. 많은 이들이 돌파는 포위와는 다른, 별개의 것이며 총체적인 작전의 일부도 아니라고 인식했다. 그와 동시에 공군은 기동전을 하려면 반드시 자신들의 지원이 있어야 가능하다고 강조했다. 3차원의 공간에서 자신들만이 수직포위로 적을 격멸할 수 있다는 논리에서였다.[123]

전쟁으로 수많은 자료들이 소실되었지만 그나마 남아 있는 다양한 문헌들을 통해 1930년대 중반, 총참모부의 전쟁에 대한 관념을 재조명할 수 있게 되었다. 독일이 과거의 패권을 쟁취하기 위해서는 징병제에 기초를 둔 대규모 육군이 필요하다는 데에 이견은 없었다. 젝트는 첨단기술과 기동성을 갖춘 소수 정예, 전문직업군의 '전격전'으로 전쟁을 종결해야 한다고 주장했다. 그러나 그의 독트린은 시대착오적이며 장차전에서도 부적합하다는 이유로 거부되었다. 또한 1935년, 게하르트 마츠키Gehard Matzky 중령은 국방군 대학Wehrmachtakademie에서의 강연에서 세계대전 패배는 대규모 육군 때문이 아니며 대규모 육군을 조직하고 지휘할 능력이 없었던 지휘부에 그 책임을 물어야 한다고 주장했다.[124] 이것은 과거 수년 동안 독일군의 전형적인 관행이었다. 패전의 책임을 특정 인물에게 전가함으로써 다시금 기동전으로 승리할 수 있다는 논리와 그 수단의 도입, 그리고 전통적인 작전적 사고의 유지와 수정을 정당화할 수 있었던 것이다. 마침내 전차와 항공기가 도입되었고 특히 제공권 장악을 장차전의 승리를 위한 결정적인 전제조건으로 인식하게 되었다.[125]

또한 군부에서는 장차전을 속전속결로 끝내야 한다는데 모두 동의했다. 물론 제1차 세계대전 이전과 비교해서 방어작전에 비중을 더 둔 것은 사실이었지만 궁극적인 목표는 적 영토에서의 공세, 즉 신속한 섬멸전으로 승리를 쟁취하는 것이었다. 베크의 절친한 동료이자 군무청의 '주변국 육군 연구부' 책임자, 칼-하인리히 폰 슈튈프나겔Carl-Heinrich von Stülpnagel 대령은 육군 총사령관에게 '외국군의 관점에서 바라본 장차전'Der künftige Krieg nach den Ansichten des Auslands[126]이라는 연구보고서를 제출했다. 이 보고서를 살펴보면 군무청이 장차전을 어떻게 구상하고 있었는지 어떠한 군비증강 개념을 가지고 있었는지 잘 알 수 있다. 본 연구서의 도입부에서부터 베크와 슈튈프나겔 대령의 관점에서의 군비증강의 방향이 제시되어 있다. 적국의 방위산업이 본격적으로 가동되기 이전에 재빨리 선제공격을 실시하는 것만이 최상의 방책이라고 제안했다.

> *"특히 보유자원이 빈약하고 방위산업의 능력이 취약한 국가가 전쟁을 수행하기 위해서는 그러한 방식 외에는 달리 방도가 없다. 강력한 선제공격으로 적의 취약한 국경 방어선을 쉽게 돌파할 수 있을 것이다. […] 오늘날 모든 국가가 이러한 전법을 새로운 시대의 전쟁수행 방법으로 채택하고 있다."* [127]

그는 적군의 측후방으로 공격을 실시해야 하며 필요하다면 그러한 우회공격에 앞서 돌파가 먼저 시행되어야 하고 이것을 작전적 포위로 확대해야 한다고 기술했다. 작전적 수준의 전쟁의 핵심 요소로 중점형성과 기습을 부각시켰고 거기에 공군력과 지상의 차량화 전력을 최대한 운용해야 한다고 덧붙였다. 전투편성은 상황에 따라 신속하게 재편성이 가능하도록 탄력적이어야 하며 오로지 대규모 육군과 고도의 특수부대들-그는 기계화부대를 이 범주에 포함시켰다.-만이 작전적 기동전을 수행할 수 있다고 주장했다.[128] 따라서 장차전을 수행하기 위해서는 소수 정예군이 아닌 현대적인 대규모 육군이 더 적합하며 미래의 전쟁은 틀림없이 기동전의 양상을 띠게 되리라고 언급했다. 슈튈프나겔은 어떤 측면에서 고전적인 작전적 사고를 뛰어넘었다. 그에게 작전적 수준의 전쟁의 최우선적인 목표는 적군의 섬멸이 아니었다. 오히려 적국의 힘의 근원을 제거하는, '적 국민의 섬멸'[129]이었다. 여기서 '섬멸'의 개념은 물리적인 말살이나 파괴가 아닌 국민의 전쟁수행 의지와 능력을 없애는 것이었다.

1936년 2월, 빌리 슈네켄부르거Willi Schneckenburger 중령은 기계화부대의 작전을 주제로 국방군 대학에서 강연했다.[130] 독일이 내선에서의 전쟁을 수행해야 한다면 반드시 고속기동부대를 보유해야 한다고 주장했다. 슈네켄부르거가 언급한 고속기동부대란 공군과의 합동작전수행 능력과 신속한 중점 형성, 결정적인 전투 능력을 보유한 부대를 의미했다. 그는 '기습, 신속성, 새로이 형성된 방어 전선에서의 과감한 돌파와 포위, 전투차량들의 적 측방 및 종심으로의 대량 투입, 예비대의 신속한 후속공격과 강력한 공군과의 상호협력'[131]이 바로 작전적 기동전의 가장 중요한 요소들이라 언급했다.

3분의 1 이상의 장교들이 대규모 육군으로 회귀하는 것에 찬성했다. 게다가 어떤 이들은 작전적 기동전을 위해 공군과 특히 차량화부대의 필요성을 주장하기도 했고 차량화부대, 특히 기갑부대를 장차전에서 어떻게 운용해야 할 것인가라는 문제에 대해 격렬한 논란도 벌어졌다.

즉 전차를 보병의 지원화기로 운용해야 할지 기갑부대를 작전적 수준으로 운용해야 할지에 대한 것이 커다란 쟁점이었다. 육군의 장교단뿐만 아니라 군사 저널리스트들도 수년 동안 각자의 의견을 제시했다. 오늘날 수많은 학자들은 구데리안을 작전적 기갑부대의 옹호자로, 베크를 그에 반대했던 대표적인 인물로 기술했다. 그러나 이는 잘못된 평가이다. 먼저 이러한 주제에 대한 여러 사람들의 관점과 오도된 두 사람의 평가에 대해 살펴보도록 하자.

제1차 세계대전이 종식된 직후 몇 년 동안 베른하르디는 향후 기동전을 위한 전차의 중요성을 주장했다.[132] 제국군은 전차 보유 자체가 금지되어 있었기 때문에 독일의 군사 저널리즘에서는 프랑스와 영국의 이론들을 그대로 받아들였다.[133] 당시 프랑스는 전차를 보병의 지원수단으로 인식하고 기동성이 둔하지만 장갑이 두꺼운 중(重)전차를, 영국은 독립작전을 수행할 수 있는 경량화된 중(中)전차를 선호했다. 1927년, 구데리안은 '기동부대'Bewegliche Truppenkörper라는 기고문에서 전차의 필요성에 대해 처음으로 기술했다. 여기서 그는 영국의 관점에 동의하면서 제1차 세계대전이 보여주었듯 현대적인 방어무기체계의 화력효과가 상승함에 따라 신속한 결전을 도모하기 위한 보병과 기병의 돌파력은 충분치 못하게 되었고 이제 전차와 항공기가 그 힘을 가지게 되었다고 주장했다. 따라서 구데리안은 공군과의 협력 하에 독립적인 작전 능력을 보유한, 기동전을 수행할 수 있는 전투차량이 집중 편성된 부대를 창설해야 한다며 다음과 같이 기술했다.

> *"유사 이래로 엔진과 무전기의 시대인 오늘날에는 바야흐로 기동이 전쟁의 승부를 결정할 것이다. 과학기술이 군인들의 변화를 요구하고 있다. 진지전이 미래의 전투 방식이라는 논리는 시대착오적인 발상이다. 수적 열세와 군사력 부족을 오히려 기동으로 극복하는데 모든 노력을 기울여야 한다. 보편적인 기동전뿐만 아니라 창조적이고도 비범한 기동전을 익히고 기습적인 수단과 이 시대의 풍부한 과학기술을 최대한 사용하는 전쟁의 비법을 포함한, 고도의 전문성을 갖추기 위해 최선의 노력을 경주해야 한다."* [134]

구데리안은 국방군이 전차를 보유하기 수년 전부터 이러한 글들을 발표했다. 그리고 속전속결을 지향하는 작전적 독트린을 현실화하기 위한, 가장 적합한 수단이 바로 전차라고 주장했다. 언제나 진리였던 작전적 사고를 실현할 수 있는 기동전의 수단, 독일군이 그토록 원했지만 제1차 세계대전 이전에는 존재하지 않았던 기동전의 수단이 전차였던 것이다. 그 후 몇 년간 전차의 필요성에 관한 논의에서 거의 모든 장교들이 이러한 논리에 지지를 표시했다. 하지만 동시에 위에서 언급했듯, 전차의 운용에 관한 문제로 팽팽한 대립 양상이 전개되었다.

전통주의자였던 육군청장 프롬은 보병 전력의 강화를 주장했다. 보병이 적 방어진지를 극복할 때 이를 지원할 수 있는 가장 적합한 무기가 바로 전차이며 기갑부대는 포병처럼 주로 보병을 지원하는 임무를 수행해야 하고 제한적인 역습과 같은 특별한 경우에만 소규모로 투입되어야 한다고 언급했다.[135] 프롬만 이러한 견해를 가지고 있었던 것은 아니었다. 육군 총참모부의 편제과의 의견도 마찬가지였다. 기갑부대는 적절한 규모로 결정적인 회전의 여건을 조성할 뿐, 결정적 회전은 보병의 몫이며 장차전의 핵심병과는 여전히 보병이라고 인식했다.[136] 졸단도 역시 전술적 상황에 따라 보병을 지원하는데 전차를 사용해야 한다고 주장했다. 보병과 기갑부대의 협동이 중요하다고 기술하기도 했지만 결국 작전적 수준의 기갑부대 운용은 지극히 예외적인 경우로 한정했다. 나아가 작전적인 기갑부대가 주축이 되고 여타의 병과가 이를 지원해야 한다는 논리도 잘못된 것이라고 언급했다.[137]

구데리안, 그리고 훗날 기갑병과 대장에 오른 발터 네링Walther Nehring, 나중에 육군 소장이 된 발터 슈판넨크렙스Walter Spannenkrebs와 같은 장교들은 작전적 수준의 기갑부대 편성 및 운용을 주장했다. 외국의 연구서, 전쟁경험과 자신들의 구상을 근거로 작전적 기갑부대 운용을 위한 전술적-작전적 개념을 발전시켰다.[138] 특히 독일군이 제1차 세계대전에서 발전시켜 큰 성과를 낳았던 돌파부대전술 또는 전투단 운용방식[139]을 기갑부대 편제와 전술에 적용했다. 그 전술의 근본 요소는 독일의 작전적 사고에서 유래된 속도와 기습이었다.[140] 전술적 공격이 작전적 결전으로 확대되는 지점에서 전차를 분산, 운용하는 것은 절대로 금물이며 강력한 집중과 더불어 기동성을 극대화해야 한다는 의견을 피력했다. 기갑부대가 기동과 화력을 이용하여 돌파작전을 감행할 때 공군, 공병, 차량화보병과 포병이 이를 지원해야 하고 따라서 도보보병부대와는 이격될 수밖에 없다는 것이 그들의 논리였다. 승리를 쟁취하기 위한 전제조건은 중점형성, 적절한 지형조건, 기습, 충분한 정면과 종심에서의 집중운용 등이며 기갑부대가 가장 우선적으로 격멸해야 할 공격목표는 적군의 대전차부대, 포병, 예비대와 적 방어지역 종심에 위치한 지휘통제시설이며 일단 돌파에 성공하면 독립기갑부대 예하의 기갑사단들은 적의 측후방으로 진출해서 포위작전과 결전을 달성할 수 있다고 기술했다.[141] 네링은 이러한 작전적 기갑부대 운용에 큰 기대감을 표출했다.

"고도의 기동성을 보유한 기갑부대가 강력한 공군과 합동작전을 수행할 수 있다면 이것이야말로 최적의 전쟁수단이라고 할 수 있다. 또한 대규모 독립부대로 편성한다면 작전적 수준의 과업을 가장 효과적으로 완수할 수 있을 것이다." [142]

불과 몇 년 전까지 일부 독일 기갑부대의 역사서[143]에는 리델 하트의 구상을 수용한[144] 구데리안이 오로지 혼자만의 노력으로 작전적 기갑부대 운용에 관한 교리를 발전시켰다고 기술되어 있지만 이런 기록은 사실이 아니다. 자신의 업적을 드높이고자 하는 사람들[Y]과 언론이 잘못된 사실을 유포한 결과였다. 수많은 장교들이 이러한 발전에 동참했으며 구데리안보다 먼저 기갑부대 운용에 대해 주장한 사람들도 있었다.[145] 특히 오스트리아군의 루트비히 리터 폰 아이만스베르거Ludwig Ritter von Eimannsberger 장군이 그 대표적인 예이다. 그는 기갑부대의 작전적 운용을 주장한 최초의 인물 중 하나로, 장차전에서의 기갑부대 운용을 다음과 같이 기술했다.

"나의 이론은 전차를 전장의 주전투력으로, 작전적 수준으로 운용하는 방안에 관한 것이다. 전차를 주력으로 하되 제병과가 통합된, 새로운 작전적 수준의 부대인 기갑사단이 작전적 돌파를 담당해야 한다. 또한 기동성을 갖춘 차량화사단은 기갑사단과 협동작전을 통해 적을

Y 구데리안, 리델 하트 모두 다 해당하는 것 같다.

격멸하고 대전차 방어 임무도 병행해야 한다. 또한 전차와 공군의 긴밀한 합동작전도 매우 중요하다."[146]

사실상 아이만스베르거의 주장은 구데리안의 작전적 기갑부대에 관한 구상의 토대를 제공했다.[147] 제임스 코럼James Corum은 구데리안이 기갑무기체계의 작전적 교리 발전에 큰 영향을 미쳤다는 것은 인정하지만 그가 루덴도르프처럼 철저히 자기중심적인 인물이며 자기과시 욕구가 강한 사람이었다고 기술했다.

"만일 구데리안이 스스로의 업적에 대해 단 한마디도 하지 않았다면, 조금만 더 겸손했더라면 독일군에서 최고 수준의 전술가이자 최초의 기갑사단 창설과 발전에 대한 선구자로서, 가장 훌륭한 장군으로 역사에 길이 남을 수 있었을 것이다. 그러나 구데리안은 겸손과는 거리가 멀었다."[148]

구데리안은 오랫동안 작전적 기갑부대 편성과 운용을 관철시키기 위해 총참모부의 베크를 비롯한 전통주의자들에 맞서 싸웠다고 기술했고[149] 이러한 그의 주장은 사실처럼 퍼져 버렸다. 그러나 최근 연구 결과, 이 주장은 결코 진실이 아니었다. 클라우스-위르겐 뮐러는 베크에 관한 연구보고서에서 베크가 작전적 기갑부대의 중요성을 이해하지 못하고 기갑부대와 병과 창설에 대해 반대했다는 속설은 날조된 사실임을 증명했다.[150] 뮐러는 베크와 구데리안 간에는 개인적인 불화가 있었고 그 원인은 두 인물의 성격차이에 따른 적대감, 특히 서로 간의 권한을 침해했기 때문이라고 기술했다.

베크의 비망록에는 구데리안보다 더 많은 전차가 필요하다고 기록되어 있고 베크 또한 작전적 기갑부대 운용을 지지했다고 한다. 1935년부터 그는 공세적인 육군을 창설하기 위해 주도적으로 노력했고 그 핵심에는 당연히 작전적 수준의 강력한 기갑부대가 있어야 했다.

그러나 구데리안이 현대적인 기갑사단만을 강조하면서 조기에 창설해야 한다고 재촉했던 반면 베크는 자신의 부참모장이자 훗날 원수의 반열에 오른 에리히 폰 만슈타인이 제기한, 전차부대와 차량화부대의 협동을 이행할 수 있는 대안을 모색 중이었다.[151] 이것이 바로 두 사람의 차이점이었다.

베크는 1935년 군무청 현지실습의 사후강평에서 기갑군단만으로 작전수행이 제한된다는 문제를 강조하면서 공격작전의 최초 단계에서는 기갑사단이 보병군단에 예속 또는 배속되어야 한다고 주장했다. 그 강평의 결론에서는 '소규모 돌파 및 침투에 의해 달성된 전과를 대규모 돌파로 확대시킨 후 정면공격 또는 적 측후방으로의 포위기동을 해야 하는데 이때 필요한 전력이 바로 기갑사단이며 이것이 바로 이들의 존재가치이다'[152]라고 힘주어 말했다.

베크는 시간이 흐를수록 현대적인 기갑사단 창설의 필요성에 대해 점점 더 강한 집착을 보였다. 클라우스-위르겐 뮐러에 의하면, 베크는 '다기능의 제병과가 결합된 탄력적인 부대편성'의 주창자로서 1936년 1월에는 마침내 육군청의 구상, 즉 전차를 보병의 지원화기로 운용하는 계획을 철회시키고 최초 계획대로 48개의 전차대대 창설을 추진했다.[153] 그의 기동에 대한 열망이 전차 개발 및 설계 단계에도 영향을 미쳤다. 독일에서는 프랑스와 정반대로 고속기동이 가능한 경량화된 전차들이 개발되었다.[154] 과학기술이 아무리 발전을 거듭해도 군사사상의 핵심은 변하지 않았던 것이다. 과학기술이 아닌 정신적인 요인이 결국에는 전쟁의 승부를 결정지을 것이며 그러한 정신력이 인적, 물적 열세에서도 독일의 승리를 가능하게 해주리라는 신념은 그대로 남아 있었다.[155]

1914년 이전처럼 일방적으로 공세만을 중시하고 방어를 경시하는 풍조가 다시 고개를 들기 시작했다. 그러나 프롬을 주축으로 균형적인 작전적 사고를 요구하는 목소리도 있었다.

훗날 육군 원수까지 오른 빌헬름 리터 폰 레프Wilhelm Ritter von Leeb는 공격작전을 지나치게 강조하는 풍조에 경고했다. '군사과학 동향'Militärwissenschaftliche Rundschau 등의 간행물을 통해 공격선호 사상에 대한 격렬한 찬반 논란이 가열되었으며, 1936년 베크가 구데리안의 기고를 금지시키고[156] 레프가 '방어'Die Abwehr[Z]라는 논제로 다수의 문건을 공개하자 그 논쟁은 정점에 달했다. 레프는 불리한 지리적 여건뿐만 아니라 잠재적국에 비해 모든 부분에서 열세하기 때문에 방어작전이 매우 중요하고 또한 효과적일 수 있다고 판단했다. 또한 향후 방어의 중요성은 더 증가될 것이며 화력의 증대로 성공적인 전투를 위한 새로운 작전적, 전술적 가능성들이 생기게 되리라고 주장했다. 물론 절대전쟁[AA]에서 방어만으로는 승리할 수 없겠지만[157] 지연전을 통해 중점형성이 가능하며 내선과 차량화를 이용하여 결전을 도모할 수 있다고 제안했다. 한편 레프는 아군의 기동을 보장하기 위해 충분한 방어공간, 즉 종심도 필요하며 방어전단의 전방지역[AB]에서부터 지연전이 실시되어야 한다면서 특히 종심깊은 대전차 방어를 중시하고 차량화된 예비대와 기갑부대가 역습을 감행해야 한다는 내용을 덧붙였다.

레프는 제1차 세계대전시의 기동방어를 계승 발전시켰다. 그리고 여기에 전차를 운용하고자 했다. 당시 기갑부대의 신속한 공세를 주장하는 이들에게 레프는 한층 더 종심 깊은 방어작전과 지연전으로 맞섰다. 그도 역시 방어가 아닌 공격이 군인의 존재 이유임을 인정했지만 다음의 경고는 참으

Z 이 기고문들은 1936/37년에 출간되어 1938년에 Die Abwehr라는 제목의 책으로 통합되었다.(저자)
AA 클라우제비츠가 말한, 전쟁 당사국 쌍방 중 어느 한 쪽이 완전히 전멸하는 전쟁.
AB 한국군의 방어전술에서 일반전초 지역을 의미한다.

로 깊이 새겨볼 만한 것이다.

> *"제1차 세계대전 이전처럼 방어가 경시되어서는 안 된다. 오히려 정치와 군사 상황을 고려했을 때 방어작전이 지도부와 야전부대의 교육훈련에 적절히 반영되어야 한다."* [158]

시간이 갈수록 레프의 호소는 힘을 잃어갔다. 신속한 공세로 장차전에서 승리할 수 있다는 전통적인 관념이 대세를 이루었다. 고위급 장성들도 여기에 확신을 가졌고 특히 육군 총사령관 베르너 프라이헤르 폰 프리치 Werner Freiherr von Fritsch 대장은 슐리펜의 칸나이 제3판의 추천사에서 그러한 신념을 다음과 같이 표현했다.

> *"오늘날 모두가 주지하고 있듯 섬멸사상 그 자체가 틀렸던 것은 아니었다. 그것을 실현시키기 위한 잘못된 방식이 패인이었던 것이다."* [159]

결국 작전적 개념은 과거의 개념을 그대로 답습했고 변화된 내용은 단지 기계화를 이용한 전술적-작전적 실행 방법뿐이었다. 제1차 세계대전에서는 분리되어있던 공격의 요소들-화력과 기동-을 전차로 결합시켰고 단기간의 결정적인 작전으로 진지전을 극복할 수 있는 가능성을 얻게 되었다. 제1차 세계대전에서 그들이 기동전을 위해 그토록 찾아 헤매던 수단, 즉 전차의 가치를 이제야 인지하게 된 것이다.

작전계획, 전쟁연습, 전쟁에 관한 연구

제국군에서 국방군으로 전환, 확장되면서 작전계획에도 변화가 생기기 시작했다. 제국군에서는 적의 침공을 저지하거나 유리한 여건이 조성된 경우에만 군을 투입하는 계획 위주로 논의했지만 국방군 수뇌부는 유럽대륙에서의 공세적인 양면전쟁수행의 가능성을 타진하고자 했다. 한편 무리하게 추진된 군비증강 때문에 국가적인 경제 위기와 외교관계의 악화가 초래되자 1935년부터 1937년까지 육군은 마침내 작전계획을 전면 재검토해야 하는 중대한 국면을 맞이했다. 이제는 국내외의 정치현실을 고려할 수밖에 없는 상황이 도래한 것이다. 1934년 1월, 국방군은 폴란드와 프랑스를 상대로 하는 양면전쟁에 관한 전쟁연습을 실시하게 된다. 1934년 1월 26일, 독일-폴란드 불가침 조약 체결로 이 전쟁연습은 폴란드를 가상적국으로 상정하고 실시하는 마지막 전쟁연습이었다.[160]

육군의 전력이 증가함에 따라 총참모부의 관심사도 중부유럽의 제재적 전쟁에서 전(全) 유럽대륙에서의 다면전쟁으로 확대되었다. 전통적인 양면전쟁의 개념에 따라 중동부 유럽국가들이 아닌 당시의 강대국들, 즉 프랑스와 소련을 상대로 한 작전계획이 수립되어야 했다. 또한 1935년 5월 소련-프랑스-체코가 동맹을 체결하자 한층 더 이러한 전쟁계획의 필요성이 증대되었다. 소련의 침공을 가정한 대비계획 또는 대소련 공세계획 등 세부적으로 작성된 문건은 없었지만 각종 전쟁연습과 연구보고서에서는 이러한 잠재적인 양면전쟁을 심도 있게 다루었다. 일례로 1935년 5월, 국방청Wehrmachtamt[AC]의 요청에 따라 총참모부의 '주변국 육군 연구부'는 폴란드의 중립을 가정하고 프랑스와 소련을 상대로 하는 양면전쟁양상을 분석했다. 러시아가 침공한다면 그 진출로는 리투아니아Litauen 아니면 루마니아, 체코슬로바키아 방면이 될 것이라는 결과가 도출되었다. 그해 동프로이센 지역의 제1군관구도 이러한 상황을 상정하고 소련의 공격을 사전에 차단하기

AC 1938년 국방군 총사령부Oberkommando der Wehrmacht, OKW로 개칭.

위해 리투아니아 방면으로의 예방전쟁 차원의 선제공격에 관한 연습을 실시했다. 기습과 특히 적이 예상치 못한 시점과 장소에서의 개전선포[161]와 속도가 성공의 열쇠라는 훈련 교훈이 도출[162]되었고 이는 곧 전통적인 작전적 사고의 원칙과 일맥상통하는 것이었다.

국방군의 팽창으로 육군 총참모부의 작전적 대안의 폭도 넓어졌다. 국방군은 1934년까지도 지연전에 이어 역습을 실시하는 전쟁연습을 실시했고 이러한 계획을 검토했었다. 군의 규모가 확대되자 즉시 이런 계획을 폐기하고 서부의 주방어선을 로어-라인-슈바르츠발트 선Roer-Rhein-Schwarzwald[AD], 즉 서쪽으로 옮겨 작전지역을 확장시켰다. 전시에 주요 방위산업시설을 보호하고 적의 공세를 전방에서부터 저지하기 위함이었다. 이는 당시 총참모부가 가능한 한 공세적인 작전을 지향하고 장기전을 구상했다는 사실을 보여주는 대목이다. 그와 동시에 1935년부터는 전시 부대 전개를 골자로 하는 단계적인 계획수립을 위한 전쟁연습과 연구를 실시했다. 그들은 1940-41년 무렵이면 군비증강의 목표, 이를테면 공세적인 전쟁수행능력을 갖출 수 있으리라는 결론을 도출했다.[163]

한편, 스페인 내전이 발발하고 이탈리아가 동아프리카에서 지속적으로 세력을 확장했으며 일본이 중국본토를 침공, 장악하자 유럽의 패권국가들의 시선은 중부유럽의 외부로 쏠렸다. 따라서 독일은 더 많은 행동의 자유를 누리게 되었고 이에 국방장관 블롬베르크는 1937년 6월 24일에 '국방군의 통합된 전쟁준비 지침'Weisung für die einheitliche Kriegsvorbereitung der Wehrmacht을 하달하였다. 이 지침은 향후 몇 년간의 전쟁계획 수립 방향을 제시하는 내용이었다. 블롬베르크는, 지금 당장은 전쟁 위협이 없지만, 또한 독일이 어떠한 전쟁을 일으킬 의도가 없다 해도 만일의 사태에 대비해야 하며 경우에 따라서

AD 로어는 루르Rur강, 슈바르츠발트는 독일 서남부의 산악지대.

는 정치적으로 유리한 상황을 최대한 이용해야 한다고 주장했다.

이 지침에는 오스트리아 점령을 위한 '오토 계획'Fall Otto 등 반드시 대비해야 하는 두 개의 양면전쟁 시나리오가 포함되어 있었다. '적색 계획'Fall Rot은 프랑스 방면에 중점을 두고 그들의 침공을 로어-라인-슈바르츠 발트선에서 기동방어로 저지하며 이와 동시에 체코슬로바키아와 소련군의 공격도 격퇴한다는 내용이 핵심이었다. '녹색 계획'Fall Grün은 근본적으로 적색계획과 동일한 상황에서 적 동맹군의 공세를 사전에 차단하기 위한 체코슬로바키아에 대한 억제적, 선제기습공격을 포함하고 있었다. 작전적 관점에서의 목표는 체코군을 신속히 격멸하고 보헤미아와 모라비아Mähren를 점령하는 것이었다. 전략적 목표는, 소련이 독일공습에 활용할 공군기지를 사전에 탈취하고 서부에서의 전투에 주력하기 위해 배후 위협을 조기에 제거하는 것이었다. 여기서 그 전에 침공의 정당성을 위한 정치적인 그리고 국제법적인 조건들이 반드시 갖추어져야 한다는 점을 특히 강조해 놓았다.

이 지침은 분명히 공격적인 성격을 띠고 있었다. 적의 공습에 대한 정당방위가 아닌 잠재적인 다면전쟁을 공세적으로 수행해야 한다는 국방군의 확실한 의도가 들어 있었다. 그러나 이것은 슐리펜 계획과 같은 완벽한 수준의 전쟁계획이 아니었다. 동부 또는 서부에서의 전쟁을 수행하기 위한, 가능성 있는 모든 방책수립 방향만을 기술한 정도였다. 공세를 위한 전투력 운용과 같은 작전적-전략적 차원에서 명확히 결정된 사항은 아무것도 없었다. 따라서 이 지침은 슐리펜 계획의 재판(再版)으로서의 가치도 없었으며 단지 군부가 어떠한 작전적 기동을 하려고 했는지에 대해 추측할 수 있는 자료일 뿐이다. 그러나 당시 서부방벽 건설과 고수방어를 위한 극소수의 병력 투입이 결정되었는데 히틀러만은 동부에서의 공세를 우선적으로 고려했음을 보여준다.

장차전의 주적은 항상 프랑스였음에도 잠재적인 양면전쟁계획에서 우선적으로 제거해야 할 상대는 항상 체코슬로바키아였다. 수년간 총참모부는 중부유럽의 분쟁을 상정하여 체코슬로바키아 점령에 관한 다양한 연구물과 작전계획안을 내놓았다. 1935년 초 베크는 군무청 현지실습에서 양면전쟁시 체코슬로바키아에 대한 집중적인 반격작전을 연습하도록 지시했고 여기서 승리할 수 있는 다양한 방책들이 제시되었다. 그러나 만슈타인은 전투준비를 완료한 체코군을 상대로 독일군이 아무리 신속하게 공격한다 해도 승산이 없다고 평가했고 베크도 여기에 동의했다. 하지만 여타의 훈련참가자들은 속전속결로 충분히 승리할 수 있다고 주장했다. 물론 베크는 여기에 대해 불만을 표시했다.[164]

이처럼 군무청의 현지실습은 작전적 사고의 측면에서 고위급 장교들의 근본적인 인식은 동일했지만 세부적인 실행방법과 그 성공 가능성에 대해서는 매우 상이한 견해를 가지고 있었음을 보여주고 있다. 따라서 총참모부가 획일적인 사고방식을 가진 작전가들의 집단이라는 말은 어불성설이다.

프랑스와 독일의 국경지역 요새시설 확장은 '오스트리아 합병'처럼 독일제국과 체코슬로바키아의 전략적 상황을 바꾸어 놓았다. 총참모부는, 프랑스군의 기습적인 공격 자체가 불가하며 만일 공격을 한다 해도 동원을 완료한 후에나 가능할 것으로 판단했다. 하지만 프랑스군이 선제공격할 경우 독일의 남서부에서 라인강을 넘어 체코와의 국경방면을 지향한다면 이것이야말로 가장 큰 위협이었다. 이에 총참모부는 지연전 이후 하일브론Heilbronn과 뷔르츠부르크Würzburg 사이에서의 측방역습을 통해 대규모 공격회전으로 프랑스군을 섬멸한다는 계획을 수립했다.

승산 없는 양면전쟁을 회피하고 완벽한 전쟁준비 이후에 전쟁을 계획한다는 1937년의 지침과 그해 12월의 후속문건들이 하달되었다. 베크는 이를 기초로 체코슬로바키아와의 전쟁계획을 구체화시켰다. 그는 '전개를 포함한 체코슬로바키아에 대한 공격전쟁의 지휘'Führung eines Angriffskrieges gegen die Tschechoslowakei einschließlich Aufmarsch[165]라는 제목하에 1938년 군무청 현지실습을 시행했다. 이 실습은 고도의 기밀유지하에 육군이 당시 보유했던 실질적인 병력, 물자를 투입하여 수개월간 실시하는 전쟁을 가정한 문서 상의 가상 연습이었다. 이 시나리오 역시 다면전쟁을 기초로 작성되었다. 동맹국인 헝가리군의 참전을 포함해서 4개의 야전군으로 체코군을 집중공격하는 계획이었으며 이 작전의 목표는 체코군을 모조리 섬멸하는 것이었다. 이 계획에는 모든 기계화부대들의 투입[166]과 체코군의 전개를 방해하고 지상군을 지원하는 공군의 과업도 포함되었다.

이러한 전쟁연습이 한창 실시되던 중, 히틀러처럼 '체코와의 분쟁을 해결'해야 한다고 주장하던 베크였지만 유럽대륙의 전쟁으로 확대되는 위험만은 회피해야 한다는 생각을 품게 되었다. '오스트리아 합병' 이후 새로운 국내외 정세에 부합하는 체코에 대한 작전계획을 수립하고자 했다. 히틀러는 1938년 5월 30일, 새로이 작성된 '녹색 계획'에서 체코슬로바키아를 반드시 소멸시키겠다는 강한 의지를 피력했으며 군사적 대안을 준비하라고 지시했다. 베크는 승산이 없는 장기전에 대해 우려를 표시했다. 그러나 베크가 주도한 전쟁연습에서 자신의 주장과는 상반되는, 어떠한 추가전력 투입 없이도 서부전선에서는 14일 이상 프랑스군의 공세를 저지할 수 있으며 이 기간 내에 체코를 무너뜨릴 수 있다는 결과가 도출되었다.[167] 이 전쟁연습은 결국 육군 총사령관과 수많은 장군참모장교들에게 일정 기간 동안 양면전쟁에서도 승리할 수 있다는 확신을 심어주었다.[168] 하지만 자신의 비망록과 수많은 기고문에 기록되어 있듯 끝내 베크는 이러한 결과에 동의하지 않았고 1938년 8월 18일 총참모장의 자리에서 물러났다.

그러나 뮌헨 협정을 통해 독일은 군사력을 동원하지 않고 주데텐란트

Sudetenland[AE]를 병합하는 데 성공했다. 이로써 '국방군이 1938년 하계에 양면 전쟁을 일으켰다면 체코슬로바키아를 상대로 속전속결을 달성할 수 있었을까?' 라는 질문에는 결국 답할 수 없게 되었다.

육군 지도부는 총참모부의 작전계획수립과 더불어 장군참모장교들을 대상으로 전 제대에 걸친 작전적 수준의 교육훈련과 보수교육을 추진했다.[169] 제2차 세계대전 발발 이전까지 수년에 걸쳐 시행된 모든 연구와 전쟁연습, 작전수립 간에는 우세한 적을 상대로 명확한 중점을 형성하여 공세적인 작전을 수행해야 한다는 고전적인 작전적 사고가 그 중심에 있었고 공군과 육군의 전술적 협력도 강조되었다.[170] 또한 야전군 지휘관의 리더십과 작전적 지휘술이 다시금 중시되었다. 1938년 제4군단의 장군참모현지실습의 사후강평에서 군단장, 게오르크 폰 조덴슈테른Georg von Sodenstern은 작전적 지휘에 대해 다음과 같이 언급했다.

"나는 지금 '술'(術)에 대해 말하고자 한다. 대규모 작전에서 군인은 예술가가 되어야 한다. 역사상 오로지 몇몇 장군들만이 그러한 경지에 도달했다. 때로는 자기 민족의 운명을 짊어진 슐리펜 백작처럼 가혹한 운명을 맞이하기도 한다. 그들은 자신들의 지혜를 입증할 기회를 상실할 수도 있고 그들의 강력한 정신적 유산을 나약한 후손들의 손에 맡겨야 하는 운명을 겪을 수도 있다. 보편적이고도 기계적인 장군참모의 지적 수준을 능가하는 극소수의 천재들! 칸나이의 한니발처럼 예언자의 눈으로 적의 의도를 간파하고 적을 자신이 짠 포위망 안으로 돌진하도록 만든 그들! 폰 젝트 장군이 생전에 언급했던, '최후의 결과에 대해 이미 모두 알고 있는' 그런 위대한 군인이 절실히 필요하다!"[171]

AE 독일민족 다수가 거주하던 체코슬로바키아의 서부 지역.

제2차 세계대전 발발 직전까지도 모든 독일군 장군참모상교들은 현대적인 무기체계도 중요하지만 결국에는 '지휘관'이 전쟁의 승패를 결정짓는다고 굳게 믿고 있었던 것이다.

상부지휘구조를 둘러싼 갈등

제1차 세계대전이 끝난 직후 패전의 책임은 고스란히 몇몇 인물들에게 전가되었고 전쟁 이전과 전쟁 기간 중 일사불란하지 못했던 지휘구조에 대해 비판하는 이들도 많았다. 그렇지만 바이마르공화국 시절에는 베르사유 조약의 제약 때문에 상부조직을 개편하기에 제한사항이 많았다. 그러나 1920년대에 들어서 제국군은 장차전을 위해 전군을 통합지휘하는 조직, 이를테면 국방군 지휘참모부Wehrmachtführungsstab를 조직하는 방안에 관해 연구하기 시작했다.[172]

그뢰너와 슐라이허는 통합된 국방군 지휘기구를 창설하는 개혁을 단행했고 히틀러가 권력을 장악한 이후에는 국방군 총사령관, 블롬베르크가 그 작업을 이어받아 강력한 중앙집권적 지휘기구를 창설하고자 했다. 그가 주관한 수차례의 국방군 전쟁연습도 그러한 목적을 달성하는데 기여했고 1934년 전쟁연습에서는 전시 최고위 정치 및 군사지도부의 권한, 역할이 논의되었다. 국방군 총사령관이 국방군 참모부의 보좌를 받아 전쟁을 지휘해야 하며 참모부에는 전시내각에서 결의된 사항을 실행에 옮길 수 있도록 육, 해, 공군사령관들에게 전략지침을 하달하는 작전부서가 편성되어야 한다는 결론을 도출했다.[173] 그러나 육군 총사령부는 이러한 체계에 동의하지 않았다. 장차전은 전 유럽대륙에서의 지상전이며 따라서 당연히 자신들이 전시 작전계획수립과 지휘권한, 즉 총체적인 군령권을 가져야 한다고 맞섰다. 따라서 상부지휘구조에 대한 투쟁은, 독일군 내부적으로는 육군 총사령부의 독립을 위한 필사적인 몸부림이었을 뿐만 아니라 군 외부적으로는 베크의 정치적 투쟁이었다. 즉 자신들의 고유의 전문분야라고 여겼던 작전지휘에 대해 정치권이 간섭하지 않도록, 사전에 이를 철저히 차단하고자 했다.

그러나 육군 총참모부는 군내의 '다면 분쟁'에서 애초부터 수세에 몰려 있었다. 히틀러는 공군을 국방군의 제3의 독자적인 집단으로 조직하고 육군의 작전적 공중전의 지휘권을 신설된 공군 총참모부에 이양하도록 지시했다. 이러한 결정으로 육군 총참모부는 공군에 대한 직접적인 통제권한 뿐만 아니라 과거 '제정시대의 막강한 총참모부'로서의 권위를 상실했다. 공군 총사령관 헤르만 괴링Hermann Göring으로 인해 당시까지 확고하게 유지되던 제국의 군통수 기구 중 육군 총참모부의 지위가 흔들리고 있었다. 괴링은 육군의 장군참모장교들과는 달리 최고위급 정치지도자였고 의회에서도 최고위급 국가사회주의당NSDAP 당원이었다. 당정과 군권을 동시에 장악하고 권력본능을 드러냈던 그는 작전적 문제에 대한 결정권자로서 총참모부에게는 대단히 위협적인 존재였다. 그러나 육군 총참모부도 물론 이러한 위험을 인식했지만 결국 과소평가하고 말았다. 작전적 결심과 실행을 위해 최고의 엘리트로 선발되었다는 자만심과 전통적인 과거의 사고방식에 사로잡힌 육군의 장군참모장교들은 설상가상 신설된 공군 총참모부의 능력도 무시했다. 전역한 또는 진급에 비선된 과거의 장군참모장교들을 임용하여 창설한 공군 총참모부였기에 육군은 오만불손한 태도로 이들을 대했다. 또한 공군을 오로지 육군의 지원군으로 여길 정도로 대륙적 사고에 빠져있었다. 한편, 공군 총참모부는 일찍부터 작전적 공중전의 교리를 발전시키고 전체적인 국방군 차원에서 전쟁을 구상하기 시작했다. 그러나 육군 총참모부는 최정예 엘리트집단이었지만 전쟁에 대한 작전적-군사 전략적 관점에서 지상전만을 고수하고 있었다. 따라서 교육훈련에서도 국가전략에 관한 문제들은 중시하지 않았다. 어쨌든 육군 총참모부는 어떠한 경우에도 자신들의 고유 권한을 새로이 창설되는 국방군 지휘부에게 빼앗겨서는 안 된다는 절체절명의 위기감을 느끼고 있었다. (표3 참조)

베크는 육군 총참모부를 제정시대의 총참모부로 돌려놓고자 했지만 실패하고 말았다. 총참모장의 권한도 슐리펜의 권한에 비하면 훨씬 못 미치는 수준이었다. 평시에도 전시에도 명령권을 행사하지 못했다. 전임자들과는 달리 그는 단지 육군 총사령관의 최선임 조언자일 뿐이었고 통수권자에게 직접 보고 및 건의할 수 있는 권한마저 상실했다. 한편 군 서열상 육군 총사령관의 대리자로서 특정한 분야에 관해서만 권한과 책임이 주어졌다. 이를테면 장군참모장교들의 교육훈련, 영토방위와 작전적 수준의 전쟁준비를 위한 모든 계획수립 업무를 주관했다. 따라서 작전부도 총참모부 내에서 특별한 지위를 차지했다.[174]

1935년 5월 2일 블롬베르크는 육군 총참모부에 체코를 기습침공하기 위한 작전적 연구를 준비하라고 지시했다. 이로 인해 국방군의 상부지휘구조에 대한 갈등은 최고조에 달했다.[175] 국방청과 블롬베르크는 공군과 해군에 비해 육군의 중요성을 항상 강조했지만 베크와 총참모부는 국방청에 대해 큰 불만을 품고 있었다. 항상 과거 제정시대의 총참모부를 지향했던 베크는, 과거에 없었던 육군 총사령관이라는 존재를 어쩔 수 없이 받아들여야 했지만, 총참모부의 고유 영역인 작전적 계획수립 권한만은 절대로 다른 조직에 빼앗겨서는 안 된다고 생각했다.

베크와 육군 총사령관 프리치는 중앙집권적 국방군 지휘조직을 만들려는 블롬베르크의 노력에 수년간 반기를 들었다. 1937년 프리치는 이러한 권력투쟁 중 '육군이 총체적인 전쟁수행을 위한 방책수립 권한을 보유하고 작전적 수준의 전쟁과 육군에 대한 지휘권 단일화를 회복해야한다'[176]고 주장하기도 했다. 그 결과 베크와 프리치는 괄목할만한 성과를 달성했

표 3

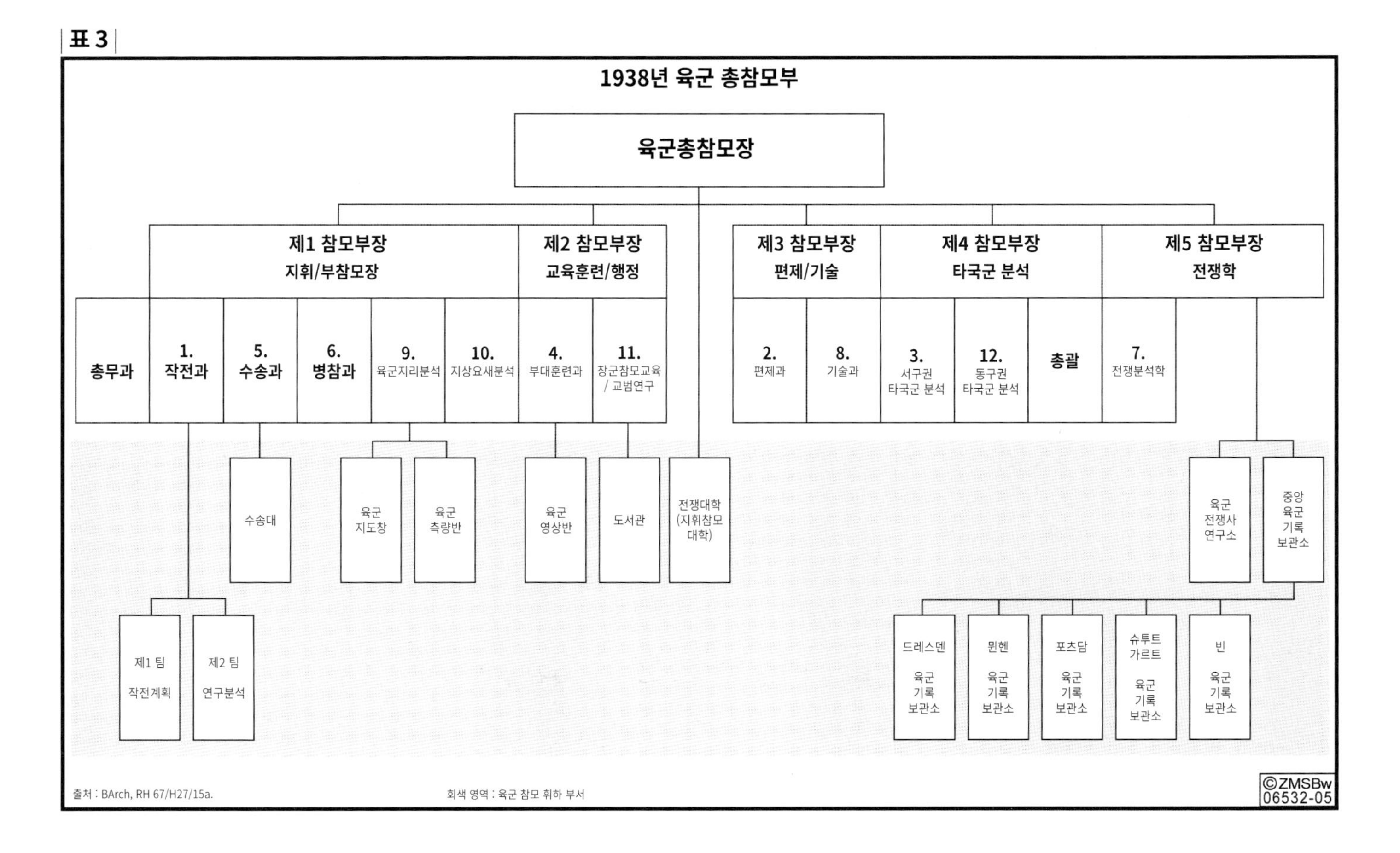

1938년 육군 총참모부
육군총참모장
제1 참모부장
지휘/부참모장
제2 참모부장
교육훈련/행정
제3 참모부장
편제/기술
제4 참모부장
타국군 분석
제5 참모부장
전쟁학
총무과
1. 작전과
5. 수송과
6. 병참과
9. 육군지리분석
10. 지상요새분석
4. 부대훈련과
11. 장군참모교육 / 교범연구
2. 편제과
8. 기술과
3. 서구권 타국군 분석
12. 동구권 타국군 분석
총괄
7. 전쟁분석학
수송대
육군 지도창
육군 측량반
육군 영상반
도서관
전쟁대학 (지휘참모 대학)
육군 전쟁사 연구소
중앙 육군 기록 보관소
제1 팀 작전계획
제2 팀 연구분석
드레스덴 육군 기록 보관소
뮌헨 육군 기록 보관소
포츠담 육군 기록 보관소
슈투트가르트 육군 기록 보관소
빈 육군 기록 보관소
출처 : BArch, RH 67/H27/15a.
회색 영역 : 육군 참모 휘하 부서
©ZMSBw 06532-05

다. 국방군 총참모부를 조직하려던 블롬베르크의 계획을 백지화시키고 국방군의 지휘권을 넘겨받았으며 1938년도에는 블롬베르크가 창설하려던 국방군 대학의 문을 닫게 만들었다. 그러나 그들의 핵심 요구사항이었던, 육군 총사령부가 총체적인 전쟁수행에 있어 국방군 총사령관의 주요 조언자가 되어야 한다는 것만은 관철시키지 못했다. 이에 국방부 산하 국방청장 빌헬름 카이텔Wilhelm Keitel은 1938년 4월 19일 '조직의 문제로서의 전쟁지휘'Die Kriegführung als Problem der Organisation라는 비망록에서 독일이 대륙의 패권을 장악하기 위한 전쟁에서 육군의 중요성은 인정하지만 육군을 최우선시하는 것도 금물이라고 강조했다. 또한 전쟁이 발발하면 육, 해, 공군 중 어느 하나에게 총체적인 전쟁지휘를 맡길 수 없으며 이는 오로지 국방군 총사령부의 권한이라고 주장했다.[177]

1938년 초에 이르러 마침내 히틀러가 정권과 군권을 모두 장악했다. 블롬베르크-프리치 사태로 블롬베르크가 사퇴하자 이 독재자는 '제국 국방장관'과 '국방군 총사령관' 직책을 독차지했다. 이로써 상부지휘구조와 작전적 지휘에 관한 문제는 피상적으로 블롬베르크의 소망대로 종결되었다. 하지만 국방군의 육, 해, 공군은 그들의 독자적인 전문성을 상실했고 국방군 총사령부와 각군 총사령부가 제국 국방부의 기능을 나눠 가졌다. 그러나 결국에는 히틀러가 이들 모두를 통제할 수 있게 된 셈이었다.[178]

한 사람의 손에 정치적, 군사적 권력이 집중되었고 이 독재자의 힘은 이전 제국시대의 그 누구보다 강했다. 제1, 2차 세계대전 사이 기간 중 프리드리히 2세Friedrich II.를 사례로 들어 이러한 권력집중을 옹호하는 이들도 있었다. 그러나 이러한 체제는 현대의 전쟁을 지휘하고 복잡다단한 국내외적 과업들을 해결하기에는 적합하지 않았다. 이미 전쟁은 총체적이고도 복합적인 사건들의 집합체였고 따라서 한 사람이 이것을 지휘하고 통제한다는 것은 불가능했다. 피상적으로 단일의 중앙집권적 명령체계는 합리적이었지만, 정치 우위와 더불어 3군의 독자적 작전권이 인정되었어야 했다. 이러한 원칙 아래 국정운영과 군사지휘를 분리하는 것만이 당시로서는 유일한 해결책이었다. 설상가상으로 제정시대 때처럼 3군은 상호 벽을 쌓았을 뿐만 아니라 때로는 격렬하게 대립하기도 했다.[179]

국방청이 국방군 총사령부Oberkommando der Wehrmacht(OKW)로 격상되면서 히틀러는 자신의 군사참모조직을 보유하게 되었다. 이 조직의 수장, 빌헬름 카이텔은 과거 제국 국방장관의 직무를 관장했으나 오로지 히틀러가 부여한 임무에 한해서 권한을 행사할 수 있었다. 국방군 총사령부는 명칭과는 달리 전군을 통합 지휘할 수 있는 기구도 아니었다. 내부적으로 국방군의 작전적, 전략적 지휘는 국방군 지휘본부Wehrmachtführungsamt 예하 국토방위부Abteilung Landesverteidigung에서 담당했다.[180] 국토방위부장 알프레드 요들Alfred Jodl이 히틀러에게 직접 보고 및 건의할 수 있는 권한을 지니고 있었고 전쟁 기간 중 군사조언자로서 그의 지위는 점점 더 상승했다. 그렇다고 해서 국방군 지휘본부의 국토방위부가 일종의 국방군 총참모부도 아니었다. 국토방위부로 인원을 파견해야 했던 육, 해, 공군에서는 국토방위부에게 각 군의 총참모부 역할을 빼앗겨서는 안 된다는데 공감대가 형성되기도 했다.

육군 총사령부는 전군에 대한 지휘권을 요구했지만 결국 거부당했다. 하지만 각 군의 총사령관들과 총참모부는 제각기 작전적 영역에서만큼은 전권을 보유하고 있었다. 또한 1939년 전쟁 발발과 함께 국방군의 통합된 작전적 지휘는 사실상 불가능했다. 상부지휘구조를 둘러싼 분쟁은 장교단에도 큰 파장을 일으켰다. 베크는 자신의 부하장교들에게 국방군 총사령부와의 업무상 접촉까지도 금지시켰다. 국방군 총사령부는 육군 총참모부를 시대착오적이며 사회적 지위에 집착하는 고전적-프로이센식 사고를 지닌 전통주의자들의 아지트로 생각했다. 반면 육군 총참모부는 국방군 총사령부를 육군의 합법적인 권위를 손상시킬 수 있는 위협적인 존재로 인식했다.

제2차 세계대전 기간 중에도 보수주의 성향의 육군 총사령부와 국가사회주의를 지지하는 혁명가적인 국방군 총사령부의 장교들 간의 불화의 골은 더욱더 심화되었다. '중상모략'과 '권위 훼손'이 난무하는 가운데 장교단의 분열이 가속화되었고 히틀러는 이러한 반목을 철저히 이용했던 것이다.[181]

제1차 세계대전 이후 군 수뇌부는 통합적인 상부지휘구조를 요구했다. 히틀러가 군권을 장악했지만 이는 군 수뇌부가 바라던 것이 아니었다. 첫 번째 이유는 각 군의 상이한 이해관계 때문이었고, 두 번째 이유는 바로 히틀러 때문이었다. 각 군이 서로 경쟁하는 구도를 조성하여 상반된 이해관계로 인해 분쟁이 생기는 순간, 히틀러는 상호갈등을 철저히 이용하여 1인 독재체제, 즉 총통의 국가를 만들 수 있었고, 또한 자신의 권력을 확고히 할 수 있었다. 독일은 제1차 세계대전 당시와 마찬가지로 군 내부의 권력 투쟁으로 인해 일사불란한 정치-군사 지휘체계를 정립하지 못한 채 세계대전에 뛰어들었던 것이다.

소결론

독일은 제1차 세계대전에서 패배한 후 베르사유 조약에 따라 군사적, 경제적인 제재와 영토할양을 감수해야 했지만 여전히 잠재적인 유럽의 패권국가였다. 강대국의 지위를 되찾는 일은 군부 엘리트들의 지상 최대의 목표였다.[182] '제정시대'처럼 전통적 패권정치의 수단을 통해, 필요하다면 군사력을 사용해서라도 그 목표를 달성하고자 했다. 물론 제1차 세계대전 이전과 비교하면 병력과 장비, 물자 면에서 매우 심각한 수준이었다. 제국 육군의 병력은 겨우 10만 명이었고 징병제, 전차와 항공기 보유는 금지된 상태였다. 한편, 전쟁에서 슐리펜의 논리 중 적어도 하나만은 옳았다는 사실이 드러났다. 독일이 장기간의 소모전에서는 결코 승리할 수 없다는 진실이었다. 또한 보유 자원의 부족을 전술적-작전적 혁신으로 상쇄할 수도 없었다. 그러나 독일 군부엘리트들은 그러한 현실을 부정했다. 왜냐하면 현실을 인정한다는 말은 곧 군부 주도의 패권국가의 부활을 포기한다는 의미였기 때문이다.

게다가 정치적 소양교육을 받지 못한 채 집단의식으로 똘똘 뭉친 장교들은 패전 이후에도 정치가 작전수행에 절대로 관여할 수 없다는 입장이었다. 군부는 정치 우위의 원칙, 즉 정치가 전쟁수행을 통제해야 한다는 현대적인 전략개념을 이해하지 못했다. 정치로부터 자유로운, 독자적인 작전을 수행해야 한다는 원칙을 철저히 고수했다. 작전적인 차원의 문제는 그들 고유의 독자적인 전문분야여야 했고 제1차 세계대전의 패배에도 불구하고 작전적 사고의 원칙이 진리였다는데 일말의 의심도 품지 않았다.

작전가들은 장차전을 준비하기 위해 노력했지만 이는 마치 오래된 술통에 새로운 와인을 채우는 짓이나 다름없었다. 월등히 우세한 적국을 상대하기 위해 수단과 방법만을 찾으려 했다. 세계대전 직후 전쟁 이전부터 중시되었던 작전적 원칙, 즉 기동전, 공격 등의 가치를 다시금 증명하기 위해 전쟁경험을 선별적으로 분석했다. 작전적 원칙을 준수하지 않았던 지휘부의 실책뿐만 아니라 슐리펜 계획의 오용[AF], 과학기술의 경시, '배후의 배신자'[AG] 등이 패인으로 지목되었다. 지휘관을 예술가로, 작전적 수준의 전쟁지휘를 예술로 인식했기 때문에 총사령관 등의 주요 인사들에게 패전의 책임을 전가한 것은 당연한 일이었다. 장교단은 대동단결하여 진정한 패전의 원인을 숨기고 다른 곳으로 주의를 돌렸다. 극소수의 인물들에게 패전의 책임을 전가함으로써 독일제국의 부활을 위한 희망의 불씨를 살리고 장교단의 사회적 지위를 보장받으려 했던 것이다.

AF 우익의 약화.
AG 사회주의자들의 반역행위.

그래서 제국군 수뇌부는 작전적-전략적 차원에서 실질적인 패인에 관한 연구를 거부했다. 반면, 전술적 수준의 전쟁경험은 매우 면밀하게 분석했다. 이러한 편향된 전훈분석은 제국군 지휘부의 전술적, 작전적 사고에 큰 영향을 미쳤다. 전술적, 작전적 기동을 통해 열세를 극복할 수 있다는 관념은 그들에게 영원불멸의 진리였던 것이다.

잠재적인 적국에 비해 큰 열세에 놓인 젝트 시대의 제국군은, 전술적 측면에서는 현실주의를, 작전적-전략적인 차원에서는 이상주의를 추구했다. 수년 동안 제병협동전투 교리를 발전시켜 전술에서는 눈부신 혁신이 있었다. 하지만 작전적 사고를 부활시키려던 노력은 좌절과 위기를 불러왔다. 요아힘 폰 슈튈프나겔과 같은 장교들은 군 지도부에 현실을 직시하라고 요구했으며 젝트가 추진한 소수 정예육군 정책에 대해 강도 높게 비판했다. 또한 그러한 군대는 장차전에서 공세적인 기동전도 수행할 수 없으며 더욱이 고전적인 작전적 원칙에 따라 적을 포위, 섬멸하는 것도 불가능하다고 주장했다. 이토록 열악한 군사력으로는 전쟁을 수행할 수 없다는 논리였다. 그들은, 슐리펜 방식의 고전적인 군사작전이 아닌 총체적, 사회적 차원의, 비정규군에 의한 국민전쟁과 작전적 수준의 전쟁을 결합시키고자 했다.

그러나 슈튈프나겔의 개념도 결국에는 전통적인 작전적 교리에 따른 것이었다. 그도 역시 결국 전쟁의 승부는 정규군에 의한 단 한 번의 대규모 섬멸회전에서 결정된다고 언급했다. 하지만 그가 주장한 과격하고도 급진적인 국민전쟁양상은 제2차 세계대전에서 곳곳에서 현실로 나타났고 이러한 측면에서는 젝트의 논리와 정면으로 상충되었다. 젝트는 전쟁의 주체가 국민이 아닌 군이어야 하며 군대가 무력사용권한을 독점해야 한다고 생각했으며 적국이 모든 잠재력을 군사력으로 동원하기 전에 최첨단의, 고속기동능력을 보유한 소수 정예, 전문직업군대가 전쟁을 '전격적'으로 종결시켜야 한다고 주장했다. 발라흐의 주장대로 이러한 젝트의 논리는 전쟁 초기의 작전속도를 극대화한, 그저 고전적인 슐리펜식의 작전개념을 극단적으로 표현한 것이며, 따라서 이 개념도 역시 젝트만의 독자적인 독트린이라고 할 수는 없었다. 앞서 말했듯 슈튈프나겔의 주장과도 상반되는 개념이었지만 루덴도르프의 총력전 개념과는 정반대 논리였다. 대부분의 장교들은 군부가 통제할 수 없는, 사회에 대한 억제력이 상실된 국민전쟁, 총력전에 대해서는 관심이 없었다. 그러한 전쟁을 인정하는 것만으로도 국가의 유일한 무력사용의 주체인 군부의 사회적 권위에 타격을 줄 수 있었기 때문이다. 결국 슈튈프나겔뿐만 아니라 젝트의 작전적 구상도 당시 독일의 전략적 상황으로 인해 받아들여지지 않았다.

독일제국의 외교정책과 실제적인 전략 상황에 부합하는 작전계획수립을 주장한 그뢰너의 기획안도 있었다. 하지만 고전적인 작전적 사고에 심취했던 육군 지도부는 작전적-군사적 범주를 초월하는 국가전략 차원의 전쟁을 거부했고 따라서 그뢰너의 구상안에 반대했다. 더욱이 정치 우위의 원칙 아래 군이 존재해야 하고 그 아래에서 계획을 수립해야 한다는 대목에서 강한 적대감을 표시했다.

방어작전과 지연전의 중요성이 1914년 이전보다는 훨씬 더 증대된 것만은 사실이었다. 하지만 1920년대 말과 1930년대 초의 전쟁연습에서처럼 군부의 관심은 다시금 고전적인, 작전적 차원의 공세적인 기동전 쪽으로 기울기 시작했다. 적의 잠재력을 무너뜨리기 위한 속전속결에 대한 믿음과 기습, 중점형성, 포위, 섬멸, 내선 및 열세에서의 전투, 그리고 지휘관의 술적 영역은 작전적 사고의 핵심원칙이었다. 게다가 제정시대에 한창 치열한 논란이 일었던 돌파는 포위를 위한 전제조건으로 점점 더 중시되었다. 군부는 돌파를 일련의 연속적인 작전으로, 그리고 결국에는 작전적 포위로 이어지는 과정으로 인식했던 것이다.

히틀러가 집권한 1933년 이후 몇 년간, 일부 인사들의 반대를 무릅쓰고 베크와 프리치의 주도 아래 그러한 작전적 독트린을 기반으로 하는 독일 육군이 재건되었다. 군사력 증강에 따라 1920~30년대의 수세적 태도를 버리고 마침내 공세적인 의도를 다시금 표출했다. 독일군 수뇌부의 목표는 열세에서도, 유럽대륙에서의 양면 또는 다면전쟁에서 속전속결을 도모할 수 있는 대규모, 공세적 육군을 건설하는 것이었다. 그러나 그 실현 가능성에 대한 논란도 만만치 않았다. 총참모부는 전통적인 작전적 사고 우위의 원칙을 강조했던 반면 경제적, 재정적 그리고 물량적 측면에서의 현실을 무시했다. 결국에는 장기전을 대비한 종적 군비증강이 아닌 단기전을 위한 횡적 군비증강 정책을 채택하고 말았다.

어쨌든 새로운 육군이 건설되면서 군사기술과 조직 측면에서 많은 변화가 있었다. 군부가 한층 더 발전된 제정시대의 육군을 부활시키려 했음은 부정할 수 없는 사실이다. 이런 경향은 작전적 독트린 측면에서도 마찬가지였다. 여러 문헌들에서 드러났듯 장교단의 사고방식이 그다지 획일적이지도 않았고 공격과 방어작전에 관해 매우 다양한 의견들이 있었다. 또한 민간 군사연구가들에 의해서도 이런 사실이 충분히 검증되었다. 그러나 육군의 작전적 사고의 기반은 제정시대의 고전적인 작전적 개념이었으며 독일군 수뇌부는 결국 이 틀을 깨지 못했다.

제1차 세계대전 당시 독일군은 기동전의 수단을 애타게 찾아 헤맸다. 이제야 그들은 그 수단이 바로 전차였음을, 그리고 차량화와 항공기를 전차와 결합해야 한다는 것을 알게 되었다. 하지만 이 신무기를 어떻게 운용해야 하는가가 관건이었다. 이를테면 보병의 지원화기로 활용할 것인가, 아니면 기갑사단을 편성하여 작전적 독립부대로 운용해야 할 것인가에 대한 논란이 거세었다. 결국 1937-38년에 이르러 결론은 명확히 후자 쪽으로 기울었다. 그러나 19세기 때와 마찬가지로 그 당시 작전적 교리의 발전 속도는 독일이 개발한 돌파부대전술 또는 전투단운용 등의 전술적 혁신의 속도를 따라잡을 수가 없었다. 1939년 전쟁 발발 당시까지 명확한 전격전 개념도 존재하지 않았다.[183] 반면 그보다 아래 수준인 전술적-작전적 차원의 혁신과정은 이미 제1차 세계대전 당시부터 시작되었다. 이러한 혁신은 특히 '제병협동 지휘와 전투', '부대지휘' 등의 새로운 교범들 그리고 기갑부대 운용 교리 등에 반영되었고 문제점들이 많았지만 혁신 자체는 매우 급속히 추진되어 군사교육 과정에도 수용되었다. 다른 유럽국가들에 비해 전술적-작전적 분야는 설정된 목표를 향해 나날이 발전을 거듭했다.

사실상 유일한 작전적-전략적 계획수립 기구였던 육군 총참모부는 제정시대의 총참모부와는 달리 군비증강을 통제할 수 있었다. 하지만 무기체계의 발달과 육, 해, 공군의 협력의 필요성이 증대됨에 따라 그들의 권력은 서서히 약화되었다. 작전적 문제에 관한 한 유일무이한 통수기구로서의 지위를 고수하고 군사 조직 내에서 전통적인 권력을 유지하려 했던 노력은 수포로 돌아갔다. 그들은 당시까지도 권력을 군사력으로 인식하는, 소위 1차원적인 빌헬름 2세식 사고방식에서 벗어나지 못했고 대규모 공세적인 육군의 창설과 전체적인 군 구조 내부에서 육군과 총참모부의 지위를 유지하기 위한 투쟁에만 열중했다. 또한 육군 총참모부와 국방군 총사령부 간에는 군사작전을 정치의 하위에 두어야 할지, 작전적-전략적 상황에 따라 전쟁을 결정해야 할지에 관한 논쟁도 이어졌다. 블롬베르크-프리치 사태의 결과로, 한편으로는 체코슬로바키아에 대한 전쟁계획수립을 반대했던 이유로 베크가 물러나고 히틀러가 국방군에 대한 지휘권을 차지하게 되었다. 결국 육군 총사령부와 총참모부는 극도로 불리한 상황에 봉착했다. 이듬해부터 히틀러가 지배하는 독재정부가 총참모부의 고유 영역인 군사작전에 점점 더 깊숙이 간섭하기 시작했다. 베크의 사임 이후, 빌헬름 다이스트가 언급했듯, '국방군의 군사작전에 대한 어용(御用)화'는 아무런 저항 없이 급속도로 진행되었다.[184] 제1차 세계대전에서도 그랬듯 통합된 작선계획수립과 지휘를 위한 군사기구는 없었다. 히틀러는 노련하게도 이러한 빈틈을 포착하여 무소불위의 권력을 장악할 수 있었던 것이다.

8

잃어버린 승리, 작전적 사고의 한계

"독일이 전쟁을 일으킨다면 침공당한 나라보다 더 많은 국가들이 맞서 싸울 것이다. 전 세계를 상대로 한 전쟁에서 독일은 열세를 면치 못할 것이고 결국에는 무조건 항복하게 될 것이다."[1]

—

에리히 폰 만슈타인

Erich von Manstein

1887-1973

✠

전격전 사상

제1차 세계대전이 발발한 날로부터 25년 후인 1939년 9월 1일, 독일의 폴란드 침공으로 제2차 세계대전이 시작되었다. 대부분의 국방군 장교들은, 독일이 강대국의 지위를 되찾기 위한 혁명적인 첫발을 내디뎠다며 기뻐했다. 히틀러와 국가사회주의자들에게 이 전쟁은 애초부터 동부에서 생활권을 확보하기 위한 일종의 인종주의적 섬멸전쟁이었다. 결국 국방군은 1945년 5월 비참한 종말을 맞이하고 만다.

독일의 전국 방방곡곡에 승리의 종이 울려 퍼진 1940년 여름, 그 어느 누구도 몇 년 뒤에 국방군이 무조건 항복하리라고는 상상하지 못했다. 1918년 11월 11일의 상황과 정반대로, 1940년 6월 22일, 단 40일 만에 프랑스를 무너뜨리고 콩피에느Compiègne 숲 속의 열차 안에서 프랑스군의 항복을 받아냈을 때 독일인들의 만족감이란 이루 형언할 수 없는 것이었다. 객차 안에서의 상징적인 언동은 전 독일 국민들에게 제1차 세계대전 패배의 오명을 씻어주기에 충분했다. 이 시기에 국가사회주의 정권과 국민과의 일체감은 최고조에 이르렀다. 유럽 최강의 군사대국을 상대로 예상치 못한 속전속결을 달성하기 이전까지, 1939년 가을에는 폴란드를 제압했고 이어서 덴마크, 노르웨이까지 정복했다. 독일과 세계의 언론들은 즉각 독일의 전쟁수행 방법을 전격전Blitzkrieg으로 설명하기 시작했다.

오늘날까지 수많은 언어권에서 속전속결의 동의어로 사용된 이 용어는 제2차 세계대전 초기 국방군의 군사적 성공을 대변했다. 사실상 이것은 독일의 군사적 우수성, 즉 '무적'의 국방군이라는 관념을 대내외적으로 과시하기 위한 국가사회주의자들의 선전물이었다. 1941년 러시아 전역에서 패배의 기운이 감돌자 이내 나치는 그러한 선전을 중단했다. 전격전이라는 개념은 전차 및 기갑부대와 밀접한 관계가 있다. 그리고 이 용어는 지금까지 알려진 것처럼 영미권에서 창조된 용어가 아니라 1930년대 중반부터 이미 산발적으로 독일의 군사 저널리즘에서 사용된 적이 있었다.[2] 그러나 국방군은 이 용어를 공식적인 군사용어로 받아들이지 않았다. 제2차 세계대전 이후에는 전격전에 대한 '해석상의 혼란'[3]이 발생했다. 그러면 우리가 차후에 다룰 문제들을 정확히 이해하기 위해 전격전의 전술적-작전적 그리고 전략적인, 진정한 의미를 다시 한 번 되짚어보도록 하자.

전략적 관점에서는 수년 동안 히틀러가 세계정복을 위해 다음과 같은 목적을 가진 독일의 '전격전 전략'을 개발했다는 가설들이 등장했다. '장기간의 다면전쟁을 회피하기 위해 분쟁들을 특정 지역으로 제한하여, 잠재적국들을 외교적으로 고립시키고 순차적으로 제압하고자 했다. 또한 정복과정에서 휴식기를 설정하여 점령지역을 경제적으로 착취, 수탈하고 독일의 경제, 정치적 능력을 회복하며 전투력을 복원하는 시간으로 활용했다. 국가사회주의당은 외교적, 경제적 조치들과 함께 국민을 전쟁에 동원하기 위해 정치적인 동기부여 정책을 계획했고 '횡적 군비증강'을 목표로 하는 전략적 선제타격능력을 갖추었으며 마침내 국방군이 실질적인 군사적 행동을 위해 전격전 개념을 발전시켰다'는 내용이다. 그러한 가설을 주장하는 이들은 속전속결을 위해 기습적인 전쟁선포 이후 공군의 지원하에 실시되는 신속한 포위작전이 바로 이 개념의 핵심이라고 기술했다.

히틀러가 세계 정복을 위한 계획을 가지고 있었다거나 단계적 계획의 이행[4]을 시도했다는 가설은 얼핏 보면 꽤 매혹적이며 사실처럼 보일지도 모른다. 그러나 이러한 가설은 마치 어쩌면 하나로 맞추어질 듯한 다양한 퍼즐 조각들로 자신들이 바라는, 그려내고 싶은 그림을 억지로 만들어내는 짓이나 다름이 없다. 독일이 '종적 군비증강'이 아닌 '횡적 군비증강'을 단행했음은 사실이다. 또한 히틀러가 동부에서 생활권을 확보하려고 했다는 것도 틀림없다. 게다가 그것을 넘어서서 세계를 정복하려고 했던 일도 이미 모두가 다 알고 있는 사실이다. 특히 슐리펜 시대부터 총참모부는 양면 또는 다면전쟁에서 신속한 결전을 목표로 월등히 우세한 잠재적인 적의 연합세력을 소위 작전적-전략적으로 무력화시킬 방책을 강구했었다. 그러나 이 모든 사실들은 개별적인 의미를 지녔을 뿐이며 완벽히 결합된, 체계적인 전격전-전략에서 도출된 것들이 아니다. 미하엘 살레브스키Michael Salewski는 '단계적 계획 모델'을 단편적 인과관계[5]로, 티모시 메이슨Timothy Mason은 전격전-전략의 가설이 나치 정권의 초기 성공을 설명하기 위한, 사후의 날조된 허구라고 평가했다. 또한 휴 스트라챈Hew Strachan도 그러한 논리의 허구성을 정확히 지적했다.

> *"전격전은 오로지 작전적 수준에서만 몇 가지 의미를 내포하고 있다. 그러나 총체적인 전략과 경제적 개념 같은 것들은 전혀 내포되어 있지 않다."* [6]

그러나 제2차 세계대전 초기 전역에서 독일군이 행동으로 옮겼던 작전적 기본원칙들은 '무'(無)에서 창조된 새로운 원칙이 결코 아니었다. 그 원칙들은 모두 과거로부터 전수되어온 작전적 사고로부터 도출된 것이었다.[7] 전격전이란 독일의 전통적인 작전수행방식을 질적으로 혁신한 결과물이었다. 공중과 지상에서의 기계화(항공기와 전차, 트럭 등)를 통해 작전적 사고의 핵심인 기동이 다시금 화력을 압도하게 되었다. 제1차 세계대전에서 그토록 원했던 기동의 힘이 되살아나 드디어 새로운 차원에서 작전적 사고를 실행에 옮길 수 있게 되었다. 훗날 육군 문서보관소장을 역임하고 군무청의 슈퇼프나겔과 절친했던 프리드리히 폰 라베나우는 1940년 여름 '전쟁수행의 혁명'Revolution der Kriegführung[8]이라는 논문을 발표했다. 전차와 항공기의 합동작전은 폴란드와 프랑스 전역에서 그 효과를 입증했고 역사상 그 어디에서도 찾아볼 수 없었던, 혁신적인 전법이었다고 기술했다. 명확한 중점을 형성하여 적 부대를 포위, 섬멸함으로써 결정적인 회전에서 승리한다는, 슐리펜 이래로 핵심적인 작전적 교리가 바로 이러한 승리의 기반이 되었으며, 마침내 지난 몇 년간 잊고 있었던 자신들의 전쟁술이 영원불멸의 진리였음이 입증되었다고 주장했다. 그러한 교리를 실행에 옮긴 결과물이 바로 현대적 전쟁수단을 이용한 기동전이었으며 제1차 세계대전에서는 쌍방의 작전적 기동전 수행능력 부족 때문에 진지전이 벌어졌다고 기술했다. 또한 지난 수년간 무수히 많은 저항세력들이 있었지만 육군의 작전적 교리에 기동전의 개념이 남아 있게 된 것은 모두 젝트의 덕분이라고 언급했다.

> *"젝트는 자신의 과업을 정확히 인식했다. 한 시대를 넘어서 그러한 진리가 다시 살아 숨 쉴 수 있도록 위대한 총참모부의 정신적 유산을 지켜냈다. 그와 더불어 봉쇄를 통한 포위와 섬멸의 칸나이 정신은 바로 슐리펜의 유산이었고 이것이 오늘날의 기동에 결정적인 영향을 미친 것이다."*[9]

따라서 라베나우는 전장에서 수많은 혁신이 있었지만 작전수행 측면에서는 고전적인 원칙들이 여전히 효력을 발휘했다고 언급했다. 제1차 세계대전에서는 작전수행능력과 군사적 수단이 조화를 이루지 못했지만, 이제야 이 두 가지 요소가 다시금 일치되어 동, 서부 전역에서 현대적인 전쟁수단을 통해 기동전을 가속시킬 수 있었다고 기술했다. 제1차 세계대전에서 힘을 잃었던 전쟁의 기본진리들이 '천부적인 재능을 지닌 장군들의 역량'

을 통해 다시 제자리를 찾았다는 것이다.[1] 총통의 천재성도 언급했지만, 슐리펜과 젝트를 과도하게 '높이' 찬양했다는 이유로 국방군 총사령부는 이 연구서의 출간을 금지시켰다. 요들도 '우리가 단지 슐리펜과 젝트의 정신만으로 승리한 것은 결코 아니다'[11]라고 언급했다.

국방군 총사령부는 천부적인 통수능력을 지닌 '총통'이 일궈낸 승리라고 선전했다. 하지만 이 승리가 슐리펜 이래로 압도적인 인적, 물적 우위에 있는 적을 무력화, 섬멸하기 위해 속전속결의 공세적 작전을 추구한 총참모부의 성과였음은 숨길 수 없는 진실이었다. 군무청, 훗날의 총참모부의 작전가들은 지난 세계대전의 장기전, 소모전에서 얻은 경험을 바탕으로 무슨 수를 써서라도 장기전을 회피해야 한다고 생각했다. 그러나 단기 속전속결에 대한 망상을 버려야 한다는 경고의 목소리도 있었다. 대표적으로 군수참모부장 게오르크 토마스Georg Thomas 장군, 라인하르트 혹은 졸단과 같은 인물들로서, 장차전을 진지전 또는 지리한 소모전으로 예측했던[12] 군사 저널리즘과 군내의 극소수 인사들이었다. 베크도 그들 중 하나였다. 체코슬로바키아 침공에 거부 의사를 밝혔고, 1938년 7월에는 전격전의 실현 가능성에 대해 부정적인 입장을 취했다. 하지만 1938년의 군무청 현지실습에서 베크의 신념은 다수의 지지를 받지 못했다.[A] 전쟁 발발을 불과 1년 앞둔 시점에 실시된 현지실습에서 브라우히치를 비롯한 다수의 장군들은 양면전쟁이 벌어져도 충분히 승산이 있다고 주장했던 것이다.[13]

그러나 장기간의 연속적인 전격전-전략에 관한 계획도 없었고, 심도 깊은 연구도 시행된 적이 없었다. 1914년과는 대조적으로 1939년의 독일제국은 양면전쟁을 위한 완벽한 전쟁계획 없이 제2차 세계대전을 일으켰다. 슐리펜 계획도, 몰트케 계획도 없었다. 전쟁 발발 이전, 히틀러 자신도 폴

A 군무청 현지실습은 '전개를 포함한 체코슬로바키아에 대한 공세적 전쟁수행'이라는 제목으로 시행되었고 체코슬로바키아에 대한 공격을 위한 작전적 방책들에 대한 검토가 시행되었다.(저자 주)

란드, 서방 제국을 상대로 하는 양면전쟁은 절대 있을 수 없으며 더욱이 그에 관한 총체적인 전략은 불필요하다고 주장했다.[14] 폴란드 침공도 총체적인 전략적 맥락에서 결정된 것이 아니었다. 폴란드와 프랑스에 대한 승리들은 오랜 기간 심사숙고한 전격전-전략의 산물이 아닌, 오히려 단기간에 수립된 작전계획에 의한 전통적인 독일의 작전적 사고를 적극적으로 실천한 결과물이었고 한편으로는 적국의 실책이 결정적인 승리의 원인이었다. 두 전역의 작전경과를 살펴보면 그러한 사실을 이해할 수 있다.

공세, 계획되지 않은 전격전

1939년 4월 말에서 5월 초순 경 히틀러는 육군 총참모부에 폴란드 침공을 위한 '백색 계획' 수립을 지시했다. 이 작전계획을 수립하는데 단 몇 개월의 여유밖에 없었다. 당시 대령이었던 귄터 블루멘트리트Günther Blumentritt가 언급한 것처럼 전쟁 발발 직전까지 작전적 측면에서 국방군이 단연 유리한 상황이었다.

> *"폴란드는 삼면으로 포위된 형상이었다. 크게 보면 두 방향에서의 강력한 독일군에 의해 폴란드는 한순간에 무너지고 말았다. 북부의 동프로이센에 주둔했던 부대들은 동부로 진출했고, 남쪽 국경에 전개했던 부대들은 바르샤바와 브레스트-리토프스크Brest-Litovsk 방면으로 압박했다. 대규모 독일군 부대들이 남부의 폴란드-슬로바키아 국경에서부터 북쪽을 향해, 크라쿠프Krakau와 리비우Lviv 방면으로 진격했다."* [15]

북부와 남부로부터 동시에 진출하여 양익포위로 적 부대를 섬멸한다는 구상은 독일군에게 전혀 새로운 것이 아니었다. 육군 총참모부는 이미 제1

차 세계대전 그 이전부터, 그리고 전쟁이 한창 진행되던 중에도 이러한 작전을 논의한 적이 있었다. 그러나 슐리펜도, 팔켄하인도 양익포위를 실시하기에 난해한 지형조건과 전투부대의 기동성 부족 때문에 그러한 방책에 반대했다. 마침내 국방군은 양익포위를 위한 전쟁수단, 즉 전차와 항공기를 보유하게 되었고 총참모부는 슐레지엔Schlesien의 남부집단군과 동프로이센의 북부집단군을 동시에 투입하여, 바르샤바에서 양익이 결합하는 집중적인 공세로 폴란드 육군을 섬멸한다는 계획을 수립했다. 총참모장 프란츠 할더Franz Halder 장군은 1939년 5월 중순경, 이러한 계획의 준비와 검증을 위해 장군참모현지실습을 실시했다. 서방 제국들과 리투아니아, 소련이 폴란드를 지원한다는 가정 아래 폴란드를 양익포위한다는 시나리오였다. 이 연습의 목적[16]은 다음과 같았다.

> *"첫째는 결집된 기계화부대의 기습적인 돌입으로 얼마나 멀리까지 [...] 종심 지역의 작전적 목표에 도달할 수 있을지, 둘째는 기계화 및 차량화 부대들의 기동과 보급의 문제들은 어떻게 해결할지, 셋째는 계획대로 슐레지엔에서 도보행군 중인 보병사단의 대다수가 전선에 도달하여 전투에 투입될 때까지, 적 종심 깊숙이 돌파해 들어간 기갑 및 차량화사단들이 지속적으로 증원되는 적을 상대로 확보한 지역을 고수하거나 전과를 확대할 수 있을 것인지, 넷째는 어떻게 하면 바익셀강의 만곡부에 전개한 적군을 신속하게 섬멸하고 차후 바익셀강 동부에서의 작전을 위한 유리한 여건을 조성할 수 있을지 여부 등의 확인이 이번 현지 실습의 목적이다."* [17]

할더가 규정한 연습 목적만으로도 총참모부가 1939년 초여름에 대폴란드 공세를 위한 작전적 개념을 발전시켰지만 실행하기에는 근본적인 문제점들이 여전히 산적해 있었다는 사실이 드러난다. 특히 기계화부대에 의한 작전적 기동전의 가능성 여부가 핵심 쟁점이었다. 육군 총사령부는 총참모부의 연습결과에 깊은 우려를 표시했다. 이 연습의 작전목적을 달성하지 못했기 때문이었다. 즉 조기에 바익셀강 서쪽에서 적군을 격멸하는 데 실패했다. 사후강평에서는 측방위협에 대한 두려움 때문에 기계화부대를 제대로 운용하지 못했던 점이 실패의 원인으로 도출되었고 결국 기계화부대의 작전수행 능력에 대한 불신으로 이어졌다. 중점이 잘못된 곳에 형성되면서 작전실시간 불필요한 재편성으로 엄청난 시간을 낭비하고 물자를 소모했던 것이다. 차후에 이러한 실책을 방지하기 위해 할더는 후속하는 보병부대에 측방방호와 병참선 보호를 지시했다. 한편 기계화부대들은 적군 섬멸을 위해 작전적으로 유리한 방면으로 한층 더 신속하게, 더 과감하게 진격해야 한다고 주장했다.[18] 이러한 할더의 해법은 기동과 포위로 신속히 적을 섬멸한다는 점에서 전통적인 작전적 사고와 맥을 함께하지만 측방방호를 중시했던 슐리펜의 구상과는 다소 차이가 있었다.

한편 육군은 전술적 수준에서 공군이 선두부대의 전방에서 직접 지원해 주기를 요구했지만 공군은 적 지상군이 전개할 때 모든 전력을 집중해서 그들을 격멸하고자 했다. 공군은 그들의 목표달성을 더 우선시했고 육군에 대한 지원은 그다음의 일이었다. 육군 총참모부의 현지실습을 통해 우리는 다음과 같은 사실을 확인할 수 있다. 총참모부는 전투부대들마다 차량화 수준에 현저한 차이가 있었으며 그로 인해 작전적 사고를 실행에 옮기는 데 많은 문제가 있음을 인지했다. 그러나 고도의 위험을 감수하고 기동성을 더욱더 촉진시켜 이를 해결하려 했으며 그러한 공격작전과 연계된 군수분야의 문제는 과거의 관행처럼 무시해버렸다. 또한 장군참모현지실습의 최초 상황이 시사하듯, 히틀러가 양면전쟁은 절대 있을 수 없다고 큰소리쳤지만 육군 총참모부는 폴란드 침공의 결과로 양면전쟁 또는 다면

전쟁이 벌어질 가능성을 배제하지 않았다. 결국 대폴란드 전역 이후의 다른 전쟁을 대비하기 위해서는 바익셀강 만곡부에서 반드시 조기에 폴란드군을 섬멸해야만 했다. 그래야만 바익셀강 동쪽에서 발생할지도 모르는 소련군과의 교전[19]도 대비할 수 있고, 프랑스와의 대결을 위해 서부전선으로의 전력 증원도 가능했다.

1939년 8월 22일 히틀러는 국방군의 지휘부 회동에서 '과감한 결단력'으로 동부에서의 정복전쟁을 결심했고 스탈린Iosif Stalin과 불가침조약을 체결했음을 선포했다.[20] 또한 서방 강대국들이 이러한 분쟁에 개입하지 않으리라 확신했고 장기전, 특히 결코 승산 없는 양면전쟁에 대한 장군단의 우려를 불식시키고자 했다. 그 자리에 참석한 많은 이들이 히틀러의 선언에 불안감을 느꼈지만 군부는 무기력하게 이 독재자에게 전략적 통수권을 빼앗겨 버리고 말았다. 더욱이 장군참모현지실습에서 심각한 문제점들이 노출되었음에도 일부 인사들은 폴란드와의 전쟁이 수주 내에 종결할 수 있다며 히틀러의 결심에 더욱 힘을 실어주었다.[21]

일촉즉발의 위기를 감지했던 육군의 지도부는 일선부대의 교육훈련을 강화시켰고 1939년 9월에는 대규모 '부대이동과 전술훈련'을 계획했다.[22] 그러나 이 훈련은 전쟁 발발로 시행되지 못했다. 갑작스러운 동원령 선포 이후, 국방군은 1939년 7월 15일에 수립된 '백색 계획'[23]에 의거 9월 1일, 폴란드를 기습적으로 침공했다. 병력 면에서는 150만 명을 보유한 독일군이 130만 명의 폴란드 육군보다 근소한 차이로 우세했다. 그러나 독일의 전차 보유량은 3,600대, 폴란드군의 경우에는 겨우 750대에 불과했다. 독일군은 54개 중 15개 사단이 완전 차량화되어 신속한 작전이 가능했다. 공중에서도 독일군의 우세는 압도적이었다. 900대의 항공기를 보유한 폴란드를 상대로 독일 공군은 1,900대의 항공기를 투입했다. 더구나 폴란드의 항공기 대부분은 매우 낡은 기종이었다. 총체적으로 독일 국방군의 기계

| 지도 10 |

출처: Das Deutsche Reich und der Zweite Weltkrieg, Bd 2, S. 94.

화 및 차량화 수준은 폴란드군에 비해 월등히 우수했다. 이로써 총참모부가 계획한 작전적 수준의 기동전이 가능했던 것이다. (지도 10 참조)

바익셀강 서부에서 폴란드군을 완전히 포위한다는 목표 아래 북부와 남부집단군-공세의 중점을 남부에 형성하여-은 폴란드군의 방어선을 돌파했다. 남부 전선에서 제10군이 정면 돌파에 성공함으로써 전쟁의 승부는 결정된 것이나 다름없었다. 계획대로 거대한 포위망을 구축하기 위한 조건이 달성되었다. 전술적 공중지원하에 기갑부대를 신속히 돌진시키는 독일군의 전법에 폴란드군은 선형방어로 맞섰다. 9월 14일 독일군의 양익은 수도 바르샤바와 그곳의 폴란드군을 에워싸는 데 성공했고, 폴란드군 부대들은 바르샤바 서부의 브주라Bzura에서 포위망을 뚫기 위해 총력을 기울였으나 허사였다. 한편 바익셀강 서편에서 폴란드군 전체를 섬멸하기에는 늦었다고 판단한 육군 총사령부는 9월 11일 두 번째 포위작전을 명령했다. 즉 부크강의 동편에서 포위망을 형성하고자 했다. 9월 17일 소련군이 폴란드 영토로 진입함으로써 이 작전은 종결되었다. 바르샤바 함락 이후에도 산발적으로 항전했던 소수의 폴란드군도 결국 1939년 10월 6일에 항복을 선언하고 말았다.[24]

단 몇 주 만에 독일 육군은 양익포위 공격으로 작전목표를 달성했다. 바익셀강 서쪽에서 폴란드군의 주력을 섬멸하는 데 성공했다. 국방군은 슐리펜과 대몰트케의 작전적 교리를 완벽하게 이행한 결과로 얻은 승리라고 결론지었다. 제1항공군의 참모장 빌헬름 슈파이델Wilhelm Speidel 소장은 1939년 11월 16일 프라하Prag에서 군부와 당의 수뇌부 앞에서 승리를 자축하는 연설을 했다. 폴란드에서의 양익포위작전은 공간을 능숙하게 활용한 대규모 외선 포위작전의 대표적인 사례로 남을 것이며 대몰트케의 분진합격을 그야말로 정확히 실행에 옮겼다고, 슐리펜이 항상 강조했던 목표 '평범한 승리가 아닌 반드시 완전한 섬멸'[25]을 마침내 달성했다고 언급했다. 슈파이델이 말한 섬멸은 정확하게 따지자면 적국의 군사력뿐만 아니라 총체적인 국가 방위력의 섬멸을 의미했다. 한편, 공군도 작전적 수준에서 적 공군력을 격멸했으며 나아가 적국의 사회간접시설을 파괴하고 적의 예비대와 군수시설을 격멸 또는 파괴함으로써 작전적 목표 달성에 기여했다고 주장했다. 그러한 작전을 종결한 후에야 비로소 전술적 수준에서 육군을 지원할 수 있었다고 덧붙였다.

또한 그는 정치적인 이유를 들어 신속한 승리가 반드시 필요했다고 지적했다. 9월 3일 서방국가들의 전쟁 선포를 염두에 두고 한 발언이었다. 히틀러가 호언장담했지만 국방군은 양면전쟁의 위험 속에서 폴란드 전역을 치려야 했다. 두 방면의 적들 중 하나를 우선 신속히 제거한 후에 다른 하나를 격멸한다는 슐리펜의 작전적 지침을 철저히 실행에 옮겨야 했던 것이다. 하지만 1914년과는 달리 폴란드 침공은 총체적인 전략적 계획의 일부가 아니었다. 양면전쟁을 대비한 슐리펜 계획 또는 소몰트케 계획과는 달리 단 하나의 적을 고립된 공간에서 격멸하기 위한 공격계획이었다. 즉 제한된 영토에서의 단일 정면전쟁이었지만 예상치 못한 서방국가들의 참전선언으로 장기간의 양면전쟁으로 바뀌고 말았다. 어쨌든 그러한 양면전쟁 계획이 없었지만 전략적 수준에서 총참모부는 방향이 바뀐 슐리펜 계획의 첫 단계를 성공적으로 마무리했다. 이제 두 개의 적들 가운데 하나는 완전히 제거되었다. 배후의 위협을 제거한 육군은 두 번째 적을 상대로 또 다른 단일 정면전쟁을 치르기 위해 주력을 서쪽으로 이동시킬 수 있었다.

속전속결로 폴란드를 무너뜨리고 소련과도 동맹을 체결하자 동쪽의 위협이 사라졌다. 이로써 유럽대륙에서 프랑스와의 대결, 즉 단일 정면전쟁만이 남게 되었다. 1914년처럼 영국이 전쟁을 선포하고 대군을 파병하자 독일은 또 한 차례 세계대전을 치르게 되었지만 정작 독일은 무방비상태나 다름없었다. 정부와 군부는 제1차 세계대전의 악몽과 같은 경험을 원하지도 않았고 또한 1939년까지 총체적인 전쟁계획도 존재하지 않았다. 더욱이 해군과 공군은 전력 면에서 영국과 상대할 수조차 없는 상황이었다.[26]

만슈타인은 1939년 10월 24일 자 일기에서 군부와 정부 엘리트들의 학습능력부족과 군사적 충돌을 해소하려는 의지의 결여에 대해 신랄하게 비판했다.

> *"최종적으로 달성해야 할 목표가 있다면 바로 영국에 대한 승리이다. 이 목표는 오로지 해상과 공중에서 달성될 수 있다. 만일 해군과 공군으로 영국을 효과적으로 봉쇄할 수 없다면, 영국에게서 대륙에*

서의 주도권을 빼앗고 우리와의 경쟁을 포기하게끔 만들기 위해서라도 지상전에서 먼저 승리하는 것은 매우 중요하다. […] 그러나 전쟁 개시 이전에 이러한 문제들을 논의했어야만 했다. 또한 군사력 측면에서, 특히 육군 내부의 단결과 전투력을 고려할 때 '과연 1939년 지금 당장 우리가 이러한 과업을 수행할 수 있는가' 라는 문제도 마찬가지다. 이에 당연히 정치가들은 어떠한 위험을 무릅쓰고라도 전쟁 개시 여부를 최종적으로 결정해야 한다. 만일 그러한 결정이 늦어질 경우에는 한층 더 불리한 상황에서 어쩔 수 없이 전쟁에 휘말리는 경우가 발생할 수도 있다." [27]

베크의 예언들이 현실로 나타나자 한순간 육군 총참모부는 엄청난 혼란에 빠졌다. 프랑스와의 전쟁은 전혀 예상치 못했었고 그에 대한 준비도 되어 있지 않은데다 서부에서의 공세 계획도 없었다. 또한 장군참모현지실습을 통해 작전적 교육훈련이 부족하다는 사실이 이미 확인되었다. 설상가상으로 폴란드군과의 전투에서는 전술적 훈련 수준도 그에 못지않다는 것이 그대로 노출되었다. 또한 육군의 장비 성능과 물자 보유량도 열악하기는 마찬가지였다.

이러한 문제들은 근본적으로 국방군이 짧은 기간 내에 창설되면서 초래된 결과였다. 1939년 전쟁 발발 당시 육군의 상황은 매우 심각했다. 부대마다 기동성과 무장, 교육훈련 수준이 천차만별이었다. 독일 육군의 157개의 사단 중 16개 사단만이 완전히 차량화되어 있었다.[28] 단지 이러한 극소수의 '엘리트' 부대들만 첨단 장비를 갖추고 교육훈련 수준도 높았으며 따라서 기동전을 수행할 수 있었다. 90% 정도의 부대들은 제1차 세계대전처럼 도보나 말을 이용해야 했으며[29] 일부는 제1차 세계대전 당시보다 더 낙후된 무장으로 전장에 투입되었다. 오늘날까지 독일 국방군은 많은 이들의 뇌리

속에 '완전히 기계화된 전격전 군대'로 각인되어 있지만 이는 완전히 날조된 나치 선전의 결과물이었다. 실제로 독일 육군은 여전히 말과 마차의 군대였다. 제2차 세계대전에서는 제1차 세계대전 때보다 두 배 이상의 말이 투입되었다. 한편 대부분의 병사들도 겨우 수주일 간의 훈련을 받은 신병 수준으로, 국가사회주의 선전물에 등장하는 '젊고 역동적인 베테랑'과는 거리가 멀었다. 10개의 기갑사단, 6개의 차량화보병사단을 포함한 총 77개 사단만 전투에 투입할 수 있는 상황이었고 1918년 미하엘 공세 개시 당시와 비교하면 겨우 5개의 사단이 늘었을 뿐이었다.[30] 결국 독일 육군은 차량화뿐만 아니라 무장면에서도 매우 열악했다.[31] 또한 군 수뇌부의 전술적-작전적 사고에도 균열이 발생하고 있었다. 1939년 기계화부대 운용을 주장하는 개혁파와 제1차 세계대전의 경험을 중시하는 보수파가 군부의 주도권을 놓고 논란을 벌였다. 더욱이 병력의 수가 급격히 증가하자 장교의 숫자가 대폭 늘었고 따라서 장교단의 통일된 전술관도 기대할 수 없게 되었다.

이미 폴란드 전역에서 육군의 교육훈련 수준이 여실히 드러났다. 예견했던 수치보다 훨씬 더 많은 마찰이 발생했다. 앞서 언급한 대로, 서둘러 국방군을 창설하는 과정에서 생겨난 문제들이었다. 1939년 병사들의 임무수행 능력은 제1차 세계대전 때와 견줄 수 없을 정도로 형편없었다. 일부 기갑부대들이 투입된 바르샤바와 브주라강Bzura[B] 일대의 제병협동전투는 계획에 비해 그다지 원활하지 못했다.[32] 또한 방어전투에서도 지난번 전쟁에서처럼 많은 문제점들이 드러났다. 따라서 이러한 방어전투 능력 부족으로 부대의 응집력이 파괴될 수 있다고 판단한 육군 총사령부는 1939년 12월 15일 '지연전투'를 금지시켰다.[33] 당시 총참모장도 보병부대들의 교육훈련

B 우치에서 바르샤바로 흐르는 바익셀강의 지류

수준이 1914년의 수준에 못 미친다고 평가했다.[34]

이에 육군 총사령부는 강도 높은 교육훈련 혁신을 주문했다.[35] 지휘관에 대한 교육과 야전부대의 훈련 중점을 제병협동전투능력 강화와 공격력 증강에 두었다. 동시에 제1차 세계대전의 경험을 토대로 수많은 교범들과 새로운 교육참고 서적들을 발간했다.[36] 보병부대의 타격력을 향상시키기 위해 부대를 개편하거나 최신 장비를 보급해 주었다.[37] 특히 폴란드 전역에서 다수의 장교들이 작전적 수준의 과업을 달성하지 못했다는 점을 매우 중대한 문제로 꼽았다. 따라서 지휘관들을 대상으로 하는, 제병협동전투 지휘역량 강화를 위한 특별 교육과정도 개설되었다.[38] 이로써 총참모부의 작전적 구상을 전술 및 작전적 수준에서 실행할 수 있는 중간 계층 장교들의 능력이 향상될 수 있었다.

교육훈련에서는 목표치를 달성했지만 전쟁수행에 반드시 필요한 특정 장비, 물자의 부족은 해결하기 어려웠다. 특히 제1차 세계대전 때와 마찬가지로 화물차량이 충분하지 못했다. 기동전을 위해서는 군수보급의 안정성이 보장되어야 하고 다량의 화물차량이 필요했지만 당시 보유량은 단 12만 대뿐이었다. 고무의 보유량 부족으로 단기간 내에 추가적인 차량 생산도 차질을 빚고 있었다. 게다가 연료마저 부족한 상황에 이르자 할더는 1940년 2월, 엄중한 '반(反)차량화 프로그램'을 구상하기에 이르렀다.[39]

한편 육군의 야전부대들이 공격력을 증대시키기 위해 역량을 총동원하고 있을 무렵, 총참모부는 대(對)프랑스 공세 계획수립에 착수했다. 과거에 슐리펜뿐만 아니라 당시 히틀러도 요구했던 선제적인 기습 공격작전은 앞서 기술한 인적, 물적 문제들로 인해 사실상 불가능했다. 서부공세가 개시된 1940년 5월 이전까지 총참모부는 마지노선Maginot-Linie을 돌파하는 방책만을 배제시키고 다수의 작전계획을 수립했다. 그 이유는 바로 1914년 로트링엔 일대의 공격작전에서 실패했던 경험 때문이었다.[40]

폴란드 전역종결 이후 총참모부는 서부 공세계획을 수립하면서 제1차 세계대전 이전에도 그랬듯 재차 베네룩스BeNeLux 3국의 영토를 대(對) 프랑스 침공을 위한 돌파지역으로 선정했다. 이 지역은 초급장교로서 제1차 세계대전을 경험했던 독일과 연합군 장군들의 뇌리에 작전적 결전장으로 이미 깊이 박혀있었다. 결국 이 고정관념은 양쪽의 작전계획에 결정적인 영향을 미치게 된다. (지도 11 참조)

연합군의 계획 입안자들의 믿음은 너무도 확고했다. 독일이 다시 전쟁을 일으킨다면 재차 슐리펜 계획을 실행하리라고 믿었다. 우측에는 마지노선이 버티고 있고 중앙에는 제1차 세계대전에서도 자연장애물로서 큰 효력을 발휘한 마스강과 아르덴Ardenne이 있었다. 따라서 독일군이 공격을 감행할 경우, 전차 운용에 유리한 플랑드르 지역을 이용하리라는 판단은 지극히 당연한 논리였다. 연합군 장군들은 이번만큼은 공격대상이 될 벨기에를 적시에 구원하고 제1차 세계대전 때처럼 프랑스 영토가 주전장이 되는 상황을 회피하고자 했다. 만일 독일군이 침공한다면 마지노선을 지지대로 활용하여 좌익을 벨기에와 네덜란드로 진출시켜서 딜Dyle선과 브레다Breda 일대에서 독일군을 저지하기로 결정했다.[41]

그즈음 독일 측에서도 슐리펜 계획을 검토하고 있었다. 초기의 작전계획들은 현대화된, 기갑부대의 속도를 적용한 것만 제외하면 피상적으로 많은 부분에서 슐리펜 계획과 흡사했다. 그러나 자세히 들여다보면 현격한 차이가 있었다. 신속한 섬멸전을 지향한 슐리펜에게 공간이란 단지 회전 승리를 위한 수단일 뿐이었다. 그러나 히틀러는 공격계획의 서두에서 다음과 같이 지시했다.

"네덜란드, 벨기에, 북부 프랑스에서 최대한 넓은 지대를 탈취해 영국과의 공중전 및 해상전에 대비한 교두보를 마련하며, 더불어 독일의

사활이 걸린 루르 지역의 완충지대를 완전히 확보해야 한다." [42]

장군참모장교들은 제1차 세계대전에서 섬멸회전에 실패하고 대서양으로의 경주[C]에서 패배함으로써 해안의 전략적 중요 지점들을 확보하지 못했던 기억 때문에, 그리고 폴란드 전역과는 달리 작전계획수립 과정에 점점 더 깊이 간섭하려는 히틀러의 지시에 따라, 중장기적인 작전적-전략적 공간획득을 목표로 단순히 연합군을 정면에서 대서양 해안으로 밀어내고자 했다.[43] 연합군의 예상이 적중했던 것이다.

그러나 히틀러는 총참모부의 계획에 불만을 드러냈다. 대담성과 참신함, 이를테면 기습과 같은 효과가 없다며 '마치 사관생도 수준의 저급한 졸작'이라고 폄하했다.[44] 히틀러의 비난이 지나쳤다는 의견도 있지만 총참모부의 군사전문성을 고려했을 때 당연한 말이기도 했다. 총참모부의 계획에는 명확한 중점도, 독일군 고유의 작전적 사고의 핵심인 모험감수의 정신, 총참모부 특유의 작전적 기지가 빠져있었다. 그러한 작전을 실행에 옮겼다면 아마도 전술적 차원의 승리는 달성했을지는 몰라도 작전적 수준의 승리는 불가능했을 것이다. 제1차 세계대전시 초급장교로서 서부 전역을 경험한 작전가들은 프랑스군과 영국군을 몹시 두려운 상대로 여기고 있었다. 하여튼 프리저Frieser[D]의 추측대로, 총참모부의 투박한 계획안들이 정말로 히틀러에 대한 저항이었는지, 또는 오히려 과거의 적에 대한 두려움 때문이었는지는 추가적인 연구가 필요한 부분이다.

그즈음 A집단군 참모장 만슈타인은 총참모부의 계획에 동의하지 않았다. 만슈타인이 주장한 논리의 핵심은 '전력이 대등한 적과의 전쟁에서 승리하려면 단 한 번의 공격작전으로 끝을 내야 한다'[45]는 것이었다. 따라서

C 독일과 연합군이 마른에서 대서양 해안까지 전선을 구축한 상황을 경주로 표현.
D '전격전의 전설'의 저자

지도 11

양면전쟁의 문제를 해결하기 위한 방책 : 역(逆)슐리펜 계획 1939 ~ 1940

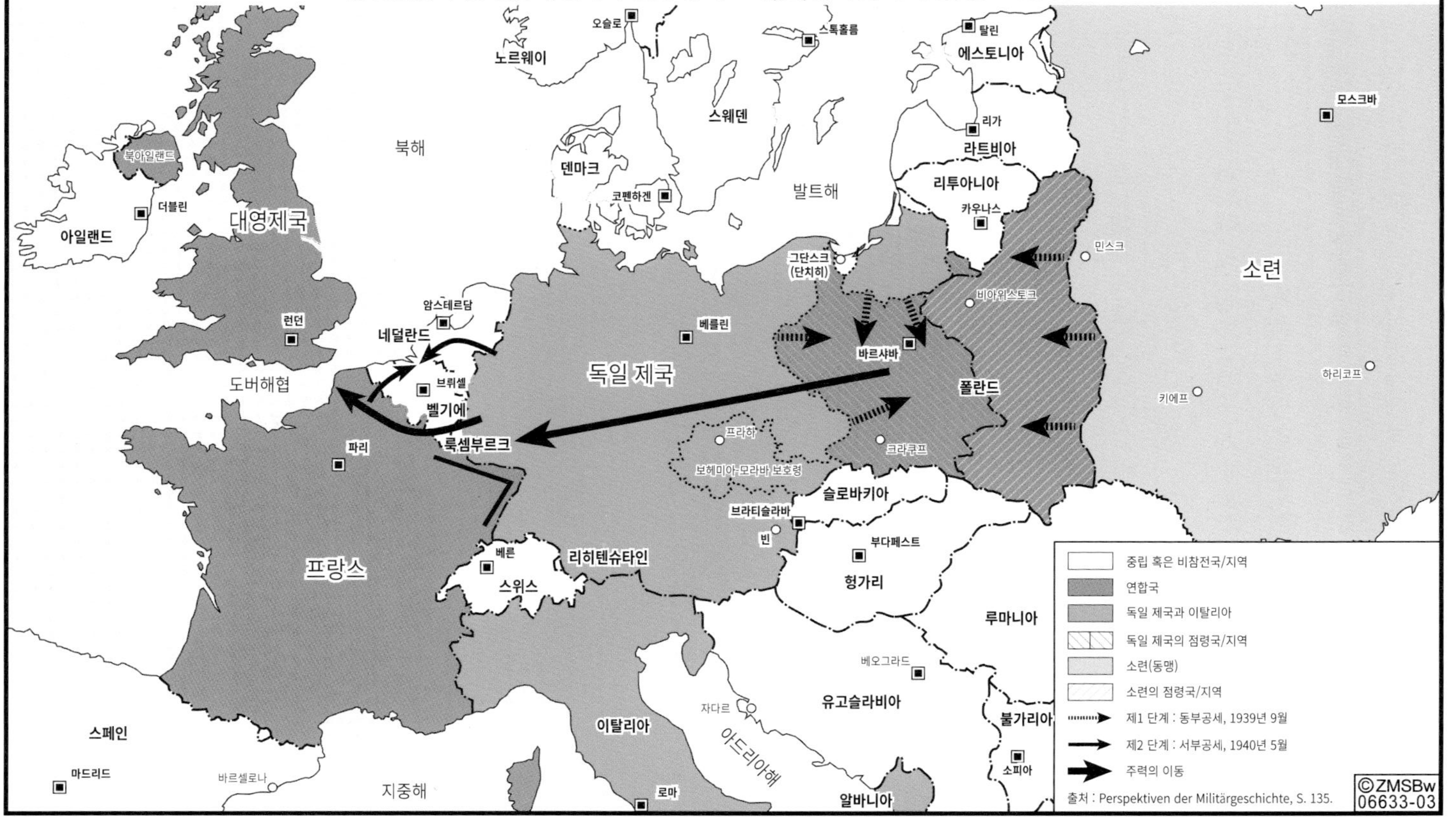

오슬로 / 노르웨이 / 스톡홀름 / 스웨덴 / 탈린 / 에스토니아 / 리가 / 라트비아 / 리투아니아 / 카우나스 / 모스크바 / 소련 / 민스크 / 키에프 / 하리코프

북아일랜드 / 더블린 / 아일랜드 / 대영제국 / 런던 / 북해 / 도버해협 / 덴마크 / 코펜하겐 / 발트해

그단스크 (단치히) / 비아위스토크 / 바르샤바 / 폴란드 / 크라쿠프 / 베를린 / 독일 제국 / 프라하 / 보헤미아-모라바 보호령 / 슬로바키아 / 브라티슬라바 / 빈 / 부다페스트 / 헝가리 / 루마니아

암스테르담 / 네덜란드 / 브뤼셀 / 벨기에 / 룩셈부르크 / 파리 / 프랑스 / 베른 / 스위스 / 리히텐슈타인

스페인 / 마드리드 / 바르셀로나 / 지중해 / 이탈리아 / 로마 / 자다르 / 아드리아해 / 베오그라드 / 유고슬라비아 / 알바니아 / 불가리아 / 소피아

- 중립 혹은 비참전국/지역
- 연합국
- 독일 제국과 이탈리아
- 독일 제국의 점령국/지역
- 소련(동맹)
- 소련의 점령국/지역
- 제1 단계 : 동부공세, 1939년 9월
- 제2 단계 : 서부공세, 1940년 5월
- 주력의 이동

출처 : Perspektiven der Militärgeschichte, S. 135.

결전을 위한 부대들을 대서양 해안의 확보나 적 주력부대와의 선투에 투입해서는 결코 승리할 수 없으며 철저히 슐리펜의 가르침에 따라, 지상에서의 완전한 결전을 통해 최종적인 승리를 달성해야 한다고 주장했다. 그러나 육군 총사령부의 계획에는 이러한 섬멸전과 결전을 수행하려는 의지도 없거니와 군 지도부에게서 필승의 신념을 느낄 수 없다는 점이 가장 심각한 문제라고 지적했다. 물론 할더와의 개인적 불화[46] 때문에 이러한 불만을 피력했다고 볼 수도 있겠지만 육군 총사령부와 총참모부가 결전을 단념했다는 지적, 즉 작전적 사고의 원칙들 중 하나를 포기한 점만은 부인할 수 없는 사실이었다.

1939년 10월까지도 만슈타인은 서부전선의 상황이 매우 불리하다고 평가했다. 프랑스군이 애로지역과 자연장애물, 요새시설들을 이용하여 역습을 통해 독일군의 속전속결을 저지할 수 있다고 생각했기 때문이다. 1940년 초에 그는 드디어 독일의 작전적 사고의 원칙들, 이른바 포위, 중점형성, 주도권, 속도, 공세, 기습, 모험감수, 기동에 기반을 둔 작전계획을 내놓았다. 공간과 시간을 정확히 판단하여 적이 전혀 예측하지 못한 작전적-전략적 약점에 집중적인 공세를 감행함으로써 기습의 효과를 극대화한 것이 이 계획의 핵심 중의 핵심이었다.

1940년 5월의 훗날 '지헬슈니트'로 알려진 이 계획의 중심에는, 슐리펜의 가르침을 철저히 따른, 신속하고도 기습적인 전쟁종결을 지향하는 섬멸회전의 사상이 내재되어 있었다. 독일군은 연합군의 예상대로 네덜란드를 침공하여 마치 1914년의 소몰트케 계획을 재현하듯 연합군의 눈을 속여야 했다. 그러면 독일군의 주노력이 벨기에를 지향하고 있음을 확신한 연합군은 주력을 벨기에로 투입할 것이 분명했다. 이것이 바로 네덜란드, 벨기에를 공략하는 목적이었다. 동시에 최정예 기계화부대들은, 통과가 불가능하다는 아르덴 삼림지대를 거쳐 스당으로 진격해 들어가야 했다. 지난 세계대전의 경험으로 비추어 볼 때 이 지역에서의 기동을 고려하는 것 자체가 상식적이지 못한 일이었다. 만일 기동한다 해도 속도가 둔화될 것이고 프랑스 공군이 폭격이라도 한다면 전체적인 작전이 완전히 실패할 수도 있었다. 스당은 마지노선의 끝자락에 위치한 소도시로 그곳 일대에는 벨기에와 프랑스의 국경을 따라 방어시설들이 드문드문 구축되어 있었다. 만슈타인은 그 일대에서 돌파에 성공한다면 서쪽으로 방향을 전환, 솜강 하구 방면으로 진격하여 벨기에 지역에 위치한 연합군 주력을 포위하는 거대한 섬멸회전으로 전쟁을 종결지어야 한다고 주장했다.[47]

총참모부는 만슈타인의 대담한 계획을 받아들이지 않았을 뿐만 아니라 이를 국방군 총사령부와 히틀러에게 전달하지도 않았다. 만슈타인에게 적대감까지는 아니더라도 불편한 심기를 느꼈던 할더는 이 불평분자(不平分子)를 진급시켜 동부전선으로 내쫓는, 고전적인 방법으로 만슈타인과의 문제를 해결했다. 하지만 할더도 수차례 전쟁연습을 거치면서 만슈타인의 구상에 점점 마음이 쏠리고 있었다. 그즈음 만슈타인은 히틀러의 측근을 이용하여 자신의 생각을 히틀러에게 직접 보고할 기회를 얻게 되었다.[48] 한때 스당에서의 돌파를 생각했던 히틀러는 만슈타인의 제안을 흔쾌히 수락했다. 그러나 프리저의 언급대로, 히틀러는 단지 전술적 수준에서 '지헬슈니트'를 알아들었을 뿐, 전역기간 중 히틀러의 행동에서 드러났듯 작전적 수준에서 이 제안의 의미를 결코 이해하지 못했음은 분명하다.

2월 중순부터 총참모부는 만슈타인의 구상을 기반으로 베네룩스 국가들의 중립을 과감하게 배제하는, 이른바 '황색계획' 수립에 착수했다. 종래의 계획들과는 달리 관건은 바로 작전적 사고의 본질을 구성하는 공간과 시간의 제약이었다. 더구나 위험천만한 모험을 내포하고 있었다. 특히 시간은 결정적인 요인이었다. 비교적 간단한 장애물만으로도 기동로가 제한되는 상황에서, 그리고 노출된다면 치명적 피해를 입게 될 항공 위협 하에서 기계화부대들은 가능한 신속히 진격해야 했다. 늦어도 공세 개시 5일 내에 마스강을 극복하지 못한다면 연합군은 독일군의 기도를 간파할 것이고 모든 작전은 한순간에 물거품이 될 수 있었다. 1939년 육군 장군참모현지실습의 사후강평에서 할더의 요구대로 전선을 돌파한 기계화부대들은 측방위협을 무시하고 단숨에 솜까지 진격해야 했다. 완벽한 포위, 섬멸을 위해서였다. (지도 12 참조)

총참모부의 작전계획에서 돌파는 적 부대를 포위하고 섬멸하기 위한 전제이자 작전적 사고의 원칙을 이행하기 위한 필수적인 조건이었다. 전술적-작전적 돌파에 실패한다면 아무것도 얻을 수 없었다. 한편으로 돌파에 성공하기 위해서도 기습과 일관된 중점형성, 전술적 수준의 신속한 공격이 필요했다. 한 순간도 주도권을 놓치지 않고 지속적으로 행동의 자유를 확보해야만 고도의 위험 속에서 작전적-전략적 성공을 달성할 수 있었다.

1940년 5월 10일 국방군은 공세에 돌입했다. 하지만 폴란드 전역과는 달리 병력과 장비, 물자 등의 양적인 부분뿐만 아니라 핵심전력의 질적 차원에서도 열세[49]를 면할 수 없었다. 북부에서는 B집단군이 슐리펜 계획을 재현하듯 양공작전을 전개하고 남부에서는 C집단군이 수세를 취하는 동안 기계화부대와 공군의 주력으로 편성된 A집단군이 중부에서 공세의 중점을 형성했다. 독일공군은 기습적으로 연합군 공군 기지를 폭격했고 연합군 항공기들은 지상에서 괴멸당했다. 이로써 개전 3일 만에 제공권을 장악한 독일 공군은 스당에서 지상군의 돌파를 지원할 수 있었고 그로부터 단 6일 후인 5월 19일에 기갑부대 선두는 대서양 해안의 아브빌Abbeville에 도달했다.

마침내 거대한 포위망이 구축되었고 연합군의 주력은 절체절명의 위기에 봉착했던 것이다.

그러나 영국 원정군을 완전히 섬멸하는 데는 실패했다. 독일군 기갑부대

지도 12

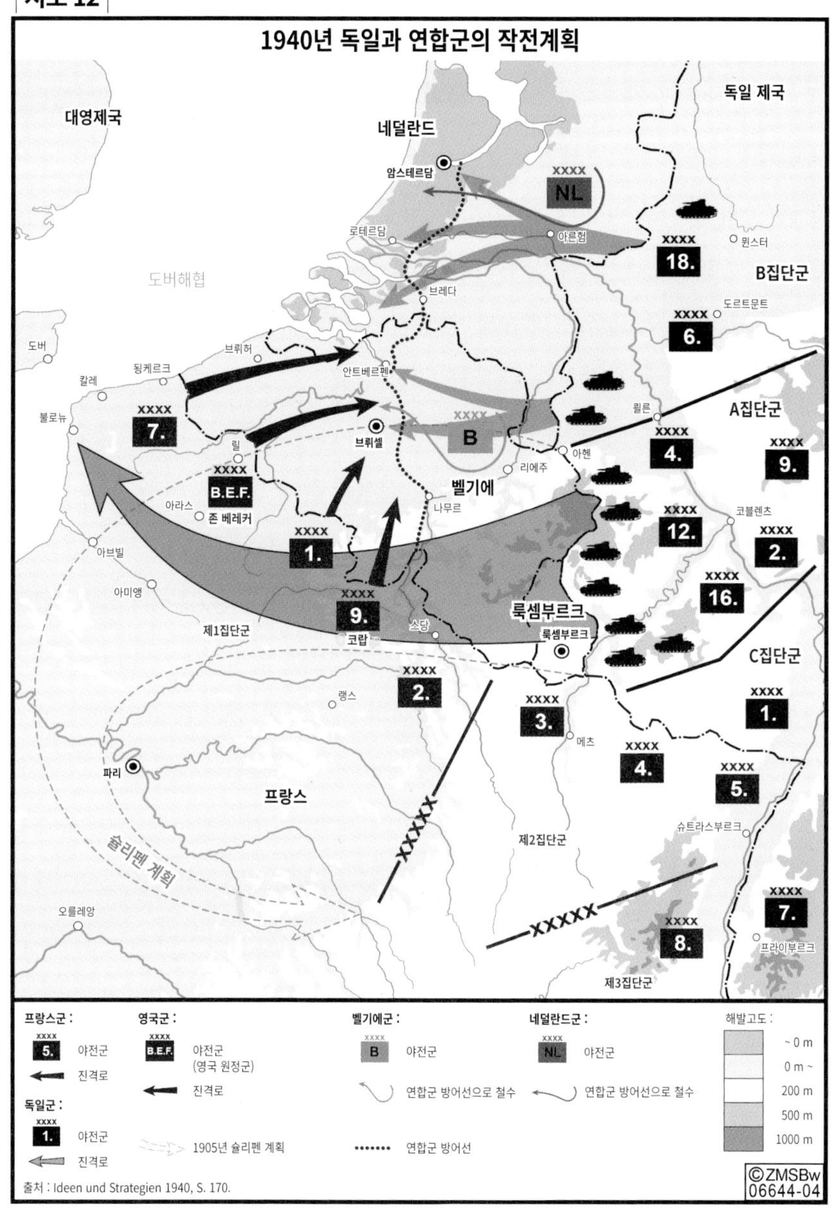

출처 : Ideen und Strategien 1940, S. 170.

의 진격이 중지되자[50] 영국은 그 틈을 이용해 됭케르크Dünkirchen에서 대부분의 병력을 철수시켜 버렸다. 독일은 섬멸적인 승리, 나아가 칸나이와 같은 대승을 눈앞에서 날려버리고 말았고 따라서 만슈타인이 의도했던 '전략적 승리' 대신 '평범한' 작전적 승리[51]에 만족해야 했다. 하지만 할너가 밀한 대로 서부 전역의 제2단계, '적색 계획'을 통해 드디어 칸나이를 달성했다.[52] 독일군은 재편성을 완료한 6월 5일, 솜강을 따라 설치된 프랑스군의 방어선을 돌파하고 슐리펜의 개념대로, 남부 및 마지노선의 후방으로 돌진했다. 그 사이에 C집단군의 일부도 이에 호응하여 마지노선을 공격, 돌파하는 데 성공했다.[53] 독일군은 대규모 섬멸전으로 남부의 프랑스군을 사면초가에 빠뜨렸고 결국 프랑스는 항복을 선언했다.

서부 전역의 승리는 독일군의 작전적 수완과 연합군의 실책뿐만 아니라 폴란드 전역 이후 실시된 공세적인 교육훈련에 힘입은 바가 크다. 그 덕분에 제병과가 긴밀하게 결합된 기동전과 전술적-작전적 기갑부대 운용이 가능했으며 마침내 대승을 달성했던 것이다.[54] 국방군은 구시대적인 제1차 세계대전의 방식을 고집한 연합군을 단 6주 만에 물리쳤다. 기갑부대는 기습적으로 중점을 형성하여 마스강 일대의 프랑스군 진지를 돌파했다. 과거 보병의 돌파부대 전술을 기갑부대에 적용하고 '하늘을 나는 포병', 슈투카를 접목시켰다.[55] 도보 보병사단이 아닌 기계화된 '최정예사단'들이 중점을 형성하여 서부 전역의 승리에 결정적으로 기여했던 것이다. 이들은 측방 노출에도 개의치 않고 적의 종심으로 진출하여 적 예비대와 주력을 포위, 섬멸했다. 대부분의 보병사단들은 이즈음 기갑부대와의 간격을 좁히기 위해서 행군 중이었다. 기계화부대의 속도는 군부의 상상을 초월했다. 제1차 세계대전에서와 마찬가지로 병사의 행군속도에 기동성이 좌우되는 보병사단의 진출은 매우 더뎠다. 이미 폴란드 전역에서도 노출되었듯 이 두 부대 간의 간격은 서부 전역에서 한층 더 크게 벌어졌다.

전역 기간 중 공세가 한창 진행되고 있을 무렵, 집단군사령부는 그러한 간격에 따른 측방위협을 우려한 나머지 기갑부대의 진출 속도를 보병사단에 맞추고자 했다. 그러나 구데리안, 에르빈 롬멜Erwin Rommel과 같은 기갑부대 지휘관들이 크게 반발했고, 임무형 지휘를 내세워 상부의 명령을 어기고 측방을 노출시킨 채 계속 공세를 감행했다. 이로써 이들과 A집단군 사이에 심각한 갈등이 초래되었다. 구데리안과 롬멜은 마치 제1차 세계대전 때 파리 전방에서의 클룩이나 탄넨베르크에서의 프랑수아François처럼 독단적으로, 자신들의 개념대로 작전을 지휘했다. 특히 롬멜은 마치 중대장처럼 사단을 지휘했고 결국에는 자신이 옳았음을 증명해 보였다.

됭케르크를 앞두고 내려진 정지명령으로 기갑부대 진출에 대한 갈등은 마침내 정점에 이르렀다. 집단군 사령관, 게르트 폰 룬트슈테트Gerd von Rundstedt는, 보병사단들이 간격을 줄일 수 있도록 기갑부대의 공세를 중단시켰다. 수년 동안 기계화부대에 대한 '보수주의자들'과 '진보주의자들'간의 갈등이 증폭되고 있던 차에 이러한 명령으로 두 집단의 대립은 극에 달했다. 과거부터 모든 이들이 이구동성으로, 장군참모장교단의 작전적 사고는 하나로 통일되어 있었다고 주장해왔고 그 주장은 일부 사실이었지만 1940년 초여름만큼은 예외적이었다. 이러한 갈등은 모든 제대에서 발생했고 따라서 군 위계질서를 저해하는 권력투쟁으로 번지게 되었다. 육군 총사령부와 총참모부는 기갑부대 지휘관들의 편에서 계속적인 진군을 요구했던 반면 히틀러와 국방군 총사령부는 A집단군을 두둔했다. 결국 육군 총사령부는 히틀러를 등에 업은 룬트슈테트와 집단군을 굴복시킬 수 없었다.

이미 제1차 세계대전에서도 문제시되었던 총참모부의 작전적 지도력 부족이 서부 전역에서도 적나라하게 드러났다. 그들은 옳든 그르든 자신들의 작전적 의도와 구상을 관철시키지 못했다. 제1차 세계대전에서처럼 일개 지휘관들이 독단적으로 작전적 수준의 지휘권을 행사했다. 총참모부가 권위를 상실한 이유를 임무형 지휘, 또는 어느 정도까지는 특유의 지휘방식 때문이라고 주장하는 이들도 있다. 예하 지휘관이 불확실한 상황 속에서 최고지도부의 의도에 따라 독단적으로, 책임 감수의 정신으로 전투를 지휘했다고도 설명할 수도 있다. 그러나 서부 전역에서는 그럴 만한 상황이 아니었다. 1914년의 소몰트케처럼, 당시의 총참모부는 결정적인 국면에서 전방 지휘관들에 대한 통제권을 상실한 상태였다. 스당 돌파에 성공한 이후 결정적인 상황에서 할더는 더 신중해졌고 반대급부로 히틀러는 점점 더 깊이 작전지휘에 개입했다. 당시의 분위기는 임무형 지휘와는 전혀 상관없는 상황이었다. '격분'한 기갑사단장들과 '고집불통'의 집단군 사령관의 반동적인 행동도 문제였지만 총참모부가 자신들의 고유영역인 작전적 지휘를 할 수 없었다는 사실은 가장 심각한, 근본적인 문제였다. 단기간에 서둘러 국방군을 창설하는 과정에서 전쟁 발발 당시 고위급 지휘관들에 대한 작전적 교육훈련이 부족했다는 사실 또한 부인할 수 없는 부분이다. 결국 작전적 교육훈련은 폴란드 전역과 서부 전역을 통해 '경험에만 의존'할 수밖에 없었고 시간이 갈수록 그러한 성향은 점점 더 보편화되었다. 그러나 이러한 분위기에서도 롬멜과 구데리안과 같은 장군들은 출중한 작전적 능력을 갖추었던 인물들인 것만은 확실한 사실이다.[56]

육군 지휘부와 장군들 간의 내부적인 권력투쟁 때문에, 그리고 승리에 도취된 나머지, '어떻게 상이한 공격속도를 조절해야 할 것인가'라는 작전적 차원의 중대한 문제를 해결해야 하는 과업을 간과하고 말았다. 이러한 태만의 결과 육군 지휘부는 결국 바르바로사 작전에서 처참한 대가를 치르게 된다.

공세, 계획된 전격전

서부 전역의 대승 이후, 히틀러의 권세는 하늘을 찌를 듯했다. 한편으로 히틀러의 실낱같은 희망도 물거품이 되었다. 영국이 평화조약은커녕 독일의 대륙 지배권도 인정해 주지 않았던 것이다. 이른바 '바다사자 작전'Unternehmen Seelöwe으로 영국 본토 침공을 시도했지만 영국과의 공중전에서 패배한 이후 이를 포기하게 된다. 쌍방의 팽팽한 전략적 대치 국면이 형성되자 독일로서는 진퇴양난의 위기에 빠져버렸다. 과거 나폴레옹 시대에도 이러한 상황이 조성된 적이 있었다. 하지만 슐리펜 시대 이래로 과거의 역사적 사실을 망각한 독일 정부와 군부는 작전적-전략적 계획단계에서 이 같은 사태를 전혀 예측하지 못했다. 그즈음 육군과 해군 지도부는 한 가지 돌파구를 마련했다. 지중해 지역의 영국군을 공격하여 전략적 중점을 유럽 외부로 옮기고자 했던 것이다. 그러나 이러한 지중해 대체전략은 대륙에서의 주도권 확보문제 때문에 일찍부터 뒷전으로 밀려났다. 서부 전역이 종결된 직후 할더는 대륙에서의 패권 쟁취를 위해 대소련 전쟁을 계획했고 또한 위험천만한 양면전쟁의 가능성도 배제하지 않았다. 1940년 하계, 동부의 상황은 과연 어떠했을까?

대폴란드 전역이 종결된 후 육군 총사령부는 동부에 극소수의 병력만 주둔시켰다. 러시아의 침공 가능성이 전혀 없었기 때문이었다. 독일이 한창 서부에서 전쟁을 치르고 있을 무렵 소련도 자신들의 서측 국경에 견실한 방어선을 구축했다. 발틱 국가들을 소비에트 연방에 병합하고 베사라비아 Bessarabia[E]의 할양을 요구하며 점령지역에 더 많은 소련군을 배치시켰다. 한편 독일군 총참모부 쪽에서는 소련의 침공에 대비한 개념계획 정도만을 준비했을 뿐이었고 서부 전역 종식 후 할더는 동프로이센에 주둔했던 제18군에게 그러한 계획수립을 위임한 상태였다. 총참모장은 러시아의 침공을 저지할 수 있는 수준의 타격력을 갖추고자 했고 특히나 공세적인 기동방어를 요구했다. 영국과의 공중전에서 패배하자 할더는, 영국에 대한 속전속결이 더 이상 불가능하다는 생각을 품었으며 동부에서만큼은 전쟁이 발발한다

E 현재 몰도바와 우크라이나 일대.

면 공세적으로 영토를 방위하고자 했다. 이에 할더의 관심은 동부의 잠재적국과의 전쟁에 쏠렸고 1940년 7월 초순부터 총참모부 작전부에 소련과의 전쟁 방책을 검토하라고 지시했다.

이 전쟁의 목적은 소련을 제압함으로써 유럽대륙의 패자로 군림하는 것이었다.[57] 총참모부는 과거로부터 전수된 원칙에 따라 속전속결을 통해 최후의 승자가 되고자 했다. 따라서 대륙에서 잠재적국과의 전쟁-이로써 사실상 양면전쟁-을 히틀러의 명령에 의해서가 아니라 철저히 자발적인 의지와 독단으로 계획했던 것이다. 그들은 전형적인 전략적-작전적 사고 차원에서 소비에트와의 전쟁을 단기전으로 끝낼 수 있다고 확신했다. 한편으로는 과연 영국을 간접전략으로 굴복시킬 수 있을 것인가에 대한 의구심이 점차 증폭되면서 대소련 전쟁에 대한 관심이 증대되었다. 제1차 세계대전의 경험을 통해서 깨우쳤듯 영국과 영국의 혈맹인 미국을 상대로 하는 장기간의 소모전을 대비하기 위해서는 소련의 대규모 원료 생산지와 공업지대를 확보해야 했고 를 통해 독일과 동맹국들의 결속을 강화시킬 수 있다고 믿었던 것이다.

7월 22일, 히틀러는 영국과의 '평화 협상'이 무산되자 '러시아와의 문제' 해결을 지시했다. 이에 이미 작성된, 영토방위의 수준을 뛰어넘은 구상안들이 제시되었고[58] 며칠 후에 이 계획들은 히틀러가 지향한 '생활권 전쟁'이자 '히틀러의 궁극적인 목표'와 완전히 결합되었다.[59] 히틀러에게 '생활권'은 전략적 차원에서 영국에 대한 투쟁과 승리를 위해 반드시 필요했다. 소련을 제압한다면 대륙에서의 지배권을 장악할 수 있으며 나아가 미국의 전쟁개입을 억제하고, 미국과 일전을 불사하겠다던 일본의 부담도 덜어줄 수 있으리라 믿었다. 또한 경제적 측면에서 장기간 세계대전을 수행하는데 필요한 식민지를 획득하고 보호하기 위함이었다. 대 소련 전쟁은 이제 더 이상 소련군을 격멸하는 예방적 차원의 전쟁이 아니었다. 근본적인 목적은 소련을 제압함으로써 유럽 대륙에서의 패권을 장악하고 계속적인 전쟁수행의 여건 조성을 위한 것이었다. 따라서 소련 침공은 오늘날까지 수정주의자들이 주장하는 예방전쟁[60]이 아니라 패권확장을 위한 침략전쟁이자 뒤에서 증명하겠지만 동부에서 생활권을 획득하기 위한 인종, 이데올로기적 섬멸전쟁이었다.

1940년 7월 31일 히틀러는 드디어 소련 침공에 대한 의지를 공식적으로 발표했다. 할더는 이날의 일기에 다음과 같이 기록했다. '이 대결에서 러시아는 틀림없이 끝장날 것이다. 1941년 초반이 적기다. 러시아를 더 빨리 무너뜨릴수록 우리에게 더 유리하다'[61]

히틀러는 소련침공 계획수립을 지시했고 다른 한편으로 영국을 제압하기 위한, 직접적인 전투를 포함한 전략적 대안을 모색 중이었다. 히틀러는 수개월 동안 두 개의 방책을 검토했으나 결국 최종적인 결정을 내리지 못한 채 보류시켰다. 총참모부에서도 마찬가지였다. 그 이후 몇 개월 동안 그들은 두 가지 작전, 즉 소련군에 대한 동부 전역과 지중해 일대의 영국군에 대한 공격을 동시에 준비해야 했다. 이를테면 지브롤터Gibraltar에 대한 공격작전이 여기에 해당했다. 하지만 총참모부는 승산 없는 양면전쟁에 대해서만큼은 심각한 우려를 표시했다. 그 가운데 할더와 브라우히치는 러시아에게 승리한다 해도 연이어 영국을 제압할 수 있다는 확신이 없었고, 서부, 특히 지중해 지역에서의 위협을 과소평가해서도 안 된다고 생각했다.[62]

전쟁계획에 대한 책임과 권한을 가진 육군 총참모부뿐만 아니라 해군, 공군, 국방군 총사령부도 소련침공 계획수립에 참가했다. 전략 변경[F]에 반대했던 에리히 레더Erich Raeder 제독이 지휘하는 해군은 여전히 영국과의 해상전에 중점을 두어야 했다.[63] 공군의 임무는 육군과 상호 협력관계를 유지하

F 공격 대상을 영국에서 소련으로 전환한 일.

되, 최초 단계에서는 소련 공군을 격멸하고 두 번째 단계에서는 전술적-작전적 수준에서 육군을 지원하는 것이었다. 그러나 러시아의 방위산업 및 기타 공업지대에 대한 폭격은 계획하지 않았다.[64]

히틀러가 육군 총사령부에 자신의 침공 의지를 피력한 직후, 총참모부는 에리히 마르크스Erich Marcks의 주도로 본격적인 작전계획 수립에 착수했다. 소련 전역의 최초 구상단계에서부터 이미 총참모부는 어마어마한 영토와 전략적, 전시경제적인 문제들이 작전에 큰 영향을 미칠 수 있음을 인식했다. 제1차 세계대전시의 경제 봉쇄를 경험했기에 소모적인 장기전에서 승리하기 위해서는 모스크바와 레닌그라드Leningrad의 산업지대, 캅카스Kaukasus와 우랄Ural의 자원 및 공업지대를 확보해야 했고 특히나 러시아의 곡창지대인 우크라이나는 무조건 손에 넣어야 했다. 제1차 세계대전 당시 처참했던 동계기근과 독일 국민이 식량을 자급자족할 수 없다는 인식으로 인해 히틀러뿐만 아니라 몇몇 경제관료들을 비롯한 국방군 군수참모부장 토마스, 그 아래의 빌헬름 베커Wilhelm Becker까지도 '식량전쟁'에 대한 개념을 가지게 되었고 이로써 러시아의 곡창지대로 시선을 돌리게 되었다. 토마스와 그 주변의 장교들에게 우크라이나 곡창지대 점령의 관건은 그 여부가 아니라 시기였다.[65] 국방군 총사령부는 작전적 수준의 전쟁과 연계된 경제적 문제에 관해서도 심도 깊은 연구를 이어갔다. 또한 해군이 해상무역로 확보를 위한 전쟁에 중점을 두고 있었지만, 제1차 세계대전의 경험과 전쟁 말기, 제3기 육군 총사령부가 전쟁을 지속시키고자 시도한 각고의 노력들을 감안할 때, 전쟁수행과 식량 확보를 위한 주요 산업지대의 점령이 반드시 필요했고 이것은 바로 장기간의 소모전에서 승리하기 위한 절대적인 전제조건이었다. 그러나 육군 총사령부의 생각은 달랐다. 육군 총사령부는 속전속결을 통해 적의 군사적 잠재력을 조기에 무력화시키면 모든 것이 해결된다는 작전적 차원의 사고를 고수했다. 반면 국방군 총참모부는 소모적인 장기전, 즉 '한층 더 현대적인' 방식의 전쟁을 구상하고 있었다. 즉 '전장에서의 기사도(騎士道)정신'을 포기하고서 '적군을 하나도 남김없이 전멸시키거나 경우에 따라서 적의 일부를 몰살'하는 것을 궁극적인 전쟁목표로 삼았다. 따라서 필연적으로 모든 국제법과 인륜을 무시하는 섬멸전이 될 수밖에 없었다.[66]

이러한 국방군 총사령부의 구상이 군사적 실용주의에서 도출되었지만 국가사회주의의 성향과도 매우 유사하다는 사실을 부인할 수 없다. 그러나 나치 사상이 작전적-전략적 계획에 유입되었다고 해도 훗날과 비교했을 때 당시는 시작단계에 불과했다. 하여간 당시의 육군 총사령부와 국방군 총사령부의 대립 관계를 고려했을 때 육군 총사령부가 국방군 총사령부의 작전적-경제적 전쟁계획을 통보받았는지, 어느 정도까지 수용했는지에 대해서는 현재까지 충분히 연구된 바는 없다. 하지만 분명한 사실은 할더가 '경제적인 측면의 요구사항'[67]을 철저히 거부했다는 점이다. 왜냐하면 이 요구사항은 육군의 작전적 사고와 정면으로 상충했기 때문이다. 영국과 미국을 상대로 장기간의 소모전을 위해 경제적 자급자족이 필요하다는 점은 이해할 수 있었지만 거대한 경제적 생활권 확보 그 자체가 작전수행을 방해하리라고 생각했다. 이는 할더 스스로가 철저히 배제해 왔던 논리였다.

사실 히틀러와 육군 총사령부 간에 작전목표에 대한 합의가 없었기 때문에 육군 총참모부의 작전계획은 처음부터 심각한 문제를 안고 있었다. 총참모부가 전통적인 작전적 사고에 따라 적군의 섬멸을 지향했던 반면, 히틀러는 전쟁수행에 필요한 경제적 요충지와 정치적인 상징성을 내포한 주요 도시 확보를 우선시했다. 그는 두 개의 공격축선으로 동시에 키에프와 모스크바(나중에는 레닌그라드)를 공략해야 한다고 주장했다. 또한 바쿠의 유전지대를 확보하기 위한 공세를 추가시켰다. 결국 히틀러는 북부에서는 발틱 국가들을, 남부에서는 우크라이나와 바쿠를 점령하기 위해 두 개의 중점을 두고자 했다. 그러나 할더는 이 요구에 동의할 수 없었다. 그는 모스크바를 목표로 중부에 중점을 형성해야 한다고 생각했다. 소련의 수도를 점령함으로써, 철도요충지를 파괴하고 수도를 지키기 위해 모스크바 전방에 집중배치 될 소련군의 예비대를 섬멸하고자 했다. 할더가 키에프와 레닌그라드를 공략하려던 목적은 단지 결정적인 작전을 수행하는 주력의 측방방호를 위해서였다.

8월 초, 마르크스는 할더의 의도를 담은 '동부 작전계획안'을 제시했다.[68] 소련의 남부와 북부의 산업지대를 점령하는 내용도 포함되었지만 공세의 중점은 모스크바를 지향했다. 정, 경제적 중심지인 수도 모스크바를 함락해야 소련을 멸망시킬 수 있다는 논리였다. 북부집단군이 적국의 수도를 점령하고 소련군을 섬멸한 후에는 남부집단군과 함께 거대한 양익포위로 우크라이나 방면을 공략하여 최종적으로는 로스토프Rostov와 아르한겔스크Archangelsk[G]를 잇는 선에서 소련군을 섬멸하고자 했다. 그 이후에는 공군으로 우랄 일대의 산업지대를 폭격하는 내용을 담고 있었다. (지도 13 참조)

9월 초, 할더는 자신의 뜻대로 작전을 추진하기 위해 탁월한 작전가이자 기갑부대 전문가인 프리드리히 파울루스Friedrich Paulus 중장을 부참모장으로 발탁했다. 파울루스는 강력한 의지로 계획 수립을 추진했고 수차례의 전쟁연습에서 할더가 세운 계획의 타당성을 검증해냈다.[69]

이즈음 히틀러는 소련과의 전쟁계획에 관해 의견을 제시하지 않았다. 11월 소련의 외무장관 뱌체슬라프 몰로토프Vjaceslav Molotov와의 회담이 결렬되자, 12월 6일 비로소 육군 총사령부에서 열린 전략회의에서 '러시아와의 투쟁에서 승리해야 유럽에서의 패권을 쟁취할 수 있다'고 자신의 심경을 토로하게 된다. 총통은 원칙적으로 할더의 작전계획을 수용했고 '거대

G 러시아 북부 해안 도시.

지도 13

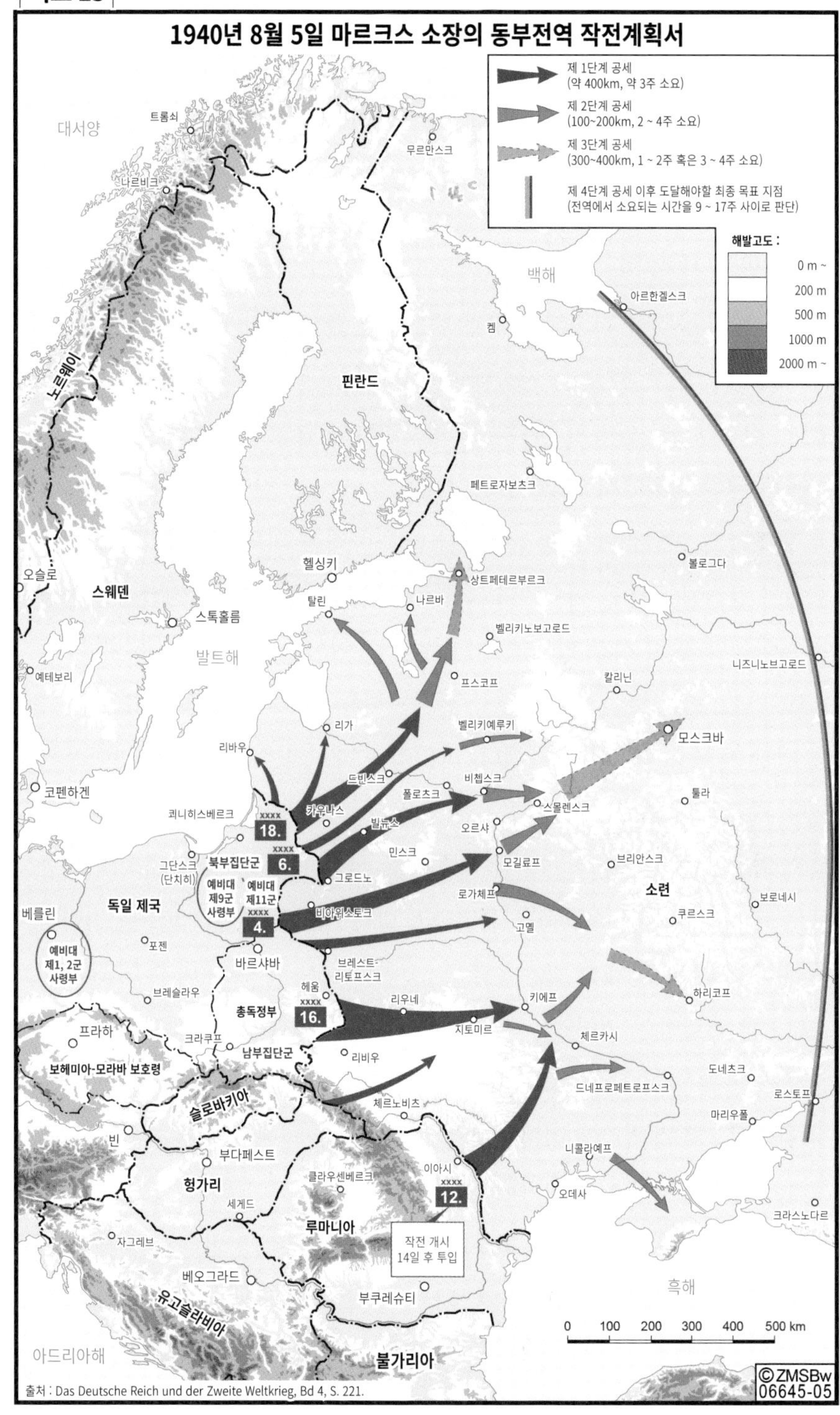

출처 : Das Deutsche Reich und der Zweite Weltkrieg, Bd 4, S. 221.

한 포위 회전으로, 소련군을 마치 자루에 넣어 싯밟듯, 하나도 남김없이 쓸어버려야 한다'[70]고 소리를 높였다. 가장 적절한 침공 시점은 이듬해 춘계로 한다는 정도의 의견을 제시했다. 그러나 중점의 문제, 특히 모스크바 공략에 대한 결심은 보류시켰다.

하지만 당시까지도 소련과의 전쟁 여부가 결정되지 않은 상태였다. 히틀러가 전쟁의 중점을 지중해 일대에 두는 방안을 심각하게 고민했던 시기였다.[71] 그러나 몇 주 후 그는 '지중해 대체전략'을 단념하고 소련 침공을 결심했다. 1941년 2월 롬멜이 지휘하는 아프리카 군단을 리비아로 파견하고 4월에는 발칸 전역에서 '마리타 작전'Unternehmen Marita을 감행했는데 이것은 결국 동맹국인 이탈리아군의 안정화를 도모하려는 의도였을 뿐, 전략적 수준에서 결정된 전쟁은 아니었다. 히틀러에게 지중해 지역은 지엽적인 전장에 불과했다. 단지 시간 획득을 위한 의미 그 이상도 이하도 아니었다.[72]

1940년 12월 18일 국방군 총사령부는 히틀러의 의도를 담아 소련 침공을 위한 제21호 명령을 하달했다. 히틀러는 자신의 의도를 직접 받아쓰게 했다. 중부집단군이 공세의 주공을 맡았다. 하지만 중부집단군의 목표는 모스크바 점령이 아니라 기동간 북쪽으로 선회하여 북부집단군과의 협공으로 북부에 위치한 소련군을 섬멸하고 발틱 지역과 레닌그라드를 점령하는 일이었다. 제1단계의 작전목표도 드네프르강Dnepr-드비나강Dvina선에서 소련군을 격멸하는 것이었다. 이 작전을 종결하고 재편성과 재보급을 위한 일정 기간 휴식 이후, 모스크바를 향한 공세를 재개한다고 기술했다. '반드시 기습적으로 신속하게 러시아군의 저항력을 분쇄해야만 두 개의 목표를 동시에 달성할 수 있다'라고 강조했다.[73]

할더는 자신의 작전계획을 고수하려 했지만 히틀러의 반대로 한발 물러서야 했다. 그는 계획의 구체화 과정 또는 작전 실시간에 자신의 구상이 옳았음을 인정받을 수 있으리라는 희망을 버리지 않았다. 작전계획 수립과

정에서 할더는 자신의 의도대로 계획을 변경하고자 수차례 노력했다. 이러한 시도는 수개월간 상당한 마찰을 일으켰다. 히틀러는 경제적, 사상적 요충지 점령을 최우선 목표로 생각했고 모스크바는 별로 중요하지 않다고 수차례 강조했다. 총참모장은 히틀러의 주장을 결코 좌시할 수 없었다. 더욱이 히틀러는 제12군을 남부집단군에서 해제시켜 발칸 전역에 투입했다. 이로써 할더가 구상한 남부집단군의 포위작전은 물거품이 되어 버렸다.[74]

1941년 6월 8일, 총통은 '바르바로사 작전'으로 명명된 최종 공격명령에서 자신의 작전적-전략적 구상을 밝혔다. 주공이 모스크바 방면이라는 언급은 없었다. 공세의 주공은 양 측익이 담당했다.[75] 결국 여러 가지 방책들의 타협안이었고 명확한 중점은 존재하지 않았다. 육군 총사령부와 히틀러가 작전목표에 관한 합의점을 찾지 못했기 때문이었다. 할더는 적군 격멸을 계속해서 주장했지만 히틀러는 소련군의 섬멸이 중요하다는 점을 인정하면서도 전시경제를 위한 중요지역 점령을 작전목표로 선정했던 것이다. 구데리안은 자신의 회고록에서 이러한 딜레마를 다음과 같이 지적했다. (지도 14 참조)

> *"거의 비슷한 전투력을 보유한 3개의 집단군이 각기 다른 목표를 향해 광활한 러시아 영토 깊숙이 전진하는 계획이었다. 명확한 하나의 작전목표가 없는 이러한 계획은 군사 전문가의 관점에서 정말로 납득할 수 없다."*[76]

또한 소련군의 섬멸 이후 어떻게 소련과 평화조약을 체결할 것인가에 관한 문제도 결정된 바가 없었다.

대(對)소련 작전계획을 둘러싼 할더와 히틀러의 갈등으로 총참모부의 작전적 사고의 토대가 무너져버렸다. 히틀러는 총참모부의 결정적 회전, 그리고 작전목표인 적군의 섬멸을 제쳐두고 경제적, 사상적 지역목표 확보를 우선시했기 때문이다. 그러나 할더와 브라우히치가, 대몰트케 시대로부터 자신들의 고유 영역에 히틀러가 개입하는 것을 왜 그토록 무기력하게 지켜볼 수밖에 없었는지에 대해서도 생각해 볼 필요가 있다. 할더는 최근 몇 년간 히틀러의 전략적 결심들을 지켜보았다. 주변의 만류에도 불구하고 총통은 장교들이 생각했던 것보다 훨씬 빨리 독일을 자신들이 희망했던 패권국가로 올려놓았다. 연이은 정치적, 군사적 성공으로 독재자의 권세는 하늘을 찌를 듯했고 이 때문에 할더는 자신의 계획을 히틀러뿐만 아니라 국방군 총사령부와 공군에게 관철시킬 자신감을 상실했다. 따라서 최종적인 결정을 전쟁 개시 이전까지 유보시키려 했고 히틀러가 작전지휘에 개입하는 일만 저지한다면 자신의 의도를 실현할 수 있다고 믿었다. 총참모부의 작전적 전문성을 확신했기에 그러한 역량을 발휘할 수 있는 위기사태가 발생하기를 내심 기대하기도 했다. 그때가 되면 적시에 작전적 해법을 제시하여 자신의 의도를 관철시킬 수 있으리라 확신했던 것이다.[77] 또한 만프레드 메서슈미트Manfred Messerschmidt가 언급한대로, 그러한 방책들이 성공한다면 총참모부가 원하는 대로 히틀러를 움직일 수도 있다고 판단했다.[78] 그러나 그러한 기대는 허망하게 무너져 버렸다.

'바르바로사 작전'은 처음부터 전격전으로 계획되었다. 국경회전에서 속전속결로 소련군의 주력을 섬멸하고자 했다. 결정적인 요소는 바로 시간과 공간이었다. 마르크스는 전체 전역을 9주에서 17주 정도로 예상[79]했던 반면, 할더는 초여름에 침공을 개시한다면 1941년 가을 정도, 즉 8주에서 10주 정도면 전역을 종결할 수 있다고 확신했다. 히틀러는 약 21주 정도 소요될 것으로 판단했다. 또한 외국의 수많은 전문가들도 독일의 예측에 동의했다.[80] 신속한 승리를 자신했기에 육군의 지휘부는 러시아 침공을 통해 초래될 양면전쟁에 대한 근심은 일찌감치 떨쳐버렸다. 필시 양면전쟁으로 귀

지도 14

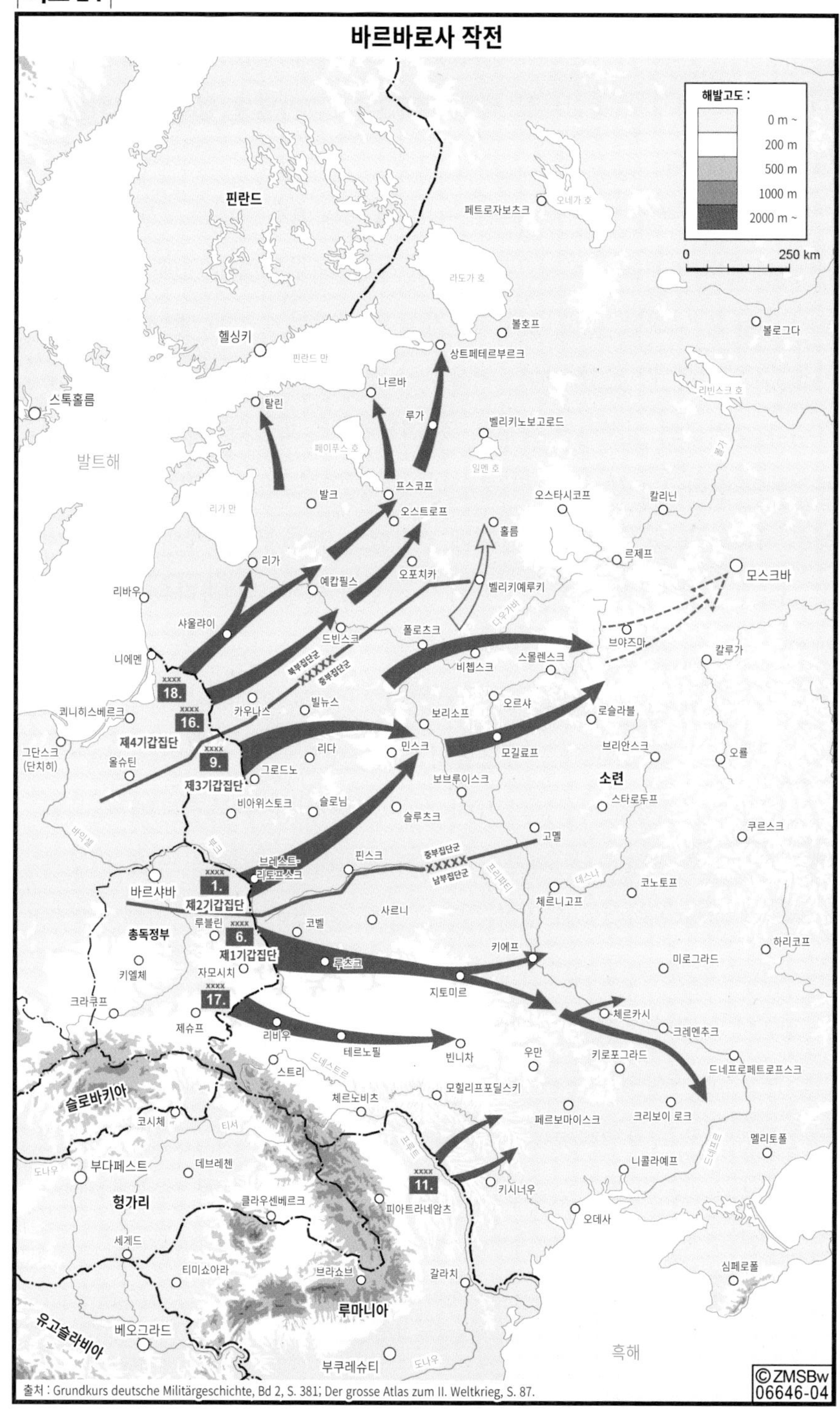

출처 : Grundkurs deutsche Militärgeschichte, Bd 2, S. 381; Der grosse Atlas zum II. Weltkrieg, S. 87.

결되겠지만, 언젠가는 반드시 치러야 할 소련과의 충돌을 적절한 시점에 '단일 정면전쟁'으로 종지부를 찍을 수 있다면 그야말로 절호의 기회라고 생각했던 것이다.

화산의 분화구를 닮은, 동쪽으로 갈수록 광활해지는 영토, 그리고 엄청난 종심, 공격축선을 가로지르는 수많은 하천, 서부유럽에 비해 열악한 도로사정 등을 고려할 때 도대체 작전가들은 어디서 승리에 대한 자신감을 가질 수 있었을까? 총참모부는 처음부터 열세를 전제로 계획을 수립했다. 그러나 소련군의 실질적인 규모[81], 즉 전투력[82]을 과소평가했다. 열세에서 공격해야 한다고는 생각했지만 불안하지는 않았다. 이런 관점은 슐리펜 이래로 지속된 독일군만의 전쟁관념에 부합했고 또한 무기체계의 성능, 부대의 교육훈련 수준, 특히 지휘 측면에서 적보다 훨씬 우세하다는 자신감에서 비롯되었다. 게다가 히틀러와 측근의 장군들은 소련군의 전투력을 우습게 여겼다.[83] 1920년대 폴란드와의 전쟁, 1939-40년의 핀란드와의 전쟁에서 소련군의 중간 및 고위급 장군들의 지휘능력은 수준 이하였다. 또한 제1차 세계대전 당시에 독일군의 부차적인 전역이었던 '동부전선'에서, 특히나 열세에서도 '왼손으로' 짜르의 군대를 격파하고 러시아의 영토 일부를 점령했던 경험이 있었기에 소련군을 얕잡아 본 것이다. 이로 인해 독일군은 스스로 전쟁수행능력의 우위[H]를 확신했고 또한 다민족 국가인 러시아가 조기에 분열되어 지리멸렬하리라는 착각에 빠지게 된다. 설상가상 마르크스는 육군 총사령부의 계획에 러시아 전역의 종결을 '1918년 동부에서의 철도공격'으로 표현하는 오판을 저지르고 말았던 것이다.[I]

그러나 소련군의 전쟁수행능력에 대한 과소평가는 제1차 세계대전에서

H 독일군 장군참모들은 패전 이후에도 이러한 착각에 깊이 빠져 있었다. 제9장에서 참조. (저자 주)
I 원문에는 '열차를 타고 진군하는 것'Eisenbahnvormarsch로 서술했다. 1918년 독일의 공세에 무기력했던 러시아군을 조롱하는 의미다. (역자 주)

의 경험적-극소수의 국방군 고위급 장교들만이 제1차 세계대전에서 동부 전역을 경험- 산물이기보다는 오히려 다른 곳에서 비롯되었다. 세계대전의 작전적 경험과는 무관한 사회적인 통념, 즉 상대 국민을 멸시하는 고정관념 때문이었다.[84] 저질 인종인 러시아 병사는 당연히 독일군 병사보다 열등하다는 인식이 마치 진리처럼 여겨졌다. 이로써 극도로 열악한 조건에서 불굴의 용기를 발휘했던 러시아군 병사들의 능력은 철저히 무시되었다.[85] 대몰트케와 슐리펜, 팔켄하인이 엄중히 경고했던 러시아 영토의 광활함과 무한한 인적 동원능력을 경시하고 말았던 것이다.[86] 1914년 러시아의 무시무시했던 무한(無限) 동원능력을 잊은 채 1940년에는 러시아를 사상누각으로 인식해버렸다. 이렇듯 많은 부분에서 총참모부는 자신이 원하는 대로 현실을 바라보고 평가했다. 그 예로 1939년 8월, 소련군이 할힌골Chalchin Gol 전투[J]에서 일본군 제6군을 대파[87]했는데 이처럼 자신들의 의도에 부합하지 않는 사건들은 철저히 불문에 부쳤다.

그러나 이것은 중대한 실수였다. 소련군은 이 회전에서 전술뿐만 아니라 작전적 차원에서도 기계화부대와 공군을 결합한 제병협동전투수행 능력을 입증해냈다. 하지만 독일은 이를 무시한 채 극도의 교만과 아집에 빠져 있었다. 물론 과거 러시아군과의 전투경험도 그 이유가 되겠지만 가장 근본적인 원인은 폴란드와 특히 프랑스 전역에서의 압도적인 승리 때문이었다. 총참모부는 서부 전역 이후, '공군의 지원 아래 최정예 기갑부대들을 주축으로 기동전을 구사한다면 열세에서도 승리할 수 있으며 드디어 공세의 원칙이 부활했다'고 확신했다. 향후 이러한 개념을 발전시키면 어떠한 전쟁에서도 승리할 수 있다는 자신감으로 충만했다. 결국 총참모부는 '바르바로사' 작전개시 직전에 기갑사단 예하의 전차 숫자를 감소시켜서 사단

J 일본에서는 노몬한 사건이라 불린다.

의 수를 증가시키는 우를 범하고 말았다.[K] 기갑사단에 보병대대와 오토바이대대를 추가로 창설하여 보병 전력을 강화시키고 기계화부대 숫자를 늘려 기동전 수행능력을 향상시키려는 의도였으나 실제로는 기갑부대의 타격력이 감소되는 결과를 초래했다. 어쨌든 기계화부대가 종심 상에서 용이하게 진격할 수 있도록 적의 최초 방어선을 제병협동전투로 돌파한다는 개념[88]만큼은 훌륭했다. 서부 전역에서와 마찬가지로 기습과 주도권의 확보가 전쟁의 승부를 결정짓는 관건이라고 판단했다.

전술적-작전적 측면에서는 기계화부대의 양익포위로 소련군을 격멸하고자 했다. 이러한 고전적인 작전을 위해 '포위회전'Kesselschlacht이라는 개념을 발전시켰다. 성공적인 양익포위를 위한 전제조건은 아군의 의지를 적에게 강요하고 주도권을 확보하는 일이었다. 포위회전은 공격작전에서는 물론, 탄넨베르크[89]에서처럼 방어작전에서도 가능하며 시공간적인 상황에 따라 작전목표를 변경할 수 있는 자율성, 융통성도 중요한 요건이었다. 또한 그들은 열세-독일의 작전적 사고의 필수적인 조건-에서도 포위를 달성할 수 있다고 자신했다. 양익포위의 성공을 위해서는 단기간 내에 주공지역에서 국지적인 우세를 달성하고, 이를 위해 최대한 협소한 공간에 공세부대를 집중시켜야 하며 전선을 돌파한 후에는 측방노출을 무시하고 적 종심으로 연속적인 공격을 시행해야 했다. 그러나 이때 각 부대들 간의 복잡다단한 협조 문제들이 내재되어 있었으며, 전투력 우위와 행동의 자유를 확보하고 종심지역에서 적군을 격멸할 수 있을지의 여부는 쐐기역할을 맡은 공세부대들이 마찰요소 없이, 신속한 '종심기동'을 할 수 있느냐에 달려 있었다. 전술과 작전적 제대의 긴밀한 협력과 작전에 참가하는 육, 해, 공군을 통합 지휘하는 상급 지휘부의 편성도 성공을 위한 필수조건이었음은 두말할 나

K 1915년 팔켄하인이 보병사단의 숫자를 증가시키기 위해 적용한 방법으로, 기준 기갑사단 예하의 전차연대 중 하나를 예속해제시켜 이들로 새로운 기갑사단을 창설하여 기갑사단의 숫자를 늘렸다.(저자 주)

위도 없었다.[90]

다수의 독일군 엘리트들은 전차와 항공기의 결합으로 고속기동전이 가능해졌으며, 따라서 작전적-전략적 승리도 가능하다는 확신을 가지게 되었다. 전격전이라 불린 이러한 작전수행 형태는 대몰트케 시대로부터 인적, 물적 열세를 극복하기 위해 속도와 기동성에 승부를 걸었던 독일군의 고전적인 작전적 사고와 완전히 합치되는 개념이었다. 제1차 세계대전에서는 기동성 부족으로 쓰디쓴 패배를 겪어야 했지만 드디어 지상 및 공중에서의 기계화를 통해 독일군 고유의 작전적 사고에 기반을 둔 기동전 및 신속한 대규모 작전이 가능했던 것이다.

마침내 전통적인 독일군의 작전적 사고의 핵심 요소들, 기동, 공세, 속도, 주도권, 중점, 포위, 기습과 섬멸이 전격전이라는 용어로 통합되어 국방군만의 고유의 전법이 형상화되었다. 앞서 언급한 모든 요소들이 '바르바로사 작전계획'에 반영되었고 마르크스는 기습, 속도, 기동성이 동부 전역에서 성공하기 위한 근본적인 전제조건이라고 기술했다. 종심지역에서의 작전목표는 적 병참선과 통신시설 파괴와 더불어 양익포위로 소련군을 섬멸하는 것이었다. 소련군의 규모와 광대한 작전지역을 고려하여 단 한 번의 포위회전이 아닌 수차례의, 결국 연속적인 칸나이를 지향했다. 적에게서 행동의 자유를 박탈하여 주도권을 확보하고자 했던 총참모부의 의지가 작전계획의 바탕에 깔려 있었다. 그러나 앞에서 기술했듯 히틀러와 육군 총사령부의 의견 충돌 때문에 명확하지 않은, 흐릿한 중점이 형성되는 치명적인 결과를 낳고 말았다.

독일 정부와 군부는 소련의 주요 산업지대를 점령한다면 경제가 마비, 붕괴된 소련이 스스로 항복해오리라 판단했다. 이러한 확신은, 한편으로는 제1차 세계대전의 경험에서, 다른 한편으로는 볼셰비즘을 저급한 사상이라고 설파한, 시대착오적인 자료들 때문에 비롯되었다고 할 수 있다. 1940

년 8월의 소련 군사연구보고서 등의 문건들에서는 소련의 실질적이고도 견실한 산업동원력이 소개되었다. 여기에는 시베리아에 위치한 현대적인 콤비나트Kombinat의 건설로 서부의 산업지대에 피해가 발생하더라도 소련은 결코 무너지지 않는다는 경고의 메시지도 포함되어 있었으나 군부는 주의를 기울이지 않았다. 자신들이 원하는 논리가 아니었기 때문이다. 기계화부대를 운용하기에 부적절한 기후조건과 공간의 종심을 경고하는 목소리들도 있었으나 독일군 지도부는 과거 전쟁경험과 자신들의 우월감 때문에 일고의 가치를 느끼지 못했고 경고성 메세지들은 일부 상황평가 보고서에만 흔적으로 남았다. 오도된 전쟁경험, 인종 이데올로기적인 현실감 상실, 그리고 스스로를 과대평가한 결과였다. 따라서 상황을 정확히 평가할 수도 없었으며 결국에는 군사적 정황을 기초로 자신들의 능력을 객관적으로 재고(再考)할 수도 없게 되었다.

또한 소련 침공을 위해 해결해야 할 매우 중대한, 작전적 사고와도 밀접하게 관련된 과제가 남아 있었다. 속도 위주의 기동전에서 광활한 작전지역을 감안할 때 기동성을 갖추고 공세부대를 후속할 수 있는 대규모 군수보급체계가 필요했다. 더욱이 전투부대들이 기계화되고 고속기동능력을 갖추게 되면서 군수의 중요성도 한층 강조되었어야 했다. 그럼에도 불구하고 제1, 2차 세계대전의 전간기 동안 '작전의 우위'로 인해 이토록 중요한 문제가 계속해서 무시되고 말았다.[L] 일례로 동부전선에서 수송의 중점은 철도에서 도로로 전환되어야 했다. 이를 위해서는 야지에서 일선 전투부대를 후속할 수 있는 트럭과 같은 수단들이 필요했으나 생산할 수 있는 역량이 부족했다. 제1차 세계대전 당시와 동일한 상황이었다.[M] 게다가 수년 동

L 제7장 참조 (저자 주)
M 제1차 세계대전 기간 중에도 트럭이 매우 부족했다. 연합국과는 대조적으로 제국 육군의 차량화 정도는 매우 열악했다. 이것은 1918년 독일의 공세를 시행하는데 큰 문제를 야기했다. 제6장 참조. (저자 주)

안 노출된 철도 부문의 문제들도 아직 해소하지 못한 상태였다.[91]

할더를 포함한 극소수의 예외도 있지만 총참모부는 군수분야에 그다지 큰 관심을 두지 않았다.[92] 현대적인 기동전을 위해 군수의 중요성이 현저히 증가했음에도 수송과 보급분야는 '경시'를 넘어서 '무시'되고 말았다.[93]

독일군의 작전적 사고와 군수지원의 공간적 범위는 전통적으로 중부유럽 및 독일 국경 인접 지역에 한정되었다. 하지만 이 범위는 이미 제1차 세계대전에서 그 한계를 드러냈다. 동부 전역 기간 중 유발된 군수문제들은 시종일관 즉흥적인 기지(機智)로 순식간에 해결되었다. 이로써 작전가들은 의례 '군수 분야의 전문가'들이 어떻게든 '마법처럼' 난감한 상황을 해결하리라는 믿음을 가지게 되었다.[94]

작전을 우선시함으로써 '바르바로사 작전'을 준비하는 과정에서 발생한 문제는 대단히 심각했다. 독일군은 종래까지 수행한 작전의 범위를 능가하는 공간에서 신속한 공격을 감행하고자 했다. 이 공격의 성공여부는 광활한 공간에서 300만 명 이상의 병사들과 약 50만 대의 차량, 30만 필 이상의 말에 대한 원활한 보급에 달려 있었다. 환경적 조건도 동쪽으로 갈수록 넓게 펼쳐지는 지형, 불비한 도로망, 빈약한 사회간접시설과 혹한의 기후 등 중부 및 서부유럽과는 비교할 수 없이 열악했다. 특히 전체적인 군수부대들은 다모클레스의 칼이 머리 위에 매달려있는 것처럼 과중한 시간적 압박에 시달려야 했다. 동부로 넓게 펼쳐진 소련 지형의 특성상, 공격정면은 최초 2,000㎞에서 작전 진행 중에는 3,000㎞ 이상으로 확장될 것이고 여러 방향의 작전목표들은 최초 집결지로부터 약 1,500㎞ 이상 이격되어 있었다. 이러한 목표를 향해 공격하는 전투부대들에게 원활한 보급은 필수적이었다. 특히 기계화부대에 대한 보급이 가장 중요한 문제였다. 한편, 전역초기에 국경지역까지 물자수송을 위해 철도는 매우 중요한 수단이었다. 그러나 독일군이 소련 영토에 진입하면서부터 매번 궤간(軌間) 변경-독일과 소련은 철도 규격이 달랐다-을 해야 했기에 소련의 철도망 이용도 매우 제한적이었다.

총참모부는 전역 기간 중 예상되는 보급의 문제점들을 인식했지만 단기간의 '전격전'으로 계획, 예측했던 터라 그런 문제들은 무시해도 좋다고 결론지었다. 작전가들은 군수분야의 문제들로 인해 작전에 차질이 발생하거나 위협적인 사태가 일어나리라고는 결코 예측하지 못했다.[95] 단기 속결을 전제로 군수분야도 그에 맞게 준비했다. 총참모부는 전쟁의 승부를 결정지을 초기 단계에서는 화물차량을 이용한 보급만으로 충분하다고 판단했다. 부참모장 에두아르트 바그너Eduard Wagner 장군은 제1차 세계대전에 비해 두 배인 500km에 달하는 작전종심을 감당할 수 있는 특별한 보급체계를 개발했다.[96] 그러나 이 체계는 작전이 4~5개월간 지속될 경우, 그 옛날의 전통에 따라 점령지에서 식량을 조달해야 한다는 점을 전제로 했다. 장거리 수송부대Großraumtransport의 능력과 거리를 고려할 때 유류, 탄약, 수리부속들만을 공급할 수 있을 뿐 식량을 적재할 능력이 없기 때문이었다.[97] 이 경우 18세기처럼 적국에서 식량을 수탈하는 군대가 되어야 했지만 신속한 보급을 위해서는 달리 방도가 없다고 판단했다. 장거리 수송부대는 화물차량으로 각 집단군마다 약 2만 톤의 물자를 공급할 수 있었다. 그러나 두 번째 단계에서는 장거리 수송부대들이 비교적 장기간의 재보급을 위해 정지해야 했으므로 보수된 철로를 이용해 보급품을 공급해야 했다. 이렇듯 독일군은 군수보급 측면에서만큼은 극도의 모험을 감행하려고 했다. 국방군은 당시까지도 속전속결의 기동전을 위해 필수적인 100% 차량화된 보급수송부대들을 보유하지 못했다.[98] 예상되는 모든 문제점들을 인지했지만 총참모부도, 히틀러도 보급과 수송문제들이 작전에 치명적인 위협이 되리라고는 생각지 못했던 것이다. 그들은 전통적으로 그래 왔듯 과거처럼 군수분야는 간과해도 문제없다는 결론을 내렸다.[99] 만일 전쟁이 장기화된다면 그러한 문제점들-어떠한 형태로든-은 심각한 결과를 초래할 것이고 전쟁 전체를 그르칠 수도 있었다. 이는 불 보듯 뻔한 일이었다. 그러나 독일군 지도부는 전쟁을 시작하기도 전에 우월감과 승리감에 도취되어 있었으며 따라서 그 누구도 장기전이 벌어지리라고는 생각하지 않았다. 제1차 세계대전이 발발했을 때처럼 모두들 성탄절은 집에서 가족들과 보낼 수 있으리라 기대했다.[100]

엄청난 위험이 도사리고 있었음에도 소련 침공 전날까지 독일의 종말finis Germaniae이 닥칠 것이라고 여기는 사람은 거의 없었다. 당시 멸망을 예측했다고 주장하는 몇몇 사람들이 종전 후에 나타나기도 했지만 객관적으로 증명된 바는 없다. 어쨌든 선전장관 요제프 괴벨스Joseph Goebbels는 1941일 6월 16일의 일기에 오만방자하게도 다음과 같이 기록했는데 이는 당시의 분위기를 잘 반영한다.

> *"소련은 약 180에서 200개의 사단을 보유하고 있다. 아마 더 적을 수도 있다. 하여튼 우리와 거의 비슷한 수준이다. 그러나 인적 자원, 무기체계, 물자의 성능 면에서 우리와는 상대가 되지 못한다. 곳곳에서 돌파는 성공할 것이다. 그들은 완전히 유린될 것이다. 총통은 약 4개월로 예상하고 있지만 나는 훨씬 더 빨리 끝나리라 확신한다. 볼셰비즘은 모래성처럼 무너지고 우리는 역사상 유례없는 대승을 맛보게 될 것이다. 과감하게 행동해야 한다. 모스크바를 전쟁에서 이탈시켜야 한다. 유럽이 초토화되고 피바다가 될 때까지…."* [101]

1941년 6월 22일 새벽, 루마니아군의 지원 아래 마침내 남부, 중부, 북부 집단군은 공세에 돌입했다. 국방군은 국제법을 무시하고 선전포고도 하지 않았다. 그즈음 스탈린도 독일의 침공 징후와 경고를 무시했던 터라 기습의 효과는 충분했다. 작전적 사고의 원칙에 따라 승리를 위한 결정적인 전제조건 즉, 기습 차원에서는 대성공이었다.

공세 초기 며칠 동안 이미 엄청난 성공을 거뒀다. 공군은 단 며칠 만에 소련 공군기 8,000대 중 4분의 1을 괴멸시킨 후 공중 우세를 달성했다. 이로써 전술적 수준에서 지상군을 지원할 수 있는 여건이 조성되었다. 7월 초에 일부 선두부대는 이미 러시아 국경 너머 400km 지점까지 진출했다. 독일군 지휘부는 이미 승리감에 들떠 있었다. 할더는 제1단계 작전의 목적을 달성했다고 확신했다. 즉 드비나강과 드네프르강 선에 이르는 국경 인접 지역의 소련군을 섬멸했다고 믿었던 것이다. 7월 3일 자 일기에 자신감이 가득한 어투로 다음과 같이 기록했다.

> *"내가 주장한 대로 대러시아 전역은 14일 내에 승부를 결정짓게 될 것이다. 물론 전쟁이 그것으로 종결되지는 않을 것이다. 적은 광활한 공간을 이용하여 수단과 방법을 가리지 않고 집요하게 저항할 것이다. 그렇다면 아군도 다소간의 피해를 감수할 수밖에 없을 것이다."* [102]

할더는 현실을 직시하지 못한, 역사상 최악의 독일군 총참모장이었다. 확실히 소련군은 병력과 장비 면에서 엄청난 손실을 입었다. 공세의 중점은 페도르 폰 보크Fedor von Bock 원수가 지휘했던 중부집단군이었다. 그 예하의 주력은 바로 구데리안의 제2기갑집단과 헤르만 호트Hermann Hoth의 제3기갑집단이었다. 이들은 비아위스토크Bialystok와 민스크Minsk, 두 지역의 회전에서 거대한 칸나이를 달성하는 데 성공했다.[103] 반면, 남부집단군은 예상치 못한 소련군의 집요한 저항으로 매우 더디게 진출했다. 소련군은 비록 엄청난 피해를 입었지만 포위는 물론 섬멸을 교묘하게 회피했다. 북부집단군은 남부집단군보다 더 신속히 소련군의 방어진지를 돌파했지만 소련군이 동부로 조기에 철수해 버리는 바람에 계획했던 발틱 지역에서의 포위망을 구축하는 데 실패했다.

남부와 북부집단군은 작전적 수준의 주도권도 확보하지 못한 채 소련군을 그저 정면에서 밀어내는데 급급했다. 결국에는 소련군을 국경 인근 지역에서 섬멸하고자 했던 제1단계 작전 목표도 달성하지 못했고 소련군에게 큰 타격을 주지도 못했다. 스몰렌스크Smolensk에서의 포위회전[104]을 승리로 이끌었지만 제1단계 작전의 실패로 기대했던 만큼의 큰 성과도 없었다.

서부 전역에서도 그랬지만 우마차를 보유했던 대부분의 보병사단들은 이미 러시아 전역의 초기 단계에서부터 기계화부대의 속도를 쫓아갈 수 없었다. 그들은 포위망 속의 소련군을 섬멸하는 임무를 부여받았지만 더딘 기동속도 때문에 본연의 임무도 완수할 수 없었고 나아가 더 심각한 작전적 문제점을 야기했다. 보병사단이 포위망에 도달하지 않은 이상 기갑부대가 전진할 수 없었기 때문이었다. 따라서 이 당시 보병과 기갑병과의 자칭 대표자들 사이에서 작전수행에 관한, 특히 포위방책에 관한 논쟁이 벌어졌다. 쟁점은 바로 포위망의 크기였다. '대규모 포위망이냐' 아니면 '소규모 포위망이냐'하는 문제에서부터 결국에는 작전적 차원의 논쟁으로 확대되었다. 보크의 비호 아래 호트, 구데리안과 같은 기갑병과 지휘관들은 동부로 더 깊숙이 진출해서 대규모 포위망을 구축해야 한다고 주장했던 반면, 히틀러와 육군 총사령부는 보병 출신의 야전군 지휘관들과 합세하여 소규모 포위망을 만들어야 한다고 맞섰다. 소규모 포위망이 더 신속하게 구축하고 제거할 수 있다는 이유에서였다.[105] 이러한 대립으로 작전 초기부터 지휘체계에 균열이 발생했다. 결국 육군 총사령부는 소규모 포위망을 구축하기로 결정했다. 이는 보병 지휘관들의 요구이기도 했지만 한편으로는 기갑병과 장군들을 제어하기 위한, 소위 '군기를 잡기 위한' 방책이었다. 서부 전역에서 보여주었듯 기갑병과 장군들은 '프로이센의 전통'에 따라 상부의 통제를 거부하는, 역동적인 독단성을 선호했기 때문이다. 그러나 육군 총사령부는, 1914년 8, 9월, 서부 전역에서 우익을 담당한 부대 지휘관들의 위험천만한 독단 행동을 떠올리며 집단군과 야전군을 엄격하게 통제하고자 했다. 이에 할더는 집단군사령관들에게 야전군의 전술적 조치까지 통제하라고 지시하는 등 전통적인 임무형 지휘에 역행하는 조치를 취했다.[106]

일선의 집단군 및 야전군사령관들은 브라우히치와 할더, 즉 육군 총사령부의 과도한 중앙집권적 지휘에 불만을 토로했다. 러시아군의 강력한 저항으로 공세가 둔해지고 급기야 정체되자 일선부대 사령관들은 이러한 작전적 오판에 대해 히틀러보다는 오히려 육군 총사령부를 비난했다. 게다가 전투는 점점 더 격렬해졌고 총참모부는 이제야 냉정하게 현실을 바라보기 시작했다. 또한 승리에 대한 확신도 점차 무너지고 있었다. 북부집단군의 선두는 레닌그라드를 100㎞ 남짓 남겨둔 지점까지 진출했고 남부집단군의 공세도 진척이 있었지만 소련군을 섬멸하는 데는 실패했다. 대몰트케와 슐리펜이 그토록 경고했던 대로, 또한 제1차 세계대전 때처럼 소련군의 주력은 조기에 동부로 퇴각하여 독일군의 포위를 회피했다. 동시에 독일군 측에서는 심각한 문제들이 여기저기서 속출했다. 우선 병력과 장비 피해는 예상치를 훨씬 초과했다. 전투부대들에 대한 보급 자체가 매우 어려웠고 전선 후방지역 곳곳에서 날이 갈수록 게릴라전이 빈번하게 발생했다. 총참모부와 히틀러는 소련의 현존 전투력뿐만 아니라 인적, 물적 잠재력을 터무니없게 과소평가했던 것을 시인할 수밖에 없었다.

"전쟁 개시 당시 소련군이 약 200개의 사단을 보유했을 것으로 판단했다. 그러나 확인된 것만 360개에 달한다. 무기와 장비는 우리와 상대가 안 된다. 전술적 능력도 매우 부족하다. 그러나 적군은 우리 앞에 있고, 우리가 그중 수십 개의 사단을 격멸하더라도 러시아놈들은 새로

운 수십 개의 사단을 또 투입할 것이다. 이로써 놈들은 자신들의 근거지에서 시간을 벌고, 우리는 본토로부터 점점 더 멀어지고 있다." [107]

오래전부터 대몰트케와 슐리펜은 대(對)러시아 전쟁에 관한 위험성을 지겹도록 부르짖었다. 할더는 이제야 그러한 진부한 작전적 이치를 깨닫고 이를 자신의 일기장에 토로했다. 때마침 스몰렌스크의 지협Landbrücke[N]을 확보하자, 드디어 제2단계 작전목표에 관한 갈등이 표출되었다. 애초부터 계획수립 과정에서 작전 실시까지 할더와 히틀러의 최종 합의가 없었던 사안이었다. 히틀러는 자신의 계획대로 현재 상황을 이용해 북부와 남부에서 퇴각하는 소련군을 섬멸하고 전시경제를 위한 주요 지역을 점령하라고 지시했다. 반면, 할더는 모스크바를 목표로 해야 한다고 고집했다. 작전부장 아돌프 호이징어[108]도 기술했듯, 고전적인 작전적 사고를 지향했던 할더는 소련 수도 전방에서 대규모 섬멸회전으로 역사상 유례가 없는 칸나이를 시도하고자 했다. 이 회전에서 승리한다면 주도권을 되찾을 수 있으며 나아가 서쪽에 위치한 소련군은 저절로 '소멸'하게 되리라 확신했다.[109]

히틀러와 육군 총사령부의 지휘권 쟁탈전에서 결국 승자는 히틀러였다.[110] 모든 수단을 총동원해서 히틀러의 마음을 돌리고자 했으나 허사였다. 히틀러는 중부집단군에 보병사단만으로 계속 진격하고 그 예하의 기갑군으로 하여금 방향을 남부로 틀어 우크라이나에서 소련군을 섬멸하는 작전에 참가하라고 명령했다. 이에 할더는 '작전의 종말'이라고 한탄하면서 '작전적 수준의 전쟁이 전술적 수준의 전투로 전락하여 결국에는 진지전'이 벌어지리라는 공포에 사로잡혔다.[111]

겉으로 보기에 당시까지의 공세는 꽤 성공적이었다. 북부에서는 레닌그

N　Witebsk와 Orscha, Smolensk 일대를 연결하는 지형

라드까지 진출했다.[112] 그러나 히틀러의 명령으로 이 도시를 점령하지 않았다. 이 도시를 봉쇄하여 시민들을 모두 아사(餓死)시키겠다는 의도였다. 한편 남쪽에서는 종래까지의 성공을 능가하는 대승리를 거뒀다. 키에프 지역의 포위 전투에서만 65만 명 이상의 포로를 획득했다.[113] 키에프 전투가 종결된 직후 언제나 그랬듯 히틀러는 자신의 직감적인 결정이라고 언급하면서 모스크바 점령을 위해 즉시 기갑부대들을 집결시켰다. 마침내 할더의 의견을 받아들인 것이다. 또한 동계가 시작되기 전에 스몰렌스크 동쪽에 위치한 소련군을 대규모 양익포위로 섬멸해야 한다고 명령했다. 그러나 전투현장에서는 매번 전투 막바지에 이르러 보병사단의 더딘 진출속도가 문제를 일으켰다. 보크 장군은 각 기갑군 예하에 1개 보병사단을 배속시키는 방법으로 해결하고자 했다. 이를 위해 계획된 '타이푼 작전'을 가능한 한 신속하게 감행하려 했지만 바로 그때 기동로가 진창으로 변했고, 기갑부대의 진격은 지체를 거듭했다.

그즈음 중부집단군은 기상악화뿐만 아니라 보급품 부족으로 절체절명의 위기에 빠져 있었다. 소련군은 끊임없이 새로운 부대를 창설하여 투입했던 반면, 독일군의 예비대는 고갈되었다. 화물차량과 전차들도 현저히 부족했고 특히 유류 부족은 심각한 수준이었다. 철도로 유류 수송을 할 수 없었기 때문이다.[114] 남은 역량을 모두 쏟아부었지만 1941년 9월 30일, 공격 개시 시점의 기동성과 전투력은 충분하지 못했다. 그런 악조건 속에서도 기갑부대들은 브야즈마Vjazma와 브랸스크Briansk 일대의 두 회전에서 대규모의 소련군을 양익포위하는데 성공했다.[115] 치열한 혈투 끝에 다시금 67만 명 이상의 포로를 획득했다. 모스크바로 가는 길에 거칠 것이 없는 듯했으나 독일군의 전투력은 50% 수준까지 떨어져 있었다. 모스크바를 목전에 둔 독일군은 소련군의 격렬한 저항, 전투력 부족, 피로가 누적된 상황에서 영하 20도의 혹한까지 덮쳐오자 진격을 멈출 수밖에 없었다. 결국 러시아의 수도를 점령하기 위한 공세는 여기서 끝나 버렸다.

중부집단군은 '타이푼 작전' 개시 직전까지 당시 전투력 수준을 감안할 때 공격을 중지해야 한다고 수차례 건의했다. 그러나 총참모부는 마른 회전에서 참패한 기억°을 떠올리며 이번만큼은 승리할 수 있는 회전을 그만둘 수 없으니 최후까지 단 한 명이 남더라도 계속 싸우라고 지시했다. 그러나 독일군은 이미 작전한계점을 넘어선 상태였다. 12월 5일, 소련군은 풍부한 동계전투경험과 강력한 전투력을 보유한 부대들을 집결시켜 기습적인 역습을 감행했다. 이로써 소련을 상대로 한 전격전은 종말을 고하고 말았다.[116] 독일군 병사들은 그 후 몇 주 동안 혹독한 추위 속에서 하계 전투복만으로, 그저 목숨을 부지하기 위해 싸워야 했다.

할더가 언급했듯 소련의 역공세로 독일은 최대 위기를 맞이했다. 그러나 소련군도 독일군을 서쪽으로 150km까지 밀어내기는 했지만 결정적인 작전적 수준의 승리를 달성하지는 못했다. 한편 히틀러는 이러한 위기의 책임을 물어 육군 최고위급 장성들의 대대적인 인사(人事)를 단행했다. 보크와 룬트슈테트, 브라우히치까지 파면시켰다. 이로써 히틀러는 육군에 대한 지휘권을 완전히 장악할 수 있었다.

엄청난 손실-소련의 동계공세가 끝날 무렵, 약 90%의 전차와 1/3의 병력을 상실-을 입은 육군은 1942년 초까지도 전투력 복원이 불가능한 상태였다. 히틀러는 기력을 상실한 육군으로 북부에서는 레닌그라드를 점령하고 남부에서는 주요 도시 확보를 목표로 하는 4단계의 대규모 공세를 계획했다. 제1단계의 목표는 보로네시Voronezh였고 제2단계는 돈강Don과 도네츠강Donez 일대의 소련군을 격멸하는 작전이었다. 제3단계는 양익포위로 스탈린그라드를 점령하는 것이었으며 그 이후 캅카스를 경유해서 카스피해

° 공세를 중지하면서 벌어진 패배

| 지도 15 |

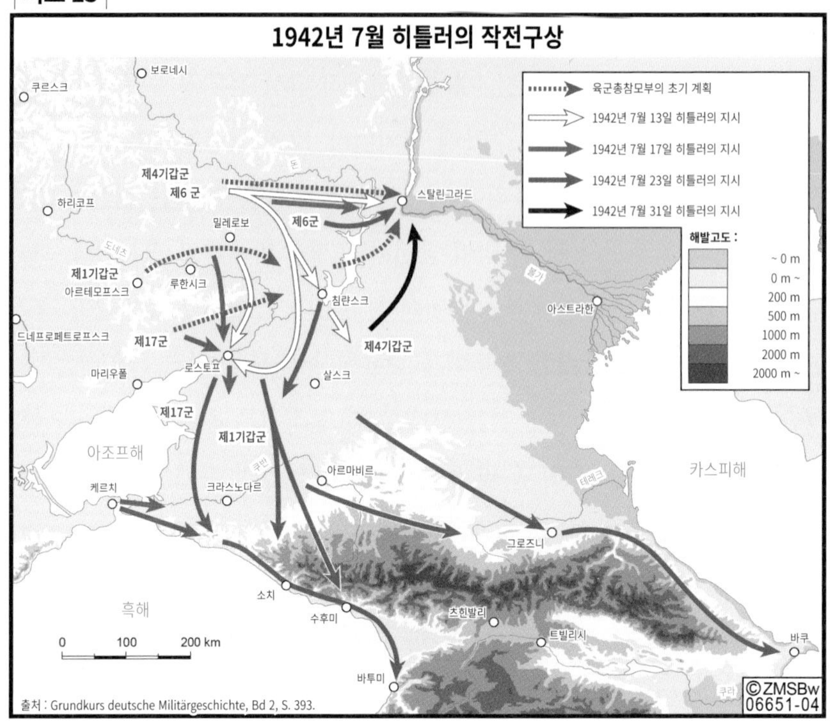

출처 : Grundkurs deutsche Militärgeschichte, Bd 2, S. 393.

Kaspischen Meer의 유전지대 확보가 마지막 4단계 목표였다.[117] 1942년 초, 제41호 명령으로 하달된 이 계획은, 히틀러가 다시금 중요지역 확보에 집착했음을 보여주는 좋은 사례이다. 할더도 당시에는 이 계획에 동조했다.[118] 해양패권국가인 영국, 미국과의 장기전을 위해서 천연자원 확보와 경제적인 중심지역을 점령해야 한다는 전략 목표에 동의했던 것이다. (지도 15 참조)

그러나 목표는 원대했지만 육군의 상황은 그야말로 처참했다. 1941년 말의 전투력은 군비증강을 막 추진했던 1940년 수준으로 퇴보했으며, 심지어 일부 전력은 1939년 전쟁 발발 당시만도 못했다.[119] 육군의 차량 숫자가 급격히 감소했기 때문에[P] 얼마 되지 않는 기계화 부대만이 기동력을 발휘할 수 있었으며 또한 이들과 보병사단 간의 기동력도 현격한 차이가 발생

P 히틀러는 중(重)전차 위주로 생산량을 늘리고 경(輕)전차 및 일반차량 생산량을 축소시켰으며 각종 시험장비 제작에 몰두했다. 구데리안, 『한 군인의 회상』(길찾기, 2014), 393-403.

했다. 그 결과, 육군은 전술적-작전적 수준에서 두 개의 속도를 지닌 군대로 점점 양분되고 있었다. 육군 총사령부의 자료에 따르면 당시 162개 사단 가운데 겨우 기갑사단 2개와 보병사단 3개를 포함한, 단지 8~11개 사단만이 공격 및 방어작전을 정상적으로 수행할 수 있었다.[Q] 73개 사단의 능력은 겨우 방어임무만 감당할 수 있는 정도였다.[120] 병력과 물자의 부족으로 1941년 하계 수준의 전투력 회복도 불가능했고 공세형 군대였던 그 당시 흔적을 찾아볼 수 없을 정도로 피폐한 상태였다. '작전계획 자체를 감당할 수 없을 만큼 극도로 어려운 위기'[121]에 처해 있었다. 공세적인 전격전 수행을 위한 필수 조건인 기동성 측면에서 동부의 독일 육군은, 1941년 초기와 비교하여 이미 엄청난 차이가 벌어진 상태였다.

지난 수개월 동안 보급 측면에서 매우 힘겨운 상황을 겪고 있었지만 히틀러는 제6군에게 돈강 방면으로 진격하라고 지시했다. 이에 제6군은 공격 취소를 건의했다. '그곳에 식량으로 쓸 만한 것이 전혀 없고 병참선이 신장되어 속전속결이 불가능하다. 또한 만일 공세를 시행한다면 반드시 큰 위험에 봉착하게 될 것이다'라는 근거를 제시했지만 히틀러는 일언지하에 건의를 기각했다. 전략적으로 반드시 필요하다는 이유에서였다.[122] 육군 총사령부도 당시 상황에서 히틀러의 원대하지만 허황된 계획에 의구심을 품고 반대 의사를 내비쳤다. 하지만 그들은 이를 따를 수밖에 없었다. 독일이 미국에 선전포고[R]함으로써 유럽의 전쟁이 세계대전으로 확대된 이상, 반드시 소련을 이기고 러시아의 전략자원을 확보해야 했다. 그것만이 감당할 수 없는 장기간의 양면전쟁과 소모전을 회피하는 길이라 생각했던 것이다. 제1차 세계대전 때와 마찬가지로 모든 계획들은 언제 떨어질지 모르는 다

Q 1941년 공세초기에는 21개 기갑사단이 100%의 전투력을 갖추고 있었다. (저자 주)
R 1941년 12월 7일 일본의 진주만 공습 후 미국은 12월 8일 일본에 전쟁을 선포했고, 이에 독일과 이탈리아는 일본과의 동맹으로 인해 12월 11일 미국에 전쟁을 선포했다.

모클레스의 칼 아래에서, 즉 엄청난 시간적 압박 속에서 시행되어야 했다.

하리코프Charkow 포위 전투가 성공적으로 종결된 후 이른바 '청색 작전'Operation Blau이 개시되었다. 그러나 소련군은 노련하게 철수했고 독일군은 이들을 섬멸할 수 없었다. 독일군은 폭풍 속으로 뛰어드는 것처럼 점점 더 적 영토 깊숙이 들어갔으며 설상가상으로 히틀러가 부차적인 전투에 점점 더 집착하게 되자, 하나의 명확한 중점은 사라지게 되었고 독일군의 공세는 서서히 그 힘을 잃어갔다. 특히 히틀러는 측방우회 공격력을 상대적으로 약화시키라는 지시를 하달했는데 이로써 양익포위마저 불가능한 상황이 초래되었다.[123] 문제는 그뿐만이 아니었다. 가장 심각한 문제는 바로 다음과 같은 사실이었다. 원래 스탈린그라드 점령과 캅카스 공세를 순차적으로 실시하기로 되어 있었지만 히틀러는 이 두 작전을 동시에 시행하라고 지시했다. 고전적인 작전적 사고의 원칙에 따라 중점에 집중되어야 할 공격력이 급격히 약화되었고 따라서 포위회전이나 적군 격멸은커녕 국지적인 전투력 우세조차도 달성할 수 없었다. 베른트 베그너Bernd Wegner의 언급대로, '각기 다른 방면에서의 소규모 공세를 위해 전투력을 분산시킨 지시야말로 지역 확보라는 목표 달성에 걸맞은 전투편성을 이해하지 못한 최악의 조치'[124]였다. 또한 할더도 보급로가 신장될 것이고 측방도 완전히 노출된 광활한 지형에서 전선이 4,500km까지 늘어나게 될 것으로 전망했다. 1918년 때처럼 그러한 전선의 어느 곳에 만일 소련군이 역습을 감행한다면 독일군은 절체절명의 위기에 빠지게 되리라 생각했다.

그러던 중 독일군의 스탈린그라드 공세가 교착상태에 빠졌다. 상대적으로 보병전력이 약했던 제6군은, 특히 시가전을 수행하기에는 부적합했지만 히틀러의 명령으로 어쩔 수 없이 시가지 공격을 감행했고 결국 극심한 피해를 입었다. 전투 패배의 책임은 고스란히 독일 육군 지휘부에게 전가되었고 9월 말 히틀러는 마침내 할더를 해임시켰다. 불과 몇 주 후 소련군은 역습에 돌입했다. 소련군은 독일 제6군의 측방에 위치한 루마니아군의 방어진지를 유린하고 스탈린그라드를 포위했다.[125] 파울루스는 스탈린그라드를 버리고 퇴각하겠다고 건의했지만 히틀러는 이를 금지시켰다. 제6군을 구출하기 위한 작전이 실패하자 제6군은 1월 말[S] 마침내 항복을 선언했다.

이러한 상황에서도 독일군은 탁월한 대규모 작전수행 능력[126]을 발휘하여 캅카스 일대로부터 로스토프와 쿠반강Kuban을 이용한 방어선으로 철수하는 데 성공했다. 그러나 이 정도로 남부 전선의 위기가 해소된 것은 아니었다. 소련군은 마치 만슈타인의 지헬슈니트 계획을 연상시키듯 크림 방면으로 계속 공세를 감행했고 남부집단군은 총체적 섬멸 위기에 처하게 되었다. 이에 만슈타인은 전진하는 소련군의 선두부대를 집중타격하는 역습으로 그들의 공세를 막아냈고 그 결과, 남부 전선은 소강상태에 접어들었다.

국방군은 동부에서뿐만 아니라 전 전선에서 주도권을 상실하고 고전을 면하지 못했다. 1942년 11월 초, 버나드 L. 몽고메리Bernard L. Montgomery는 엘 알라메인El Alamein에서 롬멜의 아프리카 군단을 격파했고 이후 롬멜은 후퇴를 거듭했다.[127]

연합군이 대반격에 돌입하자 전쟁은 최고조에 이르렀고 국방군은 더 이상 기력을 회복할 수 없을 정도로 큰 손실을 입었다. 또한 작전적-전략적 공세로 전환할 수 있는 능력을 완전히 상실했다. 이로써 '바르바로사 작전'을 시행하기 직전에 히틀러의 지시로 육군 총사령부와 총참모부가 수립한 차후 계획들은 휴지조각이 되고 말았다. 육군 지휘부는 지중해 일대의 영국군 거점들과 인도를 공격하려는 원대한 포부를 품고 있었다. '바르바로사 이후를 위한 준비'Vorbereitungen für die Zeit nach Barbarossa라는 제목의 제32호 명령은 그 당시 국방군 지휘부가 얼마나 허황된 전략적-작전적 망상을 품고 있었

S 정확한 날짜는 1월 31일

는지를 적나라하게 보여준다. 현실적인 군수보급과 지리적인 문제를 고려하지 않은 채, 지브롤터를 점령하고 리비아로부터, 또한 불가리아로부터 터키를 통과하는 소위 양익포위로 이집트의 영국군을 격멸한다는 공격계획이었다.[128] 나아가 육군 총사령부는 17개의 사단으로 아프가니스탄까지 진출해서 인도를 침공한다는 계획을 수립하기도 했다.[129] 이러한 원대한 작전계획들은 모두 할더의 머리에서 나온 계획이었다. 할더는 1941년 7월초, 유프라테스강Euphrat과 나일강Nil 사이의 지협(地峽)을 목표로 하는 양익포위 작전과 이 여건을 조성하기 위한 캅카스 방면으로의 조공을 주장했다.[130] 파울루스가 몇 주간 고심한 끝에 완성하고 이 계획들이 제시되었다는 사실을 감안할 때 육군 총사령부가 얼마나 진지하게 이 계획들을 받아들였는지 알 수 있다.[131] 총참모부는 이미 자신들의 능력을 과대평가함으로써 현실감각을 상실했다. 위와 같은 사실들은, 과도한 자만심과 현실감각의 상실이 총참모부의 작전적 사고에 어느 정도로 영향을 미쳤는지를 확실하게 보여주고 있다.

'바르바로사 작전'을 통해 전술적-작전적 수준에서, 또한 작전적-전략적인 차원에서 독일군의 취약점들이 완전히 노출되었다. 총참모부는 실제적인, 있는 그대로의 공간과 시간적 요소를 무시하고 자신들이 원하고 바라는 대로 평가했다. 마이어-벨커Meier-Welcker의 언급대로, 총참모부는 '러시아 영토, 그 자체에 내재되어 있는 엄청난 잠재력'을 제대로 이해하지 못했다.[132] 히틀러와 총참모부는 소련을 속전속결로 무너뜨릴 수 있다고 확신했다. 소련의 잠재력이 효력을 발휘하기 전에 무력화시킬 수 있다는 생각은 바로 고전적인 독일의 작전적 사고로부터 비롯되었다. 제1차 세계대전시 루덴도르프와 힌덴부르크처럼 히틀러와 총참모부도 동부 전역의 공간과 시간적 요인을 경시했고 또한 여기에 과거의 적에 대한 고정관념과 우월주의까지 결합되었다. 그 결과 소련군의 병력, 물질적 능력[133]과 '소비에트 연방'이라는 광활한 영토 그리고 그곳의 기후 조건들[134]을 철저히 과소평가했다. 게다가 육군 총사령부와 히틀러의 지휘권 다툼으로 엄중해야 할 지휘체계에도 심각한 문제가 초래되기까지 했다.

국경 일대의 방어선을 신속히 돌파하여 종심상으로의 진격 후 양익포위망을 형성하여 소련군을 섬멸한다는 것이 바로 '바르바로사' 작전계획의 핵심이었으나 결국 실패하고 말았다. 하지만 총참모부는 처음부터 러시아에서의 거대한 슈퍼 칸나이를 계획하지 않았다. 다수의 소규모 칸나이를 통해 소련군을 약화시킨 후 모스크바 전방에서 결정적인 회전을 감행하고자 했다. 그러나 고전적인 작전적 원칙에 따라 전역을 구상했던 할더는 결국 패전의 고배를 마셔야만 했다. 한편으로는 히틀러가 작전적-전략적 목표를 적군의 섬멸이 아닌 공간 확보에 두었기 때문이며 다른 한편으로는 아군의 능력을 과대평가하고 소련군의 능력과 러시아 영토의 잠재력을 과소평가했기 때문이었다. 특히 기갑부대의 대규모 손실이 분명한, 전역의 중대한 위기 속에서도 히틀러는 새로이 생산된 전차들을 북아프리카에 투입하기 위해 남겨두었다. 더욱이 모스크바 공세 개시 직전에 제2항공군을 지중해로 이동시켜버린 결정[135]은 독일군 수뇌부의 교만이 극에 달했음을 단적으로 보여주는 사례이다.

이미 서부 전역에서의 전술적-작전적 문제점들을 해소하지 못하고 단순히 배제했다는 사실도 동부 전역에서 고스란히 드러났다. 사실상 그러한 문제점 제거 자체가 불가능했다. 자원이 빈약했던 독일제국의 구조적 결함 때문이었다. 자원도, 재정도 부족했기에 육군을 전면적으로 차량화할 수도 없었다. 단지 소수의 부대만 기계화, 차량화되었으며 나머지 대부분은 일반 보병부대로 남았다.

그러나 이러한 도보 보병사단들로 기동전을 수행하기에는 역부족이었다. 이들은 종심으로 돌진하는 기갑부대를 따라잡을 수가 없었다. 제1차 세계대전에서처럼 여전히 독일군의 기동속도는 도보 보병이나 우마차의 능력에 의해 좌우되었다. 언제나 보병의 속도에 맞추어 제병협동전투를 실시해야 했기에, 보병의 기동성 부족은 전술적 차원의 통합 전투력도 약화시켰다.[136] 특히나 포위작전을 조기에 종결시킬 수도, 따라서 작전적 공격기세를 유지할 수도 없었다. 보병이 포위전투 지역에 도착하지 않으면 기갑부대가 그 지역을 이탈하지 못했기 때문이다. 전술적 성공들을 작전적 수준으로 전과 확대하는 것 자체가 불가능했다. 포위회전의 제2단계, '소탕' 작전에 기갑부대의 발이 묶여 있었고 따라서 기계획된 차후 작전에 큰 지장이 초래되었다. 전술이 작전을 지배하는 사례가 곳곳에서 빈번히 발생했다. 게다가 기갑군의 전투력이 그리 강하지 않았기 때문에 보병사단들이 포위작전에 더욱더 적극 가담했어야 했다. 보병의 행군속도로 인해 결국에는 포위 기동의 속도도 저하되고 말았다. 작전계획 수립단계에서부터 이러한 기갑사단과 보병사단의 행군속도를 충분히 고려하지 못했던 것이 실패의 원인이었다.

따라서 '포위망의 형성 가능성과 그 위치'는 결국 소련군 지휘관의 실수 여부에 달려있었다. 앞서 기술했듯 보병의 기동성이 부족했기 때문에 소규모 포위망을 구축할 수는 있었어도 기계획된 거대한 포위는 불가능했다. 기갑부대가 포위망의 동쪽을 봉쇄하는 데 성공했지만 보병 전투력의 부족으로 포위망을 완전히 폐쇄할 수 없는 상황이 벌어지기 시작했고 따라서 기갑부대의 성공적인 작전에도 불구하고 섬멸회전을 달성하지 못했다.[137] 더욱이 날이 갈수록 기갑부대와 보병부대의 간격이 점점 더 크게 벌어졌다. 또한 기갑부대의 보급지원을 위한 후방 병참선의 안전도 심각한 문제로 대두되었다. 전투지역 후방에 위치했던 보급부대들도 소탕되지 않은 잔적들이 여전히 저항하는 지역에서 움직여야 했고 이 과정에서 엄청난 피해를 입기도 했다. 처음부터 문제투성이였던 보급 상황은 한층 더 악화되었으며

이러한 딜레마를 해결하기 위한 시도들은 모두 허사가 되고 말았다.[138]

결국 나치의 선전으로 탄생한 '전격전 군대'라는 독일군의 이미지는 러시아 전역에서 산산조각이 나 버렸다. 당시의 육군은 제1차 세계대전 때와 마찬가지로 인간과 동물의 행군능력이 공격 속도를 결정한, 이른바 보병과 우마차의 군대였다. 제1차 세계대전에서 기동성이 부족했던 포병을 부분적으로 대체했던 슈투카와 전차는 긴 창의 날카로운 끝을 형성했을 뿐 그 이상도 그 이하도 아니었다. 결론적으로, 하나였지만 두 부류의 전투력을 보유한 군대가 러시아 전역에 투입되었고, 작전의 마지막 몇 개월간 입은 막대한 인적, 물적 손실은 당시 독일이 감당하기에는 벅찬 것이었으며 마침내 더 이상 회복 불가능한 수준에 이르렀다.

고수방어와 기동방어

캅카스와 스탈린그라드에서의 참혹한 패배로 독일군 수뇌부는 전략적 상황을 재평가해야만 했다. 독일군 수뇌부도 동부에서의 패전과 서방 연합국의 아프리카 상륙으로 전국(戰局)의 변화를 인지했으며, 여기저기서 전쟁계획을 수정해야 한다는 목소리도 있었다. 하지만 그러한 인식이 이후의 전쟁수행을 위한 총체적인 전략 개념에 반영되지 못했다.[139] 새로운 작전적 구상이나 '총체적인 상황에 대한 새로운 전략적인 목표를 추구하려는 의지도 전혀 나타나지 않았다'[140] 여전히 공세로 전환할 수 있다는 희망을 계속해서 부르짖고 있었지만 현실은 그러한 상상이 단지 망상에 불과하다는 사실을 냉혹하게 보여주었다.

엄청난 인적, 물적 손실을 입은 채 또다시 동부전선에서 3차 하계공세를 시도하는 것은 상상조차 할 수 없는 상황이었다. 1943년에는 히틀러 자신도 공격보다는 '소규모의 국지적인 역습'들을 요구했고, 군 수뇌부도 방어태세로 전환하는 것이 불가피하다는 현실을 받아들였다. 그러나 제1차 세계대전 당시의 방어작전에 대한 참혹한 기억이 남아있었고 특히 독일군은 수세적인 전투를 선호하지 않았다. 독일군은 과연 방어작전을 어떻게 시행해야 했을까?

원칙적으로 당시의 교리상 방어작전에는 '고수방어'와 '전술적-작전적 기동방어'라는 두 가지 형태가 있었다.[T] 히틀러가 제1차 세계대전의 진지전 양상과 유사한 고수방어를 지향했던 반면, 만슈타인은 작전적 수준의 기동방어를 주장했다. 히틀러는 후퇴작전을 금지시켰던 1941년 12월부터 육군 총사령부를 상대로 이미 선형의 고수방어를 관철시켰다. 제1차 세계대전 때처럼 인적, 물적 열세를 승리에 대한 의지와 신념으로 극복하려 했다. 특히 병사들은 초인적인 저항력을 발휘해야 하며 정복한 한 치의 땅도 내어주지 않기 위해 '최후의 1인까지도' 용감하게 싸워야 한다고 독려했다.[141] 히틀러는 1942년 동계 방어전투 준비를 위한 명령에서 이를 구체화했다. 종심방어를 금지하고 1916년의 방어전투에서처럼 단일의 주저항선 HKL, Hauptkampf-Linie을 구축하라고 지시했다. 무슨 일이 있더라도 이 선을 반드시 고수해야 한다고 덧붙였다. 1916년, 팔켄하인의 방식을 그대로 답습한 것이었다. 이에 더해 자신의 승인 없이는 철수작전도 금지한다고 명시했는데, 이로 인해 야전부대 지휘관들이 작전적 기동방어를 실행할 수 없게 된 것은 아니지만 엄청난 제약을 받았던 것만은 사실이다. 히틀러는 제1차 세계대전의 경험을 기초로 강력한 자신의 의지를 하달했다.

"제1차 세계대전시 특히 1916년 말까지 치열했던 방어전투에서 승리했듯이, 나는 의도적으로 […] 방어작전을 시행하고자 한다. 그 당시

T 현재 우리 육군에서는 방어작전을 지역방어와 기동방어로 구분하지만, 히틀러의 방어개념은 지역방어를 넘어선 고수방어에 더 가까우므로 고수방어로 번역했다. (역자 주)

물량 면에서 적이 압도적인 우위를 보였을 때만 종심방어 진지를 구축했다. 오늘날 동부전선의 상황 따위는 […] 그 당시 어마어마했던 적의 우위와 비교할 바가 못된다." [142]

히틀러가 선형의 고수방어를 고집했지만, 제1차 세계대전 때의 처절한 진지전을 기억했던[143] 수많은 지휘관들이 이끄는, 특히 북부집단군 예하의 부대들은 제한된 공간 내에서 전술적 수준의 기동방어를 구사하여 매번 전투에서 승리했다. 한편 독재자는 이유를 불문하고 작전적 차원의 기동방어는 용납하지 않았다. 1942년 9월 8일, '방어작전시 기본적인 과업에 대한 총통명령'Führerbefehl über grundsätzliche Aufgaben der Verteidigung에서 전쟁경험을 기초로 한 자신만의 고수방어 개념을 다음과 같이 밝혔다.

"만일 충분한 시간적 여유를 두고 준비한, 더 양호한 진지가 후방에 존재하지 않는다면 이른바 작전적 기동방어로는 총체적인 전쟁 상황을 결코 역전시킬 수 없다. 오히려 더 악화시킬 뿐이다. 왜냐하면 이러한 작전으로 적의 전투력을 약화시킬 수도 없으며 아군의 전투력도 더 증강될 수 없기 때문이다. 또한 돌출부가 생기면 방어해야 할 전선이 더 길어질 수밖에 없을 것이고 후방의 방어종심이 더 짧아지게 된다. 이는 아군에게 유리할 수 있겠지만 적에게도 마찬가지이다. 피아의 전투력에는 변함이 없기 때문이다. […] 역사적으로 수적 열세인 방자가 상황을 타개하기 위한 방안은 단 한 가지뿐이었고 오늘날에도 그 하나뿐이다. 가능한 한 양호한 진지에서 공자의 전투력을 천천히 소모시키는 것밖에는 방법이 없다." [144]

이렇듯 제1차 세계대전의 참호전투를 지향하는 히틀러의 발언은 독일의 작전적 원칙에 근본적으로 위배되는 것이었다. 오로지 기동전으로만 인적, 물적 열세를 극복할 수 있다는 것이 바로 작전적 원칙의 핵심이었기 때문이다. 따라서 히틀러와 육군의 장군단, 특히 총참모부 간의 갈등은 이미 예견된 일이었다.

히틀러는 서부에서 기동전에 제한을 주었던 적의 공중우세[145]를 이유로, 또한 보다 더 상위의 전략적, 이른바 전시경제적 근거를 들어 소극적 방어를 정당화했다. 장군들은 오로지 작전적 수준에서만 생각하고 총체적인 전략적 사고 능력이 없다고 비판했던 독재자가 이제는 도리어 자신의 전쟁 경험만을 근거로 한 전쟁관념에 사로잡혀 있었다. 히틀러는 최악의 비상사태가 발생한 경우에만 예외적으로 작전적 기동방어를 허용했다.

그러면 이제 1943년 1-2월 남부집단군에 대한 소련군의 공세 경과를 살펴보도록 하자. 제6군이 스탈린그라드에서 포위된 절망적인 상황에서도 고군분투하던 무렵, 소련군은 남부지역에서 공세를 개시했다. 작전 목표는 드네프르강을 도하한 후 흑해 연안으로 진출하여 남부집단군을 포위, 섬멸하는 것이었다. 소련군 기갑부대는 이탈리아와 헝가리 동맹군의 방어진지를 돌파한 후, 공격정면에 발생한 150㎞의 간격을 이용하여 서쪽으로 돌진했다. 그즈음 남부집단군사령관으로 임명된 만슈타인은 병력과 물자의 절대적인 열세 속에서 그러한 간격을 폐쇄하는 일은 어렵다고 판단했다. 따라서 철저히 작전적 원칙에 입각하여 공세적으로 상황을 타개하기로 결심했고, 일단 로스토프를 비롯한 돈강과 도네츠강 만곡부를 포기한 후, 미우스강Mius을 연한 방어선Mius-Stellung으로 물러나는 철수작전을 계획했다. 만슈타인은 전선이 단축되면서 예비대로 활용할 수 있었던 제4기갑군을 집단군의 좌익으로 이동시켰다. 그의 의도는 이렇게 만들어진 함정 속으로 소련군이 계속 돌진하도록 유인하는 것으로, 소련군의 공세가 작전한계점에 이르렀을 때 대규모 기갑군단으로 소련군의 노출된 측방에 집중적인 공

| 지도 16 |

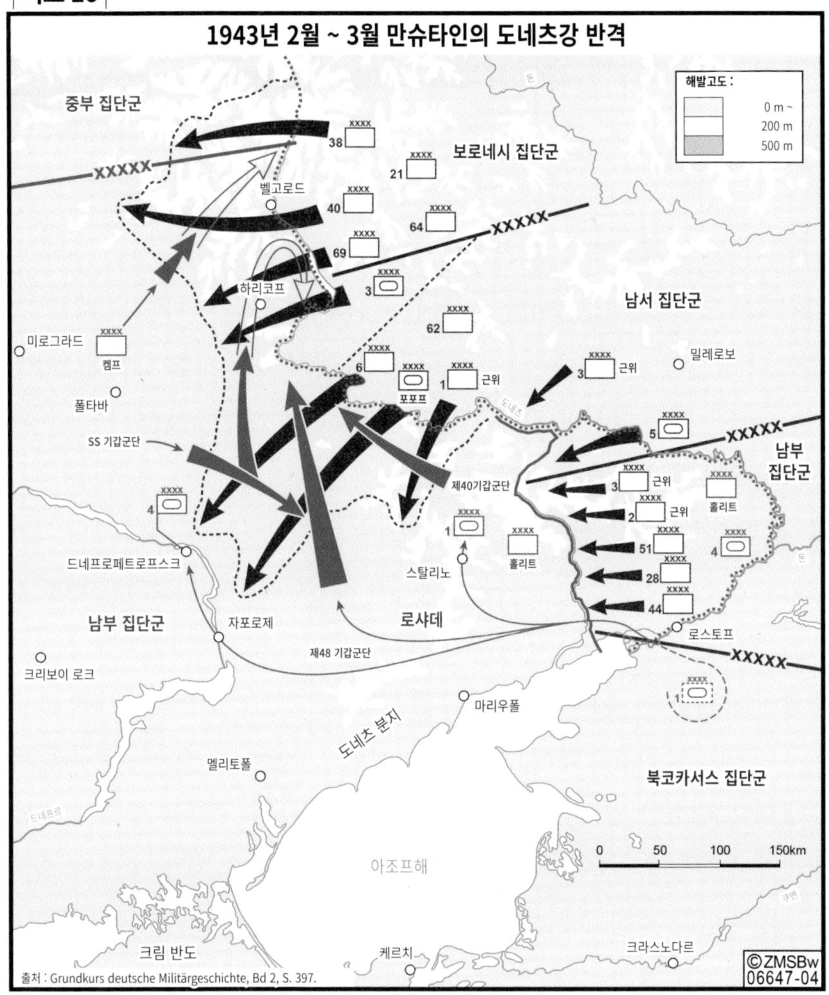

원문에서는 포포프가 보병군으로, 홀리트가 기갑군으로 표기되었으나 포포프는 기갑군, 홀리트는 보병군이 옳은 표현으로 국역판에서 정정

p. 참조

세를 감행하여 섬멸하고자 했다. 히틀러와의 격렬한 논쟁 끝에, 승산이 희박했던 상황 속에서도 만슈타인은 마침내 자신의 계획을 실행에 옮길 수 있는 행동의 자유를 얻게 되었다.

1943년 2월 21일, 그즈음 병참선이 극도로 신장되어 있던 소련군에게 독일군이 가한 역습은 그야말로 완벽한 기습이었다. 독일군은 단 몇 주 만에 소련의 기갑군들을 전멸시키고 하리코프를 다시 수중에 넣었으며 전선을 다시금 도네츠강 선으로 밀어냈다.[146] 열세에서도 지략을 발휘했던 만슈타인의 역습은 제2차 세계대전을 통틀어 가장 훌륭한 작전 중 하나로서, 소멸 직전의 남부집단군을 구해냈고 동시에 동부전선의 붕괴를 막아내는 데 크게 기여했다. (지도 16 참조)

이 작전은 오늘날까지 전 세계의, 특히 독일의 군사사학자들을 크게 매료시키고 있다.[147] 내선에서의 로샤데Rochade[U]의 대표적인 사례이면서도 '측후방 타격 전법'Schlagen aus der Nachhand[V][W]으로 매우 가치 있는 사례이기 때문이다. 만슈타인은 모든 작전적 원칙을 정확히 적용하여 실행에 옮겼다. 그는 내선에서 집중적인 공격을 위해 휘하의 부대들을 집결시켰다. 공격 중인 적을 유인하여 전선을 신장시키고 측방 노출을 강요하는 등 매우 노련하게 공간과 시간을 이용했다. 소련군의 공세가 작전한계점에 이르자 곧바로 강력한 중점을 형성하여 적군의 측방을 파고들었다. 또한 적에 대한 정보를 정확히 파악하는 등의 정보의 우위를 달성하여 기습 효과를 극대화할 수 있었다. 이로써 만슈타인은 주도권을 되찾았고 소련군은 행동의 자유를 박탈당했다. 이러한 고도의 모험 감수의 정신과 임무형 지휘를 통한 전술적, 작전적 수행능력의 우위에 대한 확신도 작전적 사고의 핵심 요소에 속하는 것들이었다. 나아가 소련 측에서는 치명적인 실책이었지만, 어쨌든 독일군이 제공권을 장악-각종 문헌들에 흔히들 누락되어 있지만-한 것도 대단히 중요한 승리의 요인이었다.

만슈타인의 대승에도 불구하고 히틀러는 그 후 수개월 동안 만슈타인이

U 체스에서 킹과 룩을 동시에 움직여 두 말의 위치를 바꾸는 수. 영어권에서는 캐슬링Castling이라 불린다.

V 1987년 함부르크의 독일 연방군 지휘참모대학에서는 연방군 작전적 사고의 르네상스이자 황금기로서 군사사 심포지엄이 개최되었다. '1943년 초 만슈타인의 역습을 토대로 전쟁경험에 기반을 둔 작전적 사고의 관한 교육훈련'이라는 제목 아래 당시 참전자의 예를 들어 예비역 대장 요한-아돌프 그라프 폰 킬만스에크Johann-Adolf Graf von Kielmansegg와 예비역 대장 페르디난트 마리아 폰 젱어 운트 에털린Ferdinand Maria von Senger und Etterlin 등이 이 작전을 분석했고 -상황이 그 당시와 비교될 수 없지만- 독일 연방군의 기동방어를 위한 교리를 도출해 냈다.(저자 주)

W '적의 뒤통수를 후려치는 작전'으로 직역이 가능하나, 속어 사용을 회피하였다. (역자 주)

제안했던 작전적 기동방어에 대해 무조건 거부했다. 히틀러는 전시 경제적 측면에서 요충지였던 도네츠 지역을 사수해야 한다고 생각했기 때문이다. '측후방 타격'과 '정면 타격'Schlagen aus der Vorhand을 놓고 격렬한 논란이 벌어졌을 때 히틀러는 후자를 고집했고 아무도 항변할 수 없었다.[148] 이제 독일군은 쿠르스크Kursk 일대의 돌출부에 배치된 소련군을 양익포위로 섬멸하기 위해 소위 '치타델 작전'Unternehemen Zitadelle을 시행하고자 했다. 그러나 이 공격은 소련군의 효과적인 방어로 실패하고 말았다.[149]

쿠르스크 전투는 동부전선에서 독일군이 실시한 마지막 대규모 공세였다. 장기전으로 계획된 이 전투에서 히틀러의 목적은 소련군에게 단순히 심대한 타격을 가하는 것이었을 뿐, 슐리펜식 결정적 회전의 개념이 누락되어 있었다. 그 때문에 이 회전은 만슈타인이 언급한 '놓쳐버린 승리'verschenkete Sieg[150]라고도 볼 수 없다. 쿠르스크 회전의 결과로 독일은 동부에서의 작전적 주도권을 완전히 상실했다. 이는 동부에서의 작전적-전술적 상황 때문이기도 했지만 히틀러가 회전을 앞두고 전략을 변경한 탓이기도 했다. 히틀러는 1943년 일련의 전투에서 거듭 패배하자 11월, 결국 전쟁 수행 중점을 동부에서 서부와 남서부 전선으로 옮겨버리고 말았던 것이다. 이로 인해 동부전선은 전략적으로 볼 때 이미 붕괴 직전의 '부차적인 전역'으로 돌변했고 결국 작전적 수준에서도 전쟁수행에 치명적인 영향을 미치게 된다.

그 사이에 독일은 총체적인 전쟁에서 작전적-전략적 주도권도 연합군에게 내주고 말았다. 이제 국방군은 '유럽이라는 보루'를 지키고 시간을 끌기 위해 유럽대륙에서의 방어전투에 총력을 기울여야 했다. 마침내 히틀러는 소련군의 진출을 막고자 동부 전역에서는 견고한 고수방어로 전환해야겠다고 결심했다. 이제는 실질적인 양면전쟁을 치러야 했기 때문에 제1차 세계대전처럼 동부에서는 적의 공세를 저지하고 서부에서는 공세를 취하려고 했다. 결국 히틀러는 전략적 수준에서는 예비대나 시간 확보를 대가로 흔쾌히 공간을 적에 양보했지만 작전적 차원에서는 결코 이를 용납하지 않았던 것이다.

히틀러의 목표는 연합군의 서부유럽 상륙을 저지하고 그 후 모든 가용 전력을 동부로 전환시켜 다시금 공세에 돌입하는 것이었다. 시공간적인 측면에서만 보면, 히틀러는 전략적으로 슐리펜과 똑같은 구상을 가지고 있었다. 프리저가 언급했듯, 히틀러는 1944년 겨울까지도 아르덴 공세의 성공 이후에는 '최후의 승리'를 위해 전략적 교두보로 남겨둔 쿠를란트 포위망으로부터 남부를 향해 대규모 공세를 감행할 계획이었다.[151] (지도 17 참조)

히틀러는 새로운 전략을 시행하고자 그 첫 번째 조치로 주요 상급지휘관을 교체하는 인사를 단행했다. 만슈타인과 A집단군사령관 에발트 폰 클라이스트Ewald von Kleist 원수를 파면시켰다. 히틀러는 만슈타인을 해임하면서 인적 쇄신과 전략 변경에 대한 이유를 다음과 같이 언급했다:

> *"동부에서 대규모 작전들을 [⋯] 중단해야 할 시간이 도래했다. 이제는 굳건한 고수방어태세를 취해야 한다."* [152]

두 사람은 히틀러의 노여움을 산 죄로 면직되었고 후임으로 발터 모델Walter Model 원수와 페르디난트 쇠르너Ferdinant Schörner 상급대장이 지명되었다. 이 둘은 수차례의 방어전투에서 혁혁한 전공을 세운 '명장들'이었다. 또한 히틀러는 강한 어투로 이렇게 말했다:

> *"야전지휘관들이 마음대로 공간을 활용하고 독단적으로 작전을 실시한다는 것은 어처구니없는 생각이다."* [153]

| 지도 17 |

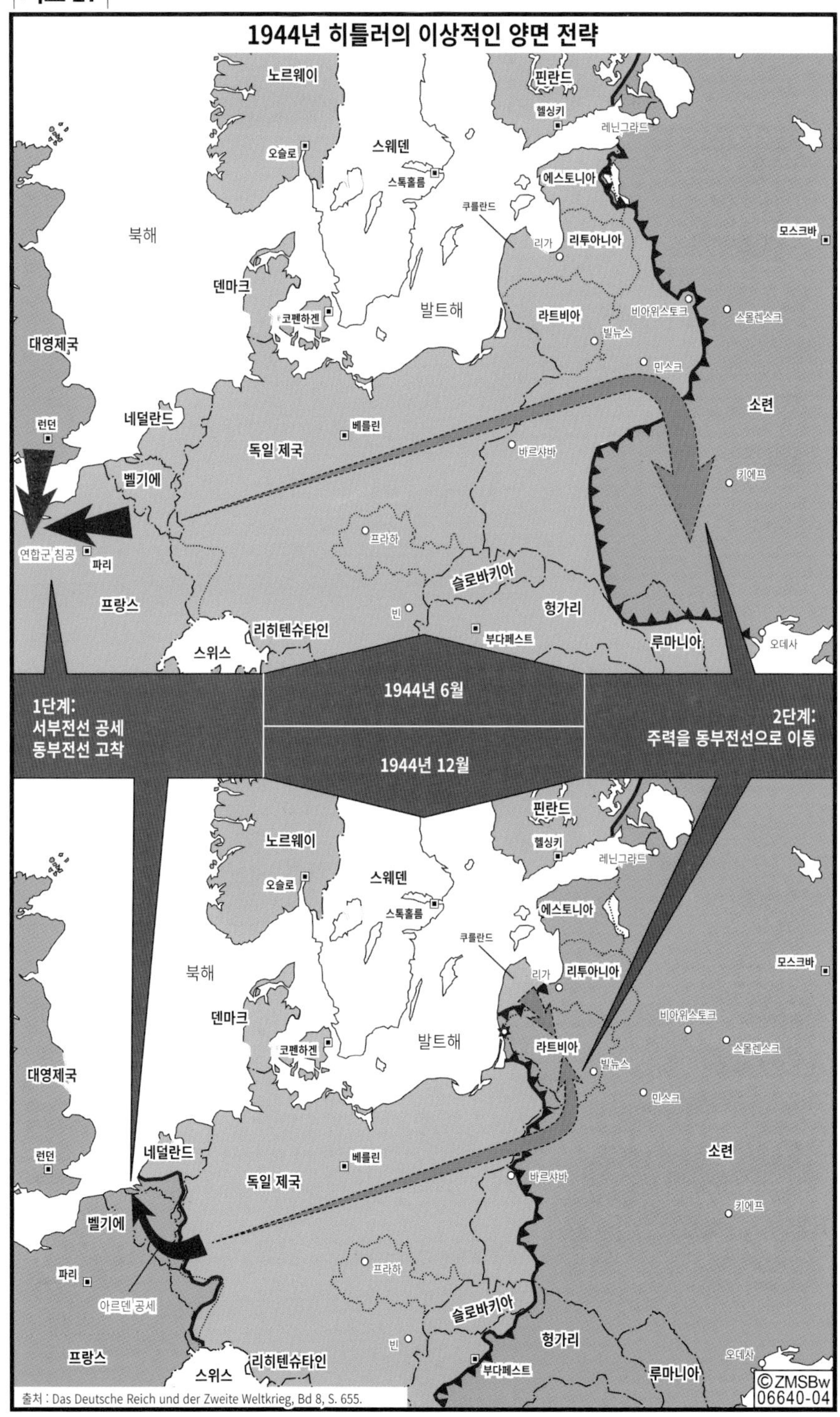

출처 : Das Deutsche Reich und der Zweite Weltkrieg, Bd 8, S. 655.

그 후 히틀러는 집단군과 야전군의 작전에 점점 참견하더니 급기야 직접 지휘권을 행사했다. 한 예로 1943년 말경 네벨Nevel 일대의 전투 중에 제16군이 적시에 철수했다면 유리한 저지진지에서 적을 격멸할 수 있었지만 이를 금지시킴으로써 호기를 놓치게 되었고 결국에는 소련군에게 광정면의 돌파를 허용하고 말았다.[154] 전쟁이 계속될수록 히틀러의 정지명령은 정도를 넘어섰고 이러한 완고함이 극에 달했던 시점은 1944년 3월, 마치 요새처럼 버티고 적을 격퇴시키라는 '고수방어전투'를 지시했을 때였다.[155] 일선 지휘관들은 전선을 단축하여 기동방어를 위해 작전적 예비대를 보유하고자 했으나 히틀러는 그러한 행동을 일체 금지시켰다. 1944년 중부집단군이 베레지나강Berezina[X] 서편의 '비버-방어선'Biber-Stellung으로 철수하고자 건의했으나 히틀러는 이를 묵살하면서[156] 견고한 일선형의 '고수방어' 진지를 구축하라고 지시했다.

그러나 일선 부대들은 어떻게 해서든 히틀러의 명령을 재해석하여 전술적 수준에서만큼은 기동방어를 시행하고자 했다. 독일군의 교리상 전술적 수준에서는 다양한 전투방식이 있으며 능동적인 지연전과 더불어 기동방어나 지역방어 모두 가능하다고 기술되어 있었기 때문에 히틀러의 명령을 자신들의 입장에서 유리하게 해석했던 것이다. 그러나 전쟁 발발 당시부터 독일군의 기동방어와 지연전 구사능력은 매우 부족했고 모스크바 전방에서 작전한계점에 다다르자 절체절명의 위기에 빠졌다. 그 순간부터 그들은 방어전술을 전선에서 직접 체득하며 숙달했던 것이다. 전쟁 이전에 레프Leeb[Y]가 그토록 주장했던 바로 그 개념이었다. 인적, 물적 자원의 결핍과 교육훈련의 부족을 임기응변의 능력으로 극복해야만 했다. 기갑부대도 작전적 공세부대로서의 가치와 역량을 상실했고[157] 시공간적으로 제한된 역

X 벨라루스 영토 내에 있는 강으로, 드네프르강의 지류에 해당한다.
Y 제2차 세계대전 이전에 기동방어훈련을 주장했다. 7장 참조.

습작전에 투입되는 횟수가 늘어났다. 방어작전의 핵심은 바로 대전차방어[158]였는데, 원래 자주포로 운용하려고 생산했던 돌격포와 8.8cm 대공포, 그리고 대전차보병부대가 그러한 과업을 도맡았다. 제1차 세계대전에서처럼 보병과 포병이 방어작전의 주역이었던 것이다. 연합군이 제공권 장악하고 돌파를 감행해 오자 독일군은 전차, 기계화보병과 자주포로 극소수의 전투단을 편성하여 제한적이나마 전술적 수준의 역습으로 대응했다. 그러나 그러한 역습도 연합군이 기동 중일 때만 효력을 발휘했고 방어태세로 전환하면 역습 자체가 불가능했다.[159] 소수의 기계화부대와 다수의 보병사단 및 동원사단 간의 협조도 거의 이루어지지 않았고 상호 간의 오해와 불신은 점점 증폭되었다. 1917-1918년의 방어작전개념을 도입하여 1944년 말부터 1945년 초까지 '대규모 종심방어전투'Großkampfverfahren[Z]를 개발, 적용함으로써 언뜻 승리를 위한 희망의 불씨를 살리는 듯했다.[AA] 제1차 세계대전의 말기처럼 일선 부대는 전술적 수준의 기동전을 구사했다. 소련군이 포탄을 퍼붓기 전에[160] 어떻게 해서든 적의 눈에 띄지 않게 전방추진진지[AB]에서 이탈한 후 '대규모 전투를 위한 주방어선'Grosskampf-HKL[161]에서 방어전투를 실시했다. 모든 전력을 투입해서라도 이 방어선만큼은 반드시 사수하고자 했다.[AC]

히틀러는 제1차 세계대전의 군 수뇌부처럼 일선 지휘관들과 병사들에게 군기를 유지하고 공격정신[162]을 발휘할 것을 강조하면서 동시에 자신의 작

Z 전선상에 사단 단위로 충분한 종심을 확보하고 일반초 및 주방어선을 구축하는 방어개념. 포병과 대공포는 일반초로부터 8~10km 후방에 제1, 2진지에서 일반초까지 화력을 지원하며, 대전차 장애물과 대전차포로 적의 진출을 저지함.

AA 제1차 세계대전의 전술적 구상으로의 회귀한 대표적인 사례는 '돌격. 1917년 장교로서 일선에서의 전쟁경험'Der Sturmangriff. Kriegserfahrungen eines Frontoffizier이라는 팜플렛이 1945년 1월 15일에 재판된 사례를 들 수 있다.(저자 주)

AB 전초진지, 일반전초GOP, 전투전초COP 등.

AC 1945년 3월 21일 HDv 130/20 '보병연대의 지휘'에서는 방어전투의 지휘를 최근의 경험과 사상적 원칙에 근거해서 새로이 규정했다. 그 교범에 따르면 주방어선은 모든 노력을 총동원하여 사수되어야 했고 공격해오는 적을 즉각적인 역습으로 섬멸해야 했다. 특히나, '주방어선'의 개념이 '모든 병사들에게 고귀'해야했고 '적은 모조리 섬멸'되어야 한다고 기록한 것은 이 교범의 사상적 미화(美化)를 극명하게 보여주고 있다.(저자 주)

전적-전략적 결정을 고수했고 정당화 하려 했다. 히틀러의 호소들은 국가사회주의의 색채가 짙었으며[163] 총통인 자신을 믿으라고 요구했다.

'전승을 위한 전제조건은 우리의 국가사회주의 제국에 대한 믿음이며 […] 총통께서 우리에게 그러한 확신을 심어 주셨다' [164]

연전연패 속에서 군부는 병사들에 대한 통제력을 상실할 수도 있다는 우려를 표명했고 이에 엄중한 군기를 유지하기 위해 헌병을 운용하기로 결정했다.[165] 병사들에게는 인내력을 호소하면서 국내외적으로는 독일군 병사들이 천하무적이라는 이미지를 부각, 선전했다.[166] 군부는 전쟁에서 승리하기에는 인적, 물적 자원이 턱없이 부족하다는 사실을 알고 있었지만 제1차 세계대전 때와 마찬가지로 장병들의 정신력만은 무한대로 끌어올릴 수 있다고 생각했고 그들의 정신력 발휘를 독려하여 위기를 극복하려 했다. 제1차 세계대전시에는 '투철한 애국심'이 혁신적인 전술과 맞물려 효과를 나타냈지만 이번 전쟁은 막바지로 갈수록 전술적-작전적 능력과 더불어 국가사회주의 사상이 점점 더 강력한 영향력을 발휘했다. 이러한 성향은 HDv 130/20의 결론부에 명확히 기술되어 있다:

'연대급에서 국가사회주의 원칙에 따른 지휘는 군사적-전술적 지휘, 교육훈련과 동일한 가치를 부여할 만큼 매우 중요하며 독립적인 영역이다' [167]

그들의 목표는 자발적인 의지와 총통에 대한 신뢰로, 적의 물량 우세를 이겨낼 수 있는 열광적인 투사를 양성하고 확보하는 것이었다.

동부전선에서 소규모 기동방어와 역습[168]들도 많았지만, 여기서 최근에서야 알려진, 작전적 수준의 기동방어 능력을 단적으로 보여주는 한 가지 사례를 살펴보도록 하자. 1944년 7월 말, 소련군은 중부집단군을 격멸한 대승에 이어 발트해 방면으로 공세를 지속하기 위한 교두보로서 바르샤바를 점령하고자 했다. 당시 국면을 정확히 판단했던 모델 장군[AD]은 히틀러의 승인여부에 관계없이 4개의 기갑사단을 집중, 운용하여 압박해오는 소련군 기갑부대를 격멸하기로 결심했다. 만슈타인처럼 모델도 한창 치열하게 교전 중인 다른 전선의 위험을 감수하고 역습부대를 차출하여 한 지점으로 동시에 집중 공세를 감행했다. 열세였음에도 불구하고 이 역습은 대성공이었다.[169] 기습적으로 바르샤바를 점령하려 했던 소련군의 시도는 물거품이 되었고 독일군 방어선의 붕괴 위기도 일시적으로나마 해소될 수 있었다. 또한 이러한 승리로 소련군뿐만 아니라 폴란드 해방군Armia Krajowa에도 치명적인 타격을 주는 예상치 못한 성과를 달성했다. 폴란드 해방군은 소련군 기갑부대 전위의 바르샤바 진입과 동시에 봉기를 준비하던 찰나 바르샤바 외곽에서 갑자기 소련군이 진격을 멈추는 바람에 독일군에 의해 완전히 괴멸되고 말았다.[170] (지도 18 참조)

한편 서부 전역의 상황은 어떠했을까? 독일군 장군들은 연합군의 행동이 매우 느리고 항상 틀에 박힌 대로 행동하기 때문에 평원지역에서 기동전으로 대응한다면 언제라도 승산이 있다는 자신감에 가득 차 있었다. 그러나 승리하기 위해서는 가용한 모든 기계화부대를 집중, 운용해야 했다. 동부전선에서 종종 자주 문제점으로 대두되었듯, 어떠한 경우에서든 전차를 분산시켜 보병부대에 배속, 운용하는 것만은 절대로 금물이었다.[171]

노르망디 상륙작전과 교두보를 확보하기 위한 연합군의 돌파도 꽤 성공적이었다. 그러나 서부 전선사령관 귄터 폰 클루게Günther von Kluge 원수는 그 순

AD 당시 북부집단군 사령관

간 아브랑슈Avranches의 서측방을 향한 단 한 번의 공격으로 남쪽과 동쪽으로 나뉘어 진격 중인 영국군과 미군을 각개격파할 호기를 발견했다. 이른바 '뤼티히 작전'Operation Lüttich이라고 명명된 이 작전의 목표는 진격 중인 연합군의 후방 병참선 및 연결을 차단하고 영국군과 미군의 전투부대를 포위하여 격멸하는 것이었다. 당시 바르샤바에서의 방어작전 성공으로 한층 고무되어 있던 히틀러도 연합군을 섬멸할 수 있다는 논리에 종래까지 고집했던 생각[AE]을 버리고 이 계획을 승인했다. 이에 클루게는 140대의 전차와 60문의 돌격포로 편성된 3개의 기갑사단을 집결시켰다.[172] 하지만 연합군의 압도적인 공중우세 때문에 독일군 기갑사단은 오로지 야간에만 기동할 수 있었고 따라서 역습개시부터 지체를 거듭했다. 클루게는 즉각적인 공격 개시를 독촉했지만 엄청난 규모의 기갑부대가 집중된 것을 연합군의 공중정찰기들이 놓칠 리가 없었다.

이즈음 연합군은 독일의 무전 암호를 해독, 감청[173]하여 독일군의 의도를 간파했고, 즉시 방어태세로 전환했다. 1944년 8월 6일 야간부터 7일 새벽까지 독일군 기갑부대는 공격을 감행했지만 수 km도 채 못 가서 연합군의 집중적인 공중공격으로 괴멸당하고 말았다. 요들은 히틀러에게 1,000대 이상의 연합군 폭격기가 '아군을 쓸어'버렸고 '공격은 중단되었다'고 보고했다.[174] 한편 그 전에 독일 공군은 지상군을 지원하기 위해 국지적인 공중우세를 달성하고자 출격을 준비 중이었다. 하지만 이들은 발진하기도 전에, 지상에서 연합 공군의 폭격으로 전멸당하고 말았다. 이로써 '뤼티히 작전'은 결국 실패로 끝났고 이윽고 연합군은 팔래즈Falaise를 목표로 역공(작전명 '총력전'Operation Totalize)을 개시했다. 이제 독일군은 역포위의 위기에 빠졌다.[175]

만일, 전통적인 '기습'과 같은 특정 요인들이 제대로 효력을 발휘했다면,

AE 일선형 방어진지를 편성, 적 진출을 저지하는 것

지도 18

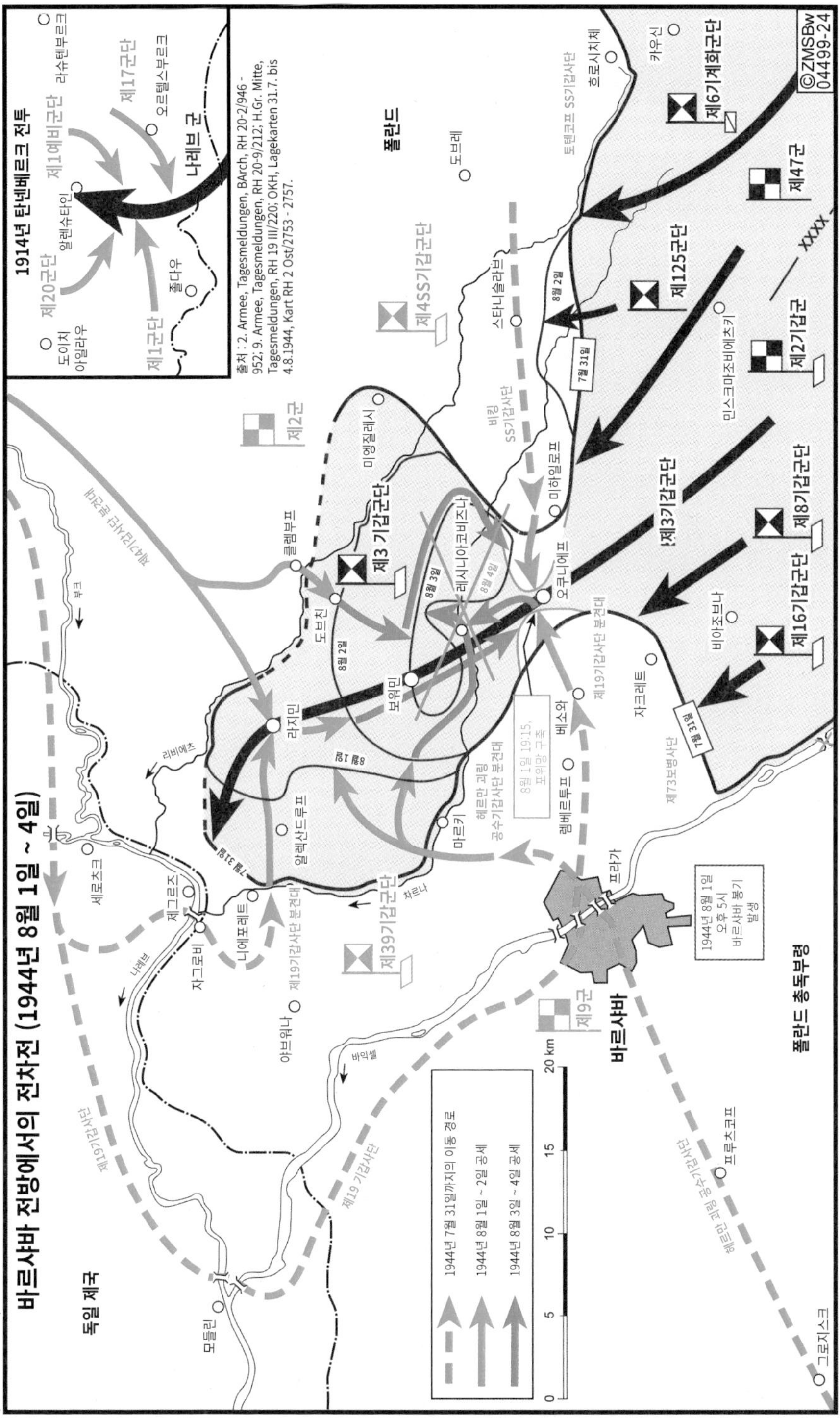

바르샤바 전방에서의 전차전 (1944년 8월 1일 ~ 4일)

독일 제국
폴란드
폴란드 총독부령
바르샤바
프라가
모들린
세로츠크
제그르즈
자그로비
니에포레트
야브워나
알렉산드루프
라지민
클렘부프
도브친
보워민
미엥질레시
레시니아코비즈나
마르키
렘베르투프
베소와
오쿠니에프
미하일로프
스타니슬라브
도브레
자크레트
비아조브나
민스크마조비에츠키
흐로시치체
카우신
프루츠코프
그로지스크
부크
나레브
리비에츠
비아웰
치르나
제19기갑사단
제19 기갑사단
제4기갑사단 분견대
제19기갑사단 분견대
헤르만 괴링 공수기갑사단 분견대
헤르만 괴링 공수기갑사단
비킹 SS기갑사단
토텐코프 SS기갑사단
제73보병사단
제39기갑군단
제3 기갑군단
제4SS기갑군단
제2군
제9군
제3기갑군단
제125군단
제6기계화군단
제16기갑군단
제8기갑군단
제2기갑군
제47군
7월 31일
8월 1일
8월 2일
8월 3일
8월 4일
8월 1일 19:15, 포위망 구축
1944년 8월 1일 오후 5시 바르샤바 봉기 발생

1944년 7월 31일까지의 이동 경로
1944년 8월 1일 ~ 2일 공세
1944년 8월 3일 ~ 4일 공세

0 5 10 15 20 km

1914년 탄넨베르크 전투

도이치 아일라우
알렌슈타인
라슈텐부르크
오르텔스부르크
졸다우
제20군단
제1예비군단
제17군단
제1군단
나레브 군

출처 : 2. Armee, Tagesmeldungen, BArch, RH 20-2/946 - 952; 9. Armee, Tagesmeldungen, RH 20-9/212; H.Gr. Mitte, Tagesmeldungen, RH 19 III/220; OKH, Lagekarten 31.7. bis 4.8.1944, Kart RH 2 Ost/2753 - 2757.

©ZMSBw 04499-24

전쟁 말기에도 작전적 수준의 기동방어로 열세 하에서도 승산은 충분했다. 아브랑슈로의 역습이 바로 대표적인 사례였다. 연합국에게 무선 감청을 허용하고 그러한 도청을 독일군이 전혀 인지하지 못했기에 기습의 효과는 사라졌으며 역습도 실패하고 말았다. 동시에 '뤼티히 작전'은 제공권이 적에게 있는 한 작전적 차원의 기동전은 실패할 수밖에 없다는 사실을 명확히 보여주었다. 지상에서 제아무리 강력한 기갑부대의 기동력도 공군 폭격기들의 비행속도를 따라잡을 수는 없었다. 충분한 공중 지원이 없는 한, 공격에서는 물론 방어에서도 기동전은 불가능했다. 또한 독일군은 1944년, 그러한 이유에서 의도적으로 악천후 기간에 아르덴 공세Ardennenoffensive[AF]를 감행했지만, 연합군이 다시금 공군력을 발휘하자 아르덴 공세 역시 무기력하게 끝나고 말았다.

전쟁 말기, 연합군에게 제공권을 빼앗긴 것도 문제였지만 한편에서는 유류 부족으로 인해 전투를 제대로 치를 수 없었다. 머지않아 항공기의 출격도, 전차의 기동도 중단될 심각한 위기에 처해 있었다. 독일이 장악했던 극소수의 헝가리 유전지대도 연합군의 폭격으로 파괴되었다. 그럼에도 히틀러는 헝가리를 확보하기 위한 공세를 명령했다. 이러한 최후의 공격작전도 소련군의 저지로 실패하고 말았다. 설사 이 공격이 성공했다고 하더라도 유류 부족과 수송 문제를 해결할 수는 없었다. 연합 공군의 폭격기들은 원유 재처리 및 생산시설들을 집중적으로 폭격했고 특히 독일의 사회기반시설이 거의 파괴되었기 때문에 여타 전선으로 유류를 수송할 수도 없는 상황이었던 것이다.

일부 장군들은 작전적 수준의 기동방어를 주장하고 끊임없이 시도했지만, 수량도 부족하고 온갖 잡다한 장비들을 보유했기 때문에 기동방어도

AF 연합국에서는 발지 전투Battle of the Bulge라고 한다.

한계에 봉착하고 말았다. 따라서 차량화 되지 않은, 우마차를 보유한 보병 사단들을 투입하고 방어를 위해 참호나 기타 야전축성들을 활용할 수밖에 없었다. 이러한 악조건은 제2차 세계대전 이후 만병통치약으로 부각된 작전적 기동방어를 무색하게 만들었다.[176] 우선 보병사단들이 차량화되지 못한 것은 전투차량의 부족 때문이기도 했지만 유류도 궁핍했기 때문이다. 오로지 중점을 형성하는 주공부대에만 그나마 충분한 전투차량을 편제시켜 주었다. 연합군은 끊임없이 차량화를 가속화시켰던 반면, 국방군은 오히려 우마차 군대로 퇴보해갔다. 국방군의 반차량화 실상-그 예로 제3기갑군은 1944년 소련의 하계 공세 당시 약 6만 필의 말을 보유했지만 전차는 단 한 대도 보유하지 못했다.-은 시시각각 심각해지고 있었다. 작전적 수준의 신속한 기동전은 사실상 실현 불가능한 것이었다.

히틀러는 과연 진정한 전략가였나?

전쟁 발발과 함께 각 조직들의 권한과 책임의 중복으로 상부지휘구조의 혼란이 종결되기는커녕 히틀러 때문에 혼란은 한층 더 가중되고 있었다.[177] 전쟁 이전까지 이 독재자는 국방군을 지배하고 싶은 욕구를 가지고 있었으나 표출하지 않고 매우 조심스럽게 이러한 작업을 추진했다. 군지휘관들의 권한과 책임도 침범하지 않았다. 그러나 전쟁 개시 이후, 그는 시간이 갈수록 군사력 운용 및 지휘에 점점 더 깊숙이 개입하려고 했다. 폴란드 전역에서의 속전속결과 무엇보다도 프랑스를 상대로 한 전격전을 '자신의 계획'에 따라 성취한 대승으로 포장하고 육군 총사령부와 육군 총참모부의 반대를 무릅쓰고 자신만의 신념으로 관철시킨 승리였다고 주장했다. 이로써 히틀러는 군부를 장악하고 군사력 운용과 작전적 지휘에 대한 욕구를 마음 놓고 드러낼 수 있게 되었다.

결국 히틀러는 소련 침공을 위한 준비과정에서부터 동부 전역을 육군 총사령부에 맡길 의도가 전혀 없었다.[178] 그 전부터 이미 히틀러는 육군 총사령부로부터 노르웨이, 프랑스, 아프리카와 발칸 등 4개의 전역에 대한 지휘권을 박탈하여 국방군 총사령부로 이관시켰다. 이로써 육군 총사령부는 전체 육군을 지휘하지 못하고 '동부전선의 육군'에만 직접적인 지휘권을 행사할 수 있었다. 육군 총참모부 내부적으로는 아돌프 호이징어가 이끄는 작전참모부가 작전계획수립에 관한 전반적인 권한과 책임을 가지고 있었고 엄밀하게는 그 예하의 제1과가 작전계획업무를 관장했다.[179] 작전참모부는 작전적 사고를 구체화하여 계획과 지휘에 적용해야 하는 만큼 총참모부 내부에서는 매우 중추적인 조직이었고 여타의 인접 참모부들은 결국 작전참모부를 지원하는 과업을 수행했다. 작전참모부장은 총참모장의 전권대리인이자 부참모장이었다. 한편 국방군 총참모부에서는, 육군 총참모부의 작전참모부에 상응하는 국토방위부가 국방군 총사령부에게 부여된 4개의 전역을 총지휘, 통제했다. 어쨌든 육군 총사령부와 총참모부는 단지 러시아 전역만을 담당하게 되었다. 히틀러는 정보 및 첩보수집 기능만 제외하고 전쟁수행을 위한 모든 필수적인 영역들, 특히 군수보급 또는 예비군에 대한 권한들까지 육군 총사령관에게서 박탈했다.

전쟁 개시 이후로 육군의 내부 권력도 육군 총사령관에게서 총참모장에게로 옮겨졌다. 한편으로는 전쟁이 계속될수록 드러난 브라우히치의 리더십 부족도 그 이유 중의 하나가 될 수 있겠지만 다른 한편으로는 조직의 구조적인 문제점 때문이기도 했다. 따라서 총참모장은 육군 총사령부의 대표자로서, 전쟁계획과 실시에 관한 모든 문제를 총체적으로 이끌어 나가야 했고 또한 브라우히치 때문에 발생한 총사령부의 공백을 메우고 히틀러에 맞서 싸워야 했다.

할더는 애초부터 히틀러의 전략적 요구를 수용했다. 베크가 그토록 주장한, 군부 주도의 지휘권을 포기했다. 전략적 목표를 설정하는 작업에 동참하는 것도 단념한 채, 총참모부 본연의 과업-작전적 계획수립과 지휘-에만 몰두했다. 할더 스스로도 어쩔 도리가 없다고 생각했던 것이다. 그러나 작전적 문제에 관해서 만큼은 자신의 고유 및 전문 영역을 히틀러가 보장해 주리라는 할더의 예상은 완전히 빗나가고 말았다. 히틀러의 악착같은 권력 욕구 때문이었다. 히틀러가 작전계획 수립에는 관여하지 않으리라는 할더의 희망도 산산조각 나버렸다. 할더는 '바르바로사 작전'의 계획수립 단계에서부터 이미, 히틀러의 결정적인 작전목표설정이 자신의 것과 다르며 작전계획수립에도 직접적으로, 점점 더 깊숙이 관여하려는 독재자의 강한 의지를 알아챘다. 안타깝게도 할더는 스스로 이미 수개월 전에 히틀러에게 선례를 제공했었다. 할더는 야전군사령관의 고유 영역이었던 작전적 지휘에도 무분별하게 개입했고 야전군사령관들에게 직접 과업을 부여하는 식으로 전술적 지휘에도 간섭했다. 이러한 의도하지 않은 자신의 과거 행동 때문에 히틀러는 기대 이상으로 쉽사리 군부를 장악할 수 있었다. 동시에 이후 자신의 견해에 반하는 강한 독단성을 지닌 장군들, 특히 과거 프로이센식으로 정치권과의 협의를 주장하는 이들을 다루기도 더 쉬워졌다. 마침내 할더와 육군 총참모부는 권력욕으로 가득 찬 총통에게 무릎을 꿇었고 나아가 국가사회주의 권력의 하부조직으로 전락하고 말았다. 그래도 할더는 작전실시 단계에서는 이의를 제기할 수 있으리라 생각했지만 그 역시 착각이었다.[180]

한편 히틀러는 일찍부터 육군 총사령부의 작전지도 능력에 대해 의구심을 품었다. 1938년 가을, 체코슬로바키아 침공 준비 중 작전계획에 관한 독재자와 총참모장의 첫 번째 대립이 촉발되었고 결국 육군 총사령부의 '참패'로 종결되었다.[181] 히틀러는 자신의 입장에서 보기에 너무나 상투적인 할더의 공격계획에 실망감을 드러냈고, 동시에 더욱이 할더의 완고한 고집에 극도로 진노했다. 히틀러는 할더의 계획에 거센 비난을 퍼부으면서 적군의 실질적인 전개에 상응하는 계획을 내놓으라며 자신의 구상을 관철시켰다. 급기야 육군 총사령관인 브라우히치에게 치욕스럽게도 히틀러에 대한 충성맹세까지 강요하는 등 육군 지휘부의 자존심을 훼손하는 행위들을 일삼았다. 그 결과 히틀러에 대한 육군의 불만감은 증폭되었다.[182]

하지만 육군에 대한 히틀러의 실망감도 시간이 갈수록 고조되고 있었다. 전쟁 발발 전부터 이미 육군 총참모부의 작전지도 능력에 대한 불신이 싹트고 있었으며 '황색 작전'(서부 전역)의 계획수립 단계에서 혼선이 발생하자 히틀러는 육군 총참모부를 신뢰할 수 없게 되었다. 나아가 소련 침공 계획수립 당시 히틀러는 할더에게 자신의 의도를 분명히 밝혔다. 예를 들어 총참모부가 프리퍄트Pripjet 소택지에서 소련군이 독일군 측방을 타격할 수 있다는 우려를 표명하자, 히틀러는 그 우려가 틀렸음을, 자신의 상황평가가 옳았다는 것을 전쟁이 벌어지면 증명해 보이겠다고 주장했던 것이다.[183]

작전계획과 지도에 관한 육군 총참모부의 권한은 점차 축소되다가 그다음 단계에서는 모두 박탈당하는 수모를 겪게 된다. 히틀러는 할더의 건의를 묵살하고 스몰렌스크 도달 이후 자신이 제시한 작전적 목표들을 확보하라고 지시했으며 결국 작전의 중점을 모스크바가 아닌 남쪽과 북쪽으로 분산시켰다. 히틀러는 다음과 같이 언급했다:

> *"8월 18일, 동부에서의 작전에 관한 육군의 제안은 내 의도에 전혀 부합하지 않는다. 나는 다음과 같은 명령을 하달한다. […]"* [184]

위 어조에서 히틀러가 육군 총사령부를 얼마만큼 가차 없이 짓밟으려 했는지 잘 보여주고 있다. 게다가 이로써 브라우히치의 권위는 큰 타격을 입었고 히틀러는 그 약점을 철저히 이용했다. 할더는 이러한 모욕을 참을 수 없다면서 브라우히치에게 함께 사직하자고 제안했으나 거절당했다. 한편 히틀러는 육군 지도부와의 결정적인 권력 쟁탈전에서 확고한 승자가 되었고 또한 작전적 문제에 관해 자신의 욕구를 관철시켰다. 커쇼Kershaw는 히틀러의 일련의 행태들을 일컬어, '육군 총사령부와 총참모부에 대한 섬멸적인 응징'[185]이라 표현했다. 1941년 12월 19일 모스크바를 바로 눈앞에 두고서 소련의 역공을 맞게 되자 그는 패전의 책임을 물어 브라우히치를 해임하고 육군에 대한 지휘권을 직접 행사하기에 이르렀다. 이는 사실상 이미 오래전부터 계획된 권력쟁취 과정의 최종 단계였던 것이다.

히틀러가 육군의 작전을 직접 지휘하게 되자 이른바 작전적 '어용화(御用化)'도 달성되었다. 훗날 만슈타인이나 총참모장 쿠르트 자이츨러Kurt Zeitzler는 히틀러의 짐을 덜어준다는 핑계로 총참모부의 작전적 지휘권과 자율권을 재탈환하고자 노력했다. 즉, 전(全) 육군의 총사령관직은 히틀러에게 내어주더라도, 적어도 한 명의 동부 전선사령관이라는 보직을 만들어 동부 전역만큼은 자신들이 지휘하고자 했던 것이다. 그러나 히틀러는 그러한 건의들을 단호하게 거부했다.[186] 총통은 자신의 절대적인 지휘권을 조금도 양보할 생각이 없었다. 그와 동시에 국방군 예하의 육, 해, 공군과 국방부 총사령부 간의 대립을 유발하고 자신이 모든 분야를 통합, 관장함으로써 자신의 권력을 확대시켰다. 히틀러는 자신의 능력을 믿고 자신을 따르는 장군들만을 중용하면서 한편으로는 노련하게 이들의 약점을 이용하여 자신의 의지를 관철시켜 나갔다. 따라서 히틀러의 주변에는 오로지 나약한 인간들로 가득 채워졌다. 1942년부터 회의 석상에서 공개적으로 반대를 외치는 자는 단 한 사람도 없었다.

히틀러에게는 과연 육군을 지휘할 수 있는 능력이 있었던 걸까? 히틀러의 군사적 자신감은 과언 어디에서 나왔을까? 히틀러는 장군참모장교 교육도, 하다못해 장교양성교육도 받은 적이 없었다. 제1차 세계대전 당시 히틀러는 전령, 즉 병사의 신분으로 대부분의 시간을 보냈으며 전투에서 공을 인정받아 1등급 철십자 훈장을 받았다. 당시 '교육훈련' 수준으로 보자면 제1차 세계대전에 참전한 수백만 명의 병사들은 단지 '아마추어 전략가' 정도의 자질을 갖출 수 있었다. 그러나 히틀러는 꽤 훌륭한 능력을 갖추고 있었다. 서부전선의 진지전에서의 경험 외에도 그는 군사적 문외한이라고 하기에는 놀랄만한 전략적 안목을 갖추고 있었으며 군사서적을 심도 있게 탐독하고 연구한 결과, 거의 백과사전 수준의 세세한 군사지식을 보유하고 있었다. 탁월한 기억력 덕분에 수많은 역사적 사건들을 머릿속에 담고 있었고 이를 근거로 마치 자신이 전문적인 지식을 보유하는 것처럼 장교들을 속이고 능멸하기도 했다.[187] 이러한 유아독존식의 행동들이 성공하게 되자 히틀러의 군사적 측근들뿐만 아니라 독재자 스스로도 자신의 군사적 능력을 점점 더 과신하게 되는 역효과를 낳게 되었던 것이다.

게다가 히틀러는 다수의 장군들보다 전쟁의 실상을 훨씬 더 많이 경험했다고 자부했다. 악명 높은 광란의 발작을 시작할 때면 히틀러는 과거 보급기지의 병사들에게 그랬듯이 자신 앞에 서 있는 장군들을 철저히 모욕하고 그들에 대한 경멸감을 서슴없이 드러냈다. 할더에게는 치밀함이 부족하다며 엄청난 욕설을 퍼부은 뒤 이렇게 언급했다.

> *"할더! 당신은 무엇을 하자는 건가? 제1차 세계대전 당시 회전의자에 앉아만 있던 당신 같은 자들이 나에게 감히 군대에 대해 논하고 있단 말인가? 당신 같은 사람들은 단 한 번이라도 검은색 부상자 표식을 달아본 적이 있는가!"* [188]

할더나 여타의 고위급 장교들이 히틀러의 미친 듯 지껄이는 일장연설에 한마디도 대응하지 못한 채 잠자코 있어야 했던 이유를 여기서 논하지는 않겠다. 그러나 대부분의 장교들에 대한 히틀러의 비난을 부정할 수 없는 것도 사실이다. 육군의 많은 고위급 지휘관들은 제1차 세계대전 당시 전선 후방의 참모부에 위치했었고 또한 포병장교들도 전선과 이격된 벙커에서 근무했기에 전투의 실상을 직접 겪지 못했다.[189] 그러나 대다수의 장군참모장교들이 전선 후방의 참모부에서 근무했던 이유는, 히틀러가 비난하듯 그들의 비겁함 때문이 아니었다. 오히려 효율적인 전쟁지휘를 위해, 다시 말해 능숙하고 탁월한 계획수립 능력을 정상적으로 발휘하기 위해 고도로 숙련된 작전가들을 위험에 노출시키지 않는다는 일종의 시스템을 따랐을 뿐이었다.[190] 더욱이 과거 몇 년간의 성공을 통해 '역사상 가장 위대한 총사령관, 전쟁영웅'이라는 총통의 신화가 창조되었고 히틀러의 작전적 지휘능력도 검증되었다는 논리들이 힘을 얻게 되자 육군은 무기력하게 스스로 지휘권을 포기할 수밖에 없었다.

히틀러가 자신만의 직관으로 대성공을 거둔 이후, 장군참모교육과정에서도 천재적인, 합리적으로 해석하기 어려운 총사령관의 능력이 강조되었다. 또한 '히틀러에게 사무엘의 성유가 부어졌다'라든지 일종의 '천부적인 재능을 가졌다'는 속설들까지 난무했다. 요들은 호이징어에게, '총통은, 아무도 부정할 수 없는 그 자신만의 전략적인 본능을 지니고 있는 것 같다. 총통의 판단은 대부분 정확히 들어맞는다'고 털어놓았다.[191] 물론 요들은 히틀러의 측근이자 추종자였기 때문에 요들의 발언은 충분히 납득할 만하지만 에두아르트 바그너의 언급은 그 정도를 넘어서고 있다.

> *"총통의 군사적 상황평가는 언제나 나를 깜짝 놀라게 한다. 이번에도 결정적인 작전에 관여했고 현재까지 판단은 항상 적중했다. 남부에서의 거국적인 승리도 바로 총통의 능력으로 달성된 것이다."*[192]

히틀러의 작전지도 능력에 대한 경탄, 신뢰의 수준은 실로 상상 이상의 것이었다. 그는 작전 분야의 전문적 능력을 갖춘 군부의 의구심을 물리치고 자신의 의지를 관철해서 최초 전역에서 승리를 쟁취했다. 그러나 그러한 승리들은 '사무엘의 성유'에 의해서가 아니라 로마 신화 속 '행운의 여신, 포르투나'Fortuna의 조력 때문이었다.

하지만 독재자 스스로도 이러한 성공을 통해 총사령관으로서의 능력을 확실히 증명했다고 생각했다. 히틀러는 브라우히치를 내치는 자리에서 오만방자함을 그대로 드러냈다:

"지금까지의 작전은 아무나 할 수 있는 것이었다." [193]

마침내 육군 총사령관으로서 작전을 직접 지휘하게 된 히틀러가 이제 막 해임된 장군과 단 둘이 마주보며 이렇게 말했다:

"육군 총사령관의 과업은 국가사회주의를 추구하는 육군을 만드는 것이다. 육군에서 내 의도대로 이런 과업을 달성할 수 있는 장군은 단 한 명도 없다. 그래서 내가 직접 육군을 지휘하기로 결심한 것이다." [194]

히틀러는 이미 수년 전부터 보수적인 성향의 육군을 증오했고 결국에는 이런 식으로 표출했다. 총사령관으로서 자신감이 충만해질수록 장군들에 대한 혐오감과 불신은 나날이 증폭되었다.[195] 국가사회주의 혁명가인 그에게 프로이센 귀족출신 군부세력들과 이들의 반동적 성향은 증오의 대상이었다. 따라서 기동전의 대가이자 프로이센 군부귀족의 대표격인 만슈타인에 대한 개인적인 불쾌감을 그대로 드러내곤 했다.[196] 히틀러는 괴벨스에게, 장군들이 자신을 속이고 있으며 그들을 보는 것 자체가 지긋지긋하다고 점점 더 자주 털어 놓았다.[197] 나아가 총참모부를 다음과 같이 비하하기도 했다.

> *"별것도 아닌, 허울 좋은 자칭 명문자제라는 얼간이들! 나라를 좀먹는 놈들, 아무런 성과도 달성하지 못하면서 사고력도 없고 비겁하기 짝이 없고 교만으로 가득 찬, 썩어빠진 특권 집단일 뿐이다!"* [198]

자유독일국가연맹Nationalkomitees Freies Deutschland, NKFD과 독일장교연맹Bundes Deutscher Offiziere이 소련에서 설립[AG]되고, 특히 자신에 대한 쿠데타가 실패한 뒤 히틀러는 총참모부를 파렴치범과 배신자의 소굴이라 독설을 퍼부었다.[199]

위와 같은 상황에서 히틀러는 디틀Dietl 또는 쇠르너Schörner처럼 소시민 출신의 젊은 중견급 장교들을 진급시켜 장군단에 포진시켰는데 시간이 갈수록 이러한 성향은 매우 강해졌고 이는 어쩌면 당연한 일이었다.[200] 이들 대부분은 나치즘에 대한 확고한 믿음을 가졌거나 출세 지향적인 기회주의자들이었고 일부는 관직을 뇌물로 매수한 경우도 있었지만 어쨌든 모두가 총통에 대한 충성을 맹세한 인물들이었다.[201]

독선과 아집으로 가득 차 있던 히틀러는 육군 총참모장에게 자신의 절대 권력에 대한 복종을 강요했다. 결국 총참모장은 동부 전역 기간 중 단순한 명령 전달자나 작전수행 간의 엑스트라로 전락하게 되었다.[202] 특히 1942년 할더의 퇴진과 쿠르트 자이츨러의 취임 이후 이러한 경향은 더 강해졌다. 히틀러의 충직한 추종자였던 자이츨러는 히틀러로부터 총참모부 내부의 반동분자를 정리하라는 지시를 받자[203] 육군 총사령부에서 '히틀러 소년단원 크벡스'Quex[204]라는 별명을 얻을 정도로 충실히 숙청 작업을 진행

AG NKFD와 BDO는 소련군에게 포로가 된 독일 군인들과 소련으로 망명한 독일인들로 구성된 반나치 단체이다.

했다. 게다가 내부의 작전전문가들이 아닌 야전부대의 보병장교들을 육군 총참모부 예하 작전담당 핵심 직위에 보직시켜서 애초부터 주위로부터 불신을 샀다. 특히 자이츨러는 취임식에서 총참모부의 장교들에게, '무조건적으로 총통을 믿지 않는 자, 그리고 이를 공개적으로 드러내는 자가 있다면 총참모부에서는 더 이상 미래가 없고 근무할 자격이 없다'며 히틀러에게 충성해야 한다는 점을 노골적으로 표현했다. 작전참모부의 장교들이 할더를 마지막 총참모장이라고 표현한 것도 충분히 납득할 만한 일이다.

히틀러는 이른바 '총통의 원칙'에 따라 엄격한 서열주의와 중앙집권적 지휘를 강조했다. 히틀러의 명령에 대한 토론 따위는 일체 허용되지 않았다. 전통적인 작전적 독트린에 따른 '지침에 의한 지휘' 즉 임무형 지휘도 히틀러 앞에서는 금기사항이었다. 그는 고위급 지휘관들에게 명확하고 구체적인 명령을 요구했다. 군인으로서의 복종의 의무를 강조하며 하급장교들의 독단적인 행위를 금지시켰다. 상급지휘관들은 무분별하게 세부적인 사항들까지 개입해야 했다. 이로써 히틀러는 작전적 사고의 핵심적인 원칙들을 무용지물로 만들어 버렸다.[205]

히틀러는 진두에서 지휘하지 않았다. 현대적인 총사령관의 지휘 방식이라는 슐리펜의 언급대로, 전선으로부터 멀리 떨어진 후방의 사령부에서 전화나 전신기로 지휘했다. 이렇듯 '후방에서 지휘'한 사실만 보면 히틀러는 진두지휘를 즐겨했던 만슈타인이나 여타의 장군들보다 슐리펜에 가까웠다. 그러나 슐리펜은 히틀러처럼 최하급 부대의 전술적-작전적 수준의 세부적인 전투지휘에는 관여하지 않았다. 물론 임무형 지휘의 취약점에 대한 비판도 있지만 당시 히틀러의 지시 때문에 전투현장에서의 즉각적인 상황평가, 결심과 실행으로 이어지는, 그것이 지닌 결정적인 강점들이 전술적인 수준에서도 발휘되지 못했다.

전쟁 이후 일각에서 지속적으로 주장하듯 히틀러의 이러한 독선이 무조건 부정적인 효과만 초래했던 것만은 아니었다. 제2차 세계대전뿐만 아니라 제1차 세계대전에서도 이러한 독단적인 임무형 지휘로 실패한 사례들이 있었기 때문이다. 여하튼 일선 부대들은 작전적 차원에서는 어쩔 수 없이 명령형 지휘를 해야 했지만 전술적 수준에서는 제한된 여건에서도 가능한 한 어떻게든 임무형 지휘를 실천하려고 노력했다.

육군의 장군들에 대한 히틀러의 불신도 증가했지만 군사작전이 연전연패를 거듭하자 히틀러 스스로도 느꼈듯, 이들도 최종적인 승리와 '총통'에 대한 믿음을 잃어가고 있었다. 이 독재자의 작전적-전략적 능력 덕분에 성공했다는 경외감은 어느새 회의감으로 바뀌었고 이제는 히틀러의 지휘방식, 지휘결심과 작전적 능력에 대한 노골적인 비판이 시작되었다. 물론 군부 내에서 소수 인사들의 개인적인 회동에서나 가능한 일이었고 공개적인 석상에서는 다들 좀처럼 입을 열지 않았다. 그러나 마치 지진계가 움직이듯 심각한 위기 사태가 발생할 때면 이러한 비판의 목소리들은 커졌다가도 다시 잠잠해지곤 했다.

총참모부에서는 아직도 총통을 따르는 자들이 존재했다. 하지만 히틀러의 오판이 계속되고 광란의 발작과 함께 장교들의 무능함을 비난하는 모습을 보이자 이들도 당황스러워하면서도 현실에 눈을 뜨기 시작했다. 스탈린그라드 지역의 작전을 종결하기에 앞서 히틀러는 할더의 조언을 무시하고 캅카스를 목표로 진격하라는 명령을 하달했다. 할더는 이 당시 지쳐있던 심경을 일기장에 다음과 같이 기록했다.

> *"총통은 아직도 적의 능력을 과소평가하고 있지만 이는 매우 위험천만한 일이다. 점점 더 견디기가 어렵다. 충실히 일하는 것도 이제 지쳐버렸다. 온통 총통의 정신병적인 반응, 즉흥적인 지시, 측근들의 완전히 틀려먹은, 근거 없는 상황평가와 대안들뿐이다."* [206]

히틀러의 작전적 오판이 점점 더 많아지고 동시에 그는 군부를 더욱너 강력히 통제하려고 했다. 총참모부는 그제야 현실을 직시하게 되었다. 호이징어는, 히틀러가 '작전적 상황을 대관(大觀)'하기보다는 전술적인 세세한 부분에 몰두했다고 언급했다. '역사상 가장 위대한 총사령관'이 전술적 수준의 세부사항들을 결정했고 따라서 전체적인 국면을 통찰하는 능력-한 때는 그러한 능력을 지니고 있었다 하더라도-을 잃어버렸다.[207] 호이징어의 말대로 히틀러는 '시간과 공간의 개념을 완전히 상실'[208]했던 것이다.

그렇다면 왜 호이징어를 비롯한 작전가들이 히틀러에 저항하지 않고 계속 지시를 따라야 했을까? 과연 그들도 오로지 출세만을 지향하는 전쟁전문가였던가? 그들은 히틀러가 작전적 사고의 결정적인 요인인 공간과 시간에 대해 무지했다고 비판했지만 독재자와 육군 지휘부가 서로를 비난하고 오해한 근본적인 원인을 따져 볼 필요가 있다. 히틀러는 애초부터 전략적 관점에서 인구와 경제의 중심지를 확보하고자 했다. 반면 총참모부는 전통적인 작전적 사고의 원칙에 따라 적군의 섬멸을 최우선적인 작전목표로 설정했다. 이를테면 이러한 근본적인 대립은 '청색 작전' 계획수립단계에서 발생했다. 히틀러는 1918년, 즉 제1차 세계대전 당시 유전지대 장악을 위해 캅카스로 전쟁을 확대시킨 과거사[209]를 상기시키며 그곳의 석유 없이는 전쟁을 종결시킬 수 없다고 강력히 주장했다.[210] 그러나 할더의 생각은 달랐다. 그는 '독일군의 작전적 과업은 전통적으로 살아있는 적군을 섬멸하는 것이다. 유전지대 확보가 아니다'[211]라고 언급했다. 제1차 세계대전에서 패배한 이후에도 여전히 할더는 작전적 사고의 원칙을 고집했던 것이다.

전쟁 발발 초기에 고도의 위험 속에서 달성된 회전의 승리로 육군 지휘부와 독재자 간의 근본적인 의견충돌은 잠시 자취를 감추게 된다. 그러나 동부 전선에서 잇달아 패전하고 주도권을 상실하자 이러한 대립은 본격적으로 표출되기 시작했다. 총참모부, 즉 군사분야 전문가의 관점에서, 히틀러는 몰상식한 공격작전을 지시하면서 작전적 기동방어를 금지하고 불필요한 정지명령을 하달하는 등 치명적인 오판을 자행하고 있었다. 반면 히틀러는, 독일군 장군들이 오로지 작전적인 이유에서 반드시 필요한 공간을 끊임없이 포기하려 했고 전략적 수준에서는 아무것도 달성하지도 못했으며 특히 총체적인 전략적 사고력이 전혀 없다고 비판했다.

근본적으로 쌍방의 비판은 나름대로 타당했다. 히틀러가 작전을 직접 지휘하며 범한 실책들과 오판들은 그 스스로가 이룩한 성공들에 비하면 실로 엄청난 결과를 초래했다. 동부전선에서는 스탈린그라드 점령을 위해 작전적 수준에서 어이없는 명령을 하달했고, 소련군이 역습에 돌입하자 당황해하며 미친 듯 날뛰던 반응들과 포위된 제6군의 철수금지를 지시했던 사례 등이 여기에 해당한다. 또한 기습효과를 상실하고 정면공격으로 일관한 쿠르스크에서의 공세와, 프리저 박사가 작전술의 최하급 수준이라고 언급[212]한, 1944년 하계, 중부집단군을 괴멸상태에 이르게 한 동부에서의 경직된 선형방어는 히틀러의 치명적인 오판에서 비롯되었다. 게다가 1944년에는 무모하게도 서부전선에서 아르덴 공세를 감행하기도 했고, 더 이상 가능성이 없었던 북아프리카 전역에 대규모 부대를 파견하기까지 했다.

위와 같은 작전들이 실패한 이유는 결국 히틀러의 작전적 이해가 부족했기 때문이다. 중점이 형성되어야 할 측방에 약한 전투력을 투입하고 불필요하게 중앙에 전력을 집중함으로써 포위작전은 매번 실패하고 말았다. 이 독재자는 항상 명확한, 하나의 중점을 형성해야 한다는 원칙을 무시했다. 또한 공세가 진행되는 도중에 중점을 옮기곤 했다. '청색 작전'은 그 대표적인 예이다. 나아가 그는 전체적인 공세적 기동전의 핵심전력이었던 극소수의 기계화부대들을 보로네시나 스탈린그라드와 같은 시가지를 점령하기 위한 정면공격에 사용했다. 이는 공격 기세를 약화시켜 전체적인 공세에 차질을 초래했던 그야말로 중대한 실수였던 것이다. 이는 적을 철저히 과소평가하고 아군의 능력을 과대평가한 결과였다. 대대급에까지 애매하고 성급하며 불분명한, 때로는 자기모순에 빠진 명령을 하달하기도 했고 나아가 사전에 충분한 계획의 타당성을 검증하지 않은 채 직감적이고 충동적으로 결심하거나 어떤 경우에는 아예 결심 자체를 하지 못하는 히틀러의 성향은 날이 갈수록 정도를 더해갔다. 수세로 전환되자 경직된 선형방어를 고수하여 점점 더 엄청난 손실이 발생하고 있었다. 1943년부터 동부의 육군은 심각한 전력 손실로 기동방어를 수행할 수 없는 상태였다. 그 원인은 바로 납득할 수 없는 히틀러의 아마추어 같은 지휘능력 때문이었다.

특히 1943년부터 전략적 중심을 동부에서 서부로 옮긴 것도 히틀러의 전략적-작전적 관계에 대한 이해력 부족을 보여주는 사례이다. 전략적인 측면에서는 타당했지만 작전적 차원의 결심이 그것에 부합하지 않았기 때문이다. 그는 전략적으로 반드시 시간을 벌어야 한다고 생각했다. 그러나 이를 위한 의도적인 공간의 포기와 기동방어를 끝까지 거부했다. 시간과 공간, 모두를 포기하지 않으려다가 마침내 두 가지 모두를 잃어버렸다. 일각에서는 동부에서의 확고한 저지가 히틀러의 전략적 목표 달성을 위한 핵심적인 전제조건, 즉 동부에서의 유태인의 말살을 위한 것이었으며 이 때문에 이러한 모순된 행동을 보이게 된 것이라 주장하기도 한다.[213]

총참모부와 마찬가지로, 서부 전역계획에 관한 실행 직전까지의 혼란과 '바르바로사 작전'에서 명확한 중점이 없었던 것 등은 히틀러도 작전적 차원의 약점을 가지고 있었음을 보여주고 있다.

하지만 몇몇 장군들의 노력으로 그러한 약점을 극복하고 큰 승리를 거두기도 했다. 바로 '지헬슈니트'와 1943년 동계에 실시된 '로샤데', '측후방 타격전법' 등이 바로 그 예이다. 3개의 작전 중 마지막 두 작전은 명실공히 국방군에서 가장 뛰어난 작전가라고 할 수 있는 만슈타인의 작품이다. 혹자들은 종종 만슈타인과 롬멜을 대등하게 평가하곤 한다. 롬멜의 작전들은 오늘날까지 영국과 미국에서 매우 높이 평가받고 있다.[AH] 또한 작전적 사고의 원칙들, 이를테면 기습, 기동전, 일관된 중점형성, 적에게 행동을 강요하고 절대적인 주도권을 확보하기 위한 노력 등을 그대로 담고 있다. 그러나 그 이면에 롬멜이 장군참모장교 교육을 받지 않았으며 총참모부에서 근무한 경력이 없다는 점, 그리고 사단장이었던 롬멜이 오히려 중대장이나 대대장처럼 전술적 수준에서 부대를 지휘하고 행동했다는 사실을 간과해서는 안 된다. 어쨌든 그의 지휘 방식은 전술과 작전 사이에는 매우 밀접한 관계가 있다는 사실을 보여 주고 있다.

뛰어난 군사적 사고력과 지휘능력을 겸비하고 총참모부에서 잔뼈가 굵은, 프로이센 귀족 출신의 장군참모장교였던 만슈타인과 소시민적인 남부독일 태생의 야전장교 롬멜은 완전히 다른 성향의 두 부류의 장교들을 대표하는 인물들이었다. 또한 이들도 현대전에서 적나라하게 드러난 독일의 작전적 사고의 두 가지 근본적인 약점을 그대로 노출시켰다. 롬멜은 독일의 작전적 사고에 내재된 군수문제를 경시했던 전형적인 장군이었고[214] 반면 만슈타인은 작전적 수준에만 몰두하여 결정적인 회전에만 집착했으며 종종 1차원적인 전쟁을 수행하여 총체적인 전략상황을 고려하지 않는 성향을 나타냈다. 장군들이 전략적 사고를 하지 못하고 오로지 작전적으로만 판단한다고 비판했던 히틀러의 논리도 틀린 것만은 아니었다.

제2차 세계대전에서 패망한 이후, 일부 장군들은 자신의 회고록에서 작전뿐만 아니라 전략적 차원에서도 히틀러가 어설픈 아마추어라고 거리낌 없이 비판했는데 이는 다시 검증해 볼 필요가 있다. 히틀러는 양면전쟁의 전략적 문제를 인지하고 오로지 충분한 자원을 확보하고 안정적인 산업기

AH 한편으로는 롬멜이 인기를 중시한 완벽한 자기 과시, 중심적인 인물이었으며 다른 한편으로는, 적국이 그를 극복한 인물, 버나드 몽고메리의 위대함을 강조하기 위해 그의 능력을 과도하게 부각했다는 것을 간과해서는 안 된다.(저자 주)

반이 조성되어야만 장기간의 소모전을 수행할 수 있다는 제1차 세계대전의 교훈을 받아들였다. 반면, 대다수 장군들의 최종 목표는 적군의 섬멸이었다. 왜 히틀러가 물론 전투력이 부족했음에도 총체적인 전략적 목표, 즉 캅카스의 자원을 확보하기 위한 공세를 여타의 작전보다 상위에 두었는지를 장군들은 이해하기 어려웠다. 히틀러가 가장 기초적인 작전적 원칙들에 대해 무지했던 것처럼 군 지휘부도 전쟁을 전략적 차원에서 이해하고 지휘하는 능력 면에서 부족했던 것은 마찬가지였다.

과거 국방군의 엘리트들은 소위 '글로 쓴 승리'(베그너Wegner)라고 일컫는 참전 기록물들을 출간했다. 그들은 한결같이 자신들의 전략적 관념 부족을 배제하고 패전의 책임과 모든 작전적, 전략적 오판을 이미 죽어버린 독재자에게 전가했다. 히틀러가 대다수의 군부측근들로부터 존경과 칭송을 받았던, 놀라울 정도로 탁월한 전략적 본능뿐만 아니라 전략적 상황을 통찰하는 능력을 가졌다는 사실 자체를 부정했다.[215] 하지만 히틀러는 여러 가지 측면에서 오히려 장군참모장교들보다 전쟁을 더 현실적인, 현대적인 관점에서 접근했다.[216] 장군참모장교들은 과거로부터 물려받은 작전적 사고의 굴레에서 벗어나지 못하고 오히려 더 집착함으로써 현대적이고도 총체적인 사회적 전쟁수행이라는 새로운 개념들을 모두 무시했다. 물론 전쟁 발발 초기에 히틀러가 일부 군사-전략적 사안들을 본능적으로, 때로는 다행히 '이성적인' 행동으로 성공했다고 해도 전쟁 이전과 진행 중에 독일의 경제적, 지정학적 상황에 적합한 전체적인 전략개념을 전혀 제시하지 못했다는 것만은 틀림없는 사실이다. 히틀러는, 그가 경멸했던 귀족 출신의 장군들과 마찬가지로 총체적인 전략을 설계, 조율하여 여기에 부합하는 작전계획을 이끌어내는 능력이 없었던 것이다.

작전적 섬멸전쟁?

'바르바로사 계획'은 처음부터 두 가지 차원에서의 섬멸전쟁을 지향했다. 작전적 측면에서는 전통적인 작전적 사고의 원칙에 따라 적군을 신속하게 섬멸하고자 했다. 앞서 수차례 언급했듯 여기서 섬멸은 군사적 관점에서 물리적인 말살이 아닌 전투수단인 지상군을 무력화시키는 것을 의미했다. 그러나 전통적인 작전적 원칙들이 세계정복을 지향하는 전쟁 속에서 유명무실화되거나 도구화되고 말았다. 군부는 1941년 3월 30일 이후에야 비로소 이러한 진실을 깨달았던 것이다.

히틀러는 매우 의미심장한 어투로 이날 장군들에게, 향후의 전쟁이 서부와 북부 유럽 그리고 아프리카에서의 '통상적인 전쟁'과는 전혀 다른, 특별한 성격을 가지게 될 것이라고 공표했다. 과거 나폴레옹이 시도했듯 유럽에서 러시아의 패권국가로서의 위상을 무너뜨리고 영국에게서 대륙에서의 주도권을 박탈해야 한다고 주장했다. 그와 동시에 소비에트 연방을 붕괴시키고[AI] 나아가 소련의 주민들을 말살 또는 노예화하는 것이 자신의 의도라고 밝혔다. 뿐만 아니라 이 목표는 앞으로 다가올 전 세계를 대상으로 하는 전쟁 목표, 즉 사상적인 '불구대천의 원수', 볼셰비즘과 유대교를 지구상에서 소멸시키는 것[217]과 불가분의 관계에 있다고 언급했다. 휘르터Hürter의 말처럼, '바야흐로 적군의 섬멸을 지향하던 군사적 개념이 한 국가와 사상의 소멸이라는 정치적 개념으로 확장'[218]되었던 것이다.

이에 히틀러는 장군들에게 유럽에서의 전쟁수행에 있어서 지금까지 적용된 전통적 준칙과 규칙들을 폐기하라고 지시했다. 장군들은 곧 벌어질

AI 소련을 독일이 지배하는 미개발상태의 분리 독립공화국으로 해체하고 동시에 소련의 반러시아 서부지역을 동시에 분리시키는 계획은 유럽 강대국의 사고로서, 고전적인 전쟁목표와 제1차 세계대전시 독일의 전쟁 종결 조건 및 전쟁 목표 수준을 훨씬 넘어서는 것이었다.(저자 주)

전쟁이 인종적, 사상적 성향을 가지고 있으며 이러한 히틀러의 요구가 지나친 것이었음을 인지했다. 할더는 당시의 상황을 다음과 같이 기술했다:

> *"이번 전쟁의 양상은 서부 전역과 매우 다를 것이다. 동부 전역은 매우 혹독할 것이며 미래를 위해 이를 참고 견뎌내야 한다."* [219]

물론 히틀러가 자신의 계획을 세세하게 언급하지 않았지만 폴란드 점령 정책을 시행했던 친위대의 행동을 목격한 이들은 당시 생활권 확보를 위한 히틀러의 전쟁이 어떤 것이었는지 분명히 이해할 수 있었다.

군부 엘리트들은 히틀러의 '민족적 섬멸전쟁'과 '식민통치 및 착취 전쟁 개념'에 열광적인 반응을 보이지는 않았지만 이를 아무런 비판 없이 받아들였다.[220] 몇몇 장군들은 이번 전쟁의 법적인 문제들보다 오히려 자신에게 부여된 작전적 과업에 더 몰두했다. 또한 일부 인사들은 독일 군부 엘리트들의 트라우마인 양면전쟁이 절대로 일어나지 않으리라는 히틀러의 주장이 사실인가에 대해서만 고민하기도 했다. 그러나 많은 자료들을 근거로 판단해 보면 대다수의 장군들은 회의적인 시각보다는 승리에 대한 자신감, 적에 대한 우월감을 내보이곤 했다.

어쨌든 국방군 총사령부에서는 장차전의 본질을 정확히 꿰뚫고 있었다. 육군 총사령부의 장군들은 여전히 전통적인 관점에서 적의 군사력 격멸을 작전목적으로 생각했지만, 카이텔 주변의 장교들은 제1차 세계대전시 연합국의 봉쇄로 인한 처절한 경험을 기초로 적군의 섬멸을 훨씬 능가하는 일종의 극단적인 총력전을 구상했다. 1938년 4월 국방부는 '조직의 문제로서의 전쟁지휘'이라는 글을 출간했고 이 글의 부록 '장차전이란 무엇인가?'Was ist der Krieg der Zukunft에서 장차 군사적 충돌이 벌어진다면 전쟁의 목적을 달성하기 위한 무제한성을 띠게 되리라고 주장했다:

"전쟁을 수행하기 위해서는 군사력뿐만 아니라 선전과 경제력을 포함한 모든 수단이 총동원되어야 한다. 전쟁의 목표는 적국의 군사력, 물질적인 원천, 국민들의 정신력을 무너뜨리는 것이다. '필요 앞에는 법이 없다'라는 격언이 바로 장차전의 원칙이 되어야 한다." [221]

이렇듯 국방군 총사령부는 총력전의 개념을 이용하여 나치즘의 생활권 사상을 정당화했다. 당시까지의 규범과 법규를 훼손하고 급기야 무효화하고자 했고 이것은 프리드리히 2세의 예방전쟁의 개념을 능가하는, 결국 군사력을 이용한 국가 차원의, 이른바 '그릇된 정당방위'였다.

이에 독일 지도부는 소련 침공을 앞두고 법률, 규정과 명령의 보완, 폐지 또는 수정 작업을 실시했다. 또한 '전시재판권의 집행규칙'Erlass über die Ausübung der Kriegsgerichtsbarkeit, '러시아에서의 군사행동 지침'Richtlinien für das Verhalten der Truppe in Russland, '정치위원 처리 지침'Richtlinien für die Behandlung politischer Kommissare 등을 제정하여 계획된 세계정복전쟁과 섬멸전쟁을 위한 토대를 마련했다. 폴란드에서 친위대 예하조직들은 공포통치체제[AJ]를 구축하고 만행을 저질렀다. 이에 일선 야전부대에서 반대와 저항의 목소리들이 커지자 육군 총사령부도 장차 다가올 전역을 위한 규칙과 명령들이 어떠한 결과를 초래하게 될지에 대해 수수방관할 수만은 없었다. 폴란드 전역은 분명히 섬멸전쟁이 아니었다.[222] 하지만 이 전역은 많은 영역에 걸쳐 소련에 대한 인종 이데올로기적 섬멸전의 서막이었다고 해도 과언이 아니다.[223]

히틀러는 폴란드 점령지역의 군정을 친위대와 경찰이 참가하는 민간에 이양하기로 결정했다. 일부 반대하는 이들도 있었지만 폴란드에서의 사태

AJ 폴란드 전역 기간 중 경찰과 친위대는 전선의 후방에서 의도적, 계획적인 살인을 자행하였다. 또한 국방군 예하의 육, 해, 공군도 민간인들에 대한 포괄적인 무기 사용을 준비하고 있었다. 이러한 만행의 결과로 훗날 친위대원들과 군인들이 계속해서 군사법정에 서게 되었다.(저자 주)

들을 관망하던 육군 지휘부의 뜻에는 부합했다. 또한 '바르바로사 작전' 직전에 국방군 총사령부와 육군 총사령부 그리고 친위대의 권한과 책임이 마침내 규정화되었고 이로써 '총통'의 정치적 과업을 육군이 아니라 친위대가 이행하게 되었다.[224] 따라서 육군은 이를 한편으로 전장에서의 만행에 더 이상 개입하지 않아도 되는 계기로, 다른 한편으로 작전적 방책발전에 더 전념하고 전선에 전투력을 증강할 호기로 삼았다. 아무리 승리에 대한 확신이 있다고 해도 전통적인 작전적 사고의 관점에서 '바르바로사 작전'은 군사적인 불확실성으로 가득한 계획이었다. 독일의 작전적 독트린이 발전되어 온 이래로 이러한 불확실성은 독일 군부가 감수해왔던 '위험 덩어리'였고 특히 군수물자의 양과 수송 능력, 그리고 병력 부족의 심각성이 바로 문제의 핵심이었다. 그러나 육군은 어떠한 해법도 가지고 있지 않았다. 슐리펜 이래로 열세에서의 전투는 작전적 사고의 본질이지만 모든 군사행동에서 '중과부적(衆寡不敵)의 원칙'은 군사행동에 있어서 진리이다. 독일의 독트린에서 중점형성을 통한 국지적 전투력 우세 달성을 강조하는 것도 바로 그러한 이유에서였다. 따라서 일선 지휘관들의 최대 관심사는 바로 부대의 병력과 장비를 증강시키는 일이었다.

친위대사령관 하인리히 힘러Heinrich Himmler와 브라우히치는 폴란드에서 자행된 친위대의 살인에 관한 분쟁을 매듭짓고, 다가올 전역에서의 안정적인 후방지역작전에 관한 논의에 들어갔다. 병력 부족을 의식한 육군 수뇌부는 후방지역에서 군사력을 절약하는 방안을 강구하기 위해 총력을 기울였다.

협상 결과, 친위대가 육군의 책임지역을 인수했다.[225] 따라서 육군 총사령부 입장에서는 후방지역에 강력한 경계부대를 배치하거나 전선의 부대를 후방지역으로 차출할 필요가 없어졌다. 그러나 그 대가로 친위대의 점령지 공포통치를 허용할 수밖에 없었다. 육군 총사령부는 이미 그것을 각오하고 있었다. 그러나 이는 단기간의 승리만을 위한 치명적인 실책이었고 이내 엄청난 희생을 감수해야 하는 상황으로 돌변하고 말았다. 국방군의 일부와 친위대가 구축한 공포통치로 양측 모두 혹독하고 잔인한 게릴라전에 휘말리게 되었다. 그러한 전투에서 국방군은, 보급물자의 수송과 후방지역의 안전을 도모하기 위해 군사작전을 할 수 있다는 국제법상의 정당성을 내세워 수단과 방법을 가리지 않고 무차별적인 폭력을 행사했다. 인종이데올로기적인 말살을 위한 점령지 통치정책과 뒤섞인 만행들이 빈번하게 자행되었다. 국방군의 극소수 병사들만이 후방 경계부대의 일원으로서 살인행동에 가담했다고는 하지만 집단군 및 야전군사령관들, 그들의 참모들은 이러한 만행들을 소상히 알고 있었고 자신들의 작전적 자유를 보장받기 위해서 이러한 범죄행위들을 묵인했다.[226]

이러한 행태는 군수보급의 사례에서 한층 더 분명하게 드러났다. 육군총사령부는 작전적 사고에 내재된 미해결의 문제를 나치 이데올로기가 요구하는 범죄적인 방안으로 해결하고자 했다. 신속히 전방으로 진출해야 했던 부대들은 수송 능력 부족, 작전지역의 확대, 도로 등 열악한 사회간접시설 때문에 탄약, 수리부속, 유류 등의 물자와 식량 둘 중 하나만 보급 받을 수 있었다. 이에 육군 지휘부는 단기전을 감안할 때 식량은 현지에서 조달할 수 있다고 판단했다. 이러한 조치를 취하지 않는다면 전투부대의 보급도, 따라서 속전속결도 불가능하다고 생각했다. 총참모부로서는 그러한 방안 외에 근본적인 대안도 없었고 또한 이는 유럽에서 그리고 독일 육군에서 수백 년 이상 적용되어온 군사적 관습이었다. 그러나 점령지에서 군량을 징발하는 전통은 '바르바로사 작전'을 준비하는 과정에서 나치 사상에 따른 동부에서의 경제전쟁과 결합되었다. 소련 침공의 계획단계에서부터 징발은 전쟁의 결정적인 목표 중 하나였다. 제국식량청Reichernährungsministerium이 주도가 되어 제1차 세계대전에서처럼 동계 식량난과 그로부터 초래된 체제 불안정을 방지하기 위한 연구에 착수했다. 이들은 소련 주민들에 대한 기아전략(飢餓戰略)을 결론으로 도출했다. 공세 개시 즉시 점령지에서 식량을 획득하여 군부대에 필요한 양을 보급한 후 나머지 모든 식량을 독일 본토로 이송하는 전략이었다. 독일군은 소련 주민의 대다수가 희생될 수도 있는 이 전략을 수용했으며 더욱이 그들의 죽음을 강요하기도 했다.[227] 이로써 총참모부가 계획한 점령지에서 식량을 약탈하는 전통적인 보급체계는 완전히 새로운 차원의 범죄행위가 되고 말았다. 전장에서 식량을 공급받아야 하는 기계화부대의 보급문제도 같은 방식으로 해결하려 했고 육군 총사령부는 그러한 범죄행위에 대해 조금도 동요하지 않았다.

총참모부는 부대별로 20일 치의 식량을 확보하고 현지에서 징발하면 수요를 충족시킬 수 있다고 판단했다. 그들은 중부유럽 일대와 국경 인근의 전쟁관념에 사로잡혀 유럽과는 판이한 소련의 농지 분포도를 간과하고 말았다. 남부와 북부집단군의 작전지역은 비옥한 경작지였던 반면 주공이었던 중부집단군은 농지가 아닌, 대부분 삼림으로 형성된 지역을 통과해야 했다. 그들의 현지 식량 조달은 매우 제한적이었다. 따라서 전체 작전지역을 '초토화'시키고 주민들에게는 온갖 만행을 일삼았다. 그럼에도 불구하고 총참모부는 중점을 형성한 작전지역의 군수문제를 지속적으로 경시했고 보급문제에 관심을 기울이지 않았다. 작전에만 몰두했던 장군참모장교들에게는 주민들의 식량도 관심 밖의 일이었다. 이러한 해법도 역시 독일 작전적 사고의 전형적인 결과물이었다.

과거 슐리펜도 물론 군수문제 즉, 탄약, 물자보급 분야를 무시했으며 식량은 점령지의 주민들로부터 확보한다는 생각을 가지고 있었다. 슐리펜은 점령지 주민들이 얼마만큼 군의 수요를 충족시켜 줄 수 있는지에 대해서는 관심이 없었다. 슐리펜은 다음과 같이 말했다. 만일 적국의 주민들이 독일군의 요구를 따르지 않을 경우에는 '목적에 부합하는 수준의 압력을 행사하고 […] 전투부대에 부족한 만큼 외부에서 확보해야 한다'[228] 다시 말해서, 슐리펜은 식량 확보를 위해서 경우에 따라 압력, 즉 폭력을 행사할 수도 있다고 언급한 것이다. 하지만 총참모장으로서 그는 적국의 주민들에게 어느 정도의 압력을 행사할지에 대해서는 그 어디에서도 밝힌 적이 없다. 반면 '바르바로사 작전'에서는 기아전략과 섬멸전략으로 러시아 주민들을 말살하고자 했다. 이는 슐리펜과 제1차 세계대전의 지도부가 의도했던 것과는 전혀 다른 것이었다.

자칭 슐리펜의 후손이라는 장군들 대부분이 실리주의를 이유로 국가사회주의의 생활권 이론의 맥락에서 이러한 과정에 동참했고 소련 주민에 대한 범죄행위를 묵인했다. 군부는 작전적 사고에 내재된 문제점을 해결하기 위해 동부에서의 인종 이데올로기적인 전쟁 기간 중 군사적으로 준수해야 할 가치뿐만 아니라 국제법까지도 어길 각오가 되어 있었다. 이를 증명하는 한 가지 사례를 알아보도록 하자.

레닌그라드 포위공격에서는 작전이 나치 사상의 도구로 전락하고 말았다. 공세 초기에 레닌그라드는 히틀러의 가장 중요한 작전목표 중 하나였다. 하지만 총참모부는 '바르바로사 작전'의 목표를 모스크바로 설정했고 북부에서의 공세는 단지 측방을 방호하는 수준이면 충분하다고 판단했다. 히틀러는 그러한 논리에 반대했다. 그는 경제적, 해상전략적인 이유뿐만 아니라 볼셰비키 혁명의 발상지라는 이유로 네바강Neva변의 이 도시를 정복하고 모스크바와 마찬가지로 파괴할 계획이었다. 히틀러는 '모스크바와 레닌그라드를 사람이 살지 못하도록 완전히 쑥대밭으로 만들고 동계에 필요한 군량을 그곳에서 확보해야 한다'[229]고 언급했다. 히틀러는 단 몇 주 내로 그 도시를 점령하라고 계속 재촉했고 반면 총참모부는 공격을 개시한 이후 병력 부족을 이유로 레닌그라드를 단지 봉쇄하기로 계획했다. 9월 초순경 치열한 전투 끝에 북부집단군은 마침내 네바 강변의 도시를 완전히 포위하는 데 성공했다. 그 도시의 점령은 이제 시간문제였다. 그러나 그 순간 히틀러는 공세의 중점을 모스크바로 옮겼고 북부집단군 예하 대부분의 기계화부대와 제8비행군단이 소련의 수도 방면으로 투입되었다. 레닌그라드를 점령하기 위해서는 추가적인 병력도 필요했고 엄청난 손실도 예상되었지만 공세의 중점을 옮긴 히틀러의 결정으로 레닌그라드 점령은 물거품이 되고 말았다. 레닌그라드에 전개했던 제18군은 보병전력만으로 도시를 점령하기에는 역부족이었던 것이다. 제18군은 국지적으로 전선을 보강한 후 레닌그라드 전방에서 방어태세로 전환했다. 작전의 목적은 네바 강변의 도시를 봉쇄하고 식량 공급을 중단시켜서 항복을 강요하는 것이었다. 그러나 봉쇄도 쉽지 않았다. 레닌그라드로 향하는 육상 통로는 모두 차단되었지만 라도가Ladoga 호수와 연결된 수로는 개방된 상태였다. 주민들은 이 수로를 통해 식량을 공급받았고 끝까지 항전했다.

한편 독일군의 수뇌부와 일선부대 간의 봉쇄에 관한 인식도 달랐다. 국방군 총사령부와 육군 총사령부는 공세 초기 단계에서부터 경제적, 사상적 이유를 작전과 결합해 레닌그라드를 함락시킨 후 그 도시의 주민들을 추방하거나 아사(餓死)시키고 시가지를 완전히 파괴할 계획이었다. 당시 부참모장 바그너 장군은, '페테르부르크의 시민들을 기진맥진하게 만들어야 한다'[230]는 희극적 표현을 썼는데 그 이면에는 아군의 제한적인 예비식량을 소련 주민들에게 주어서는 안 된다는 의도가 담겨 있었다. 따라서 러시아 민간인들이 탈출을 시도한다면 그들을 사살해야 한다는 의미까지 내포되어 있었다. 한편 현지의 하급 부대들과 집단군사령부는 애초부터 육군 총사령부의 이러한 의도를 전혀 이해하지 못했다. 히틀러의 사상적 말살 계획들이나 그와 관련된 작전의 변경사항들에 대해 전혀 통보받은 바가 없었다. 따라서 북부집단군사령관 레프[231]는 레닌그라드 봉쇄를 당시의 국제적 전쟁법[232]에 따라 고전적이며 합법적으로 그 도시를 점령하기 위한 것으로 이해했다. 경우에 따라 주민들을 소개(疏開)시키거나 피난까지도 허용하고자 했다. 레프는 차후에 하달된, 민간인들에 대한 무차별적인 봉쇄 지시에 수차례 불만을 표시했고 주민들이 도시를 떠나는 일만은 허용해야 한다고 건의했다.[233] 그러나 히틀러의 입김이 분명히 작용했겠지만 어쨌든 브라우히치는 이에 부정적인 답변을 보냈다.[234]

군 수뇌부는 사실을 알고 있으면서도 고의로 순수한 군사작전을 사상적인 성향을 지닌, 그리고 레닌그라드 주민들에 대한 물리적인 섬멸작전으로 변질시켰다. 그 결과 1944년 봉쇄 해제 시까지 약 100만 명의 희생자가 발생했다. 상황이 이렇게까지 전개된 데에는 여러 가지 이유가 있었다. 한편으로는 인종적, 국가사회주의적, 급진적인 사상들이 군 수뇌부에까지 확산되었기 때문이다. 당시 제18군사령관이자 훗날 북부집단군사령관을 역임한 게오르크 폰 퀴흘러Georg von Küchler는 대소련 공세를 개시하면서 자신의 장병들에게 다음과 같이 연설했다. 퀴흘러는 이 전쟁을 수백 년 전의 슬라브족과 게르만족의 전쟁에 비유했다.

> *"칭기즈칸 이래 열등한 족속인 아시아의 패거리들이 우수 혈통인 우리 게르만족을 호시탐탐 노리고 있고 조상들로부터 물려받은 땅에서 우리를 몰아내고자 했다. 그러나 오늘날의 전쟁은 두 민족 간의 전쟁을 넘어선 그보다 더 큰 의미를 가지게 되었다. 두 개의 세계관, 즉 나치즘과 볼셰비즘 간의 전쟁이다."* [235]

다른 한편으로 인종 이데올로기적인 동인을 포함해서 이러한 결심을 하게 된 가장 중요한 이유는 작전수행까지 영향을 미치게 된 철저히 실용적인 군사기술적 관점 때문이었다. 히틀러는 물론 군 지휘부도 제한된 아군의 전투력을 감안할 때 그 도시의 점령에 병력과 물량을 투입하거나 나아가 주민들에게 식량을 공급할 의도가 전혀 없었다. 따라서 경제적, 사상적 요인과 군사적 실용주의가 결합되어 범죄적 작전수행의 결과를 초래했다.

이미 여러 가지 사례에서 살펴보았듯, 육군의 지휘부는 엄청난 병력의 열세와 군수보급의 총체적 난국과 같은 작전적 교리의 구조적 취약점을 범죄적인 작전과 전쟁을 통해 부분적으로 해결하려고 했다. 이에 경제전쟁, 인종전쟁과 순수 군사적 작전은 모두 얽혀서 서로를 자극, 선동하고 정당화시켰다. 과거로부터 내려온 군사적 가치와 규범 준수를 끝내 포기함으로써 순수한 군사작전은 인종 이데올로기적인 섬멸전쟁으로 변질되었고 작전적 사고는 전체주의화와 범죄의 도구로 전락했다.

이러한 가치관의 붕괴는 제정시대와 제1차 세계대전을 거치면서 생겨난 러시아인과 유태인들에 대한 편견이 그 원인이었다. 그리고 나치 이데올로기 시대에 이르자 러시아인과 유태인의 인간적 존엄성 자체를 부정하고 결국 멸종을 선택하게 되었다. 유럽의 서부, 남부, 그리고 북부의 전역과는 달리 동부 전역에서는 이러한 '열등 인종'들은 인간으로서 존엄성을 고려할 대상이 아니었다. 육군의 수뇌부는 스스로 이러한 범죄적 행위를 묵인함으로써 작전적 사고의 취약점을 최소화할 수 있는 기회로 삼았다. 어떠한 경우에도 절대로 적군을 살육하지 않는다는 전통적인 작전적-전략적 섬멸 개념은 잊혀졌다. 육군 수뇌부는 앞의 사례들과 같이 민간인과 군인을 가리지 않는 물리적인 섬멸을 필요악으로 인식하고 도리 없이 학살을 숙명으로 받아들였다.

소결론

1939년 9월 1일, 독일제국은 또 한 차례 유럽의 정치적 판도를 바꾸기 위해 전쟁을 일으켰다. 하지만 제1차 세계대전 때와는 달리 어떠한 총체적인 계획도 없었다. 더욱이 1939년 가을까지 전략적인 전격전 개념은 정치

지도부에는 물론 군부에도 존재하지 않았다. 폴란드 침공을 위한 작전계획들은 공격 개시 시점으로부터 불과 몇 개월 전에 수립되었고 폴란드 전역에서 승리한 이후 대프랑스 전역계획 수립에 착수했다. 또한 덴마크와 노르웨이 정복을 위한 '베저위붕 작전'Unternehmen Weserübung[AK]계획도 폴란드 침공 이후에 수립되었다. 총참모부나 국방군 총사령부가 단기간에 이러한 공격계획을 작성했지만 아무런 개념, 원칙이 없는, 소위 '진공' 상태에서 여러 계획을 만들어낸 것은 아니었다.

총참모부의 작전계획들은 철저히 작전적 사고의 원칙을 기반으로 작성되었다. 작전적 사고의 원칙은 수십 년에 걸쳐 연구되고 전수되었으며, 장군참모장교들의 사고를 지배했다. 그러나 제1차 세계대전에서 드러났듯 전투부대의 기동성은 극도로 저하되어 있었고, 따라서 작전적 수준뿐만 아니라 전술적 수준에서도 총참모부의 이론적인 계획들을 전장에서 실행에 옮길 수가 없었다. 하지만 때마침 전차와 트럭, 항공기가 도입되자 총참모부는 드디어 기동성 부족의 문제를 해결할 수 있다고 확신하게 되었다. 그즈음 독재자 아돌프 히틀러가 군권을 장악함으로써 히틀러의 지휘 아래에서 육군 총참모부는 전장에서 가능한 한 속전속결로 우세한 적의 잠재력을 무력화시키고 전쟁을 최단기간 내에 종결한다는 것을 전쟁수행의 가장 중요한 원칙으로 설정했다.

독일은 폴란드와 프랑스를 상대로 한 '계획되지 않았던 전격전'으로 뜻밖에도 예상보다 훨씬 빨리 전쟁을 종결시켰다. 이로써 기동성의 문제는 피상적으로 해결되었다고 인식했으며 여러 가지 산적했던 문제를 은폐시키기에도 충분할 정도로 엄청난 승리였다. 그러나 1940년 서부공세 당시 157개 사단 중 완전 차량화되어 있던 사단은 겨우 16개뿐이었고 이들만이 작

AK 베저Weser는 독일의 북서부 하천의 이름이며 위붕Übung은 연습 및 훈련을 의미한다.(역자 주)

전적 기동전 능력을 갖추고 있었다. 반면 육군의 90%에 육박하는 사단들의 기동성 수준은 제1차 세계대전 때와 비교해서 크게 다르지 않았다. 보병의 행군 속도와 우마차에 의해 견인되는 포병의 속도가 바로 독일군의 기동을 결정했던 것이다.

기동성뿐만 아니라 무기체계 측면에서도 독일군은 소위 이류(二流)급 육군Zweiklassenheer이었다. 1940년 일부 노병들은, 제1차 세계대전에서 사용했던 소총으로 무장하고 참전했다. 차량화의 부실과 무기체계의 노후화는 단 5년이라는 짧은 기간 내에 국방군이 창설되면서 초래된 문제들이었다. 또한 독일의 구조적인 전략적 잠재력의 한계, 즉 병력과 보유자원의 제한 때문이기도 했다. 그래서 제1차 세계대전시 1918년 대공세때와 마찬가지로 1940년 5월에는 국가의 모든 자원을 동원해야만 했는데, 그렇게 전력을 기울였어도 단 80개 정도의 사단만을 완편[AL]시킬 수 있었다. 전 세계적으로 널리 퍼진 '완전히 차량화된 독일의 전격전 군대'는 오늘날까지 여파가 남을 정도로 주도면밀했던 나치 선전의 결과물이었다.

이러한 맥락에서 무장친위대 소속의 사단들은 육군 총사령부의 통제를 받는 부대였음에도 히틀러의 명령에 따라 서부 전역 발발 시점부터 완전 차량화되었다는 점은 시사하는 바가 크다. 한편, 전략적 차원에서 제1차 세계대전 때와 마찬가지로 철도는 내선에서 신속히 군사력을 이동시키기 위한, 핵심적인 장거리 수송수단이었다. 그러나 전술적-작전적 수준에서 국방군은 제정시대의 육군처럼 기마군대였고 제1차 세계대전에서보다 더 많은 수의 말들이 제2차 세계대전에 투입되었다.

부대별로 차량화 수준의 격차가 심하게 벌어지자 총참모부의 작전가들은 시간이라는 요인을 다시금 재평가할 수밖에 없었다. '두 가지의 속도와

AL 77개 사단만이 완편되었다. 칼 하인츠 프리저 『전격전의 전설』 (일조각, 2007), 80p.

상이한 전투력'을 보유한 군대로 어떻게 신속한 기동전을 수행해야 할 것인가라는 문제가 쟁점으로 떠올랐다. 총참모부는 그 해답을 고전적인 독일의 작전적 사고에서 결국 찾아냈다. 폴란드와 서부 전역에서 총참모부는 철저히 슐리펜의 방식을 적용했다. 시종일관 고도의 위험을 감수하면서 전술적 공중 지원하에 차량화부대들이 중점을 형성했다. 이들은 돌파작전을 성공시키고 결전에서 승리를 달성했다. 독일의 작전수행 원칙 가운데 핵심 요소인 '기습' 효과를 발휘함으로써 폴란드와 프랑스를 삽시간에 무너뜨렸고 이는 곧 독일의 작전적 사고의 영광스런 승리였다. 슐리펜의 후예들은 슐리펜이 등한시했던 전술적-작전적 돌파까지 포함하여 포위에 관한 독트린을 확장, 발전시켰다.

전쟁 초기의 성공들은 대다수의 장군참모장교들조차도 기대하지 못했던 결과였다. 그러나 이 성공으로 제2차 세계대전 초기에 작전적 사고에 내포된 중대한 문제점들이 해소되지 않았다는 사실을 직시했어야 했다.

소련과의 전쟁에서 그러한 문제점들이 적나라하게 드러났다. 국방군은 작전적 독트린을 실행에 옮기는데 필수적이었던 차량화 수준을 끌어 올리지 못했다. 이는 기계화부대들이 일부 또는 전혀 차량화되지 않은 보병사단의 속도에 맞추어 기동해야 하는 결과를 초래했다. 따라서 총참모부가 지향했던 전쟁의 승부를 결정짓는 섬멸회전은 불가능했다. 총참모부는 과거로부터 항상 주도권 확보를 위한 의지, 적보다 우월하다고 자신했던 작전수행능력과 결합된, 병력의 열세를 만회하기 위한 중점형성을 통해 승리를 달성했다. 그러나 군이 중부유럽의 국경 일대를 벗어나 러시아의 영토 깊숙한 지역에 이르러 일시적으로 제공권을 상실하자 중점형성의 원칙도 제1차 세계대전에서처럼 한계에 봉착하고 말았다.

프랑스에 대한 승리 후 독일군의 우월감은 상상 이상이었다. 제1차 세계대전시 독일군과 싸웠던 러시아군은 매우 무기력했다. 이러한 감정과 경험은 러시아 전역에서 작전적 오만으로 나타났다. 수많은 장교들은 '왼손만으로도' 러시아군을 무찌를 수 있다고 호언장담했다. 한편 대몰트케와 슐리펜은 일찍이 러시아 영토의 광활한 종심의 영향력을 언급하면서 러시아 침공에 대해 경고의 메시지를 남겼다. 또한 독일군 장교들 일부는 지난 세계대전 중 러시아 병사들이 방어에서만큼은 용감무쌍하게 전투에 임했던 기억을 가지고 있었다. 그러나 우수한 혈통의 게르만 민족이 저급한 슬라브 민족을 지배해야 한다는 나치의 신념이 급속도로 확산되자 선배들의 경고와 실질적인 전투경험들은 철저히 무시되었다. 하지만 결국 전쟁 발발 직후 자신들의 인식이 잘못되었음을 깨닫게 된다. 대부분의 대령급 장교들과 장군들이 이렇듯 현실감을 상실한 이유는, 대위 계급의 청년 장교 시절 서부 전역에서 진지전을 경험한 적은 있었지만, 1914년부터 1918년까지 동부전선에서의 기동전을 경험하지 못했기 때문이었다.

또한 그들이 전쟁수행 간에 작전적 요소에 집착함으로써 작전적 사고에 내재된, 관행적으로 군수분야를 등한시하는 성향은 더욱더 심각한 수준에 이르렀다. 작전가들은 제1차 세계대전에서의 전술적-작전적 과오들을 연구하여 장차전 수행을 위한 대안을 도출했지만 군수문제는 무책임하게도 무시해버렸다. 1914년부터 1918년까지의 진지전 당시 철도수송으로 보급에 전혀 문제가 없었다는 이유에서였다. 현대적인 기계화 전쟁수행을 위해 군수의 중요성에 관해 단지 산발적인 논의가 있었을 뿐이었다.

총참모부도 총체적인 작전계획에서 알 수 있듯이, 군수문제에 관해서는 고도의 위험을 감수할 각오가 되어 있었다. 결국 신속한 기동전을 수행하기 위해 필수적이었던 군수보급 계획은 단지 동부 전역 초기 단계까지만 발전되어 있었다. 국경과 인접한 중부유럽 일대에서의 전쟁에 초점을 맞춘 육군의 군수보급 개념은 서부 전역에서는 일시적으로 효력을 발휘했다. 그러나 동부 전역에서는 소련 침공 계획수립 단계에서 이미 그 개념은 한계에 봉착하고 말았다. 저급한 차량화 수준과 열악했던 보급, 수송 능력 때문에, 특히나 중부집단군의 부대들은 '바르바로사 작전'의 제2단계부터 17, 18세기처럼 현지 주민들로부터 식량을 약탈해야 했다. 나폴레옹 시대에서나 볼 수 있었던 점령지에서의 식량 징발이 나치-이데올로기와 결합되었다. 이미 '바르바로사 작전'의 준비단계에서부터 범죄적인 행위는 묵인되었다. 이는 곧 동부에서의 경제전쟁으로 이어져 군부는 수십만 명의 러시아 주민이 아사(餓死)할 수 있다는 사실을 의도적으로 묵과했다. 육군은 작전적 사고에 내재된, 부족한 자원의 문제를 자력으로 해결할 수 없었기에 결국에는 나치-이데올로기가 지향하는 범죄적인 조치를 통해 해결하고자 했다.

게다가 '바르바로사 작전'에서는 전략적 수준에 대한 이해부족과 같은 작전적 사고의 구조적인 문제점이 여실히 드러났다. 슐리펜 이래로 독일군 총참모부는 작전적 수준에만 집착하고 전략적 차원의 사안들을 도외시했다. 따라서 총참모부는 일차원적인 군사적 문제에만 몰두하게 되면서 히틀러에게 모든 군권을 빼앗기게 되었다. 히틀러는 처음에는 작전적-전략적 문제들에 관해 참견하다 점차 작전적-전술적 사안들에 대한 육군의 결정권을 박탈했고 마침내 육군의 작전적, 나아가 전술적 지휘권을 직접 행사하기에 이르렀다.

육군 총참모부는 고유 권한을 상실하자 마비상태에 빠졌다. 그 원인은 바로 두 가지였다. 첫째, 국방군 총사령부와 육군 총사령부 사이의 상부 지휘구조를 둘러싼, 그리고 전군에 대한 지휘권 놓고 벌어진 권력 다툼 때문이었다. 두 번째, 국방군 총사령부와 육군 총사령부 간에 또한 육군 내부의 주요 인사들 간에도 작전에 관한 구상, 의도가 제각기 달랐기 때문이다.

육군 총사령부는 슐리펜 시대에서처럼 오로지 결정적 회전을 위한 작전을 추구했다. 과학기술의 발전에 따라 증가된 기동성을 단지 전술적-작전적 영역에만 적용했다. 국경 인근 지역에서의 성공적인 섬멸전을 달성하여 속전속결로 전쟁을 끝내는 것이 육군의 목표였고 끝까지 이를 고수하려고 했다. 장기간의 소모전과 국민전쟁을 방지하기 위해, 독일의 전략적 딜레마를 해결하는 방법은 오로지 적의 자원동원능력을 신속히 무력화시키는 방법뿐이며 따라서 단기전을 지향하는 고전적인 작전적 사고야말로 진리라고 생각했다. 반면 국방군 총사령부는 제1차 세계대전의 경험을 바탕으로 장기간의 소모전쟁, 경제전쟁과 국민전쟁 양상이 벌어질 수도 있다고 판단했다. 국방군 총사령부의 전략적 사고방식은 히틀러의 전략적, 경제적 '지역 확보 및 정복 구상'과 정확히 일치했다. 그러나 그러한 개념은 육군 총참모부의 작전가들에게는 낯선 사고방식이었고 단지 자신들이 물려받은 작전적 개념에 부합하는 현대적, 과학적인 요소들만 작전수행에 적용했을 뿐, 전략적 수준의 사안들을 전혀 고려하지 않았다.

작전만을 과도하게 강조한 결과, 군수분야와 마찬가지로 전쟁의 중대한 현대적, 과학적 요소들도 외면했다. 이것도 역시 작전적 독트린에 내포된 구조적 결함이었다. 그리고 이러한 문제들도 결국 범죄적인 전쟁으로 엮어서 해소할 의향이었다. 이로써 소련과의 전쟁은 서부 전역과는 상이한, 일종의 섬멸전쟁으로 변질되는 결과를 낳았다. 그 과정에서 단순히 적군을 무력화시켜야 한다는 전통적인 섬멸사상은 사라져버렸고 독일군은 러시아의 포로들과 엄청난 숫자의 민간인들까지 아사(餓死)시키는 범죄행위도 필연으로 받아들였다.

이같은 사안들은 전쟁의 전략적 문제들처럼 총참모부, 특히 만슈타인 등의 작전가들에게 관심 밖의 일들이었다. 고전적인 작전적, 즉 결정적 회전에 집착했던 작전가들은 방어작전 시에는 히틀러의 고집스러운 고수방어 또는 정지명령 때문에, 공격작전 시에는 히틀러의 잘못된 작전적-전략적 방침 때문에 다 잡은 승리를 놓쳤다고 주장했다. 제2차 세계대전 후에

만슈타인은 히틀러로 인해 육군과 총참모부의 작전적 승리가 '잃어버린 승리'로 전락했다고 주장했다. 그러나 히틀러는 적어도 그들처럼 1차원적인 작전적-전략적 사고를 고수하지는 않았다. 어쨌든 이로써 제1차 세계대전에서처럼 두 번째 세계대전에서도 적나라하게 드러난 작전적 사고의 결함을 들춰내기보다는 패전의 책임을 특정 인물에게 전가할 수 있게 되었다.

총참모부와 작전가들은 또한 아군의 능력을 과대평가함으로써 적군을 철저히 과소평가했다. 제1차 세계대전시 제국군 총사령부의 현실도피 성향처럼 제2차 세계대전 기간 중 국방군 지도부의 현실감 상실은 심각한 수준이었다.

▲ 보기슬라브 폰 보닌, 헬무트 베르겐그륀 (파이프를 물고 있음) 게하르트 마츠키, 요한 아돌프 고라프 폰 킬만스에크 (AP Photo / Pruggemann)
◀ 전직 국방군 지휘관들은 군사자문가로서 활동했다. 서독에서 활동한 에리히 폰 만슈타인 전 원수 (Slg. Dietrich Langel)
◀▼ 테오도르 블랑크는 1955년 11월 12일, 한스 슈파이델과 아돌프 호이징어에게 최초의 독일연방군 장군으로 임명장을 수여했다. (Bundesregierung/R. Unterberg)
▼ 1952/53년간 옵저버로 훈련에 참관한 아돌프 호이징어와 게하르트 마츠키 (AP Photo/Brugg)

9
핵시대의 작전적 사고

"모든 부대지휘교범Truffenführung은 일선 교범들의 연구에 바탕을 두고 있으며 사슬의 마디마디를 이루고 있다."[1]

—

아돌프 호이징어

Adolf Heusinger

1897-1982

✠

패인에 관한 연구와 과거사 극복을 위한 노력

1945년 5월 8일 국방군은 항복을 선언했다. 독일은 30여 년간에 두 번이나 세계대전을 일으켰지만 끝내 패배하고 말았다. 연합군은 독일을 4개의 점령지역으로 분할하고 무장 해제시켰다. 이로써 독일은 유럽에서 강대국으로서의 지위를 상실했다. 1918년과는 달리 완전한 패배였고 무조건 항복이었다. 게다가 국방군은 600만 명의 유태인을 학살했고 동부와 발칸 지역에서는 인종 이데올로기적인 말살 전쟁을 전개하여 엄청난 전쟁 범죄를 저질렀다. 따라서 독일의 국가 이미지는 윤리적으로 역사상 유례를 찾기 어려울 만큼 크게 실추되었다. 그러나 대다수의 독일 국민들에게 전쟁 종식은 단지 패망일 뿐이었다. 패전 후 40년이 흘러서야 비로소 전쟁 종식을 달리 인식하는 사람들이 생겨나기 시작했다. 1985년 5월 8일 독일 연방 대통령 리하르트 폰 바이체커Richard von Weizsäcker는 연방의회에서 제2차 세계대전 종전일을 '독일도 나치로부터 해방된 날'이며 나치의 만행에 대한 책임을 통감하면서 국민적인 반성이 필요하다고 주장했다. 물론 현재까지도 이에 대한 논란과 비판은 끊임없이 제기되고 있다.

한편, 동독과 서독이 과거 문제를 청산하는 방식은 각기 달랐다. 동독은 소위 '파시즘적인 국방군'[2]이라는 표현을 써가며 군과 '국가사회주의 체제'를 구분하지 않았고 '제2차 세계대전은 애초부터 인종 말살 전쟁이었다'고 주장했다. 이는 사상적인 이유, 특히 파시즘을 극도로 적대시했던 사회주의 성향 때문이었다. 반면 서독에서는 오랫동안 국방군과 나치체제를 별개로 규정했다. 전쟁에 대한 책임, 그리고 전쟁과 관련된 모든 범죄행위에 대한 책임은 국방군이 아닌 오로지 친위대와 아돌프 히틀러에게 있다는 논리였다. 이로써 제1차 세계대전이 끝났을 때와 마찬가지로 패전의 책임은 고스란히 히틀러에게 떠넘겨졌고 군은 면죄부를 받을 수 있었다.[A] 서독에서 '결백한 국방군'이라는 이미지가 구축되었던 것과는 대조적으로 동독은 처음부터 국방군을 파시스트와 결부시켰다.

전후(戰後) 동, 서독에서 전훈 분석과 같은 연구는 그리 주목받지 못했다. 제1차 세계대전 이후 바이마르 공화국의 대중 매체들이 군사적 패인을 찾기 위해 활발한 연구와 논쟁을 벌였던 것과는 대조적이었다. 그 이유는 제2차 세계대전 이후 경제적 빈곤과 독일을 두 개의 국가로 분단시킨 '철의 장막'으로 시작된 냉전, 그리고 총체적인 패배 의식 때문이었다. 특히 전쟁을 연구할 주체인 군대가 해체되었고 관심 계층도, 대중적인 토론을 위한 재정적 후원단체와 이러한 연구를 지원할 기반조직들도 전무한 상태였다. 국방군 장교 출신 참전 군인들은 전역 후 취업을 했거나 일부는 여전히 전쟁포로로 구속된 상태였다.[3] 또한 과거 국방군 지도부에 근무했던 인물들은 전쟁 직후의 전범재판에서 군과 나치즘이 얼마나 밀접한 관계에 있었는지에 대한 문제로 엄청난 비판에 시달리기도 했다.[4]

서독에서는 1940년대 말기에 접어들어서야 만슈타인과 구데리안과 같은 유명한 장군들이 '잃어버린 승리'Verlorene Siege나 '한 군인의 회상'Erinnerungen eines Soldaten와 같은 자서전들을 속속 출간했다. 이들은 처음으로 패전의 원인을 세상에 알리고자 했다. 자서전의 제목, '잃어버린 승리'가 시사하듯, 만슈타인은 군과 작전적 사고의 오류가 아닌 군사적 아마추어였던 히틀러 때문에 전쟁에서 패배했다고 주장했다. 또한 공식 석상에서는 보급품과 병력의 부족, 불리했던 기상 및 지형조건이 패전의 원인이라고 덧붙이기도 했

A 국방군에 대한 국내적인 정치적 논쟁은 오랜 기간 매우 격렬했다. 결국 1990년대에 이르러 '결백한 국방군'의 이미지가 깨졌다. 국방군 일부 부대의 범죄행각들이 드러났기 때문이었다. (저자 주)

다.[5] 최고 지휘부에 근무했던 또 다른 고위급 장교들, 일례로 베크의 후임으로 1942년 9월까지 총참모장을 역임한 프란츠 할더나 총참모부 작전부장이었던 아돌프 호이징어는 나치 통치하에서 윤리와 복종 사이의 딜레마를 정당화하는 글을 발표하기도 했다.[6]

서독 여론의 큰 관심을 끌지는 못했지만, 과거 고위급 국방군 장교들은 미군에게서 과제를 부여받아 1946년 1월부터 미 육군 역사과American Historical Division에서 조직한 독일 작전사 연구반Operational History German Section에서 국방군의 작전적 사고에 관한 연구를 개시했다. 처음에는 미군이 서부유럽에서 수행했던 작전을 연구할 목적으로 이 조직을 설립했으나 냉전체제가 첨예화되자 미국의 관심은 다른 곳으로 쏠리기 시작했다. 바로 동부 전역에서 국방군이 치렀던 전술적, 작전적 경험이 필요해진 것이다.[7] 과거 총참모부의 수장이며 훗날 포로수용소에서도 미군으로부터 극진한 대우를 받았던 할더의 주도 아래 그 연구에 참가한 장교들은 독일이 승리한 전투들을 찾아 글로 옮겼다. 그들이 얼마나 이를 자랑스럽게 생각했던지, 베른트 베그너는, '독일이 펜으로 승리를 달성했다'고 표현했을 정도였다. 어쨌든 이들이 재무장에 대한 논의의 필요성을 주장하고 최초의 군사 저널리즘 창립의 토대를 마련했으며 세계대전사에 관한 재조명의 윤곽을 제시했다.[8] 또한 그들은 세계대전을 윤리적으로나 군사적으로 완전히 패배한 '총통'의 전쟁이라고 진술했다. 패전의 원인과 책임을 특정한 인물, 히틀러에게 전가함으로써 국방군의 순결한 '명예'를 지킬 수도 있었고 1918년 이후처럼 지도부와 작전적 독트린에 대한 논란도 회피할 수 있게 되었다. 서부 전역과 같은 승전의 근원은 바로 군부의 탁월한 작전지도 능력이었으며, 역설적으로 실패한 작전들의 원인은 군사 전문가들의 조언을 거부한 아마추어, '총통'에게 있다는 논리들이 힘을 얻었다.[9] 한편, 할더와 만슈타인의 관계처럼 오랫동안 좀처럼 화해하지 못한 인물들이 국방군의 능력을 기술하면서 의견차이 때문에 갈등을 빚곤 했다. 하지만 과거 군부의 고위급 인사들은 독일의 재군비라는 공동의 목적을 위하여 국방군의 능력을 대중에게 전달하고 입증하는 데 성공했다. 그들은 과거 제국 문서보관소의 연구방식에 따라 세계대전을 연구하면서 특히 새로운 교육을 받게 될 다음 세대의 지도자들에게 '과거로부터 물려받아 지속적으로 발전시켜 온 독일군 총참모부의 고유한, 영원불멸의 지휘술'을 심어주고자 했다.[10] 그들의 궁극적인 목적은 독일 육군의 작전적 사고의 연속성을 보장하는 것이었다.

재군비 문제를 논의하기 위한 군사(軍事)관련 출판물들이 다시 등장했고 애초부터 이러한 문건들은 그들의 목적을 달성하는 데 이용되었다. 그 대표적인 출간물이 바로 '유럽의 안전보장. 국방과학의 동향'Europäischen Sicherheit. Rundschau der Wehrwissenschaft이었다.[11] 이 문건의 초판에는 위정자들에게 작전적 사고의 연속성이 보장될 수 있도록 촉구하는 글이 실려 있다.

> *"유럽 방위에 있어서 서독의 적극적인 참가 여부는 오늘날 매우 의견이 분분한 문제이다. 그러나 이것은 윤리적, 정치적인 문제일 뿐만 아니라 가장 시급히 해결해야 할 군사적인 문제이다."* [12]

이 간행물의 편집부에서 밝혔듯 출간의 취지는 군사문제에 대한 이해 부족과 거부감을 해소하고 세계대전의 전투 경험을 알리는 것이었다. 초판에서는 할더의 추천사와 그의 후임, 쿠르트 자이츨러 상급대장의 '제2차 세계대전에서의 군사적 결심에 관한 투쟁'[13]이, 그리고 과거 육군 전쟁사 연구부장, 볼프강 푀르스터Wolfgang Foerster의 '프로이센-독일군 총참모부의 역사적 사명에 관하여'[14]라는 글들이 게재되었다. 이와 같은 논문들은 그들의 궁극적인 목적을 그대로 반영한 것이었다. 또한 1953년판에서는 예비역 대장인 게오르크 폰 조덴슈테른이 '작전'Operationen[15]이라는 논문을 발표했는데 여기서 독일의 작전적 사고의 중요성과 작전적 사고를 수용하고 발전시켜야 한다는 의지를 공개적으로 피력했다. 그는 대몰트케와 슐리펜에 관해 설명한 후 군사작전을 전술, 작전, 전략의 세 영역으로 구분했다. 서방 연합군이 작전적 수준에 대한 정의나 개념 설정 없이 세계대전에서 승리했지만 그 승리가 작전적 수준을 무시해도 된다는 의미는 아니며 따라서 장차전에서 작전적 수준을 배제해서는 안 된다고 주장했다. 또한 서방의 전략 개념을 존중하면서도 군인은 전략적 문제에 관여해서는 안 되며 동시에 작전에 관해서는 최고의 지휘권을 보장받아야 한다고 언급했다.

> *"작전술은 군인의 지휘술 중 최상의 고유영역이다. 총사령관은 작전을 통해 주어진 군사적 수단으로 '적의 자유의지'를 무력화시켜야 한다. 또한 총사령관은 작전을 수행하기 위해 자신이 보유한 전투수단, 공간과 시간을 독자적으로 사용할 수 있어야 한다."* [16]

제2차 세계대전에서 작전적 사고의 한계가 적나라하게 드러났고 그러한 전쟁이 종식된 지 8년이나 지났건만 조덴슈테른은 다시금 고전적인 작전적 사고를 다시 부활시키고자 노력했고 정치 지도부의 작전 개입에 대해서는 철저히 거부했다. 슐리펜 시대에서처럼 총사령관은 군사력 운용에 제한을 받으면 안 된다는 의견도 피력했다. 두 차례의 세계대전에서 몇몇 훌륭한 작전들을 통해 큰 성공을 거두었지만 결국 몇 차례의 성공만으로는 월등히 우세한 적의 잠재력을 감당할 수 없다는 것이 사실로 입증되었다. 그럼에도 불구하고 조덴슈테른은 여전히 최고지휘관의 지휘술을 중시하고 강조했다. 하지만 그의 한계는 작전적 사고를 토대로 일종의 명확하고도 총체적 전략을 구축해야 한다는 논리를 제시하지 못했다는 점이다. 조덴슈테른은 혁신적인 어떠한 신개념을 내놓기보다 작전적 사고의 부활만을 주장했다. 한편 그즈음 소련이 지배했던 훗날의 동독에서는 작전적 문제에 관해 서독과 비교할만한 논의는 거의 없었다.

연속성

훗날 첨예화된 냉전의 첫 조짐이 보였던 포츠담 회담에서 연합국은 독일을 무장 해제시키고 자원을 몰수하여 다시는 무장할 수 없도록, 모든 가능성을 제거하자는데 합의했다. 이러한 조치로 프로이센-독일이 군국주의 국가로 부활하는 길을 영구히 차단하고자 했다. 그러나 동-서 양진영의 갈등이 촉발되면서 이러한 합의는 무산되었다.

한편 독일은 서방국가들과 소련 간의 정치적 대립이 지속되자 직접적인 영향을 받았다. 북에서 남으로 양 진영의 경계선이 생겨났고 결국 독일은 두 개의 국가로 분단되고 말았다. 소련의 점령 지역이자 훗날 독일 인민민주주의공화국(동독)은 작전적-전략적 관점에서 바르샤바 조약기구 국가들의 서유럽 침공을 위한 전개공간으로 전락했으며 서방국가들이 점령한 훗날 독일연방공화국(서독)은 NATO 방위의 전초기지가 되었다.

소련은 이미 1948년부터 점령지역에 군대에 준하는 경찰력을 비밀리에 창설하기 시작했다.[17] 연합국들은 그 대응책으로 서독의 재무장에 관한 논의를 벌이게 된다. 프랑스가 재무장에 큰 우려를 표명했지만 재래식 군비면에서 소련의 압도적인 우세를 인식했던 미국과 영국은 서독의 군사력이 서방에 도움이 될 수 있다고 판단했다. 그러던 중 한국전쟁에서 미국과 그 동맹국들이 재래식 전력의 열세를 직접 경험하게 되자, 서독의 재군비는 다시금 추진력을 얻게 되었다. 한편, 신생 독일연방공화국의 초대 수상, 콘라트 아데나워Konrad Adenauer도 소련의 군사적 위협에 대응해야 한다는 논리로 서독의 재무장을 주장했다. 독일이 유럽방위에 기여함으로써 주권을 회복하고 국제기구에서 연합국과 동등한 지위를 획득하는 것이 아데나워의 목표였다. 게다가 서독의 영토방위 문제도 중요했다. 그는 1953-54년 경 서방 연합국이 핵전쟁을 계획하고 있으며 전쟁이 발발하면 핵전쟁터로 사용되는 독일은 초토화되리라는 정보를 얻었다. 이에 아데나워는 독일의 생존을 위해서라도 재래식 군사력을 강화하여 핵전쟁이 유발되지 않도록, 방위력을 향상시켜야 한다고 생각했다.[18] 서독군이 서방의 동맹체제, 이를테면 유럽방위공동체EVG[B]나 NATO에 가입하기 훨씬 이전부터 그리고 국내에서 거국적인 재군비 반대운동이 일어나기 한참 전인 1950년대부터 일부 과거의 군인과 정치가들은 새로운 연방군의 창설을 준비하고 있었다. 1950년의 슈베린 위원회Dienststelle Schwerin[C]와 1950년 10월에 창설된 암트 블랑크Amt Blank[D]가 바로 그 주역이었다.

이에 미국도 '히틀러와 단절된 자유민주주의를 수호하는 국방군'[19] 창설을 요구했고 독일 정부도 이에 흔쾌히 응했다. 독일은 12개의 기계화사단으로 편성된 군대를 창설하기로 계획했다. 동부전선에서의 경험을 근거로 그 정도면 소련의 침공을 저지할 수 있다는 판단에서였다. 독일 정부의 목표는 과거 국방군의 타격력을 갖추되 이념과 정치적인 측면에서 과거 국방군과는 철저히 단절된, 의회의 통제를 받는 군대를 만드는 것이었다.[20] '구조적 혁신'으로 신생 독일 연방공화국의 주권을 보호하고 영토 통합을 위한 '민주화된 군대'와 전술적-작전적 사고 측면에서 '과거의 전통을 추구하는 군대'는 어쩌면 동전의 양면과 같았다.

이러한 과정에서 1950년 초 독일의 군사 저널리즘에서는 작전적 사고의

B Europäische Verteidigungsgemeinschaft, 프랑스, 베네룩스, 서독, 이탈리아가 참가하는 군사공동체를 창설하려고 했으나 1954년 프랑스 의회에서 과반수의 찬성을 얻지 못해 성사되지 못했다. 영어로는 European Defence Community, EDC.

C 게하르트 폰 슈베린Gerhard von Schwerin이 중심이 된 연방수상의 안보문제 자문기구.

D 슈베린 위원회에 이어 테오도르 블랑크Theodor Blank를 중심으로 방위문제에 관한 연구를 실시했다, 연방군 국방부의 전신에 해당한다.

르네상스를 주장하는 사람들이 등장했다. 반면, 독일 정부는 과거 총참모부의 전통을 절대로 받아들일 수 없다는 입장을 고수했지만 뜻밖에도 전통적인 작전적 사고의 전문가들, 즉 국방군의 작전가 출신 장군들[E]이 새로 창설된 연방군, 특히 육군의 수뇌부에 대거 입성했는데, 당시로서는 이러한 현상이 그리 놀랄만한 일도 아니었다. 과거 총참모부의 작전부장을 역임한 아돌프 호이징어가 합참의장에 발탁되었듯, 당시 '출신 성분이 분명한 유력인사'들이 군의 고위직을 장악했다.

호이징어는 1915년에 지원병으로 입대했고 1920년에는 제국군[F]에서 복무했다. 호이징어는 폐지된 장군참모교육과정Generalstabslehrgang을 대신하여 내부적으로 은밀하게 개설된 '지휘관보좌과정'Führergehilfenausbildung을 수료하고 총참모부의 작전부에서 여러 보직을 거친 후 1940년 8월에 작전참모부장에 임명되었다. 1944년 7월 20일 쿠데타 실패 이후 저항운동 가담자로 지목되어 게슈타포Gestapo[G]에 체포되었으나 저항운동에 참가한 증거가 불충분하여 무혐의로 풀려났다. 하지만 그는 자신의 직위를 되찾을 수 없었다. 종전 후 그는 '작전사 연구 프로그램'Operational History Program에 동참했고 1948년부터 1950년까지 겔렌 위원회Gehlen Organisation[H]의 연구팀장으로 근무했다.[21]

호이징어는 수년간 연방정부를 위해 막후에서 자문을 맡았고 암트 블랑크에서 그를 군사부문의 책임자로 발탁했다. 재무장 초기 단계에서 과거의 동료들과도 원활한 협력관계를 유지했다. 예를 들어, 보기슬라브 폰 보닌Bogislaw von Bonin 예비역 대령이나 훗날 중부유럽연합군 사령관CINCENT를 역임한 요한 아돌프 그라프 폰 킬만스에크Johann Adolf Graf von Kielmansegg 예비역 대령, 나중

E 초대 공군참모총장 요제프 캄후버Josef Kammhuber나 임시 해군부장이자 훗날 해군의 두 번째 참모총장이었던 칼-아돌프 젱커Karl-Adolf Zenker 중장은 수년 간 국방군 시절 각 군 작전부에서 근무했었다.(저자 주)

F 제1차 세계대전 이후의 군대.

G 독일 비밀경찰Geheime Staatspolizei.

H 1946년 미군정 기관에 의해 조직된 정보기관, 라인하르트 겔렌Reinhard Gehlen 장군의 이름을 땄다.

에 연방군 합참의장에 오른 울리히 드 메지에레Ulrich de Maizière 예비역 중령 등 모두 옛 총참모부의 작전참모부 출신들이었다. 다년간 총참모부의 핵심부서에서 근무한 자들을 선발한 이유에 대해 세세하게 논하지는 않겠지만, 이러한 인선은 통상적인 '인맥'을 넘어선 것이었다. 마르쿠스 펄만은 이를 다음과 같이 기술했다.

> *"이들은 비공식적, 전략적으로 결탁된 개인적인 충성 관계를 맺고 있었다. 소수의 집단 구성원들이 순수 전문적 능력의 최적화보다는 그것을 초월한 상호신뢰와 의리를 바탕으로 그들 내부 조직원들의 고위직 진출을 보장해 그들이 중심이 된 지배구도를 만들었던 것이다."* [22]

이러한 사실은 예비역 장군들과 장교들이 각기 개인적인 상하관계와 적대감[I]을 가지고 있었으며 그것이 인선에 크게 영향을 미쳤다는 사실을 단적으로 보여준다. 특정 고위직부터는 능력과 자질, 공동의 합의보다는 개인적인 출신, 배경이 더 중요했다.

주요 작전 전문가들이 암트 블랑크[23]와 새로이 창설된 연방군의 요직을 장악할 수 있었던 공식적인 이유는 단기간 내에 강력하고도 작전적 수준의 방어에 적합한 독일군의 창설을 기대했던 서방 연합국의 요구 때문이었다. 독일 정부는 그러한 목적을 달성하기 위해 충분한 자질을 겸비한 군 지휘관이 필요했고 따라서 과거 국방군 출신이면서 작전적 측면에서 숙달된, 유능한 장교들을 선발할 수밖에 없었다. 전통적으로 육군의 인적, 지휘구조상 그러한 조건을 갖춘 인물들은 바로 장군참모장교들이었다. 그중

I 할더와 만슈타인 간의 관계를 그 예로 들 수 있다. 베크의 사퇴 후 총참모장의 직위를 할더가 차지했고 이로써 할더와 만슈타인 간에는 적대감이 생겨났다. 만슈타인은 자신이 베크의 후임으로 발탁되리라 생각했지만 뜻대로 되지 못했다.(저자 주)

에서도 총참모부의 작전참모부에서 근무한 자들이 바로 엘리트 중의 엘리트들이었다. 그들 간에는 매우 긴밀한 유대관계가 형성되어 있었으며 이들이 직접 인선에 참여할 수도 있었다. 그러나 아이러니하게도 그들 대부분이 동부전선에서 부대를 지휘한 경험도 없었고 사실상 서방의 요구조건에 충족되지 않았지만[24] 새로이 창설된 육군의 주요 보직을 독점했다. 동부전선에서의 풍부한 전투 경험을 지녔던 지휘관 출신 장교들이 배제된 이유는, 작전참모부에서 근무한 장군참모들을 발탁하고자 했던 수뇌부의 의도로 있었지만 포로 신분으로 소련에서 돌아온 이들에 대한 불신 때문이기도 했다. 따라서 서부 전역에서 참전하거나 고위급 지휘부에서 근무했던 장교들에 의해 프로이센-독일군 장교단의 부활이 시작되었고 더불어 독일의 작전적 사고가 다시 부각되기 시작했다.[25]

그러나 제2차 세계대전시 고위 계층에 있던 장군참모장교들은 제각기 직책에 따라 다소 차이는 있겠지만 어쨌든 동부 전역에서의 범죄적인 전쟁행위와 관련되어 있었으며 비정치적인 군사 전문가들로서 나치체제에 동조했던 인물들이었다. 그럼에도 불구하고 1950년대 초 '결백한 국방군'과 '범죄적인 나치체제'를 확실히 구분하려는 인식이 확산되자 이러한 장교들은 더 쉽게 연방군에 편입되었다. 게다가 모든 고위급 장교들을 조사 대상으로 인사검증위원회Personalgutachterausschuss가 구성되었는데 이는 독일 전후(戰後) 역사적인 사건이었다. 그러나 동부전선에서의 전쟁범죄와 홀로코스트Holocaust에 대한 참여 문제는 거론되지 않았다. 또한 호이징어처럼 전혀 다른 정치-사회체제 하에서, 그리고 4개의 독일군[J]에서 퇴출당하지 않고 어떻게 살아남을 수 있었는지에 대한 문제는 전혀 다루어지지 않았다.

대부대를 지휘한 경험이 없는, 이른바 관료적인 장군들과 장교들-한스

J 제1차 세계대전 이전의 제국 육군, 이후의 제국군, 제2차 세계대전시 국방군, 이후의 연방군.

슈파이델Hans Speidel 예비역 중장 등을 포함하여-도 연방군에 편입되었다. 그들은 나치체제에서도 그랬듯 총참모부의 전통에 따라 철저히 정치권과 거리를 두었고 관여하지도 않으려 했다. 이렇듯 '완전히 변화된 정치적 환경에서 다시금 민간 정치지도부의 우위를 조건 없이 수용하겠다는 의지'를 피력했기 때문에 다시 군복을 입을 수 있었다.[26] 한편, 인사검증위원회에서는 호이징어를 '연방군에 복무하게끔 허용하되 육군 총사령관으로서는 자격이 부족하다'고 판정했다. 나치즘에 가담했다는 흔적도 없었고, 따라서 불신임할 이유도 없지만 호이징어가 전시에 오로지 총참모부에만 근무했고 일선 야전부대를 지휘한 경험이 전무(全無)하다는 이유에서였다. 결론적으로 그에게는 최고 지휘관으로서의 역량이 부족했던 것이다.[27]

1940년대 말 호이징어는 수많은 기록물들을 발표하면서 이미 미국과의 긴밀한 유대관계를 형성했다. 독일과 유럽의 안보상황에 대한 글들이 대부분이었는데, '동-서 분쟁 시 알프스 지역의 중요성'Die Bedeutung des Alpengebietes im Fall eines kriegerischen Ost-West-Konflikts 등이 대표적인 예이다.[28] 그는 자신의 글에서 항상 페르시아만으로부터 노르카프Nordkap[K]까지를 총체적으로 방어하는 전략을 제시했다. 동-서 진영의 전쟁이 발발한다면 알프스와 발트해 사이의 중부유럽이 가장 중요한 지역이 될 것이라고도 기술했다. 호이징어의 작전적 구상, 즉 소련의 침공에 대비해야 할 서부 유럽의 방위 문제의 핵심에는 늘 독일이 존재했다.

그러나 호이징어와 함께 이러한 문제를 연구했던 작전가들은 예전과는 완전히 다른 새로운 전략 상황에 직면했다. 과거 독일은 양면전쟁의 위협이 존재했던 유럽의 중심부였지만, 분단된 동, 서독은 서로 대치하게 된 양 진영의 첨단이자 외곽지역으로 변해 버렸다. 게다가 1950년대 말까지 독일

K 노르웨이의 유럽대륙 최북단지역

은 독일인들의 것이 아니었다. 연합국의 지배하에서, 연합국이 전시에 사용할 공간일 뿐이었다. 이제 독일은 북대서양을 전략적 중심으로 인식했던 미국인들의 전초기지였고 이러한 위협적인 상황 때문에 서독의 작전가들은 깊은 고뇌에 빠져 있었다. 이로써 슐리펜 시대로부터 발전되어온 작전적 사고의 핵심이었던 지리전략적 전제조건이 의미를 상실했다. 서독의 작전가들에게 양면전쟁의 위험은 사라졌고 시간적 압박 속에서 월등히 우세한 적국을 무력화시키기 위해 추구했던 속전속결과 신속한 공격 방법은 더 이상 연구할 가치가 없어졌다. 이제는 새로운 전략 상황에 부합하는 작전, 즉 서방 동맹국들의 월등한 잠재력을 동원하는 데 필요한 시간을 획득하고 독일 영토를 방위하기 위한 방어작전 구상에 몰두해야만 했다.

슐리펜 이래로 작전적 사고의 핵심은 기습적인 개전 선포와 함께 즉시 전장을 적의 영토로 옮겨 속전속결을 달성하는 것이었다. 또한 이 개념은 전략적 수준에까지 영향을 미쳤다. 그러나 지정학적 상황과 군사력 수준, 그리고 확고한 정치적 원칙, 즉 변화된 지리전략적 상황 때문에 독일의 작전적 사고의 중추적인 요소들은 사실상 무용지물이 되고 말았다. 따라서 서독은 작전적-전략적 수준에서 과거 서방 적대국들을 상대할 때처럼 대륙패권국가가 아닌, 이제는 해양패권국가의 일부였고 작전가들은 그러한 조건 하에서 군사전략과 작전을 구상해야 했다. 장차전에서는 적국으로의 신속한 공세가 아닌 점진적인 군사력 증강을 보장하고 시간을 획득하기 위한 방어작전을 준비해야 했다. 이제는 섬멸전략이 아닌, 억제전략이 실패하는 순간에 적용해야 할 포괄적인 소모전략이 필요했다.

새로운 작전적-전략적 상황에 직면한 호이징어와 그의 동료들은 전통적인 작전적 사고의 핵심요소들을 포기하고 현실에 부합하는 사고의 전환을 강요받았다. 군사분야에 대한 전문성과 비정치적 성향을 지녔던 그들은 이러한 상황을 어렵지 않게 받아들였다. 또한 그들은 지리전략적 여건이 변했지만 전술과 연계된 작전적 사고의 또 다른 요소들은 아직도 유효하다고 확신했다. 즉 월등한 지휘력, 전투수행 능력, 주도권 확보, 측방공격과 포위에 기반을 둔 작전적 기동전을 구사한다면 아직도 승산이 있다고 굳게 믿었다. 새로운 동맹국들은 이러한 작전적 능력도 없을뿐더러 재래식 군사력이 월등한 소련과의 전투 경험도 없었다. 이에 호이징어와 옛 장군참모장교들은 한편으로는 서독의 국제적 지위를 인정받으면서 다른 한편으로는 서방의 연합방위 체제에서 자신들의 입지를 넓힐 수 있는 호기로 인식했다. 그들은 두 차례의 세계대전에서와는 달리 서방 동맹체제 하에서 자신들의 패권적 지위를 단념하고 애초부터 인내심이 투철한 새로운 우방임을 내세웠다. 이러한 정책은 동맹에 참여하는 데 매우 효과적이었다.

호이징어는 작전적 사고와 동부 전역의 경험을 바탕으로 당시 연합국의 군사력 열세와 소련의 압도적인 군사력 우세[29], 그리고 방어작전에 불리한 800km 이상 늘어난 전선을 고려할 때 지역 확보를 위한 진지전 성향의 방어작전은 절대로 불가하다는 입장을 고수했다. 게다가 남북으로 길게 뻗은 서독의 지형적 특성상 방어 종심도 매우 얕았다. 군사분계선으로부터 북부의 함부르크Hamburg까지는 약 125km, 남부지역의 종심은 최대 425km 정도에 불과했고 라인강 동쪽에는 방어작전에 유리한 지형도 거의 없었다.[30] 호이징어는 '1949-50년 서유럽의 방위'Die Verteidigung Westeuropas 1949/50 등의 모든 보고서에서 공세적인 기동방어를 주장했다. 아데나워의 지시를 받아 작성된 '힘머로더 보고서'Himmeroder Denkschrift에는 본질적으로 호이징어의 작전적 사고와 구상이 담겨 있었다.

당시 많은 이들은, 압도적인 재래식 군사력 우위를 점한 러시아를 상대로 독일과 서유럽을 모두 온전히 지키기는 어렵다고 판단했다. 그러나 호이징어는, 연합군이 일사불란하고도 통합된 작전적 능력을 발휘한다면 소련의 침공을 막아낼 수 있다고 호언장담했다. 그의 논리는 다음과 같았다.

우선 그는 총체적인 서유럽의 방위차원에서 얕은 종심 때문에 더더욱 최대한 동쪽에서 작전을 실시해야 하며 소련의 기습적인 침공에 대비하여 신속한 방어준비태세를 갖추어야 한다고 주장했다. 또한 서유럽의 방위를 위해 반드시 지켜야 할 세 곳의 작전적 중점을 제시했다. 첫째, 다르다넬스 해협으로 소련이 지중해로 진출하는 입구이자 서쪽으로 향하는 병참선이 될 수 있으므로 이곳을 반드시 차단해야 한다고 생각했다. 두 번째로 남부 스칸디나비아, 덴마크, 슐레스비히-홀슈타인Schleswig-Holstein[L] 지역, 세 번째는 남부독일, 알프스와 탈리아멘토Tagliamento[M] 지역이었다. 발트해의 제해권을 확보하고 소련의 대서양 진출을 저지할 수 있는 북부의 슐레스비히-홀슈타인 지역과 알프스, 이탈리아 지역을 이용한다면 남북 양방향에서의 측방 역습으로 러시아의 침공을 저지할 수 있다고 판단했다.

즉 그는 공세적인 기동방어를 서유럽 방위의 해법으로 제시했다. 정면에서는 연합 공군의 지원 하에 적을 고착하고 지상군의 주력을 남과 북에서의 측방타격에 투입하여 적을 격멸한다는 논리였다.

이러한 방책은 제2차 세계대전에서 사용했던 전형적인 '적의 측후방 타격 전법'이었다. 중부유럽이 주전장인 그의 전쟁계획에서는 핵무기가 철저히 배제되었다. 바쿠 유전지대와 같은 러시아 영토 내의 목표물을 공격할 때만 핵무기를 사용하도록 한정했다. 소련이 중부유럽을 침공한다면 서방연합군은 기갑 및 기계화사단 등의 재래식 전력으로 맞서며 엘베강과 라인강 일대에서 방어작전을 시행하기 위해서는 독일군 기갑사단 12개를 포함하여 대략 25~30개의 완편된 사단이 필요하다고 언급했다. 이러한 '장갑화된 펀치력'으로 대서양 방면을 향한 소련군의 공세를 신속히 저지하고 미국 본토에서 증원 전력이 도착하는 즉시 역습으로 소련군을 격멸한다는

L 독일의 북부지역.
M 북이탈리아 아드리아해의 해안 도시.

계획을 제시했다. 또한 공군에게는 이동 중인 소련군의 예비대를 격멸하고 지상군의 방어전투를 근접지원하는 임무를 부여해야 한다고 덧붙였다.[31]

호이징어의 구상은 세계대전에서도 증명되었듯 소련군이 확실한 수적 우세를 점하고 있지만 독일군의 기동전에는 취약했다는 전제가 기반이었다. 그래서 서방 연합국은 소련의 공세를 막아내기 위한 독일의 지원과 독일군의 작전적 노하우를 필요로 했다. 하지만 호이징어가 핵무기 사용을 배제했다는 사실은 주목할 만하다. 주 이유는 연합군 내부의 기밀유지로 오랫동안 그가 미국의 핵무기 사용계획을 전혀 알지 못했기 때문이었다.

한편, 호이징어의 구상에도 간과할 수 없는 중대한 딜레마가 숨겨져 있었다. 그의 계획상 서독은 서방의 방위를 위한 전초기지일 뿐만 아니라 이른바 기동방어를 위한 주방어지대가 될 수밖에 없었다. 군사적 안전보장과 연계된 NATO 가입과 국가 주권 보장의 대가로, 전시에 서독은 장차전의 주전장이 되어야 했던 것이다. 독일연방정부는 그러한 상황을 절대로 받아들일 수 없었지만 호이징어는 서방의 안전보장에 기여하기 위해 사실상 이 같은 딜레마를 인정해야 한다고 언급했다. 이에 그는 전쟁의 위험을 최소화시키기 위해 재래식 억제력을 증강시켜야 한다는 다른 대안도 내놓았다. 그럼에도 불구하고 전쟁이 발발한다면 가능한 한 동부에서 방어작전을 시행하고 전장을 최대한 신속하게 동독지역으로 옮겨야 한다고 주장했다.[32]

여기서 공세를 통해 가능한 한 신속히 적의 영토에서 전쟁을 벌인다는 점에서 호이징어의 계획은 독일의 전통적인 작전적 사고의 맥을 잇고 있었다. 또한 이즈음 그의 작전적 의도는 연합국의 의도에 정확히 부합했다. 1950년 연합국은 전체 동맹국의 안전보장과 영토 수호를 위해 가능한 한 동쪽으로 진출해서 방어작전을 수행하는, 즉 '전방방위전략forward strategy'을 채택한 상태였다.[33]

대부분의 옛 국방군 장교들도 이러한 작전적 개념에 동의했다. 기갑병과 예비역 대장 출신이자 아데나워의 안보정책 보좌관겸 가칭 '재향군인센터'Zentrale für Heimatdienst라는 명칭으로 은폐된 군사 위원회의 수장이었던 슈베린이 대표적인 인물이었다. 이들도 역시 독일연방정부에 지역방어보다는 기동방어를 요구했다.[34]

그러나 과거에도 언제나 그랬듯 이러한 작전적 문제에 이견을 주장한 사람들도 있었다. 이를테면 기갑병과 예비역 대장 출신 프리돌린 폰 젱어 운트 에터를린Fridolin von Senger und Etterlin은 '아무리 훌륭한 작전적 계획이라도 포위회전으로 승리할 수 있는 시대는 끝났다'고 언급했다.[35] 그는 포위회전보다는 기동방어에 철저히 반대하는 입장이었다. 또한 호이징어는 과거 국방군 고위급 장군들에게 군 창설계획에 관해 설명하는 자리를 만들어 선배들의 '호의적인 침묵'을 기대했지만 그들은 사사건건 호이징어를 비판했다. 만슈타인도 호이징어에게 수차례 부대 편성에 관한 이견(異見)을 제시했지만 호이징어는 그토록 존경했던 '옛 전우'alten Kameraden를 향해 조목조목 반박했고 더욱이 언론에 자신의 계획을 밝히는 등 뜻을 굽히지 않았다.[36]

독일연방정부는 '힘머로더 보고서'에서 제시된, 새로이 창설되는 서독군의 편성안뿐만 아니라 호이징어의 작전적-전략적 구상을 수용한다고 대내외에 공포했다.[37] 이러한 지지에 힘입은 호이징어와 그 동료들은 이듬해부터 '암트 블랑크'에서 독일연방공화국의 방위를 위한 작전적 계획수립에 착수했다. 연합국에게 독일군의 작전적 중요성을 인식시키는 것이 그 계획의 목표였다. 프랑스인들은 늘 독일군이 연합군의 총알받이가 되어주기를 바라왔다. 호이징어로서는 그러한 사태만은 반드시 막아야 했다.[38]

호이징어는 수차례 토의 과정과 심사숙고를 거쳤지만 독일 영토가 기동전의 주전장이 되는 일만은 불가피하다고 판단했다. 물론 여기에 반대하는 목소리도 있었다. 일례로 독일군 내부에도 호이징어의 계획에 가장 격렬히 반대했던 인물이 있었다. 그는 바로 보닌[N]이었다. 이 일로 그는 1955년 초 자신의 직위를 상실하는 대가를 치렀다. 1952년 재무장을 둘러싼 논쟁 때부터 그는 시종일관, 연합군과 공조하는 독일의 방어전략 개념은 실행 자체가 불가능하다고 주장했다. 즉 서독 영토에서 기계화부대로 기동전을 수행한다는 호이징어의 계획 자체가 틀렸다는 의미였다. 연합국들이 저마다 상이한 구상을 가지고 있으며 특히 작전적 수준의 전쟁수행 능력이 부족한, 소위 군사적 아마추어인 미군 때문에 그러한 작전은 성공할 수 없다고 덧붙였다. 이에 보닌은 1954년 7월에 발표한 논문에서 독일 내부의 국경을 따라 약 40~50㎞의 종심에 방어진지를 구축[39]하여 기관총과 강력한 공병, 특히 대전차로켓 등으로 증강된, 이른바 대전차사단들을 배치하는 지역방어를 대안으로 제시했다.[O] 또한 적이 방어진지를 돌파할 경우를 대비해 적군을 저지, 역습으로 격멸하기 위해 최대 6개의 기갑사단을 배비하여 연합국의 주전력이 전개하기 전까지 소련군의 공격을 반드시 저지해야 한다고 기술했다. 보닌의 작전개념[40]은 보다 강도 높은 자주국방과 독일 국경에서의 직접적인 전방방어[41]를 지향했다. 그러나 한편으로는 이제 곧 창설되는 서독 연방군에게는 편제상 침공능력이 없다는 사실을 소련에게 각인시켜 주기 위한 의도까지 내포하고 있었다. 따라서 보닌은 자신의 이러한 작전개념으로 두 진영 간의 긴장을 해소시키고 장차 두 독일의 통일까지도 기대할 수 있으며 또한 독일 내부의 여론도 서독의 재무장을 흔쾌히 수용하리라 판단했다.[42] 연방군 창설을 2년 내에 완성한다는 군부의 공식적인 발표에 대해서도 그는 '착각'일 뿐이라고 일축했다.

암트 블랑크는 보닌의 구상을 작전적 이유에서뿐만 아니라 외교적 이유에서도 받아들이지 않았다. 호이징어는, 공자가 공세의 중점을 선택할 수

N 앞서 언급된 보기슬라브 폰 보닌Bogislaw von Bonin 예비역 대령.
O 보닌은 이 방어지역에서 약 1,100문의 대전차포가 투입되어야 한다고 계획했다.(저자 주)

있는 행동의 자유가 있기 때문에 대전차방어진지와 선형방어로는 이를 저지할 수 없다고 생각했다. 호이징어에게는 기동방어만이 유일한 해법이었다. 간접적인 독일의 중립을 지향하는 보닌의 기획안은 서독 정부에도 정치적으로 큰 부담이었다. 서독 정부 입장에서 혈맹관계를 유지해야 하는 서방과의 관계에 악영향을 줄 수도 있기 때문이었다.

'보닌 사태'는 서독 군부가 독자적인 행동을 포기했음을 보여주는 매우 중요한 사례이다. 그들은 오로지 NATO와의 동맹체제 하에서만 독일연방공화국을 온전히 지킬 수 있다고 믿었다. 보닌은 결국 파면되고 말았다. 그가 암트 블랑크에서 대다수 장교들의 의견에 반하는 작전적 구상을 주장했기 때문이 아니라 자신의 의견을 외부에 공개하고 내부적인 논쟁을 대중에게 알렸으며 따라서 장교단의 결속을 저해했다는 이유에서였다.

1950년부터 1955년 연방군이 창설되기까지, 서독과 장차 창설될 군대의 융합과정, 그리고 유럽에서 미국의 군사적 개입을 둘러싼 안보정치, 국제정치적 전개과정을 이해하지 못하면 서독에서의 작전적 계획들의 발전과정도 이해하기 어렵다. 서방 연합국들은 서독 연방군을 독일의 군대가 아닌 엄격한 통제를 받는 동맹군의 일부로 창설해야 한다는 조건을 제시했다. 어떠한 경우에도 독일이 중립적 성향의 동맹국이 되는 일은 절대 용납될 수 없었다.

유럽방위공동체 창설이 좌초되면서 서독은 호기를 맞이했다. 독립적인 주권 행사도 가능했고 NATO 내부에서 다른 국가와 동등한 지위도 획득할 수 있었다. 그러나 이 시기에 연합국 장교들과 협상 테이블에 마주 앉았던 독일군 장교들은 전혀 새로운 문제에 봉착하게 되었다. 1948년부터 미국은 재정 부족을 이유로 독일의 작전적 구상과는 완전히 상이한 전쟁계획을 발전시키고 있었던 것이다. 미군은 라인강선에서 지연전을 개시하여 소련군의 공세를 피레네Pyrenäen 산맥에서 저지한다는 계획을 수립했다. 대규모 반격을 실시하여 상실된 지역을 회복하기 전까지는 핵무기로 러시아군을 무력화시킨다는 복안이었다.[43] 독일은 당연히 그러한 계획에 절대 동의할 수 없었으며 그 계획을 수립한 미 공군과 미국 정부에 대해 강력히 항의했다. 그러나 독일은 미국의 핵전쟁계획에 대한 전망을 전혀 파악할 수 없었다. 왜냐하면 핵무기 투입에 관한 어떠한 정보를 받을 수도, 접근할 수 있는 권한 자체가 독일에게는 없었기 때문이다.

부설: 모스크바-동베를린

앞서 기술했듯 서독에서는 연방정부 수립 이전부터 옛 국방군 출신 장교들이 자신들의 전통적인 작전적 사고를 계승, 발전시키고 있었다. 재무장을 위한 정책에 부합했기 때문에 연방정부도 이들의 활동을 인정하고 지원을 아끼지 않았다. 그러나 동독에서의 사정은 달랐다. 과거 국방군에서 복무했던 고급장교들은 새로이 창설될 동독군의 전술적-작전적 사고를 발전시키는 데 일체 관여할 수 없었다. 소련이 점령한 지역SBZ(Soviet Besatzungszone)의 지배계층이 완전히 바뀌었기 때문이었다. 정치적-사상적으로 투철한 사회주의자들이 지도층으로 부상하면서 군에도, 특히 대부대급 지휘부까지도 사상적 조건이 중시되었다. 서독에서는 국방군의 엘리트 참모장교로서 전쟁을 경험했던 과거의 제국군 장교들이 연방군의 창설에 중추적인 역할을 했지만 동독의 '독일 사회주의 통일당'[P]은 동독군의 전신, 인민경찰[Q]을 창설하면서 사상적인 이유로 과거 국방군 출신의 장교들을 철저히 배제했다.

그러나 사회주의의 원칙에 따라 군대를 건설하고 군사(軍事)와 프롤레타리아 사상이 결합된 이상적인 징병제도는 실현 불가능했다. 프롤레타리아

P SED, Sozialistische Einheitspartei Deutschlands, 이하 동독 공산당.
Q KVP, Kasernierte Volkspolizei

출신의 유능한 간부들이 부족했기 때문이었다. 따라서 동독 공산당은 창군 단계에서 우선 전투 경험이 풍부한 국방군 출신의 장교들을 활용하기로 했다. '사회주의를 추구하는 인민군'을 창설하고 인민과 프롤레타리아 계층을 보호하기 위해 동독 공산당은 국방군의 하급장교들 계층에서 지도자를 선발했다. 과거 나치당이 장교단의 귀족화를 철폐하고자 의도적으로 장교단의 문호를 개방[44]했을 때 임관한 자들이 대부분이었다. 젊은 장교들 중 대다수가 병사 출신으로 이들은 '사회적으로 천대받던 계층'에 속하는 사람들이었다. 인민경찰 조직에서 근무하고자 하는 이들의 의지만은 충만했다.[45] 하지만 그들 중 작전적 제대를 지휘해본 자들은 거의 드물었다. 작전적 수준의 교육을 받은 국방군의 장군참모장교들은 파시스트 또는 사상적으로 의심스러운 인물로 낙인찍혀 인민경찰에 편입될 수 없었다. '자유독일국가연맹'Nationalkomitee Freies Deutschland의 회원이었던 극소수의 고위급 장교들만이 동독군 창설에 참여할 기회를 얻게 되었지만 이들마저도 젊은 1세대 장교후보생들이 소련군 사관학교를 졸업하고 야전에 배치되자 다시 군복을 벗어야 했다. 그 대표적인 인물이 바로 빈센츠 뮐러Vincenz Müller 중장을 포함한 5명의 장군들이었다. 또한 1948년 소련의 전쟁수용소에서 석방된 '5+100 모임'Aktion 5+100에 속해있던 사람들이 주축을 이뤘다.[46] 국방군 출신의 고위급 장교들로 사회주의를 신봉하고 사상적으로 검증받았지만 과거 그들이 받았던 교육과 독일의 작전적 사고를 떨쳐버릴 수가 없었기 때문에 결국에는 퇴출당할 수밖에 없었다. 전쟁에서 패하기는 했지만 서독의 옛 동료들과 마찬가지로 그들도 '국방군이 소련군에 비해 전술적-작전적 능력만큼은 훨씬 우수했다'는 신념만은 버릴 수 없었다.[47]

당시 소련군에는 전술적 수준의 교범이 없었기에 초기 인민경찰부대들은 국방군의 교리를 교육훈련에 적용했다. 소련군 스스로도 국방군 교리의 강점을 익히고자 했다. 시간이 흘러 바르샤바 조약기구 창설 후에는 러시아군의 전술 교리가 정립되면서 서서히 변화하기 시작했다.

작전적 수준에서 동독군은 소련의 독트린을 그대로 따라야 했다. 1952년부터는 소련군 야전교범에 따라 부대개편과 교육훈련이 실시되었다. 4개의 인민경찰군단과 2개 보병사단, 1개 기갑사단으로 편성된 정규군이 소련의 독트린에 따라 창설되었다. 물자와 장비뿐만 아니라 정치교육과 인원 편제까지지도 소련의 형식을 그대로 적용했다. 전후(戰後) 소련의 군사독트린은 정치적, 사상적 이론을 기반으로 체계화되었다. 하지만 다른 한편으로는 1941년 여름 기습적인 독일군의 침공에 대한 트라우마와 엄청난 인적, 물적 피해를 입었던 경험으로부터 도출된 것이었다. 따라서 장차전에서는 결코 기습적인 침공을 허용해서는 안 된다는 것이 소련군 교리의 대원칙이었다. 즉 서방이 먼저 공격한다면 전쟁 발발 단계에서 우세를 달성하여 주도권을 쟁취하고, 전장을 적국의 영토로 옮겨 전략적 공세를 실시해야 하며, 1949년까지 미국이 핵무기를 독점했기 때문에 자신들이 보유한 월등한 재래식 전력만으로 불균형을 상쇄해야 한다는 것이 그들의 논리였다. 시종일관 소련군의 지도부는 정치, 사상을 중시하면서도 재래식 전쟁으로 유럽의 정치적 판도를 바꿀 수 있다고 확신했다. 즉 공군의 지원 아래 기갑 및 기계화부대들이 적의 전술적 방어지대를 돌파하고 이어서 신속히 종심으로 진출해 적군을 섬멸한다는 것이 바로 소련군 작전적 사고의 핵심이었다.

이러한 교리를 이행하기 위해 소련군은 1946년부터 차량화[48]에 박차를 가했고 원활한 제병협동을 강조하여 종래까지의 기계화군단을 기계화사단급으로 재편했다. 또한 기동성과 화력을 증강하여 타격력이 한층 더 강화되었다. 이는 많은 부분에서 서방의 사단편제와 유사했다. 소련군 지도부는 증강된 기동성 덕분에 더욱더 단기간의 속전속결을 달성할 수 있다는 확신을 품게 되었다. 여러 가지 정황들을 볼 때 인민경찰과 훗날 동독 인민군은 과거 독일군의 작전적 사고를 의도적으로 거부했지만, 소련군과 독일군의 작전적 사고가 유사했기 때문에 창군 초기의 동독군 장교들은 큰 혼란 없이 이러한 과정을 수용할 수 있었다.

전통적인 독일군의 작전적 사고와 소련군의 작전수행 교리 사이에는 명확한 공통점들이 존재한다. 독일군 총참모부와 마찬가지로 소련 측에서도 행동의 자유와 주도권 확보를 중시했고, 기동으로 적의 우세한 화력-1945년 이후 미국은 핵무기 보유로 화력의 우위를 점하고 있었다.-을 무력화시켜야 한다는 논리를 채택했다. 러시아와 독일의 작전적 사고 간에 부분적인 공통점이 존재하는 원인은, 소련이 제2차 세계대전에서 독일군의 작전을 연구, 분석한 결과이기도 하지만 제국군 시대로 거슬러 올라가 두 국가 간의, 군사부문의 활발한 교류협력에서 찾을 수 있다. 당시 러시아군 장교들은 제국군에서 공개된 전문 서적과 문건들을 통해 독일군의 작전적 사고를 접할 수 있었다. 독일과 마찬가지로 소련인들도 제1차 세계대전이 끝난 후 장차전의 양상에 관해 면밀히 연구했다. 제1차 세계대전 당시 '완전히 상실했던 작전적 자유'를 되찾기 위해서였다. 그 연구결과를 러시아-폴란드 전쟁과 러시아 내전에 적극 활용할 수 있었다.

제국군에서도 그랬듯 러시아 내부에서는 장차전에 관해 소모전략과 섬멸전략을 두고 치열한 토론이 벌어졌다. 소련군 총참모장 미하일 투하체프스키Michail Tuchačevskij가 섬멸전략을 강력히 주장하자 결국 대세는 그쪽으로 기울었다. 정치적인 이유도 있었지만, 그는 전차와 항공기와 같은 현대적인 무기체계를 통해 얻게 된 공세적인 작전의 가능성들을 포기하고 싶지 않았다. 섬멸전략의 옹호자들은 1930년대 초반부터 이미 소련군의 수뇌부를 장악했고 그와 동시에 '종심 작전' 체계를 발전시켰다. 제병과가 통합된 기갑부대들이 정확히 계산된 공격방식으로 작전지역의 정면과 종심에서 돌파를 감행하고 적의 종심과 배후로 들어가 독립적인 작전을 실시한다는 것이 이 교리의 핵심이었다.[49]

공교롭게도 독일군의 작전적 사고도 이와 유사한 논리를 내포하고 있다. 독일의 사상들이 소련군 군사교리의 발전에 어느 정도까지 영향을 미쳤는지에 관해서 정확히 연구된 바는 없다.[50] 그러나 1920년대 후반부터 1930년대 초반까지 제국군과 소련군 간에는 활발한 교류가 있었고 소련인들이 독일로부터 많은 자극을 받았다는 점만은 확실한 사실이다. 제국군 장교들은 당시 독일에 체류했던 러시아군 동료들에게 독일의 전술적, 작전적 교리의 우수성을 입증해 보였다. 당시의 한 장교는, '클라우제비츠, 몰트케 그리고 슐리펜의 가르침들은 소련군 지휘관들에게도 잘 알려져 있었다. 그들의 계획은 주로 공격, 돌파와 포위의 개념들을 담고 있다'[51]라고 기술했다. 더욱이 투하체프스키는 제국군을 소련군의 스승이라고까지 표현했는데 이렇듯 제국군은 이 소련군의 창설 단계에서 중추적인 자문과 지원을 아끼지 않았던 것이다. 특히 전술적, 작전적인 교육훈련 부문에서도 소련은 독일을 긴밀한 우방으로 인식했다. 또한 제국군의 교육훈련 방식을 습득하기 위해서도 노력했다. 소련에 체류했던 모든 독일군 장교들도 독일과 소련의 군사적 독트린 간에 매우 커다란 동질감이 있다는 사실을 발견했다. 1928년 블롬베르크는 소련 방문 보고서에서 다음과 같이 기술했다. '소련군 교리의 작전적, 전술적 기본원칙의 대부분을 쉽게 이해할 수 있었다. 소련군은 우리 것을 그대로 적용하고 있었다'[52]

1927년에 발간된 러시아군의 보병전술 교범은 독일군의 제병협동 지휘와 전투 교범을 바탕으로 작성되어, 전쟁수행을 위한 속도와 기습의 중요성을 특별히 부각시켰고 1920년 소련군 야전근무규정Felddienstordnung에는 우회, 포위, 중점형성과 돌파가 강조되어 있다.[53] 한편, 독일군도 기계화부대 운용에 관한 소련군 교범을 연구했고 독일군의 작전적 개념에 본질적인 변화는 없었지만 소련군의 독트린이 독일에도 일부 영향을 미쳤다고 할 수 있다. 러시아군의 공중전, 대공방어, 화학전과 공병운용 교리들도 받아들였다. 특히 독일인들은 소련에서 현대적인 기술을 활용한 대규모 정치적 선전선동의 효과와 군대의 국유화를 경험했고 그 결과 블롬베르크나 라이헤나우Reichenau같은 신흥 '정치군인들'이 생겨나기도 했다. 이런 점들을 감안하면 당시 군사부문에서만 양국 간의 교류가 있었다는 제2차 세계대전 이후 혹자들의 주장은 타당성이 부족하다.[54] 두 국가 간에는 매우 광범위한 부문의 교류협력이 시행되었던 것이다.

러시아에 주둔했던 제국군 기지와 독일 국내의 군사교육기관에서 교육받은 러시아군 장교들 중 대부분이 스탈린에 의해 숙청당했지만 그들이 소련군의 전술적, 작전적 사상의 발전에 끼친 영향은 컸다. 또한 이들은 제2차 세계대전 초기에 독일의 성공적인 전투사례들을 이용해 소련군의 작전적 독트린을 한층 더 발전시켰다. 그러나 제국군과 소련군의 작전적 사고 간에는 결정적인 차이점이 존재한다. 제국군은 '지침에 의한 지휘', 즉 임무형 지휘를 실천했던 반면 소련군은 명령형 전술을 철저히 강조했다. 당의 지배를 받았던 소련군에게는 융통성있는, 상황에 부합하는 지휘를 할 수 있는 행동의 자유가 없었다. 훌륭한 이론적 기반이 있었음에도 이같은 명령형 전술 때문에 소련 군부는 작전지휘에 상당한 제한을 받았고 결국 동부 전역 초기에 열세했던 국방군에게 작전적 패배를 당하고 말았다.

핵전쟁 시대에서의 작전적 사고의 적용[55]

1954년 전후로 호이징어와 그의 동료들은 미국과의 접촉 과정에서 서방동맹체제 내에서도 자신들이 수립한 공세적 기동방어 계획들의 성공 가능성을 확신했다.[56] 그러나 뜻밖에도 NATO의 군사전략이 변화의 진통을 겪고 있었다. 종래까지 전략적, 정치적인 무기로 전쟁계획에서 배제되었던 핵무기를 장차전에서는 전술적 차원에서 운용하기 위한 계획이 등장했다. 향후 유럽에서 소련과의 어떠한 군사적 충돌이 발생하든 NATO는 모든 전술, 전략 핵무기를 이용하는 섬멸적인 반격, 소위 '대량보복전략'massive retaliation으로 맞서기로 했다. 새로운 군사전략이 갑작스럽게 대두된 것은 아니었다. 소련의 재래식 군사력 우위와 핵무기 보유, 서방 국가들의 재정적 문제들이 겹치면서 이 전략은 1950년대 초부터 서서히 대두되기 시작했다.[57] 이러한 계획을 접한 독일인들은 매우 큰 충격에 사로잡혔다. 1955년 이전까지 그러한 계획에 접근할 수 있는 권한도 없었고 작전적 수준의 전쟁과 전술 핵무기를 결합하는 계획을 전혀 모르고 있었으며 특히나 자신들이 구상한 작전계획의 기반을 송두리째 뒤흔드는 소식이었기 때문이었다. 공세적인 재래식 기동방어전투는 더 이상 의미를 상실한 것이나 다름없었다.

당시 핵무기 보유 측면에서 우위를 점했던 연합국은, 양 진영이 충돌한다면 초전 30일 동안 핵 난타전이 벌어질 것이라고 판단했고 두 번째 단계에서 전술 핵무기를 투입하고자 했다. 비로소 종래까지 공존했던 개념들, 즉 재래식 방어와 전략적 핵무기 운용이 결합되었다. 전술 핵무기 운용이 포함된 한층 발전된 작전적 독트린에서 재래식 기동부대들의 과업은 최초 소련군의 핵공격을 회피할 수 있도록 최대한 원거리에서 전투력을 보존하고 적의 공략을 신속히 저지하는 것이었다. 동시에 공중우세를 달성하고 핵무기로 반격하는 임무가 공군에게 부여되었다.[58] 지상군이 준비된 방어진지에서 탄력적으로 전투를 수행하면서 적에게 집중을 강요, 유인하면 공군이 핵으로 섬멸한다는 계획이었다.

그러나 이러한 전쟁 시나리오에서 주전장은 바로 독일이었다. 이러한 맥락에서 서독인들의 중대한 관심사는 '어디에서 방어작전을 수행해야 하는가?'였다. NATO는 서독군의 창설 이전, 즉 독일군이 참가하지 않을 경우, 라인강-아이셀강Ijssel[R]선에서 소련군을 저지해야 한다고 판단했다. 그러나 독일군이 창설되자 방어선을 트라베운하[S]-엘베강-베저강-레흐강[T]Trave-Elbe-Weser-Lech선으로 조정할 수 있었다. 그 결과 '방어작전의 중추'였던 기계화부대를 대신한 전술 핵무기 운용 지역을 서독 영토의 동부로 옮길 수 있게 되었다. 어쨌든 재래식 군사력을 운용하는 지상군은 핵반격 전력을 보호하고 적의 전투력 집중을 강요하는 '방패'였고 핵무기 그 자체와 핵무기를 운용하는 집단, 즉 공군이 적군을 섬멸하는 '검'이었다.[59] 따라서 공군이 핵전쟁의 주역으로 급부상했다. 물론 새로운 군사전략이 연합국 내부에서 무조건 수용되지는 않았다. 육군의 주요인사들은 자신들의 절대적인 지휘권 침해를 좌시할 수 없었다. 하지만 NATO로서도 핵무기를 조기에 투입하는 방안 외에는 재래식 군비 면에서 소련의 압도적인 우세-1950년대 중반, NATO는 18개 사단을, 소련은 82개 사단을 보유-를 극복할 수 있는 해법이 없었다. '핵 억제력이 효력을 발휘한다면 독일의 초토화를 막을 수 있다'라는 희망 이면에는 핵전쟁 발발 시 독일의 전 국토가 황폐화되리라는 무시무시한 진실이 내포되어 있었다.[60]

1955년 초반부터 독일은 간접적인 소식통과 슈파이델을 통해 새로운 전략의 개략안을 입수하기 시작했다. 물론 그러한 정보들이 연합국의 최고기밀사항들을 담고 있지는 않았지만 암트블랑크의 호이징어와 작전가들은 당시의 현실을 직시할 수 있었다. 즉 서독의 방위계획에 반드시 핵무기가 포함되어야 한다는 사실이었다. 한편, 핵전쟁을 우려한 수많은 서독인들이 노심초사하게 되었고 급기야 수십만 명이 서독의 재무장을 반대하는 소위 '반전운동'Ohne mich Bewegung[U]을 일으켰다. 호이징어도 독일이 주전장이 되어

R 네덜란드 중부지역의 하천으로 라인강의 지류.
S 엘베강으로부터 뤼베크까지의 운하.
T 도나우강의 지류.
U '나를 제외하라!'라는 구호로 1950년대 초 전쟁과 재군비에 반대하는 시민운동.

야 하는 딜레마 속에서 핵무기는 결코 방어 수단이 될 수 없다고 생각했다. 또한 핵무기의 사용으로 재래식 무기가 필요 없다는 논리도 받아들일 수 없었다. 핵무기 사용, 그 자체가 연방군 창설의 기반이 되는, 자신의 작전적 구상을위태롭게 했기 때문이다. 게다가 억제전략이 실패한 후 전쟁 초기부터 핵무기를 사용한다는 점도 용납할 수 없었다. 주전장인 독일에 핵무기를 투하했을 때 초래될 결과와 더불어 그에게는 독일군의 작전적 독트린의 실행 가능성 여부도 매우 중요했다. 장군참모장교들은 자신들의 작전적 수준의 전쟁수행 능력에 여전히 자신감이 있었고 이는 전술, 작전, 전략의 3단계를 기반으로 하고 있었다. 그러나 재래식 전쟁에서 핵전쟁 전략으로 전환되자 그러한 구분도 서서히 사라질 수밖에 없었다. 장군참모장교들 내부에서도 작전적 구상에 대한 상이한 견해들이 속속 등장하기도 했다. 호이징어가 전통적인 작전적 구상을 고집했던 반면, 미국에서 교육을 받고 돌아온 드 메지에레와 같은 소장파 장교들은 핵전쟁에 적용 가능한 작전적 사고를 발전시켜야 하며 또한 육군의 장교단에 팽배해 있던 핵전쟁과 재래식 전쟁을 구분 짓는 행위 자체에 반대했다.[61]

호이징어와 그의 동료들은 연합군의 핵무기 투입 의도를 거부할 수 없었고 한편으로는 이것이 독일의 작전적 사고에 미치는 영향도 받아들여야 했다. 게다가 독일의 NATO 가입으로 독일 군부는 작전지휘권을 행사할 수 없게 되었다. 평시의 작전계획수립과 전시의 작전지휘권은 유럽연합군 총사령관SACEUR(Supreme Allied Commander, Europe)과 그 휘하 지휘관들에게 이양된 상태였다. 연합국의 핵전쟁에 관한 구상은 1955년 6월에 실시된 공군의 기동훈련 '카르트 블랑슈'Carte Blanche에서 명확히 드러났다.[62] 이로써 독일인들은 늦어도 그즈음에는 다음 두 가지 사항, 즉 '연합국이 핵무기에 얼마나 의존하고 있는지', '이러한 전쟁양상에서 공군이 핵전쟁의 주역으로서 얼마만큼 중요한 역할을 하게 될 것인지'를 확실히 알게 되었다. 이러한 과정에

지도 19

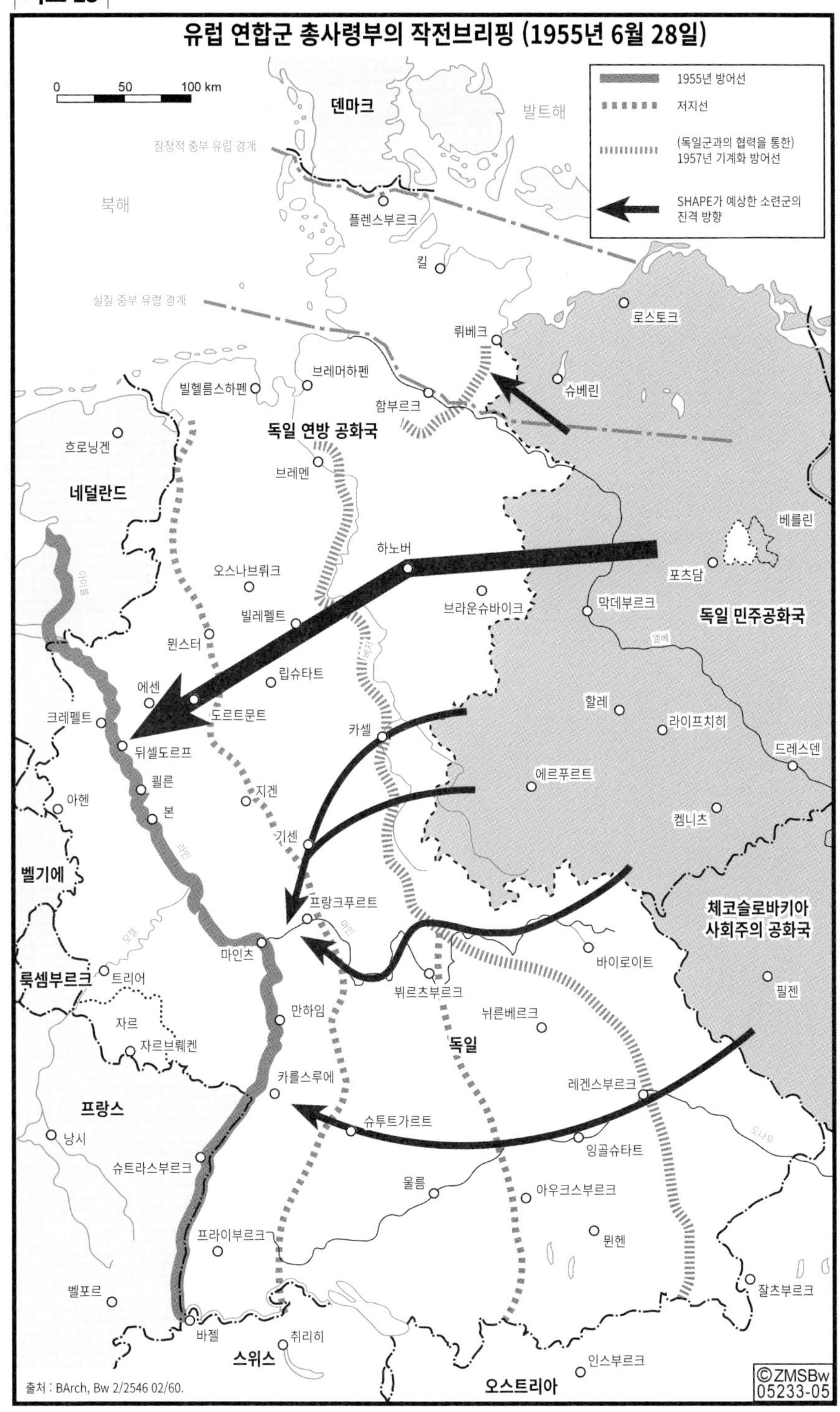

유럽 연합군 총사령부의 작전브리핑 (1955년 6월 28일)
0
50
100 km
1955년 방어선
저지선
(독일군과의 협력을 통한)
1957년 기계화 방어선
SHAPE가 예상한 소련군의
진격 방향
덴마크
발트해
잠정적 중부 유럽 경계
북해
플렌스부르크
킬
실질 중부 유럽 경계
로스토크
뤼베크
브레머하펜
빌헬름스하펜
슈베린
함부르크
독일 연방 공화국
흐로닝겐
브레멘
네덜란드
베를린
하노버
오스나브뤼크
포츠담
브라운슈바이크
빌레펠트
막데부르크
독일 민주공화국
뮌스터
엘베
립슈타트
에센
할레
크레펠트
도르트문트
라이프치히
카셀
드레스덴
뒤셀도르프
쾰른
에르푸르트
아헨
지겐
본
켐니츠
기센
벨기에
체코슬로바키아
사회주의 공화국
프랑크푸르트
마인
마인츠
바이로이트
룩셈부르크
트리어
뷔르츠부르크
필젠
만하임
뉘른베르크
자르
독일
자르브뤼켄
레겐스부르크
카를스루에
프랑스
슈투트가르트
낭시
잉골슈타트
슈트라스부르크
울름
아우크스부르크
뮌헨
프라이부르크
잘츠부르크
벨포르
바젤
취리히
스위스
인스부르크
출처 : BArch, Bw 2/2546 02/60.
오스트리아
©ZMSBw
05233-05

서 군 내부에서 전통적으로 우위를 차지했던 육군의 지위가 위협받았으며 반대급부로 공군은 더 큰 목소리를 낼 수 있는 호기를 잡았다. (지도 19 참조)

연방군 창설 첫해부터 호이징어는 자신의 작전적 구상을 관철시키기에 점점 더 힘겨운 상황에 봉착했다. 연합군의 전쟁 개념은 재래식 전쟁에서 핵전쟁으로 바뀌었고 서독의 재군비에 대한 국내 위정자들과 민간단체들의 저항은 나날이 거세지고 있었다. 그런 가운데서 그는 동시에 3개의 과업을 해내야 했다. 육군의 전통적인 작전적 사고를 보존하고, 12개의 기갑사단으로 편성된 연방군도 창설해야 했으며 연합국 내에서 서독의 역할도 정립해야 했다. 게다가 서독의 NATO 가입 후 연합군 참모부에 배치된 독일군 장교들은 다시금 자신들의 이상과 현실이 다르다는 사실을 인지하게 된다. 연합군이 핵전쟁에서 지상군을 활용한 기동전에는 공감했으나[63] 연합군의 작전적 구상은 독일인들의 생각과는 전혀 달랐던 것이다.[64] 한편 본Bonn(서독 정부)에서도 철의 장막[V] 일대를 이용한, 호이징어의 전방방위 작전계획과 연합국의 핵전략이 재래식 전력 부족 때문에 상호 결합될 수 없다는 결론이 도출되었다.[65] 나아가 유럽의 방위를 위해 NATO가 불가피할 경우 독일군을 포기할 수는 있어도 핵전쟁을 포기하지 않으리라는 사실을 점차 깨닫기 시작했다. 결국 서독 정부는 연합국의 일원으로서 NATO의 핵-전략 개념을 수용할 수밖에 없다고 판단하게 된다.[66]

독일 군부에게 이는 곧 자신들의 작전적 사고를 폐기해야 할 위기였다. 지리전략적 상황의 변화로 독일 군부의 작전적-전략적 요인들은 이미 시대착오적 개념이 되었다. 핵전쟁양상으로 작전적 사고의 전술적, 작전적 핵심요소들이 가치를 상실하고 장군참모장교들의 전문화된 자주성, 독단성의 기초도 흔들리고 있었다. 그들은 다음과 같은 문제로 깊은 고민에 빠지게

V 여기서는 동서독 국경을 의미함

되었다. 전쟁 발발과 동시에 전술에서부터 전략적 수준에 이르기까지 핵무기가 무제한 사용된다면 이러한 양상에서 어떻게 독일의 작전적 사고를 적용해야 할까? 새로운 우방이라지만 연합국은 아직도 과거의 적이었던 독일에 대한 적대감을 버리지 못했고, 그러한 상황에서 그들로 하여금 어떻게 독일의 독트린을 실행에 옮기도록 설득할 것인가? 그리고 핵전쟁에 대비하기 위해 독일군 장병들을 어떻게 교육훈련시켜야 할 것인가? 무엇보다 독일 국민들에게 독일 영토에서의 핵전쟁을 어떻게 납득시켜야 할 것인가?

군부는 우선 마지막 문제만큼은 그 해법을 정치권에게 맡기고 경우에 따라 정부를 지원하는 방향으로 가닥을 잡고,[67] 나머지 문제들에 대해서는 정치권과 함께 대안을 찾기로 결정했다. 한편, 군 내부의 문제들도 산적해 있었다. 전통적으로 독일 육군은 적국의 인적, 물적 우위를 상쇄시키기 위해 도구와 기계보다는 인간의 우월성에서 그해법을 찾고자 했다. 제1차 세계대전에서도 군부는 최전선의 전투를 직접 지휘할 수 없게 되자 임무형 전술과 조국에 대한 충성심을 고무시켜 각개 병사들에게 동기를 부여했고 독단적인 전투행동을 강조하기도 했다. 이러한 근본 사상을 이어받아 '독일군 리더십'Innere Führung[W]이라는 새로운 지휘철학을 도입하여 이를 국가의 총력을 투사해야하는 핵전쟁의 대안으로 제시했다. 자유의지를 지닌 인간, 성숙한 시민을 용감한 군인으로 승화시키고 핵전쟁의 혼란 속에서도 전투능력을 발휘할 수 있는 군인을 만드는 것이 이 지휘기법의 핵심이었다.[68]

독일의 작전전문가들 대부분은 핵무기의 정치적 억제 효과만큼은 수용했다. 하지만 핵무기만으로 전쟁을 수행할 수 있다는 논리만은 납득할 수 없었다. 그러나 연합국의 새로운 전략뿐만 아니라 소련의 군사력 증강이 독일의 작전전문가들에게 사고 전환을 강요했다. 소련은 세계대전의 경험

W 내적(內的) 지휘라고 직역하기도 한다.

을 토대로 무기체계를 발전시키고 차량화에 박차를 가했다. 또한 부대지휘 측면에서도 매우 유연하게 변모했고 지휘관들의 능력도 향상되었다. 이로써 인적, 물적 열세에서도 적보다 탁월한 작전적 지휘, 수행 능력을 발휘하면 승리할 수 있다는 독일의 작전적 사고의 핵심 논리에 문제가 발생했다. 이에 호이징어의 재래식 전쟁계획의 실행 가능성에 의구심을 제기하는 이들이 늘어났고, 독일군의 작전적 사고의 논리는 힘을 잃어 갔다.

1956년 가을 무렵, 독일연방정부는 여러 가지 문제들로 인해 연방군 창설 단계를 연장시키고 의무복무기간을 18개월에서 12개월로 단축하며 우선 4개의 기갑사단을 포함한 10개 사단만을 창설하기로 결정했다. 마침내 작전가들은 자신들이 고수해온 노선을 포기해야 하는 상황에 직면했다. 게다가 독일의 NATO 가입으로 작전적 지휘권이 유럽연합군 총사령관에게 넘어갔다. 일방적인 핵전쟁이 아닌 단계적 대응을 끊임없이 요구했던 호이징어였지만 동료들과 함께 이듬해부터 독일의 작전계획들을 핵전쟁양상에 맞추어 나갔다. 계획에 동참한 이들은 현실적으로 가능한 전쟁의 두 번째 단계에 주목했다. 첫 번째 단계인 핵 난타전에서는 생존과 전투력 보존이 최대의 과업이었다. 그 이후에는 전술적, 작전적 차원의 전쟁수행이 가능하다고 믿었고 동맹국의 동료들도 여기에 동의했다. 독일의 작전가들은 전통적인 작전적 사고를 바로 이 두 번째 단계에서 결정적인 도구로 이용하고자 했다. 제1차 세계대전 종식 이후처럼 기동에서 문제의 해법을 찾으려고 했다. 전투장비의 장갑을 개선하고 부대의 유연성과 기동성을 더욱더 강화시켜 핵공격에 대한 최고수준의 방호력을 확보하고 이로써 핵전쟁의 공황으로부터 벗어나고자 했던 것이다. 나아가 새로운 동맹국들과의 과학기술과 교리 교환을 통해 전통적인 작전적 사고를 보완하고 전술 핵무기를 운용하는, 강력해진 포병 화력을 기동전에 접목시켰다.[69] 하지만 당시로서는 속전속결을 위한 통합된 핵전투 능력과 더욱더 상향된 방호력, 증가된 기동성을 보유한 부대들은 극소수뿐이었다. 이러한 주제에 관한 활발한 토론이 벌어졌고 연합군 방위의 중추를 담당할 기갑사단의 필요성이 제기되었다. 시간이 갈수록 기갑사단의 증설에 대한 요구는 한층 더 거세졌다.

한편, 핵무기를 운용하는 기동방어를 위해 고도로 훈련된, 신속한 대응능력을 갖춘 유능한 장교들이 필요하다는 의견도 제기되었다. 작전가들은 자신들과 장군참모장교들이 바로 그러한 능력을 갖추었다고 주장했다. 이러한 논리는 작전가들의 자존감을 위해서, 공군과의 경쟁구도에서 육군 장군참모장교들의 입지를 보장하고 연합국에게서 자신들의 특별한 능력을 인정받기 위해서도 매우 중요했다. 한편 호이징어가 새로운 전쟁양상에 따른 지휘역량의 중요성을 강조한 점은 매우 흥미로운 사실이다. 전술핵을 사용해야 하는 상황 때문에 종래까지 언급하지 않았던 고도의 지휘능력이 필요하다고 주장했던 것이다. 그는 철저히 고전적인 독일의 작전적 사고의 전통에 따른 '술(術)'로서의 능력을 강조[70]했으며 따라서 군 지도부의 책임의식이 매우 중요하다고 역설했다. 그와 동시에 특히 세계대전에 참전했던 고위급 장교들에게는 새로운 전쟁양상을 정확히 직시하라고 요구했다.

호이징어는 연방정부뿐만 아니라 연합국들에게도 새로이 수정된 작전적 독트린을 소개하고 이해를 요구했다. 장차전에서 핵무기의 중요성이 증대되었지만 핵무기만으로는 전쟁을 종결지을 수 없다고 강력히 주장했다. 또한 '고도로 현대화된 육군과 해군이 필요한 시대이다'[71]라고 언급하면서 지상과 해상에서의 역습으로 적을 격멸해야 한다고 역설했다. 1959년 10월, 호이징어와 슈파이델의 지도 아래 육군 지휘참모부FüH[X]는 반격작전에 관한 작전적 연구 보고서를 제출했다. (지도 20 참조) 이는 지휘참모부의 구상을 명확히 보여주는 대표적인 문건이었다. 거기서 제시된 작전계획은 철저

X　Führungsstab des Heeres, 제2차 세계대전 이후 총참모부Generalstab가 해체되자 현재까지 지휘참모부Führungsstab라는 조직을 창설하여 과거 총참모부의 과업을 수행하고 있다.

히 전통적인 작전적 원칙에 입각하여 과거 국방군의 포위회전 교리를 그대로 옮겨 놓았다. 남부에서는 뉘른베르크-암베르크Nürnberg-Amberg로부터, 북부에서는 함부르크로부터 마그데부르크Magdeburg를 목표로 하는 양익포위로 소련군의 공세를 저지하고 적을 격멸한다는 계획이었다. 여러 가지 문제점을 보완한, 또 다른 반격 작전들도 예비계획으로 제시되었지만 이 제안서의 가장 큰 문제점은 당시의 전력만으로 그러한 작전을 시행하기에는 역부족이라는 점이었다.[72] 그러나 사실상 한편으로 작전적-전략적 공세에 관한 지휘권과 실행권한을 공군에 무기력하게 빼앗기고 싶지 않았던 육군의 의지 표출이었다고 해도 과언이 아니다.

호이징어가 육군과 해군의 중요성을 강조한 이유는 독일 내부의 경쟁상대, 바로 공군을 견제하기 위해서였다. 군 내부에서 그리고 각종 작전계획상 육군과 해군보다 우위를 점하려는 공군의 기도를 막아야 했다.[73] 육군이 독일영토와 국가 방위를 중시했던 반면, 공군은 국제적 공조를 우선시했다. 공군참모총장 요제프 캄후버Josef Kammhuber 중장을 필두로 공군은 자신들이야말로 연합군과 함께할 핵전쟁의 주체라고 생각했기 때문이다. 이러한 사고의 차이는 곧 독일군 내부의 권력 투쟁으로 번지게 되었다.

한편 새로운 육군의 창설로 작전적 독트린도 새롭게 변화되었다. 본디 기갑사단은 재래식 기동전의 핵심전력이었다. 그러나 이제는 화력과 증강된 기동성을 결합하여, 전쟁 발발 단계에서는 생존성이 보장된, 두 번째 단계에서는 전투 수행에 최적화된 부대로서 기갑사단보다 규모가 작고, 고도의 기동성을 구비한 핵전쟁 능력을 갖춘 부대가 필요했다. 이에 독일의 세계대전 경험을 바탕으로 미군은 핵전쟁에 적합한 부대(펜토믹 편제Pentomic Gliederung)[74,Y]를 창설했다.

Y 펜토믹 편제, 핵전쟁을 대비하고자 총 18개의 전술 핵무기를 사단급에서 운용하는 편제로, 155mm 곡사포 12문, 8인치 곡사포 4문, 어네스트존 미사일 2기가 포함된 전술핵 사단.

| 지도 20 |

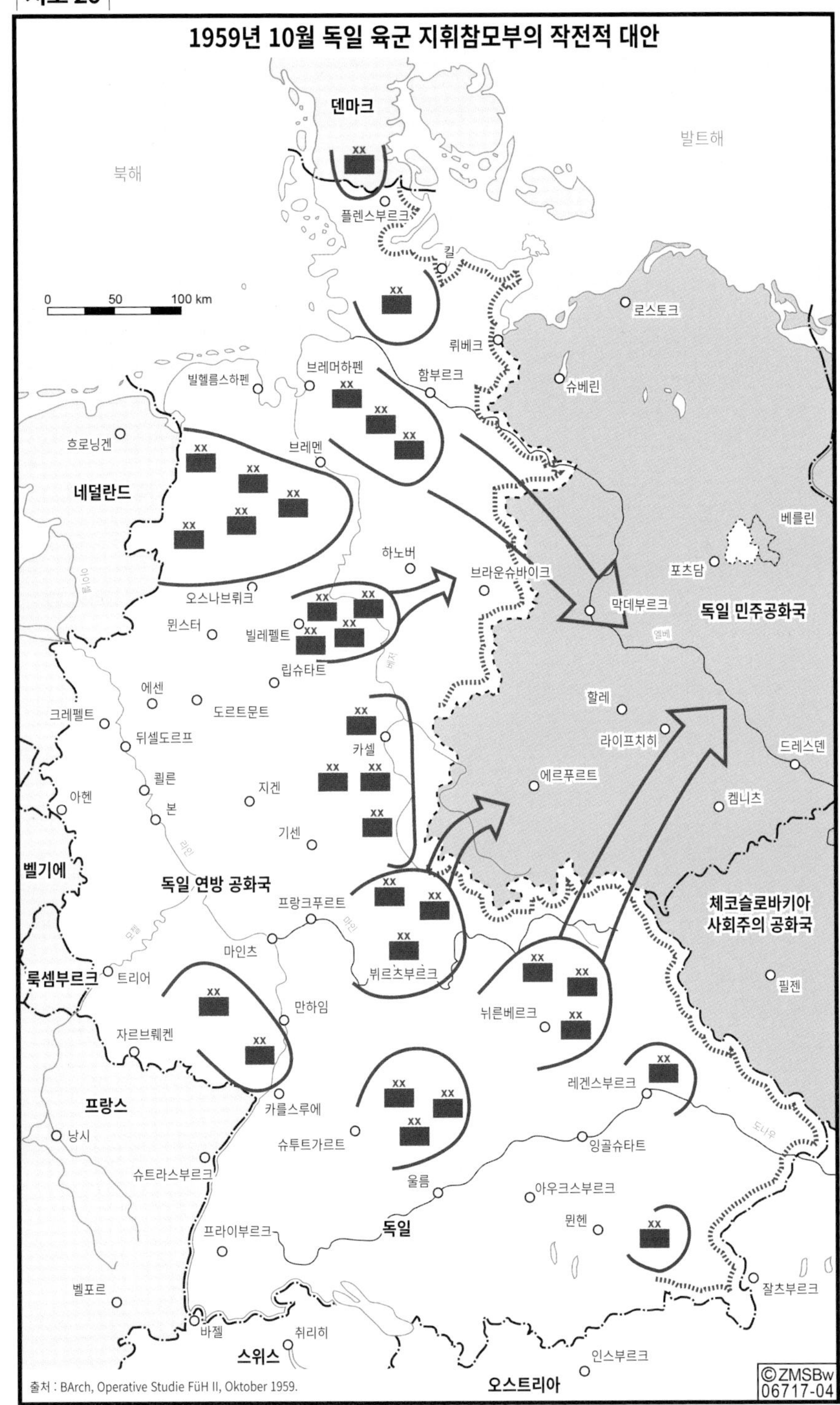

출처 : BArch, Operative Studie FüH II, Oktober 1959.

그 결과, 연방군도 과거 국방군의 전투단 편제를 폐기하고, 1955년 만슈타인이 주장했던[75] 여단급 편제로 전환했다.[Z] 육군참모총장 한스 뢰티거Hans Röttiger 중장은 합참의장 호이징어와 함께 내부의 반대를 무릅쓰고 1959년까지 여단 편제를 완성시켰다. 당시의 여단은 최소 규모의 작전적 제대로서 독자적인 군수지원체계를 보유한 제병협동전투 및 독립작전이 가능한 부대였다. 새로운 군구조에서 사단의 임무는 소위 '작은 군단'으로서 여단의 전투를 지원하는 것이었다. 이렇게 탄생한 '1959년 사단편제'Division 59에 따르면, 3개의 여단으로 구성된 사단은 재래식 전쟁뿐만 아니라 핵전쟁 능력을 갖추었고 1959년 이후 여타의 NATO 국가들도 이를 표준화된 사단 형태로 받아들였다.[76]

육군을 창설하는 데에 병력과 물자를 확보하는 것과 더불어 새로운 교범을 발간하는 것도 매우 중요했다. 그러나 작전적 수준의 지휘, 전쟁수행에 관한 교범은 존재하지 않았다. NATO의 일원으로 연방군의 작전지휘권을 유럽연합군 총사령관에게 이양했기 때문에 독일 스스로 행사할 수 없었다는 이유에서도 그러한 교범은 필요치 않았다. 하지만 더 중요한 이유는 수십 년 동안 이어 내려온 전통 때문이었다. 작전적 수준의 지휘에 관한 기본 원칙들이 문서로 작성된 적도 없었고 단지 장군참모장교들의 교육과정에 스며들어 전수되어 왔던 것이다.[AA]

비록 작전적 수준의 교범은 없었지만 전통적으로 가장 핵심적인 작전적 원칙들은 부대지휘Truppenführung에 수록되었다. 이 교범은 주로 중간급 제대의 지휘를 다루었지만 동시에 하급의 전술제대와 대부대 급의 작전적 제대에서도 충분히 적용할 수 있는 내용들이었다. 따라서 이러한 교범을 살펴보

Z Heeresstruktur II를 의미, 연방군의 구조는 현재까지 지속적으로 변화를 거듭하고 있음.

AA 1920년대와 1930년대와 같이 작전적 지휘에 대한 교범을 작성하려는 시도들도 있었다. 그러나 대부대 지휘부를 위한 지침 ZDV 1/4 등에 관한 연구는 제국군과 국방군 시대와 마찬가지로 종결되지 못했다.(저자 주)

면 독일 육군의 핵심적인 작전적 사고의 원칙, 구성 요소들을 재발견할 수 있으며 나아가 이 교범이 발간된 시대별 정치적 상황과 전략개념 그리고 그 당시 강조되었던 전술적 교훈들도 반영되어 있다.

1950년 초에 이미 HDv 300/1 부대지휘의 후속판 발간 작업이 시작되었다. 1952년 테오도르 부세Theodor Busse 예비역 대장은 1933년판을 기초로 기동전에서의 제병협동전투를 골자로 한 새로운 부대지휘의 초안을 선보였다. 그는 서문에서 '본 교범은 완전 차량화된 국방군을 전제로 했지만 차량화되지 않은, 또는 부분적으로 차량화된 보병사단도 적용할 수 있도록 작성했다'[77]고 밝혔다. 이는 부세가 복고적인 성향을 지향했고 1950년대의 전쟁양상과 현대적인 군의 차량화를 전혀 이해하지 못했음을 반증하는 대목이다. 따라서 부세의 초안은 당시 군부의 기대에 부합하지 못했다. 1954년부터는 그의 작업을 기반으로 새로운 최상위의, 부대지휘의 개정작업이 진행되었다. 군부는 과거의 '제병협동 지휘와 전투'F.u.G., '부대지휘'교범들의 전통을 살려 육군의 제병협동 지휘와 전투에 관한 기본원칙을 담아내고자 했다. 드디어 1956년 3월에 HDv 100/1 부대지휘의 기본원칙Grundsätze der Truppenführung des Heeres(T.F./G.)이 발간되었는데 이는 1933년판 HDv 300/1 부대지휘의 맥을 그대로 이어받았다. 여기에는 중간급 제대의 비(非)핵전쟁수행에 관한 연합군의 교리들과 독일의 제2차 세계대전의 전훈 분석 등이 포함되었다. 그와 동시에 HDv 100/2 '핵전쟁에서의 육군의 지휘원칙'Führungsgrundsätze des Heeres im Atomkrieg(T.F./A.)도 출간되었다. 핵 조건하에서의 전쟁을 별도로 구분한 이유는 아직도 핵무기가 계속 발전하는 과정에 있었기 때문이었다. 또한 1950년대 중반 연합국들이 핵무기를 어떻게 발전시켜야 하는지에 대한 일종의 대안을 제시하고자 했다.

교범 발간을 위한 연구시간도 짧았고 서방 연합국으로부터의 정보가 충분하지 못했기 때문에 1956년판 부대지휘교범(TF56)은 결함이 많았고 과거의 전쟁 경험을 분석하는데 치중했다는 평가를 받았다. 하지만 이 교범이 1950년대 중반, 호이징어와 당시 주요 군부 인사들의 작전적 사고를 반영했고 최초로 지휘영역을 세 개의 범주, 즉 전략, 작전, 전술로 구분했다는 사실만큼은 매우 흥미롭다. 전략을 최상위 지휘영역으로 정의하고 한 국가 또는 동맹체제에서의 군사적, 정치적 최상위 통수기구들의 협력관계를 포함한다고 기술했다. 또한 하위 영역인 전투 또는 전장에서의 지휘를 연대, 연대전투단, 대대 또는 중대급까지의 전술적 지휘로 규정했다.

> *"그것(전술)보다 상위 지휘영역이 바로 작전적 수준이다. 이것은 순수 군사적 영역이며 최상위 지도부의 지침과 지시에 따라 시행되어야 한다. 즉 군사력을 전개시키고 회전을 지휘하여 군사 목표를 달성하는 것을 의미한다. 또한 일반적으로 사단(여단)급을 포함한 그 이상의 모든 대부대의 지휘를 지칭한다."* [78]

이러한 구분은 전쟁 경험으로부터 도출된 연방군 창설기의 작전적 독트린에 정확히 부합했다. 전략적 수준은 정치지도부에게 맡겨야 했던 반면 작전적, 전술적 영역은 국방군과 제국군의 전통에 따라 군부에게 맡겨야 한다는 의미였다. 그러나 이러한 구분은 두 가지 측면에서 과거와는 다른, 매우 특별한 의미를 내포했다. 작전적 지휘 영역이 순수 군사적인 범주라는 논리는 타당했다. 그러나 과거에 단 한 번도 명확히 정의되지 않았지만, 슐리펜 시대로부터 강조되어왔던 작전적 사고의 작전적-전략적 성향은 이제 사라지고 전략에 흡수되어 버렸다. 동시에 여단편제로 전환되면서 작전적 지휘의 범주는 군단, 사단, 여단까지 확대되었다. 한편으로는 작전적 수준이 전술의 영역으로 확장됨으로써 독일 육군은 유럽연합군 총사령관으로부터 자국군의 작전지휘권을 보장받게 되었다.

1956년판 부대지휘(TF56)는 핵전쟁을 배제하고 이전 교범들의 작전적 수준의 전쟁수행의 원칙들을 담았다. 나아가 부분적으로 과거 교범들의 문장을 그대로 옮겨 놓기도 했다. 서문의 첫 구절에서 이미 과거의 작전적 사고를 그대로 답습했음을 엿볼 수 있다.

"결전을 수행하기 위해 충분한 전력을 갖추기란 절대로 불가능하다.[…] 약자는 속도, 기동성, […], 결정적 지점에서의 기습, 기만과 책략을 통해 강자가 될 수 있다. 아군이 열세에 놓였다 하더라도 적의 약점, 즉 측방과 후방을 공략함으로써 큰 승리를 거둘 수 있다." [79]

HDv 100/2 '핵전쟁에서의 육군의 지휘원칙'에서는 호이징어와 그의 동료들의 작전적 사고가 한층 더 명확하게 드러나 있다. 그들은, 핵무기가 작전과 전쟁수행에 그다지 영향을 미치지 않을 것이라고 강하게 주장했다. 그들은 핵무기만으로 전쟁의 승부를 결정지을 수 없으며 재래식 수단이 충분하지 않을 경우에만 핵무기를 사용해야 한다고 기술했다. 이 교범에서도 지휘와 전투수행에 관해서 과거의 모든 것을 답습하려는 노력을 한층 더 분명히 식별할 수 있다.

"핵무기로 인해 전통적인 지휘의 기본원칙들이 무효화될 수는 없다. 오히려 그것 때문에 각각의 원칙들을 적용하는 방법과 전투 방식이 달라졌을 뿐이다. 또한 핵무기 때문에 종래까지의 교리와 교훈을 경시해서도 안 된다. 오히려 이들을 새로운 시대와 상황에 맞게 적용해야 한다." [80]

1956년판 부대지휘교범(TF56)은 부대편성뿐만 아니라 작전적-전략적으로 진보한 당시의 관점에서는 다소 진부한 내용을 담고 있었다. 이에 육군의 한 연구팀은 1957년, 새로운 상황에 부합하는 교범 발간에 착수했다. 1959년의 사단편제(Division59)를 기초로 작성된 1959년판 부대지휘교범(TF59)에는 최초로 핵전쟁에 관한 내용이 기술되어 있었으나 여전히 핵심적인 사안은 핵전쟁이 아닌 재래식 전쟁이었다. 소위 '적색 부대지휘교범'Roten TF이라고 불리는 1960년판 부대지휘교범(TF60)과 1961년판 HDv 100/2 핵전쟁수행을 위한 육군의 지휘원칙Führungsgrundsätze des Heeres für die atomare Kriegführung 교범이 발간되면서 비로소 핵전쟁이 본격적으로 다뤄졌다. 그러나 육군참모총장의 지침에 따라 작성된 두 교범의 주된 내용은 완편된 기계화 부대에 의한 기동전이었다. 또한 이 교범이 중간급 제대의 지휘 범주와 전술적 전쟁수행을 주로 기술하고 있었지만 작전적 수준의 대부대급에서도 적용할 수 있는 내용이었다.[81]

1959년판 부대지휘(TF59)는 1956년판(TF56)에서 기술한 지휘수준의 정의와 비교하면 확실한 차이가 있었다. 후자는 전쟁 경험을 토대로 전쟁지휘의 범주를 전략, 작전, 전술로, 그리고 그에 따라 최상급oberste, 상급obere 그리고 하급 제대의 지휘untere Führung로 정의했다. 그러나 1959년판, 1960년판 부대지휘(TF 59, TF 60)에서는 그러한 지휘수준의 정의를 수정하여 '상급'obere, '중간급'mittlere, '하급'untere 제대의 지휘 개념을 도입했다. 여기서 '하급'(연대, 대대, 중대) 제대와 '중간급(여단과 사단)' 제대는 제병협동전투를 수행하는 전술제대로 분류했다. 1956년판에서 최상급 제대로 정의된 '상급' 지휘부는 연합군사령부, 집단군, 야전군 사령부 정도를 지칭했고, 작전과 회전을 지도하는 제대로 기술했다. 이로써 결국 연방군은 스스로 작전적 수준의 지휘권한을 연합군에게 이양했음을 인정하게 된 셈이었다.

이는 독일 육군의 군사적 독트린에 부합하지 않는, 전통적인 군사적 사고와의 중대한 단절을 의미했다. 하지만 독일연방공화국과 연방군이 동맹체제 하에서 자신들의 정치적, 군사적 입지를 정확히 인식했기에 이러한 현실을 받아들여야 했다.[82] 신흥 동맹국으로서 연합국의 일원이 된 이상 작전적 지휘권을 동맹체제에 넘길 수밖에 없었다. 두 차례의 세계대전에서 동맹국들[AB]의 작전적 지휘능력 부족 때문에 독일은 어쩔 수 없이 동맹국들의 군대를 총지휘하고 작전적 수준의 전권을 행사했다. NATO에서는 미국이 이러한 역할을 맡았지만 독일과는 달랐다. 과거 독일군 총참모부가 일상적인 사안에 대해서만 동맹국들의 독자적인 결정권을 인정했던 반면, 미국은 핵전쟁에 관한 사안 등의 중대한 문제에 대해서도 동맹국들에게 포괄적인 공동결정권을 부여했다.

1962년판 HDv 100/1 부대지휘는 1959년판과 1960년판을 합쳐놓은 교범이었으며 최초로 핵과 재래식 전투수행이 함께 기술된 통합교범이었다. 중간급 제대의 지휘를 중점적으로 다뤘지만 대부대의 전투와 지휘도 포함되어 있었고 핵전쟁을 가정한 상황에서의 육, 해, 공군의 합동성도 강조했다.[83] 1962년판 부대지휘교범의 출간으로 1960년대 초반부터 전통적인 작전적 사고의 효력이 일시적인 종말을 고하기도 했다. 그러나 이러한 작전적 사고의 핵심 원칙들은 핵전쟁 하에서의 전술적 영역에서 다시 복원되었다. 베크의 시대에서처럼 부대지휘는 일종의 술(術)이라는 개념을 강조했고 중점형성, 기습, 주도권과 행동의 자유 확보가 바로 성공의 열쇠라고 기술했다. 핵무기를 운용하는 개념 아래 화력의 중요성이 증대되었지만 기동에 대한 신념만은 떨쳐버릴 수 없었다. 독일식 사고방식에 따른 고전적인 측방공격을 통한 포위와 공중강습부대에 의한 수직포위는 전술적 수준에서 한층 더 중시되었다.[84] 작전지휘에 관한 문제들을 NATO에 이양했고 전술적 수준의 것들을 작전적 문제들보다 더 많이 다루고 있었지만 이 교범은 향

AB 오스트리아, 이탈리아 등

후 10년간 작전적 지휘에 관한 근본적인 기초를 제공했다고 할 수 있다.[85]

위와 같은 교리 발전과 더불어 새로 취임한 국방장관 프란츠 요제프 슈트라우스Franz Josef Strauß는 이런 교리의 발전과 병행하여 핵전쟁을 위한 연방군의 무기체계 개발을 가속화시켰다. 이 과정에서 공군은 실리를 취할 수 있었다. 육군도 핵무기 발사체를 보유하기 위해 노력했다. 동시에 뢰티거와 호이징어는 핵무기에만 의존해서는 안 되며 정치권에서도 바라는, 전방방위전략Vorneverteidigung는 오로지 재래식 전력의 증강을 통해서만 실현 가능하다는 점을 되풀이해서 주장했다.[86] 이 두 장군은 재래식 군사력, 즉 육, 해, 공군의 조화와 균형 있는 발전을 요구했다. 그들은 여전히 핵무기를 사용하지 않고도 재래식 전력만으로 적의 공격을 저지할 수 있다고 확신했다.[87] 1960년대 초반까지 육군은 끊임없이 이것을 건의했다. 다행히도 1950년대 말, 독일 외에도 핵전쟁에 반대하는 국가들이 속속 나타나기 시작했다. '대량보복'massive retaliation이라는 미명 아래 핵전쟁이 벌어진다면 영토도 국민도 존재하지 않는 상황에서 유럽의 방위는 도대체 무슨 의미가 있단 말인가?

이러한 딜레마는 독일군 지휘부를 압박했다. 그들의 해법은 강력한 재래식 무기를 이용하는 전방방위전략이었다. 최악의 상황이 발생한다면 핵무기 사용을 최소화하고 굳이 사용해야 한다면 가능한 한 서독 영토 밖에서 사용하길 원했다. 제2차 세계대전 이후 총참모부는 해체되었지만 총참모부의 전통에 따라 작전가들은 전쟁연습과 장군참모현지실습을 통해 대안을 찾고자 했다. 1960년도에 육군에서 주관하여 전술 핵무기 투입을 가정한 장군참모현지실습이 실시되었다. 여기서 육군참모차장 요아힘 슈바틀로 게스터딩Joachim Schwatlo Gesterding 장군은 전술 핵무기 투하 이후 엄청난 손실과 제한사항들이 발생했지만 그래도 어느 정도의 작전적 수준의 전쟁수행이 가능하다는 사실이 이 전쟁연습에서 증명되었다고 주장했다. 그러나 공군의 입장은 달랐다. 핵전쟁 이후 대공황사태가 발생할 것이고 따라서 조직적인 작전수행은 절대로 불가능하다는 의견을 제시했다. 공군참모총장 요제프 캄후버 장군은 지상작전이 가능하다는 육군의 주장은 과대망상이며 최초의 핵난타전 이후 육군은 병원에서 작전을 부르짖게 되리라고 일침을 가했다.[88] 이러한 발언은 다소 냉소적이기는 하지만 매우 현실적인 판단이었다. 1960년에 실시된 육군의 전쟁연습은, 놀랍게도 지난 150년 동안의 총참모부와 관행을 그대로 답습한, 현실적인 문제들을 모조리 무시한 전형적인 사례였다. 전쟁으로 파급되는 사회간접자본들과 국민에 대한 피해, 영향을 철저히 배제했던 것이다.[89] (지도 21 참조)

그즈음 동맹국들과 조건반사적인 '대량보복전략'에 대한 거부감을 가지고 있던 미국도 급기야 불만을 표출했다.[90] 미국에서의 전쟁연습들, 일례로 '세인트 루이스'St. Louis 훈련 시 핵전쟁의 제2단계에서 NATO의 구상안들은 수행 자체가 불가능한, 허구라는 사실이 입증되었다. 핵폭발 이후 장병들은 육체뿐만 아니라 정신적으로도 정상적인 전투능력을 발휘하지 못했다.[91] 이에 신임 유럽연합군 총사령관 로리스 노스태드Lauris Norstad 장군은 한층 더 강력한 유연성을 요구했다. 미 육군은, 전략 핵무기 사용 방침은 유지하되, 마침내 독일의 작전적 사고를 받아들여 '기동방어'mobile defense 개념을 도입하고자 했다.[92] 그러나 미군의 기동전은 한 가지, 근본적인 측면에서 독일의 기동전과 완전히 달랐다. 미국인들에게 서독 영토는 기동방어를 위한 거대한 지연전투 공간이었던 반면, 전방방위전략을 외쳤던 독일인들은 자국의 영토가 훼손되는 사태를 막으려 안간힘을 썼다는 점이다.

호이징어는 동맹체제의 현실을 직시하고 핵전쟁 능력을 갖춘 육군을 건설하기 위해 노력하면서도 한편으로는, 여전히 자신의 주장을 고수했다. 단계적인 억제전략과 재래식 군비 증강을 강력하게 요구했던 것이다. 케네디 정부 출범과 함께 '유연반응전략'이 힘을 얻게 되자 NATO 군사위원장이었던 호이징어는 자신의 구상이 드디어 빛을 보게 되었다고 생각했다.

지도 21

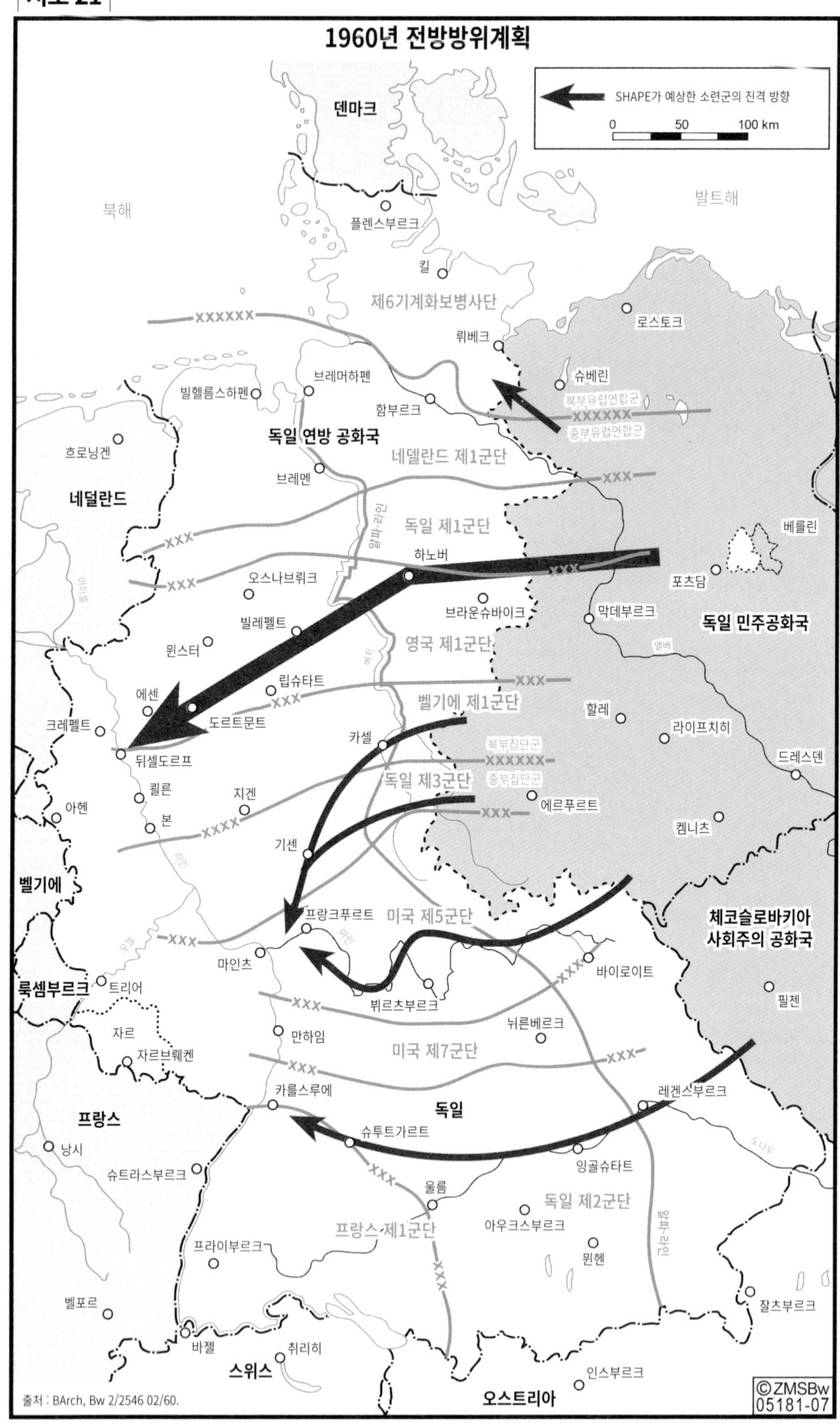

1960년 전방방위계획
SHAPE가 예상한 소련군의 진격 방향
0
50
100 km
덴마크
북해
발트해
플렌스부르크
킬
제6기계화보병사단
로스토크
뤼베크
슈베린
브레머하펜
빌헬름스하펜
함부르크
북부유럽연합군
중부유럽연합군
독일 연방 공화국
네델란드 제1군단
호로닝겐
브레멘
네덜란드
독일 제1군단
베를린
하노버
포츠담
오스나브뤼크
브라운슈바이크
막데부르크
독일 민주공화국
빌레펠트
영국 제1군단
뮌스터
립슈타트
에센
벨기에 제1군단
할레
크레펠트
도르트문트
카셀
라이프치히
뒤셀도르프
북부집단군
중부집단군
드레스덴
독일 제3군단
쾰른
지겐
아헨
에르푸르트
본
켐니츠
기센
벨기에
체코슬로바키아
사회주의 공화국
프랑크푸르트
미국 제5군단
마인츠
바이로이트
룩셈부르크
트리어
뷔르츠부르크
필젠
뉘른베르크
자르
만하임
자르브뤼켄
미국 제7군단
카를스루에
레겐스부르크
프랑스
독일
슈투트가르트
낭시
슈트라스부르크
잉골슈타트
울름
독일 제2군단
프랑스 제1군단
아우크스부르크
프라이부르크
뮌헨
벨포르
잘츠부르크
바젤
취리히
스위스
인스부르크
오스트리아
출처 : BArch, Bw 2/2546 02/60.
© ZMSBw
05181-07

1962년 초반에 부르크하르트 뮐러-힐레브란트Burkhard Müller-Hillebrand 중장[AC]은 NATO 국방대학Defense College에서 유럽방위를 주제로 강연한 적이 있었다. 그는, 핵전쟁이 임박한 순간까지 재래식 전쟁이 지속될 것이며 따라서 전술은 그러한 재래식 전쟁을 지향해야 한다고 언급했다. 호이징어는 그의 강연에 큰 만족감을 표시했고 이는 당시의 분위기에 얼마나 심취해 있었는지를 보여주는 장면이다. 호이징어는 재래식 전투로 '전방 방어'를 수행해야 한다는 뮐러-힐레브란트의 구상에 극찬을 아끼지 않았다. 또한 한층 더 강력한 재래식 군사력을 통해 두 진영 간의 '세력 균형'balance of power을 달성할 수 있기를 바란다며 다음과 같이 자신의 논평을 마무리했다.

> *"본인은 1956년부터 재래식 군사력의 증강을 끊임없이 주장해 왔지만 수차례 시대착오적인 발상이라는 비난을 받아 왔습니다. 그러나 오늘날 재래식 군사력의 필요성이 더욱더 강조되는 현실에 대해 매우 만족하고 있습니다."* [93]

그러나 호이징어는 한 가지를 간과하고 있었다. 그의 작전계획은 무엇보다도 경제적 측면에서 현실화가 어려웠으며 특히 '대량보복전략'이 '유연반응전략'으로 바뀌었다고는 해도 독일 영토에서 핵전쟁을 수행해야 한다는 딜레마는 결코 해결될 수 없었다.[94] 유리한 상황 속에서 최종적인 승자가 되고도 모든 것을 잃어버릴 수 있는 위험이 항상 도사리고 있었던 것이다.

소결론

AC 당시 유럽연합군 최고사령부SHAPE 부참모장.

1945년 5월 8일 국방군은 항복했지만, 과거 국방군 장교들은 작전적 사고의 우수성에 대한 믿음을 버리지 않았다. 과거 총참모부의 작전계획을 관장했던 장군참모장교들뿐만 아니라 훗날 연방군 장교들의 머릿속에도 여전히 그 믿음은 살아 있었고 이는 전후(戰後) 시대 장군들의 평전에서 그대로 표출되었다. 한스-페터 제르틀Hans-Peter Sertl은 1961년에 '에리히 폰 만슈타인 원수, 제2차 세계대전의 슐리펜'Feldmarschall Erich von Manstein. Der Schlieffen des Zweiten Weltkrieges[95]이라는 평전을 발표했다. 이는 독일의 작전적 사고의 우수성을 과장되게 기술하여 일종의 신화화(神話化)한 대표적인 예이다. 저자는 만슈타인을 과거의 위대한 총참모장, 진정한 슐리펜의 계승자로 표현했으며 슐리펜이 구상했던 방식을 그대로 적용한 승리의 해법을 창조해냈다고 기술했다. 한편 제1차 세계대전에서는 무능했던 소몰트케가 그러한 대안을 포기했듯 제2차 세계대전에서는 군사적 문외한, 히틀러 때문에 그러한 해법을 현실에 적용하는데 실패했다고 언급했다. 제르틀은 제2차 세계대전의 패배가 독일의 작전적 독트린보다는 우수한 독트린을 잘못 이해하고 무시한 히틀러 때문이었다고 주장했다. 슐리펜 이래로 당대 최고의 작전가(만슈타인)덕분에 초기 전역에서 위대한 승리를 얻었지만 최종적인 전쟁승리는 히틀러의 방해로 물거품이 되었다며 히틀러를 비판했다. 나아가 패전의 책임을 '총통' 한 사람에게 돌림으로써 고고(孤高)하고 결백한 국방군의 이미지를 창출하는데도 성공했다. 1920년대의 제1차 세계대전 이후 패전의 원인을 밝혀내는 방식과 흡사했다. 결국 두 차례의 세계대전의 패배 원인은 몇몇 인물들의 책임으로 떠넘겨졌다. 그러나 1920년대의 팔켄하인과는 달리 히틀러에 대한 심리적, 정신적 '사후 평가'나 분석은 필요치 않았다. 히틀러가 저지른 범죄적인 정치행위와 엄청난 대량 학살만으로도 민간인이자 정치가였던 히틀러에게 모든 책임을 전가할만한 이유는 충분했다.

1945년 패전 후의 상황은 1918년 때와는 사뭇 달랐다. 특히 독일의 작전적 사고의 토대를 형성하는 핵심적인 요건이 사라져 버렸다. 두 개의 국가로 분단된 독일은 이제 유럽의 심장부가 아니라 적대적인 두 진영의 첨단에 위치하게 되었다. 유럽의 정중앙이라는 지정학적 위치 때문에 역사적으로 총참모부가 시종일관 우려했던 양면전쟁의 위협은 더 이상 존재하지 않았다. 인적, 물적 열세 속에서 월등히 우세한 적을 신속한 결전으로 섬멸하고자 했던 작전적 사고의 작전적-전략적, 절대적인 원칙은 이제 그 의미를 상실했다. 슐리펜 이래로 통치권까지 지지했던 속전속결에 대한 작전적 사고의 본질은 이제 진부한 개념이 되고 말았다.

분단된 두 독일의 군인들도 완전히 새로운 정치적, 지리전략적 상황에 직면했다. 동독은 대륙세력과, 서독은 독일 역사상 최초로 해양세력과 동맹을 맺었다. 철의 장막을 경계로 동독과 서독이 독일 고유의 작전적 사고를 각기 동맹국들에 소개하고 이해시킬 수 있는 조건은 확연히 달랐다. 동쪽에는 소련군의 작전적 독트린이 모두를 지배했다. 단지 몇 년간의 과도기에만 과거 국방군의 고위급 출신 장교 중, 그것도 사상 면에서 투철한 사회주의 성향을 지닌 자유독일국가연맹의 회원만이 동독군에 영입되었다. 그러나 소련의 통치하에서는 이들도 독일의 작전적 사고를 발전시키기는커녕 계승할 수도 없었다.

한편 서독에서는 전후(戰後) 군사문제에 관해서 얼마 동안 침묵의 시간이 있었다. 하지만 침묵도 잠시였고 일찌감치 재군비를 추진했으며 새로운 서독군의 창설을 앞두고 그로 인해 증강될 연합군의 작전계획에 관한 논의가 벌어졌다. 하지만 독일의 작전가들이 고수하려 했던 작전적 원칙들은 변화된 지리전략적 상황 때문에 그 효력을 잃어버렸다. 또한 적국의 영토로 신속한 공세를 감행하는 대신, NATO의 일원으로서 서방국가들의 점진적인 전력증강 여건을 보장하기 위해 적의 공세를 저지하는 과업이 독일군 작전가들에게 부여되었다. 그러나 독일군 작전가들은 두 차례의 세계대전의 패배에도 불구하고 가까운 시일 내에 동맹국이 될 서방 연합국들 뿐만 아니라 과거에도 적국이었고 미래에도 잠재적인 적국이 될 소련에 비해 자신들의 작전적-전술적 교리가 훨씬 더 우수하다는 자부심과 확신을 가지고 있었다. 이에 과거 총참모부의 작전참모로 근무했던 인사들이 육군의 수뇌부를 구성했고 이들은 완벽하게도 국방군의 작전적 전통에 입각하여 작전계획을 수립했다. 월등히 우세한 적이라 해도 강력한 기계화부대를 대거 투입한 기동방어로 충분히 승리할 수 있다고 확신했다. 만일 소련군이 대공세에 돌입한다면 정면에서는 공군의 지원을 받아 저지하고 지상군의 주력을 남, 북 방면에서의 측방공격에 투입하여 소련군을 격멸하고자 했다.

호이징어와 그의 동료들은 슐레스비히-홀슈타인, 덴마크-스칸디나비아 반도 남부와 타글리아멘토-알프스-남부독일, 그리고 다르다넬스 해협 일대까지를 방어의 작전적 중심으로 인식했다. 서독의 주요 인사들에게는 서독의 방위가 가장 중요했기에 서부유럽과 그 외곽지역의 방어를 중시하는 작전적-전략적 의도를 표출했던 것이다.

한편 연합국은 지리전략적인 여건상 독일을 단지 작전적 차원의 지연전 공간이자 장차전의 주전장으로 인식했다. 서독 군부는 엄청난 충격에 휩싸였다. 이에 그들은 서독 정부와 함께 NATO 가입 이전부터 최대한 서독 영토의 동쪽에서 방어작전을 실시해야 한다고 주장했다.

이렇듯 연합국과의 작전적-전략적 괴리감에도 불구하고 독일의 작전계획들은 철저히 전통적인 작전적 사고의 틀을 따랐다. 호이징어와 그 동료들은 국방군 시대에서처럼 월등히 우수한 지휘능력, 기습, 포위, 측방공격, 주도권과 행동의 자유 확보를 통해 열세를 만회하고 승리를 달성할 수 있다고 확신했다. 이들은 독일군의 사고체계와 핵심적인 전술적-작전적 원칙들을 NATO의 전쟁 방식에 적용시키고 이로써 연합군 내부에서 확고한 입지를 보장받고자 했다.

미국이 히로시마에 원자탄을 투하함으로써 소위 '절대(絶對) 무기'를 전장에 도입했지만 호이징어와 그의 동료들은 작전적 사고를 전환해야 할 필요성을 느끼지 못했다. 그렇다면 핵전쟁에서 도대체 어떻게 재래식 전투와 작전을 수행해야 할 것인가? 독일의 작전적 사고를 존속시키기 위해서는 이 질문에 반드시 해답을 찾아야 했다. 독일 군부는 장차전에서도 '작전'의 효력이 발휘되기를 원했다. 이를 위해서 애초부터 핵무기 운용의 문제를 작전적 지휘수준이 아닌 전략적 영역으로 제쳐 놓았다. 만일 억제전략이 실패하면 그때 핵무기를 사용하되, 가능한 한 멀리, 러시아 영토 깊숙한 곳에 투하해야 하며 서독 영토에서의 전쟁도, 국민들에게 핵무기의 영향력이 미쳐서도 안 된다고 주장했다. 그래야만 독일 전역에서 고전적인 전술적-작전적 수준의 전쟁수행이 가능하다고 판단했기 때문이다.

그러나 서방 국가들과 동맹을 맺게 되면서 NATO의 방위계획을 접하게 되자 그들은 그러한 구상들이 헛된 망상에 불과했다는 사실을 알게 되었다. 연합국은 독일군 사단의 숫자가 증가했음에도 여전히 조기에 대량의 전술 핵무기를 투입하는 것만이 유럽을 지켜낼 수 있는 방책이라고 생각했다. 장차전에서 공군은 핵무기를 운용하는 '검'(劍)이었고 육군은 단지 그러한 검을 보호하는 재래식 방패로 전락했다. 육군의 독자적인 '작전'은 뒷전으로 밀려났다. NATO의 전쟁 시나리오에서 독일의 영토는 재래식 무기뿐만 아니라 핵무기의 전장이 되어야 했다. 시간이 흐름에 따라 호이징어와 그의 동료들은 자신들의 독자적인 작전 공간이 매우 협소하다는 사실과 동맹체제 내에서의 작전적 지휘영역에 대해 어떠한 권한도 없다는 현실을 받아들여야만 했다.

게다가 전통적인 육군과 공군의 역할과 지위에 대한 문제도 대두되었다. 종래의 제병협동전투에서 통상적으로 지원 임무를 담당했던 공군의 지위가 급부상했다. 육군 장교단에서는 장차 육군이 공군의 경계부대로 전락할 수도 있다는 위기감이 감돌았다. 과거에는 생각조차 못 했던 절체절명의 순간이었다. 육군은 수십 년 동안 군 내부에서의 인적, 물적 그리고 작전적-전략적 지휘권을 둘러싼 투쟁 속에서 타군 대비 막강한 지위를 유지할 수 있었다. 하지만 이제 그 지위를 상실할 위기에 직면했고, 설상가상으로 공군도 지상작전의 시대는 끝났다는 주장을 내세우고 있었던 것이다.

'대량보복전략'을 포기하고 단계적 대응책을 채택해야 한다고 끊임없이 주장했던 호이징어였지만 이런 상황에서는 한발 물러설 수밖에 없었다. 이에 호이징어와 측근들은 핵전쟁에 부합하는 독일군의 작전적 독트린을 제시하기로 결심했다. 즉 강화된 포병으로 전술 핵무기를 운용하는 한편, 제1차 세계대전 이후에 그랬듯 다시금 증강된 기동에서 본질적인 해법을 찾으려 했다. 그들은 핵전쟁 조건하에서도 기계화부대에 의한 기동전이 여전히 가능하다고 확신했다. 공교롭게도 연합국 내에서 독일군의 구상에 동조하는 세력들이 생겨나기 시작했다. 당시 미군과 영국군 수뇌부는 핵전쟁의 가능성은 충분하지만 수차례 전쟁연습에서 핵전쟁이 발발한다면 엄청난 혼란으로 지휘통제력을 상실한다는 사실을 확인했다. 그 이후 미군과 영국군 수뇌부는 재래식 전쟁계획의 필요성에 공감하고 계획수립에 동참했다.

독일측도 억제전략이 실패하고 중부유럽에서 제한적인 핵전쟁이 발발할 경우 독일에게는 파국적인 상황이 되리라는 점을 정확히 인식하고 있었다.

> *"그러한 계획이 실행에 옮겨진다면 분명히 독일도, 또한 분명 유럽도 종말을 맞게 될 것이다. 중요한 점은 믿기 어려운 이러한 얼토당토않은 상황이 진실이라는 것이다. 아마 어느 정도의 병력은 살아남아 이들이 '애매한 승리'를 달성하게 될 것이다. 그러나 그들이 지키고자 했던 국가, 영토는 틀림없이 초토화되어 있을 것이다. […] 자유민주주*

*의 체제가 끝내 사회주의 체제에 승리하겠지만 이를 위해 독일국민들 은 골고다*Golgatha *언덕*[AD]*에 오르는 희생을 치러야 할 것이다.*"[96]

독일에게 최선의 방책은 전쟁이 아니라 억제였고 군부는 억제를 위한 대안을 제시해야 했다. 그러나 이것은 해결하기 매우 어려운 문제였다. 한편으로는 핵무기 사용을 최소화하기 위한 강력한 재래식 그리고 핵 억제력이 있어야 했고 다른 한편으로는 독일 국민의 생존을 위해, 어떠한 경우에도 핵무기 사용을 피할 수 있는 방책을 찾아내야 했다.

새로이 발간된 육군의 교범들은 애초부터 철저히 독일의 작전적 사고의 근본을 계승했고 전통적인 기동전을 지향했다. 그러나 핵전쟁은 배제되었다. 그 이후 개정된 교범들과 연방군 창설을 위한 연구물들도 육군의 작전적 원칙들을 담았다. 1956년판 부대지휘에 기술되어 있듯, 기갑사단은 고전적인 기동전을 위한 육군의 핵심전력이었다. 1959년판 부대지휘에서는 1959년 사단편제를 기초로 최적의 기동전 수행을 다루고 있었으나 여기서도 핵전쟁에 관한 교리는 찾아볼 수 없었다. 1960년판 부대지휘에서 비로소 핵전쟁 교리를 간단하게 다루었다. 1962년판 부대지휘가 핵전쟁에서의 전법을 다룬 최초의 교범이었다.

그러나 1959년판과 1960년판 부대지휘에서는 일시적으로 전통적인 독일군의 작전적 사고에 관한 맥이 끊어졌다. 이는 작전적 영역의 지휘권이 연합군 지휘부로 넘겨졌고 따라서 작전적 수준의 권한을 독일군이 행사할 수 없었기 때문이다. 그럼에도 불구하고 NATO군 사령부에 근무했던 독일군 장교들은 연합군의 작전계획에 그들의 작전적 원칙들이 포함되도록 끊임없이 노력하고 영향력을 행사해 왔다. 독일 육군 내부에서도 1980년대

AD 예수가 십자가에 못 박힌 언덕

중반, 당시의 육군참모총장 잔트라르트Henning von Sandrart 중장이 작전적 사고를 부활시키기까지는 20년이란 긴 세월이 소요되었다.

10
결론

✠

독일 육군의 작전적 사고의 역사는 세계대전 시대의 전후를 모두 아우르는 대서사시(大敍事詩)이다. 작전적 사고는 수많은 논리들의 결합체로서 두 번의 세계대전에서 패배한 이후에도 면면히 이어져 내려오고 있다. 독일군은 작전적 사고를 기반으로 대규모 전역과 전투에서 놀라운 승리를 거두었다. 그런 이유로 오늘날까지도 영미권에서는 독일의 작전적 사고에 대해 찬사를 보내고 있으며 1980년대 중반부터는 독일 연방군도 점점 더 작전적 사고의 가치를 부각시키고 있다. 한편 몇몇 군사연구가들은 저마다의 논리로 전술, 작전, 전략의 경계를 모호하게 만들었고, 독일의 작전적 사고가 독일만의 특수성에 따른 결과물이라고 주장하곤 한다. 또한 그로 인해 섬멸전략의 최고조 단계인 '바르바로사 작전'이 등장함으로써 결국 독일군은 저주를 받았다고 말하는 이들도 있다. 역사연구가들이 종종 그렇듯 이러한 논리는 흑백보다는 회색에 가깝다. 독일의 작전적 사고의 발전과정을 연구했던 많은 사람들이 회색 논리에 빠져있다. 독일군의 작전적 사고의 기원을 찾기 위해서는 19세기 중반까지 거슬러 올라가야 한다. 독일제국의 건국 이후 군 지도부는 지리적인 위치, 인적 및 물적 열세, 세계 패권을 위한 열망과 같은 유산을 물려받았고 그 유산들이 바로 제2차 세계대전 종식까지 작전적-전략적 전쟁계획의 근간을 이루었다.

독일의 작전적 사고는 원래 대규모 부대를 원거리에서 분권화 지휘하기 위해 생겨났다. 19세기 말과 20세기 초를 거치면서 중부유럽과 독일 인근 국경지역에서의 양면 또는 다면전쟁을 위한 대안으로 서서히 형체를 드러냈다. 총참모부는 눈앞에 직면한 공간적인 약점과 자원의 열세를 극복하기 위해, 작전적 사고의 원칙에 따라 고도의 정예군과 특히 탁월한 지휘술을 결합시켜 유럽의 정중앙에서 내선의 이점을 활용하기로 결정했다. 여기서 작전적 사고의 원칙이란, 이미 오래전에 속전속결을 위해 대몰트케가 발전시킨 기동, 공격, 속도, 주도권, 행동의 자유, 중점형성, 포위, 기습, 섬멸 등을 의미했다. 목표는 국경 인근의 하나 또는 다수의 회전에서 신속하게 적군을 포위, 섬멸하는 것이었다. 이때 섬멸이란 물리적인 살육이 아닌 적군의 항복 등을 통한 군사적 위협을 제거 또는 군사력 자체를 무력화시키는 것을 의미했다. 또한 독일의 지정학적 위치 때문에 시간과 공간은 작전적-전략적 계획수립과 인적, 물적 군비정책의 핵심적인 고려요소였고 전투력을 포함한 이 세 가지 요소는 작전적 사고의 결정적인 중심축이었다.

군 지도부는 지리적 약점과 자원, 전투력의 열세 등 소위 전략적 딜레마를 시종일관 작전적 승리로 극복하고자 시도했다. 특히 제1차 세계대전과 같은 과거 경험을 토대로 전술적-작전적, 과학 기술적 측면에서 장차전을 대비하기 위한 방향을 도출하고 전쟁양상을 예측하고자 노력했던 점들은 매우 탁월했다. 현대적인 작전적 기동전을 시도하여 전투효율성을 증대하기 위해 애쓴 점도 인상적이다. 작전적 발전상은 전체 전역에서 작전계획과 실행 과정의 역동성으로 표출되었다.

군 지도부는 오로지 공격작전만을 중시했다. 방어작전은 결국 승리할 수 없는 소모전의 양상을 초래한다는 이유에서였다. 전략, 전술, 작전술의 세 가지 중 작전술의 영역은 기동성을 발휘하여 속전속결의 섬멸회전을 도모하고 적의 우세한 잠재력을 사전에 무력화시키는 과업을 수행하는 것이었다. 모든 작전구상과 계획수립에 시간은 핵심적인 요소였다. 군 지도부는 항상 언제 떨어질지 모르는 다모클레스의 칼과 같은 시간적 압박에 시달려야 했다. 이들은 항상 공격작전으로 기동성을 유지하거나 되찾고자 했고 그러한 의지가 독일 육군의 전통적인 전술적-작전적 사고의 중심으로 자리 잡았다. 이러한 공격정신은 정치적, 정신적 여유(餘裕)에서 발전된 결과물은 아니었으나 세계패권을 지향했던 당시의 외교정책과 함께 독일 사회 전반의 대세를 이루게 되었다. 루덴도르프는 '공격은 언제나 독일인의 전투 본능이었으며 지금도 그러하다'라고 말할 정도였다.[1]

제1차 세계대전의 패배에도 불구하고 이러한 성향은 바뀌지 않았다. 더욱이 1918년 군부 엘리트들은 세계대전에서 패배한 후 벌어진 사태를 수습할 해법과 장차전에서 승리할 방책에 대한 해답을 찾으려 했다. 이들은 집단적인 현실거부 의식에 사로잡혀 패전에 대한 실질적인 전략적 현실-군사력 및 잠재능력의 열세-을 무시했다. 군부 엘리트들의 선별적인 현실인식은 합리적이지 못했다. 전술적, 작전적 원칙은 옳았으나 실행하는 몇몇 사람들이 무능했다는 결론을 도출했다. 스스로 '전투에서는 절대로 패하지 않는다'는 자신감에 찬 그들 모두는 제국의 잃어버린 패권적 지위를 되찾기 위한 열망을 품고 있었다. 방법에 차이가 있었을 뿐 목표에는 이견이 없었다.

군부 엘리트들은 제1차 세계대전의 경험에서 무엇을 배웠을까? 독일의 지리적 위치로 인한 실질적인 위험요소를 신속한 작전적 공세로 제거할 수 있다는 개념은 그들의 절대적인 명제였다. 군부의 편협한 학습 태도는 근본적으로 군사적-전문적 사고범위를 축소시켰다. 사고의 전환이 없었기에 배울 것도 없었다.[2] 제1차 세계대전 부분에서 언급했듯 당시 가장 중요했던 문제는, '독일의 작전적 사고의 기반인 공세와 기동성을 어떻게 회복할 수 있을까?'라는 것이었다. 구데리안도 시간과 지리적 위치, 인적, 물적 자원의 열세라는 요소들로 얽혀있는 고르디우스의 매듭을 고도의 기동성을 보유한 기계화부대로 끊어버릴 수 있다고 확신했고 공격정신을 부활시켜야 한다고 주장했다. 독일 육군은 제1차 세계대전에서 방어작전의 중요성을 경험했고 1930년대에는 요새시설의 증축에 엄청난 자원을 쏟아부었다. 그럼에도 불구하고 다시금 방어작전의 중요성을 철저히 무시했고 결국에는 대규모 공격작전으로 제2차 세계대전을 일으켰다. 제정시대의 군부는 제2차 세계대전 때와는 달리, 슐리펜/몰트케 계획이라는 세부적인 작전계획을 보유하고 있었고 그 계획들이 바로 승리의 해법이라고 확신했다. 그러나 그 확신은 오판이었다. 따라서 실패했을 때의 충격은 실로 대단히 컸다. 하지만 1940년에는 단기간에 완성된 '지헬슈니트' 계획으로 다시금 공세를 감행하여 프랑스를 단 6주 만에 쓰러뜨렸으니, 그때의 쾌감은 과연 어느 정도였을까?

군 지도부는 두 가지 사건-1918년의 패배와 1940년의 승리-에 대해 상반된 학습태도를 나타냈다. 제1차 세계대전에서는 진지전의 압박 속에서 제병협동전투를 적용한 새로운 기동방어와 공격전법을 발전시켰던 반면, 제2차 세계대전시 프랑스에 대한 승리 이후 드디어 전격전이라는 작전적 해법을 발견했다는 자만심에 빠져버렸다. 하지만 이 해법(그러한 해법을 발견했다는 생각도)도 역시 망상에 불과했다. 1941년 겨울, 광활한 영토를 가진 러시아와의 전쟁에서 군 지도부의 꿈과 희망은 산산 조각났다. 기동방어를 제대로 익히지 못했던 독일군은 다시금 수세에 몰렸다. 두 차례의 세계대전에서 평시 그들이 구상했던 전술적-작전적 관념들은 그 타당성을 검증받기 위한 가혹한 시험대에 내던져졌다. 역시나 독일의 작전적 원칙들은 전쟁의 일상에서 지극히 미미한 효과만 발휘할 뿐이었다.

두 차례의 세계대전에서 독일은 전투수단의 열세와 자원의 부족으로 어려운 상황에 봉착했다. 독일군 지도부가 발전시켜야 했던 것은 그러한 상황에 적합한 방어전술이었다. 제1차 세계대전의 제3기 육군 총사령부는 엄청난 병력 손실을 방지하고자 당시까지의 전투 경험을 독자적인 기동방어와 결합시켰다. 그러나 히틀러는 마치 팔켄하인처럼 행동했다. 기동방어를 시행하고자 했던 야전부대의 건의를 철저히 묵살하고 팔켄하인의 개념을 좇아 선형의 고수방어를 지시했다. 그나마 일선부대들은 가능한 한 히틀러의 명령을 확대해석하여 공간을 내어주되 인적, 물적인 열세를 상당 부분 만회하기 위해 나름대로 기동방어 전술을 구사했다. 전투현장에서는 혁신적인 전술적-작전적 방책들이 종종 개발되었고 야전의 지휘관들은 이 방책들을 행동으로 옮기고자 했다. 하지만 제1차 세계대전의 경험만으로 기동방어에 강력히 반대했던 히틀러 때문에 그 방책들은 전장에서 구현되지 못했다. 한편으로 초급장교로 제1차 세계대전에 참전했던 당시의 장군들도 히틀러 수준의 전쟁경험을 가지고 있었기에 총사령관 히틀러의 고집을 꺾을 수 없었다. 이들에게 '1918의 사태가 되풀이되어서는 안 된다!'Nie wieder 1918는 구호나 1914년, 너무나 조기에 철수함으로써 진지전을 야기한 '마른에서의 철수'Rückzug an der Marne라는 슬로건은 제1차 세계대전을 패배로 몰아갔던 장군들의 무능한 지도력을 의미했다. 1940년대의 장군들은 어떻게 해서든 그러한 실수를 피하려 했고, 그래서 절망적인 상황에서도 '끝까지 버티라는 명령'을 고수했던 것이다.

제2차 세계대전시 고위급 장교들의 지휘방식과 행동을 설명하기 위해서는 그들의 제1차 세계대전에서의 경험과 군사적 '사회화' 과정을 반드시 이해해야 한다. 이들은 똑같은 공간에서 현대적인 무기체계로 '두 번째 제1차 세계대전'을 치렀을 뿐이다. 1945년 1월 15일에 새로 간행된 '돌격. 1917년 최전방 장교의 전쟁경험'Der Sturmangriff. Kriegserfahrungen eines Frontoffizier von 1917이라는 팜플렛은 제1차 세계대전의 전술적, 작전적 관념으로 회귀한 군부의 성향을 잘 드러내고 있다. 그 서문에서 구데리안은 '돌격의 기본원칙은 과거나 오늘날이나 동일하다'[3]라고 기술했다. 이는 1945년 1월의 상황을 감안했을 때, 군부가 얼마만큼 현실감각을 상실하고 급기야 현실 자체를 거부했는지를 적나라하게 보여주는 대목이다.

1944년부터 독일 육군은 이른바 '대규모 종심방어전투'를 채택하여 수세를 취했다. 이는 1916-17년의 방어전법을 증강된 대전차무기로 현대화시킨 것이었다. 1916-17년 제3기 육군 총사령부는 과도한 인명 손실을 회피하기 위해서 병력을 기계로 대체시켰다. 반면 제2차 세계대전시 1944년부터 상황의 심각성을 직감한 육군 총사령부는 '전차와 싸우는 인간!'Menschen gegen Panzer!이라는 구호를 내걸고 병력에 의존하는 전쟁을 강요했다. 제1차 세계대전에서는 작전적 수준의 전쟁에 영향을 미쳤던 괄목할만한 전술적 혁신이 있었지만 제2차 세계대전에서는 그러한 여건이 형성되지 못했다.

비록 히틀러가 작전적 수준에서, 부분적으로는 전술적 영역에서도 임무형 지휘를 금지시켰지만 독일 육군은 두 번의 세계대전에서 이를 적극적으로 실천했다. 그러나 하급 지휘관들이 히틀러의 금지 지시를 얼마나, 어디까지 수용했는지, 그리고 전쟁말기 그들에게 과연 임무형 지휘 능력이 있었는지에 대해서도 물론 의심스러운 부분이다. 왜냐하면 전쟁의 후반부에 양성된 장교들의 교육훈련 수준이 그리 높지 못했기 때문이다.

두 차례의 세계대전을 치르고서야 마침내 독일 군부는 국력의 열세를 작전적 능력으로 해결하기 어렵다는 현실을 깨닫게 되었다. 그 후에는 작전적 능력보다는 더욱더 강력한 장병들의 전투의지로 이러한 열세를 극복하고자 했다. 일선 지휘관과 병사들을 자극하고 그들의 감정에 호소하면 전투의지와 사기, 군기와 같은 잠재력을 무한대로 끌어올릴 수 있다고 생각했던 것이다. 1945년 3월 29일 B집단군사령관 발터 모델 원수는 휘하 지휘관들에게 다음과 같은 지휘서신을 하달했다. "전쟁은 숫자로 하는 것도 아니며 또한 의무감만으로는 승리할 수 없다. 가장 중요한 것은 필승에 대한 신념이며 믿음이다! […] 지휘관들의 '신념'이 절실히 필요한 때이다!"[4] 제1차 세계대전에서는 이러한 신념화에 실패했다. 그러나 히틀러와 국가사회주의당은 국방군 병사들의 의지력을 향상시키기 위해 주입식 사상 교육을 도입했다. 제1차 세계대전의 병사들에 비해 국방군의 병사들은 사상적인 측면에서 훨씬 더 강한 면모를 보였다.

> *"제1차 세계대전의 전쟁 경험 따위는 과감히 잊어버려야 한다. 이 전쟁에서 혁신적인 것은 바로 우리의 정신과 신념으로부터 우러나오는 정치적 경험이다. 국가사회주의는 그것을 이해하기 위한 열쇠다."* [5]

제1차 세계대전 당시 육군 총사령부는 애국심을 강조하면서도 전술적 혁신을 더 중시했다. 그러나 제2차 세계대전에서는 시간이 흐를수록 사상이 전술적-작전적 지휘만큼 중요한 의미를 가지게 되었다. 페르디난트 쇠르너 원수가 1945년 1월 20일에 하달한 명령은 이러한 성향을 잘 보여주고 있다.

> *"전술적인 조치들만으로 이 전쟁에서 승리할 수 없다는 사실이 날이 갈수록 입증되고 있다. 적군이 우리 영토에 더 가까이 올수록 신념, 충성, 신성한 열정들을 더욱더 강조해야 한다."* [6]

전쟁 막바지에 이르러 명실상부 최고의 군사전문기관이었던 총참모부도 예하부대에 인내력을 호소했고 군부는 '설득'을 위해 잔혹한 폭력이나 협박도 서슴지 않았다.

독일군은 작전적 기동전을 수행하기 위해서 장군참모장교들에 대한 양질의 교육과 야전부대들의 강도 높은 교육훈련이 절실히 필요하다고 인식했다. 특히 1914년의 프로이센-독일 육군의 전투력은 매우 강했으며 당시의 관념대로 고도로 훈련되고 전문화되어 있었지만 1940년대의 국방군은 그렇지 못했다. 제2차 세계대전 때 독일 육군은 제1차 세계대전 때와 비교하면 훈련 수준이 그리 높지 않은 군대였다. 이미 폴란드 전역에서부터 교육훈련과 지휘능력 면에서 부족한 점들이 적나라하게 드러났음은 주지의 사실이다. 제1차 세계대전 이전부터 오랜 평화의 시간을 거치면서 프로이센-독일의 군 지도부는 세계 최정상급이었고 전투력도 막강했다. 그러나 복잡다단한 과업들과 현대적인 무기체계의 발달로 인해 1935년 이후부터 단 기간 내에 전체 육군을 과거의 군대처럼 질적으로 향상시키는 일은 불가능했다. 국방군은 오로지 엄격한 선발 과정을 거친 소수의 엘리트들로 편성된 기계화부대에 모든 자원을 집중 투입했고 이들이 바로 공세의 선봉이었다. 서부 전역에서는 뜻밖에도 기계화부대의 힘만으로 독일의 작전적 사고를 그대로 적용하여 거대한 승리를 거머쥐었다. 하지만 동부 전역에서의 상황은 완전히 달랐다. 독일군이 보유했던 사단을 총동원하여 전투에 돌입하자 이내 독일군의 작전개념은 한계에 봉착했다. 동쪽으로 갈수록 점점 더 광활한 러시아 영토에서 더욱이 적지 깊숙이 진격했던 기갑부대의 전투력은 서서히 소진되기 시작했다. 전쟁이 계속될수록 소위 '엘리트 부대'라는 소수의 차량화부대들과 대다수의 도보 보병사단들 간의 전투력의 격차는 점점 더 크게 벌어졌다. 극소수의 최정예부대들은 전쟁 종식 직전까지 적의 공중우세 속에서도 제한적이나마 기동전을 수행했고 따라서 육군의 작전에서 중추적인 역할을 수행했다. 그러나 이 부대들도 결국에는 연합군의 인적, 물적 우세를 감당할 수 없었다.

제2차 세계대전의 패배로 독일은 분단되고 말았다. 동, 서독의 군대는 각각의 동맹 체계와 결합했다. 이로써 승산 없는 소모전을 방지하기 위해, 인적, 물적 열세 속에서도 속전속결로 월등히 우세한 잠재력을 보유한 적을 무력화시키고자 했던 독일의 작전적 사고는 그 가치를 상실했다. 슐리펜 이래로 지정학적 위치로 인해 탄생한 독일만의 군사적인 신념, 즉 역사적으로 정치가들도 줄곧 동의했던 속전속결에 대한 논리는 시대착오적인 이론으로 전락하고 말았다.

그러나 1950년대 서독의 방위계획에 대한 논쟁이 촉발되자 다시금 작전적 기동전을 요구하는 목소리가 커지기 시작했다. 서방국가들은 동부전선에서 독일 육군이 실시한 방어전투에 큰 관심을 가졌고 이에 과거 총참모부의 작전부 출신의 장군참모장교들과 신설된 독일 연방군의 장군들은 연합군과 독일 정부의 방위전략에 관한 자문을 맡았다. 이로써 이들은 자신들의 방어작전개념을 NATO에 제시할 수 있는 기회를 얻게 되었다. 하지만 NATO는 핵무기 사용을 전제로 하는 방위계획을 채택했고 독일의 작전적 구상안들을 수용하지 않았다. 그럼에도 불구하고 독일군 장군들은 과거 그들만의 집단적 사고의 틀을 깨지 못했다. 두 차례의 세계대전에서 패배한 이후에도 독일 연방군의 작전가들은 여전히 자신들의 작전적 사고를 높이 평가하고 집착을 떨쳐내지 못했다. 특히나 'NATO의 우방국 동료들'까지도 우수한 독일의 작전적 능력을 인정했기 때문이다. 독일 연방군 지휘참모대학장 드 메지에레가 1962년 12월 21일에 슐리펜 사후 50주년을 기념하여 '정치와 군사의 협력'이라는 주제로 연설한 내용을 살펴보면 당시의 분위기를 잘 알 수 있다.

> *"슐리펜은 자신의 시대에 부합하는, 정치적, 군사적 발전을 고려한 작전적 해법을 개발해냈다. 그의 목적은 작전적 사고의 근본 사상을 바탕으로 한 해법의 다양성을 제시하는 것이었다."* [7]

1980년대에 접어들어 국제관계의 변화 속에서 독일의 작전적 사고는 단기간이었지만 새로운 르네상스를 맞이했다. 1987년, '중부유럽전구 지상군의 작전적 지휘에 관한 지침서'Leitlinie für die operative Führung von Landstreitkräften in Mitteleuropa 가 발간되면서 독일의 작전적 사고가 다시 부각되기 시작했다. 1994년판 '중부유럽전구 지상군의 작전적 지휘에 관한 지침서'와 몇 년 후 '자주적인 작전의 기본원칙'Grundsätze der freie Operation이 그 뒤를 이었다.

육군 참모총장 잔트라르트 중장은 작전적 사고의 부활에 크게 기여했다. 특히 이러한 작전적 사고의 부활은 1970년대 후반으로 거슬러 올라가면 미국의 전략구상에도 큰 영향을 미쳤다. 당시 수년 동안 미군의 수뇌부는 핵무기가 정치적 위기를 통제하는 수단으로 충분한 효력을 발휘하고 있다고 평가했다. 그러나 전술적-작전적 수준의 결전에 있어서 핵무기의 가치가 점차 떨어지고 있다는 사실도 직시했다. 이러한 분위기에서 베트남전쟁, 욤키푸르Jom-Kippur 전쟁을 경험한 미군은 유럽통합 방위계획General Defense Plan에 불만을 느끼기 시작했다. 전방방위를 핵심으로 하되 기동성이 무시된 계획이었다. 이에 독일 육군의 지도부는 의식적으로 떨쳐버리려 했지만, 결코 포기한 적이 없었던 작전적 기동전 사고를 부활시킬 수 있는 절호의 기회라고 생각했다. 그 기초를 마련하기 위해 그들은 제2차 세계대전 중 성공적인 작전적 수준의 전쟁사례들을 제시했다. 그러나 그들은 긍정적인 면만을 부각시키기 위해 취약점들은 고의로 누락시키거나 지극히 축소하여 제시했다. 게다가 사례들을 취사선택하는 과정에서 작전적 사고의 전술적-작전적인 측면에만 치중했고 작전적-전략적 수준의 사안들은 대부분 배제했다.

여기서 두 가지 측면에서 주목할 필요가 있다. 20세기에 30년 간격을 두고 두 번이나 패배를 안겨준 군사 독트린을 왜 다시금 교리의 핵심으로 가져와야 했는가에 대해 독일 육군의 지도부는 명쾌한 이유를 제시하지 못했다. 또한 그들은 패전의 원인이었던 작전적 사고의 약점은 의도적으로 다루지 않았다.

독일 육군이 두 차례의 세계대전에서 인적, 물적으로 압도적인 우위에 있었던 연합국을 상대로 1940년의 서부 전역에서, 그리고 훗날 수년간의 방어전투에서 승리했음은 틀림없는 사실이다. 그러나 이러한 성공은 장군참모장교들뿐만 아니라 일선부대의 병사들과 장교들의 진술적인, 그리고 작전적인 전투 능력 덕분이었다.

독일군의 작전적 사고는 구조적으로 치명적인 약점을 내포하고 있었다. 그들의 작전적 사고는 원거리에 위치한 대규모 육군을 전술적-작전적 수준에서 일사불란하게 지휘하기 위해 탄생했다. 슐리펜 시대에 와서는 작전적-전략적 수준에서 열세에서도 전쟁을 수행하기 위한 소위 궁여지책의 성격을 띠기도 했다. 작전은 전술로부터 생겨났으며, 기동, 공격, 속도, 주도권, 행동의 자유, 중점형성, 포위, 기습, 섬멸과 같은 제원칙들이 결합된 일종의 대부대급 전술이라고도 할 수 있다. 그런데 이러한 작전이 전술과 전략의 매개체로서 한편에서는 작전적-전략적, 다른 한편에서는 전술적-작전적 차원을 모두 공유하고 있지만 독일군은 이러한 작전을 작전적-전략적 수준으로 승화시키지 못했다. 즉 독일군 총참모부는 작전적 지휘만을 중시하고 결국 전략적 상황을 간과했다. 대부분의 장군참모장교들도 작전적-전략적 수준의 사고를 망각했던 것이다.

이러한 결과에 대한 근본적인 이유는 바로 장교들에게는 정치적 상황을 정확히 읽고 정치 그 자체를 제대로 인식하는 능력도 없었고 그러한 의지도 없었기 때문이다. 전략적 사고의 본질은 바로 정치적 사고이다. 그러나 장군참모장교들은 군사우위의 원칙에 따라 정치를 군사의 하위개념으로 인식했다. 평시에 장군참모장교들은 민간 정부의 결정에 종종 불만을 표시하기도 했고 때로는 이를 수용하기도 했지만 '문민정부의 정치'에 대해 매우 무관심했다. 전시에는 클라우제비츠의 논리를 자의적으로 해석[A]하여 자신들의 과업에 간섭하려는 정치권을 무시했다. 제정시대 군부의 국내외 정치적 문제에 관한 관념은 군주와 정부의 구상과 일치했다. 그들의 목표

A　4장 참조

는 유사시 군사력을 동원해서라도 막강한 패권국가의 지위를 쟁취하는 것이었다. 제1차 세계대전에서 패배한 이후에도 이러한 인식은 변하지 않았다. 여기서 주목할만한 점은 제1차 세계대전 발발 직전까지도 독일과 유럽에서 군사력 사용은 합법적인 외교정치의 수단으로 인식되었다는 것이다.

짧았던 바이마르 공화국 시대를 제외하면, 제1, 2차 세계대전 전후로 대부분의 장군참모장교들은 독일의 잠재력에 부합하는 현실 정치적인 해법에는 전혀 관심을 두지 않았다. 제정시대나 나치 체제하의 육군의 수뇌부는 정치적 문제에 관해서는 관심조차 없었을 뿐만 아니라 정치권도 이를 요구하지 않았다. 이는 바로 국가통치기구의 구조적 결함에서 초래된 결과였다. 군부와 정부는 언제나 각자의 노선을 추구했고 결국 최고 통수권자 황제가, 훗날에는 '총통'이 그 둘을 모두 지배하는 구조 때문이었다. 전략적 결정은 그들의 몫이었다. 이러한 지배 구조가 유지되었던 이유는 프리드리히 대제 시대로부터 이어져 내려온 '왕이 곧 총사령관'roi-connétable이라는 확고한 불문율 때문이었다. 그러나 빌헬름 2세는 통수권자로서 능력이 부족했다. 한편 히틀러는 교묘하게 현대적인 수단을 활용하여 군부의 권력욕구를 물리치고 군통수권을 장악했다. 하지만 1930년대 후반은 '총력전' 수준까지 확장될 수 있는 산업화된 대규모 전쟁의 시대였다. 복잡다단한 경제, 정치, 군사를 포괄하는 총체적인 전쟁을 수행하기에 그러한 통수구조는 적합하지 않았다. 더욱이 국방군의 육, 해, 공군은 수년 동안 상호 대립적, 경쟁적 관계 속에서 점점 더 스스로의 권한을 약화시켰고, 내부의 권력 투쟁으로 비화되어 현대적, 산업화 시대의 전쟁을 위해 절대적으로 필요했던 통합된 상부지휘구조는 결국 구축되지 못했다.

당시 시대적 기준으로 정부와 군부 간의 원활한 협력이란 정부가 군을 절대적으로 지배하고 군이 정부에 복종하는 관계를 의미하지 않았다. 하나의 국내외 정치적 목표를 위해 정부와 군이 협업의 관계에 있는 것을 일컬었다. 역사적으로 독일 군부는 국가 권력구조상 그들의 지위가 위태롭다고 생각했기 때문에 항상 국내외 정치문제에 압력을 행사하려고 했다. 제정시대와 바이마르 공화국에서는 어느 정도 그들의 의지를 관철시켰지만 베크의 사임 이후 히틀러는 국방군에 대한 정치 우위를 강력하게 주장했고 끝내 군부는 권력을 상실하고 말았다. 그 이후 대부분의 장군참모장교들은 스스로를 제정시대보다 한층 더 훌륭하게 다듬어진 군사분야의 '기계' 또는 '톱니바퀴' 정도로 인식했고 한 치의 의구심 없이 정치 지도부의 요구를 무조건 수용했다. 결국에는 육군 총참모부도 작전적 측면에만 몰입, 집착하게 되면서 전략적 수준의 문제들을 철저히 배제하는 결과를 초래했던 것이다.

마르틴 쿠츠의 표현을 빌리면, 당시 총참모부는 '빈곤한 자들의 전쟁'Krieg des armes Mannes에서 최소한 전략적 열세를 만회할 수 있다고 생각했다. 그러나 전략적 사고를 무시한 결과, 그 대가는 참혹했다. 제2차 세계대전의 후반부에 접어들면서 단 한 번의 고등군사교육을 접해본 적도 없는 정치가 히틀러가 군사문제에 직접적인 권한을 행사했다. 처음에는 지도(指導) 수준의 간섭을 하더니 나중에는 총참모부의 작전적 계획수립 권한마저 박탈하는 등 전횡을 저질렀고 급기야 빈번한 전략적 오판으로 독일 제국을 절망적인 상황에 이르게 했다. 이즈음, 그나마 현대적, 전략적 사고를 중시했던 극소수의 장군참모장교 중 하나였던 베크는 이미 예비역으로 1944년 7월 20일 거사를 준비하고 있었다. 따라서 내부적으로 군을 올바로 지휘할 수 있는 인물이 없었다고 해도 과언이 아니었다. 세계대전 시대의 육군 지도부는 대륙적 관점에 사로잡혀 총체적 전쟁을 위한 해군과 연계된 전략개념을 발전시키기도 못 했으며, 세계 패권국가의 지위를 달성하기 위해 반드시 필요했던 해군과 해전에도 관심을 두지 않았다.

전략적 수준에 대한 이해 부족과 속전속결만을 추구하는 전술적-작전적 수준에 대한 집착으로 독일의 작전적 사고의 또 다른 취약점들이 드러났다. 독일의 작전적 독트린이 지향하는 목표는 국경 인근지역에서의 신속한 회전 승리였고, 그러한 교리에 기반을 둔 공세적 전쟁을 수행하고자 했다. 그러나 독일군은 중부유럽의 국경지대를 벗어나는 순간 한계에 봉착하고 말았다. 군수보급 측면에서 가장 심각한 문제점들이 발생했다. 독일군의 군수보급의 능력은 작전적 교리에 따라 국경으로부터 약 100~200km 이격된 지역 이로 한정되어 있었다. 독일군은 그 일대에서 벌어지는 하나 또는 다수의 그리고 단기 섬멸회전을 지향했기 때문에 그 범위를 벗어나는 군수지원은 사실상 불가능했다. 이 때문에 제2차 세계대전에서도 야전부대들은 현지에서 물자를 징발해야 했다. 전쟁의 공간이 점점 더 확장되자 군수지원 능력은 기술적인 한계에 다다랐고 작전적 독트린의 이행을 위해 반드시 달성되어야 했던 대규모 포위작전은 지연을 거듭한 끝에 결국에는 실패하고 말았다. 패배의 원인은 바로 작전지휘에만 몰두하고 군수분야를 경시했던 장군참모들에게 있었다. 하지만 이러한 성향은 오늘날의 독일연방군까지도 이어지고 있다. 군수분야에 근무하거나 그 분야를 연구하는 일은 군경력에 별로 이롭지 못하다는 인식이 팽배해 있다. 그러한 성향의 원인은 전투를 중시하는 독일군의 교육체계에서도 찾을 수 있다. 한편으로는 뼛속 깊숙이 내재된, 항상 열세했던 조국의 잠재력에 대한 콤플렉스 때문이라고 할 수도 있다. 어쨌든 장군참모장교들은 군수보급의 문제점에 관한 해답을 결국에는 속전속결을 통한 전쟁승리에서 찾으려 했다. 그러나 '바르바로사 작전'에서 속전속결하는데 실패하자 이내 군수보급의 문제들이 곳곳에서 터져 나왔다. 드디어 설마 했던 위기가 눈앞의 현실로 나타났고 그러한 작전적 난국을 타개하기 위해 급기야 독일군은 러시아 주민들에 대한 범죄적 전쟁을 자행하는 극단에 이르고 말았다.

독일의 작전가들에게 시간과 전투력은 매우 중요한 요인이자 그들 스스로 지배할 수 없는 요인이었다. 또한 공간도 독일의 작전적 사고에 결정적인 영향을 미친 요인이었다. 세계 패권을 장악하려던 군부는 유럽의 지배를 위해서 러시아를 제압해야 한다고 생각했지만 그러한 인식 자체가 오판이었다. 대몰트케와 슐리펜은 물론 팔켄하인조차 나폴레옹의 전사를 토대로 종심깊은 영토를 가진 러시아와의 전쟁에 대해 회의적이었고 심지어 회피해야 한다고까지 주장했다. 그러나 그 후예들은 제1차 세계대전의 경험만으로 소련과의 전쟁에서 승산이 있다고 확신했다. 일체의 변수도 없을 것이며 전쟁 중 사소한 마찰 정도는 충분히 해결할 수 있으리라 장담했다. 전술로부터 도출된, 국경 인근에서의 속전속결을 지향하는 작전적 독트린을 전략적 수준으로 확장시켰다. 그러나 독일군에게는 소련과의 전쟁을 시행하기 위해 필수적인 수단과 자원이 없었다. 독일 육군은 과거부터 열세 속에서 승리하기 위한 대안을 개발해왔다. 그들이 찾아낸 대안은 바로 강력한 의지로 주도권을 쟁취하고 자타가 공인하는 우월한 작전적 지휘능력으로 중점을 형성하여 국지적 우세를 통해 속전속결을 달성하는 것이었다. 하지만 그러한 중점형성의 노력도 얼마 못 가서 부족한 자원과 불리한 지리적 조건, 그리고 '중과부적'(衆寡不敵)의 진리 때문에 한계에 부딪히고 말았다. 하지만 장군참모장교들은 인적, 물적으로 압도적인 우세에 있던 연합국을 상대로 승리할 수 있다는 신념을 결코 포기하지 않으려 했고, 끝까지 탁월한 전술적-작전적 능력으로 적국의 우세를 극복할 수 있다고 믿었다. 연합국에게 승리할 수 없다는 생각이야말로 육군의 군사적 능력과 한계를 스스로 시인하는 것이었으며 자신들의 지위에도 손상을 입을 수 있다고 여겼기 때문이었다.

속전속결과 섬멸회전만을 추구함으로써 전략적 문제를 해결하고 동시에 전쟁을 '군주의 전쟁'Kabinettskrieg으로 한정시켜서 국민전쟁으로의 확대와 이로써 정치가들의 전쟁 개입을 방지하고자 했다. 결국 세계대전 시대에 작전적 사고를 유지, 발전시켰던 군부와 1980년대까지 작전적 사고를 옹호했던 일부 인사들에게 '전장'이란 국민도 정부도 아닌 오로지 군이 모든 것을 통제하고 집행하는 진공상태의 체스판과도 같았다. 그러나 1871년의 독일-프랑스 전쟁과 늦게나마 제2차 세계대전에서 '군주 또는 군부의 전쟁'은 이미 시대착오적인 개념이었다는 사실이 입증되었다. 하지만 총참모부는 그러한 진실 자체를 머릿속에서부터 떨쳐버리고자 했다.

독일 연방군은 1980년대에 고전적인 작전적 사고의 부활을 위해 모든 힘을 쏟아부었지만 얼마 못 가서 스스로 작전적 수준의 전쟁에만 편중된 교육을 중단시켰다. 이러한 사실이 시사하는 바는 매우 크다. 따라서 장교들과 특히 장군참모장교들은 연방군 지휘참모대학의 교육 초기부터 육, 해, 공군의 영역을 초월하는 교육을 받고 있으며 그와 동시에 장군참모교육과정 중 독일군 리더십Innere Führung, 합동군의 역할과 안보정치 교육이 매우 중요한 부분을 차지하고 있다. 또한 교육 이후 장군참모장교들은 NATO의 다국적군 참모부에 배치된다. 일찍이 연방군뿐만 아니라 육군 내부에는 정책과 작전전문가들 간의 경쟁 구도가 형성되었고 시간이 흐를수록 과거 작전분야의 전문가들은 군사정책분야의 엘리트들에게 자리를 내어주고 있다. 왜냐하면 작전분야보다 군사정책 전문가가 더 인정받고 연방군의 고위급에 진출할 수 있는 분위기가 조성되었기 때문이다. 거의 모든 합참의장이나 육군 참모총장들이 군사정책 전문가 출신인데, 그 역시 우방국과의 협력문제를 중시하는 이유에서이다.

앞서 기술했듯 고유한 독일의 작전적 사고가 무엇인가에 대한 질문에 명쾌하게 답변하기란 어렵다. 다만 독일의 작전적 사고는, 충분한 수단을 보유하지 못한 채 강대국의 지위를 확보하고 나아가 세계패권을 추구하기 위한 프로이센, 그리고 독일의 정치적 의지를 기반으로 탄생되었고, 또한 이로 인해 정부와 군부가 전략적 수준을 경시했던 것만은 분명한 사실이다.

과거로부터 현재까지 어느 누구든 열세한 자원으로 패권을 장악하기 위한 노력은 계속되어 왔으며 이러한 현상은 미래에도 계속될 것이다. 한편, 고전적인 지휘기법으로서 '임무형 지휘'Führen mit Auftrag는 독일의 작전적 사고를 이해하기 위한 핵심적인 요소이다. 그러나 임무형 전술Auftragstaktik은 용어 자체에서 알 수 있듯 이미 제1차 세계대전에서부터 작전적 수준보다 전술적 차원에서 더 많이 활용되었다는 사실은 간과되고 있다. 1914년 개전 초기 마른 전투의 패배가 시사하듯 제2차 세계대전 당시 총참모부는 야전군 사령관들에게 과도한 작전적 수준의 자유를 부여한다면 자칫 순식간에 더 이상 제어할 수 없는 절체절명의 위기에 봉착할 수도 있다고 판단했다. 따라서 히틀러가 작전적 자율권을 통제하기 훨씬 이전부터, 즉 '바르바로사 작전' 시행 첫 주부터 사단장들과 군사령관들의 작전적 자유를 제한하고 강력하게 통제했던 사례도 있다.

전술로부터 발전된 독일의 작전적 사고의 핵심요소인, 포위, 기동, 속도, 기습, 섬멸과 공격작전을 우선시하고 이를 군사적 원칙으로 중시하는 성향은 전 세계 모든 군대의 공통점이다. 단지 적용하는 방법만 다를 뿐이다. 여기서 독일은 다른 국가들보다 주도권과 행동의 자유에 더 큰 무게를 두었다. 독일 육군은 항상 열세에서 비롯된 엄청난 중압감 때문에 적군을 신속히 무력화-이른바 섬멸-시켜야 한다는 것과 고도의 위험을 감수하더라도 반드시 중점을 형성해야 한다는 것을 특히나 강조했다. 그러나 이러한 원칙들은 과거의 군사사, 이를테면 나폴레옹 전쟁사에서도 검증되었으며 독일군 총참모부에 의해서 창조된 원칙이 아니었다. 독일군의 작전적 사고로부터 도출되었다는 수많은 원칙들은 소련과 같은 또 다른 대륙의 패권국가의 군사교리에도 반영되어 있다. 대륙의 패권국가들도 수십 년 동안 해양 패권국가들이 구축한 연합세력에 비해 장기전을 치르기에는 자신들이 인적, 물적 열세에 있다는 사실을 인식했고 이를 타개하기 위해 신속한 기동전으로 상대를 무력화시키기 위한 전략을 수립했다. 1920년대에 긴밀했던, 제국군과 소련군 간의 군사적 교류는 매우 큰 의미를 내포하고 있다. 독일의 작전적 사고가 얼마만큼 소련의 작전적 사고 형성에 영향을 미쳤는지, 소련의 전략적 상황 때문에 그러한 작전적 사고가 얼마나 발전했는지에 대해서는 앞으로 더 정확한 연구가 필요한 부분이다. 어쨌든 독일만의 전형적인 작전적 사고의 특성을 찾으려고 해도 그러한 특성은 절대로 존재하지 않는다.

독일의 작전적 사고에 구조적인 결점이 존재했다는 사실도 부정할 수 없다. 그 원인은 바로, 총체적인 전략이 자신들의 잠재력에 상응하지 못했기 때문이며 더욱이 '바르바로사 작전'에서는 군수분야의 문제로 인해 전쟁범죄를 일으키기도 했다. 그럼에도 불구하고 독일 군사 독트린의 본질은 범죄적인, 모든 것을 파괴하려는 것과는 전혀 상관이 없다. 독일의 작전적 독트린은 충분한 경제적, 군사적, 그리고 정치적 기반 없이 대륙국가로서의 패권을 거머쥐기 위한, 전략적 딜레마를 해결하기 위한 군사적인 시도였다. 이렇듯 군사적 충돌을 추구할 수밖에 없었던 까닭은 결국 불충분한 잠재력을 인정하고 현실을 겸허히 받아들이지 못하고 그것을 거부했던 세계대전 시대의 독일의 군부와 정부 엘리트들의 무능함에 기인한다.

독일의 작전적 사고는 역사적으로 시종일관 제국의 존망을 좌우하는 고도의 위험을 내포하고 있었으며 결코 승리를 위한 해법도 아니었다. 단순한 '고육지책(苦肉之策)'이자 '궁여지책(窮餘之策)'일 뿐이었다. 이른바 '양지(陽地)' Platz an der Sonnen를 노리는 '빈곤한 자들이 전쟁을 수행하기 위한' 독트린이었던 것이다.

약어

AA	외교부
AHA	육군청
A.K./AK	군단
AOK	야전군사령부
AWS	서독 안보정치 초창기
BArch	연방기록보관소
BeNeLux	벨기에, 네덜란드, 룩셈부르크 3국의 통칭
CINCENT	중부유럽 연합사령관
DDR	독일 민주주의 공화국(동독)
EVG	유럽방위공동체
F.u.G.	육군 야전교범 제병협동 지휘와 전투
FOFA	적 종심상 후속지원에 대한 공세
FRG	독일 연방공화국, 서독 (서독의 영문약자)
Friko	평화위원회
FüB	연방군 지휘참모부
FüH	육군 지휘참모부(과거 제국군 및 국방군의 총참모부)
Gde	친위대, 근위대
GDP	유럽통합방위계획
geh.	비밀
GenSt.	총참모부
GZ	육군총참모부의 총무과
H.Dv/HDv	육군 야전교범
HGr	집단군
HKL	주저항선
IMT	전쟁범죄자에 대한 국제군사재판소 재판
K.T.B	전쟁일지, 전투일지
KVP	인민경찰
KZ	집단수용소
LKW	화물차
MGM	군사사 연구총서(정기간행물)
MGY	군사사 정기간행물
Ms	원고
NATO	북대서양조약기구
NKFD	자유독일국가연맹
NL	유산, 유물
NS	국가사회주의, 나치즘
NSDAP	국가사회주의독일노동자당(나치당)
NVA	동독 인민군
ObdH	육군총사령관
OberOst	동부전선 사령관
OHL	육군 총사령부(제국군, 제1차 세계대전 전후)
OKH	육군 총사령부(국방군)
OKW	국방군 총사령부
Op.Abt.	작전부
Org.Abt.d.	육군총참모부 편제과
PzA.	기갑군
Pz.Div.	기갑사단
Pz.K.	기갑군단
R.W.M.	제국군 국방부
SA	돌격대(나치)
SACEUR	유럽연합군 총사령관
SBZ	소련 점령지역
SED	독일 통일사회당(동독 공산당)
SHAPE	유럽연합군 총사령부
SS	친위대(나치)
Stuka	슈투카(수직강하공격기)
T.A	군무청
T.F/TF	부대지휘 교범
T.F/A	육군교범 100/2 핵전쟁에서 육군의 지휘원칙
T.F/G	육군교범 100/1 육군 부대지휘의 기본원칙
TF33	부대지휘 (1933)
TF56	부대지휘 (1956)
TF59	부대지휘 (1959)
TF60	부대지휘 (1960)
TF62	부대지휘 (1962)
TF/B	육군교범 100/900 지휘개념
UdSSR	소비에트 사회주의 연방공화국
VfZ	현대사 분기보고서
We.Rü.A	국방군 군수국
WuW	지식과 방위

참고문헌

1. 비공개 자료

프라이부르크 연방 군사기록보관소(BArch)

Bw 2/20030e Heusinger an Müller-Hillebrand, Washington, 27.3.1962

N 323/7 NL Boetticher, Große Generalstabsreise, September 1899

N 323/7 NL Boetticher, 2. Große Reise

N 323/8 NL Boetticher, Ubersicht über die Operationen der 1. GroEen Generalstabsreise 1904. Schlussbesprechung

N 323/10 NL Boetticher, Kriegsspiel 1905

N 323/ 30 NL Boetticher, Große Generalstabsreise 1898

N 323/49 NL Boetticher, Schlussaufgaben 1905

N 43/108 Alfred Graf Schlieffen, Über die Aussichten des taktischen und operativen Durchbruchsaufgrund kriegsgeschichtlicher Erfahrungen.

N 594/9 Studien Georg vonSodenstern, Der Feldherr, Adolf Hitler und Das Ende einer Feldherrnrolle

PH 3/646 Chef des Generalstabes der Armee, Kriegsspiel November/Dezember 1905, Berlin, 23.12.1905

PH 3/646 Chef des Generalstabes der Armee, Kriegsspiel November/Dezember 1905, Schlussbesprechung, Berlin, 23.12.1905

RH 1/78 Oberst Karl-Heinrich von Stülpnagel, »Der kiinfitige Krieg nach den Ansichten des Auslandes«, 15.1.1934

RH 2/311 KTB GenStdH/Op.Abt., 13.7.1941

RH 2/360 Schlussbesprechung Führerreise 1933

RH 2/363 SchlSchlussbesprechung Truppenamtsreise 1930

RH 2/374 Truppenamtsreise 1935

RH 2/384 Folgerungen aus den Studien des T.A. im Winter 27/28 und 28/29, 26.3.1929

RH 2/385 Wehrmachtskriegsspiel 1934, Vortrag Chef We.Rü.A.

RH 2/2836 Oberbefehlshaber des Westheeres, Befehl für die Ausbildung des Westheeres, Auszugsweise Abschrift, 24.11.1941

RH 2/2901 Stülpnagel an T2, 10.3.1924

RH 2/2901 Chef Truppenamt an T1, 30.8.1924

RH 2/2901 Chef T1 an Chef T4, 21.1.1931

RH 2/2901 Leitlinien für die obere Führung im Kriege, Oberst Hierl, 1923

RH 2/2901 Stellungnahme zu Grundzügen der höheren Truppenführung, von Mantey, 12.8.1930

RH 2/2901 T2 an Chef desTruppenamtes, 2.7.1924

RH 15/19 Schreiben Greener an Brüning (Entwurf), 13.4.1932

RH 20-16/80 Der Chef GenStdH/GZ/Op.Abt. (I), Nr. 10010/42, 6.1.1942 (Abschrift)

RH 41/603 Schreiben Oberbefehlshaber der Heeresgruppe B an seine Kommandeure, 29.3.1945

RH 61/347 Dieckmann, Der Schiieffenpian

RH 61/398 Greiner, Nachrichten

RH 7/4 Der Einsatz der Luftwaffe im polnischen Eeldzug, Chef des Generalstahes der Luftflotte 1, Prag, 16.11.1939

RL 7/158 Bericht über die Heeresgeneraistabsreise 1939, Luftgaukommando 3, Führ.Abt./Ia opl., München, 17.5.39

RM 20/1100 Schlussbesprechung des Ktiegsspiels Avon 1938

RW 4/v. 493 Der Chef des Oberkommandos der Wehrmacht, Aufgaben, Befugnisse, Einsatz der Feldjägerdiensrkommandos, Abschrift, 8.1.1944

RW 13/4 Vortrag vom 5.5.1935 an der Wehrmachtakademie, Unsere hauptsächlichen militärpolitischen, strategischen, kriegswirtschaftlichen und psychologischen Fehler in der Vorbereitung des Weltkrieges selbst. Welche allgemeine Erkenntnisse ergeben sich daraus für die Kriegfuhrung?

RW 13/20 Vortrag Oberstleutnant Matzky, Ktritische Untersuchung der Lehre von Douhet, Fuller, Hart und Seeckt, 29.11.1935

RW 13/20 Der Autor des am 29.11.1935 an der Wehrmachtsakademie gehaltenen Vortrages Kritische Untersuchung der Lehre von Douhet, Fuller, Hart und Seeckt« Oberstleutnant Matzkytechnet ungeriihrt mit Seeckts operativen Vorstellungen bezüglich des kleinen Eliteheeres ah und votiert für den Aufbau eines Massenheeres

RW 13/21 Vortrag Obersdeutnant Schneckenburger, Führung, operative und taktische Verwendung schneller Verbände, wie müssen sie organisiett sein?

RW 19/1243 Unterlagen zum Kriegsspiel finden sich im BArch

RW 19/1272 Der Wirtschaftskrieg. Vortrag von Oberst Becker auf der Übungsreise des OKW, 20.6.1939

W 10/50684 Brief Musketier Gotthold Schneider von der Flandernschlacht, 31. 10. 1917

ZA 1/2014 Ausarbeitung von General a.D. Rudolf Hofmann über »Kriegsspiele«

ZA 1/2779 Korpsgeneralstabs Reise 1938, Münster, 18.5.1938

독일 연방군 군사사 연구소 보관자료(MGFA)

Atomkrieg in St. Louis. EinJahr danach. Ein Bericht aufgrund der Anhörung von Sachverständigen vor dem Kongressauschuss, Dezember 1959

Die Führungsvorschriften des deutschen Heeres in Vergangenheit, Gegenwart und Zukunft unter besonderer Betonung der Gegenwart. Vortrag von Oberst i.G. Ernst Goiling, November 1960

Klink, Ernst, Die Begriffe Operation und operativ in ihrer militärischen Verwendung in

Deutschland, Studie MGFA, 12.12.1958
Kriegstagebuch Generalfeldmarschall Erich von Manstein, Eintrag vom 24.10.1939

2. 교범류

BMVg, Leitlinie für die operative Führung von Landstreitkräften in Mitteleuropa, 1987
HDv 100/1, Grundsätze der Truppenführung des Heeres, 1956
HDv 100/1, Truppenfirhrung (T.F.), Neubearbeitung 1952 durch General der Infanterie a.D. Busse
HDv 100/1, Truppenführung, 1959
HDv 100/1, Truppenführung, Oktober 1962
HDv 100/2, Führungsgrundsätze des Heeres im Atomkrieg, 1956
HDv 100/2, Führungsgrundsätze desHeeres für die atomare Kriegführung, 1961
HDv 100/900, Führungsbegriffe, 1977
H.Dv 130/9, Ausbildungsvorschrift für die Infanterie, 1940
H.Dv. 130/20, Die Führung des Grenadier-Regimentes, 1945
H.Dv. 300, Truppenfiihrung (T.F.), 1933
H.Dv. 487, Führung und Gefecht der verbundenen Waffen (F.u.G.), 1921/24, Neudruck Osnabrück 1994
Merkbiatt, Angriffgegeneine ständige Front, 1939
Merkblatt 18b/43, Der Sturmangriff. Kriegserfahrungen eines Frontoffiziers von 1917, 15.1.1945

3. 출간 서적

Afflerbach, Holger, Falkenhayn. Politisches Denken and Handeln Im Kalserreich, München 1994 (= Beiträge zur Militärgeschichte, 42)
An der Schwelle zum Totalen Krieg. Diemilitarische Debatte über den Krieg der Zukunft 1919-1939. Hrsg. von Stig Förster unter Mitwirkung von Timo Baumann [u.a.], Paderborn 2002 (= Krieg in der Geschichte, 13)
Anfänge westdeutscher Sicherheitspolitik 1945-1956,4 Bde. Hrsg. vom Militärgeschichtlichen Forschungsamt, München 1982-1997
Armoured Warfare. Ed. byJ.P. Harris and F.H. Toase, London 1990
Aus den Verordnungen fur die hoheren Truppenführer vom 24. Juni 1869. In: Mokkes Militärische Werke, Bd 2/2, S. 165-215
Ausgewählte Operationen und ihre militärhistorischen Grundlagen. Im Auftrag des Militärgeschichtlichen Forschungsamtes hrsg. von Hans-Martin Ottmer und Heiger Ostertag, Bonn, Herford 1993 (= Operatives Denken und Handeln in deutschen Streitkräften, 4)
Auwers, Siegfried von. Die Strategie des Schlielfenplanes. Eine Erwiderung. In: Archiv für Politik

und Geschichte, 10 (1928), S. 16-22, 508-516
Balck, William, Entwickelung derTaktik im Weltkriege, 2. Aufl., Berlin 1922
Balck, William, Taktik, Bd 1: Einleitung und formale Taktik der Infanterie, 4., völlig umgearb. und verb. Aufl., Berlin 1908
Balck, William, Die Taktik der Infanterie und der verbundenen Waffen. In: Löbells Jahresberichte über die Veränderungen und Fortschritte im Militärwesen, 33 (1906), S. 283-316
Barthel, Rolf, Tbeorie und Praxis der Heeresmotorisierung im faschistischen Deutschland bis 1939, 2 Bde, Diss. Universität Leipzig 1967
Baumgart, Winfried, Deutsche Ostpolitik 1918. Von Brest-Litowsk bis zum Endedes Ersten Weltkrieges, Wien, München 1966
Baumgart, Winfried, Das »Kaspi-Unternehmen« —Größenwahn Eudendorffs oder Routineplanung des deutschen Generalstabes. In: Jahrbücher für die Geschichte Osteuropas, 18 (1970), S. 47-126, 231-278
Baumgart, Winfried, Zur Ansprache Hitlers vor den Führernder Wehrmachtam 22. August 1939. In: VfZG, 16 (1968), S. 120-149
Beck, Ludwig, Studien. Hrsg. und eingel. von Hans Speidel, Stuttgart 1955
Die Bedeutung der Logistik für die militärische Führung von der Antike bis in die neueste Zeit. Mit Beitr. von Horst Boog [u.a.], Herford, Bonn 1968 (= Vorträge zur Militärgeschichte, 7)
Beer, Albert, Der Fall Barbarossa. Untersuchungen zur Geschichte der Vorbereitungen des deutschen Feldzuges gegen die Union der Sozialistischen Sowjetrepubliken im Jahre 1941, Diss. phil. Münster 1978
Beevor, Antony, Stalingrad, Niedernhausen 2002
Bemerkungen des Chefs der Heeresleitung, Generaloberst vonSeeckt, bei Besichtigungen und Manövern aus den Jahren 1920 bis 1926. Hrsg. vom Reichswehrministerium, Berlin 1927
Bereitzum Krieg. Kriegsmentalität im Wilhelminischen Deutschland 1890-1914. Beiträge zur historischen Friedensforschung. Hrsg. von Jost Dülffer und Karl Holl, Göttingen 1986
Berenhorst, GeorgHeinrich, Aphorismen, Leipzig 1805
Bergien, Rüdiger, Vorspiel des »Vernichtungskrieges«? Die Ostfront des Ersten Weltkriegs und das Kontinuitätsproblem. In: Dievergessene Front,S.393-408
Bernhardi, Friedrich von, Deutschland und der nächste Krieg, Stuttgart, Berlin 1912
Bernhardi, Friedrich von, Über angriffsweise Kriegführung. In: Beiheft zum Militärischen Wochenbiatt, 4 (1905), S. 125-151
Bernhardi, Friedrich von, Vom heutigen Kriege, 2 Bde, Berlin 1912
Bernhardi, Friedrich von, Vom Kriege der Zukunft. Nach den Erfahrungen des Weltkrieges, Berlin 1920
Birken, Andreas, und Hans- Kenning Gerlach, Atlas und Lexikon zum Ersten Weltkrieg, T. I: Karten, Königsbronn 2002
Bismarck, Otto von, Bismrck Gespräche, Bd2:Vonder Reichsgründung bis zur Entlassung. Hrsg. von WillyAndreas, Basel 1980
Bismarck, Otto von. Die politischen Reden des Fürsten Bismarck. Hrsg. von Horst Kohl, 14 Bde, Berlin, Stutrgart 1892-1905

Bitzel, Uwe, Die Konzeption des Blitzkrieges bei der deutschen Wehrmacht, Frankfurt a. M. 1991 (= Europäische Hochschulschriften, Reihe III: Geschichte und Hilfswissenschaften, 477)

Blume, Wilhelm von, Militärpolitische Aufsätze, Berlin 1906

Blume, Wilhelm von, Strategie. Eine Studie, Berlin 1882

Blume, Wilhelm von, Strategie, ihre Aufgaben und Mittel, zugl. 3., erw. u. umgearb. Aufl. Strategie. Eine Studie, Berlin 1912

Blumentrirt, Günther, Von Rundstedt. The Soldier and the Man, London 1952

Böhler, Jochen, Auftakt zum Vernichtungskrieg. Die Wehrmacht in Polen 1939, Frankfurt a.M. 2006

Böhler, Jochen, Der Überfall. Deutschlands Krieg gegen Polen, Frankfurt a.M. 2009

Boetticher, Friedrich von, Der Lehrmeister des neuzeitlichen Krieges. In: Von Scharnhorst zu Schlieffen, S. 249-319

Boguslawski, Albert von, Betrachtungen über Heerwesen und Kriegführung, Berlin 1897

Boguslawski, Alberr von, Strategische Erörterungen betreffend die von General von Schlichting vertretenen Grundsätze, Berlin 1901

Boog, Horst, Die deutsche Luftwaffenführung 1935-1945. Führungsprobleme, Spitzengliederung, Generalstabsausbildung, Stuttgart 1982 (= Beiträge zur Militär- und Kriegsgeschichte, 21)

Boog, Horst, Die Luftwaffe. In: Das Deutsche Reich und der Zweite Weltkrieg, Bd 4, S. 277-319, 652-712

Borgert, Heinz-Ludger, Grundzüge der Landkriegführung von Schlieffen bis Guderian. In: Deutsche Militärgeschichte in sechs Bänden 1648-1939 (1983), Bd 6, S. 427-584

Borodziej, Wlodzimierz, Der Warschauer AuFstand 1944, Frankfurt a.M. 2001

Brand, Dieter, Grundsätze operativer Führung. In: Denkschriften zu Fragen der operativen Führung, S. 29-80

Braun, Der Strategische ÜberFall. In:Militär-Wochenblatt, (1939), 18,Sp.1134—1136

Bremm, Klaus-Jürgen, Von der Chaussee zur Schiene. Militärstrategie und Eisenbahnen in Preußen von 1833 bis zum Feldzug von 1866, Miinchen 2005 (= Milirärgeschichtliche Studien, 40)

Brill, Heinz, Bogislaw von Bonin im Spannungsfeld zwischen Wiederbewaffnung -Westintegration-Wiedervereinigung. Ein Beitrag zur Entstehungsgeschichte der Bundeswehr 1952-1955, 2 Bde, Baden-Baden 1987 (= Militär, Riistung, Sicherheit, 49)

Brockhaus Bilder-Conversations-Lexikon, Bd3, Leipzig 1839

Brockhaus Enzyklopädie, Bd 16, 19., völlig neubearb. Aufl., Mannheim 1991;20., überarb. und aktual. Aufl., Leipzig, Mannheim 1998

Brockhaus' Kleines Konversations-Lexikon, Bd2, 5. Aufl., Leipzig 1911

Brose, Eric Dorn, The Kaiser's Army. The Politics of Military Technology in Germany during the Machine Age, 1870-1918, Oxford 2001

Buchfinck, Ernst, Der Krieg von gestern und morgen, Langensalza 1930 (= Schriften zur politischen Bildung,\T. Reihe, H. 11)

Buchfinck, Ernst, Der Meinungskampf um den Marnefeldzug. In; Historische Zeitschrift, 152 (1935), S. 286-300

Buchholz, Frank, Strategische und militärpolitische Diskussionen in der Gründungsphase der Bundeswehr 1949-1960, Frankfurt a.M. [u.a.] 1991 (=Europäische fTochschulschriften, Reihe III: Geschichte und ihre Hilfswissenschaften, 458)

Bucholz, Arden, Moltke, Schlieffen and the Prussian War Planning, NewYork 1991

Bülow, Adam Dietrich Freiherr von, Geist des neuern Kriegssystems hergeleitet aus dem Grundsatze einer Basis der Operationen auch für Laien in der Kriegskunst fasslich vorgetragen von einem ehemaligen preußischen Offzier, Ffamburg 1805

Burchardt, Lothar, Friedenswirtschaft und Kriegsvorsorge. Deutschlands wirtschaftliche Rüstungsbestrebungen vor 1914, Bopparda.Rh. 1968(=Militärgeschichtliche Studien, 6)

Burchardt, Lothar, Operatives Denken und Planen von Schlieffen bis zum Beginn des Ersten Weltkrieges. In: Operatives Denken und Handeln, S. 45-71

Busch, Eckart, Der Oberbefehl. Seine rechtliche Struktur in Preußen und in Deutschlandseit 1848, 2. Aufl., Bopparda.Rh. 1967 (= Militärgeschichtliche Studien,5)

Caemmerer, Rudolf von, Die Entwicklung der strategischen Wissenschaft im 19. Jahrhundert, Berlin 1904

Canitz und Dallwitz, Karl Ernst Freiherr von, Nachrichten und Betrachtungen über dieTaten und Schicksale der Reiterei in den Feldzügen Friedrichs 11. und in denen neuerer Zeit, 2 Teile, Berlin, Posen 1823-1824

Chickering, Roger, The American Civil War and the German Wars of Unification: Some Parting Shots. In: On the Road to Total War, S.683-691

Chickering, Roger, Sore Loser. LudendorfFs Total War. In: The Shadows of Total War, S. 151-178

Citino, Robert M., Blitzkrieg to Desert Storm. The Evolution of Operational Warfare, Lawrence, KS 2004

Citino, Robert M., The Path to Blitzkrieg. Doctrine and Training in the German Army, 1920-1939, Boulder, CO 1999

Clausewitz, Carl von. Strategic aus dem Jahr 1804 mit Zusätzen von 1808 und 1809. Hrsg. von EberhardKessel, Hamburg 1937

Clausewkz, Carl von, Vom Kriege. Hinterlassenes Werk des Generals Carl von Clausewitz. Vollst. Ausg. im Urtext mit erneut erw. historisch-kritischer Würdigung hrsg. von Werner Hahlweg, 16. Aufl., Bonn 1952

Conversations-Lexikon oder kurzgefaßtes Handwörterbuch für die in der gesellschaftlichen Unterhaltung aus den Wissenschafcen und Künsten vorkommenden Gegenstände mit bestandiger Rücksicht auf die Ereignisse der älteren und neueren Zeit, 6 Bde,2 Nachtragsbde, Amsterdam, Leipzig 1809~1811

Corum, James S.,The Roots of Blitzkrieg. Hans von Seeckt and German Military Reform, Lawrence, KS 1992

Creveld, Martin L. van, Kampfkraft. Militärische Organisation und militärische Leistung 1939 bis 1945, Freiburg i.Br. 1982 (=Einzelschriften zur Militärgeschichte, 31)

Creveld, Martin L. van. Supplying War. Logistics from Wallenstein to Patton, Cambridge 1997

The Danish Straits and German Naval Power, 1905~1918. Ed. by Michael Lpkenhans and Gerhard P. Groß, Potsdam 2010 (= Potsdamer Schriften zur Militargeschichte, 13)

Davies, Norman, Aufstand der Verlorenen. Der Kampf um Warschau 1944, München 2004

Degreif, Dieter, DerSchlieffenplan undseine Nachwirkung, Staatsexamensarbeit msch., Mainz 1973

Deist, Wilhelm, Die Aufriistung der Wehrmacht. In: Das Deutsche Reich und der Zweite Weltkrieg, Bd 1, S. 371-532

Deist, Wilhelm, Die Reichswehr und der Krieg der Zukunft. In: MGM, 45 (1989), S. 81-92

Delbrück, Hans, Erinnerungen, Aufsätze und Reden, Berlin 1902

Delbrück, Hans, Moltke. In: Delbrück, Erinnerungen, Aufsätze und Reden, S. 546-575

Denkschriften zu Fragen der operativen Führung, [o.O.] 1987

Denkwürdigkeiten der militärischen Gesellschaft zu Berlin, 5 Bde. Neudr. der Ausg. Berlin 1802-1805. Mit einer Link von Joachim Niemeyer, Osnabrück 1985 (= Bibliotheca Rerum Militarium, 37)

Deutsche Militärgeschichte 1648-1939, 6 Bde. Hrsg.vom Militärgeschichtlichen Forschungsamt, Herrsching 1983; Erstausgabe u.d.T. Handbuch zur deutschen Militärgeschichte 1648 bis 1939

Deutsche Militärgeschichte 1648-1939, Bd 6: Grundzüge der militärischen Kriegführung 1648-1939. Hrsg.vom Militärgeschichtlichen Forschungsamt, München 1983

Das Deutsche Reich und der Zweite Weltkrieg, Bd 1: Wilhelm Deist, Manfred Messerschmidt, Hans-Erich Volkmann und Wolfram Wette, Ursachen und Voraussetzungen der deutschen Kriegspolitik, Stuttgart 1979,Nachdruck 1991

Das Deutsche Reich und der Zweite Weltkrieg, Bd 2: Klaus A. Maier, Horst Rohde, Bernd Stegemannund Hans Umbreit, Die Errichtung der Hegemonie auf dem europäischen Kontinent, Stuttgart 1979, Nachdruck 1991

Das Deutsche Reichund der ZweiteWeltkrieg, Bd 4: Horst Boog, Jürgen Förster, Joachim Hoffmann, Ernst Klink, Rolf-Dieter Müller und Gerd R. Ueberschär, Der Angriff auf die Sowjetunion, Stuttgart 1983; 2. Aufl., Stuttgart 1987, Nachdruck 1993

Das Deutsche Reich und der Zweite Weltkrieg, Bd5: Bernhard R. Kroener, Rolf-Dieter Müller und Hans Umbreit, Organisationund Mobiiisierung desdeutscbenMacbtbereicbs. Halbbd 1: Kriegsverwaltung, Wirtscbaftund personelle Ressourcen 1939 bis 1941, Stuttgart 1988, Nacbdruck 1992

Das Deutscbe Reich und der Zweite Weltkrieg, Bd6: Horst Boog, WernerRabn, Reinbard Stumpf und Bernd Wegner, Der globale Krieg. Die Ausweitung zumWeltkrieg und der Wecbsel der Initiative 1941 bis 1943, Stuttgart 1990, Nacbdruck 1993

Das Deutscbe Reich und der Zweite Weltkrieg, Bd 7: Horst Boog, Gerhard Krebs und Detlef Vogel, Das Deutscbe Reich in der Defensive. Strategiscber Luftkrieg in Europa, Krieg im Westen und in Ostasien 1943 bis 1944/45, Stuttgart 2001

Das Deutscbe Reich und der Zweite Weltkrieg, Bd 8: Die Ostfront 1943/44. Der Krieg im Osten und an den Nebenfronten. Mit Beitr. von Karl-Heinz Frieser, Klaus Scbmieder, Klaus Schönherr [u.a.]. Im Auftrag des Militärgescbicbtlicben Forscbungsamtes brsg. von Karl-Heinz Frieser, München 2007

Diedricb, Torsten, und Rüdiger Wenzke, Die getarnte Armee. Gescbicbte der Kasernierten

Volkspolizei der DDR 1952 bis 1956. Hrsg. vom Militärgeschichtlichen Forschungsamt, Berlin 2001 (= Militärgescbicbte der DDR, 1)

Diedricb, Torsten, Paulus. Das Trauma von Stalingrad. Fine Biographic, Paderborn [u.a.] 2008

DiNardo, Richard L., German Armor Doctrine: Correcting the Myths. In: War in History, 3 (1996), 4, S. 384-397

DiNardo, Richard L., Germany's Panzer Arm, Westport, CT 1997 (= Contributions in Military Studies, 166), S. 73-86

DiNardo, Richard L., MechanizedJuggernaut or Military Anachronism? Horses and the German Army of World War II, NewYork 1991 (= Contributions in Military Studies, 113)

Domarus, Max, Hitler. Reden und Proklamationen 1932-1945. Kommentiert von einem deutscben Zeitgenossen, 2 Bde, Würzburg 1962/63; Neuaufl., München 1965; 3. Aufl., Wiesbaden 1973

Doughty, Robert A., France. In: War Planning 1914, S. 143-174

Duden Fremdwörterbuch (Der Duden in 12 Banden, Bd 5), Mannheim [u.a.] 1997

Dupuy, Trevor N., Der Genius des Ktieges. Das deutscbe Heer und der Generalstab 1807-1945, Graz2009

Ecbternkamp, Jörg, Wut auf die Webrmacht? Vom Bild der deutschen Soldaten in der unmittelbaren Nacbkriegszeit. In: Die Webrmacbt. Mytbos und Realität, S. 1058-1080

Ehlert, Hans, Innenpolitische Auseinandersetzungen um die Pariser Verträge und die Wehrverfassung 1954 bis 1956. In: AWS, Bd 3, S. 235-560

Ehlert, Hans, Christian Greiner, Georg Meyer und Bruno Thoß, Die NATO Option, Müncben 1993 (=Anfängewestdeutscher Sicherheitspolitik, 3)

Einmannsberger, LudwigRitter von, Der Kampfwagenkrieg, Berlin 1933 Elble, Rolf, Die Scblacbt an der Bzura im September 1939 aus deutscber und polniscber Sicbt, Freiburg i.Br. 1975 (= Einzelscbriften zur militariscben Gescbicbte des Zweiten Weltkrieges, 15)

Elser, Gerhard, Von der »Einheitsgruppe« zum »Sturmzug«. Zur Enrwicklung der deutschen Infanterie 1922-1945. In: Militärgeschichte, 1 (1995), S. 3-11

Elze, Walter, Tannenberg. Das deutsche Heer von 1914. Seine Grundzüge und deren Auswirkung im Sieg an der Ostfront, Breslau 1928

Engel, Gerhard, Heeresadjutant bei Hitler 1938—1943. Aufzeichnungen des

Majors Engel. Hrsg. und komm. von Hildegard von Kotze, Stuttgart 1975 (= Schriftenreihe der Vierteljahrshefte für Zeitgeschichte, 29)

Engels, Friedrich, Betrachtungen. In: Marx/Engels, Werke, Bd 16

English, John, The Operational Art. Developments in the Theories of War. In: The Operational Art, S. 7-28

Entangling Alliance. 60 Jahre NATO: Geschichte—Gegenwart—Zukunft. Hrsg. von Werner Kremp, Berdhold Meyer und WolfgangTönnesmann, Trier 2010

Epkenhans, Michael, »Wir Deutsche fiirchten Gott« —Zur Rolle des Krieges in Bismarcks Außenpolitik. In: Politische Studien. Zweimonatsschrift für Politik und Zeitgeschehen, 391 (2003), S. 54-63

Erfurth, Waldemar, Die Geschichte des deutschen Generalstabes von 1918 bis 1945, Göttingen

[u.a.] 1957
Erfurth, Waldemar, Die Überraschung im Kriege. In: Militärwissenschaftliche Rundschau (1937), S. 597-622, 750-776 sowie (1938), S. 171-202, 313-346
Erfurth, Waldemar, Der Vernichtungssieg. Eine Studie über das Zusammenwirken getrennter Heeresteile, Berlin 1939
Erfurth, Waldemar, Das Zusammenwirken getrennter Heeresteile. In: Militärwissenschaftliche Rundschau (1938), H. 15-41, S. 156-178, 291-314, 472-499
Erickson, John, The Soviet High Command. A Military Political History, 1918-1941, London 1962
Der Erste Weltkrieg auf dem Balkan. Perspektiven der Forschung. Hrsg. von Jürgen Angelow, Berlin 2011
Erster Weltkrieg - Zweiter Weltkrieg. Ein Vergleich. Krieg, Kriegserlebnis, Kriegserfahrung in Deutschland. Im Auftrag des Militärgeschichtlichen Forschungsamtes hrsg. von Bruno Thoß und Hans-Erich Volkmann, Paderborn 2002
Falkenhausen, Ludwig Freiherr von. Die Bedeutung der Flanke. In: Vierteljahreshefte für Truppenführung (1908), S. 583-605
Falkenhausen, Ludwig Freiherr von, Der große Krieg in der Jetztzeit. Eine Studie über Bewegung und Kampf der Massenheere des 20. Jahrhunderts, Berlin 1909
Falkenhayn, Erich von. Die Oberste Heeresleitung 1914-1916 in ihren wichtigsten Entschließungen, Berlin 1920
Fanning, WilliamJ. Jr., The Origin of the Term »Blitzkrieg«: Another View. In: The Journal of Military History, 61 (1997), S. 283-302
Felleckner, Stefan, Kampf. Ein vernachlässigter Bereich der Militärgeschichte, Berlin 2004
Förster, Gerhard, Totaler Krieg und Blitzkrieg: Die Theorie des totalen Krieges und des Blitzkrieges in der Militärdoktrin des faschistischen Deutschlands am Vorabend des Zweiten Weltkrieges, Berlin (Ost) 1967 (= Militärhistorische Studien, 10)
Frank, Hans, Im Angesicht des Galgens, 2. Aufl., München 1952
Freudig, Christian, Organizing for War: Strategic Culture and the Organization of High Command in Britain and Germany, 1850-1945. A Comparative Perspective (in Vorbereitung)
Freytag-Loringhoven, Irreführende Verallgemeinerungen. In: Militär-Wochenbiatt, 12 (1919), Sp. 213-220
Frieser, Karl-Heinz, Blitzkrieg-Legende. Der Westfeldzug 1940, 1. Aufl., München 1996 (= Operationen des ZweitenWeltkrieges, 2)
Frieser, Karl-Heinz, Die deutschen Blitzkriege: OperativetTriumph- strategische Tragodie. In: Die Wehrmacht. Mythos und Realität, S. 182-196
Frieser, Karl-Heinz, Ein zweites »Wunder an der Weichsel«? Die Panzerschlacht vor Warschau im August 1944 und ihre Folgen. In: Warschauer Aufstand 1944, S. 45-64
Frieser, Karl-Heinz, Irrtümer und Illusionen: Die Fehleinschätzungen der deutschen Führung. In: Das Deutsche Reich und der Zweite Weltkrieg, Bd 8,S. 493-525
Frieser, Karl-Heinz, Die Rückzugskampfe der Heeresgtuppe Nord bis Kurland. In: Das Deutsche

Reich und der ZweiteWeltkrieg, Bd 8, S. 623-678
Frieser, Karl-Heinz, Die Schlachtim KurskerBogen. In: Das Deutsche Reichund der Zweite Weltkrieg, Bd 8, S. 83-208
Frieser, Karl-Heinz, Der Zusammenbruch der Heeresgruppe Mitre im Sommer 1944. In: Das Deutsche Reich und der Zweite Weltkrieg, Bd 8, S. 526-603
Führungsdenken in europäischen und nordamerikänischen Streitkraften im 19. und 20. Jahrhundert. Im Auftrag des Militärgeschichtlichen Forschungsamtes hrsg. von Gerhard P. Groß, Hamburg, Berlin, Bonn 2001 (= Vortrage zur Militärgeschichte, 19)
Gablik, Axel F, Strategische Planungen in der Bundesrepublik Deutschland 1955-1967: Politische Kontrolle oder militärische Notwendigkeit?, Baden-Baden 1996 (= Nuclear History Program, 5; Internationale Politik und Sicherheit, 30)
Gackenholz, Hermann, Entscheidung in Lothringen 1914. Der Operationsplan des jüngeren Moltke und seine DurchFührung auf dem linken deutschen Heeresflügel, Berlin 1933 (= Schriften der kriegsgeschichtlichen Abteilung im historischen Seminar der Friedrich-Wilhelms-Universität Berlin, 2)
Gahlen,Gundula, Deutung und Umdeutung des Rumänienfeldzuges in Deutsch land zwischen 1916 und 1945. In: Der Erste Weltkrieg auf dem Balkan, S. 289-310
Gallwitz, Max von, Meine Führertätigkeit im Weltkrieg 1914/1916. Belgien-Osten-Balkan, Berlin 1929
Ganzenmüllet, Jörg, Das belagerte Leningrad 1941-1944. Die Stadt in den Strategien der Angreifer und Angegriffenen. Hrsg. mit Unterstützung des Militärgeschichtlichen Forschungsamtes, Diss. phil. Paderborn 2005 (= Krieg in der Geschichte, 22)
Gembruch, Werner, Generalvon Schlichting. In: Wehrwissenschaftliche Rundschau, (1960), S. 186-196
Generalfeldmarschall von Moltke. Bedeutung und Wirkung. Im Auftrag des Militärgeschichtlichen Forschungsamtes hrsg. von Roland G. Foerster, München 1991 (= Beitrage zur Militärgeschichte, 33)
Generalmajor Wetzell, Das Kriegswerk des Rdchsarchivs: »Der Weltkrieg 1914/1918«. Kritische Betrachtungen zum I. Band: Die Grenzschlachten im Westen. In: WuW, 6 (1925), S. 1-43
Der Generalquartiermeister. Briefe und Tagebuchaufzeichnungen des Generalquartiermeisters des Heeres, General der Artillerie EduardWagner. Hrsg. von ElisabethWagner, München, Wien 1963
Geschichte der Poütik. Alte und neueWege. Hrsg. von Hans-ChristofKraus und Thomas Nicklas, München 2007 (= Historische Zeitschrift, Beih. 44)
Geschichte und Militärgeschichte. Wege der Forschung. Hrsg. von Ursula von Gersdorff mit Unterstützung des Militärgeschichtlichen Forschungsamtes, Bonn, Frankfurt a.M. 1974
Geyer, Michael, Aufrüstung oder Sicherheit. Die Reichswehr in der Krise der Machtpolitik 1924-1936, Wiesbaden 1980 (= VeröfFentlichungen des Instituts für Europäische Geschichte Mainz,Abteilung Universalgeschichte, 91)
Geyer, Michael, German Strategy in the Age of Machine Warfare, 1914-1945. In: Makers of Modern Strategy, S. 527—597

Geyer, Michael, Eine Kriegsgeschichte, die vom Tod spricht. In: Physische Gewalt, S. 136-161

Geyer, Michael, Das Zweite Rüstungsprogramm (1930-1934). In: MGM, 17 (1975), 1,S. 125-172

Giehrl, Hermann, Der Feldherr Napoleon als Organisator. Betrachtungen überseine Verkehrs- und Nachrichtenmittel, seine Arbeits- und Befehlsweise, Berlin 1911

Glantz, David M., After Stalingrad. The Red Army's Winter Offensive, 1942-1943, Solihull, UK 2008

Glantz, David M., The Battle for Leningrad, 1941-1944, Lawrence, KS 2002 (= Modern War Studies)

Glantz, David M., and Jonathan M. House, The Battle of Kursk, Lawrence, KS 1999

Glantz, David M., Colossus Reborn. The Red Army at War, 1941-1943, Lawrence, KS 2005

Glantz, David M., From the Don to the Dnepr. Soviet Offensive Operations, December 1942 to August 1943, London 1991 (= Cass Series on Soviet [Russian] Military Experience, 1)

Goebbels, Joseph, Tagebücher 1924-1945. Hrsg. von Ralf Georg Reuth, Bd 4: 1940-1942, München, Zurich 1992

Goebbels, Joseph, Die Tagebücher von Joseph Goebbels, T.2: Diktate 1941-1945, 15 Bde. Hrsg. von Like Fröhlich im Auftrag des Instituts für Zeitgeschichte und mit Unterstützung des Staatlichen Archivdienstes Rußlands [Bd 15 bearb. von Michael Gschaid], München [u.a.] 1993—1996

Görlitz, Walter, Der Deutsche Generalstab. Geschichte und Gestalt 1657-1945, 2., gek. Aufl., Frankfurt a.M. 1953

Goltz, Colmar Freiherrvon der, Krieg- und Heer Führung, Berlin 1901

Goltz, Colmar Freiherr von der, Krieg Führung. Kurze Lehre ihrer wichtigsten Grundsätze und Formen, Berlin 1895

Goltz, Colmar Freiherr von der. Das Volk in Waifen: ein Buch über Heerwesen und Kriegführung unsererZeit, 5., umgearb. und verb. Aufl., Berlin 1895

Graf Moltke. Die deutschen Aufmarschplane 1871-1890. Hrsg. von Ferdinand von Schmerfeld, Berlin 1929 (= Forschungen und Darstellungen aus dem Reichsarchiv, 7)

Greiner, Christian, Die alliierten militarstrategischen Planungenzur Verteidigung Westeuropas 1947-1950. In: AWS, Bd 1, S. 119-323

Greiner, Christian, Die Entwicklung der Bündnisstrategie 1949 bis 1958. In: Greiner/Maier/Rebhan, Die NATO, S. 17-174

Greiner, Christian, General Adolf Heusinger (1897-1982). Operatives Denken und Planen 1948 bis 1956. In: Operatives Denken und Handeln, S.225-261

Greiner, Christian, Die militärische Eingliederung der Bündesrepublik Deutschiand in die WEU und die NATO 1954 bis 1957. In: AWS, Bd 3, S. 561-850

Greiner, Christian, Klaus A. Maier und Heinz Rebhan, Die NATO als Militarallianz.

Strategic, Organisation und nukleare Konttolle im Bündnis 1949 bis 1959. Im Auftrag des Militärgeschichtlichen Forschungsamtes hrsg. von Bruno Thoß, München 2003 (= Entstehung und Probieme des Atlantischen Bündnisses bis 1956, 4)

Groener, Wilhelm, Der Feldherr wider Willen. Operative Studien über den Weltkrieg, Berlin 1930

Groener, Wilhelm, Lebenserinnerungen. Jugend - Generalstab - Weltkrieg. Hrsg. von Friedrich Freiherr Killervon Gaertringen, Gdttingen 1957 (= Deutsche Geschichtsquellen des 19. und 20. Jahrhunderts, 41)

Groener, Wilhelm, Das Testament des Grafen Schlieffen, Betlin 1927

Groß, Gerhard P., Das Dogmader Beweglichkeit. Uberlegungen zur Genese der deutschen Heerestaktik im Zeitalrer der Weltkriege. In: Erster Weltkrieg–Zweiter- Weltkrieg, S. 143-166

Groß, Gerhard P., Ein Nebenkriegsschauplatz. Die deutschen Operationen gegen Rumänien 1916. In: Der Erste Weltkrieg auf dem Balkan, S. 143-158

Groß, Gerhard P., Gerhard von Scharnhorst oder historische Bildung. In: Truppenpraxis Wehrausbildung. Zeitschrift für Führung, Ausbildung und Erziehung, 3 (1995), S. 207-213

Groß, Gerhard P., German Plans to Occupy Denmark, »Case J«, 1916-1918. In: The Danish Straits and Getman Naval Power, S. 155-166

Groß, Gerhard P., Im Schatten des Westens. Die deutsche Kriegführung an der Ostfront bis Ende 1915. In: Die vergessene Front, S. 49-64

Groß, Gerhard P., Der »Raum« als operationsgeschichtliche Kategorie im Zeitalter der Weltkriege. In: Perspektiven der Militärgeschichte, S. 115-140

Groß, Gerhard P., Die Seekrieg Führung der Kaiserlichen Marine im Jahre 1918, Frankfurta.M [u.a.] 1989 (Europämsche Hochschulschriften, Reihe111, 387)

Groß, Gerhard P., There was a Schlieffenplan. Neue Quellen. In: Der Schlieffenplan, S. 117-160

Groß, Gerhard P., Unternehmen »Albion«. Eine Studie zur Zusammenarbeit von Armee und Marine während des Ersten Weltkrieges. In: Internationale Beziehungen im 19. und 20. Jahrhundett, S. 171-186

Der große Atlas zum Il. Weltkrieg. Hrsg. von PeterYoung. Mit 247 Karten von Richard Natkiel und 262 Dokumentarfotos. Dr. Bearb. Christian Zentner, 6. Aufl., München 1989

Der Groß Brockhaus. Handbuch des Wissens in 20 Banden, Bd 13, 15., vollig neubearb. Aufl., Leipzig 1932

Der Groß Brockhaus, Bd 8, 17., vollig neubearb. Aufl., Wiesbaden 1955

Der Groß Krieg. Europaische Militarzeitschriften und die Debatte über den Kaieg der Zukunft, 1880-1914. Hrsg. von Stig Förster (in Vorbereitung)

Der groß Ploetz-Atlas zur Weltgeschichte, [Red.; Hoiger Vornhoit], Gdttingen 2009

Grundkurs deutsche Müitargeschichte, Bd1: Die Zeit bis 1914.Vom Kriegshaufen zum Massenheer. Im Auftrag des Militärgeschichtüchen Forschungsamtes hrsg. von Karl Volker Neugebauer, München2006

Grundkurs deutsche Müitargeschichte, Bd 2; Das Zeitalter der Welrkriege 1914 bis 1945. Volker in WafFen. Im Auftrag des Militärgeschichtüchen Forschungsamtes hrsg. von Karl Volker Neugebauer, München2007

Grundsarze der TruppenFührung im Lichre der Operarionsgeschichre von vier Jahrhunderten. Fine Sammlungvon Beispielen der Kriegs- und Operarions geschichre vom Dreißigjährigen Krieg bis heure. Bearb. von der Arbeirsgruppe Joint and Combined Operations und dem

Service Historique de l'Armee de Terre, Hamburg, Paris 1999
Grundzüge der deurschen Militärgeschichre, Bd 2: Arbeirs- und Quellenbuch. Im Auftrag desMilitärgeschichtüchen Forschungsamtes hrsg. von Karl-Volker Neugebauer, Freiburgi. Br. 1993
Guderian, Ffeinz, Achrung - Panzer! Die Enrwicklung der Panzerwaffe, ihre Kampfrakrik und ihre operariven Möglichkeiren, Srurrgarr 1937
Guderian, Ffeinz, Bewegliche Truppenkorper (Fine kriegsgeschichrliche Studie, 5 Teile). In: Militär-Wochenblarr, 18 (1927), Sp. 649-653; 19 (1927), Sp. 687-694; 20 (1927), Sp. 728-731; 21 (1927), Sp. 772-776, und 22 (1927), Sp. 819-822
Guderian, Ffeinz, Erinnerungen eines Soldaren, 4. Aufl., Heidelberg 1951
Guderian, Ffeinz, Schnelle Truppen einsr und jerzr. In: Militärwissenschafrliche Rundschau, (1939), S. 229-243
Haas, Gerharr, Zum Bildder Wehrmachr in der Geschichrsschreibung der DDR. In: Die Wehrmachr. Myrhos und Realirar, S. 1100-1112
Habeck, Mary R., Storm of Steel, ffie Development of Armor Doctrine in Germany and the Soviet Union, 1919-1939, Ithaca, NY, London 2003
Hackl, Orrmar, Das »Schlagen aus der Nachhand«. Die Operarionen der Heeresgruppe Don bzw. Süd zwischen Donez und Dnepir 1943. In: Truppendienst (1983), S. 132-137
Hahlweg, Werner, Der klassische Begriff der Straregie und seineFnrwicldung. In: Srrategie-Handbuch, Bd 1
Halder, Franz, Ffirler als Feldherr, München 1949
Halder, Franz, Kriegstagebuch. Tagliche Aufzeichnungen des Chefs des Generalstahes des Heeres 1939-1942, 3 Bde. Hrsg. vom Arbeirskreis für Wehrforschung, bearb. von Hans-AdolfJacobsen, Srurrgarr 1962—1964
Hammerich, Helmut R., Dieter Ff. Kollmer, Martin Rink und Rudolf Schlaffer, Das Heer 1950 bis 1970. Konzeprion, Organisation und Aufsrellung. Unrer Mirarb. von Michael Poppe, München 2006 (= Sicherheirspolirik und Srreirkrafte der Bündesrepublik Deurschland, 3)
Hammerich, Helmut R., Kommiss kommr von Kompromiss. Das Heer der Bündeswehr zwischen Wehrmachr und U.S. Army (1950 bis 1970). In: Hammerich/Kollmer/Rink/Schlaffer, Das Heer, S. 17-351
Handbuch der neuzeirlichen Wehrwissenschafren. Bd 1: Wehrpolirik und Kriegführung. Hrsg. im Auftrage der Deurschen Gesellschafr für Wehrpolirik und Wehrwissenschaften und unter umstehend aufgeführter Sachverstandiger von Hermann Franke, Berlin 1936
Handbuch für Heer und Flotte. Enzyklopadie der Kriegswissenschäften und verwandter Gebiete. Hrsg. von Georgvon Alten, Bd 1, Leipzig [u.a.] 1909
Handbuch für Heerestakdk,T. 1: Grundbegriffe, Berlin 1939
Hartmann, Christian, Johannes Hürter, PeterLieBünd Dieter Pohl, Der deutsche Krieg im Osten 1941-1944. Facetten einer Grenzüberschreitung, München 2009 (= Quellen und Darstellungen zur Zeitgeschichte, 76)
Hartmann, Christian, Haider. Generalstabschef Hitlers 1938-1942, Paderborn 1991
Hartmann, Christian, Verbrecherischer Krieg - verbrecherische Wehrmacht? Überlegungen zur

Struktur des deutschen Ostheeres 1941-1944. In: VfZ, 52 (2004), S. 1-75

Hartmann, Christian, Wehrmacht im Ostkrieg. Front und militärisches Hinterland 1941/1942, München 2009 (= Quellen und Darstellungen zur Zeit geschichte, 75)

H.Dv. 487. Ftihrung und Gefecht der verbundenen Waffen (F.u.G.). Neudr. der Ausg. 1921 bis 1924 in 3 Teilen. Mit einer Einfuhrung von Karl-Volker Neugebauer, Osnabrück 1994 (= Bibliotheca Rerum Militarium, 53)

Heeresverpflegung. Hrsg. vom Großen Generalstab, Berlin 1913 (= Studien zur Kriegsgeschichte und Taktik, 6)

Heider, Paul, Der totale Krieg - seine Vorbereitung durch Reichswehr undWehr macht. In: Der Weg der deutschen Eliten, S. 35-80

Heinemann, Winfried, The Development of German Armoured Forces, 1918-1940. In: Armoured Warfare, S. 51-69

Herbst, Ludolf, Der Totale Krieg und die Ordnung der Wirtschaft. Die Kriegswirtschaft im Spannungsfeld von Politik, Ideologie und Propaganda 1939-1945, Stuttgart 1982 (= Studien zur Zeitgeschichte, 21)

Herders Conversations-Lexikon, Bd 4, Freiburg i.Br. 1856

Hermann, Erwin, Die Friedensarmeen der Sieger und der Besiegten des Weltkrieges. In: WuW, 3 (1922), S. 268-282

Herwig, Holger H., The Marne, 1914. The Opening of World War I and the Battle that Changed the World, NewYork 2009

Heuser, Beatrice, Clausewitz lesen! Fine Einfuhrung, München 2005 (= Beitrage zur Militärgeschichte. Militärgeschichte kompakt, 1)

Heuser, Beatrice, NATO, Britain, France and the FRG. Nuclear Strategies and Forces for Europe, 1949-2000, Houndmills, London 1997

Heusinger, Adolf, Befehl im Widerstreit. Schicksalstunden der deutschen Armee 1923-1945, 2. Aufl., Tübingen 1957

Heusinger, Adolf, Ein deutscher Soldat im 20. Jahrhundert. Hrsg. vom BMVg, FüS I 3, [o.O.] 1987 (= Schriftenreihe Innere Ftihrung, Beih. 3/87 zur Information für die Truppe)

Heusinger, Adolf, In memoriam, Franz Haider 30.6.1884-2.4.1972. In: Wehrforschung (1972), S. 79

Hillgruber, Andreas, Großmachtpolitik und militärismus im 20. Jahrhundert. Drei Beitrage zum Kontinuitätsproblem, Düsseldorf1974

Hillgruber, Andreas, Hitlers Strategic. Politik und Kriegführung 1940-1941, Frankfurt a.M., München 1965; 2. Aufl. 1982

Hiligruber, Andreas, Kontinuität und Diskontinuität in der deutschen Aufienpolitik von Bismarck bis Hider. In: Hiligruber, Großachtpolidk und militärismus, S. 11—36

Hiligruber, Andreas, Der Zenit des Zweiten Weitkrieges: Juli 1941. In: Die Zerstörung Europas, S. 273-295

Historische Leitlinien für das Militar der neunzigerJahre. Hrsg. von Detlef Bald und Paul Klein, Baden-Baden 1989 (= Militär und Sozialwissenschaften, 2)

Hitlers Lagebesprechungen. Die Protokollfragmente seiner militärischen Konferenzen 1942-

1945. Hrsg. von Helmut Heiber, Stuttgart 1962 (= Quellen und Darstellungen zur Zeitgeschichte, 10)
Hitlers Weisungen für die Kriegführung 1939-1945. Dokumente des Oberkommandos der Wehrmacht. Hrsg. von Walther Hubatsch, Frankfurt a.M. 1962; 2., durchges. und erg. Aufl., Koblenz 1983; Erlangen 1999
Hitz, Hans, Taktik und Strategic. Zur Entwicklung kriegswissenschaftlicher Begriffe. In: Wehrwissenschaftliche Rundschau. Zeitschrift für Europaische Sicherheit (1956), S. 611-628
Höbelt, Lothar, Schlieffen, Beck, Potiorek und das Ende der gemeinsamen deutsch-österreichisch-ungarischen Aufmarschpläne im Osten. In: MGM, 2 (1984), S. 7-30
Höbelt, Lothar, »So wie wir haben nicht einmal die Japaner angegrilFen«. Österreich-Ungarns Nordfront 1914/15. In: Dievergessene Front, S.87-119
Höhn, Hans, Zur Bewertung der Infanterie dutch die Führung der deutschen Wehrmacht. In: Zeitschrift für Militärgeschichte, 4 (1965), S. 417-432
Hoeres, Peter, DieSlawen. Perzeptionen desKriegsgegners beiden Mittelmachten. Selbst- und Feindbild. In: Die vergessene Front, S. 179-200
Hoffmann, Max, DieAufzeichnungen des Generalmajors MaxHoffmann, Bd2. Hrsg. von Karl Friedrich Nowak, Berlin 1929
Home, John, und Alan Kramer, Deutsche Kriegsgreuel 1914. Die umstrittene Wahrheit, Hamburg 2004
Howard, Michael, Der Krieg in der europäischen Geschichte. Vom Ritterheer zur Atomstreitmacht, München 1981
Hübner, Johann, Johann Hübner's Zeitungs- und Conversations-Lexikon. Ein vaterländisches Handworterbuch, Theil 3:M bis R, 31. Aufl., Leipzig 1826
Hürter, Johannes, Hitlers Heerführer. Die deutschen Oberbefehlshaber im Krieg gegen die Sowjetunion 1941/1942, München 2006 (= Quellen und Darstellungen zurZeitgeschichte, 66)
Hürter, Johannes, DieWehrmacht vorLeningrad. Krieg und Besatzungspolitik der 18. Armee im Herbst und Winter 1941/42. In: VfZ, 49 (2001), S. 377-440
Hürter, Johannes, Wilhelm Groener. Reichswehrminister am Ende der Weimarer Republik (1928 bis 1932), München 1993(= Beiträge zur Militärgeschichte, 39)
Hull, Isabel V., Absolute Destruction. Military Culture and the Practices of War in Imperial Germany, Ithaca, NY 2005
Ideen und Strategien 1940. Ausgewählte Operationen und deren Militärgeschichtliche Aufarbeitung, Herford, Bonn 1990 (= Operatives Denken und Handeln in deutschen Streitkräften, 3)
Internationale Beziehungen im 19. und 20. Jahrhundert. Festschrift für Winfried Baumgart zum 65. Geburtstag. Hrsg. von Wolfgang Elz und Sonke Neitzel, Paderborn 2003
Jeismann, Karl-Ernst, DasProblem desPraventivkrieges im europäischen Staatensystem mit besonderem Blick auf die Bismarckzeit, Freiburg, München 1957
Jochim, Hinhaltendes Gefecht. In: WuW, 5 (1924), S. 106-114

Jomini, Henri, Precis de Part de la guerre, ou noveau tableau analytique des principales combinaisons de la strategie, de la grande tactique et de la politique militaire, 2 vols. Neudr. der Ausg. 1855. Mit einer Einl. von H.R. Kurz, Osnabrück 1974 (= Bibliotheca Rerum Militarium, 43)

Jünger, Ernst, Die Ausbildungsvorschrift der Infanterie. In; Militär-Wochenblatt, 108 (1923), S. 51-53

Justrow, Karl, Feldherr und Kriegstechnik. Studien über den Operationsplan des Grafen SchliefFen und Lehren für unseren Wehraufbau und unsere Landesverteidigung, Oldenburg 1933

Kabisch, Ernst, Streitfragen desWeltkrieges 1914-1918, Stuttgart 1924

Kaiser Wilhelm II. als Oberster Kriegsherr im Ersten Weltkrieg. Quellen aus der militärischen Umgebung des Kaisers 1914-1918. Bearb. und eingel. von Holger Afflerbach, München 2005 (= Deutsche Geschichtsquellen des 19. und 20. Jahrhunderts, 64)

Keegan, John, Die Maske des Feldherrn. Alexander der Große, Wellington, Grant, Hitler, Weinheim, Berlin 1997

Kehrig, Manfred, Stalingrad. Analyse und Dokumentation einer Schlacht, Stuttgart 1974 (= Beitrage zur Militär- und Kriegsgeschichte, 15)

Keitel, Wilhelm, Generalfeldmarschall Keitel. Verbrecher oder Offizier? Erinnerungen, Briefe, Dokumente des Chefs des OKW. Hrsg. von Walter Görlitz, Gottingen [u.a.] 1961

Kershaw, Ian, Hitler 1889-1936, Stuttgart 1994; 1998

Kershaw, Ian, Hitler 1936-1945, Stuttgart 2000

Kessel, Eberhard, Moltke, Stuttgart 1957

Kessel, Eberhard, Napoleonische und Moltkesche Strategie. In: WuW, 2 (1929), S. 171-181

Kielmansegg, Peter Graf von, Deutschlandund der Erste Weltkrieg, 2., durchges. Aufl., Stuttgart 1980

Kielmansegg, Peter Graf von, Feuer und Bewegung. Der Durchbruch einer Panzerdivision. In: Die Wehrmacht, 22 (1938), S. 11-14

Klein, Friedhelm, und Karl-Heinz Frieser, Mansteins Gegenschlag am Donee.

Operative Analyse des Gegenangriffs der Heeresgruppe Südim Februar/März 1943. In: Militärgeschichte, 9 (1999), S. 12-18

Klein, Friedhelm, und Ingo Lachnit, Der »Operationsentwurf Ost« des Generalmajor Marcks vom 5. August 1940. In: Wehrforschung, 2 (1972), 4, S. 114-123

Klink, Ernst [u.a.],Der Krieg gegen die Sowjetunion bis zur Jahreswende 1941/42. In: Das Deutsche Reich und der Zweite Weltkrieg, Bd 4, S. 451-1088

Klink, Ernst, Die militärische Konzeption des Krieges gegen die Sowjetunion. In: Das Deutsche Reich und der Zweite Weltkrieg, Bd 4, S. 190-326

Koch, Adalbert, und Fritz Wiener, Die Panzer-Division 1945. In: Feldgrau (1960), S. 33-39,

Köster, Burkhard, Ermattungs- oder Vernichtungsstrategie? Die Kriegführung der 2. und 3. Obersten Heeresleitung (OHL). In: Militärgeschichte. Zeitschrift für historische Bildung, 2 (2008), S. 10-13

Köster, Burkhard, Militar und Eisenbahn in der Habsburgermonarchie 1825" 1859, München 1999 (=Militärgeschichdiche Studien, 37)

Kondyüs, Panajotis, Theorie des Krieges. Clausewitz –Marx-Engels-Lenin, Stuttgart 1988

Krafft von Dellmensingen, Konrad, Der Durchbruch. Studie an Hand der Vorgange des Weltkrieges 1914-1918, Hamburg 1937

Krieg, Frieden und Demokratie. Festschrift fur Martin Vogt zum 65. Geburtsgag. Hrsg. von Christof Dipper, Frankfurt a.M. [u.a.] 2001

Kriegsende 1918. Ereignis, Wirkung, Nachwirkung. Im Auftrag des Militärgeschichtüchen Forschungsamtes hrsg. von Jorg Duppler und Gerhard P. Groß, München 1999 (= Beitrage zur Militärgeschichte, 53)

Kriegs-Rundschau. Zeitgenossische Zusammenstellung der für den Weltkrieg wichtigen Ereignisse, Urkunden, Kundgebungen, Schlachten- und Zeitberichte, Bd 1, Berlin 1914/15

Kriegstagebuch des Oberkommandos der Wehrmacht (Wehrmachtführungsstab) 1940-1945, 4 Bde. Geführt von Helmuth Greiner und Percy Ernst Schramm. Im Auftrag des Arbeitskreises für Wehrforscbung hrsg. von Percy Ernst Schramm. Zsgst. und erlaut. von Hans-AdolfJacobsen, Frankfurt a.M. 1961-1965; Nachdr. Hersching 1982

Kriegstheorie und Kriegsgeschichte. Carl von Clausewitz. Helmuth von Moltke. Hrsg. von Reinhard Stumpf Frankfurt a.M. 1993 (= Bibliothek der Geschichte und Politik, 23)

Kroener,Bernhard R.,Aufdem Wegzu einer onationalsozialistischen Volksarmee«. Die soziale Öffnung des Heeresoffiizierkorps im Zweiten Weltkrieg. In: Von Stalingrad zur Wahrungsreform, S. 651-683

Kroener, Bernhard R., Der »erfrorene« Blitzkrieg. Strategische Planungen der deutschen Führung gegendie Sowjetunion und die Ursachenihres Scheiterns. In: ZweiWege nach Moskau, S. 133-148

Kroener, Bernhard R., »Der starke Mann im Heimatkriegsgebiet« - Generaloberst FriedrichFromm. Eine Biographie, Paderborn 2005

Kronenbitter, Günrher, Austria-Hungary. In: War Planning 1914, S. 24-47

Kronenbitter, Günrher, Die militärischen Planungen der k.u.k. Armee und der Schlieffenplan. In: Der Schlieffenplan, S. 205-220

Kronenbitter, Günrher, Von >Schweinehunden< und >Waffenbrüdern<. Der Koalitionskrieg der Mittelmachte 1914/15 zwischen Sachzwang und Ressentiment. In: Die vergessene Front, S. 121-143

Kronprinz Rupprecht, Mein Kriegstagebuch, 3 Bde. Hrsg. von Eugen von Frauenholz, Berlin 1929

Krüger, Dieter, Das Amt Blank. Die schwierige Gründung des Bündesministeriums für Verteidigung, Freiburg i.Br. 1993 (= Einzelschriften zur Militärgeschichte, 38)

Kruger, Dieter, Schlachtfeld Bündesrepublik? Europa, die deutsche Luftwaffe und der Strategiewechsel der NATO 1958 bis 1968. In: VfZ, 56 (2008), S. 171-225

Kuhl, Herman von, Der Weltkrieg 1914—1918. Dem deutschen Volke dargestellt, 2 Bde, Berlin 1929

Kunde, Martin, Der Präventivkrieg. Geschichtliche Entwicklung und gegenwartige Bedeutung, Frankfurt a.M. 2007

Kushber, Jan, Die russischen Streitkrafte und der deutsche Aufmarsch beim Ausbruch des Ersten

Weltkrieges. In: Der SchliefFenplan, S. 257-268
Kutz, Martin, Realitatsflucht undAggression imdeutscben Militar, Baden-Baden 1990
Kutz, Martin, Schlieffen contra Clausewitz. Zur Grundlegung einer Denkschule der Aggression und des Bützkrieges. In: Kutz, Realitatsflucht und Aggression, S. 12-48
Lakowski, Richard, Seelow 1945. Die Entscheidungsschlacht an der Oder,Berlin 1995
Lambi, Ivo Nikolai, The Navy and German Power Politics, 1862-1914, Boston, MA 1984
Lange, Sven, Hans Delbrückund der »Strategiestreit«. Kriegführung und Kriegsgeschichte in der Kontroverse 1879—1914, Freiburg i.Br. 1995 (= Einzelschriften zur Militärgeschichte, 40)
Leeb, Wilhelm Ritter von. Die Abwehr, Berlin 1938
Leistenschneider, Stephan, Auftragstaktik im preußisch-deutschen Heer 1871 bis 1914. Hrsg. vom Militärgeschichtlichen Forschungsamt, Hamburg 2002
Lernen aus dem Krieg? Deutsche Nachkriegszeiten 1918—1945. Hrsg. von Gottfried Niedhart und Dieter Riesenberger, München 1992
Lesin, Michail G., Führungsdenken im russisch-sowjetischen Militärwesen-Genesis, Ansprüche, Grenzen. In: Führungsdenken, S. 209-218
Lindemann, F, Feuer und Bewegung im Landkrieg der Gegenwart. In: Militärwissenschaftliche Rundschau (1937), S. 362-377
Linnebach, Karl, Der Durchbruch. Eine kriegsgeschichtliche Untersuchung (1. Tell). In: WuW, 11 (1930), S. 448-471
Linnebach, Karl, Zum Meinungsstreit über den Vernichtungsgedanken in der Kriegführung. In: WuW, 15 (1934), S. 726-751
Linnenkohl, Hans, Vom Einzelschuß zur Feuerwalze. Der Wettlauf zwischen Technik und Taktik im Ersten Weltkrieg, Kohlenz 1990
Loch, Thorsten, und Lars Zacharias, Betrachtungen zur Operationsgeschichte ei ner Schlacht. In: OMZ, 49 (2011) 4, S. 436-444
Loch, Thorsten, und Lars Zacharias, Koniggratz 1866. Die Operationen zwischen dem 22. Juni und 3. Juli 1866. In: OMZ, 48 (2010), 6, S. 707-715
Loßberg, Bernhard von, Im WehrmachtFührungsstab. Bericht eines Generalstabsoffiziers, Hamburg 1950
Ludendorff, Erich, Mein militärischerWerdegang. Blatter der Erinnerung an unser stolzes Heer, München 1924
Ludendorff, Erich, Meine Kriegserinnerungen 1914-1918, Berlin 1919
Ludendorff, Erich, Der totale Krieg, München 1935; 2. Aufl. 1936
Ludwig, Der Geist des deutschen Soldaten. In: Militär-Wochenblatt, 42 (1941) Sp. 1709
Ludwig, M., Gedanken über den Angriff im Bewegungskrieg. In: Militärwissenschaftliche Rundschau (1936), S. 153-164
Luttwak, Edward N., The Pentagonand the Art ofWar. The Question of Military Reform, New York 1984
Luttwak, Edward N., Strategic. Die Logik von Krieg und Frieden, Lüneburg 2003
Luvaas, Jay, The Military Legacy of the Civil War: The European Inheritance, Chicago, IL 1959

Mackindet, Halford John, Democratic Ideals and Reality: A Study in the Politics of Reconstruction, London 1919

Magenheimer, Heinz, Die Abwehrschlacht an der Weichsel 1945. Planung und Ablauf aus der Sicht der deutschen operativen Führung. In: Operatives Denken und Handeln, S. 161 —182

Magenheimer, Heinz, Letzte Kampferfahrungen des deutschen Heeres an der West- und Ostfront. In: ÖMZ, 4 (1985), S. 317-320

Maier, KlausA., Die politischeKonttolle überdie ametikanischenNuklearwaffen. Ein Bündnisproblemder NATO unter der Doktrin der Massiven Vergeltung. In: Greiner/ Maier/Rebhan, Die NATO, S. 251—420

Makers of Modern Strategy from Machiavelli to the Nuclear Age. Ed. by Peter Paret, Princeton, NJ 1986

Manstein, Erich von, VerloreneSiege, Bonn 1955

Mantey, Friedrich von, Graf Schlieffen und der jüngere Moltke. In: Militär-Wochenblatt, 120 (1935/36), Sp. 395-398

Marholz, Josef, Die Enrwicklung der operativen Führung. In: OMZ (1973), S. 107-113, 195-204, 369-376 und 458-461

Marwedel, Ulrich, Carlvon Clausewitz. Persönlichkeit und Wirkungsgeschichte sei nes Werks bis 1918, Boppard a.Rh. 1978 (= Militärgeschichtliche Studien, 25)

Marx, Karl, und Friedrich Engels, Werke, Bd 16, Berlin 1962

Marx, Wilhelm, Das »Cannä-Oratorium«. In: Militär-Wochenblatt, 8 (1932), Sp. 246 f.

Mason, Timothy W, Innere Krise und Angtiffskrieg 1938/1939. In: Wirtschaft und Rüstung amVorabend des Zweiten Weltkrieges, S. 158-188

Megargee, Geoffrey P., Hitler und die Generäle. Das Ringen um die Führung der Wehrmacht 1933-1945, Paderborn 2006

Meier-Welcker, Hans, Aufzeichnungen eines Generalstabsoffiziers 1939 bis 1942, Freiburg i.Br. 1982 (= Einzelschriffen zur militärischen Geschichte des Zweiten Weltktieges, 26)

Meiet-Welcker, Hans, Seeckt, Frankfurt a.M. 1967

Meiet-Welcker, Hans, Strategische Planungen und Vereinbatungen der Mittelmachte fur den Mehrfrontenkrieg. In: OMZ (1964), Sonderheft 2, S. 15-22

Meinert, Friedrich, Über den Krieg, die Kriegswissenschaften und die Kriegskunst. Für das Militar und solche, welche vom Kriegswesen unterrichtet seinwollen. Geordnet, erganzt und hrsg. von F.M., Halle 1798

Melvin, Mungo, Manstein. Hitler's Greatest General, London 2010

Menning, BruceW, War Planningand Initial Operations in the Russian Context. In: War Planning 1914, S. 80-142

Der Mensch und die Schlacht der Zukunfr. In: Militärwochenblatt, 30 (1926), Sp. 1066 f.

Messerschmidt, Manfred, Einleitung. In: Das Deutsche Reich und der Zweite Weltkrieg, Bd 4, S. XIII-XIX

Meyer, Georg, Adolf Heusinger. Dienst eines deutschen Soldaten 1915 bis 1964. Hrsg. mit Unterstützung der Clausewitz-Gesellschaft und des Militärgeschichtlichen Forschungsamtes,

Hamburg [u.a.] 2001
Meyers Großes Konversations-Lexikon, Bd 15, Leipzig 1908
Middeldorf, Like, Die Abwehrschlacht am Weichselbrückenkopf Baranow. Line Studie über neuzeidiche Verteidigung. In: Wehrwissenschaftliche Rundschau (1953), 4, S. 187-203
Middeldorf, Like, Taktik im RuElandfeidzug. Erfahrungen und Folgerungen, Darmstadt 1956
Miksche, Ferdinand Otto, Blitzkrieg, London 1942
Militärische Verantwortung in Staat und Gesellschaft. 175 Jahre Generalstabsausbildung in Deutschland. Hrsg. von DetlefBald, Koblenz 1986
Militär-Lexikon. Handworterbuch der Militärwissenschaften, Berlin 1901
Military Effectiveness, vol. 3: The Second World War. Ed. by Allan R. Millett and Williamson Murray, Boston, MA [u.a.] 1988 (= Series on Defence and Foreign Policy)
Millotat, Christian, Das preußisch-deutsche Generalstabssystem. Wurzeln -Entwicklung - Fortwirken, Zürich 2000
Milward, Alan S., Hitlers Konzept des Blitzkrieges. In: Probleme des Zweiten Weltkrieges, S. 19-40
Molt, Matthias, Von der Wehrmacht zur Bündeswehr. Personelle Kontinuität und DisKontinuität beim Aufbau der Deutschen Streitkrafte 1955 bis 1966, unveroff. Diss. Heidelberg 2007
Moltke, Helmuth von, Aufsatz vom Jahre 1859 »Uber Flankenstellungen«. In: Moltkes militärische Werke, Bd 2/2 (1900), S. 261-266
Moltke, Helmuth von, Aufsatz vom 16. September 1865 »Uber Marschtiefen«. In: Moltkes militärische Werke, Bd 2/2, Berlin 1906, S. 235-246
Moltke, [Helmuth] Grafvon, Ausgewahlte Werke, Bd 1: Feldherr und Kriegslehrmeister. Hrsg. von Ferdinand von Schmerfeld, Berlin 1925
[Moltke, Helmuth von], »Betrachtungen über Konzentrationen im Kriege von 1866«. In: Militär-Wochenblatt, 18 (1867), S. 187-189
Moltke, Helmuth von, Erinnerungen, Briefe, Dokumente 1877-1916. Ein Bild vom Kriegsausbruch, erster Kriegführung und Personlichkeit des ersten militärischen Führers des Krieges. Hrsg. von Eliza von Moltke, Stuttgart 1922
Moltke, Helmuth von, Gesammelte Schriften und Denkwürdigkeiten des General-Feldmarschalls Grafen Helmuth von Moltke, 8 Bde. Hrsg. von Lescynski, Berlin 1891-1893, Bd 3, Berlin 1891
Moltke, Helmuth von, Geschichte des Deutsch-Französischen Krieges von 1870-71. In: Moltke, Gesammelte Schriften und Denkwürdigkeiten, Bd 3
Moltke, Helmuth von, Über Strategie. In: Kriegstheorie und Kriegsgeschichte, S. 429-432
Moltke, Helmuth von, Über Strategie. In: Moltkes Taktisch-strategische Aufsätze, S. 291-293
Moltke, Helmuth von, Verbindungen. In: Moltkes militärische Werke, Bd 4/2, S. 19-24
Moltke. VomKabinettskrieg zum Volkskrieg. Eine Werkauswahl. Hrsg. von Stig Förster, Bonn 1992
Moltkes Militärische Werke. Hrsg. vom Großen Generalstab, 15 Bde, Berlin 1892-1912
Moltkes Militärische Werke, Bd 2/2: Die Thatigkeit als Chef des Generalstabes der Armee im Frieden. Hrsg. vom Großen Generalstabe, Abteilung für Kriegsgeschichte I, Berlin 1900 (=Moltke's militärische Werke, Die Thatigkeit als Chef des Generaistabes der Armee

im Frieden, ZweiterTeil), Berlin 1900 Moitkes militärische Werke, Bd 4/2: Moitkes Kriegslehren. Die taktischen Vorbereitungen zur Schlacht, Berlin 1911

Moitkes Taktisch-strategische Aufsätze aus den Jahren 1857 bis 1871. Hrsg. vom Großen Generalstabe, Abteilung für Kriegsgeschichte I, Berlin 1900 (= Moltke's militärische Werke, Die Thätigkeit als Chefdes Generaistabes der Armee im Frieden, ZweiterTeil), Berlin 1900

Mombauer, Annika, German WarPlans. In: War Planning 1914, S. 48—79

Mombauer, Annika, Helmuth von Moltke and the Origins of the First World War, Cambridge 2001

Mombauer, Annika, Der Moltkeplan. Modifikation des Schlieffenplans bei gleichen Zielen? In: Der Schlieffenplan, S. 79—99

Mommsen, Wolfgang J., Das Ringen um den nationalen Staat. Die Gründung und der innere Ausbau des Deutschen Reiches unter Otto von Bismarck 1850-1890, Berlin 1993 (= Prophylaen Weltgeschichte Deutschlands, 7/1)

Mommsen, Wolfgang J., Der Topos vom unvermeidlichen Krieg. Außenpolitik und offentliche Meinung im Deutschen Reich im letzten Jahrzehntvor 1914. In: Bereitzum Krieg, S. 194—224

Müller, Klaus-Jürgen, General Ludwig Beck. Studien und Dokumente zur politischmilitärischen Vorstellungswelt und Tatigkeit des Generalstabschefs des deutschen Heeres 1933-1938, Boppard 1980 (= Schriften des Bündesarchivs, 30)

Müller, Klaus-Jürgen, Generaloberst Ludwig Beck. Line Biographic. Hrsg. mit Unterstützung des Militärgeschichtlichen Forschungsamtes Potsdam, Paderborn [u.a.] 2008

Müller, Klaus-Jürgen, Das Heer und Hitler. Armee und nationalsozialistisches Regime 1933 bis 1940, Stuttgart 1969 (= Beitrage zur Militär- und Kriegsgeschichte, 10)

Müller, Martin, Vernichtungsgedanke und KoalitionsKriegführung. Dasdeutsche Reich und Österreich-Ungarn in der Offensive 1917/1918, Graz 2003

Müller, Rolf-Dieter, Der Feind steht im Osten. Hitlers geheime Plane fur einen Krieggegen die Sowjetunion im Jahre 1939, Berlin 2011

Müller, Rolf-Dieter, undGerd R.Ueiserschar, HitlersKrieg im Osten 1941-1945. Ein Forschungsbericht, Darmstadt 2000

Müller, Rolf-Dieter, DieMobilisierung der deutschen Kriegswirtschaft für Hitlers Kriegführung. In: Das Deutsche Reich und der Zweite Weltkrieg, Bd 5/1, S. 406-556

Müller, Rolf-Dieter, Das Scheitern der wirtschaftlichen »Blitzkriegsstrategie«. In: Das Deutsche Reich und der Zweite Weltkrieg, Bd 4, S. 936—1029

Müller-Hillebrand, Burkhart, Das Heer 1933-1945. Entwicklung des organisatorischen Aufbaus, Bd 1: Das Heer bis zum Kriegsbeginn; Bd 2: Die Blitzfeldzüge 1939-1941. Das Heer im Kriege biszum Beginn des Feldzuges gegen die Sowjetunion im Juni 1941; Bd 3: Der Zweifrontenkrieg. Das Heer vom Beginn des Feldzuges gegen die Sowjetunion bis zum Kriegsende, Darmstadt, Frankfurt a.M. 1954-1969

Mulligan, William,The Creation of the Modern German Army. General Walther Reinhardt and the Weimat Republic, 1914—1930, New York, Oxford 2005 (= Monographs in German History, 12)

Murray, Williamson, The German Response to Victory in Poland. A Case Study in Professionalism. In: Armed Forces and Society, 7 (1981), S. 285-298

Nägler, Ftank, Det gewollte Soldat und sein Wandel. Personelle Rüstung und Innere Führung in den Aufbaujahren der Bündeswehr 1956 bis 1964/65, München 2010 (= Sichetheitspolitik und Streitkrafte der Bündesrepublik Deutschland, 9)

Nakata, Jun, Der Grenz- und Landesschutz in der Weimarer Republik 1918 bis 1933. Die geheime Aufrüstung und die deutsche Gesellschaft. Idrsg. vom Militärgeschichtlichen Forschungsamt, Freiburg i.Br. 2002 (= Einzelschriften zur Militärgeschichte, 41)

NATO Strategy Documents, 1949-1969. Ed. byGregory W. Pedlow in collaboration with NATO International StaffCenttal Archives; komplett downloadbar unter URL: <http://www.nato.int/archives/strategy.htm>, Brussels 1997

Naveh, Shimon, In Pursuit of Military Excellence. The Evolution of Operational Theoty, London [u.a.] 1997

Neitzel, Sonke, Blut und Eisen. Deutschland im Ersten Weltkrieg, Zürich 2003 (= Deutsche Geschichte im 20. Jahrhundert)

Neitzel, Sonke, DesForschens nochwert? Anmerkungen zur Operationsgeschichte der Waffen-SS. In: MGZ, 61 (2002), 2, S. 403-429

Neitzel, Sonke, Militärgeschichte ohne Krieg? Eine Standortbestimmung der deutschen Militärgeschichtsschreibung über das Zeitalter der Weltkriege. In: Geschichte der Politik, S. 287-308

Neues Konversations-Lexikon. Ein Worterbuch des allgemeinen Wissens, Bd 15: Thee —Zzubin, 2., ganzl. umgearb. Aufl., Hildburghausen 1867

Neugebauer, Karl-Volker, Einfuhrung. In: Ff.Dv. 487, S. Vü-XXVI

Neugebauer, Karl-Volker, Operatives Denken zwischen dem Ersten und Zweiten Weltkrieg. In: OperativesDenken und Handeln, S. 97-122

Niedhart, Gottfried, Lernfahigkeit und Lernbereitschaft nach Kriegen. Beobachtungen im Anschluß an die deutschen Nachkriegszeiten im 20. Jahrhundert. In: Historische Leitlinien fur das Militar, S. 13—27

Niemetz, Daniel, Das feldgraue Erbe. Die Wehrmachteinflüsse im Militar der SBZ/DDR. Hrsg. vom Militärgeschichtlichen Forschungsamt, Berlin 2006 (= Militärgeschichte der DDR, 13)

Nohn, Ernst August, Det unzeitgemaße Clausewitz. Notwendige Bemerkungen über zeitgemaße Denkfehler, Frankfurt a.M. 1956 (= Wehrwissenschaftliche Rundschau, Beiheft 5)

On the Road to Total War. The American Civil War and the German Wars of Unification, 1861-1871. Ed. byStig Fdrsterand Jorg Nagler, NewYork 1997

The Operational Art. Developments in the Theories of War. Ed. by Brian J.C. McKercher and Michael A. Hennessy, Westport, CT 1996

Operatives Denken und Fiandeln in deutschen Streitkraften im 19. und 20. Jahr hundert. Mit Beitt. von fforst Boog [u.a.], Fferford, Bonn 1988 (= Vortrage zut Militärgeschichte, 9)

Ose, Dieter, Entscheidung im Westen 1944. Der Oberbefehlshaber West und die Abwehr der allüerten Invasion, Stuttgart 1982 (= Beitrage zut Militär- und Kriegsgeschichte, 22)

Osterhammel, Jürgen, Die Verwandlung der Welt. Eine Geschichte des 19. Jahrhunderts, München 2009 O'Sullivan, Patrick, Terrain and Tactics, Westport,CT 1991

Otto, Helmut, Zum strategisch-operativen Zusammenwirken des deutschen und Österreichisch-ungarischen Generalstabes bei der Vorbereitung des ersten Weltkrieges. In: Zeitschrift für Militärgeschichte (1963), S. 423-440

Paret, Peter, Clausewitz. In: Makers of ModernStrategy, S. 186-213

Perspektiven der Militärgeschichte. Raum, Gewalt und Representation in historischer Forschung und Bildung. Hrsg.von Jörg Echternkamp [u.a.], München 2010 (= Beitrage zur Militärgeschichte, 67)

Physische Gewalt. Studien zur Geschichte der Neuzeit. Hrsg. von Thomas Lindenberger und Alf Lüdtke, Frankfurt a.M. 1995

Pierer's Universal-Lexikon, Bd 12,Altenburg 1861

Pöhlmann, Markus, Kriegsgeschichte und Geschichtspolitik: Der Erste Weltkrieg. Die amtliche deutsche Militärgeschichtsschreibung 1914—1956, Paderborn [u.a.] 2002 (= Krieg in der Geschichte, 12)

Pöhlmann, Markus, Das unentdeckte Land. Kriegsbild und Zukunftskrieg in deutschen Militarzeitschriften. In: Der Große Krieg (inVorbereitung)

Pöhlmann, Markus, Von Versailles nach Armageddon. Totalisierungserfahrung und Kriegserwartung in deutschen Militarzeitschriften. In: An der Schwelle zum Totalen Krieg, S. 323—391

Pohl, Dieter, Die Herrschaft der Wehrmacht. Deutsche Militarbesatzung und einheimische Bevolkerung in der Sowjetunion 1941-1944, München 2008 (= Quellen und Darstellungen zur Zeitgeschichte, 71)

Pohl, Dieter, Die Kooperation zwischen Heer, SS und Polizei in den besetzten sowjetischen Gebieten. In: Verbrechen der Wehrmacht. Bilanz einer Debatte, S. 106-116

Politischer Wandel, organisierte Gewalt und nationale Sicherheit. Beitrage zur neueren Geschichte Deutschlands und Frankreichs. Festschrift ftir Klaus-Jürgen Müller. Im Auftrag des Militärgeschichtlichen Forschungsamtes hrsg. von Ernst Willi Hansen, Gerhard Schreiber und Bernd Wegner, München 1995 (= Beitrage zur Militärgeschichte, 50)

Die polnische Heimatarmee. Geschichte undMythos derArmia Krajowa seit dem Zweiten Weltkrieg. Im Auftrag des Militärgeschichtlichen Forschungsamtes hrsg. von Bernhard Chiari unter Mitarb. von Jerzy Kochanowski, München 2003 (= Beitrage zur Militärgeschichte, 57)

Posen, Barry R., The Sources of Military Doctrine. France, Britain, and Germany Between the World Wars, Ithaca, NY, London 1984 (= Cornell Studies in SecurityAffairs)

Poten, Bernhard von, Handworterbuch der gesamten Militärwissenschaften, Bd 7, Bielefeld, Leipzig 1878

Probleme des Zweiten Weltkrieges. Hrsg. von Andreas Hillgruber, Köln [u.a.] 1967 (= Neue wissenschaftliche Bibliothek, 20: Geschichte)

Der Prozeß gegen die Hauptkriegsverbrecher vor dem Internationalen Militärgerichtshof, Nürnberg, 14. November 1945 bis 1. Oktober 1946, 42 Bde, Nürnberg 1947-1949

Pruck, Erich F, Die Rehabilitierung von Kommandeuren der Roten Armee. In: Osteuropa, 14 (1964), 3, S. 202-209
Putzger - Atlas und Chronik zur Weltgeschichte. [Hrsg. unter Mitarb. von Ernst Bruckmüller], Berlin 2002
Rabenau, Friedrich, Operative Entschlüsse gegen cine Zahl überiegener Gegner, Berlin 1935
Raschke, Martin, Der politisierende Generalstab. Die friderizianischen Kriege in der amtlichen deutschen Militärgeschichtsschreibung 1890 bis 1914, Freiburg i.Br. 1993 (= Einzelschriften zur Militärgeschichte, 36)
Raths,Ralf, Vom Massensturm zur Stoßtrupptaktik. Diedeutsche Landkriegtaktik im Spiegel von Dienstvorschriften und Publizistik 1906 bis 1918, Freiburg, Berlin,Wien 2009 (= Einzelschriften zur Militärgeschichte, 44)
Ratzel, Friedrich, Politische Geographic oder die Geographie der Staaten, des Verkehrs und des Krieges, 2., überarb. Aufl., München 1903
Rauchensteiner, Manfried, Der Tod des Doppeladlers. Österreich-Ungarn und der ErsteWeltkrieg, Graz, Wien, Koln 1993
Rauchensteiner, Manfried, Zum»operativen Denken« in Österreich 1814-1914. In: OMZ (1974), S. 121-127, 207-210, 285-291, 379-389, 473-478 und OMZ (1975), S. 46-53
Raudzens, George, Blitzkrieg Ambiguities: Doubtful Usage of a Famous Word. In: War and Society, 7 (1989), S. 77-94
Raulff, Heiner, Zwischen Machtpolitik und Imperialismus. Die deutsche Frankreichpolitik 1904/06, Düsseldorf 1976
Rautenberg, Flans-Jürgen, und Norbert Wiggershaus, Die Fümmeroder Denkschrift vom Oktober 1950, 2. Aufl., Sonderdr., Karlsruhe 1985
Regling, Volkmar, Grundzüge der LandKriegführung zur Zeit des Absolutismus und im 19. Jahrhundert. In: Deutsche Militärgeschichte, Bd 6: Grundzüge der militärischen Kriegführung 1648-1939, Stuttgart 1983, S. 11-425
Reinhardt, Fians, Die 4. Panzerdivision vor Warschau und an der Bzura vom 9.-20.9.1939. In: Wehrkunde, 5 (1958), S. 237-247
Reinhardt, Klaus, Die Wende vor Moskau. Das Scheitern der Strategic Hitlers im Winter 1941/42,Stuttgart1972(= Beitrage zurMilitär- und Kriegsgeschichte, 13)
Reuth, RalfGeorg, Entscheidung im Mittelmeer. Die südliche Peripherie Europas in der deutschen Strategic des Zweiten Weltkrieges 1940-1942, Koblenz 1985
Rhoden,Herhudt von, Betrachtungen überden Luftkrieg. In: Militärwissenschaftliche Rundschau (1937), S. 198-214, 347-361, 504-517 und 623-632
Rink, Martin, »Strukturen brausen um die Wette«. Zur Organisation des deutschen Heeres. In: Hammerich/ Kollmer/Rink/SchlaflFer, Das Heer, S. 353—483
Ritter, Gerhard, Der Schlieffenplan. Kritik eines Mythos. Mit erstmaliger Veröffentlichung der Texte und 6 Kartenskizzen, München 1956
Ritter,Gerhard,Staatskunst und Kriegshandwerk. Das Problem desmilitärismus, 4 Bde, München 1965-1968
Rode, Hans Wolf, Das Kriegserlebnis von 1939 und 1914. In: Militär-Wochenblatt, 125 (1941),

46, Sp. 1825-1827

Röhricht, Edgar E, Probleme der Kesselschlacht, dargestellt an Einkreisungs-Operationen im zweiten Weltkrieg. Mit einem Geleitwort von Generaloberst a.D. FranzHaider, Karlsruhe 1958 (= DeutscheTruppenFührung im 2. Weltkrieg. Studien)

Rohde, Horst, Hitlers erster »Blitzkrieg« und seine Auswirkungen auf Nordosteuropa. In: Das Deutsche Reich und der Zweite Weltkrieg, Bd 2, S. 79-156

Rosa, Hartmut, Beschleunigung. Die Veranderung der Zeitstrukturen in der Moderne, Frankfurt a.M. 2005

Rosinski, Herbert, Die deutsche Armee. Eine Analyse. Hrsg. u. eingel. von Gordon A. Craig, mit einer Einl. für die deutsche Ausgabe von Carl Hans Hermann, Düsseldorf [u.a.] 1970

Rossino, AlexanderB., Hitler Strikes Poland. Blitzkrieg, Ideology, and Atrocities, Lawrence, KS 2003

Sadarananda, Dana V., Beyond Stalingrad. Mansteinand the Operations of Army Group Don, New York [u.a.] 1990

Sagmeister, Wolfgang, General derArtillerie Ing. Ludwig Ritter von Eimannsberger. Theoretiker und Visionar der Verwendung von gepanzerten Großverbanden im Kampfder verBündnenWaffen, Diss. phil. (ungedr.) Wien 2006

Salewski, Michael, Knotenpunkt der Weltgeschichte? Die Raison des deutschfranzösischen Waffenstillstandes vom 22. Juni 1940. In: La France et I'Allemagne en guerre, S. 115-129

Salewski, Michael, »Weserübung 1905?« Danemark im strategischen Kalkül Deutschlands vor dem Ersten Weltkrieg. In: Politischer Wandel, S. 47-62

Sandrart, Hans-Henning von, Vorwort zu den Denkschriften. In: Denkschriften zu Fragen der operativen Führung, S. 11-17

Schäfer,Theobald von, Generalstab und Admiralstab. Das Zusammenwirken von Heer und Flotte im Weltkrieg, Berlin 1931

Scharnhorst, Gerhard von, Ueber die Schlacht von Marengo. In: Denk würdigkeiten der militärischen Gesellschaft, Bd 1, S. 52-59

Scheven, Wernervon. Die Truppenführung. Zur Geschichte ihrer Vorschrift und zur Entwicklung ihrer Struktur von 1933 bis 1962. Eine Untersuchung der taktischen Führungsvorschriften des deutschen Heeres von der HDv 300 (1933/34) bis zur HDv 100/1 (1962), Ms Hamburg 1969 (= Archiv der Lehrgangsarbeiten der Führungsakademie der Bündeswehr, Nr. JA0388)

Der Schlachterfolg. Mit welchen Mitteln wurde er erstrebt? Hrsg. vom Großen Generalstabe, Berlin 1903 (= Studien zur Kriegsgeschichte undTaktik, 3)

Schlaffer, RudolfJ., Anmerkungen zu 50Jahren Bündeswehr: Soldat und Technik in der »totalenVerteidigung«. In: MGZ, 64 (2005), S. 487-502

Schlaffer, Rudolf J., Preußisch-deutsch geprägtes Personal für eine in der NATO integrierte Armee: Der personelle Aufbau der Bündeswehr. In: Entangling Alliance, S. 111 –126

Schlaffer, Rudolf J., Der Wehrbeauftragte 1951 bis 1985. Aus Sorge um den Soldaten, Mlinchen 2006 (= Sicherheitspolitik und Streitkräfte der Bündesrepublik Deutschland, 5)

Schlichting, Sigismund von, Über das Infanteriegefecht. In: Militär-Wochenblatt, eiheft (1879), 2, S.

37-67
Schlieffen, Alfred Graf von, Briefe. Hrsg und eingel. von Eberhard Kessel, Göttingen 1958
Schlieffen, Alfred Grafvon, Cannae. Mit einer Auswahl von Aufsätzen und Reden des Feldmarschalls sowie einer Ein Führung und Lebensbeschreibung von General der Infanterie Freiherrnvon Freytag-Loringhoven, Berlin 1925 S. 1-263
Schlieffen, Generalfeldmarschall Graf von, Die taktisch-strategischen Aufgaben aus den Jahren 1891-1905, Hrsg. vom Generalstab des Heeres, 7. (Kriegswissenschaftliche) Abteilung, Berlin 1937 (= Dienstschriften des Chefs des Generalstabes der Armee Generalfeldmarschalls Graf von Schlieffen, 1)
Schlieffen, Generaloberst Graf von, Die Großen Generalstabsreisen - Ost – aus den Jahren 1891-1905. Hrsg. vom Generalstab des Heeres, 7. (Kriegswissenschaftüche) Abteilung, Berlin 1938 (= Dienstschriften des Chefs des Generalstabes der Armee Generalfeldmarschall Graf von Schlieffen, 2)
Der Schlieffenplan. Analysen und Dokumente. Im Auftrag des Militärgeschichtlichen Forschungsamtes und der Otto-von-Bismarck-Stiftung hrsg. von Hans Ehlert, Michael Epkenhans und Gerhard P. Groß, 2., durchges. Aufl., Paderborn [u.a.] 2007 (= Zeitalter der Weltkriege, 2)
Schmidt, Ernst-Heinrich, Zur Genesis des konzentrischen Operierens mit getrennten Heeresteilen im Zeitalter des ausgehenden Ancien Regime, der Franzosischen Revolution und Napoleons. In: Ausgewahlte Operationen, S. 51-105
Schmidt, Stefan, Frankreichs Plan XVü. Zur Interdependenz von Außenpolitik und militärischer Planung in den letzten Jahren vor dem Ausbruch des Großen Krieges. In: Der Schlieffenplan, S. 221—256
Schmitz, Martin, Verrat am Waffenbruder? Die Siedlice-Kontroverse im Spannungsfeld von Kriegsgeschichte und Geschichtspolitik. In: MGZ, 67 (2008), 2, S. 385-407
Schnitter, Helmut, Militärwesen und Militärpublizistik. Die militärische Zeitschriftenpublizistik in der Geschichte des bürgerlichen Militärwesens in Deutschland, Berlin (Ost) 1967 (= Militarhistorische Studien, 9)
Schönrade, Rüdiger, General Joachim von Stülpnagel und die Politik. Eine biographische Skizze zum Verhältnis von politischer und militärischer Führung in der Weimarer Republik, Potsdam 2007
Schoessler, Dietmar, DieWeiterentwicklung in der Militarstrategie. Das 19.Jahrhundert. In: Strategie-Handbuch, Bd I, S. 31-62
Schreiber, Gerhard, Der Mittelmeerraum in Hitlers Strategie 1940. »Programm« und militärische Planungen. In:MGM, 28 (1980), S. 69-90
Schiller, Klaus A.Friedrich, Logistik im Russlandfeldzug. DieRolle der Eisenbahn bei Planung, Vorbereitung und Durch Führung des deutschen Angriffs aufdie Sowjetunion bis zur Krise vor Moskau im Winter 1941/42, Frankfurt a.M, Bern [u.a.] 1987 (= Europäische Hochschulschriften, Reihe üI: Geschichte und ihre Hilfswissenschaften, 331)
Schulze, Hagen, Weimar. Deutschland 1917-1933, Berlin 1982; 1998 (= Deutsche Geschichte, 10)
Schwarte, Max, Die militärischen Lehren des Großen Krieges, Berlin 1920

Schwarte, Max, DieTechnikim Weltkriege, Berlin 1920

Schwarz, Eberhard, Die Stabilisierung der Ostfront nach Stalingrad. Mansteins Gegenschlag zwischen Donez und Dnjepr im Frühjahr 1943, Göttingen, Zürich 1986(= Studien und Dokumente zur Geschichte des Zweiten Weltkrieges, 17) Seeckt, Hans von, Gedanken eines Soldaten, Berlin 1929

Seeckt, Hansvon, Generaloberst v. Seeckt über Heer und Krieg der Zukunfit. In: Militär-Wochenblatt, 113 (1928), Sp. 1457-1460

Seeckt, Hansvon, Landesverteidigung, Berlin 1930

Seeckt, Hans von. Die Reichswehr, Leipzig 1933

SenfF, Hubertus, Die Entwicklung der Panzerwaffe im deutschen Heer zwischen den beiden Weltkriegen, Frankfurt a.M. 1969

Senger und Etterlin, FerdinandM. von, Cannae, Schlieffen und die Abwehr. In: Wehrwissenschaftliche Rundschau (1963), S. 26-43

Senger und Etterlin, Ferdinand M. von, Der Gegenschlag. Kampfbeispiele und Führungsgrundsätze der beweglichen Abwehr, Fleidelberg 1959 (= Die Wehrmacht im Kampf, 22)

Senger und Etterlin, Ferdinand M. von. Die Gegenschlagsoperation der Fleeresgruppe Süd, 17.-25. Februar 1943. In: Wehrgeschichtliches Symposium, S. 132-182

Sertl, Hans-Peter, Generalfeldmarschall Erich von Manstein. Der Schlieffen des ZweitenWeltkrieges, Landserheft28, [o.O.] 1961

The Shadows of Total War. Europe, East Asiaand the United States, 1919-1939. Ed. by Roger Chickering and Stig Förster, Cambridge, MA 2003

Showalter, Dennis E., German Grand Strategy: A Contradiction in Terms? In: MGM,48 (1990), S. 65-102

Showalter, Dennis E., Railroads and Rifles: Soldiers, Technology, and the Unification of Germany, Hamden, CT 1975

Showalter, Dennis E., Soldiers into Postmasters? The Electric Telegraph as an Instrument of Command in the PrussianArmy. In: Military Affairs, 37 (1973), S. 48-52

Showalter, Dennis E., Tannenberg. Clash of Empires, Hamden, CT 1991

Smith, Michael, Enigma entschlüsselt. Die »Codebreakers« vom Bletchley Park. Aus dem Engl. von Helmut Dierlamm,München 2000

Snyder, Jack, The Ideology of the Offensive. Military Decision Making and the Disasters of 1914, Ithaca, NY 1984

Sodenstern, Georg von, Operationen. In: Wehrwissenschaftliche Rundschau. Zeitschrift für EuropHsche Sicherheit, 3 (1953), S. 1-10

Soldan, George, Cauchemar allemand! Von der Unbesiegbarkeit des deutschen Soldaten. In: Deutsche Wehr, 8 (1942), S. 113-116

Soldan, George, Irrwege um die Panzerabwehr, Teil 3. In: Deutsche Wehr, 40 (1936), S. 323-325

Soldan, George, Der Mensch und die Schlacht der Zukunft, Oldenburg 1925

Stachelbeck, Christian, militärische Effektivitat im Ersten Weltkrieg. Die 11. Bayerische Infanteriedivision 1915 bis 1918, Paderborn [u.a.] 2010 (= Zeitalter der Weltkriege, 6)

Stahel, David, Operation Barbarossa and Germany's Defeat in the East, Cambridge 2009
Stalingrad. Mythos und Wirklichkeit einer Schlacht. Hrsg. von Sabine Arnold, Wolfgang Ueberschär und Wolfram Wette, Frankfurta.M. 1992
Steiger, Rudolf, Panzertaktik im Spiegel deutscher Kriegstagebücher 1939 bis 1941, 3. Aufl., Freiburg i.Br. 1975 (= Einzelschriften zur militärischen Geschichte des Zweiten Weltkrieges, 12)
Stein, Oliver, Die deutsche Heeresrüstungspolitik 1890-1914. Das Militar und der Primat der Politik, Paderborn [u.a.] 2007 (= Krieg in der Geschichte, 39)
Stenger, Alfred, Schicksalswende. Vonder Marne bis zur Vesle 1918, Oldenburg, Berlin 1930 (= Schlachten des Weltkrieges, 35)
Stone, Norman, The Eastern Front, 1914-1917, London 1975
Storz, Dieter, »Aber was hätte anderes geschehen sollen?« Die deutschen Offensiven an der Westfront 1918. In: Kriegsende 1918, S. 51-95
Storz, Dieter, »Dieser Stellungs- und Festungskrieg ist scheuElich!« Zu den Kämpfen in Lothringen und denVogesen im Sommer 1914.In: Der Schliel Fenplan, S. 161-204
Storz, Dieter, Kriegsbild und Rüstungvor 1914. Europaische Landstreitkrafte vor dem Ersten Weltkrieg, Herford 1992 (= Militärgeschichte und Wehrwissenschaften,1)
Strachan, Hew, Der Erste Weltkrieg. Eine neue ülustrierte Geschichte, München 2004
Strachan, Hew, European Armies and the Conduct of War, London 1983
Strachan, Hew, The First World War, vol. 1: To Arms, Oxford 2001
Strachan, Hew, Die Ostfront. Geopolitik, Geographic und Operationen. In: Die vergessene Front, S. 11-26
Strachan, Hew, Uber Carl von Clausewitz, Vom Kriege, München 2008
Strategie-Handbuch, Bd 1, Herford, Bonn 1990 (= Schriffen des Instituts für Sicherheitspolitik an der Ghristian-Albrechts-Universitat zu Kiel, 8)
Strawson,John, Hitler as Military Commander, London 1971
Strohn, Matthias, The German Army and the Defence of the Reich. Military Doctrine and the Conduct of the Defensive Battle, 1918-1939, Cambridge [u.a.] 2011
Stumpf, Reinhard, Der Krieg im Mittelmeerraum 1942/43: Die Operationen in Nordafrika und im mittleren Mittelmeer. In: Das Deutsche Reich und der Zweite Weltkrieg, Bd 6, S. 569—757
Stumpf, Reinhard, Prohleme der Logistik im Afrikafeldzug 1941-1943. In: Die Bedeutung der Logistik, S. 211-239
Stumpf,Reinhard, DieWehrmacht-Elite. Rang- und Herkunftsstrukturder deut schen Ceneraleund Admirale 1933 bis 1945, Bopparda.Rh. 1982 (= Militärgeschichtliche Studien, 29)
Supplemente zum Conversations-Lexikon für Besitzer der ersten, zweiten, dritten und viertenAuflage, 3. Abteilung, Leipzig 1820
Teske, Hermann, Die Eisenbahn als operatives Führungsmittel im Krieg gegen Russland. In: Wehrwissenschaftlichen Rundschau, I (1951), 9/10, S. 51—55
Teske, Hermann, Die silbernen Spiegel. Ceneralstabsdienst unter der Lupe, Heidelberg 1952
Thomas, Ceorg,Operatives undwirtschaftliches Denken.In: Kriegswirtschaffliche Jahresberichte

[Hamburg] 1937, S. 11-18

Thoß, Bruno, NATO-Strategie und nationale Verteidigungsplanung. Planung und Aufbau der Bündeswehr unter den Bedingungen einer massiven atomaren Vergeltungsstrategie 1952 bis 1960, München 2006 (= Sicherheitspolitik und Streitkräfteder Bündesrepuhlik Deutschland, 1)

Trauschweizer, Ingo,The ColdWarU.S. Army. Building Deterrence for Limited War, Lawrence, KS 2008

Trauschweizer, Ingo, Learningwith an Ally: The U.S. Army and the Bündeswehr in the Cold War. In: The Journal of Military History, 72 (2008), S. 477—508

Traut, Udo, Die Spitzengliederung der deutschen Streitkräfte von 1921 bis 1964. Ein Beitrag zum Problem der Kollision von politisch-zivilem und militärischem Bereich, Diss. jut. Karlsruhe 1965

Tuchman, Barbara W.,August 1914, Bern [u.a.] 1964

Ueberschär, Gerd R., Die militärische Kriegführung. In: Müller/Ueberschar, Hitlers Krieg im Osten, S. 73-143

Ueberschär, Gerd R., Das »Unternehmen Barbarossa« gegen die Sowjetunion. Ein Präventivkrieg? Zur Wiederbelebung der alten Rechtfertigungsversuche des deutschen Uberfalls auf die UdSSR 1941. In: Wahrheit und »Auschwitziuge«, S. 163-182

Uhle-Wettler, Franz, Höhe- und Wendepunkte deutscher Militärgeschichte, überarb. Neuaufl., Hamburg 2000

Uhlig, Heinrich, Das Einwirken Hitlers auf Planung und Führung des Ostfeldzuges. In: Vollmacht des Gewissens, Bd 2, S. 147-286

Ullrich, Volker, Entscheidung im Osten oder Sicherung der Dardanellen: das Ringenum den Serbienfeldzug 1915. Beitrag zum Verhältnis von Politik und Kriegführung im Ersten Weltkrieg. In: Militärgeschichtliche Mitteilungen, 32(1982), 2,5.45-63

Ulrich, Bernd, Stalingrad, München 2005 »Unternehmen Barbarossa«. Der deutsche Uberfall auf die Sowjetunion 1941. Hrsg. von Gerd R. Ueberschar und Wolfram Wette, Paderborn [u.a.] 1984

Ursachen und Folgen. Vom deutschen Zusammenbruch 1918 und 1945 bis zur staatlichen Neuordnung Deutschlands in der Gegenwart. Eine Urkundenund Dokumentensammlung zur Zeitgeschichte. Hrsg. und bearb. von Herbert Michaelis und Ernst Schraepler, Berlin 1958-1978, Bd 2: Der mili tärische Zusammenbruch und das Ende des Kaiserreichs, Berlin o.J.

Valentini, Georg Wilhelm Freiherr von. DieLehren vomKrieg, Teil 1: Derkleine Krieg, Berlin 1820

Vardi, Gil-li, Joachim von Stülpnagel's Military Thought and Planning. In: War and History, 2 (2010), S. 193-216

Velten, Wilhelm, Das deutsche Reichsheer und die Grundlagen seiner TruppenFührung: Entwicklung, Hauptprobleme und Aspekte. Untersuchungen zur deutschen Militärgeschichte der Zwischenkriegszeit, Bergkamen 1994

Venohr, Wolfgang, Ludendorff. Legende und Wirklichkeit, Berlin, Frankfurta.M. 1993

Venturini, Georg, Lehrbuch der angewandten Taktik oder eigentlichen Kriegswissenschaft, 2 Teile,

Bd 1, Schleswig 1798-1800
Verbrechen der Wehrmacht. Bilanz einer Debatte. Hrsg. von Christian Hartmann, Johannes Hürter und Ulrike Jureit, München 2005
Die vergessene Front. Der Osten 1914/15. Ereignis, Wirkung, Nachwirkung. Im Auftrag des Militärgeschichtlichen Forschungsamtes hrsg. von Gerhard P. Groß, Paderborn 2006 (= Zeitalter der Weltkriege, 1)
Vogel, Detlef, Deutsche und allüerte Kriegführung im Westen. In: Das Deutsche Reich und der ZweiteWeltkrieg, Bd 7, S. 419—639
Volkmann, Hans-Erich, Der Ostkrieg 1914/15 als Erlebnis- und Erfahrungswelt des deutschen Militars. In: Die vergessene Front, S. 263-293
Vollmacht des Gewissens, 2 Bde. Hrsg. von der europäischen Publikation e.V, Frankfurt a.M., Berlin 1960; 1965
Von Scharnhorst zu Schlieffen 1806-1906. Hundert Jahre preußisch-deutscher Generalstab. Hrsg. von Friedrich von Cochenhausen auf Veranlassung des Reichswehrministeriums, Berlin 1933
Von Stalingrad zur Währungsreform. Zur Sozialgeschichte des Umbruchs in Deutschland. Hrsg. von Martin Broszat, Klaus-Dietmar Henke und Hans Woller, München 1988 (= Quellen und Darstellungen zur Zeitgeschichte, 26);2. Aufl. 1989;3.Aufl. 1990
Wahrheitund »Auschwitzlüge«. Zur Bekampfung »revisionistischer« Propaganda. Hrsg.von Brigitte Bailer-Galanda, Wolfgang Benzund Wolfgang Neugebauer, Wien 1995
Wallach, Jehuda L., Das Dogma der Vernichtungsschlacht. Die Lehren von Clausewitz und Schlieffen und ihre Wirkungen in zwei Weltkriegen, Frankfurt a.M. 1967
Wallach, JehudaL.,Kriegstheorien. IhreEntwicklung im 19.und20. Jahrhundert, Frankfurt a.M. 1972
Walter, Dierk, preußische Heeresreform 1807-1870. militärische Innovation und der Mythos der »Roonschen Reform«, Paderborn 2003 (= Krieg in der Geschichte, 16)
War Planning 1914. Ed. by Richard F. Hamilton and Holger H. Herwig, New York 2010
Warlimont, Walter, Im Hauptquartier der deutschen Wehrmacht 1939-1945. Grundlagen, Formen, Gestalten, Frankfurt a.M., Bonn 1962; 3. Aufl., München 1978
Der Warschauer Aufstand 1944. Hrsg. von Bernd Martin und Stanislawa Lewandowska, Warszawa 1999
Warschauer Aufstand 1944. Ereignis und Wahrnehmung in Polen und Deutsch land. Im Auftrag des Militärgeschichtlichen Forschungsamtes und des Zentrums für Historische Forschung der Polnischen Akademie der Wissenschaften hrsg. von Hans-Jürgen Bomelburg, Eugeniusz Cezary Krol und Michael Thomae, Paderborn 2010
Was ist Militärgeschichte? In Verbindung mit dem Arbeitskreis Militärgeschichte e.V. hrsg. von Thomas Kühne und Benjamin Ziemann, Paderborn [u.a.] 2000 (= Krieg in der Geschichte, 6)
Wawro, Geoffrey, The Austro-Prussian War. Austria's War with Prussiaand Italy in 1866, Cambridge, NewYork 1996
Der Weg der deutschen Eliten in den zweiten Weltkrieg. Nachtrag zu einer verhinderten deutsch-

deutschen Publikation. Hrsg. von Ludwig Nertler in Verbindung mit Paul Heider, Berlin 1990

Wegner, Bernd, Die Aporie des Krieges. In: Das Deutsche Reich und der Zweite Weltkrieg, Bd 8, S. 211-274

Wegner, Bernd, Defensive ohne Strategie. Die Wehrmacht und dasJahr 1943. In: Die Wehrmacht. Mythos und Realitat, S. 197-209

Wegner, Bernd, Erschriebene Siege. Franz Haider, die »Historical Division« und die Rekonstruktion des Zweiten Weltkrieges im Geiste des deutschen Generalstabes. In: Politischer Wandel, S. 287-302

Wegner, Bernd, Der Krieg gegen die Sowjetunion 1942/43. In: Das Deutsche Reich und der Zweite Weltkrieg, Bd6, S. 761-1102

Wegner, Bernd, Von Stalingrad nach Kursk. In: Das Deutsche Reich und der Zweite Weltkrieg, Bd 8, S. 3-79

Wegner, Bernd, Wozu Operationsgeschichte? In: Was ist Militärgeschichte?, S. 105-113

Wehler, Hans-Ulrich, Deutsche Gesellschaftsgeschichte, Bd 3; Von der »Deutschen Doppelrevolution« biszum Beginn desErstenWeltkriegs: 1849-1914, München 1996

Wehler, Hans-Ulrich, Der Verfall der deutschen Kriegstheorie: Vom »Absoluten« zum »Totalen« Krieg oder von Clausewitz zu LudendorfF. In: Geschichte und Militärgeschichte, S. 273-311

Wehrgeschichtliches Symposium an der Führungsakademie der Bündeswehr. 9. September 1986. Ausbildung im operativen Denken unter Heranziehen von Kriegserfahrungen, dargestellt an Mansteins Gegenangriff Frühjahr 1943. Hrsg. von Dieter Ose, Hamburg 1987

Die Wehrmacht. Mythos und Realität. Im Auftrag des Militärgeschichtlichen Forschungsarntes hrsg. von Rolf-Dieter Müller und Hans-Erich Volkmann, München 1999

Der Weltkrieg 1914-1918. Die militärischen Operationen zu Lande, 14 Bde. Bearb. im Reichsarchiv, Berlin 1925-1944

Wenninger, Über den Durchbruch als Entscheidungsform. In: Vierteljahreshefte für Truppenführung und Heereskunde, 10 (1913), S. 593-610

Werrh,German,Verdun: Die Schlacht und der Mythos, Bergisch Gladbach 1979

Wette, Wolfram, Die deutsche militärische Führungsschicht in den Nachkriegszeiten. In: Lernen aus dem Krieg?, S. 39-66

Wetre, Wolfram, militärismus in Deutschland. Geschichte einer kriegerischen Kultur, Darmstadt 2008

Wie die Siegessäule nach Berlinkam. Eine kleineGeschichteder Reichseinigungskriege (1864 bis 1871). In Zusammenarb. des Militärgeschichtlichen Forschungsamtes, Potsdam, und des Napoleonmuseums Thurgau hrsg. von Thorsten Loch und Lars Zacharias, Freiburg i.Br. 2011

Wierling, Dorothee, Krieg im Nachkrieg. Zur öffentlichen und privaten Präsenz des Krieges inder SBZ und frühen DDR. In: Der ZweiteWeltkriegin Europa, S. 239-276

Wilhelm I., Deutscher Kaiser und Kbnig von Preußen, Militärische Schriften weiland Kaiser Wilhelms des Großen, Bd 1: 1821-1847. Auf Befehl seiner Majesrat de;. Kaisers und

Konigs hrsg. vom Kbniglich Preufüschen Kriegsministerium, Berlin 1897
Willensmenschen. Über deutsche Offiziere. Hrsg. von Ursula Breymayer, Bernd Ulrich und ICarin Wieland, Frankfurt a.M. 1999
Wirtschaft und Rüstung am Vorabend des Zweiten Weltkrieges. Für das Militürgeschichtliche Forschungsamt hrsg. von Friedrich Forsrmeier undHans-Erich Volkmann, Düsseldorf 1975
Wörterbuch zur deutschen Militärgeschichte, Bd 1:A-Me. Red.: Reinhard Brühl, Berlin (Ost) 1985 (= Schriften des Militärgeschichtlichen Instituts der DDR)
Wrochem, Oliter von, Erich von Manstein: Vernichtungskrieg und Geschichtspolitik, Paderborn [u.a.] 2006 (= Krieg in der Geschichte, 27)
Zabecki, David T., The German 1918 Offensives. A Case Study in the Operational Level of War, London, New York 2006
Zeidler, Manfred, Reichswehr und Rote Armee 1920 bis 1933. Wege und Stationen einer ungewöhnlichen Zusammenarbeit, München1993 (= Beitrage zur Militärgeschichte, 36)
Zeitzler, Kurt, Das Ringen um die militärische Entscheidung im 2. Weltkriege. In: Wehrwissenschaftliche Rundschau, 6/7 (1951), S. 44—48, 20-29
Zentner, Christian, Illustrierte Geschichte des Ersten Weltkriegs, Eltville a.Rh. 1990
Die Zerstörung Europas. Beiträge zur Weitkriegsepoche, 1914 bis 1945. Hrsg. von Andreas Hillgruber, Frankfurt a.M., Berlin 1988
Zimmermann,John, Ulricb de Maiziere. General der Bonner Republik 1912 bis 2006, Müncben 2012
Zitelmann, Rainer, Hitler. Selbstverständnis eines Revolutionärs, Stuttgart 1991
Zuber, Terence, Inventing the Scblieffen Plan. German War Planning, 1871-1914, Oxford, New York 2002
Zuber,Terence, The MoltkeMyth: Prussian WarPlanning, 1857-1871, Lanbam 2008
Zur Einfübrung. In: Webrwissenscbaftlicbe Rundschau, 1 (1951), S. 1
Zwei Wege nacb Moskau. Vom Hitler-Stalin-Pakt bis zum »Unternehmen Barbarossa«. Im Aufcrag des Militärgescbicbtlicben Forscbungsamtes brsg. von Bernd Wegner, Müncben 1991 (= Serie Piper, 1346)
Der Zweite Weltkrieg in Europa. Erfabrung und Erinnerung. Im Auftrag des Deutscben Historiscben Instituts Paris und des Militärgescbicbtlicben Forscbungsamtes Potsdam brsg. von Jorg Ecbternkamp und Stefan Martens, Paderborn [u.a.] 2007

미주

1. 도입

1 Megaree, Hitler und die Generäle, pp.281~288. 참조
2 Naveh, In Pursuit of Military Excellence 참조
3 위의 책, p.128. 참조
4 Dupuy, Der Genius des Krieges, pp.71~85.
5 Luttwak, The Pentagon and the Art of War, p.112.
6 Citino, Blitzkrieg to Desert Storm, p.289.
7 Förster, "Vom Kriege", pp.265~281.
8 Wegner, Wozu Operationsgeschichte?, pp.105~113.
9 Förster, The Battlefield, p.22
10 Neitzel, Militärgeschichte ohne Krieg? 와 Neitzel, Des Forschens noch wert? 참조
11 Geyer, Eine Krieggeschichte 참조
12 Felleckner, Kampf 참조
13 Neitzel, Militärgeschichte ohne Krieg?, p.308
14 Sandrart, Vorwort zu den Denkschriften, pp.11~17
15 BMVg(독일 연방 국방부), Leitlinie für die operative Führung von Landstreitkräften in Mitteleuropa, 1987
16 Kutz, Realitätsflucht und Aggression, pp.49~86.
17 세계대전 시대의 자료는 다음을 참조. Groß, Das Dogma der Beweglichkeit, pp.143~166, 제1차 세계대전에서의 발전과정은 다음을 참조. Raths, Vom Massenstrum zur Stoßtrupptaktik, neuerdings Stachelbeck, Militärische Effektivität.
18 Rauchensteiner, Zum "operativen Denken"
19 Marholz, Die Entwicklung der operativen Führung.
20 Brand, Grundsätze operativer Führung.
21 Freudig, Organizing for War.

2. 전술-작전-전략의 정의

1 Clausewitz, Vom Kriege, p.175 이하.
2 Handbuch für Heerestaktik, T.1, p.12 참조.

3 아이러니하게 "명확한 개념을 가진 자가 명령할 수 있다."라는 요한 볼프강 폰 괴테 Johann Wolfgang Goethe의 인용문이 이 장에 포함되어 있다. 그의 'Maxiemen und Reflekxionen'의 'Allgemeines, Ethisches, Literarisches'의 제XI장 733항에 기록되어 있다.

4 여기서 최초로 세 가지 지휘수준을 전술, 작전과 전략으로 구분하려고 했지만, 이는 다소 불완전했다. "전략은 총사령관의 '술(術)'이며 이 '술'은 적을 격멸하기 위해 군사적으로 보고, 사고하고 지휘하는 것이다. 전술은 전투 준비와 실시에 있어 군사력 사용에 관한 교리이다. 작전은 전쟁의 목적을 달성하기 위한 군사적 행동으로 이는 전략과 전술의 근본원칙에 부합해야한다." Generalmajor Schürmann, 'Gedanken über Krieg- und Truppenführung', 1930, BArch, RH 2-2901, p.164.

5 제7장 새로운 술통 속의 오래된 와인, 제국군과 국방군 작전적 사고의 현실과 이상. 참조

6 Brockhaus' Kleines Konversations-Lexikon, Bd 2, p.311 참조.

7 Conversations-Lexikon 또는 요약된 Handwörterbuch 참조.

8 Conversations-Lexikon의 증보판, p.242.

9 Hübner, Johann Hübner's Zeitungs-und Conversations-Lexikon, p.396.

10 Lemma zu 'Operation', Brockhaus Bilder-Conversations-Lexikon, Bd 3, p.343.

11 Herders Conversations-Lexikon, Bd 4, p.403.

12 Pierer's Universal-Lexikon, Bd 12, p.307.

13 Neues Konversations-Lexikon, Bd 15, p.315.

14 Meyers Großes Konversations-Lexikon, Bd 15, p.72 이하

15 Militär-Lexikon. Handwörterbuch der Militärwissenschaften, p.665 이하 참조.

16 Poten, Handwörterbuch der gesamten Militärwissenschaften, Bd 7, p.259 이하

17 Handbuch für Heer und Flotte, p.873.

18 Der Große Brockhaus, Bd 13, p.687 참조.

19 Handbuch der neuzeitlichen Wehrwissenschaften, Bd 1.

20 Der Große Brockhaus, Bd 8, p.568.

21 Brockhaus Enzyklopädie, Bd 16(1991), und Brockhaus Enzyklopädie, Bd 16 (1998) 참조.

22 Duden Fremdwörterbuch 참조.

23 Kriegstheorie und Kriegsgeschichte, p.795 이하.

24 Berenhorst, Aphorismen, p.539.

25 Valentini, Die Lehren vom Krieg, p.97.

26 Bülow, Geist des neuen Kriegssystem, p.110.

27 Clausewitz, Vom Kriege, p.169.

28 Hahlweg, Der klassische Begriff der Strategie, pp.9~29 참조.

29 Wallach Kriegstheorien, p.14 이하.

30 Jomini, Précis de l'art de la guerre, p.155 이하 참조.

31 Moltke, Über Strategie, p.291.

32 Marwedel, Carl von Clausewitz, p.117 참조.

33 최근의 클라우제비츠의 관념에 대해 다음을 참조. Heuser, Clausewitz lesen!; Strachen, Über Carl von Clausewitz.

34 Paret, Clausewitz, pp.186~213 참조.

35 Meyers Großes Konversations-Lexikon, Bd 15, p.105 참조.

36 Köster, Militär und Eisenbahn, p.25 참조.

37 Luttwak, Strategie, p.15. 또한 러트워크는, 전략에 대한 올바른 정의가 존재하지 않으며 그 이유는 이것이 군사정치적인 맥락에서 선택적으로 계획, 확고한 교리, 또는 사실상의 관습으로 이해되기 때문이라고 진술했다.

38 Hitz, Taktik und Strategie.

39 Sodenstern, Operationen, pp.1~10 참조.

40 Handbuch für Heer und Flotte, p.872.

41 Meinert, Über den Krieg, p.50, 58.

42 Venturini, Lehrbuch der angewandten Taktik, pp.387~405.

43 Klink, Die Begriffe Operation und operativ, p.1 참조.

44 Bülow, Geist des neuen Kriegssystem, p.11.

45 Nohn, Der unzeitgemäße Clauseswitz, p.10 참조.

46 Clausewitz, Strategie, p.49.

47 HDv 100/900, Führungsbegriffe, 1977.

48 여기서 동독의 국가안전요원들이 '작전적' 개념의 사용도 주목할만 하다.

49 Klink, Die Begriffe Operation und operativ, p.18 참조.

3. 동인과 상수. 공간, 시간, 전투력

1 Schulze, Weimar, p.16.

2 Foertsch, Kriegkunst, p.50 이하 참조.

3 Groß, Der "Raum" als operationsgeschichtliche Kategorie, pp.115~140 참조.

4 측량부는 1913년 창설되어 토지측량부장이라는 부서장 아래에 삼각측량과, 지형학과, 지도제작과, 영상학과와 식민지담당과로 구성되었다. 1894년 4월 1일 이래로 부서장의 정식명칭은 "부참모장 겸 측량부장"이었다. 1914년 개전 당시 프로이센의 측량부에는 총 911명이 근무했다. 장교 31명, 군무원 367명, 고용인 29명, 일반노동

자 120명(총 547명)과 추가적으로 51명의 지휘관과 313명의 병사들이 측량부 소속이었다. 총참모부가 지형에 큰 관심을 기울였다는 것은 해외에서도 인정받고 있다. Mackinder, Democratic Ideals and Reality, p.26 이하 참조.

5 Patrick O'Sullivan은 "전쟁은 지리적인 현상이다."라고 주장하면서 공간이 앞으로도 오로지 자연과학적인 현상으로 존재한다고 언급했다. O'Sullivan, Terrain and Tactics, p.16.

6 Bismarck, Bismarck Gespräche, Bd 2, p.525.

7 Mommsen, Der Topos vom unvermeidlichen Krieg, pp.194~224; Bernhardi, Deutschland und der nächste Krieg, p.6 참조.

8 1937년 11월 5일 제국수상관저에서 회의에서 Beck의 언급, 137년 11월 12일의 Oberst i.G. Hoßbach의 기록. Müller, General Ludwig Beck, p.499 참조.

9 1920년 영국의 외무장관 죠지 나다니엘 커즌George Nathaniel Curzon이 제안한 소련과 폴란드의 휴전선과 폴란드-소련 전쟁의 협상안.

10 Schlieffen, Die großen Generalstabsreisen, Bd 2, p.222.

11 Beck, Studien, p.56.

12 Rosa, Beschleunigung, p.318 참조

13 위의 책, p.316 이하 참조.

14 Bernhardi, Über angriffsweise Kriegsführung, pp.125~151, 여기서 p.138 참조.

15 "적의 우세에 대한 독일의 투쟁은 우리의 정치적 발전과정에 있어 생물학적 필연이었다." Bernhardi, Vom heutigen Kriege, Bd 2, p.189.

4. 시초: 계획 수립, 기동, 그리고 임기응변의 시스템

1 예를 들어 Brand, Grundsätze operativer Führung, p.31; English, The Operational Art, pp.7~28; Kutz, Realitätsflucht und Aggression, pp.12~48, 특히 p.27, p.123; Sandrart, Vorwort zu den Denkschriften, p.13; Showalter, German Strategy, pp.65~102; Sodenstern, Operationen, p.1. Terence Zuber는 자신의 연구서에서 몰트케에 관한 허상을 지적했으나, 몇몇 부분에서 그는 비판은 도를 넘은 것이었다. Zuber, The Moltke Myth.

2 이러한 사실은 제정시대에 매우 유감스러운 일들 중 하나이다. 슐리펜은 여기에 대해 몰트케 사후 100주기를 맞아 기념사에서 다음과 같이 언급했다. "고(故) 대원수께서는 전쟁의 본질에 대해서는 과학적으로 다룬 적은 없다. 그분 앞에 다른 사람들처럼 전쟁이론을 쓰지는 않았다." Moltke, Ausgewählte Werke, Bd 1, p.241.

3 최근의 Heuser, Clausewitz lesen! pp.70~72 참조.

4 Groß, There was a Schlieffenplan, pp.117~160 참조.

5 Foerster, Das operative Denken Moltkes des Älteren, p.255 참조.

6 Moltke, Heelmuth von, Über Strategie, pp.429~432.

7 위의 책, p.429.

8 위의 책, 따라서 그는 클라우제비츠와 정반대의 의견을 가지고 있었다. 클라우제비츠는 정치가 모든 전쟁행위들을 포함한다고 생각했다. 정치 우위와 비스마르크와의 갈등에 관한 몰트케의 관점에 대해서 다음을 참조. Heuser, Clausewitz lesen!, pp.72~75; Schoessler, Die Weiterenwicklung in der Militärstrategie, pp.31~62; Wallach, Kriegstheorien, pp.84~86.

9 Blume, Strategie 참조.

10 Klink, Die Begriffe Operationen und operativ, p.3 참조.

11 Moltke, Über Strategie, p.430.

12 위의 책, p.431.

13 Delbrück, Moltke, pp.546~575 참조.

14 Carl Ritter(1779~1859)는 Alexander von Humboldt와 더불어 독일의 현대 과학적인 지리학의 창시자로 알려져 있다.

15 Kriegstheorie und Kriegsgeschichte, p.876 이하 참조.

16 Canitz und Dallwitz, Nachrichten und Betrachtungen 참조.

17 Kessel, Moltke, p.109 이하 참조.

18 19세기 중반 무렵의 프로이센 육군의 개혁에 대해서는 다음을 참조. Walter, Preußische Heeresreform.

19 과거 문헌들에서 널리 알려진 이 가설, 즉 이 개혁이 군의 반시민화에 기여했다는 것은 최근 새로운 연구에 의해 더 이상 타당성이 없는 것으로 결론지어졌다. 군사전문적인 관점은 당시까지 존재했던 반시민화 경향보다 훨씬 우세했다. 위의 책, p.445 참조.

20 위의 책, p.612.

21 Moltke Militärische Werke, Bd 2-2, Verordnungen, p.173.

22 위의 책. 대몰트케는 오스트리아에서 출간된 작자 미상의 글에 대한 반응으로 그가 작성한 '전쟁에서의 집중에 대한 고찰'에서 이러한 생각을 최초로 기술했다.

23 Moltke, Aufsatz vom 16. 9. 1865 über Marschtiefen, Moltkes Militärische Werke, Bd 2-2, pp.235~246.

24 Schmidt, Zur Genesis, pp.56~61 참조.

25 Scharnhorst, Ueber die Schlacht von Marengo.

26 Erfurth, Der Vernichtungssieg, pp.14~17; Schmidt, Zur Genesis, pp.83~97 참조.

27 Wilhelm I., Militärische Schriften, p.117.

28 Kriegstheorie und Kriegsgeschichte, p.902 참조.

29 프로이센의 철도에 관해 최근의 자료로 다음을 참조. Bremm, Von der Chaussee zur Schiene; Showalter, Railroads and Rifles.

30 Bremm, Von der Chaussee zur Schiene, p.72 참조.

31 상세한 내용은 위의 책, p.178 이하 참조.

32 Creveld, Supplying War, p.87 이하 참조.

33 Showalter, Soldiers into Postmaster? 참조.

34 1866년 전쟁 기간동안의 프로이센의 보급 문제들이 대표적인 예이다. Bremm, Von der Chaussee zur Schiene, pp.213~215; Creveld, Supplying War, pp.83~85 참조.

35 이러한 발전에 관해 다음을 참조. Leistenschneider, Auftragstaktik, pp.23~62; Walter, Preußische Heeresformen, pp.545~547.

36 몰트케는 여기에 대해 다음과 같이 진술했다. "상급부대일수록 명령은 더 간단하고 일반적이어야 한다. 소부대로 갈수록 그들에게 더 큰 행동의 자유를 부여해야 한다." Moltke, Verbindungen, pp.19~24.

37 Moltke an das Oberkommando der 2. Armee, Berlin, 1866. 6. 22, Moltkes Militärische Werke, Bd 2-2, p.234 이하

38 Kessel, Moltke, p.429 이하, p.449 이하 참조.

39 Moltkes Militärische Werke, Bd 2/2, Verordnungen, p.174.

40 Moltke, Aufsatz vom Jahre 1859, pp.261~266.

41 Moltkes Militärische Werke, Bd 2/2, Verordnungen, p.173.

42 위의 책, Bd 2/1, p.97.

43 위의 책, Bd 4/3, p.163.

44 위의 책, p.227 이하.

45 위의 책, Bd 2/2, Verordnungen, p.207. 독일의 작전적 사고의 섬멸회전과 섬멸전쟁의 문제점에 대해 본서 5장 참조.

46 Clausewitz, Vom Kriege, p.113. 여기에 대해 상세한 기술은 다음을 참조. Kondylis, Theorie des Krieges, pp.116~120.

47 "오늘날의 전쟁의 특징은 대규모의, 신속한 결전을 지향하는 노력으로 표현할 수 있다. […] 전쟁을 신속하게 종결짓는 것이 무엇보다도 중요하다." Moltkes Militärische Werk, Bd 2-2, Verordnungen, p.173.

48 위의 책, Bd 4/3, p.214.

49 그 예로 Howard, Der Krieg, p.134; Marwedel, Carl von Clausewitz, pp.147~150; Wallach, Kriegstheorien, p.86; Wehler, Der Verfall der deutschen Kriegstheorie, p.286 이하.

50 Förster, Helmuth von Moltke und das Problem; Kondzlis, Theorie des Krieges 참조.

51 차후에 '제3제국' 시대의 국방군에서의 작전적 사고의 발전과정에 대해 논하겠지만 그에 앞서서 이 점에 대해서 간략하게 기술하자면 나치즘의 정치적 우위에 대해 오늘날에도 통용되는 정치를 '선한 것' '법치적'이며 동시에 합리적인 것으로 인식하는 것을 지적하지 않을 수 없다. 이것을 '선'의 정치로 정의한다든지 민간에 의한 정치로 해석하는 것은 당치도 않은 일이다. Kondylis, Theorie des Krieges, pp.110~115. 참조.

52 Wehler, Der Verfall der deutschen Kriegstheorie, p.287 참조.

53 Graf Moltke, p.83.

54 St. Privat. 전투기간 중 발생한 사례가 바로 그에 해당하는 예이다. Walter, Preußische Heeresreformen, p.544 이하.

55 Bucholz, Moltke, pp.18~25 참조.

56 Kondylis, Theorie des Krieges, pp.105~107 참조.

57 Wehler, Der Verfall der deutschen Kriegstheorie, p.289 참조.

58 Wawro, The Austro-Prussian War, pp.12~25 참조.

59 Bucholz, Moltke, pp.8~12 참조.

60 최근의 Millotat, Das preußisch-deutsche Generalstabssystem 참조. 또한 역사학자들 이를테면 Wehler, Deutsche Gesellschaftsgeschichte, Bd 3, p.322 또는 Mommsen, Das Ringen um den nationalen Staat, p.235 이하에서 다소간의 격차가 있지만 총참모부의 효율적인 면들을 부각시키고 있다.

61 Raschke, Der politisierende Generalstab, p.39 이하.

62 Groß, Gerhard von Scharnhorst, pp.207~213 참조.

63 위의 책

64 쾨니히그래츠 회전Schlacht von Königgrätz에 관해 다음을 참조. Loch/Zacharias, Königgrätz 1866, pp.707~715.

65 Engels, Betrachtungen, pp.182~184 참조.

66 그러나 몰트케의 작전지휘능력이 탁월했음은 틀림없지만 프랑스군의 치명적인 실책이 먼저 발생했음을 여기서 언급해 둔다.

67 Walter, Preußische Heeresreformen, p.105. 이 개념의 상대적인 면에 관해서는 앞의 책, pp.167~186 참조.

68 Förster, Helmuth von Moltke und das Problem, pp.103~115 참조.

69 Regling, Grundzüge der Landkriegführung, p.423 참조

70 Moltke, Geschichte des Deutsch-Französischen Krieges, p.1.

71 Bismarck, Die politischen Reden, Bd 5, p.156.

72 위의 책

73 대몰트케와 그의 후임자의 예방전쟁에 요구에 관해 다음을 참조. Epkenhans, "Wir Deutsche fürchten Gott." 비스마르크의 외교 정책에 있어 전쟁의 의미에 대해 다음을 참조. Jeismann, Das Problem des Präventivkrieges, pp.83~152; Förster, Optionen der Kriegführung, pp.94~99.

74 예방전쟁계획에 대한 논란에 관해 다음을 참조. Groß, There was a Schlieffenplan. p.153 이하; Lambi, The Navy and German Power Politics, pp.241~245; Mombauer, Der Moltkeplan, p.79 이하; Raulff, Zwischen Machtpolitik und Imperialismus, pp.126~144; Ritter, Der Schlieffenplan, pp.102~138.

75 Mombauer, Helmuth von Moltke, pp.110~175 참조.

76 국제법적인 평가에 관해서는 다음을 참조. Kunde, Der Präventivkrieg.

77 Graf Moltke, p.84 이하.

78 1871. 4. 27일의 비망록, Aufmarsch gegen Frankreich-Russland, 위의 책 p.4 참조.

79 Graf Moltke, p.1

80 1871. 4. 27일의 비망록, Aufmarsch gegen Frankreich-Russland, Graf Moltke, pp.4~20 참조.

81 1878년 12월과 1879년 1월의 구상. Krieg gegen Frankreich und Österreich, Graf Moltke, pp.67~74, 여기서 p.68 참조.

82 Kessel, Moltke, pp.706~710 참조.

5. 양면전쟁, 다모클레스의 칼

1 Ritter, Der Schlieffenplan 참조.

2 Zuber, Inventing the Schlieffen Plan 참조.

3 슐리펜 계획에 대한 새로운 연구논의에 대해 Der Schlieffenplan 참조. 여기서 최초로 새로이 발견된 1893/94년부터 1914/15년의 총참모부의 작전명령문의 사본이 실려있다.

4 Mombauer, Helmuth von Moltke 참조.

5 Der Weltkrieg 1914-1918, Bd 1, p.4.

6 몰트케는 1913/14년 동원령 선포 당시 이렇게 언급했다. '영국 또는 러시아와 각각 전쟁을 수행하는데 프랑스 국민들의 감정에 대해서는 고려하지 말아야 한다.' Der Schlieffenplan, p.467.

7 제4장; Bucholz, Moltke, pp.58~108 참조.

8 Boguslawski, Betrachtungen, p.103.

9 Goltz, Kriegsführung, p.61.

10 Leistenschneider, Auftragstaktik, pp.57~123 참조.

11 이러한 전략적 논쟁에 관해 다음을 참조. Lange, Hans Delbrück und der 'Strategiestreit'

12 Pöhlmann, Kriegsgeschichte und Geschichtspolitik, pp.42~44 참조.

13 Kessel, Napoleonische und Moltkesche Strategie, pp.171~181 참조.

14 Gembruch, General von Schlichting, pp.188~196 참조.

15 Borgert, Grundzüge der Landkriegführung, p.435 참조.

16 Goltz, Kriegführung, pp.7~21.

17 Luvaas, The Military Legacy, p.126.

18 Chickering, The American Civil War, p.683 참조.

19 Pöhlmann, Das unentdeckte Land 참조.

20 Schlichting, Über das Infantriegefecht, p.64 참조.

21 Caemmerer, Die Entwicklung der strategischen Wissenschaft, p.28.

22 Bernhardi, Vom heutigen Kriege, Bd 2, p.93 이하.

23 Bernhardi, Deutschland und der nächste Krieg, p.216.

24 Goltz, Das Volk in Waffen, p.239.

25 Bernhardi, Vom heutigen Kriege, Bd 2, p.482.

26 Storz, Kriegsbild und Rüstung, pp.226~237 참조.

27 Groß, Das Dogma der Beweglichkeit, pp.144~148 참조.

28 Bernhardi, Vom heutigen Kriege, Bd 2, p.30.

29 Balck, Die Taktik der Infantrie, p.283 이하.

30 Marwedel, Carl von Clausewitz, pp.167~172.

31 Bernhardi, Vom heutigen Kriege, Bd 1, pp.94~98 참조.

32 '오늘날에도 국민들에게 적의 우세를 물리칠 수 있다고 설득해야 한다. 왜냐하면 정신력, 지휘부와 부대의 정신력은 오늘날에도 또한 전쟁에서 결정적인 것이기 때문이다. 결단력과 대담성은 오늘날에도 결정적인 우세를 달성하게 한다.' 위의 책, Bd 2, p.190.

33 Stein, Die deutsche Heeresrüstungspolitik, pp.170~331 참조.

34 Falkenhausen, Die Bedeutung der Flanke, p.601.

35 Falkenhausen, Der große Krieg 참조.

36 '그러한 전쟁수행을 「술」로 표현해서는 안된다. 그렇다면 그것은 일종의 작업, 공사일 뿐이며 지휘관은 동시에 기술자가 될 수 밖에 없다. […] 이러한 특히 '역학적인' 전쟁관은 지휘관의 의지를 극도로 제한한다. 이때 지휘관은 극도의 강박관념에 시달리게 된다.' Bernhardi, Vom heutigen Kriege, Bd 2, p.171 이하. 베른하르디는, 슐리펜이 'Krieg in der Gegenwart'라는 글에서 주장했던 현대 전쟁에 관한 구상을, 슐리펜의 이름을 거론하지 않고서 비판했다.

37 Bernhardi, Vom heutigen Kriege, Bd 2, p.181.

38 Groß, There was a Schlieffenplan, p.134, 175 참조.

39 그는 새로이 발견된 장군참모현지실습의 최종 과제와 사후검토 문건을 제시했다. 이는 1893/94년부터 1914/15년까지의 독일군의 전개계획에 문건들과 빌헬름 디크만Wilhelm Dieckmann과 헬무트 그라이너Helmuth의 연구 결과를 근거로 했다. Groß, There was a Schlieffenplan, pp.117~152를 참조. die Aufmarschplanungen von 1893/94 bis 1914/15년 in Der Schlieffenplan, pp.341~484

40 이미 케셀Kessel은, 슐리펜의 작전적 사고를 평가하기 위해서는 유감스럽게도 소실

된 그가 주관한 전쟁연습, 훈련지형답사와 과업들에 관한 문선들이 1905년의 그의 계획보다 훨씬 더 중요하다고 지적했다. Schlieffen, Briefe, p.10.

41 Wallach, Kriegstheorien, p.125.

42 여기에 대한 사례로, Senger und Etterlin, Cannae, Schlieffen und die Abwehr, p.27.

43 '요즘 시대의 흐름은 특이하게도 정면공격을 지향하고 있다. 승부가 나지 않는 회전들, 오랜 기간이 소요되는 전쟁들로 귀결될 것이다. 백만 육군으로는 이것을 감당할 수 없다. 국민들의 의식성향, 그러한 대규모 군대를 유지하기 위해 소요되는 엄청난 비용을 감안할 때 신속한 결전, 즉각적인 종결이 필수적이다.' Schlieffen, Die taktische-strategischen Aufgaben, Bd 1, pp.86 이하.

44 Förster, Der deutsche Generalstab, pp.78 이하 참조. 슐리펜은 당시의 전투력 부족에도 불구하고 자신이 최종적으로 계획한 1906/07년 전개계획에서 노동자들의 분규를 억제하는 방안으로 부대편제를 계획했다. Der Schlieffenplan, p.412.

45 Förster, Der deutsche Generalstab, pp.61~95; Strachean, Die Ostfront, p.20 참조.

46 슐리펜은 자신이 계획한 양면전쟁의 기간을 정확하게 제시하지 않았다. 그런 까닭에 그가 계획한 단기전쟁의 기간에 관해 우리 스스로 고찰해 볼 수밖에 없다. Ritter 등의 저자들의 관련 문헌들에서는 6개월 정도로 제시되어 있는데 이는 확실히 너무 짧다고 생각된다. Burchardt가 제시(Burchardt, Friedenswirtschaft und Kriegsvorsorgr, p.15)한 예상은 슐리펜의 1905년의 비망록이 양면전쟁을 대비한 계획이었다는 잘못된 기본조건을 근거로 하고 있다. 그러나 항상 기술되어온 슐리펜 계획이 서부에서 단일정면에 대한 전개계획이라는 것도 정확하지 않다. 따라서 양면전쟁을 감안한다면 그 계획에 대한 시간은 그리 간단하게 판단할 수 없다. 당시의 군사 저널리즘에서도 많은 저자들이 단기전에 대한 구상을 공유했다. 1914년 전쟁 발발 2년 전에 쯤에는, 만일 단기 속전속결로 종결되지 않는다면 18개월 이상의 장기전을 예상하는 목소리들이 많아졌다. 슐리펜의 후임, 소몰트케도 역시 2년 정도의 장기전을 예측했다. 대프랑스 공격에 관한 슐리펜 계획의 일부 수정, 예를 들면 네덜란드를 통과해서 돌파하는 것을 포기한 것도 이러한 확신을 근거에 두고 있다. Burchardt, Friedenswirtschaft und Kriegsvorsorge, p.21; Förster, Der deutsche Generalstab, p.89 이하 참조.

47 Schlieffen, Die großen Generalstabsreisen, p.222.

48 Groß, Das Dogma der Beweglichkeit, pp.143~166 참조.

49 Strachan, Die Ostfront, p.21 참조.

50 슐리펜은 기습을 회전 성공을 위한 결정적인 요소로 인식했다. 그는 자신의 장군참모장교들에게 다음과 같이 언급했다. '그럼에도 불구하고 이러한 다른 요소들로는 승리를 쟁취할 수 없다. 거기에 이것이 필요하다. 기습적인 공격을 통해 적을 놀라게 해야하며 심각한 혼돈에 빠지게 만들어야 하고 적들로 하여금 성급한 결심과 조급한 행동을 하도록 유도하여 스스로 자멸하게 만들어야 한다.' Chef des Generalstabes der Armee, Kriegsspiel November/Dezember 1905, Berlin, 1905. 12. 23, BArch

PH 3/646, pp.1~36, p.34 참조.

51 1901년 제2차 현지실습의 기록은 다음과 같다. "바익셀에서의 결정적인 성공 이후 서부 육군의 주력의 이동은 이미 계획되어 있었다." 2. Große Reise, BArch, N 323-7, Nachlass Boetticher, p.6.

52 Kutz, Schlieffen contra Clausewitz, p.31 참조.

53 Heuser, Clausewitz lesen!, pp.131~135.

54 Der Schlachterfolg, p.309.

55 Bernhardi, Vom heutigen Kriege, Bd 2, p.419.

56 Snyder, The Ideology; Heuser, Clausewitz lesen!, pp.133~135 참조.

57 Goltz, Krieg und Heerführung, p.14.

58 Kondylis, Theorie des Krieges, p.136에서 이러한 사실을 확실히 지적했다.

59 Wallach, Das Dogma der Vernichtungsschlacht.

60 Heuser, Clausewitz lesen!, p.134 참조.

61 Hull, Absolute Destruction, pp.324~333 참조.

62 이후부터 제국군은 독일제정 시대의 군을 의미한다.

63 Förster, Der Vernichtungsgedanke, p.262 이하 참조.

64 Blume, Militärpolitische Aufsätze, p.34.

65 Große Generalstabsreise 1898, BArch, N 323-30, Nachlass Boetticher, p.8.

66 Schlussaufgaben 1905, BArch, N 323/48, Nachlass Boetticher, p.8.

67 Große Generalstabsreise 1989, 11월, BArch, N 323/7, Nachlass Boetticher, p.13.

68 Freytag-Loringhoven에게 쓴 서신, 1912. 8. 14. Schlieffen, Briefe, p.317.

69 Raschke, Der politisierende Generalstab, pp.126~129 참조.

70 Erfurth, Der Vernichtungssieg, pp.69~72 참조.

71 Kutz, Realitätsflucht und Aggression, p.35 이하; Wallach, Kriegstheorie, pp.101~110 참조.

72 Schlieffen, Cannae, p.262.

73 위의 책.

74 위의 책, p.9

75 Raschke, Der politisierende Generalstab, p.127 이하 참조.

76 Stein, Die deutsche Heeresrüstungspolitik 참조

77 Groß, There was a Schlieffenplan, pp.141~144, 158 이하 참조

78 Millotat, Das preußisch-deutsche Generalstabssystem, pp.79~83 참조.

79 이것에 관해서, 제2의 "deutsche Abteilung"을 참고할 것. 이 부서는 육군의 전개계획을 담당했다.

80 Groener, Lebenserinnerungen, p.72 참조.

81 총참모부의 업무수행 과정에 대해 위의 책, pp.70~74 참조.; Ludendorff, Mein militärischer Werdegang, p.73 이하, pp.93~95.

82 이것에 관해서, Mombauer, Helmuth von Moltke, p.39 이하 참조; Ludendorff, Mein militärischer Werdegang, p.74.

83 Schlieffen, Briefe, p.16 참조.

84 이것에 관해서 Posen, The Sources of Military Doctrine, pp.47~51 참조.

85 Kriegsspiel 1905, BAarch, N 323/10, Nachlass Boetticher, p.49.

86 위의 책, p.48.

87 Osterhammel, Die Verwandlung der Welt, p.694.

88 육군과 해군 총참모부 간에 협의가 거의 없었던 사실에 관해 다음을 참조. Schäfer, Generalstab und Admiralstab; Groß, German Plans to Occupy Denmark.

89 Boetticher, Der Lehrmeister des neuzeitlichen Krieges, p.257 참조.

90 Gehard Ritter는 군사 문제에 관한 최종적인 소견으로서 몰트케의 비판을 재차 기술했다. Ritter, Der Schlieffenplan, p.20.

91 Groß, There was a Schlieffenplan, p.144 이하 참조.

92 Ritter, Der Schlieffenplan, pp.19~25 참조.

93 Ritter, Der Schlieffenplan, p.36.에서 인용.

94 Dieckmann, Der Schlieffenplan, BArch, RH 61/347, p.115; Ritter, Der Schlieffenplan, p.39 참조

95 이것에 관해 다음을 참조. Groß, Im Schatten des Westens, p.50 이하; Höbelt, Schlieffen, Beck, Potiorek und das Ende, pp.7~30; Schmitz, Verrat am Waffenbruder?, pp.385~407.

96 Ritter, Der Schlieffenplan, p.40 참조.

97 Dieckmann, Der Schlieffenplan, BArch, RH 61/347, pp.156~159 참조.

98 1902년 5월 16일 슐리펜은 이것에 대해 다음과 같이 언급했다. '이것은 정면공격도 포위도, 우회도 아닐 수 있다. 오히려 목표를 달성하기 위한 두 개의 연결 정도로 표현할 수 있다.' 위의 책, p.159 인용.

99 Ritter, Der Schlieffenplan, p.41 참조.

100 Greiner, Nachrichten, BArch, RH 61/398, p.95.

101 1904년도 제1차 장군참모현지실습의 작전에 관한 개관, Schlussbesprechung, BArch, N 323/8, Nachlass Boetticher, pp.5~8.

102 1906/07년의 전개계획, Der Schlieffenplan, p.413. 참조

103 Herwig, The Marne, p.37 참조

104 Dieckmann, Schlieffenplan, BArch, RH 61/347, p.106.

105 이러한 비망록을 넘겨준 기록에 관해 다음을 참조, Groß, There was a Schlieffenplan, pp.120~130.

106 Wallach, Das Dogma der Vernichtungsschlacht, p.92 참조

107 슐리펜과 소몰트케의 견해의 차이점에 관해 다음을 참조. Groß, There was a Schlieffenplan, p.133 이하.

108 1912년 12월 28일 슐리펜의 비망록, Ritter, Der Schlieffenplan, p.186.

109 그 예로 Auwers, Die Strategie des Schlieffenplanes 참조

110 Ritter, Der Schlieffenplan, p.157.

111 Brose, The Kaiser's Army, pp.69~111 참조.

112 Groß, Das Dogma der Beweglichkeit, p.146 이하 참조.

113 Giehrl, Der Feldherr Napoleon, p.155 참조.

114 Brose, The Kaiser's Army, pp.43~111 참조.

115 Ritter, Der Schlieffenplan, p.158.

116 Creveld, Supplying War, pp.109~141 참조.

117 Blume, Strategie, ihre Aufgaben und Mittel, p.58.

118 Heeresverpflegung, p.290 참조.

119 Strachan, Die Ostfront, p.19 이하 참조.

120 제17계획에 프랑스군의 '기세élan'에 대한 정의는 다음과 같다. 프랑스의 군사사상의 핵심은 바로 '최후까지 공격한다.'라는 것이다. '정신적인 전투력은 성공을 위한 가장 강력한 원동력이다. 군은 명예와 애국심을 통해 가장 숭고한 살신성인을 실현할 수 있다. 희생정신과 필승의 의지는 성공을 보장한다.' Linnenkohl, Vom Einzelschuß zur Feuerwalze, p.40 이하에서 인용; Storz, Kriegsbild und Rüstung, pp.79~84, 207~249.

121 육군 총참모장, 전쟁연습, 1905. 11/12월, 사후강평, Berlin 1905.12.23. BArch, PH 3/646, pp.1~36과 p.34.

122 Schlieffen, Briefe, p.10 참조.

123 전쟁연습 Kriegsspiel 1905, BArch, N 323/10, Nachlass Boetticher, pp.21~23.

124 육군 총참모장, 1905년 11/12월 전쟁연습, Berlin, 1905. 12. 23, BArch, PH 3/646, Groß, There was a Schlieffenpan, p.134 이하 참조.

125 1904년 총참모부에서 실시한 서부 장군참모현지실습(Großen Generalstabsreise West 1904) 기간 중 슐리펜과 그의 후임 사이에는 작전적 문제에 관한 상당한 견해차이가 있었다. '슐리펜 백작은 내 견해가 무엇인지 물었고 내 생각은 그의 견해에 결코 부합하지 않았다. 우리의 양쪽 견해 차이는 극에 달했을 정도였다.' Moltke, Erinnerung, Briefe, Dokumente, 1904. 6. 18일의 일기(Tagebuchnotiz), p.292; Buchfinck, Der Meinungskampf, p.294. 슐리펜과 몰트케와의 관계에 대해 Groß, There was a Schlieffenplan, p.133 이하 참조.

126 슐리펜은 자신에 대한 멸시에 매우 분노했다. Groß, There was a Schlieffenplan, p.158 이하 참조.

127 몰트케의 작전적-전략적 계획에 관해, Mombauer, Helmuth von Moltke; Mombauer, Der Moltke Plan, pp.79~99. 참조.

128 Moltke, Erinnerung, Briefe, Dokumente, p.308; Förster, Der deutsche Generalstab, pp.61~95; Mombauer, Der Moltkeplan, p.90.

129 프랑스군의 작전계획에 관해, Doughty, France, pp.143~174; Schmidt, Frankreichs Plan XVII, pp.221~256 참조.

130 Bucholz, Moltke, p.266 참조.

131 Mombauer, Der Moltkeplan, pp.89~91 참조.

132 위의 책 p.91 이하 참조.

133 Groener, Lebenserinnerungen, p.132 이하 참조.

134 Storz, "Dieser Stellungs und Festungskrieg ist scheußlich!", pp.161~204 참조.

135 Wallach, Das Dogma der Vernichtungsschlacht, p.133 참조. 핵심적인 쟁점에 관해서 계속적인 잘못된 해석들도 있지만 슐리펜계획과 세계대전 시대의 작전적 사고에 관한 역사적인 논쟁에 그의 작품이 미친 영향력은 놀라울 정도이다.

136 Mombauer, Der Moltkeplan, pp.79~99 ; Förster, Der Krieg der Willensmenschen, pp.29~33 참조.

137 Storz, "Dieser Stellungs und Festungskrieg ist scheußlich!", p.170 참조.

138 Degreif, Der Schlieffenplan, p.109 참조.

139 몰트케의 부관, 프리드리히 폰 만타이Friedrich von Mantey의 진술에 따르면 소몰트케와 슐리펜의 작전적 사고에는 차이점이 존재하지 않았다고 했는데 1933년 슐리펜 탄생 100주년에 슐리펜에 대한 존경을 표하며 직속상관의 명예회복을 하고자 진술한 것이다. Mantey, Graf Schlieffen und jüngere Moltke, pp.395~398. 만타이는 전쟁사 연구 자료로서 전쟁계획들의 문서심사를 요청했지만 볼프강 푀르스터Wolfgang Foerster가 이를 거부했다. Pöhlmann, Kriegsgeschichte und Geschichtspolitk, p.319 이하 참조.

140 Mombauer, Helmuth von Moltke, p.287 이하 참조.

141 Gackenholz, Entscheidung in Lothringen, p.121.

142 베른하르디Bernhardi는 더욱이 그가 슐리펜의 비망록의 존재를 몰랐지만 놀라울 정도로 슐리펜의 구상과 일치된 대프랑스 공격계획을 내놓았다. 1830/31년 클라우제비츠도 벨기에를 통과하는 대프랑스 공격계획을 수립했다.

143 이것에 관해 쿠츠Kutz는 강력히 찬성했다. Kutz, Schlieffen contra Clausewitz, p.29 참조.

6. 혹독한 징벌, 제1차 세계대전의 패배

1 Clausewitz, Vom Kriege, p.781.

2 플랑드르 회전에서의 소총수, Gotthold Schneider의 편지, 1917.10.31. BArch, W 10/50684, p.9.

3 독일군의 진격에 대해 최근 자료로 Herwig, The Marne, pp.159~224 참조.

4 프랑스군의 작전계획에 대해 Doughty, France, pp.143~174 참조.

5 1914. 9. 7. 육군 총사령부의 작전참모부장, 게르하르트 타펜Gerhard Tappen 대령이 자신의 부인에게 보내는 편지에서. Herwig, The Marne, p.245 참조.

6 회전에 관한 세부사항은 위의 책, pp.225~306 참조.

7 제8군에 대한 세부사항은 Der Weltkrieg 1914-1918, Bd2, pp358~365 참조

8 따라서 소몰트케는 오스트리아군 총참모장 프란츠 프라이헤르 콘라드 폰 회첸도르프Franz Freiherr Conrad von Hötzendorff에게 1909년에서야 비로소 서부에 독일의 중점을 두고 있다는 것을 알려주었고 상황이 변화할 것이라는 조건부로 기계획된 갈리치아에서의 오스트리아의 공세를 위해 단지 나레브Narew 강 방면으로의 견제공격을 약속해 주었다. Höbelt, Schlieffen, Beck, Potiorek und das Ende, pp.7~30; Meier-Welcker, Strategische Planungen und Vereinbarungen, pp.15~22; Otto, Zum strategisch-operativen Zusammenwirken, pp.423~440; 오스트리아-헝가리 제국의 작전계획에 대해, Kronenbitter, Die militärischen Planungen, pp.205~220 참조.

9 1913년 총참모부의 비밀문건, 러시아군 전술에 관한 보고서, Elze, Tannenberg, pp.165~182, p.168 참조.

10 Schlieffen, Die großen Generalstabsreisen 참조.

11 제8군 사령부에 하달된 1914/15년 전개계획, Elze, Tannenberg, pp.185~197, p.193.

12 Der Weltkrieg 1914-1918, Bd2, p.45.

13 제8군 사령부에 하달된 1914/15년 전개계획, Elze, Tannenberg, p.195 참조

14 Stone, The Eastern Front, pp.47~49 참조

15 러시아군의 작전에 관해 Kushber, Die russischen Streitkräfte, pp.257~268; Menning, War Planning and Initial Operations, pp.80~142 참조.

16 러시아군의 작전에 관해 Stone, The Eastern Front, pp.51~59 참조.

17 세부적인 전투 경과에 관해 Showalter, Tannenberg, pp.172~210; Der Weltkrieg 1914-1918, Bd2, pp.79~102 참조.

18 독일의 전후 군사관련 출판물에서 프리트비츠의 해임에 대해 상세히 논의했다. 이러한 논의와 그와 관련된 프리트비츠에 관한 비판의 예로, Kabisch, Streitfragen des Weltkrieges 참조.

19 회전 경과에 관한 세부사항은. Elze, Tannenberg, pp.116~148; Showalter, Tannenberg, pp.213~319; Strachan, The First World War, vol.1, pp.324~334; Venohr, Ludendorff, pp.32~52 참조.

20 Afflerbach는, 루덴도르프가 총참모부에서 슐리펜의 전통을 이은 정신적인 후손이

라고 기술했다. Afflerbach, Falkenhayn, p.212.

21 Höbelt, 'So wie wir haben nicht einmal die Japaner angegriffen'(우리가 단 한 번도 일본을 공격해본 적이 없듯) pp.90~96 참조.

22 Groß, Im Schatten des Westens, pp.54~58 참조.

23 Storz, 'Dieser Stellungs- und Festungskrieg ist scheußlich!', p.181 참조.

24 Kielmansegg, Deutschland und der Erste Weltkrieg, p.38 참조.

25 8월 23일 당시에는 독일군 우익에 총 24.5개 사단을, 반면 연합국은 17.5개 사단이 위치함으로써 독일군이 우세했다. Strachan, Der Erste Weltkrieg, p.82 참조

26 독일군은 벨기에 지역에서 진군하는 동안 벨기에 주민들에게 매우 잔악한 행위를 저질렀다. 독일의 전진에 대해 어떠한 저항도 허용될 수 없었고 프랑스 의용군에 대한 두려움을 가지고고 있었던 독일 육군은 저항하는 벨기에 주민들을 의용병으로 인식하여 억압했다. 이러한 국제법 위반 행위들로 인해 6,500명 이상의 민간인들이 희생당했다. Horne/Kamer, Deutsche Kriegsgreuel 참조. 그러나 이러한 폭력행위는 섬멸전역의 특징이라기보다는 전쟁 발발 초기에 전장의 병사들은 엄청난 정신적 부담감에 휩싸여있었고 과열된 전투분위기 때문이었다. 당시와 견줄 수 있을 만큼 참혹한 사태들은 전쟁 중 서부나 동부 어디에서도 일어난 적이 없었다. Neitzel, Blut und Eisen, p.55 이하 참조.

27 독일의 의사소통 문제에 관해 Herwig, The Marne, pp.245~247 참조.

28 귀족출신의 뷜로브Bülow와 '자수성가'한 클룩Kluck은 서로 상당히 혐오했는데 이는 전쟁기간 중에 명확히 드러났다. 클룩은 장군참모출신이 아니었고 50세 되던 해에 귀족칭호를 받았다. Tuchman, August 1914, p.274; Herwig, The Marne, p.124 참조.

29 Storz, "Dieser Stellungs- und Festungskrieg ist scheußlich!", p.171 참조

30 Salewski, "Weserübung 1905?", pp.47~62 참조.

31 제국해군은 독자적인 권한과 영역에 관한 명확한 규정 없이 전쟁에 참가했다. 유일한 중앙의 명령권자는 최고 전쟁지도자인 황제였다. 육군과는 대조적으로 빌헬름 2세는 해군에 대한 자신의 통수권을 유지했다. 티르피츠Tirpitz가 주도한 해군의 평시 조직이 전쟁수행에 적합하지 못하다는 것은 전쟁 발발 무렵 갑작스럽게 부각되었다. 그에 의해 거의 무능한 기관으로 전락한 해군 총참모부는 해전 수행에 있어 인적, 물적인 지휘능력이 없었다. 1918년 여름에서야 황제는 해전수행의 중앙조직에서 자신의 통수권을 포기했다. Groß, Die Seekriegführung, pp.347~428 참조.

32 Kaiser Wilhelm II. als Oberster Kriegsherr(최고 사령관으로서의 황제 빌헬름 2세)

33 Kriegs-Rundschau, Bd1, p.201.

34 9월 초순경 근위예비군단Gardereservekorps와 제11군단, 제8기병사단이 동프로이센에 도착했다. 이 부대들은 몰트케의 명령으로 1914. 8.28/29일 야간에 행군을 개시했다. Der Weltkrieg 1914-1918, Bd2, p.207 참조.

35 Uhle-Wettler, Höhe- und Wendepunkte, pp.201~253 참조

36 그 예외란 1917년의 발틱 제도 점령을 의미한다. Groß, Unternehmen "Albion" 참조

37 팔켄하인 혼자 그러한 확신을 가진 것만은 아니다. 동부 전선사령부 참모장 막스 호프만Max Hoffmann 대령도, 양면전쟁 중에 있는 독일이 러시아에 승리할 수 있는가에 대해 의문을 제기했다. 그는 다음과 같이 언급했다. '러시아 육군을 완전히 섬멸하기는 불가능하다. 만일 우리가 오로지 러시아와 전쟁하는 경우에만 그것이 가능할 수 있다.' Hoffmann, Die Aufzeichnungen, Bd2, p.64.

38 전투의 세부적인 사항에 관해, Stone, The Eastern Front, pp.103~107; Der Weltkrieg 1914-1918, Bd6, pp.98~226; Venohr, Ludendorff, pp.86~107 참조.

39 마주리안 호수 일대에서의 동계 전투의 세부적인 사항에 관해, Der Weltkrieg 1914-1918, Bd7, pp.172~242 참조.

40 Der Weltkrieg 1914-1918, Bd6. p.254.

41 1914/15년 동계 군사 지휘부의 혼란에 관해, Groß, Im Schatten des Westens, p.58 이하; Afflerbach, Falkenhayn, pp.211~223 참조.

42 갈라치아와 카르파티아Karpaten에서의 오스트리아 군의 작전에 관해, Höbelt, "So wie wir haben nicht einmal die Japaner angegriffen", pp.87~119 참조.

43 이 전투에 관해, Stachelbeck, Militärische Effektivität, pp.63~96 참조.

44 이 두사람의 작전의 성공가능성에 관한 상세한 분석은 다음을 참조. Gallwitz, Meine Führertätigkeit, pp.373~378.

45 동부 전선사령부와 팔켄하인의 의견충돌에 관해, Afflerbach, Falkenhayn, pp.305~313; Ullich, Entscheidung im Osten 참조.

46 갈비츠Gallwitz는 러시아군의 능력을 다음과 같이 평가했다. '러시아 병사들은 압박에 대해 항상 근면하게 겸허하게, 인내하고 냉정하게 행동한다. 격렬한 전투 속에서 엄청난 손실이 발생하고 실종되고 포로가 되어도 최후까지 부대의 전열을 깨뜨리지 않고 전투를 수행할 수 있다. 어떠한 지형도 그들은 다시금 지킬 수 있는 준비가 되어 있었고 그들의 행군 능력은 그야말로 탁월했다.' Gallwitz, Meine Führertätigkeit, p.378.

47 갈비츠는, 서부에서 이동해 온 제54보병사단의 차량의 주차장은 교통 및 기상문제 때문에 확장될 수 없었고 이 때문에 행군이 지연되었다고 기술했다. 위의 책, p.309 참조.

48 Graf Moltke, p.80.

49 빌헬름 2세는 1916년 12월 9일의 칙령에서 이러한 해석의 기초를 만들었다. '루마니아 전역에서 신의 가호로 이미 최고의 영광스러운 승리를 낳았으며 전쟁 사상 전시대를 통틀어 빛나는 사례로서 천재적인 대전략이 증명되었다.' Gahlen, Deutung und Umdeutung, p.293.

50 Groß, Ein Nebenkriegsschauplatz, pp.143~158 참조.

51 알렉세이 브루실로프Aleksei Brussilow 장군은 협소한 정면에 돌파보다는, 독일의 작전적 사고에서 핵심적인 요소인 기습을 기본으로 광정면에서의 정면공격을 감행했다. 그의 작전적 신념의 발전과 회전에 관해, Stone, The Estern Front, pp.232~256 참조.

52 루마니아의 참전 선언 몇주 전의 육군 총사령부의 상황평가에 관해, Afflerbach, Falkenhayn, pp.446~448 참조.

53 위의 책, p.447.

54 육군 총사령부 인선 및 교체에 관해, 위의 책 pp.437~450 참조.

55 Rauchensteiner, Der Tod des Doppeladlers, pp.362~370 참조.

56 팔켄하인, 힌덴부르크와 루덴도르프가 하계에 보직을 서로 맞교대했다는 것은 독일군의 역사상 아이러니컬한 일이다. 그리 놀랄만한 일도 아니지만 팔켄하인도 일찍이 힌덴부르크와 루덴도르프가 한 것처럼 육군 총사령부의 모든 간섭에 반대하고 나섰다.

57 루마니아와의 전투에 관해, Groß, Ein Nebenkriegsschauplatz, pp.143~158; Der Weltkrieg 1914-1918, Bd11, pp.220~299 참조. 위 문헌에서 당시 독일군의 편제를 확인할 수 있다.

58 Ratzel, Politische Geographie, p.375; Strachen, Die Ostfront, p.18 이하 참조.

59 오스만제국에서는 한스 폰 젝트Hans von Seekt 육군소장을 오스만 육군의 총참모장으로, 팔켄하인을 팔레스타인 지역 총사령관으로 임명하는 등의 사례가 있었다.

60 Kronenbitter, Von 'Schweinehunden' und 'Waffenbrüdern' pp.121~143 참조.

61 Strachan, Die Ostfront, p.23 참조.

62 Hoeres, Die Slawen, p.187 참조.

63 Volkmann, Der Ostkrieg, pp.269 이하 참조.

64 격렬했던 전투 상황의 사례로 1915년 7월 트륍스트Tröbst 소위는 힌덴부르크 147 보병연대에서 7월 23일, 제2대대의 나레브 도하작전 상황을 다음과 같이 기술했다. "30분 후 중대들은 그들의 진지에서 빠져나와 분대단위 또는 흩어져서 죽을 정도로 녹초가 되어 인간이기 보다는 의지를 상실한 짐승 떼처럼 돌아왔다. […] 크람메Kramme는 우선 손실을 파악하라고 명령했다. 사망자, 부상자, 실종자는 장교 3명, 부사관과 병사 261명에 달했다. 이런 표현이 적절했다. '악마가 대대의 절반 이상을 데려갔다.'" 한스 그륍스트Hans Tröbst 대위의 일기에서 발췌. Cord Christian Tröbst씨가 기증한 자료임.

65 Dieckmann, Schlieffenplan, BArch, RH61/347, p.106 이하.

66 보병은 더 이상 직선상이 아닌 종심으로 구축된 방어지역에서 방어작전을 수행했다. 기동방어계획에 따라 아군부대는 적의 공격, 특히 포병의 준비사격을 회피하고 종심상에서 적의 공격을 저지하며 역습이나 역공격에 의해 적을 격멸하고 상실한 지역을 수복해야 했다. 지역방어의 발전에 관해, Groß, Das Dogma der Beweglichkeit, pp.148~150.

67 Krafft, Der Durchbruch, p.12 참조.

68 '전술적 돌파를 목적으로 한 집중적인 돌격은 오늘날 화력의 효과 때문에 불가능하다.' Wenninger, Über den Durchbruch, p.639.

69 Alfred Graf Schlieffen, Über die Aussichten des taktischen und operativen Durchburchs aufgrund kriegsgeschichtlicher Erfahrungen, BArch, N43/108, p.30 이하.

70 Borgert, Grundzüge der Landkriegführung, p.490.

71 위의 책

72 Krafft, Der Durchbruch, p.405 참조.

73 Köster, Ermattungs- oder Vernichtungsstrategie?, p.11 참조.

74 Foley, German Strategy, p.157 이하 참조.

75 위의 책 p.159 이하; Der Weltkrieg 1914-1918, Bd7, pp.318~322 참조.

76 Afflerbach, Falkenhayn, p.360; Falkenhayn, Die Oberste Heeresleitung, p.180 참조.

77 1915년 말 독일군 총사령부는 25.5개의 사단을 작전적 예비대로 보유했다.

78 Afflerbach, Falkenhayn, pp.360~375; Foley, German Strategy, pp.181~236; Neitzel, Blut und Eisen, p.83~86. 전투에 관한 세부적인 상황은 Werth, Verdun. Stachelbeck, Militärische Effektivität, pp.97~126 참조. 제11바이에른 보병사단의 예에서 공격방식의 발전을 확인할 수 있다.

79 최근의 문건으로, Stachelbeck, Militärische Effektivität, pp.61~195 참조.

80 Ludendorff, Meine Kriegserinnerungen, p.474.

81 위의 책 p.472.

82 Kronprinz Rupprecht. Mein Kriegstagebuch, Bd2, p.372.

83 Storz, Aber war hätte anderes geschehen sollen?, p.64 참조

84 교육훈련에 관해 각고의 노력에도 불구하고 단 수 개월 내에 모든 중대급 부대에 '침투전술'을 완벽하게 교육시키는데 성공하지 못했다. 따라서 수많은 부대들이 집단으로 공격작전을 수행했다. 이것에 관해 위의 책, p.66 이하 참조; Groß, Das Dogma der Beweglichkeit, pp.151~153.

85 풀코브스키Pulkowski 소령에 의해 개발된 이 방식에 관해, Linnenkohl, Vom Einzelschuß zur Feuerwalz, p.277 이하; Storz, Aber war hätte anderes geschehen sollen?, p.65 이하 참조

86 현재 연구를 진행 중인 마르쿠스 푈만Markus Pöhlmann의 연구서, Geschichte der militärischen Mechanisierung von Landstreitkräften in Deutschland im Zeitalter der Weltkrieg가 발간되면 향후 세부적으로 알 수 있다. 본인은 독일군 기갑무기체계에 대해 조언해 준 Dr. Markus Pöhlmann에게 감사를 표한다.

87 독일 육군의 차량화 수준은 적군에 비해 현저히 낮았다. 기마의 보유량도 전쟁 기간

중 현저하게 떨어졌다. Storz, Aber war hätte anderes geschehen sollen?, p.68 이하 참조.

88 독일군 공세에 관한 최근 자료로, Müller, Vernichtungsgedanke und Koalitionskriegführung, pp.105~399와 Zabecki, The German 1918 Offensives, pp.97~328 참조.

89 Kuhl, Der Weltkrieg, Bd2, p.341; Venohr, Ludendorff, pp.295~299; Zabecki, The German 1918 Offensives, pp.160~164 참조.

90 각각의 공격작전에 관해, Zabecki, The German 1918 Offensives, pp.97~328 참조.

91 Groß, Unternehmen "Albion" 참조.

92 3월과 4월에 독일 육군은 약 310,000명 이상의 병력을 잃었다. 4월에 부대는 개전 이래 가장 높은 월간 손실률을 기록했다. Der Weltkrieg 1914-1918, Bd14, p.300, p.354, p.516 참조.

93 Brose, The Kaiser's Army, p.225, 240 참조.

94 Groener, Lebenserinnerungen, p.437.

95 위의 책, p.449.

7. 새로운 술통 속의 오래된 와인, 제국군과 국방군 작전적 사고의 현실과 이상

1 Erfurth, Die Überraschung im Kriege, p.342.

2 Hermann, Die Friedensarmeen, p.269.

3 Freytag-Loringhoven, Irreführende Verallgemeinerungen, p.219.

4 패전의 원인에 관해, Pöhlmann, Von Versailles nach Armageddon, p.335 이하 참조.

5 Lange, Hans Delbrück und der "Strategiestreit", pp.125~130 참조.

6 연방문서고의 문서들과 더불어 "슐리펜 추종자"들의 다수의 글들, 예를 들면 빌헬름 그뢰너의 글, Der Testament des Grafen Schlieffen과 Der Feldherr wider Willen, 그리고 프리드리히 폰 보에티헤르의 글, Der Lehrmeister der neuzeitlichen Krieges에서 이러한 내용이 기술되어 있다.

7 1920, 30년대 슐리펜 학파의 노력에 관해, Wallach, Das Dogma der Vernichtungsschlacht, pp.305~334 참조. 또한 p.330 이하에서 제1, 2차 세계대전 사이 기간 동안의 슐리펜 학파의 주요한 문헌들을 발견할 수 있다. 그러나 발라흐는 슐리펜 학파의 입장만을 고집하고 이 당시의 슐리펜의 비판론자들의 주장에 관해서는 전혀 기록하지 않았다. 그와는 달리 어느 정도 타당한 내용으로 기술한 예로는 Pöhlmann, Kriegsgeschichte und Geschichtspolitik, pp.328~321 참조. 발라흐와는 달리 그는 슐리펜의 비판론자들의 의견도 반영했고 슐리펜 학파의 부분적인 수정주의에 대해 기술했다.

8 제국 문서보관소의 내부에 특별히 1914년까지 독일의 전개계획수립의 실무자이자

과거의 슐리펜의 제자이며 예비역 중령 볼프강 푀르스터가 근무했으며 그는 자신의 과거 상관의 관점에서 글로써 영향력을 행사했다. 그는 1920~30년대에 직접적인 문서열람을 통해 슐리펜과 몰트케의 전개 및 작전계획에 대한 최고의 전문가로 급부상했다. 이 테마에 대한 그의 가장 중요한 출판물은 Graf Schlieffen und der Weltkrieg과 Aus der Gedankenwerkstatt des deutschen Generalstabes 등이다. 게다가 그는 계속적인 후속 연구를 저지하기 위해 총책임자라는 자신의 지위를 이용했다. Pöhlmann, Kriegsgeschichte und Geschichtsolitik, p.317 참조.

9 베첼Wetzel은 지속적으로 소몰트케의 결심을 변론했고 서부전선 초기 상황에 대한 제국 문서보관소의 기술을 공개적으로 비판했다. Generalmajor Wetzel, Das Kriegswerk des Reichsarchivs, pp.1~43. 이러한 논쟁과 슐리펜학파의 부분적인 수정주의에 관해, Pöhlmann, Kriegsgeschichte und Geschichtsolitik, pp.284~321 참조.

10 전쟁사연구소는 더욱이 팔켄하인 사후에 그의 필적이나 습관, 사진 등을 근거로 팔켄하인의 심리상태를 연구시켰다. 심리학자들은 기대했던 대로 팔켄하인은 의욕상실증에 걸려있었고 따라서 제2기 총참모장으로 부적합했다고 분석해냈다. Pöhlmann, Kriegsgeschichte und Geschichtsolitik, p.180, p.250 이하 참조.

11 Marx, Das "Cannä-Oratorium", p.246.

12 1935년 5월 5일, 국방군대학의 강연 '세계대전을 준비하는데 있어서 우리의 주요 군사정치적, 전략적, 전쟁경제적 그리고 심리적인 실책, 그로부터 전쟁수행을 위해 어떠한 인식들이 도출되었는가?'(Unsere haupsächlichen militärpolitischen, strategischen kriegswirtschaftlichen und psychologischen Fehler in der Vorbereitung des Weltkrieges selbst. Welche allgemeine Erkenntnisse ergeben sich daraus für die Kriegführung) BArch, RW 13/4, p.51, p.56.

13 Wette, Militarismus in Deutschland, p.150 이하 참조.

14 Corum, The Roots of Blitzkrieg, pp.57~62; Deist, Die Reichswehr, pp.82~85 참조.

15 Deist, Die Reichswehr, pp.82~85 참조.

16 Stig Förster가 출간한 논문모음집 An der Schwelle zum Totalen Krieg

17 Soldan, Der Mensch und die Schlacht der Zukunft; Buchfinck, Der Krieg von gestern und morgen 참조.

18 Schwarte, Die militärischen Lehren 참조.

19 Rebenau, Operative Entschlüsse; Foertsch, Kriegskunst 참조. 저널리스트들의 논쟁에 대한 포괄적 요약은 다음을 참조. Neugebauer, Operatives Denken, p.100 이하 ; 특히 Geyer, Aufrüstung oder Sicherheit, pp.464~466 참조.

20 최근 Mulligan, The Creation, p.218 참조. 저자는 전술에 대해 언급하고 있지만 그것이 바로 작전적 수준의 전쟁수행이다. 또한 Corum, The Roots of Blitzkrieg, pp.55~57. 참조.

21 Rosinski, Die deutsche Armee, p.212 참조.

22 Strohn, The German Army and the Defence, p.102.

23 위의 책, p.106.

24 Zeidler, Reichswehr und Rote Armee, pp.29~155 참조.

25 '규모가 클수록 결국 전투력은 약해진다. 그러나 승자도 헛되이 전투력을 낭비하게 되고 시간을 소모하게 된다. 이것은 소모적인 승리이지 섬멸적인 승리가 아닌 것이다. 육군의 질과 규모는 비례하지 않는다. 규모가 크면 기동에 방해가 될 뿐이다. 강력한 의지력으로도 대규모 군대를 지휘하는데 어려움은 매우 크다. 그에 따른 실책이 속출할 것이고 그로 인해 신속한, 결정적 타격을 위한 조건들이 갖추어지지 못할 것이다.' Seeckt, Die Reichswehr, p.35.

26 그 예로 Goltz, Das Volk in Waffen, p.4와 Falkenhausen, Der große Krieg, p.7 이하 참조.

27 Seeckt, Landesverteidigung, p.65.

28 위의 책, p.69.

29 Seeckt, Generaloberst v. Seeckt, p.1459.

30 Strohn, The German Armz and the Defence, p.102 참조.

31 Meier-Welcker, Seeckt, p.533.

32 본 교범의 발간 과정과 내용에 대해 세부적인 사항은, Velten, Das deutsche Reichsheer, pp.53~269 참조.

33 여기에 관해, Ernst Jünger, '본 교범[F.u.G.]에 깃들어 있는 정신은, 물질적인 측면이 어떠한 상황이든, 공격을 위한 무조건적인 의지로 충만해야 한다는 것이다. 공격만이 우리에게 최대, 최선의 성공을 가져다 줄 것이다.' Jünger, Die Ausbildungsvorschrift, p.53.

34 젝트는 다음과 같이 설명했다. '내가 제2군단 참모장으로 8, 9월 전투에 참가했을 당시, 우리의 전투방식이 프랑스군에 비해 압도적으로 우수하다는 느낌을 받았다. 나는 그 당시의 기본원칙들을 계속 적용하는 것을 오늘날 우리의 교육훈련의 주요과업으로 보고 있다.', Meier-Welcker, Seeckt, p.529에서 인용.

35 Neugebauer, Einführung, p.IX 참조.

36 Groß, Das Dogma der Beweglichkeit, p.154 이하 참조.

37 상세한 젝트의 개념에 대해 다음을 참조. Citino, The Path to Blitzkrieg; Neugebauer, Operatives Denken, pp.97~122; Wallach, Das Dogma der Vernichtungsschlacht, pp335~351; Corum, The Root of Blitzkrieg.

38 H.Dv(육군교범) 487 (F.u.G.) 1921, p.10, No. 12.

39 Citino, The Path to Blitzkrieg, pp.8~72; Corum, The Roots of Blitzkrieg, pp.30~50 참조.

40 Seeckt, Gedanken eines Soldaten, pp.93~95 참조.

41 젝트가 1926년 Freiherr von Watter에게 보낸 한 서신에서 인용. Meier Welcker, Seeckt, p.529 참조.

42 Seeckt, Gedanken eines Soldaten, p.122 이하 참조. 그럼에도 불구하고 젝트는 진보된 차량화를 경시하지 않았고 신속한 기동전을 위해 차량화의 중요성을 재차 강조했다. Bemerkungen des Chefs der Heeresleitung, pp.38~41 참조.

43 Seeckt, Gedanke eines Soldaten, p.150 이하 참조.

44 이러한 논쟁에 관해, Pöhlmann, Von Versailles nach Armageddon, p.361 이하 참조.

45 군사적 전문시사지에서 이러한 논쟁에 관해, Pöhlmann, Von Versailles nach Armageddon,, pp.358~366 참조.

46 Strachan, European Armies; Heinemann, The Development, pp.51~69 참조.

47 Leitlinie für die obere Führung im Kriege, Oberst Hierl, 1923 BArch, RH 2/2901, pp.2~117.

48 위의 책, p.18.

49 위의 책, p.96 이하.

50 위의 책, p.57.

51 위의 책, p.66.

52 Pöhlmann, Von Versailles nach Armageddon, p.359 참조.

53 여기에 대한 가장 중요한 문헌은 다음을 참조. Jochim, Hinhaltendes Gefecht, pp.106~114; Linnenbach, Der Durchbruch, pp.448~471; Krafft, Der Durchbruch.

54 Chef Truppenamt an T 1, 1924. 8. 30, BArch, RH 2/2901, p.127. 이 계획은 최초부터 동결되었고 훗날 새로이 관심을 가지게 되었다.

55 Meier-Welker, Seeckt, p.636.

56 Deist, Die Reichswehr, p.85 참조.

57 여기에 대해 Wallach, Kriegstheorien, p.176 참조.

58 Der Mensch und die Schlacht der Zukunft, p.1067.

59 슈튈프나겔의 주장에 관해, Geyer, Aufrüstung oder Sicherheit, pp.84~97; Geyer, German Strategy, pp.557~560; Vardi, Joachim von Stülpnagel's Military Thought, pp.193~216 참조.

60 Gedanken über den Krieg der Zukunft, Februar 1924, Oberstleutnant Joachim von Stülpnagel, BArch, N 5/10, NL Stülpnagel, p.38.

61 Chef Heeresabteilung an Truppenamt, Nr 270/24, T.1 I B geh., Berlin, 1924.3.18, BArch, N 5/20, NL Stülpnagel, p.27 이하.

62 군무청에서는 국경지역에서 투입된 부대들의 손실을 비율을 약 75%로 예측했다. Geyer, Ausfrüstung oder Sicherheit, p.87 참조.

63 Deist, Die Reichswehr, p.86 참조.

64 Gedanken über den Krieg der Zukunft, Februar 1924, Oberstleutnant Joachim

von Stülpnagel, BArch, N 5/10, NL Stülpnagel, p.23.

65 Deist, Die Reichswehr, p.86 참조.

66 Chef Heeresabteilung an Truppenamt, Nr 270/24, T.1 I B geh., Berlin, 1924.3.18, BArch, N 5/20, NL Stülpnagel, p.27 이하.

67 Gedanken über den Krieg der Zukunft, Februar 1924, Oberstleutnant Joachim von Stülpnagel, BArch, N 5/10, NL Stülpnagel, p.37.

68 Geyer, Aufrüstung oder Sicherheit, p.87.

69 Vardi, Joachim von Stülpnagel's Military Thought, p.202 참조.

70 Geyer, Aufrüstung oder Sicherheit, p.86 참조.

71 Stülpnagel an T2, 1924. 3. 10, BArch, RH 2/2901, p.130.

72 슈튈프나겔의 비판 때문에, 그러나 또한 T2가 비밀유지를 이유로 장차전을 위한 독일의 작전적 계획들을 문헌에 기록하지 않으려 했고 지휘관과 장군참모현지실습을 통해 작전적 교육훈련이 보장될 수 있다고 생각했기 때문에 대부대 지휘부를 위한 교범 제작 계획은 잠정 중단되었고 결국 폐기되었다. T2 an Chef Truppenamt, 1924. 7. 2, 위의 책 p.125 이하.

73 Vardi, Joachim von Stülpnagel's Military Thought, pp.193~216 참조.

74 Geyer, Aufrüstung oder Sicherheit, p.92 참조.

75 Schlussbesprchung Truppenamtsreise 1930, BArch, RH 2/363, p.817.

76 계획수립훈련Planübungen, 사판훈련Sandkastenübungen, 참모훈련Stabsübungenen, 연습을 위한 현지실습Übungsreisen, 현지지형토의Geländebesprechungen, 국지적 또는 특수훈련Rahmen-und Sonderübungen.

77 상세한 전쟁연습의 발전에 관해 예비역 대장 루돌프 호프만'전쟁연습'Kriegsspiele를 참조. BArch, ZA 1/2014. 전쟁연습의 구체적인 정의는 1938년 해군에서 실시된 Kriegsspiel A의 사후강평에서 찾을 수 있다. '전쟁연습은 가상의, 정신적으로 경험하는 전쟁사이다. 전쟁연습을 미래의 장막을 벗기기 위한 시도로 보는 것은 금물이다. 그 결과를 근거로 장차전의 과정이 반드시 그렇게 되어야 한다는 논리를 가지는 것은 위험한 발상이다. 그보다는 오늘날 우리의 관점에서 인식할 수 있는 문제점들을 도출하고 훗날 우리의 지휘관들에게, 적시에 행동으로 옮길 수 있도록 올바른 결심을 위한 정신적, 의지와 상상력 차원에서 타당한 기본 상황들을 제공하는 것으로 인식해야 한다.' 1938년 Kriegsspiel A의 Schlussbesprechung, BArch, RM 20/1100, p.6 이하.

78 1927/28년과 1928/1929년 동계 군무청 연구 결과, 1929.3.26, BArch, RH 2/384, pp.2~22.

79 향토방위군의 편제에 관한 토의에 대해 다음의 Nakata, Der Grenz- und Landesschutz, pp.128~142, 187~342 참조.

80 1927/28년과 1928/1929년 동계 군무청 연구 결과, 1929.3.26, BArch, RH 2/384, p.18.

81 Geyer, Aufrüstung oder Sicherheit, p.189 이하 참조.

82 1927/28년과 1928/1929년 동계 군무청 연구 결과, 1929.3.26, BArch, RH 2/384, p.5.

83 로카르노 조약의 효과에 관해 Zeidler, Reichswehr und die Rote Armee, pp.129~134.

84 Hürter, Wilhelm Groener, p.23.

85 여기에 관한 상세한 기술은 Geyer, Aufrüstung oder Sicherheit, pp.207~213을 참조.

86 Hürter, Wilhelm Groener, p.97 이하 참조.

87 해군과 육군의 협력관계에 대해, Geyer, Aufrüstung oder Sicherheit, pp.194~198; Hürter, Wilhelm Groener, pp.108~110 참조.

88 Entwurf Schreiben Groener an Brüning, 1932. 4.13. BArch, RH 15-19, p.39.

89 그래서 예를 들면 블롬베르크를 군무청장에서 퇴임시키고 훗날 대장에 오른 쿠르트 프라이헤르 폰 하머슈타인-에쿠오르트를 임명했다. 직위교체에 관련해서는 다음을 참조. Hürter, Wilhelm Groener, p.89.

90 Geyer, Aufrüstung oder Sicherheit, p.193 참조.

91 Schlussbesprechung Truppenamtsreise 1930, BArch, RH 2/363, p.817 (Hervorhebungen im Original)

92 칼-폴커 노이게바우어는 자신의 논문 '제1, 2차 세계대전 사이의 작전적 사고'Operatives Denken zwischen dem Ersten und Zweiten Weltkrieg, pp.97~122에서 1930년 전쟁연습에 관해 세부적으로 분석했다.

93 Schlussbesprechung Führersreise 1933, BArch, RH 2/360, p.131.

94 연방군의 역사에까지 미친 이 교범의 중요성과 부대지휘에 관해서, Scheven, Die Truppenführung 참조.

95 Bogert, Grundzüge der Landkriegführung, p.558.

96 H.Dv. 300 Truppenführung(T.F.), Teil I, p.133, 340항

97 Bogert, Grundzüge der Landkriegführung, p.562 참조.

98 H.Dv. 300 Truppenführung(T.F.), Teil I, p.1.

99 Kutz, Realitätsflucht und Aggression, p.42.

100 고급부대지휘의 기본원칙에 관한 평가, von Mantey, 1930.8.12, BArch, RH 2/2901, pp.132~147.

101 Chef T1 an Chef T4, 1931.1.21. 위의 책 p.306.

102 Creveld, Kampfkraft, p.34 참조.

103 마르크시즘의 입장에서 Förster, Totaler Krieg udn Blitzkrieg; Heider, Der totale Krieg; Bitzel, Die Konzeption des Blitzkrieges bei der deutschen Wehrmacht, pp.217~235; Wehler, Der Verfall der deutschen Kriegstheorie.

104 Wallach, Das Dogma der Vernichtungsschlacht, p.352. 참조. 최근의 연구를 통

해 수년 동안 제기된 루덴도르프의 저서와 괴벨스의 Sportpalast 연설간의 연계성은 없으며 나치즘의 발전과정에 관한 가설이 타당하지 않다는 것이 증명되었다. Chickering, Sore Loser, pp.151~178.

105 Linnebach, Zum Meinungsstreit, p.743.

106 Pöhlmann, Von Versailles nach Amageddon, p.349 참조.

107 총력전total Krieg의 어원에 관해, 위의 책, p.346.

108 Truppenamt, T2, Aufbau des künftigen Friedensheeres, 1933.12.14, abgedr. bei Müller, General Ludwig Beck. Studien und Dokumente, Dok.9.

109 Müller, Generaloberst Ludwig Beck, p.187.

110 Beck의 비망록에는 SA(나치돌격대)에 대한 명확한 투쟁선언과 그들의 주도로 정치적으로, 군사적으로 육군을 개혁하려는 시도에 반대했던 의지가 담겨있다. Müller, Generaloberst Ludwig Beck, p.188; Geyer, Aufrüstung oder Sicherheit, pp.350~354 참조.

111 Truppenamt, T2, Aufbau des künftigen Friedensheeres, 1933.12.14, abgedr. bei Müller, General Ludwig Beck. Studien und Dokumente, Dok.9.

112 이러한 유추는 티르피츠의 해군력 증강에서, 또한 이것과 관련된 '위기사상'에서 타당하다. Müller, Generaloberst Ludwig Beck, p.615 참조. 주석 18번에서 이러한 주제에 관한 대비되는 연구도 있다.

113 Geyer, Aufrüstung oder Sicherheit, pp.355~358.

114 앞의 책 p.403 참조.

115 따라서 베크는 1935.12.30에 그의 비망록에서 육군의 공격력의 개선에 대해 기술했다. in Müller, General Ludwig Beck, Studium und Dokumente, Dok.37.

116 총참모부는 1934년의 국방군 전쟁연습의 결과를 통해 이러한 논리를 증명했다. 여기서 육군 군수국은 국방군의 보급상황의 분석결과를 토대로 최소한 라인강 지역의 공업지대를 확보해야한다고 주장했다. 만일 이것이 불가능할 경우, 자원 수송을 가능하도록 외교정치적으로 유리한 상황을 조성해야하며 또는 4개월 내에 결전이 수행되어야 한다고 언급했다. Wehrmachtskriegsspiel 1934(1934년 국방군 전쟁연습), Vortrag Chef We.Rü.A., BArch, RH 2/385, p.102 참조.

117 공군과 육군 간의 협력에 관해, Bitzel, Die Konzeption des Blitzkrieges bei der deutschen Wehrmacht, pp.239~265 참조.

118 Boog, Die deutsche Luftwaffenführung, pp.152~156 참조.

119 Bitzel, Die Konzeption des Blitzkrieges bei der deutschen Wehrmacht, pp.292~296 참조.

120 Erfurth, Der Vernichtungssieg 참조.

121 Ludwig, Gedanken über den Angriff, p.156 이하 참조.

122 Lindemann, Feuer und Bewegung, p.363 참조.

123 Rhoden, Betrachtungen über den Luftkrieg, p.200 참조.

124 1935년 11월 29일 국방군대학에서 실시된 강의 '두헤, 풀러, 하르트와 젝트의 교리에 대한 비판적 연구분석'에서 마츠키 중령은 소수 정예 엘리트 육군과 관련한 젝트의 작전적 구상을 냉담하게 평가했고 대규모 육군의 건설에 대해 찬성했다. BArch, RH 13/20, p.57.

125 Vortrag Oberstleutnant Matzky, Kritische Untersuchung der Lehre von Douhet, Fuller, Hart und Seeckt, 1935.11.29. 위의 책 p.25.

126 Oberst Karl-Heinrich Stülpnagel, Der künftige Krieg nach den Ansichten des Auslandes, 1934.1.15. BArch, RH 1/78, pp.3~35.

127 위의 책, p.5 이하.

128 본 연구분석에 대한 간결한 요약은 다음을 참조. Neugebauer, Operatives Denken, p.104 이하.

129 Oberst Karl-Heinrich Stülpnagel, Der künftige Krieg nach den Ansichten des Auslandes, 1934.1.15. BArch, RH 1/78, p.59 이하 참조.

130 Vortrag Oberstleutnant Willi Schneckenburger, Führung, operative und taktische Verwendung schneller Verbände, wie müssen sie organisiert sein, Februar 1936, BArch, RW 13/21, pp.1~47.

131 위의 책, p.25.

132 Bernhardi, Vom Kriege der Zukunft, p.224 참조.

133 독일의 군사간행물에서의 논란에 대해 다음을 참조. Pöhlmann, Von Versailles nach Armageddon, pp.358~366.

134 Guderian, Bewegliche Truppenkörper, p.822.

135 Kroener, "Der starke Mann im Heimatkriegsgebiet", pp.246~248 참조.

136 위의 책 p.836 (주석 102)

137 Soldan, Irrwege um die Panzerabwehr, Teil 3, p.323 참조.

138 이러한 개념을 발전시키기 위한 다음 문헌을 참조. Guderian, Achtung - Panzer!; Guderian, Schnelle Truppen einst und jetzt; Bitzel, Die Konzeption des Blitzkrieges bei der deutschen Wehrmacht, pp.266~287; Citino, Blitzkrieg to Desert Storm, pp.105~249; Heinemann, The Development, pp.51~64; DiNardo, Germany's Panzer Arm; DiNardo, German Armor Doctrine; Senff, Die Entwicklung der Panzerwaffe.

139 돌파부대 또는 전투단 운용방식의 발전에 대해 다음을 참조. Groß, Das Dogma der Beweglichkeit, pp.150~152.

140 이것에 대해 Frieser, Blitzkrieg-Legende, pp.8~10 참조.

141 전술적 공격방식에 대해 다음을 참조. Guderian, Achtung - Panzer!, pp.174~181; Guderian, Schnelle Truppen einst und jetzt, pp.229~243; Kielmansegg, Feuer und Bewegung, pp.11~14.

142 Bitzel, Die Konzeption des Blitzkrieges bei der deutschen Wehrmacht, p.277

에서 인용.

143 젠프Senff는 기갑부대를 작전적으로 운용하고자 했던 사람들 중 전 세계에서 구데리안이 최초의, 유일한 장교였다고 주장했다. Senff, Die Entwicklung der Panzerwaffe, p.26 참조.

144 독일군 장교들, 그 중에서 구데리안도 풀러와 드골의 주장을 수용했다는 점은 확실하다. 그러한 항상 논란이 되는 가설, 근본적으로 리델하트의 구상을 받아들여 독일군 전차부대의 운용교리가 만들어졌다는 것은 타당하지 않다. 여기에 대해 다음을 참조. Corum, The Roots of Blitzkrieg, pp.141~143; DiNardo, German Armor Doctrine, p.385 이하; Naveh, In Pursuit of Military Excellence, pp.108~115, 위의 문헌들은, 어떻게 해서 구데리안과 리델하트가 제2차 세계대전 후에 이러한 전설을 만들어냈는지에 대해 세부적으로 기술하고 있다.

145 여기에 대한 세부적인 기술은 다음을 참조. Corum, The Roots of Blitzkrieg, pp.136~143; DiNardo, German Armor Doctrine, p.391.

146 Sagmeister, General der Artillerie Ing. Ludwig Ritter von Eimannsberger, p.277에서 인용

147 Barthel, Theorie und Praxis; Sagmeister, General der Artillerie Ing. Ludwig Ritter von Eimannsberger, pp.300~311 참조.

148 Corum, The Roots of Blitzkrieg, p.138.

149 위의 책, p.140.

150 Müller, Generaloberst Ludwig Beck, pp.217~219.

151 위의 책, p.217.

152 1925. 6. 13의 군무청 현지실습의 상황에서 기갑군단의 작전에 관한 사후강평 Nachträgliche Betrachtungen zu dem Einsatz des Panzerkorps in der Lage der Truppenamtsreise vom 13.6.1925, Chef des Generalstabes, Berlin, 1935.7.25. abgedr. in Müller, General Ludwig Beck. Studium und Dokumente, Dok.35, p.465.

153 Erhöhung der Angriffskraft des Heeres, Berlin, 1936.1.30, abgedr. 위의 Dok. 39 참조

154 Heinemann, The Development, pp.53~56 참조.

155 여기에 관해 다음을 참조. Müller, Generaloberst Ludwig Beck, p.227 참조.

156 Schnitter, Militärwesen und Militärpublizistik, p.148; Bitzel, die Konzeption des Blitzkrieges bei der deutschen Wehrmacht, p.282.

157 "왜냐하면 우리는 불시에 일어날지도 모르는 장차전에서 수적, 전쟁수단 차원에서도 우세할 수 없기 때문에 방어는, 단지 결전을 도모할 수 있는 공격을 지원하고 그 준비를 도와야한다." Leeb. Die Abwehr, p.109.

158 위의 책.

159 Schlieffen, Cannae p.5.

160 Wehrmachtskriegsspiel 1934, BArch, RH 2/385, pp.1~142.

161 제3부(T3), 부장 칼-하인리히 폰 슈튈프나겔은 한 문건에서 당시의 상황에 대해 다음과 같이 기록했다. '장차전에서는 기습적인 개전선포가 특별한 의미를 지닐 것이다.' Müller, Generaloberst Beck. Studien und Dokumente, Dok 27.

162 Geyer, Aufrüstung oder Sicherheit, p.417 참조.

163 Geyer, German Strategy, p.569 참조.

164 Müller, Generaloberst Ludwig Beck, p.236 참조. ; 여기에 관해 다음을 참조 Truppenamtsreise 1935, BArch, RH 2/374, pp.1~170.

165 전쟁연습에 관한 자료들은 다음에서 찾을 수 있다. BArch, RW 19/1243, pp.1~105.

166 1938년 당시 이들은 3개의 기갑사단, 3개의 차량화사단, 2개의 기갑여단, 2개의 경여단과 몇 개의 독립 기갑연대들이었다.

167 체코슬로바키아에 대한 공격 계획에 관해 다음을 참조. Müller , General Ludwig Beck. Studien und Dokumente, pp.272~311.

168 이것에 대해 위의 책, pp.300~302 참조. 이러한 신념에 대해 헛된 것이라 항의했던 베크는 1938년 8월 18일 사임했다.

169 장군참모장교의 동계교육훈련Winterausbildung der Generalstabsoffiziere, Generalstab des Heeres, Berlin, 1938. 11. 9, BArch, RH 2/2819, pp.2~5.

170 1938년 군단참모부 현지실습Korpsgeneralstabsreise, Münster, 1938. 5. 18, BArch, ZA 1/2779, p.39.

171 위의 책, p.52.

172 Bitzel, Die Konzeption des Blitzkrieges bei der deutschen Wehrmacht, p.310 참조.

173 Wehrmachtskriegsspiel 1934, BArch, RH 2/385, p.59 참조.

174 총참모부의 편성에 관해 다음을 참조. Müller-Hillebrand, Das Heer, p.172; Erfurth, Die Geschichte des deutschen Generalstabes, pp.166~168.

175 국방군 최고 지휘부의 조직편성을 둘러싼 갈등에 대해 다음을 참조. Bitzel, Die Konzeption des Blitzkrieges bei der deutschen Wehrmacht, pp.310~326; Müller, Das Heer und Hitler, pp.222~244; Müller, General Ludwig Beck. Studien und Dokumente, pp.103~137; Deist, Die Aufrüstung der Wehrmacht, pp.500~512.

176 '국방군 최고지휘부 조직과 전시 국방군의 지휘'Wehrmachtspitzengliederung und Führung der Wehrmacht im Krieg라는 문건을 Keitel, Generalfeldmarschall Keitel, pp.123~142에서 인용. p.142에서 베크는 1935년 지속적으로 육군총사령관이 내각에 참여할 수 있도록 요구했다고 기술되어 있다.

177 Keitel, Generalfeldmarschall Keitel, pp.143~166 참조.

178 Traut, Die Spitzengliederung, pp.148~176 참조.

179 Busch, Der Oberbefehl, pp.104~106 참조.

180 1940년 8월 8일 국방군 지휘참모부Wehrmachtführungsstab로 개칭되었다.

181 Müller, Das Heer und Hitler, p.242 참조.

182 Hillgruber, Kontinuität und Diskontinuität, p.23 참조. 군 엘리트들의 정치적 목표설정에 대해 다음을 참조. Wette, Die deutsche militärische Führungsschicht, pp.39~66.

183 여기에 대해 Frieser, Blitzkrieg-Legende, pp.7~14 참조.

184 Deist, Die Aufrüstung der Wehrmacht, p.520.

8. 잃어버린 승리, 작전적 사고의 한계

1 Beck, Studien, p.63.

2 전격전 개념의 역사에 관해 다음을 참조. Blitzkrieg-Legende, pp.5~14. 전격전을 주제로 요약된 문헌으로, Fanning, The Origin of the Term "Blitzkrieg", pp.282~302. Naveh, In Pursuit of Military Excellence, pp.105~109에서 그 개념을 상세히 기술하고 있다. 그는 놀랍게도 과거 독일의 문헌들과 Frieser, Blitzkrieg-Legende에서 다루지 못한, 자신만의 연구 결과를 기술했다.

3 Raudzens, Blitzkrieg Ambiguities, pp.77~79.

4 전격전 전략의 가장 대표적인 주창가들은 Alan S. Milward와 독일에는 Andreas Hillgruber와 Ludolf Herbst 이다.

5 Salewski, Knotenpunkt der Weltgeschichte?, p.119 참조.

6 Strachan, European Armies, p.163.

7 이것에 대해 Wallach, Das Dogma der Vernichtungsschlacht를 참조.

8 Friedrich von Rabenau, Revolution der Kriegführung에 대해 위의 책 pp.380~384.

9 위의 책, p.383.

10 위의 책, p.384.

11 위의 책에서 인용

12 Thomas, Operatives und wirtschaftliches Denken 참조.

13 제7장 p.186 참조.

14 "서쪽에 대해서는, 서부방벽의 안전보장 차원을 넘어서는 훈련은 일체 없어야 한다. 폴란드 문제에 관한 한 서방과의 어떠한 군사적 충돌도 피해야 하며 있을 수도 없다." Loßberg, Im Wehrmachtführungsstab, p.27. 만슈타인이 개인적인 전쟁기록을 통해, 카이텔이 1939년 9월 3일 영국의 선전포고 두 시간 전에, 서방 제국들의 전쟁선포를 믿지 않는다고 거부했다. Kriegstagebuch Generalfeldmarschall Erich von Manstein, Eintrag vom 24.10.1939, MGFA

15 Blumentritt, Von Rundstedt, p.42.

16 1939년 육군 총참모부 견학에 대한 보고Bericht über die Heeresgeneralstabsreise

1939, Luftgaukommando 3, Führ.Abt./Ia opl., München, 1939.5.17. BArch, RL 7/158, pp.1~28.

17 위의 책, p.5.(원본에도 이탤릭체로 되어 있음)

18 위의 책, p.8

19 폴란드와의 전쟁에서, 경우에 따라 독-소전쟁으로 이어질 수 있는 상황에 대해 다음을 참조. Müller, Der Feind steht im Osten.

20 히틀러의 발표에 대해 다음을 참조. Winfried Baumgart, Zur Ansprache Hitlers.

21 Hartmann, Halder, p.134 참조.

22 Diedrich, Paulus. Das Trauma von Stalingrad, p.131 참조.

23 Elble, Die Schlacht an der Bzura, pp.236~239 참조.

24 폴란드 작전에 관해 Elble, Die Schlacht an der Bzura; Rohde, Hitlers erster "Blitzkrieg"

25 폴란드 전역에서의 공군의 작전, Chef des Generalstabes Luftflotte 1, Prag, 1939.11.16, BArch, RL 7/4, p.15.

26 Frieser, Blitzkrieg-Legende, p.21 참조.

27 Kriegstagebuch Generalfeldmarschall Erich von Manstein, 1939. 10. 24일의 기록, MGFA, 만슈타인에 대해서는 Melvin, Manstein을 참조.

28 Frieser, Blitzkrieg-Legende, p.39. 독일의 군비생산에 관해서는 다음을 참조. Müller, Die Mobilisierung der deutschen Kriegswirtschaft, pp.406~556 참조.

29 DiNArdo, Mechanized Juggenaut or Military Anachronism? pp.21~32 참조.

30 Frieser, Blitzkrieg-Legende, p.39 참조.

31 위의 책, pp.33~41 참조.

32 Reinhardt, Die 4.Panzer-Division, p.246 이하 Murray, The German Response to Victory in Poland, pp.285~298.

33 이는 히틀러의 영향이 아니었다. 총참모장 할더 상급대장은 1939년 9월14일 자신의 일기에서 '지연전은 파멸을 가져올 뿐이다.'라며 다음과 같이 설명했다. "100,000명의 육군 시절에 수없이 연습한 이 전투형태는 사라져야 한다. 왜냐하면 상황이 변화되었고 폴란드 전역에서 보았듯 방어에서 혹독한 손실을 당해야 했기 때문이다." Halder, Kriegstagebuch, Bd1. p.75.

34 보병전술의 발전에 관해서는 세부적으로 다음을 참조할 것. Elser, Von der "Einheitsgruppe", pp.3~11.

35 Murray, The German Response to Victory in Poland, pp.285~298; Förster, The Dynamics, p.209 참조.

36 따라서 1939년 참고문건 'Angriff gegen eine ständige Front'와 1940년 H.Dv. 130/9 Ausbildungsvorschrift für die Infantrie. Das Infantrie-Bataillon, 1940. 등이 발간되었다.

37 Elser, Von der “Einheitsgruppe”, p.5 참조.

38 Frieser, Blitzkrieg-Legende, pp.28~30 참조.

39 Halder, Kriegstagebuch, Bd1, p.180, 1940. 2. 4의 기록

40 Storz, “Dieser Stellungs und Festungskrieg ist scheußlich!”, pp.161~204 참조.

41 Frieser, Blitzkrieg-Legende, pp.106~110 참조.

42 Hitlers Weisungen, p.32.

43 다양한 전쟁계획의 기원들에 대해 다음을 참조. Frieser, Blitzkrieg-Legende, pp.71~77.

44 Engel, Heeresadjutant, p.75 참조.

45 Kriegstagebuch Generalfeldmarschall Erich von Manstein, 1939.10.24의 기록, MGFA(이탤릭체는 원본에서 강조됨.)

46 만슈타인은 자신이 아닌 할더가 베크의 후임으로 육군 총참모장이 된 것 때문에 할더를 탐탁지 않게 생각했다.

47 훗날의 지헬슈니트의 다양한 작전단계에 관해, Frieser, Blitzkrieg-Legende, pp.78~116 참조.

48 위의 책, pp79~81, 만슈타인이 자신의 작전계획을 히틀러에게 알리게 된 과정이 상세히 기술되어 있음.

49 위의 책, pp41~65, 쌍방의 인적, 물적, 질적인 전투력 비교에 상세한 기술 참조.

50 위의 책, pp.363~393, 됭케르크 앞에서의 정지 명령에 관한 논란에 대해 상세한 기술 참조.

51 위의 책, p.393.

52 Wallach, Das Dogma der Vernichtungsschlacht, p.379 참조.

53 독일군의 공세에 대해 Frieser, Blitzkrieg-Legende, pp.117~400 참조.

54 제병협동전투의 의미에 대해, DiNardo, German Armor Doctrine, pp.386~390 참조.

55 전차와 슈투카와의 합동에 대해 Steiger, Panzertaktik, pp.87~95 참조.

56 Naveh, In Pursuit of Military Excellance, p.132 참조. 롬멜과 구데리안은 총참모부에서 시행된 교육훈련과 정기적인 작전적 수준의 전쟁연습에 참가했다.

57 Klink, Die militärische Konzeption, pp.205~213 참조.

58 이러한 배경에 대해서 동부 전역은 “히틀러의 전쟁”이었다고 한 Georg Meyer의 기술은 그럴 듯하다. Meyer, Adolf Heusinger, p.149 참조.

59 Hillgruber, Hitlers Strategie, p.209.

60 예방전쟁 가설에 대한 논쟁에 대해 Überschär, Das “Unternehmen Barbarossa” 참조.

61 Halder, Kriegstagebuch, Bd2, 1940.7.31의 기록, p.49.

62 Hartmann, Halder, p.236 참조.

63 Klink, Die militärische Konzeption, pp.319~327 참조.

64 Boog, Die Luftwaffe 참조.

65 식량전쟁에 관해, Müller, Die Mobilisierung der deutschen Kriegswirtschaft, pp.394~400 참조.

66 Der Wirtschaftskrieg. Vortrag Oberst Becker auf Übungsreise des OKW am 20.6.1939, BArch, RW 19/1272, pp.3~16 ; Müller, Die Mobilisierung der deutschen Kriegswirtschaft, p.395 참조.

67 Halder, Kriegstagebuch, Bd 2, p.454, 1941. 6. 13일의 기록.

68 마르크스는 최초에 히틀러의 구상을 담은 작전계획을 내놓았다. 할더는 신랄한 비판과 함께 그 계획을 거부했다. 며칠 후 마르크스는 할더의 의도대로 작전계획 초안을 제시했다. 다양한 작전계획들의 발전 과정에 대한 세부적인 사항은 다음을 참조. Beer, Der Fall Barbarossa, pp.27~72; Hillgruber, Hitlers Strategie, pp.219~231; Klein/Lachnit, Der 'Operationsentwurf Ost', pp.114~123; Klink, die militärische Konzeption, pp.219~245; Stahel, Operation Barbarrosa, pp.39~69.

69 Diedrich, Paulus. Das Trauma von Stalingrad, pp.161~170 참조.

70 Halder, Kriegstagebuch, Bd 2, p.214, 1940. 12. 5의 기록

71 지중해 지역에서의 히틀러의 전략에 대해, Schreiber, Der Mittelmeerraum, pp.69~99 참조.

72 Hartmann, Halder, pp.218~224 참조.

73 1940. 12. 18의 작전지침 제21호, Hitlers Weisungen, pp.84~88 중 p.86.

74 Stahel, Operation Barbarossa, p.89 이하; Klink, Die militärische Konzeption, p.246 참조.

75 "바르바로사" 공격 지침에 대한 세부적인 사항은 다음을 참조. Klink, Die militärische Konzeption, p.246 이하.

76 Guderian, Erinnerungen eines Soldaten, p.128.

77 Hartmann, Halder, p.239 참조.

78 Messerschmidt, Einleitung 참조.

79 Klink, Die militärische Konzeption, p.224 이하 참조.

80 Hillgruber, Der Zenit des Zweiten Weltkrieges, p.283 참조.

81 1941년 6월 22일 개전 당시 국방군은 3/4의 육군, 2/3의 공군 등 총 300만 명 이상의 병력을 투입했다. 3650대의 전차와 150개의 사단을 보유한 독일군은, 10,000대 이상의 전차와 8,000대 이상의 항공기, 290만명의 병력, 179개의 보병사단, 10개의 기갑사단, 33.5개의 기병사단과 45개의 기갑 및 차량화 여단을 보유한 소련군과 격돌했다. 독일군은 정찰결과, 소련군의 전력을 총 209개의 보병사단과 32개의 기병사단 정도로 판단했다. 기계화 연대의 숫자는 알려진 바가 없다. Klink, Die Militärische

Konzeption, pp.191~202, 275 참조.

82 소련군의 전투력과 교활함에 관한 부정적 평가는, Hürter, Hitlers Heerführer, pp.230~235 참조.

83 위의 책, p.282.

84 Bergien, Vorspiel des 'Vernichtungskrieges?', pp.396~398 참조.

85 제정시대 총참모부는 제1차 세계대전 이전에 러시아 병사들의 강력한 방어능력에 대해 인정했다. 전투가 진행되는 동안 이것을 지속적으로 사실임이 증명되었다. Groß, Im Schatten des Westens, p.32, 61 참조.

86 Volkmann, Der Ostkrieg, p.292 이하 참조.

87 훗날 원수가 된 게오르기 주코프는 소련군을 총지휘했다.

88 기갑부대 작전에 대한 반대에 관해 다음을 참조. Guderian, Erinnerungen eines Soldaten, p.132; Höhn, Zur Bewertung der Infantrie, pp.427 이하.

89 Senger und Etterlin은 예를 들어 칸나이도 방어전투의 모범적인 예시라고 평가했다. Senger und Etterlin, Cannae, Schlieffen und die Abwehr, pp.27~29.

90 포위 회전의 전술적-작전적 실시에 관해, Röhricht, Probleme der Kesselschlacht, pp.173~182 참조.

91 독일 철도의 취약점에 대해, Schüler, Logistik im Russlandfeldzug, pp.59~88.

92 Der Generalquartiermeister, p.177 참조.

93 Teske, Die silbernen Spiegel, p.96; Schüler, Logistik im Russlandfeldzug, pp.37~39

94 Der Generalquartiermeister, p.176 참조.

95 Schüler, Logistik im Russlandfeldzug, p.640 참조.

96 대규모 수송부대들이 완전 차량화된 사단에 통합되어 '보급품을 실은 트럭'들은 공격부대들과 함께 전진했다. 임무 수행 후 물자가 바닥난 대규모 수송대들은 전선 바로 직후방에 설치된 보급 거점으로 이동, 다시 물자를 적재, 수송하여 기동부대들의 지속적인 보급을 보장했다. Der Generalquartiermeister, p.285 참조.

97 장거리 수송 작전에 관해, Klink, Die militärische Konzeption, pp.248~259; Crefeld, Supplying War, pp.143~180; Müller, Das Scheitern.

98 제2차 세계대전 기간중 유일하게 미군만이 완전 차량화된, 철도에 의지하지 않는 군수 조직을 보유하고 있었다. Müller, Das Scheitern 참조.

99 따라서 집단군과 야전군사령관들은 1941년 10월에 모스크바 공세 이전에, 군수보급의 상황이 공세를 위해 충분하지 못하다는 것이 그들에게 알려졌을 때 중부집단군 군수참모, 오토 에크슈타인Otto Eckstein 대령에게 다음과 같이 언급했다. "당신의 판단이 확실히 맞지만 우리는 보크Bock(중부집단군 사령관) 장군이 그렇게 자신한다면 그를 말리고 싶지는 않습니다. […] 전쟁수행에 행운이 따라야 하겠군요." Der Generalquartiermeister

100 바르바로사 작전에서의 군수에 관해 다음을 참조. Creveld, Supplying War,

pp.142~180.

101 Geobbels, Tagebücher 1924-1945, 1941. 6. 16일의 기록, p.1601.,

102 Halder, Kriegstagebuch, Bd 3, 1941. 7. 3일의 기록 p.38.

103 소련의 제3, 10야전군, 43개의 사단, 325,000명의 병력과 3,300대의 전차가 포위 회전에서 섬멸되었다. 격멸된 전차의 숫자는 독일 육군이 공격을 개시했을 때 보유했던 전차의 숫자와 대략 비슷하다. 양익포위 회전에 대해 세부적인 사항은 다음을 참조. Klink, Die militärische Konzeption, pp.451~462 참조.

104 1941년 7월 24일부터 8월 5일까지 스몰렌스크 섬멸회전에서 소련군은 300,000명의 병력과 3,000대의 전차를 잃었다. 스몰렌스크 회전에 관해서 다음을 참조. Klink, Die militärische Konzeption, pp.451~462; Stahel, Operation Barbarossa, pp.260~360 참조.

105 Hürter, Hitlers Heerführer, pp.284 이하 참조.

106 Halder, Kriegstagebuch, Bd 3, 1941. 7. 25일의 기록, p.118 참조.

107 위의 책, 1941. 8. 11일의 기록, p.170.

108 Heusinger, In memoriam, p.79 참조.

109 Halder, Kriegstagebuch, Bd 3, 1941. 8. 7일 기록, p.159; Stahel, Operation Barbarossa, p.395.

110 Hartmann, Halder, pp.278~284; Klink, Die militärische Konzeption, pp.486~507; Stahel, Operation Barbarossa, pp.273~280 참조.

111 Halder, Kriegstagebuch, Bd 3, 1941. 7. 26일 기록, p.12 참조.

112 레닌그라드 일대에서의 전투와 이어진 포위공격에 관해, Glantz, The Battle for Leningrad; Ganzenmüller, Das belagerte Leningrad, pp.13~82; Hürter, Die Wehrmacht vor Leningrad, pp.377~440.

113 키에프 회전에 대해 세부적으로 다음을 참조. Klink, Die militärische Konzeption, pp.508~522.

114 독일은 보급을 위한 철도의 중요성도 철저히 경시했다. Schüler, Logistik im Russlandfeldzug, pp.308~605 참조.

115 브야즈마와 브랸스크의 이중 회전에 대해 다음을 참조. Reinhardt, Die Wende vor Moskau, pp.49~122, Klink, Die militärische Konzeption, pp.568~585.

116 모스크바 전방에서의 전투에 대해, Reinhardt, Die Wende 팩 Moskau, pp.123~171; Klink, Der Krieg gegen die Sowjetunion, pp.585~600.

117 본 계획에 대해서, Wegner, Der Krieg gegen die Sowjetunion 1942/43, pp.761~815 참고

118 Hartmann, Halder, pp.314 이하 참조.

119 Müller, Das Scheitern, p.1023 참조.

120 Wegner, Der Krieg gegen die Sowjetunion, p.791 참조.

121 Meier-Welcker, Aufzeichnungen eines Generalstabsoffiziers, 1941.12.1일의 기록, p.142.

122 Müller, Das Scheitern, p.999.

123 Hartmann, Halder, p.325.

124 Wegner, Der Krieg gegen die Sowjetunion, p.892.

125 스탈린그라드 전투에 관해 다음을 참조. Beevor, Stalingrad; Kehrig, Stalingrad; Stalingrad. Mythos und Wirklichkeit; Ulrich, Stalingrad; Wegner, Der Krieg gegen die Sowjetunion, pp.962~1063.

126 Ueberschär, Die militärische Kriegführung, p.126 참조.

127 아프리카 전역에 관해 다음을 참조. Stumpf, Probleme der Logistik, pp.569~739.

128 Weisung Nr. 32 "Vorbereitungen für die Zeit nach Barbarossa" Hitlers Weisungen, pp.129~134.

129 KTB OKW, Bd 1, p.328; Hartmann, Halder, p.273 이하; Hillgruber, Hitlers Strategie, p.383 이하.

130 Halder, Kriegstagebuch, Bd 3, p.39 참조.

131 KTB GenStdH/Op.Abt, 1941.7.13. BArch, RH 2/311.

132 Meier-Welcker, Aufzeichnungen eines Generalstabsoffiziers, 1942. 8. 26일의 기록, p.172.

133 적군의 전투력에 대해 다음을 참조, Glantz, Colossus Reborn.

134 Meyer, Adolf Heusinger, p.150 참조.

135 Reinhardt, Die Wende vor Moskau, p.144 참조.

136 보병과 전차의 협동작전에 대해 다음을 참조. Steiger, Panzertaktik, pp.57~76.

137 위의 책, pp.47~56 참조.

138 Röhricht, Probleme der Kesselschlacht, pp.33~38; Steiger, Panzertaktik, pp.145~162 참조.

139 Wegner, Die Aporie des Krieges, pp.32~38.

140 위의 책, p.35에서 인용.

141 1941. 12. 26일의 총통명령, in KTB OKW, Bd 1/1, Dok, 113, p.1086 이하.

142 1942. 9. 8일의 총통명령, '방어작전시 기본적인 과업에 대한 총통명령', KTB OKW, Bd 2/1, Dok. 22, pp.1292~1297, 특히 p.1293 참조.

143 동부 전역의 진지전에 관해 다음을 참조. Hartmann, Wehrmacht im Ostkrieg, pp.403~423.

144 1942. 9. 8일의 총통명령, '방어작전시 기본적인 과업에 대한 총통명령', KTB OKW, Bd 2/1, Dok. 22, pp.1292~1297, 특히 p.1293 참조.

145 KTB OKW, Bd 6, p.324 참조.

146 이 작전의 계획과 경과에 대한 세부적인 사항은 다음을 참조. Schwarz, Die Stabilisierung der Ostfront, pp.122~231.

147 Klein/Frieser, Mansteins Gegenschlag; Glantz, From the Don to the Dnepr; Hackl, Das 'Schlagen aus der Nachhand'; Senger und Etterlin, Die Gegenschlagsoperation; und Sadarananda, Beyond Stalingrad.

148 Wegner, Von Stalingrad nach Kursk, pp.62~64 참조.

149 Frieser, Die Schlacht im Kursker Bogen, pp.83~172 참조.

150 Förster, Die Wehrmacht im NS-Staat, p.185 참조.

151 Frieser, Die Rückzugskämpfe, pp.672~677.

152 Manstein, Verlorene Siege, p.615 참조.

153 Frieser, Irrtümer und Illusionen, p.523에서 인용.

154 위의 책, p.283 이하.

155 세부적인 "고수방어"에 대한 제11호 총통명령은 다음을 참조. 위의 책, pp.521~525.

156 위의 책, p.518 이하.

157 기갑부대가 방어작전을 위한 대규모 전투사단으로 개편된 것은 1945년 3월 25일 기갑 병과감이 제시한 '1945년 기갑 및 기계화보병사단의 기본편제안'의 결정에 의해서였다. 이러한 편성에 따라 1944년의 기본편제에 비해 전차의 수는 (역자: 1개 사단에) 165대에서 54대로, 장갑차량의 수는 288대에서 90대로 축소되었다. 이와는 반대로 보병의 전투력은 1개 대대만큼 증가되었다. 이렇게 편성된 기갑사단은 더 이상 작전적 공격 능력을 보유하지 못했다. Koch/Wiener, Die Panzer-Division, pp.33~39 참조.

158 방어작전시 대전차방어의 중요성에 대해 다음을 참조. Middeldorf, Taktik im Rußlandfeldzug, pp.132~135.

159 Senger und Etterlin, Der Gegenschlag 참조.

160 '대규모 종심방어전투'에 대해 Magenheimer, Letzte Kampferfahrungen, pp.317~320 참조. 이런 방식에 대한 비판은 다음을 참조. Middeldorf, Die Abwehrschlacht am Weichselbrückenkopf Baranow, p.201.

161 최종적으로 이러한 방식이 Seelower Höhen에서 성공적으로 사용되었다. Lakowski, Seelow, pp.51~55 참조.

162 '독일인은 역사 이래로 항상 탁월하고 강력한 전사(戰士)임이 입증되었다. 이는 신의 은혜로 부여된 재능이며 따라서 이는 영원불멸의 것이다. 그들의 가장 핵심적인 본성은 바로 용맹스러운 공격정신, 승리에 대한 믿음과 전우애라 할 수 있다.' Ludwig, Der Geist des deutschen Soldaten, p.1709.

163 Förster, Weltanschauung als Waffe, pp.287~300 참조.

164 서부육군 총사령관, 서부육군의 교육훈련을 위한 명령, 요약된 사본, 1941. 11. 24. BArch, RH 2/2836, p.1.

165 이것에 관해 국방군 총사령부의 총참모장, 헌병부대의 과업, 권한, 작전, 사본, 1944.

1. 8. BArch, RW 4/v. 493.

166 Soldan, Cauchemar allemand!, pp.113~116.

167 H.Dv. 130/20, p.12, Nr 6(원문에도 강조하기 위한 이탤릭체로 되어 있음)

168 여기에 대한 사례는 Senger und Etterlin, Der Gegenschlag 참조.

169 이 작전에 대한 세부적인 사항은 다음을 참조. Frieser, Der Zusammenbruch der Heeresgruppe Mitte, pp.570~587; Frieser, Ein zweites 'Wunder an der Weichsel?', pp.45~64.

170 오늘날까지 스탈린이 왜 소련군을 정지시켰는지는 논란이 되고 있다. 여기에 대해 Die polnische Heimatarmee; Borodziej, Der Warschauer Aufstand 1944; Davies, Aufstand der Verlorenen를 참조.

171 Oise, Entscheidung im Westen, p.316에 기록된 AOK19, Gedanken über den Einsatz der großen mot. Verbände im Ob. WestßBereich, 1944 1. 29

172 투입된 부대에 관해서는 위의 책 p.228 참조.

173 독일의 로터 암호기 에니그마 무전 해독에 관해, Smith, Enigma Entschlüsselt, p.256 이하 참조. 독일측에서는 모든 정황에 따라 적이 다수의 작전 시행 직전에 인지했다는 것에 대해 매우 심각하게 인식했다. 1944년 7월 31일, 히틀러는 총통지휘부에서의 회의에서 이것에 대해 다음과 같이 언급했다. '대체 어떻게 적이 우리의 생각을 알고 있는 거지? 왜 그렇게 많은 것들에 차질이 생긴 것이지? 왜 적은 그렇게 많은 곳에서, 즉각적으로, 번개처럼 빠르게 나타나는 것일까?' 독재자는 스스로 그 물음에 대답했다. 그는 육군의 최고지휘부, 정확히 총참모부 내부에 반역자, 배신자가 있다고 지목했다. 히틀러의 이러한 반응이 그 며칠 전인 1944년 7월 20일 쿠데타와 몇 년 전부터 육군지휘부에 대한 불신이 증대되고 있었던 탓이라고 해도, 그리고 히틀러의 이 발언이 우선 동부 전역과 관련된 것이라고 하더라도 이것들은, 독일군 지휘부가 당시까지도 독일의 암호코드가 안전하다고 판단하고 있었다는 것을 보여준다. Hitlers Lagebesprechungen, p.587.

174 Ose, Entscheidung im Westen, p.320 참조.

175 '뤼티히 작전'에 대해 다음을 참조. 위의 책, pp.221~232; Vogel, Deutsche und alliierte Kriegführung im Westen, p.558 이하.

176 Magenheimer, Die Abwehrschlacht an der Weichsel, p.168 참조.

177 Traut, Die Spitzengliederung, p.134 이하 참조.

178 Klink, Die militärische Konzeption, p.244 참조.

179 총참모부의 새로운 과업에 대한 기술을 다음을 참조. Megaree, Hitler und die Generäle, pp.66~72.

180 Hartmann, Halder, p.346 참조.

181 Engel, Heeresadjutant, KTB, 1938. 9. 8일의 기록, p.36 참조.

182 Hartmann, Halder, p.106 참조.

183 Kershaw, Hitler 1936-1945, (dt) p.461

184 KTB OKW, Bd 1/2, p.1062.

185 Kershaw, Hitler 1936-1945 (dt.) p.558 참조. 단 몇 주안에 룬트슈테트, 구데리안, 회프너가 해임되었고, 레프, 보크 등이 전역 조치되었다.

186 Meyer, Adolf Heusinger, p.149, 227.

187 Stawson, Hitler, p.230 참조.

188 Engel, Heeresadjutnat, 1942. 9. 4일의 기록, p.125.

189 Keegan, Die Maske, p.366, 그 예로 남부와 중부집단군 사령관 룬트슈테트와 보크를 들 수 있다. 그의 레프에 대한 질책은 적절하지 않다. 제11바이에른 보병사단의 작전참모로서 그는 전선에서의 직접적인 경험을 가지고 있다. 더욱이 히틀러와는 반대로 동부전선에서는 엄청난 경험을 보유하고 있었다.

190 Keegan, Die Maske, pp.366~375 참조.

191 Heusinger, Befehl im Widerstreit, pp.132~135.

192 Der Generalquartiermeister, Brief Wagner vom 5. 10. 1941, p.204.

193 Halder, Hitler als Feldherr, p.45.

194 위의 책

195 Megargee, hitler und die Generäle, p.218. 괴벨스 또한 장군들에 대해 격렬하게 비판했다. 그들이 총통을 믿지 않으며 무능하다. 의심으로 가득 차 있으며 정신적으로도 피폐해져있다고 기록했다. Goebbels, Die Tagebücher, T.2, Bd 11, 1944. 2. 3일의 기록, p.227.

196 나치 수뇌부에서 이러한 혐오감은 히틀러만 가진 것이 아니었다. 괴벨스는 만슈타인이 해임되자 다음과 같이 기술했다. "이로써 가장 중요한, 우리 육군 지휘부가 골머리를 앓았던 만슈타인의 문제는 해결되었다." Goebbels, Die Tagebücher, T.2, Bd 11, 1944. 3. 31일의 기록, p.589.

197 위의 책, 1944. 3. 4일의 기록, p.403.

198 Frank, Im Angesicht des Galgens, p.243.

199 Hitlers Lagebesprechungen, p.587 참조.

200 히틀러의 군 인사정책에 관한 포괄적인 설명은 다음을 참조. Förster, Die Wehrmacht im NS-Staat, pp.93~130.

201 Wegner, Die Aporie des Krieges, p.227 참조.

202 Hartmann, Halder, p.328 참조.

203 Engel, Heeresadjutant, KTB, 1942. 9. 30의 기록, p.129 참조.

204 Hartmann, Halder, p.339 참조.

205 ChefGenStdH/GZ/Op.Abt. (I), Nr.10010/42, 1942. 1. 6 (사본), BArch, RH 20-16/80.

206 Halder, Kriegstagebuch, Bd 3, 1942. 7. 23일의 기록, p.489.

207 Keegan, Die Maske, pp.426~432. 키건은 1942년 12월 12일의 정오경, 히틀러가 얼

마나 상세하기 모든 전술적 세부사항들을 다루었는지 그 예를 제시하고 있다.

208 Meyer, Adolf Heusinger, p.149, 227에서 인용.

209 Baumgart, Das "Kaspi-Unternehmen" 참조

210 캅카스 지역은 히틀러에게 단지 전시경제적으로만 큰 의미가 있는 지역은 아니었다. 제1차 세계대전 종식 이래로 이 지역은 "동방으로 향하는 교량"으로서 전략적 계획 수립에서 매우 큰 중요성을 가졌다. 독일 측에서 캅카스 지역의 지리학적 상황을 평가한 것으로 다음과 같은 젝트의 발언이 있다. "나는 티플리스Tiflis를 경유하여 바쿠Baku로 향하는 기차에 있었을 때 내 생각은 카스피해를 건너 투르케스탄의 목화밭을 넘어 올림피아 산맥으로 향하려고 했고 내가 예상하듯 전쟁이 더욱 장기화된다면 인도로 가는 관문까지 진출해야할 것이다." Baumgart, Deutsche Ostpolitik 1918, p.181, 각주 30.

211 Wegner, Der Krieg gegen die Sowjetunion, p.897 인용.

212 Frieser, Der Zusammenbruch der Heeresgruppe Mitte, p.597 참조.

213 Förster, Die Wehrmacht im NS-Staat, p.192 참조.

214 Stumpf, Probleme der Logistik; Creveld, Supplying War, pp.181~201 참조.

215 Wegner, Von Stalingrad nach Kursk, p.37, 각주 156.

216 히틀러의 세계관의 현대적인 측면과 비현대적인 측면에 관해 다음을 참조. Zitelmann, Hitler, pp.306~378.

217 히틀러의 발언에 대한 세부적인 사항에 관해 다음을 참조. Hürter, Hitlers Heerführer, pp.1~13; Hartmann, Wehrmacht im Ostkrieg, p.469. 총통은 유태인들의 말살을 직접적으로 언급하지는 않았다. 그러나 폴란드 전역 기간 중 한 친위대 간부에 의해 유태인 인질들의 살해에 대해 법적 조치를 취한 국방군재판소에 대한 비판은 히틀러의 의도를 드러낸 것이라 하겠다.

218 Hürter, Hitlers Heerführer, p.9.

219 Halder, Kriegstagebuch, Bd 2, 1941. 4. 30일의 기록, p.337.

220 전쟁 이후 히틀러의 섬멸전쟁의 주장에 대한 고위급 장군들의 비판도 없었다. Hürter, Hitlers Heerführer, p.10 이하 참조.

221 Anhang "Was ist der Krieg der Zukunft?" zur OKW-Denkschrift "Die Kriegführung als Problem der Organisation", 1938. 4. 19. IMT, Bd 38, pp.48~50, 여기서 p.49 참조.

222 Pohl, Die Herrschaft der Wehrmacht, p.55 참조.

223 이에 대해 Böhler, Auftakt; Rossino, Hitler Strikes Poland 참조.

224 Förster, Die Wehrmacht im NS-Staat, pp.86~88

225 Förster, Das Unternehmen "Barbarossa", p.416 참조.

226 Hartmann, Verbrecherischer Krieg, p.29; Pohl, Die Herrschaft der Wehrmacht.

227 Pohl, Die Herrschaft der Wehrmacht, pp.64~66 참조.

228 Ritter, Der Schlieffenplan, p.158.

229 Halder, Kriegstagebuch, Bd 3, p.53, 1941. 7. 8일의 기록.

230 Hartmann, Halder, p.286에서 인용.

231 Hürter, Die Wehrmacht vor Leningrad, p.393 참조.

232 Hartmann, Verbrecherischer Krieg, p.55 참조.

233 KTB Heeresgruppe Nord, Ia, 1941. 10. 27. "Unternehmen Barbarosa"에서 인용. Der deutsche Überfall auf die Sowjetunion, p.336.

234 Hürter, Die Wehrmacht vor Leningrad, p.401 참조.

235 위의 책, p.415 이하에서 인용.

9. 핵시대의 작전적 사고

1 Die Führungsvorschriften des deutschen Heeres in Vergangenheit, Gegenwart und Zukunft unter besondere Betonung der Gegenwart. Vortrag von Oberst i.G. Ernst Golling, 1960. 11. p.4. 본인은 이러한 내용을 소개해준 Dr. Hammerich 중령에게 감사의 인사를 보낸다.

2 Haas, Zum Bild der Wehrmacht, pp.1100~1102; Wierling, Krieg im Nachkrieg, p.247 이하 참조

3 모두는 아니지만 훗날 합참의장을 역임한 울리히 드 메지에레는 하노버에서 악보 상인으로 일했다. 그것은 그의 '취미이자 직업'이었다. Molt, Von der Wehrmacht zur Bundeswehr. Soeben erschienen; Zimmermann, Ulrich de Maizière, pp.123~134. 참조

4 Echternkamp, Wut auf die Wehrmacht?, p.1068 참조.

5 Wegner, Erschriebene Siege, p.292 참조.

6 Halder, Hitler als Feldherr; Heusinger, Befehl im Widerstreit 참조.

7 1961년에서야 이 부서의 임무가 종결되었다. Wegner, Erschriebene Siege, p.291 참조.

8 위의 책 p.290 이하 참조.

9 Georg von Sodenstern의 연구서 'Der Feldherr, Adolf Hitler'와 'Das Ende einer Feldherrnrolle' 연방기록보관소, N 594/9 참조

10 Wegner, Erschriebene Siege, p.295에서 인용

11 1951년 최초로 '국방과학의 동향'Wehrwissenschaftliche Rundschau이라는 문건이 출간되었는데 이는 매우 중요한 의미를 지니고 있다.

12 도입부 Zur Einführung, p.1.

13 Zeitzler, Das Ringen um die militärische Entscheidungen im 2. Weltkrieg, 참조.

14 Foerster, Zur geschichtlichen Rolle des preusßische-deutschen Generalstabes

참조.

15 Sodenstern, Operationen, pp.1~10 참조.

16 위의 책, p.9.

17 Diedrich/Wenzke, Die getarnte Armee 참조.

18 Thoß, NATO-Strategie, p.2 참조.

19 Schlaffer, Preußische-deutsch geprägtes Personal, p.115.

20 Innere Führung의 발전에 관해 다음을 참조. Nägler, Der gewollte Soldat und sein Wandel; Schlaffer, Der Wehrbeauftragte.

21 호이징어의 생애에 관해, Heusinger, Ein deutscher Soldat, pp.17~62; 또는 Meyer, Adolf Heusinger. 참조

22 Pöhlmann, Kriegsgeschichte und Geschichtspolitik, p.250.

23 '암트 블랑크'에 관해서 Krüger, Das Amt Blank 참조.

24 Buchholz, Strategische und militärische Diskussionen, p.305 참조.

25 Schlaffer, Preußisch-deutschgeprägtes Personal, pp.115~120.

26 Krüger, Das Amt Blank, p.52.

27 Meyer, Adolf Heusinger, pp.535~527. 호이징어는 아직 녹슬지 않은 작전적 계획수립, 지도능력 때문에 발탁되었다는 Buchholz (Buchholz, Strategische und militärpolitischen Diskussionen, p.114)의 진술은 신빙성이 부족하다. Meyer는, 인사검증위원회가 그의 임용을 기각했지만 그 증거 문건은 정치적인 이유로 파기되었다고 기술했다.

28 Gablik, Strategische Planungen, pp.40~50.

29 서방의 관점과 예측되는 소련의 잠재력을 고려한 위협적 상황에 대해서는 다음을 참조. Greiner, Die allierten militärstrategischen Planungen, pp.197~206; Hammerich/Kollmer/Rink/Schlaffer, Das Heer, pp.38~45.

30 서독의 지형에 대해 Hammerich/Kollmer/Rink/Schlaffer, Das Heer, pp.46~48 참조. (지도 참조)

31 세부적인 작전적 구상에 관해 다음을 참조. Rautenberg/Wiggershaus, Die 'Himmeroder Denkschrift' (1985), pp.39~41; Hammerich, Kommiss kommt von Kompromiss, pp.73~92 에서 이를 핵심적으로 정리했다.

32 Greiner, Die militärische Eingliederung, p.604 참조.

33 NATO Strategy Documents, p.XIV 참조.

34 그라프 폰 슈베린의 구상에 대해 군사전문위원회의 비망록(1950. 10. 28.)을 참조. Rautenberg/Wiggershaus, Die 'Himmeroder Denkschrift'(1985), pp.58~60.

35 Greiner, General Adolf Heusinger, p.231에서 인용.

36 Hammerich, Kommiss kommt von Kompromiss, pp.88~90 참조.

37 Greiner, General Adolf Heusinger, p.231 이하 참조.

38 Gablik, Strategische Planungen, p.63 참조.

39 'Bonin-Plan'은 Brill, Bogislaw von Bonin, Bd 1, pp.117~161에서 참조.

40 Thoß, NATO-Strategie, p.96.

41 Thoß, NATO-Strategie, p.96.

42 Buchholz, Strategische und militärpolitische Diskussionen, pp.182~185.

43 Gablik, Strategische Planungen, pp.48~51 참조.

44 Niemetz, Das feldgraue Erbe, pp.53~55. 국방군 장교단의 개방에 관해 다음을 참조. Stumpf, Die Wehrmacht-Elite, pp.241~248; Keoener, Auf dem Weg.

45 Niemetz, Das feldgraue Erbe, pp.41~43.

46 위의 책, pp.53~55.

47 Vincenz Müller는 여기에 동의했다. 위의 책 p.113 참조.

48 예를 들어 약 5년 남짓 만에 러시아군 보병사단의 차량화는 3.5배를 넘어섰다. Diedrich/Wenzke, Die getarnte Armee, p.102 이하 참조.

49 Zeidler, Reichswehr und Rote Armee, p.165 이하 참조.

50 Zeidler, Reichswehr und Rote Armee와 Habeck, Storm of Steel에서 1920년대와 30년대의 독일-소련의 군사 협력에 관련된 주제를 다루었다.

51 Pruck, Die Rehabilitierung von Kommandeuren, p.208.

52 Zeidler, Reichswehr und Rote Armee, p.262에서 인용

53 위의 책 p.264 이하 참조.

54 Erickson, The Soviet High Command, p.280; Zeidler, Reichswehr und Rote Armee, pp.266~269 참조.

55 Greiner, Die Entwicklung der Bündnisstrategie, pp.13~174; Maier, Die politische Kontrolle, pp.253~396 참조.

56 Greiner, Die militärische Eingliederung, p.604 이하; Greiner, General Adolf Heusinger, p.234 이하 참조.

57 Hammerich, Kommiss kommt von Kompromiss, pp.93~121; Thoß, NATO-Strategie, pp.40~52 참조.

58 Greiner, Die militärische Eingliederung, p.608 참조

59 NATO의 작전적-전략적 계획에 대해 다음을 참조. Hammerich, Kommiss kommt von Kompromiss, pp.93~121; Krüger, Schlachtfeld Bundesrepublik?; Thoß, NATO-Strategie.

60 Greiner, Die militärische Eingliederung, p.615.

61 Gablik, Strategische Planungen, p.101 이하 참조.

62 여론의 인식에 관해 다음을 참조. Buchholz, Strategische und politische Diskussionen, pp.241~244.

63 Trauschweizer, The Cold War U.S.Army, p.39 참조.

64 Greiner, General Adolf Heusinger, p.246 참조.

65 Trauschweizer, The Cold War U.S.Army, p.70 참조.

66 1958-1968년의 동맹국의 핵전략에 대해 기본가정은 다음을 참조. Krüger, Schlachtfeld Bundesrepulik?

67 재무장에 대한 공개 토론에 대해서는 다음을 참조. Ehlert, Innenpolitische Auseinandersetzungen, pp.235~560; Thoß, NATO-Strategie, pp.354~370 참조.

68 Nägler, Der gewollte Soldat und sein Wandel, pp.269~289; Schlaffer, Anmerkungen zu 50 Jahren Bundeswehr, pp.487~502 참조.

69 Buchholz, Strategische und militärpolitische Diskussionen, p.137. 작전가들은 미국인들의 생각에 지대한 관심을 가졌다.

70 호이징어는 이러한 주제에 대해 다음과 같이 기술했다. : '더욱 더 술(術)적인 것이 필요하다.' 술(術)이라는 용어는 밑줄로 더 강조되어 있다. Heusinger, Ein deutscher Soldat, p.134에서 인용.

71 위의 책에서 인용.

72 이 계획수립에 관한 세부적인 사항은 다음을 참조. Hammerich, Kommiss kommt von Kompromiss, pp.139~141.

73 연방군 내부에서의 권력투쟁에서 공군의 중요성에 관해 다음을 참조. Krüger, Schlachtfeld Bundesrepublik?, pp.185~188.

74 Rink, Strukturen, pp.419~423 참조.

75 위의 책, pp.414~418.

76 독일의 여단과 사단 편성의 구조와 발전에 대한 기본적인 자료는 위의 책 p.355~483 참조.

77 HDv 100/1 Truppenführung(T.F.), General der Infantrie a.D. Busse에 의해 개정된 1952년판, 연방기록보관소, BHD 1.

78 HDv 100/1 Grundsätze der Truppenführung des Heeres, 1956, Nr.17.

79 위의 책, Nr.1.

80 HDv 100/2 Führungsgrundsätze des Heeres im Atomkrieg, Nr 4.(강조된 부분은 원문과 동일)

81 Scheven, Die Truppenführung, p.27 참조.

82 위의 책, p.30 이하.

83 Die Führungsvorschriften des deutschen Heeres in Vergangenheit, Gegenwart und Zukunft unter besonderer Betonung der Gegnwart. Vortrag Oberst i.G. Ernst Golling, 1960. 11월, p.3 MGFA 참조.

84 HDv 100/1 Truppenführung, 1962. 10월 참조.

85 Scheven, Die Truppenführung, p.26 이하 참조.

86 Hammerich, Kommis kommt von Kompromiss, p.179.

87 Krüger, Schlachtfeld Bundesrepublik?, p.187.

88 Thoß, NATO-Strategie, p.276.

89 위의 책, p.723 참조

90 NATO Strategy Documents p.XXI 이하.

91 세인트 루이스에서의 핵전쟁 연습 1년 후 미의회 청문회 보고서(Atomkrieg in St. Louis. Ein Jahr danach. Ein Bericht aufgrund der Anhörung von Sachverständigen vor dem Kongressausschuss), 1959. 12월, MGFA. 본 자료를 제공해 준 Dr. Rudolf Schlaffer 중령에게 감사를 표한다.

92 Trauschweizer, Learning with an Ally, pp.477~508 참조.

93 Heusinger an Müller-Hildebrand, Washington, 1962. 3. 27, 연방기록보관소, Bw 2/20030e. 본 자료를 제공해 준 Dr. Helmut R. Hammerisch 중령에게 감사를 표한다.

94 NATO의 핵전략 변천에 관해 근본적인 원칙들은 다음을 참조. Heuser, NATO, Britain, France and the FRG.

95 Sertl, Generalfeldmarschall Erich von Manstein.

96 Bericht Chef des Stabes FüB an Strauß, 1960. 8. 16., Thoß, NATO-Strategie, p.727에서 인용.

10. 결론

1 Ludendorff, 1918. 2. 22일 Friedrich Naumann에게 쓴 글, Ursachen und Folgen. Vom deutschen Zusammenbruch, Bd2, p.250에서 인용.

2 Niedhart, Lernfähigkeit, pp.13~27; Wette, Die deutsche militärische Führungsschicht, pp.39~66 참조.

3 Merkblatt 18b/43, Der Sturmangriff. Kriegserfahrungen eines Frontoffiziers von 1917, 1945. 1. 15, p.2.

4 Schreiben Oberbefehlshaber Heeresgruppe B an seine Kommandeure 1945. 3. 29. BArch, RH 41/603, p.13 이하.

5 Rode, Das Kriegserlebnis von 1939, p.1827.

6 Oberbefelshaber Heeresgruppe A, An alle Generale(Divisionskommandeure), H.Qu., 1945. 1. 20, BArch, RH 19, p.203 이하.

7 슐리펜 사후 50주년 기념행사, 1962.12.21, BArch, N 673/517b de Maizière의 유작. 본 자료를 제공해준 Dr. John Zimmermann에게 감사를 표한다.

인명 색인

ㄱ

ㄴ

ㄷ

ㄹ

ㅁ

ㅂ

ㅅ

ㅇ

ㅈ

ㅋ

ㅌ

ㅍ

ㅎ

지명 색인

ㅂ

ㅅ

ㅇ

ㅈ

ㅊ

ㅋ

ㅌ

ㅍ

ㅎ

옮긴이의 글

전격전의 전설을 출간한 지 꼭 8년이 흘렀다. 그 후 선후배들뿐만 아니라 각계각층의 군사 매니아들로부터 분에 넘치는 격려와 호응을 받았다. 오히려 그러한 성원 때문에, 너무나 큰 부담 때문에 다시는 번역을 하지 못할 것만 같았다. 물론 군인에게 '야전'은 감히 번역이라는 것을 생각조차 할 수 없게 만들기도 했다. (그럼에도 불구하고 많은 장교들이 저술활동에 동참하고 번역물을 출간하는 요즘의 현상은 매우 고무적이다.) 그러던 중 어느 날 내게 천금과 같은 행운이 주어졌다. 2013년 다시금 독일어 교관으로서 강단에 서게 되었고 오로지 독일어와 독일군에 관한 연구에 매진할 수 있는 환경이 주어졌다. 또한 4주간의 독일 연방군 언어학교 연수기간 중 운명처럼 Mythos und Wirklichkeit라는 책을 발견하게 되었다.

어느 날 쾰른의 도서관을 방문했고 다시 번역을 하고 싶은 욕구를 일으킬 만큼, 전격전의 전설에 버금가는 훌륭한 책을 우연히 알게 되었다. 그 순간부터 이 책의 내용을 정확하게 알고 싶어서 한글로 옮기던 중 다시금 번역해야겠다는 결심이 섰다. '전격전의 전설'처럼 읽기도, 번역하기에도 쉽지는 않았지만 이 책의 내용을 알리는데 목표를 두었기 때문에 다소나마 부담감을 덜 수 있었고 다시금 밤낮없이 번역에 매달리게 되었다.

누구든 독일군에 대해 물어보면 두 가지 이미지를 떠올린다. 전격전의 선봉이자 전장을 종횡무진 누볐던 기갑군단, 기갑사단의 이미지가 첫 번째이다. 그래서 우리는 아직도 독일의 국가대표 축구선수단을 '전차군단' 이라고 부르고 있다. 한편으론 영미권의 제2차 세계대전을 배경으로 한 영화에서처럼 미군, 영국군 특수부대들에게 맥을 추지 못하고 추풍낙엽처럼 쓰러지던 무기력한 독일군 병사들의 모습이 두 번째일 것이다. 이 책을 읽고 나면 그 둘 모두, 의도적인 과장이 포함되어 있지만 모두 그들의 진짜 모습이었음을 이해하게 될 것이다. 제2차 세계대전 초기부터 러시아를 종횡무진 누빌 때의 독일군 전차부대는 과연 무적이었다. 그러나 전쟁 말기, 황급히 동원되어 교육훈련 수준이 그리 높지 못했던 병사들도 매우 많았다.

독일군은 1870년 전쟁부터, 1914년 제1차 세계대전의 동부전역, 1939년의 폴란드, 1940년 서부전역에서 눈부신 승리를 거뒀다. 그들은 무수히 많은 전투, 전역에서 승리했지만, 도대체 왜 전쟁에서 패할 수밖에 없었을까? 저자는 그 원인을 날카롭게 지적해 냈다. 독일군은, 정확히 독일 육군의 수뇌부, 즉 육군총참모부의 주요 인물들은 자신들의 전통적인 작전적 사고를 적용해 전투에서 승리했고 반면 이를 과도하게 집착한 나머지 전쟁에서 패했고 결국에는 무조건 항복할 수밖에 없었다. 정치, 경제, 사회 특히 군수문제를 경시하고 무시했던 결과였다. 이것이 바로 저자가 주장하는 독일군의 신화와 진실이다.

이 책을 읽으면서 2010년 독일군 지휘참모대학에서 수학할 때의 기억들이 주마등처럼 스쳐 지나갔다. 커다란 충격이었다. 독일군 지휘참모대학의 교훈은 'Mens Agitat Molem' 즉 정신이 물질을 지배한다는 라틴어이다. '전쟁에서 승리한다.'는 의미보다 매우 고차원적인 철학을 담고 있다. 우리의 육군대학에서처럼 "육군 전술"에 치중하지 않는다. UN, NATO의 전략, 독일의 국가 및 군사전략 소개와 토의로부터 작전술, 공군과 해군의 작전계획 수립, 국제적 다문화 세미나에 이르기까지, 우리 육군에서는 매우 생소한 것들이 교육 기간의 절반 이상을 차지했다. 또한 국방부, 합동참모본부, 해외파병통합군지휘사령부, 육·해·공군 학교 기관 및 부대뿐만 아니라 독일 의회, 지방자치기구, 방위산업체 방문을 포함한 다양한 현장학습(과거의 장군참모현지실습Generalstabsreise)의 기회도 주어졌다. - 교육의 1/3 가량은 군단, 사여단급 전술이지만 우리와 함께 수업받는 독일군 소령들은 이미 대위 때 모두 교육받은 내용이었다고 했다. - 영관급 고급장교로서 전술은 기본이고 작전술과 전략에 영향을 미치는 정치, 경제, 사회, 문화적 지식을 습득해야 한다는 취지에서였다. 한국군의 문화와는 전혀 다른 충격 그 자체였다.

한편, 전술 수업시간에 나는 담임교관, 볼프강 뢰커Wolfgang Röcker 대령 i.G.(im Generalstabsdienst, 독일군의 장군참모장교 직위를 의미)께 이렇게 질문했다. "한국군에서는 전술교육시 북한군 전술을 배운다. 이번 실습상황에서 우리의 적은 누구이며, 그들의 전술을 알아야 하는 것 아닌가?"

그는 이렇게 답했다.

"전술이란 무엇인가? 전술은 임기응변의 문제이며 해답이 없다. 교리나 이치에는 맞지 않아도 승리할 수 있고 교리와 교조주의에 너무 깊이 빠지면 패배할 수밖에 없다. 정말 북한군에게 그들만의 전술이 있는가? 한국군도 고유의 전술이 있는가? 전투에서 승리하기 위해서는 상황과 여건에 부합하는 기상천외하고 창의적인, 적을 속일 수 있는 최선의 방책을 찾아야 한다. 또한 그러한 상황과 여건을 우리 것으로 만들어야 승리할 수 있다. 그것이 바로 주도권이며 독일군은 주도권을 쟁취하기 위해 자주적인 작전freie Operationen을 중시한다. 작전술이나 전술은 아트Art다! 기하학이나 수학이 아니다!"

그는, 이 교육을 수료한 장군참모장교Generalstabsoffizier들에게 필요한 것이 바로 작전적 사고능력이라고 강조했다. 이 책을 접한 후 왜 그들이 그러한 커리큘럼을 도입했고 내가 거기서 무엇을 배웠는지 정확히 깨닫게 되었다. 미래의 엘리트들에게, 군인에게 무엇이 필요한지, 어떤 교육을 시켜야 하는지 우리 군도 다시금 생각해 볼 필요가 있다고 본다.

본인이 이 책을 번역한 진정한 이유를, 밀란 베고Milan Vego 박사의 말을 빌려 답하고자 한다.

"작전적, 전략적 수준에서 성공하기 위한 요건 중 하나는 바로 폭넓은 안목과 원대한 비전Vision을 갖는 것이다. 독일인들은 이를 작전적 사고Operatives Denken, Operational Thinking라고 표현했다. 작전적 사고 능력은 천부적인 것이 아니다. 전(戰), 평시(平時) 심도깊은 사고, 의식적인 노력의 결과이다. 따라서 작전적 사고 능력은 전쟁에서의 승패를 좌우한다고 해도 과언이 아니다. 그럼에도 불구하고 수많은 고급지휘관들은 매우 근시안적이며 편협한 전술적 관점에 집착한다. 대부분의 군인들에게 전술적 수준에서 사고하는 것은 매우 쉽고 스스로 편안함을 느낀다. 왜냐하면 고급 지휘관들 대부분은 수십 년 간 여러 보직을 거치면서 전술에만 몰두했고 그 분야에 있어서만큼은 '스스로 전문가'라고 자신하기 때문이다. 역사 속에서 거시적인 안목이 부족했던, 무능했던 수많은 지휘관들이 전쟁, 전투에서 실패한 사례는 무수히 많다. 이들은 전역이나 주요작전에 관해 이해하지 못했기 때문이다."

한편으로 이 책에서 찾게 된 지엽적이지만 또 다른 감동도 있었다. 대몰트케, 슐리펜, 젝트와 같은 인물들은 그저 전쟁사책에서 이름만 보았던 위대하다고만 알려져 있던 장군들이다. 독일인들뿐만 아니라 외국, 적대국까지도 존경하는 인물들이다. 그러나 그들이 어떤 생각을 가지고 있었고 어떤 말을 했는지, 구체적으로 어떤 업적이 있는지에 대한 내 지식은 과거나 지금이나 보잘 것 없다. 하지만 이 책을 읽는 내내 마치 위대한 장군들과 대화하고 있다는 착각 속에 빠지기도 했고 그들의 생각을 조금이나마 이해할 수 있었다. 이 책의 독자들도 본인과 같은 감동과 환희를 느끼기를 감히 바라는 바이다.

전격전의 전설에서와 마찬가지로, 행여나 그로스 박사의 저서에 흠집을 내지 않을까 무척이나 우려스럽다. 최선을 다했지만 실수가 있다면 누군가 꼭 바로 잡아주기를 희망한다. 어쭙잖은 독일어 능력과 부족한 국어실력, 일천한 경력을 가진 육군 장교로서 실수를 겸허히 수용하고 또다시 부족한 내 그릇에 무언가를 채우고자 한다.

끝으로 이 책을 번역하는데 도움을 주신 많은 분들에게 감사의 인사를 올린다. 방대한 자료와 과학적인 분석으로 훌륭한 글을 집필하시고 번역을 흔쾌히 허락해 주셨으며 본인에 대한 칭찬을 아끼지 않으신 저자 Gerhard. P. Groß 대령, 독일군 지휘참모대학 시절, 많은 가르침을 주셨던 담임 교관, Wolfgang Röcker 대령 i.G., 군의 스승이시자 미천한 후배 장교에게 끊임없는 격려와 성원을 보내주시고 친히 추천서를 써주신 주은식 장군님, 이석구 장군님, 신현기 장군님께 감사드린다. 이 책의 출간을 성원해 주셨던 국방어학원장 전갑기 대령님, 번역을 마무리할 수 있도록 배려해 주신 제1기갑여단 선후배 동료께 감사의 인사를 올린다. 특히 난해했던 독일어 문장에 봉착하면 밤낮을 가리지 않고 귀찮게 해드렸지만 정확히 이해할 수 있도록 친절히 설명해 주셨던 Lachetta 선생님 내외분, 부족한 교관이자 선배를 끝까지 믿고 따라주었던 13년, 14년 독일어반 학생들과 동료 교관들에게도 감사드린다. 또한 이글의 출간을 흔쾌히 맡아주신 도서출판 길찾기 원종우 사장님과 홍성완 편집자님을 비롯한 출판사 식구들에게도 감사드린다. 마지막으로 항상 사랑과 정성으로 아들, 사위의 건승을 위해 기도해 주시는 사랑하는 부모님, 장인, 장모님, 잠시도 긴장을 놓을 수 없는 군생활과 그 틈바구니에서도 번역을 한답시고 항상 곁에 있어주지 못했던 사랑하는 아내 지연, 딸 하영, 아들 시헌을 위해 이 책을 바치고자 한다.

2015년 12월, 현리에서

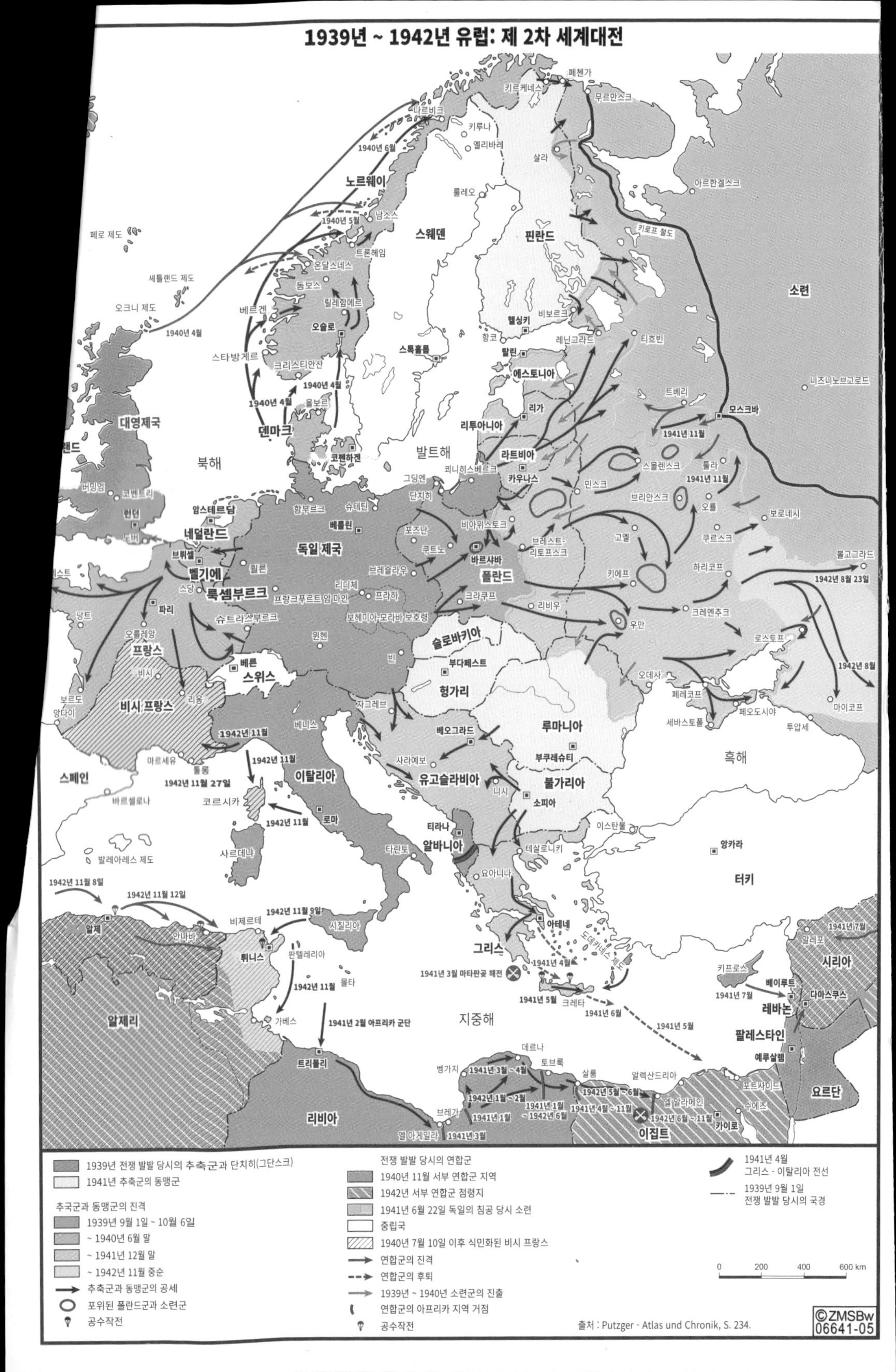
1939년 ~ 1942년 유럽: 제 2차 세계대전
페첸가
키르케네스
무르만스크
나르비크
키루나
옐리바레
1940년 6월
살라
노르웨이
아르한겔스크
룰레오
남소스
1940년 5월
스웨덴
핀란드
키로프 철도
페로 제도
트론헤임
온달스네스
셰틀랜드 제도
돔보스
릴레함메르
오크니 제도
베르겐
소련
비보르크
1940년 4월
헬싱키
오슬로
티흐빈
항코
레닌그라드
스톡홀름
스타방게르
탈린
크리스티안산
에스토니아
1940년 4월
니즈니노브고로드
1940년 4월
올보르
트베리
리가
모스크바
대영제국
덴마크
리투아니아
1941년 11월
코펜하겐
발트해
라트비아
북해
툴라
쾨니히스베르크
스몰렌스크
그딩엔
카우나스
1941년 11월
민스크
브리안스크
단치히
오룔
암스테르담
함부르크
슈테틴
보로네시
베를린
비아위스토크
런던
네덜란드
고멜
포즈난
브레스트-리토프스크
쿠르스크
쿠트노
독일 제국
바르샤바
볼고그라드
브뤼셀
하리코프
벨기에
쾰른
브레슬라우
폴란드
키예프
1942년 8월 23일
리디체
룩셈부르크
프랑크푸르트 암 마인
프라하
크라쿠프
리비우
크레멘추크
낭트
파리
보헤미아-모라바 보호령
우만
슈트라스부르크
오를레앙
슬로바키아
로스토프
프랑스
뮌헨
빈
부다페스트
베른
1942년 8월
비시
스위스
오데사
헝가리
리옹
페레코프
보르도
비시 프랑스
마이코프
앙다이
페오도시야
자그레브
세바스토폴
베니스
루마니아
투압세
1942년 11월
베오그라드
흑해
부쿠레슈티
마르세유
1942년 11월
사라예보
툴롱
유고슬라비아
1942년 11월 27일
이탈리아
불가리아
스페인
니시
소피아
바르셀로나
코르시카
1942년 11월
로마
이스탄불
티라나
앙카라
사르데냐
타란토
알바니아
테살로니키
발레아레스 제도
요아니나
터키
1942년 11월 8일
1942년 11월 12일
1942년 11월 9일
아테네
비제르테
시칠리아
1941년 7월
알레포
알제
안나바
도데카네스 제도
튀니스
그리스
시리아
판텔레리아
1941년 4월
키프로스
1941년 3월 마타판곶 해전
1942년 11월
몰타
베이루트
다마스쿠스
1941년 5월
크레타
1941년 7월
레바논
알제리
1941년 6월
지중해
가베스
1941년 2월 아프리카 군단
1941년 5월
팔레스타인
데르나
트리폴리
예루살렘
토브룩
벵가지
살룸
알렉산드리아
1941년 3월 ~ 4월
포트사이드
1942년 5월 ~ 6월
1942년 1월 ~ 2월
엘알라메인
1941년 1월 ~ 1942년 6월
1941년 4월 ~ 11월
수에즈
요르단
브레가
1941년 1월
1942년 6월 ~ 11월
리비아
카이로
엘아게일라
1941년 3월
이집트
1939년 전쟁 발발 당시의 추축군과 단치히(그단스크)
1941년 추축군의 동맹군
추국군과 동맹군의 진격
1939년 9월 1일 ~ 10월 6일
~ 1940년 6월 말
~ 1941년 12월 말
~ 1942년 11월 중순
추축군과 동맹군의 공세
포위된 폴란드군과 소련군
공수작전
전쟁 발발 당시의 연합군
1940년 11월 서부 연합군 지역
1942년 서부 연합군 점령지
1941년 6월 22일 독일의 침공 당시 소련
중립국
1940년 7월 10일 이후 식민화된 비시 프랑스
연합군의 진격
연합군의 후퇴
1939년 ~ 1940년 소련군의 진출
연합군의 아프리카 지역 거점
공수작전
1941년 4월
그리스 - 이탈리아 전선
1939년 9월 1일
전쟁 발발 당시의 국경
0
200
400
600 km
출처 : Putzger - Atlas und Chronik, S. 234.
©ZMSBw
06641-05

아이슬란드